全国普通高等院校生命科学类"十二五"规划教材

发酵工艺原理与技术

主　编　李学如　涂俊铭
副主编　邓开野　刘　霞　晏　磊
王端好　陶　静　葛立军
编　委　（以姓氏笔画为序）
王端好　湖北工程学院
邓开野　仲恺农业工程学院
石海英　聊城大学
刘　霞　延安大学
李学如　西南交通大学
宋金柱　哈尔滨工业大学
晏　磊　黑龙江八一农垦大学
徐　伟　聊城大学
涂俊铭　湖北师范学院
陶　静　郑州轻工业学院
陶兴无　武汉轻工大学
葛立军　浙江中医药大学

华中科技大学出版社
中国·武汉

内容简介

本书是全国普通高等院校生命科学类“十二五”规划教材。

本书系统介绍了发酵工艺基础理论与技术，以发酵产品工业化生产技术流程为主线，紧密联系生产实践，突出了系统性、科学性、实践性，兼顾前沿性。全书共分 13 章，内容主要包括绪论、发酵工业菌种选育、发酵工业培养基、发酵工业灭菌与除菌、发酵种子的制备、发酵机制及发酵动力学、发酵过程控制、发酵过程检测与自控、发酵过程的实验室研究与放大、基因工程菌发酵、发酵行业清洁生产与环境保护、发酵经济学等。本书最后一章介绍典型发酵产品啤酒、抗生素、有机酸、氨基酸、维生素、酶制剂等生产工艺案例，加深读者对发酵工艺原理及应用技术的理解。

本书可作为综合性大学、工科院校、农林院校、师范院校的生物工程及生物技术专业的教材，也可作为生物制药、食品科学与工程、生物科学等专业的教学参考书，同时也可供相关领域的研究和生产专业人员参考。

图书在版编目(CIP)数据

发酵工艺原理与技术/李学如，涂俊铭主编. —武汉：华中科技大学出版社，2014.5(2023.7 重印)
ISBN 978-7-5609-9709-4

Ⅰ.①发… Ⅱ.①李… ②涂… Ⅲ.①发酵-生产工艺-高等学校-教材 Ⅳ.①TQ920.6

中国版本图书馆 CIP 数据核字(2014)第 101450 号

发酵工艺原理与技术 李学如 涂俊铭 主编

策划编辑：罗 伟
责任编辑：罗 伟
封面设计：刘 卉
责任校对：邹 东
责任监印：周治超
出版发行：华中科技大学出版社(中国·武汉) 电话：(027)81321913
武汉市东湖新技术开发区华工科技园 邮编：430223
录 排：华中科技大学惠友文印中心
印 刷：武汉邮科印务有限公司
开 本：787mm×1092mm 1/16
印 张：21.5
字 数：561 千字
版 次：2023 年 7 月第 1 版第 8 次印刷
定 价：48.00 元

华中出版

本书若有印装质量问题，请向出版社营销中心调换
全国免费服务热线：400-6679-118 竭诚为您服务

全国普通高等院校生命科学类“十二五”规划教材
编　委　会

全国普通高等院校生命科学类"十二五"规划教材
组编院校

（排名不分先后）

北京理工大学
广西大学
广州大学
哈尔滨工业大学
华东师范大学
重庆邮电大学
滨州学院
河南师范大学
嘉兴学院
武汉轻工大学
长春工业大学
长治学院
常熟理工学院
大连大学
大连工业大学
大连海洋大学
大连民族学院
大庆师范学院
佛山科学技术学院
阜阳师范学院
广东第二师范学院
广东石油化工学院
广西师范大学
贵州师范大学
哈尔滨师范大学
合肥学院
河北大学
河北经贸大学
河北科技大学
河南科技大学
河南科技学院
河南农业大学
菏泽学院
贺州学院
黑龙江八一农垦大学

华中科技大学
华中师范大学
暨南大学
首都师范大学
南京工业大学
湖北大学
湖北第二师范学院
湖北工程学院
湖北工业大学
湖北科技学院
湖北师范学院
湖南农业大学
湖南文理学院
华侨大学
华中科技大学武昌分校
淮北师范大学
淮阴工学院
黄冈师范学院
惠州学院
吉林农业科技学院
集美大学
济南大学
佳木斯大学
江汉大学文理学院
江苏大学
江西科技师范大学
荆楚理工学院
军事经济学院
辽东学院
辽宁医学院
聊城大学
聊城大学东昌学院
牡丹江师范学院
内蒙古民族大学
仲恺农业工程学院

云南大学
西北农林科技大学
中央民族大学
郑州大学
新疆大学
青岛科技大学
青岛农业大学
青岛农业大学海都学院
山西农业大学
陕西科技大学
陕西理工学院
上海海洋大学
塔里木大学
唐山师范学院
天津师范大学
天津医科大学
西北民族大学
西南交通大学
新乡医学院
信阳师范学院
延安大学
盐城工学院
云南农业大学
肇庆学院
浙江农林大学
浙江师范大学
浙江树人大学
浙江中医药大学
郑州轻工业学院
中国海洋大学
中南民族大学
重庆工商大学
重庆三峡学院
重庆文理学院

前　言

生物技术是当今国际科技发展的主要动力之一，生物产业对于解决人类面临的人口、健康、粮食、能源、环保等主要问题具有重大战略意义。发酵工程作为生物工程的重要组成部分和生物技术产业化的重要技术基础，广泛应用于医药、轻工、化工、能源、环保、农业等国民经济各个领域，被认为是有效利用中国丰富生物资源、提高农副产品附加值、缓解环境压力、维护生态平衡、提高中国相关产业竞争力的关键技术之一，因此，学习、研究和发展现代发酵工程理论与技术具有重要意义。

本书以发酵工业产品产业化生产技术流程，安排各章节，在系统介绍发酵工艺原理的同时，紧密联系生产实际，强调发酵工程技术的应用。在教材整体布局上，除对传统发酵工艺各个单元进行系统介绍外，对现代发酵工程技术（如基因工程菌发酵）、发酵过程的实验室研究与放大和发酵产品生产工艺实例等安排了专门章节；每章最后是本章总结与展望、思考题。这样的安排有利于学生全面掌握发酵工程相关知识和了解发酵工程学科发展。通过本书的学习，能使学生全面掌握发酵工艺的原理与应用，熟悉发酵工业的发展方向，为学生今后从事与发酵工业相关的生产、研究与开发打下良好的理论与技术基础。

全书共分 13 章，第 1 章由李学如编写，第 2 章由邓开野编写，第 3 章由徐伟编写，第 4 章由刘霞编写，第 5 章由晏磊编写，第 6 章由葛立军编写，第 7 章 7.1、7.2、7.3 节由涂俊铭编写，第 7 章其余部分由王端好编写，第 8 章由陶兴无编写，第 9 章由陶静编写，第 10 章由宋金柱编写，第 11 章由石海英编写，第 12 章由涂俊铭编写，第 13 章由李学如、葛立军和陶静共同完成，全书由李学如负责审稿，涂俊铭协助统稿。

本书在编写过程中，编者参考了大量的国内外相关教材和文献资料，引用了其中的重要结论和相关图表，在此向这些前辈和同行们表示衷心的感谢。本书还得到了华中科技大学出版社的大力支持与帮助，在此一并表示感谢。

生物技术的发展日新月异，发展迅猛，由于编者水平和经验所限，书中难免存在不妥之处，恳请读者批评指正。

编者

2014 年 8 月

目　　录

第1章 绪 论

生物技术是当今国际科技发展的主要动力之一，生物产业对于解决人类面临的人口、健康、粮食、能源、环保等主要问题具有重大战略意义。发酵工程作为生物技术的重要组成部分和生物技术产业化的重要技术基础，广泛应用于医药、轻工、化工、能源、环保、农业等国民经济各个领域，被认为是有效利用中国丰富生物资源、提高农副产品附加值、缓解环境压力、维护生态平衡、提高中国相关产业竞争力的关键技术之一，因此，学习、研究和发展现代发酵工程的理论和技术具有重要意义。

1.1 发酵与发酵工程概述

1.1.1 发酵的概念

人类利用微生物的发酵作用进行酿酒，制酱、醋、酸乳、干酪、泡菜和腐乳等已有几千年的历史，但人们真正了解发酵的本质却是近 200 多年的事。英语 fermentation（发酵）一词是从拉丁语 ferver（沸腾，或译为发泡）派生而来，原指酵母菌作用于麦芽汁或果汁后产生碳酸气泡，引起液体翻动的现象。

19 世纪中期，法国微生物学家 Pasteur 在研究酒精发酵的生理学意义时指出："发酵是酵母菌在无氧状态下的呼吸过程"，是"生物体获得能量的一种形式"。随后，他进一步指出，所有的发酵都是微生物作用的结果，而不同的微生物可引起不同的发酵。

生物化学家通过对多种微生物的厌氧、需氧发酵的生理学研究表明：厌氧发酵是微生物体内产生能量的氧化还原反应，同时也是形成多种代谢产物的生物化学过程。需氧发酵时，微生物体内进行了厌氧发酵和需氧呼吸两种生化代谢过程，其氧化还原反应需要分子氧的参与，同时产生了一系列的代谢产物。此时发酵被理解为"微生物细胞为获取生长和生存所需能量而进行的氧化还原反应"。

此后，随着对微生物研究的深入，发酵形式多样化的出现，新的发酵产品不断涌现，除有机酸外，氨基酸、抗生素、核苷酸、酶制剂、维生素、多糖、色素、生物农药、植物生长促进剂、免疫抑制与促进剂、单细胞蛋白、生物碱等发酵产品相继问世。为此，工业微生物学家把凡是通过微生物的生长和代谢活动，产生和积累人们所需产物（微生物本身和/或代谢产物）的一切微生物培养过程统称为发酵。

20 世纪 70 年代以后，细胞融合和基因工程技术的建立，发酵工程进入了新的历史阶段。发酵工程培养加工的对象，除天然微生物菌种和传统诱变育种获得的变异菌株外，还包括细胞融合菌、基因工程菌以及动植物细胞株。发酵工程成为了一个由多学科交叉融合而形成的技术和应用性较强的开放性学科，它更强调利用基因工程、细胞工程、蛋白质工程等现代生物技术手段改造过的微生物来生产对人类有用产品的过程。因此，有人建议把发酵的定义扩展到凡是利用生物细胞（含动物、植物和微生物细胞），在合适的条件下，制得产物的所有过程。可见，人类对于发酵这一概念的认识始终是处于不断发展和完善的过程中。

1.1.2 发酵工业与发酵工程

发酵工业是利用微生物的生长和代谢活动生产各种有用物质的工业，在国民经济工业中，发酵工业占有十分重要的地位。

发酵工程是利用微生物的生长繁殖和代谢活动来大量生产人们所需产品过程的理论和工程技术体系，是研究发酵工业生产中各单元操作的工艺和设备的一门学科。发酵工程的工艺单元主要包括：微生物菌种选育与保藏，培养基及其灭菌，空气净化除菌与发酵设备的灭菌，菌种的扩大培养，发酵过程中参数的控制、检测与分析，发酵产物分离与纯化，废水、废物、废气的处理等。发酵工业生产的主要设备包括：物料输送设备、物料处理（蒸煮、糖化和连消）设备、物料加热与冷却设备、气体净化设备、发酵设备、检测与分析仪器、产品分离与纯化设备等。

1.2 发酵工业发展简史

人类利用微生物自然发酵作用，进行酿酒、制酱、制醋、制酸乳等已有几千年的历史，从远古时代开始的自然发酵到目前的基因工程时代，发酵工程技术这门具有悠久历史又富有现代科学与工程的科学技术，经历了不同的发展阶段，每个时期标志性的新技术的出现极大地推动了发酵工程技术的发展。

1.2.1 天然发酵时期

人类将微生物的代谢产物作为食品和医药，已有几千年的历史了。早在公元前 6000 年，古巴比伦人就开始采用发酵的方法酿造啤酒；公元前 4000—前 3000 年，古埃及人已熟悉了酒、醋、面包的发酵制作方法；约在公元前 2000 年，古希腊人和古罗马人已会利用葡萄酿造葡萄酒；公元前 2500 年古巴尔干人开始制作酸奶；公元前 1700 年古西班牙人曾用类似目前细菌浸取铜矿的方法获取铜。

我国传统发酵的历史同样悠久，用黏高粱造酒始于第一个奴隶制朝代——夏代的初期（迄今约 4000 年），在距今 4200～4000 年前的龙山文化时期已有酒器出现；在 3500 多年前的商代，开始了用人畜的粪便、秸秆、杂草等沤制堆肥；在 3000 多年前的商代后期，人们发现用发了霉的豆腐可以治外伤；在 2000 多年前的汉武帝时代，开始有了葡萄酒；白酒的起源，当在元朝以前。当然，那时人们并不知道微生物与发酵的关系，发酵过程很难人为控制，生产只能凭经验，口传心授，所以被称为天然发酵时期。

1.2.2 近代发酵技术的建立

人类对发酵现象本质的认知是近 200 多年的事。1675 年荷兰人 Leeuwenhock 发明了能够放大300倍的显微镜，并首次用自制显微镜观察到并描述了细菌的形状，为研究微生物提供了有利的工具。19世纪50年代，法国科学家Pasteur用实验证明发酵是微生物活动的结果，为后来的微生物纯粹培养奠定了理论基础。19世纪末德国的Koch发明了固体培养基，建立了微生物纯培养技术，为有效地控制不同类型微生物以及获取不同代谢产物奠定了基础，开创了人为控制发酵过程的时代，对发酵工业的建立起了关键的作用。与此同时，丹麦植物学家Hansen成功地分离了单个酵母细胞，并发明了啤酒酵母的纯粹培养方法，率先在啤酒厂实现了大规模工业化生产，标志着人类从自然发酵到纯粹培养人工控制发酵的转折。此外，德国Buchner用无细胞酵母菌压榨汁中的"酒化酶"(zymase)对葡萄糖进行酒精发酵成功，证明酒精发酵是由微生物产生的酶催化所发生的一系列生化反应的结果，从而阐明了微生物发酵的化学反应本质，同时也表明存在于任何生物体内酶的重要价值。这些研究成果为后来的发酵工艺研究和发酵机制的探讨奠定了坚实基础。这一时期的典型发酵产品主要是一些厌氧发酵和表面固体发酵产生的初级代谢产物，如酵母、酒精、丙酮、丁醇、甘油、有机酸、淀粉酶等。一般认为微生物纯培养技术的建立为近代发酵技术的开始，是发酵工业发展的第一个转折。

1.2.3 通气搅拌深层发酵技术的建立与发展

深层发酵技术的建立被称为发酵工程的第一次飞跃。1928年，英国细菌学家Fleming发现了点青霉(*Penicillium notatum*)代谢产物青霉素能够抑制葡萄球菌。当时Fleming的成果并没有引起人们的重视，直到第二次世界大战对抗细菌感染药物的极大需求，促使人们重新研究了青霉素。英国病理学家Florey和生物化学家Chain精制分离出青霉素，并确认对伤口的感染疗效比当时的磺胺药更好。早期的青霉素生产采用表面发酵培养方法，产量很低、占地面积大且劳动强度高。为了满足战时的需要，增加青霉素的产量，需改变原来的生产方法。在英国、美国等国的一批工程技术人员共同努力，特别是化学工程师的参与下，最终研制出带有通气和搅拌装置、适用于纯种深层培养的发酵罐，同时成功地解决了大量培养基和生产设备的灭菌以及大量无菌空气的制备等问题，在提取精制中采用了离心萃取机、冷冻干燥器等新型高效化工设备，极大地扩大了发酵生产规模，使产品质量和收率得到了明显提高。

青霉素治疗感染性疾病的神奇疗效和链霉素用于结核病的治疗取得了令人震惊的效果，激发了世界各国微生物学家、化学家及相关学者从土壤微生物代谢产物中寻找抗生素的研究热情。自Fleming发现青霉素和1943年美国科学家Waksman发现链霉素之后，1948年Dugger发现第一个可供口服的抗生素品种——金霉素；1949年Finlay发现了土霉素；1952年McGuire发现第一个有临床应用价值的红霉素；1953年Doothe发现了四环素；1957年日本科学家梅泽滨夫发现了对耐药菌有效的卡那霉素；同年Sens发现了第一个安莎类抗生素利福霉素，对其分子结构进行化学改造获得了利福平等一系列衍生物，成为治疗肺结核、麻风病的有效药物。1957年以后相继发现了柱晶白霉素、麦迪霉素、螺旋霉素等大环内酯类抗生素，都在临床上取得了很好的效果。1963年Weinstein发现了毒性较低的庆大霉素；1967年美国礼莱公司发现了对铜绿假单胞菌作用强且毒性低的妥布霉素。20世纪60年代以来，人们又开发出抗肿瘤抗生素如丝裂霉素、柔红霉素、博来霉素，抗病毒抗生素如阿糖腺苷、他利霉素(偏端霉素A)。农牧业上用的抗虫抗生素如盐霉素、莫能菌素、阿维菌素等和抗菌抗生素有春雷霉素、有效霉素、井冈霉素、安普霉素等。

抗生素工业的兴起促进了大型发酵设备的研制，为发酵工程的发展提供了关键的设备，也为后来许多微生物发酵产品，如酶制剂、维生素、有机酸、氨基酸等相关微生物代谢产物的发酵生产奠定了基础。

这一时期新产品、新技术、新设备不断出现，微生物技术的应用范围也日益扩大，是近代发酵工业的鼎盛时期。

1.2.4 人工诱变育种与代谢控制发酵时期

随着生物化学、微生物生理学以及遗传学等学科的深入发展，对微生物代谢途径和氨基酸生物合成的研究不断加深，人类开始利用代谢调控的手段进行微生物菌种选育和发酵条件控制，促进了20世纪60年代氨基酸、核苷酸等微生物发酵工业的建立。1955年，日本微生物学者木下祝郎首先利用自然界存在的谷氨酸棒状杆菌(*Corynebacterium glutamicum*)生物素缺陷型菌株发酵生产谷氨酸获得成功。至今至少已有22种氨基酸的生产与微生物发酵相关，其中18种可直接通过发酵生产，4种采用酶法转化。微生物发酵生产氨基酸是根据氨基酸生物合成途径，采用遗传育种方法进行微生物的人工诱变，选育出某些营养缺陷株或抗代谢类似物菌株，在控制营养条件的情况下进行发酵培养，积累大量人们所预期的氨基酸。

氨基酸发酵是以代谢调控为基础的发酵技术，发酵已由原来利用野生缺陷型菌株的发酵向高度人为控制的发酵转变，由依赖于微生物分解代谢的发酵向依赖于生物合成代谢的发酵，即向代谢产物大量积累的发酵转变。在育种方面，将微生物遗传学的理论与育种实践密切结合，改变以往从大量菌株中盲目地挑选高产菌株的方式，而是先研究目的产物的生物合成途径、遗传控制及代谢调节机制，然后进行菌株的定向选育，因此，可以说代谢控制发酵工程技术的建立，是发酵技术发展的第三个转折时期。

与此同时，该时期发酵罐的容量和形式也发展到前所未有的规模，例如生产单细胞蛋白用发酵罐最高达300 m^3，发展了高压喷射式、强制循环式等多种形式的发酵罐，并逐步运用计算机及自动控制技术进行灭菌和发酵过程的pH、温度、溶解氧等发酵参数的控制，使发酵生产朝连续化、自动化方向前进了一大步。

1.2.5 现代生物技术与发酵工程

20世纪70年代以来现代生物技术迅速发展，使发酵工程经历了前所未有的变革。发酵工程在微生物育种、生物合成和调控机制、微生物资源的开发等方面都取得了长足的发展。例如在生产菌种的选育方面，随着人们对微生物代谢途径、调控机制更深入的了解，运用分子遗传学、生物化学的基本原理，依据产物的分子结构、已知的生物合成途径、调控机制等设计的菌种筛选与传统的诱变方法结合起来，大大提高了育种工作的效率，获得了令人满意的育种效果。如美国礼来公司与牛津大学合作采用反向遗传学技术构建了头孢菌素C基因工程菌，使头孢菌素C产量提高了15%，已应用于大生产。俄罗斯和德国科学工作者根据维生素B_2(核黄素)合成遗传学研究结果构建出的芽孢杆菌基因工程菌株，维生素B_2产量达15 g/L以上。将透明颤菌的血红蛋白基因克隆到放线菌内，既可促进有氧代谢和菌体生长，又可促进抗生素的生物合成。

利用DNA重组技术构建基因工程菌，不但可以改造原有微生物生产的发酵产品，大幅度提高产品的发酵水平，而且可将外源基因导入微生物细胞，生产原有微生物所不能生产的产品。自20世纪80年代以来，经美国食品和药品管理局(FDA)批准上市的生物技术药物已有160多种，其中包括各种疫苗、单克隆抗体、免疫调节剂、激素、医疗用酶、各种人体活性蛋白和多肽等，它们大多数是自然微生物所不能生产的，以酵母菌、大肠杆菌等微生物为表达载体，经发酵培养生产的。使工业微生物所生产的产物超出了原有微生物的范围，大大丰富了发酵工业的内容。

1.3　发酵工业的特点

发酵工业是利用微生物所具有的生物加工与转化能力，将廉价的发酵原料转变为各种高附加值产品的产业。其主要特点体现在以下几个方面。

1.3.1　原料的多样性与可再生性

发酵工业采用较廉价的可再生生物原料（如淀粉、糖蜜、玉米浆或其他农副产品等）生产较高价值的产品。有时甚至可利用一些废物作为发酵原料，变废为宝，实现环保和发酵生产的双层效益。同时，所用原料只要不含有毒物，一般无精制的必要，微生物本身能有选择性地摄取所需物质。

1.3.2　菌种来源的广泛性

发酵工业所利用的微生物，可以是有目的地从自然界中筛选获得，也可是通过基因工程方法构建的基因工程菌。另外，微生物的基因组相对较小，调控系统相对简单，进行基因操作比动、植物要容易得多，因此，可通过物理和化学诱变、细胞融合和基因重组等育种技术，改良菌种，在不增加设备投资的条件下，利用原有的生产设备使生产能力大大提高。例如最初微生物生产青霉素的发酵效价只有 40 U/mL 左右，经过人们不断提高菌株的产率和改进发酵工艺与设备，目前发酵水平已达 80 000 U/mL 以上，产率提高了 2 000 多倍。

1.3.3　发酵过程的无菌性

微生物发酵生产全过程，在无菌状态下运转是非常重要的。生产过程所需的设备、培养基和空气都需进行严格的无菌处理；在操作上需防止杂菌污染，一旦杂菌入侵就有可能导致发酵生产的失败，遭受重大损失。

1.3.4　生化反应的温和性与专一性

作为生物化学反应，大多数微生物的生长繁殖和代谢产物生成都是在常温常压下进行，因此没有爆炸之类的危险，各种生产设备一般不必考虑防爆问题。同时，微生物适宜的 pH 接近中性，减轻了对设备的腐蚀性和对环境的影响。此外，微生物能利用自身特有的某些酶，高度选择性地在复杂化合物的特定部位进行氧化、还原、官能团导入等转化反应，从而获得某些具有重大经济价值的物质。

1.3.5　反应过程的自动调节性

由于微生物反应过程以生命体的自动调节方式进行，数十个生化反应过程能通过单一微生物的代谢活动来完成，发酵产物在单一发酵设备中一次合成。因此，与其他工业相比，相对投资较少，见效较快，具有经济和效能的统一性。

1.4 发酵工业类型与范围

1.4.1 发酵工业类型

微生物发酵产品种类繁多，但根据发酵产品与微生物生长代谢的关系，可将工业发酵分为微生物菌体发酵、微生物代谢产物发酵、微生物转化发酵和基因工程菌发酵四种类型。

1. 微生物菌体发酵

这是以具有多种用途的微生物菌体细胞为目标产物的发酵工业。可分成两类：一类是活性微生物制剂，如活性干酵母、乳酸菌菌剂、微生物杀菌剂、微生态菌剂、微生物增产菌剂等；另一类是富含一种或多种有用物质的微生物制品，如医用、食用、饲料用酵母（含多种有用物质），富集酵母（含某种微量元素或维生素），药用真菌（含一种或多种有用物质）等。由于目标产物是整个微生物细胞，因此生产过程的控制要点是合成尽量多的菌体。对于第一类菌体的发酵，还应控制收获时期菌体的生理状态，以便在其后的加工过程中获得较高的活细胞率；对于第二类菌体的发酵，则应使收获时菌体细胞积累尽量多的有用物质。

2. 微生物代谢产物发酵

微生物的代谢产物构成了发酵的主要产品，这些代谢产物按其在生命活动中的功能不同分为初级代谢产物和次级代谢产物。

（1）微生物初级代谢产物　包括各种有机酸、氨基酸、蛋白质、酶、核苷酸、核酸、脂类、糖及醇类等。这些代谢产物大都在微生物对数生长期产生，大都为细胞生长和繁殖所必需的物质。多数初级代谢产物具有重要应用价值，可供商业开发。但自然界存在的野生型菌株所产生的初级代谢产物一般只够满足自身生长需要。因此，工业微生物学家将通过改良菌种性能和改善发酵条件来提高产率，以满足工业生产的需求。

（2）微生物次级代谢产物　包括抗生素、色素、生物碱、植物生长素等。各种次级代谢产物都是在微生物进入缓慢生长或停止生长时期即稳定期所产生的。这些次级代谢产物在微生物生长和繁殖中的功能多数尚不明确，但对人类却是十分有用的。从现有的研究报道看，次级代谢产物的产生菌一般是产芽孢的细菌、放线菌和丝状真菌。其中放线菌中的链霉菌属产生的次级代谢产物种类最多；丝状真菌中不完全菌纲、担子菌纲是产生次级代谢产物最多的真菌种类。近年来还从稀有放线菌和某些产芽孢细菌中发现了许多次级代谢产物的产生菌。从海洋微生物中也发现了不少具有生物活性的次级代谢产物。从稀有放线菌和海洋微生物中寻找具有特异生物功能且结构新颖的次级代谢产物已成为当前研究的热点。

3. 微生物转化发酵

微生物转化就是利用微生物代谢过程中的某一种酶或酶系将一种化合物（该化合物不是微生物所能利用的培养基质）转化成含有特殊功能基团产物的生物化学反应。微生物转化反应通常包括脱氢、氧化、羟化、缩合、还原、脱羧、氨化、酰化、脱氨、磷酸化或异构作用等。微生物生物转化过程与化学催化过程相比，具有催化专一性强、效率高、条件温和等优越性，现已广泛用于激素、维生素、抗生素和生物碱以及手性药物合成等多种药物的生产中。例如单纯化学方法在天然甾体母核 C-11 位上导入一个氧原子改造成乙酸可的松需要 37 步反应，收率为十万分之二，但用黑根霉进行生物转化，一步就能在 C-11 位上导入一个羟基，使原来的合成步骤减少到 11 步，收率达 90%。在微生物转化的应用过程中，往往采用固定化微生物细胞或酶，以提高转化效率，简化操作并多次反复使用。

4. 基因工程菌发酵

自 20 世纪 70 年代基因工程诞生以来，最先应用基因工程技术且目前仍是最活跃的研究领域是医药领域。第一个基因工程菌发酵生产的药物是 1977 年美国试制成功的，即可以抑制脑垂体激素分泌的“激素释放抑制因子”。该药物原来从羊脑垂体中提取，50 万只羊脑只能提取 5 mg 的产品，而采用基因工程菌发酵生产，10 L 的基因工程菌培养液就可得到同样量的产品。基因工程菌的发酵工艺与传统的抗生素等的发酵不同，需要对影响目的基因表达的各种因素及时进行分析和优化，如培养基的组成不仅影响工程菌的生长速率，而且还影响重组质粒的稳定性和外源基因的高效表达。培养温度对工程菌的高效表达有显著调控作用，影响基因的复制、转录、翻译或与小分子调节因子的结合，培养温度的高低还会影响蛋白质的活性和包含体的形成。在不同的发酵条件下，工程菌的代谢途径可能发生变化，因而对产物的分离纯化工艺造成影响。详细的基因工程菌发酵参见本书相关章节。

1.4.2 发酵工业的范围

虽然人类数千年前就开始了微生物的应用，但直到 200 多年前，微生物的应用仅限于酿酒与食品工业。随着近代发酵工业的建立与发展，特别是在基因工程、细胞工程、蛋白质工程等现代生物技术的支持下，发酵工业的应用领域逐渐扩展到医药、轻工、农业、化工、能源、环境保护和冶金等各个行业。据估计，全球发酵产品的市场有 120 亿～130 亿美元，其中抗生素占 46%，氨基酸占 16.3%，有机酸占 13.2%，酶制剂占 10%，其他发酵产品占 14.5%。而且随着石油资源的日益紧张，化石能源和以石油为主要原料的化工产品逐渐会被以发酵工程技术为核心的生物能源和生物化工产品所替代。因此，发酵产品种类和应用范围还会不断地扩大。目前发酵工业生产产品数千种，根据发酵产品性质与发酵工业应用范围的关系大致将其归纳为下列 13 类。

1. 酿酒

人们利用微生物酿酒已有数千年的历史，酿酒是人类利用微生物最早的领域，目前其商品产量和产值在微生物工业中占有重要地位，据报道，2011 年中国饮料酒的产量达 6 269.7 万千升。

根据发酵后产品后续工艺的不同，可将饮料酒分为发酵酒和蒸馏酒两大类。前者包括葡萄酒、啤酒、果酒、黄酒和青酒等。后者按生产工艺的不同分为三类：①用曲作糖化和发酵剂，以淀粉质原料，采用双边发酵技术制酒。中国的各类白酒和日本的烧酒，均采用这一工艺酿造。②以麦芽为糖化剂，然后加入发酵剂，采用单边发酵技术制酒。自古以来西方各国主要采用这一方法制酒，此类酒也用淀粉质原料酿造，威士忌、俄德克、金酒等都属这一类酒。③以糖质为原料，仅加入发酵剂即可将糖酿造成酒，此类酒也是采用单边发酵技术酿造的，如以果类为原料酿制的各种白兰地，以甘蔗为原料酿制的老姆酒等。

2. 发酵食品

食品工业是微生物技术最早开发应用的领域，至今发酵食品的产量和产值仍居发酵工业的前列，据报道，由发酵工程贡献的产品占食品工业总销售额的 15%以上。传统发酵食品最初起源于食品保藏，是保证食品安全性最古老的手段之一。后来，发酵技术经过不断的演变、分化，已成为一种独特的食品加工方法，用于满足人们对不同风味、口感，乃至营养、生理功能的要求。近年来，国内外学者发现某些传统发酵食品具有特殊的营养生理功能，使世界各地传统发酵食品的研究迎来新的热潮。

根据发酵食品在人们膳食结构中的作用，可将其分为：发酵主食品，如面包、馒头、包子、发面饼等；发酵副食品，如火腿、发酵香肠、豆腐乳、泡菜、咸菜等；发酵调味品，如酱、酱油、豆豉、食醋、酵母自溶物等以及发酵乳制品（如奶酒、干酪、酸奶等）。

3. 有机酸

饮料酒在有氧条件下自然放置可制成醋，牛乳酸败可制成酸奶，是人类在知道乙酸和乳酸与微生物的关系之前就学会生产和利用有机酸（乙酸和乳酸）的例子。而有机酸工业，则是随近代发酵技术的建立而逐渐形成的。目前，采用发酵法生产的有机酸主要有丙酸、丙酮酸、乙酸、乳酸、丁酸、富马酸、琥珀酸、延胡索酸、苹果酸、酒石酸、衣康酸、阿康酸、粘康酸、α-酮戊二酸、柠檬酸、异柠檬酸、葡萄糖酸、曲酸等。

4. 抗生素

抗生素是目前最大的一类治疗药物，已发现的抗生素有 6 000 余种，其中绝大多数是由微生物产生的，已工业化生产、广泛应用的有 100 余种，包括抗细菌抗生素、抗原虫抗生素、抗真菌抗生素和抗肿瘤抗生素 4 大类。目前中国抗生素总产量合计 14.7 万吨，其中 2.47 万吨用于出口。全世界 75%的青霉素盐，80%的头孢菌素类抗生素，90%的链霉素类抗生素产于中国。

此外，杀稻瘟菌素、灭瘟素 S、春日霉素、庆丰霉素等发酵生产的农用抗生素可用于防治作物病害。

5. 氨基酸

氨基酸是构成蛋白质的基本化合物，也是营养学中极为重要的物质。自 1955 年日本人木下祝郎成功地用发酵法获得谷氨酸以来，现在几乎所有的氨基酸均可用发酵法生产。目前，我国已能工业化生产的氨基酸品种有谷氨酸、赖氨酸、蛋氨酸、苏氨酸、异亮氨酸、亮氨酸、缬氨酸、脯氨酸、天冬氨酸、胱氨酸、精氨酸、苯丙氨酸等。2010 年，我国氨基酸工业总产量超过 300 万吨，其中大宗氨基酸产品谷氨酸及其盐产量达 220 万吨，占世界总产量的 70%以上，居世界第一。目前我国氨基酸形成产业规模以上的生产厂家已达近百家，总产量超过 300 万吨，我国已成为氨基酸产品的“世界工厂”。

6. 酶制剂

酶是由生物体活细胞产生的生物催化剂，可用动物、植物或微生物来生产，但工业酶制剂主要是通过微生物发酵生产。目前通过发酵生产的酶制剂已达百种以上，广泛用于医药、食品、酿造、日化、制革、纺织、饲料、化工等行业。如生产淀粉水解葡萄糖用到的淀粉酶和糖化酶，用于澄清果汁、精炼植物纤维的果胶酶和纤维素酶，在皮革加工、饲料添加剂等方面用途广泛的蛋白酶，拆分 DL-氨基酸的氨基酰化酶。

酶制剂按用途不同可分为工业用酶制剂和医药用酶制剂两大类。工业用酶制剂主要有糖化酶、α-淀粉酶、普鲁兰酶、异淀粉酶、异构酶、半乳糖酶、纤维素酶、蛋白酶、果胶酶、脂肪酶、凝乳酶、氨基酸化酶、甘露聚糖酶、过氧化氢酶等。医药用酶制剂主要有蛋白酶、胃蛋白酶、胰蛋白酶、核酸酶、脂肪酶、尿激酶、链激酶、天冬酰胺酶、超氧化物歧化酶、溶菌酶、血溶栓酶等。前者一般不需纯制品，而后者要求的纯度较高，其价格是前者的数千倍至数百万倍。此外，越来越多的在医疗上作为诊断试剂或分析试剂用的特殊酶制剂，大都通过发酵生产获得。

7. 基因工程产品

这里的基因工程产品是指利用基因重组技术将动、植物细胞的基因转入微生物，通过微生物发酵生产的产品。它们大多数是以酵母菌、大肠杆菌等微生物为高效表达载体，经发酵培养及高度纯化后制成的。另外，新技术的发展有可能使原先只能用哺乳动物生产的基因工程药物转为由重组微生物来生产，从而进一步扩大微生物工程的应用领域。自1982年美国批准重组胰岛素上市，截至2009年底，经美国食品和药物管理局(FDA)批准上市的生物技术药物有163种。我国国家食品药品监督管理局(SFDA)批准的生物技术药物有以下几种。

(1) 疫苗　基因工程疫苗。

(2) 细胞因子　干扰素(α_{1b}、α_{2b}、α_{2a}、γ)，白细胞介素-2，G-集落刺激因子，GM-集落刺激因子，人、牛碱性成纤维细胞生长因子，重组人表皮生长因子，肿瘤坏死因子，重组人血小板生成素-α，红细胞生成素，重组人血管内皮抑制素，白细胞介素-11等。

(3) 激素　重组人胰岛素、重组赖脯胰岛素注射液、重组人生长激素注射液等。

(4) 重组酶　链激酶、葡激酶、重组人组织型纤溶酶原激酶衍生物等。

(5) 单克隆抗体　碘131美妥昔单抗、重组人源化抗人表皮生长因子受体单克隆抗体等。

(6) 融合蛋白　重组人Ⅱ型肿瘤坏死因子受体-抗体融合蛋白等。

(7) 多肽　重组人脑利肽等。

(8) 治疗基因　重组人5型腺病毒注射液、重组人p53腺病毒抗癌注射液等。

8. 功能性代谢产物

(1) 核酸类物质　核苷酸发酵始于20世纪60年代，最早的产品是鲜味剂肌苷酸(IMP)和鸟苷酸(GMP)。此后，发现许多核酸类物质如肌苷、腺苷、三磷酸腺苷(ATP)、烟酰胺腺嘌呤二核苷酸(NAD，辅酶Ⅰ)、黄素腺嘌呤二核苷酸(FAD)、单磷酸尿嘧啶(UMP)等具有特殊的疗效功能，且用途正在日益扩大，从而促进了核酸类物质的生产。

(2) 维生素　维生素是指一类在生物生长和代谢过程中所必需的微量物质，其种类繁多。过去除鱼肝油外，大多采用化学合成法生产。最早用发酵法生产的维生素是维生素B_2，它是在20世纪20年代生产丙酮-丁醇时作为一种副产物获得的。目前，用发酵法生产的维生素及辅酶还有维生素B_{12}、维生素C、β-胡萝卜素(维生素A原)和麦角甾醇(维生素D_2原)以及辅酶Ⅰ、辅酶A、辅酶Q等。

我国发明了用醋酸杆菌将山梨醇转化为山梨糖，再用氧化葡萄糖酸杆菌与巨大芽孢杆菌的自然组合进行第二步转化，将山梨糖转化成维生素C的前体2-酮基-L-古龙酸的这种二步发酵法生产维生素C的方法。该方法易于实现工业生产的连续化、自动化，大大提高了维生素C的产量，已推广到其他国家，2010年，我国维生素类原料药工业总产量超过19万吨，其中，维生素C拥有全球90%的生产能力。

(3) 激素　包括植物生长激素和甾体激素等。赤霉素是最早用微生物发酵方法生产的植物生长激素。甾体激素则大多用微生物生物转化方法生产，如醋酸可的松、氢化可的松等。

(4) 酶抑制剂　20世纪60年代梅泽滨夫从链霉菌代谢产物中分离出二肽化合物贝他定(bestatin)对氨肽酶B及亮氨酸氨肽酶有特异性抑制作用，该活性物质还可以刺激细胞免疫，增加巨噬细胞和脾细胞对白细胞介素Ⅰ、Ⅱ的释放。随后，各国学者从不同微生物代谢产物中发现了许多种类的酶抑制剂，并阐明了其化学结构及临床效果。如：血管紧张素转化酶抑制剂(ACE)用于治疗高血压；糖苷酶抑制剂治疗肥胖病、糖尿病和高脂蛋白血症；磷脂酶抑制剂治疗胰腺炎；3-羟-3-甲基戊二酰辅酶A还原酶(HMG-CoA还原酶)抑制剂和乙酰辅酶A-胆固醇乙酰转移酶(ACAT)抑制剂治疗高胆固醇血症和动脉粥样硬化等。

(5) 生物高分子聚合物　微生物发酵直接生产的功能性生物高分子聚合物主要是聚氨基酸和聚多糖两大类。前者如聚谷氨酸、赖氨酸等。后者主要有透明质酸、黄原胶、威兰胶、左旋糖酐、霉菌多糖、食用菌多糖、细菌纤维素等。此外,通过发酵方法生产在生物医药和材料领域具有巨大应用前景的聚苹果酸,近年来也引起了人们的关注。

(6) 其他功能性微生物发酵代谢产物　有“智能食品”之称的多烯不饱和脂肪酸,如二十碳五烯酸(EPA)、二十二碳六烯酸(DHA)、二十碳四烯酸(AA)等,不仅源于海鱼,而且可通过微生物进行生产。研究人员发现海洋中繁殖能力很强的网黏菌(*Labyrinthulaler*),其干菌体含脂质70%,其中DHA占30%～40%,该菌DHA含量与海产金鲶鱼或鲤鱼眼窝脂肪中DHA含量相近。此外,先前只能从植物中提取获得的辅酶Q_{10},现已实现了工业化发酵法生产。

9. 生物基化学品与生物基聚合物

生物基化学品是指以植物淀粉、农业废弃物等再生生物原料,采用生物炼制的方法生产的化学品(从某种意义上来说,与发酵相关产品大都属于生物基化学品,这里把它单独列出来,主要是这个词近年来出现频率较多)。与利用化石能源生产的化学品相比,生物基化学品具有原料可持续获取、环境友好等特点,因而在化石燃料资源不断耗竭、全球气候变暖的背景下,日益受到人们的关注。在多年的不断研发,尤其是近年来生物技术突飞猛进的背景下,生物基化学品的生产不断取得进步,生产成本有所降低,产品性能逐渐提高因而市场竞争力不断增强。例如,基因工程和发酵工程为生产生物可降解塑料这一难题提供了途径,科学家经过选育和基因重组方法,已获得能积累聚酯塑料占菌体质量70%～80%的工程菌。目前尽管生物基化学品的产量当前占全球化学品产量的1%,但清洁能源技术公司等预测,2020年全球生物基化学品将占全球化学品总产量的9%,到2050年,生物基化学品产量可达到1.13亿吨,约占有机化学品市场的38%。在这一背景下开发生物塑料、生物橡胶等化学品,已成为各国占领未来全球化学品竞争高地的战略决策。

2010年,全球生物塑料产能约为70万吨,预计从2010到2015年,全球生物塑料的产能将增加一倍。从具体产品上看,聚乳酸是目前产量最大、应用最多的塑料,目前世界聚乳酸生产能力为20万～25万吨/年。据估计,2020年全世界聚乳酸的需求量将达到1 150万～2 300万吨。用于生产生物塑料的聚羟基脂肪酸酯(PHA)、聚乳酸(PLA)和生物乙烯等是市场增长最快的聚合物,表1-1为欧盟预测2015年全球生物基聚合物的生产能力和市场份额。

表1-1　欧盟预测2015年全球生物基聚合物的生产能力及市场份额

生物基聚合物	产量/(吨/年)	市场份额/(%)
生物基聚乙烯	450 000	26
生物基聚对苯二甲酸乙二醇酯	290 000	17
聚乳酸	216 000	13
聚羟基脂肪酸	147 000	9
生物降解聚酯纤维	143 000	8
生物降解淀粉产品	124 800	7
生物基聚氯乙烯	120 000	7
生物基聚酰胺	75 000	5

续表

生物基聚合物	产量/(吨/年)	市场份额/(%)
可再生纤维素材料	36 000	2
聚乳酸混合物	35 000	2
其他	72 300	4

10. 生物能源

能源紧张是当今世界各国都面临的一大难题，通过发酵工程开发再生性能源和新能源引起各国政府的关注。通过微生物发酵获得能源主要包括以下几个方面。

(1) 燃料乙醇　通过微生物或酶的作用，利用含淀粉、糖质和木质纤维素等的植物资源如粮食、甜菜、甘薯、木薯、玉米芯、秸秆、木材等生产“绿色石油”——燃料乙醇。据全球可再生燃料联盟等报道，2010 年全球生物燃料产量为 1 100 亿升。包括我国在内，美国、巴西和欧洲的一些国家已开始大量使用“乙醇汽油”(乙醇和汽油的混合物)作为汽车的燃料。

(2) 生物柴油　主要包括通过酯酶对废食用油脂进行酯交换反应生产的生物柴油和通过藻类发酵培养生产的生物柴油等。

(3) 沼气　各种有机废料如秸秆、畜禽粪便等通过微生物发酵作用生成沼气，是废物利用的重要手段之一，包括我国在内的许多国家利用沼气作为能源取得了显著的成绩。

(4) 生物电池　微生物的生命活动产生的所谓“电极活动物质”可作为电池燃料，然后通过类似于燃料电池的办法，把化学能转换成电能，成为微生物电池。作为微生物电池的电极活性物质，主要是氢、甲酸、氨等。例如，人们已经发现不少能够产氢的细菌，其中属于化能异养菌的有 30 多种，它们能够发酵糖类、醇类、酸类等有机物，吸收其中的化学能来满足自身生命活动的需要，同时把另一部分的能量以氢气的形式释放出来。有了氢做燃料，就可制造出氢氧型的微生物电池。

(5) 微生物采油　通过发酵方法获得相关菌体细胞，然后将菌体细胞注入到地层中，在地下繁殖，同石油作用，产生 CO_2、甲烷等气体，从而增加了井压；同时，微生物能分泌高聚物、糖脂等表面活性剂和降解石油长链的水解酶，降低原油表面张力，使原油从岩石沙土上松开，减少黏度，提高油井产量。

11. 微生物菌体产品

按用途不同，微生物菌体产品可分为以下几类。

(1) 活性干酵母　包括面包活性干酵母和各种酿酒活性干酵母。

(2) 微生态制剂　可直接食用，用于改善人体和动物肠道微生物环境。

(3) 食用和药用微生物菌体　包括作为营养强化剂或添加剂用的普通食用酵母，用于协助消化的普通药用酵母，具有特殊功效或治疗作用的富集酵母，以及食用菌、药用真菌等。

(4) 菌苗、疫苗　用于人畜感染性疾病防治。

(5) 单细胞蛋白(SCP)　饲料用单细胞蛋白，粗蛋白的含量高达 40%～80%。生产 SCP 的原料非常广泛，包括糖质、淀粉质、纤维质以及工农业生产废弃物等再生资源，也可利用甲烷、甲醇、乙醇、乙酸等化工产品。根据原料的不同，可选用的微生物有藻类、酵母、细菌、丝状真菌和放线菌等。

(6) 微生物杀虫剂　包括：病毒杀虫剂，如核型多角体病毒、质型多角体病毒、颗粒体病毒、重组杆状病毒；细菌杀虫剂，如苏云金杆菌、重组苏云金杆菌；真菌杀虫剂，如虫霉菌杀虫剂、白僵菌杀虫剂；动物杀虫剂，如原生动物孢子虫杀虫剂、新线虫杀虫剂、索线虫杀虫剂等。

（7）防治植物病害微生物　细菌（如假单胞菌属、土壤杆菌属等）、放线菌（如细黄链菌）、真菌（如木霉）、各种弱病毒等可用于防治植物病害。

（8）微生物增产剂　固氮菌、钾细菌、磷细菌、抗生菌制剂等，可以将空气中的氮固定并转化成氨、尿素、硝酸盐形式供作物吸收利用，或将磷、钾从植物不能吸收利用的形态转化为可吸收利用的形态而达到增产的目的。

12. 环境净化

（1）利用微生物分解有毒、难降解污染物　环境污染已是当今社会的一大公害，但是小小的微生物却对污染物有着惊人的降解能力，对其的研究也成为污染控制研究中最活跃的领域。例如，某些假单胞菌、无色杆菌具有清除氰、腈等剧毒化合物的功能，某些产碱杆菌、无色杆菌、短芽孢杆菌对联苯类致癌物质具有降解能力。某些微生物制剂能“吃掉”水上的浮油，在净化水域石油污染方面，显示出惊人的效果。

（2）微生物发酵处理工业三废、生活垃圾及农业废弃物　利用微生物发酵处理工业三废、生活垃圾及农业废弃物等，不仅净化了环境，还可变废为宝。主要处理方法如下。

①厌氧处理：在厌氧条件下，微生物利用分解废弃物中的糖类、蛋白质和脂肪等有机物质产生沼气，在治理环境的同时，又获得一定量的能源，此外，经厌气发酵后的残渣还可用作肥料，可谓一举三得。

②好气处理：利用好气性微生物使有机物氧化，最终将 BOD 成分分解成二氧化碳和水。目前广泛应用的有活性污泥法、散布滤床法和旋转圆盘法等。

③特殊处理：利用特殊微生物降解某些有害物质，如酚、有机氮、有机磷、氰、腈、重金属离子等。

④大气污染治理：微生物用于烟气脱硫，不需要高温、高压和催化剂，设备简单；应用微生物过滤法处理空气中的低浓度污染物质，具有废气在反应器内停留时间短、处理效率高等优点。

13. 微生物冶炼

虽然地球上矿物质蕴藏量丰富，但大多数矿床品位太低，随着现代工业的发展，高品位富矿也不断减少。面对以万吨计的废矿渣、贫矿、尾矿、废矿，采用一般选浮矿法已不可能，唯有细菌冶金给人们带来了新的希望。细菌冶金是指利用微生物及其代谢产物作为浸矿剂，喷淋在堆放的矿石上，浸矿剂溶解矿石中的有效成分，最后从收集的浸取液中分离、浓缩和提纯有用的金属。采用细菌冶金可浸提包括金、银、铜、铀、锰、钼、锌、钴、镍、钡、钪等 10 余种贵重的稀有金属，特别是黄金、铜、铀等的开采。

发酵工程的应用十分广泛，生产产品众多，涉及现代生活的方方面面，在一些发达国家，发酵工程已成为国民经济的重要支柱。随着发酵工程的不断发展，将为人类的生活和社会发展做出更大贡献。

1.5　发酵工艺的培养方法与过程

1.5.1　发酵工艺的培养方法

根据发酵产物、微生物培养过程中对氧的需求、培养基状态以及发酵生产方式不同，可以将发酵工艺的培养方法分成不同类型。

1. 按培养微生物对氧的需求不同划分

按微生物培养过程中对氧的需求不同，可将发酵分为厌氧发酵、需氧发酵以及兼性厌氧发酵三大类型。

(1) 厌氧发酵　像乳酸菌发酵生产乳酸和梭状芽孢杆菌发酵生产丙酮丁醇，在整个发酵过程中无需供给空气，属于厌氧发酵。

(2) 需氧发酵　现代工业发酵中多数属于需氧发酵类型，如棒状杆菌进行的谷氨酸发酵，黑曲霉进行的柠檬酸发酵以及放线菌进行抗生素的发酵等都属于需氧发酵，在发酵过程中必需通入一定量的无菌空气。

(3) 兼性厌氧发酵　这类发酵指的是菌体生长繁殖是在好氧条件下进行，而在厌氧条件下形成并积累代谢产物。如酵母菌就属于兼性厌氧微生物，当有氧供给的情况下，进行好氧呼吸，积累酵母菌体，而在缺氧的情况下，进行厌氧发酵，积累代谢产物——酒精。

2. 按培养基的物理状态划分

按培养基的物理状态，可将发酵分为固态发酵和液体深层发酵。

(1) 固态发酵　固态发酵是指体系在没有或几乎没有自由水存在下，微生物在固态物质上生长的过程，过程中维持微生物活性需要的水主要为结合水或与固体基质结合状态的水。大部分研究者认为固态发酵(solid state fermentation)和固体基质发酵(solid substrates fermentation)是同一概念，但也有人认为，固体基质发酵是在无自由水条件下固体基质作为碳源或氮源的发酵过程，而固态发酵是指利用天然或惰性底物(如合成泡沫等)作为支持物的发酵过程。根据料层的厚度和发酵设备的不同，固态发酵又可分为浅盘固态发酵和厚层固态发酵。前者是将固体培养基铺成厚度2～5 cm的薄层装盘进行发酵；后者是将固体培养基堆成0.3～0.5 m甚至更高的厚层，并在培育期间不断通入空气，故也称厚层机械通风发酵。固态发酵常采用农副产品为原料，具有能量消耗少，成本低，产品发酵水平可远远高于液体发酵，三废排放较少等优点。但传统的固态发酵是在开放式环境中进行操作，不能实现生长条件精确控制，不容易防止污染，同时，无论浅盘与厚层固态发酵都需要较大的劳动强度和工作面积。

传统的发酵食品、制酱、酿酒等都采用固态发酵。但是近十来年，固态发酵又成为了许多产品的一种发酵形式，取得了空前的成果，已广泛应用于生物修复、有毒化合物的降解、副产品残渣的脱毒、农作物的生物转化、生物制浆、生物燃料、生物防治、垃圾处理以及许多生物活性产物的生产，如酶、抗生素、生物碱、有机酸、生物杀虫剂、表面活性剂、生物燃料、香料等，目前有300多种化合物已成功用固态发酵来生产。

(2) 液体深层发酵　现代工业发酵大多采用液体深层发酵，有机酸、酶制剂、氨基酸、抗生素等大多数发酵产品先后都采用液体深层发酵大量生产。液体深层发酵的特点是容易按照生产菌种的营养要求以及在不同生理时期对通气、搅拌、温度及pH等的要求，选择最适发酵条件，易于实现大规模工业化、标准化、自动化生产，生产效率高。因此，目前几乎所有好氧发酵都采用液体深层发酵。但是，与固态发酵相比较，液体深层发酵无菌操作要求高、设备投资大，在生产过程中防止杂菌污染非常关键。

液体深层发酵可分为分批发酵、连续发酵和补料分批发酵三大类型。其中连续发酵又可分为单级恒化器连续发酵、多级恒化器连续发酵及带有细胞再循环的单级恒化器连续发酵，它们的特点将在后面章节进行详细讲述。

1.5.2 典型发酵(分批发酵)工艺流程

发酵工业中，从原料到产品的生产过程非常复杂，包含了一系列相对独立的工序。除某些转化过程外，典型的发酵工艺过程大致包括以下 9 个单元，它们之间的关系如图 1-1 所示。

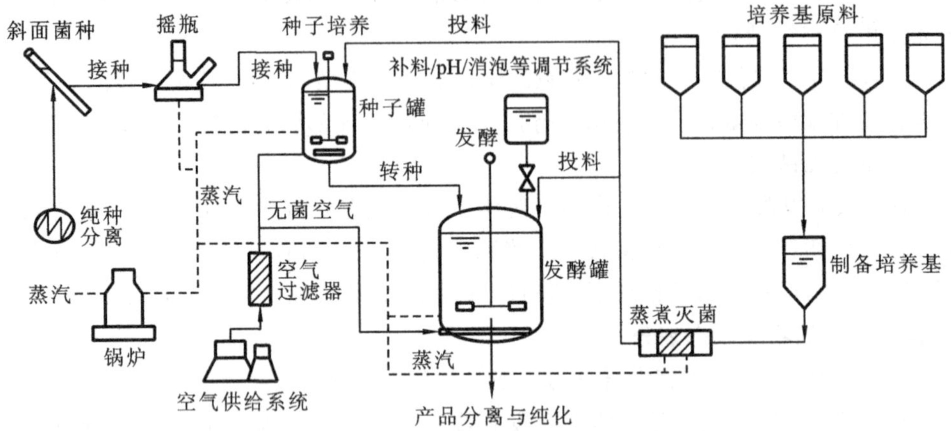

图 1-1 典型微生物发酵工艺流程

(1) 原料预处理。

(2) 用作种子扩大培养及发酵生产的各种培养基的配制。

(3) 培养基、发酵罐及其附属设备的灭菌。

(4) 无菌空气的制备。

(5) 微生物菌种制备和扩大培养，并以一定比例将菌种转接到发酵罐中。

(6) 控制合适的微生物生长和发酵条件，使微生物生长并形成大量的代谢产物。

(7) 发酵产物分离、提取与精制，以得到合格的产品。

(8) 成品检查与包装。

(9) 回收或处理发酵过程中所产生的三废物质。

工业发酵过程的这些环节又分别涉及一系列相关的设备和操作程序，它们共同组成了工业发酵过程。

1.5.3 其他发酵类型

在发酵工业中最常见的还有以下其他发酵或培养类型。

1. 混合发酵

混合发酵是指多种微生物混合在一起共用一种培养基进行的发酵，适用于需要多种微生物的协同作用或微生物本身共栖现象时的发酵。例如：固态发酵白酒的酿造，往往是多种微生物共存、协同作用，使原料中的淀粉和蛋白质降解并生成乙醇等代谢产物；在污水处理过程中，也是多种微生物共同作用，使大分子有机物质逐步分解成乙烷和二氧化碳等物质。在混合发酵中，应注意使培养基和培养条件同时满足多种生物体的需要。

2. 双边发酵

双边发酵是在白酒传统工艺中，含淀粉质原料在糖化发酵剂(酒曲中的霉菌及酶和酵母)作用下形成乙醇(酒精)的过程，其糖化和发酵作用同时在一起，而由不同的微生物菌株交叉进行。

3. 灌注培养

灌注培养是指在分批培养过程的中后期不断注入新鲜培养基，并以同样的流量排出废培养基，但将细胞截留在反应器中。它与连续培养不同之处在于后者排出的培养液中包含着细胞而前者仅是废培养基。细胞的截留可借出口处的过滤或重力沉降装置来实现。由于这种培养法可以不断灌注新鲜培养基，并可排出可能存在的有害代谢产物，可以大大延长培养周期。这种培养法特别适用于细胞倍增时间长的动、植物细胞。

1.6 发酵工业发展趋势

1.6.1 发酵工程技术产业化的关键因素

发酵工程技术只有实现产业化才能造福人类，而能否实现规模化生产主要取决于所用的菌种的生产能力、发酵的工艺条件和发酵罐的操作性能，只有这三个方面条件均具备，发酵生产才能顺利进行。对于给定的菌株，通过建立适当的发酵工艺，给微生物提供良好的环境，可以充分发挥所用菌株的生产能力，提高发酵的水平。发酵过程的工艺控制，则有赖于发酵罐的操作性能和过程控制。

发酵产品能否占领市场取决于影响发酵产品的价格因素，发酵产品的分离与纯化过程费用，通常占生产成本的 50%～70%，有的甚至高达 90%。分离步骤多、耗时长，往往成为实施生化过程替代化学过程生产的制约因素。因此，发酵工业的发展始终都是围绕发酵工程技术产业化来展开。

1.6.2 发酵工业发展趋势

1. 发酵原料的开发和利用

粮食和能源紧张是当下和今后世界各国都将面临的难题。发酵产业对能源和粮食的消耗巨大，同时地球上的石油、煤炭、天然气等化石燃料终将枯竭，因此，发酵工业在发酵原料的开发和利用方面，未来的发展要求应该是：①实现原料到产品的高转化率。②开发和利用非粮食农业生物质发酵原料，如纤维素、非粮淀粉、非粮脂肪酸等。③加强发酵产业向能源、化工以及材料等领域延伸，实现部分代替石油，生产大宗材料、能源、化工产品等，逐渐减少对石油的依赖。例如通过微生物利用秸秆、玉米芯等木质纤维素农林业残渣作为原料发酵生产乙醇等燃料能源，已经引起越来越多的国家在发展战略上的重视。尽管目前纤维素乙醇的生产成本已下降至 5 000～6 000 元/吨，但限制乙醇作为燃料使用的主要障碍还是成本问题，因而构建能够利用可再生物质生产乙醇的工程菌仍是主要的努力方向。④随着工业的发展，人口增长和国民生活的改善，废弃物也日益增多，同时也造成环境污染。因此，通过发酵技术对各类废弃物的治理和转化，变害为益，实现无害化、资源化和产业化具有重要意义。

2. 提高菌种效率是关键

我国的发酵产业在硬件方面已经达到很高的水平，因此，今后节能减排的工作重点应该放在菌种的改良上。①充分利用包括基因工程在内的现代分子生物学技术研究成果，按照人们的意志来改良菌种及将外源基因导入微生物细胞，对传统发酵工业菌种进行改造，提高发酵单位。②构建复合功能微生物是菌种改良的重要方向。目标是获得一个能快速生长、能进行多种基因整合、抗染菌、允许不同多个个体的染色体在细胞中共存，从而获得多种性能、能生产多种产品的微生物制造平台菌株。近期和中期菌种改造研究的重要应用领域包括：改造控制生长速度的微生物基因组，使微生物细胞更快地生长，利用快速生长的微生物菌株生产大宗化工产品，提高生物过程相对于化工过程的竞争性。限制细胞群体效应，使发酵能达到更高的密度，提高生物产品单位时间和单位体积的生产效率。实现跨种属染色体在一个细胞共存，使细胞具有多种功能(特别是利用纤维素快速生长获得目标产物)。总之，提高菌种的效率是提高发酵产业的关键。

3. 开拓先进发酵工艺技术

发酵工业具有高耗能、高耗水、不连续、易染菌的缺点，导致发酵产业成本的增加，降低了其竞争性。未来发酵产业应该向着无高温灭菌、低耗水和连续发酵方向发展，以最终达到节能减排的目的。最近，我国在嗜盐发酵生产生物塑料聚羟基脂肪酸酯(PHA)方面，已经实现了至少两周的开放发酵，使 PHA 成为有竞争性产业的步伐又向前迈进了一步。未来，可以利用海水为介质发掘嗜盐菌在高 pH 值、高温和高盐浓度条件下生长繁殖的特点，建立一个能进行无高温灭菌、低耗水(利用海水)和连续发酵、有竞争性的发酵产业。

4. 新型发酵设备的研制

新型发酵设备的研制为发酵工程提供了先进工具，例如，固定化反应器是利用细胞或酶的固定化技术来生产发酵产品，提高产率。日本东京大学利用 *Methylosium trichosporium* 细菌，以甲烷做基质，采用生物反应器细胞固定化技术连续生产甲醇，产量大大提高。英国科学家设计了一种“光生物反应器”培养水藻，通过光合作用将太阳能转化为生物量燃料，其转化率比一般农作物和树木要高得多。可使光合作用达到最佳程度，并可以从释放的气体中回收氢能。

5. 大型化、连续化、自动化控制技术的应用

现代生物技术的成功与发展，最重要的是取决于高效率、低能耗的生物反应过程，而它的高效率又取决于它的自动化。发酵设备正逐步向容积大型化、结构多样化、操作控制自动化的高效生物反应器方向发展，其目的在于节省能源、原材料和劳动力，降低发酵产品的生产成本。生物反应器大型化为世界各发达国家所重视。发酵过程的计算机控制和发酵参数的数据处理也是现代发酵工程的主要内容。

6. 生态型发酵工业的兴起开拓了发酵的新领域

随着近代发酵工业的发展，越来越多的过去靠化学合成的产品，现在已全部或部分借助发酵方法来完成。也就是说，发酵法正在逐渐代替化学工业的某些方面。有机化学合成方法与发酵生物合成方法关系更加密切，生物半合成或化学半合成方法已应用到许多产品的工业生产中。微生物酶催化生物合成和化学合成相结合，使发酵产物通过化学修饰及化学结构改造进一步为生产更多精细化工产品开拓了一个全新的领域。

7. 发酵产品高效分离技术的开发

在发酵工业中为达到既高产又丰收的目的，必须具备高水平的发酵产物后处理技术和设备。寻求经济适用的分离纯化技术，已成为发酵工程领域的热点。分离纯化技术的研发有两个方向：一是结合其他学科的发展开发新的分离纯化技术；二是对现有的分离纯化技术进行重新开发，从另一个角度对现有的分离纯化技术进行利用。目前国外在发酵工程后提取工艺上已大规模应用的新型分离纯化技术有双水相萃取、新型电泳分离、大规模制备色谱、膜分离(微滤、超滤等)、连续结晶技术等。这些新型技术的开发与应用,减少了后提取工艺的操作费用,提高了后提取工艺的产品收率,大大降低了生产成本。如何将这些新型分离纯化技术有效地应用于发酵工业生产过程,提高现有产品的收率,降低产品的生产成本是今后研究的重要课题。另外,将发酵过程与产物的分离相偶联,解除发酵产物对菌体生长和代谢的抑制,既能提高发酵水平,又有利于产物的分离。

本章总结与展望

本章介绍了发酵定义形成过程,简要地阐明了发酵工程的定义及发酵工业的特点,系统地介绍了丰富的发酵产品与发酵培养的方法,对发酵工业发展的历史进行总结的同时,对发酵工业的未来进行了展望。

思考题

1. 生物化学家与工业微生学家对发酵定义有何异同?
2. 简述发酵工程的含义及其研究的内容。
3. 与化学工业比较,发酵工业具有哪些显著特点?
4. 根据发酵产品与微生物生长代谢的关系,可将发酵分为哪几种类型?
5. 发酵工程的发展经历了哪些历史阶段?各阶段的主要特点是什么?
6. 液体深层培养方法生产发酵产品主要工艺过程包括哪些步骤?
7. 谈谈你对发酵工业发展的看法。

参考文献

[1] 余龙江. 发酵工程原理与技术应用[M]. 北京:化学工业出版社,2006.
[2] 熊宗贵. 发酵工艺原理[M]. 北京:中国医药科技出版社,2003.
[3] 何建勇. 发酵工艺学[M]. 2 版. 北京:中国医药科技出版社,2009.
[4] 肖东光. 微生物工程原理[M]. 北京:中国轻工业出版社,2004.
[5] 李寅,高海军,陈坚. 高细胞密度发酵技术[M]. 北京:化学工业出版社,2006.
[6] 欧阳平凯,曹竹安,马宏建,等. 发酵工程关键技术及应用[M]. 北京:化学工业出版社,2005.
[7] 焦瑞身. 微生物工程[M]. 北京:化学工业出版社,2003.
[8] 韩北中. 发酵工程[M]. 北京:中国轻工业出版社,2013.
[9] 曹军卫,马辉文,张甲耀. 微生物工程[M]. 2 版. 北京:科学出版社,2007.
[10] 李艳. 发酵工程原理与技术[M]. 北京:高等教育出版社,2006.
[11] 刘如林. 微生物工程概论[M]. 天津:南开大学出版社,1995.
[12] 姚汝华. 微生物工程工艺原理[M]. 广州:华南理工大学出版社,1997.
[13] 程殿林. 微生物工程技术与原理[M]. 北京:化学工业出版社,2007.
[14] 张卉. 微生物工程[M]. 北京:中国轻工业出版社,2013.

[15] 叶勤. 发酵过程原理[M]. 北京:化学工业出版社,2005.

[16] 杨海龙,活泼,肖新霞,等. 药用真菌深层发酵生产技术[M]. 北京:化学工业出版社,2010.

[17] 贺小贤. 生物工艺学原理[M]. 2 版. 北京:化学工业出版社,2007.

[18] 中华人民共和国科技部社会发展科技司,中国生物技术发展中心. 2011 中国生物技术发展报告[M]. 北京:科学出版社,2012.

[19] 周世宁. 现代微生物生物技术[M]. 北京:高等教育出版社,2007.

[20] 徐虹,欧阳平凯. 生物高分子[M]. 北京:化学工业出版社,2010.

[21] 许赣荣,胡鹏刚. 发酵工程 [M]. 北京:科学出版社,2012.

[22] 汪钊. 微生物工程[M]. 北京:科学出版社,2013.

第2章 发酵工业菌种选育

发酵工业所用的微生物称为菌种。优良的菌种是工业发酵的关键，只有具备了优良的菌种，通过改进发酵及提纯工艺条件和生产设备，才能获得理想的发酵产品。目前生产上使用的菌种绝大多数都是从自然界中分离得到，并通过许多行之有效的方法进行选育，最终才应用于工业生产的。微生物在自然界分布极广，种类繁多，但不是所有的微生物都可作为菌种，即使是同属于一个种(species)的不同株(strain)，也不是所有的株都能用来进行发酵生产。例如，深层发酵生产淀粉酶的菌种为枯草芽孢杆菌，就不是该种菌所有菌株都能用来作为菌种，而是经过精心选育，达到生产菌种要求的菌株才可作为菌种。当然也有同一产物由不同类型的微生物来生产的。用于大规模发酵生产的菌种，不论是野生菌株，还是突变菌株，或是基因工程菌株，都应该符合以下基本要求：

(1) 有利用广泛来源原料的能力，所需培养基易得，价格低廉；

(2) 培养和发酵条件温和；

(3) 繁殖能力强，生长速度和反应速度快，发酵周期短；

(4) 单产高，且保持相对稳定；

(5) 发酵后，非目标代谢产物少，产物容易分离提纯；

(6) 具有自身保护机制，抵抗杂菌污染能力强；

(7) 遗传特性稳定，不易变异退化；

(8) 不是病原菌，不产生任何有害的生物活性物质和毒素，保证安全。

只有具备上述条件的菌株，才可以保证发酵过程的正常进行，保证发酵产品的产量和质量。

本章将介绍发酵工业用菌种的选育及其保藏的原理与方法。

2.1 发酵工业主要微生物

现代的发酵工业是围绕着微生物的生命活动进行的，各种发酵都必须有相应的微生物，微生物的生物学性状和发酵条件决定了相应产物的生成，微生物代谢产物达数千种，但能用于大规模工业化生产的仅有100多种。发酵工业中常用微生物主要包括细菌、放线菌、酵母菌和霉菌四大类。

2.1.1 细菌及其代谢产物

细菌(bacteria)是一类形体小，结构简单，细胞壁坚韧，以较为典型的二分裂方式进行繁殖的一类单细胞的原核微生物，其生长方式是菌体伸长，核质体分裂，单环 DNA 染色体复制，细胞内的蛋白质等组分同时增加 1 倍，菌体中部的细胞膜以横切方向形成隔膜，染色体分开，使细胞分裂成两部分，细胞壁向内生长，把横隔膜分为两层，形成子细胞的细胞壁，最后形成两个相同的子细胞。如果间隔不完全分裂就形成链状细胞。细菌是自然界分布最广、个体数量最多的有机体，与人类生产和生活关系十分密切。其中与发酵工业相关的细菌主要有以下一些代表种类。

1. 芽孢杆菌属(*Bacillus*)

芽孢杆菌属细菌主要生产蛋白酶、淀粉酶，以及多肽类抗生素、核苷、氨基酸、维生素、2,3-丁二醇、果胶酶等。例如：地衣芽孢杆菌可用于生产碱性蛋白酶、甘露聚糖酶和杆菌肽；枯草芽孢杆菌可用于生产 α-淀粉酶；多黏芽孢杆菌可生产多黏菌素；巨大芽孢杆菌可生产头孢菌素酰化酶；苏云金芽孢杆菌的伴孢晶体可杀死农业害虫如玉米螟虫、棉铃虫，是无公害的农药。

2. 短杆菌属(*Brezyibacterium*)

该属中的黄色短杆菌是生产多种氨基酸的常用菌种；产氨短杆菌是生产核苷酸和辅酶类的菌种，如腺苷三磷酸(ATP)、肌苷酸(IMP)、辅酶Ⅰ、辅酶 A 等。

3. 棒状杆菌属(*Corynebacterium*)

该属中的谷氨酸棒状杆菌、北京棒状杆菌可用于生产多种氨基酸，如谷氨酸、鸟氨酸、高丝氨酸、丙氨酸、色氨酸、醋氨酸、苯丙氨酸、赖氨酸等。

4. 乳酸杆菌属(*Lactobacillus*)

乳酸杆菌多分布在乳制品和发酵植物如泡菜、酸菜等发酵食品中，在青贮饲料和人的肠道中也比较常见。该属中的多种菌被广泛用于乳酸生产和乳制品工业，如德氏乳酸杆菌是生产乳酸的重要菌种；发酵乳制品的生产菌主要有干酪乳酸杆菌、保加利亚乳酸杆菌、嗜酸乳杆菌等。

5. 双歧杆菌属(*Bifidobacterium*)

近年来，许多实验证明双歧杆菌产乙酸具有降低肠道 pH、抑制有害细菌滋生、分解致癌前体物、抗肿瘤细胞、提高机体免疫力等多种对人体健康有益的生理功能。目前发现的具有上述功能的双歧杆菌包括短双歧杆菌、长双歧杆菌、青春双歧杆菌、婴儿双歧杆菌和两歧双歧杆菌等。这些菌常用来生产微生态制剂以及口服双歧杆菌活菌制剂或含活性双歧杆菌的乳制品。

6. 明串珠菌属(*Leuconostoc*)

该属的肠膜状明串珠菌能利用蔗糖合成大量荚膜物质，其成分为右旋糖酐，这种葡聚糖可作为血浆代用品。

7. 链球菌属(*Streptococcus*)

该属的乳链球菌可用于生产乳链球菌肽和乳酸菌素。其中乳链球菌肽属多肽类抗菌物质，可作为一种高效、无毒的天然食品防腐剂，已被广泛应用于多种食品、饮料的防腐保鲜；嗜热链球菌常与保加利亚乳酸杆菌混合用作酸奶和干酪生产的发酵剂；马链球菌兽疫亚种是发酵法生产透明质酸的主要菌种。

8. 梭状芽孢杆菌属(*Clostridium*)

丙酮丁醇梭状芽孢杆菌是发酵法生产丙酮丁醇的菌种；丁酸梭状芽孢杆菌能生产丁酸；巴氏芽孢梭菌能生产己酸，它们在传统大曲酒生产中能赋予白酒浓香型香味成分，如己酸乙酯、丁酸乙酯等。

9. 大肠杆菌(*Escherichia coli*)

工业上利用大肠杆菌制取氨基酸(如天冬氨酸、色氨酸、苏氨酸和缬氨酸等)和多种酶(如天冬酰胺酶、青霉素酰化酶、酰基转移酶、溶菌酶、谷氨酸脱羧酶、多核苷酸化酶、α-半乳糖苷酶等);大肠杆菌经常用作分子生物学的研究材料,可作为基因工程受体菌,经改造后作为工程菌,用于生产各种多肽蛋白质类药物(如生长素、胰岛素、干扰素、白介素、红细胞生成素等)和氨基酸。

10. 醋杆菌属(*Acetobacter*)

该属的醋酸单胞菌和葡萄糖酸杆菌可氧化乙醇为终产物醋酸。而另一群醋酸杆菌(*Acetobacter*)不仅能氧化乙醇为醋酸,而且能将醋酸进一步氧化成为 H_2O 和 CO_2,是制醋工业的菌种,其生长的最佳碳源是乙醇、甘油和乳酸。此外,该属的醋酸杆菌将 D-山梨醇转化为 L-山梨糖,是二步法生产维生素 C 的重要中间产物。

11. 假单胞菌属(*Pseudomonas*)

该属的某些菌能发酵产生维生素 B_{12}、丙氨酸、谷氨酸、葡萄糖酸、色素、α-酮基-葡萄糖酸、果胶酶、脂肪酶、酶抑制剂、一些有机酸和抗生素等产品,也能进行类固醇(甾体)的转化,有些菌株在污水处理、消除环境污染方面发挥着重要作用。

12. 黄单胞菌属(*Xanthomonas*)

所有的黄单胞菌都是植物病原菌,导致甘蓝黑腐病的野油菜黄单胞菌可作为工业菌种生产荚膜多糖,即黄原胶。

此外,发酵单胞菌可用来生产乙醇,固氮菌、根瘤菌(Rhizobium)可制备菌肥,用于农业生产。

2.1.2　放线菌及其代谢产物

放线菌(actinomycete)是一类介于细菌和真菌之间的原核微生物,呈分枝状生长,主要以孢子或菌丝体繁殖的单细胞原核型丝状微生物,它的细胞结构与细菌相似,都具备细胞壁、细胞膜、细胞质、拟核,但在培养特征上与真菌相似,能分化为菌丝和孢子。放线菌因菌落呈放线状而得名,在自然界中分布很广,主要以孢子繁殖,其次是断裂生殖,在土壤、空气和水中以孢子或菌丝状态存在,尤其是含水量低、有机物丰富、呈中性或微碱性的土壤中数量最多。工业生产常用的放线菌代表属有链霉菌属、诺卡菌属、小单孢菌属、链孢囊菌属等。

1. 链霉菌属(*Streptomyces*)

有发育良好的分枝状菌丝体,菌丝无隔膜,孢子丝和孢子所具有的典型特征是区分各种链霉菌明显的表观特征,主要借分生孢子繁殖,是放线菌中种类最多的一个属,包括几百个种。该属可产生 1 000 多种抗生素,用于临床的已超过 100 种,如链霉素、土霉素、博来霉素、井冈霉素等。此外,该属的有些菌种还可以生产维生素、酶和酶抑制剂等。

2. 诺卡菌属(*Nocardia*)

在培养基上培养十几小时菌丝体开始形成横隔膜,并断裂成多形态的杆状、球状或带叉的杆状体,以此复制成新的多核菌丝体。该属中大多数种无气生菌丝,只有基内菌丝,有的则在基内菌丝体上覆盖着极薄的一层气生菌丝,有横隔膜,断裂成杆状。地中海诺卡菌可产生利福霉素,有些诺卡菌能利用碳氢化合物和纤维素等。

3. 小单孢菌属(*Micromonospora*)

基内菌丝发育良好,多分枝,无横隔膜,不断裂,一般不形成气生菌丝体。孢子单生,无柄,直接从基内菌丝上产生，或在基内菌丝上长出短孢子梗，顶端着生一个孢子。临床上广泛使用的庆大霉素是由该属中的络红小单孢菌和棘孢小单孢菌产生的。

4. 链孢囊菌属(*Streptosporangium*)

基内菌丝体分枝很多，气生菌丝体成丛、散生或同心环排列。主要特征是能形成孢子囊和孢囊孢子，有时也可形成螺旋孢子丝，产生分生孢子。该属中的一些种类可产生抗生素，如粉红链孢囊菌可产生多霉素，绿灰链孢囊菌可产生孢绿霉素，西伯利亚链孢囊菌可产生对肿瘤有一定疗效的西伯利亚霉素。

此外，还有一些种类的放线菌还能产生各种酶制剂(蛋白酶、淀粉酶、和纤维素酶等)、维生素(B_{12})和有机酸等。放线菌还可用于甾体转化、烃类发酵、石油脱蜡和污水处理等化工、环保方面。近年来研究发现，某些链霉菌可作为基因工程载体的宿主细胞，是一个很有潜力的外源蛋白表达宿主系统。

2.1.3 酵母菌及其代谢产物

酵母菌(yeast)不是分类学上的名词，而是指以芽殖(budding)或裂殖(fission)方式进行无性繁殖，少数可产生子囊孢子进行有性繁殖的单细胞真菌的统称。酵母菌广泛分布于自然界含糖量较高和偏酸的环境中，如水果、蔬菜、花蜜以及植物叶片上，尤其是果园、葡萄园的上层土壤中较多，空气及一般土壤中少见。有些酵母菌可利用烃类物质，在油田和炼油厂附近的土层中分离到这类酵母菌，具有净化环境的作用。

酵母菌与人类关系密切，千百年来，人类几乎天天都与酵母菌打交道，例如酒类的生产，面包的制作，乙醇和甘油的发酵，石油及油品的脱蜡，饲料用、药用和食用单细胞蛋白(蛋白质含量可达细胞干重的50%)的生产都离不开酵母菌，人类还可从其菌体中提取核酸、麦角甾醇、辅酶A、细胞色素C、凝血质和维生素等医药产品，利用酵母菌制成的酵母膏可用作培养基等原料；此外，近年来，在基因工程中酵母菌还以最好的模式真核微生物而被用作表达外源蛋白功能的优良“工程菌”。当然，某些酵母菌会引起发酵工业或食品加工污染，如鲁氏酵母、蜂蜜酵母常引起果酱、蜂蜜变质。少数酵母菌能引起人类或其他动物的疾病，最常见者为白假丝酵母(旧称“白色念珠菌”，*Candida albicans*)可引起呼吸道、消化道、皮肤、黏膜及泌尿系统等人体器官组织的疾病。发酵工业常见的酵母菌主要有以下几类。

1. 酵母菌属(*Saccharomyces*)

本属种类较多，代表菌种为酿酒酵母。酿酒酵母分布在各种水果的表皮、发酵的果汁、土壤和酒曲中，特别是果园和葡萄园的土壤中较多。广泛应用于啤酒、白酒、果酒的酿造和面包的制造，由于酵母菌含有丰富的维生素和蛋白质，因而可作为药用，也可用于饲料，还可提取核酸、麦角固醇、谷胱甘肽、细胞色素C、辅酶A、腺苷三磷酸等多种生化产品，因此具有较高的经济价值。

2. 假丝酵母属(*Candida*)

本属的代表种是产朊假丝酵母。产朊假丝酵母能利用工农业废液生产单细胞蛋白，其蛋白和B族维生素含量均超过酿酒酵母，是生产食用、药用或饲料用单细胞蛋白的优良菌种。此外，本属的热带假丝酵母能利用石油生产饲料酵母，解脂假丝酵母可用于石油脱蜡、生产柠檬酸和菌体蛋白。

3. 毕赤酵母属(*Pichia*)

本属菌对正癸烷及十六烷的氧化能力较强，其代表种粉状毕赤酵母，可利用石油、农副产品或工业废料生产单细胞蛋白、麦角固醇、苹果酸、甲醇及磷酸甘露聚糖等，此外粉状毕赤酵母是最近迅速发展的一种基因工程表达宿主。

4. 红酵母属(*Rhodotorula*)

红酵母属没有乙醇发酵的能力，但能同化某些糖类，有的能产生大量脂肪，对烃类有弱氧化能力。此外，还可产生丙氨酸、谷氨酸、蛋氨酸等多种氨基酸。

5. 球拟酵母属(*Torulopsis*)

球拟酵母属酵母菌细胞呈球形、卵形或长圆形，无假菌丝，多边芽殖，有乙醇发酵能力，能将葡萄糖转化为多元醇，为生产甘油的重要菌种。本属的酵母菌是工业生产中的重要菌种，有的菌种可进行石油发酵，可生产蛋白质或其他产品，代表种为白色球拟酵母。

酵母菌在工业生产中应用极为广泛，千百年来，人类几乎天天都与酵母菌打交道，如酿造啤酒的啤酒酵母，生产面包的面包酵母，制作乌龙茶的茶酵母等。此外，由于酵母含有丰富的蛋白质、维生素和酶等生理活性物质，医药上将其制成酵母片，用于治疗因不合理的饮食引起的消化不良症，饲料工业中将其制成粉末状或颗粒状产品，用作动物饲料的蛋白质补充物，能促进动物的生长发育。

2.1.4　霉菌及其代谢产物

霉菌(mould)是丝状真菌的俗称，由分枝或不分枝的菌丝构成，菌丝为构成霉菌体的基本单位，可不断自前端生长并分枝，大量菌丝交织成绒毛状、絮状或网状等，称为菌丝体。霉菌有着极强的繁殖能力，在自然界中，主要依靠无性或有性孢子进行繁殖。霉菌的无性孢子直接由生殖菌丝分化而形成，常见的有节孢子、厚垣孢子、孢囊孢子和分生孢子。霉菌的有性繁殖过程包括质配、核配、减数分裂三个过程，常见的有性孢子有卵孢子、接合孢子、子囊孢子、担孢子。霉菌与人类的生活关系密切，喜欢温暖潮湿的环境，大量存在于土壤、空气、水体、生物体中，常常造成食品、用具等的霉变。发酵工业生产上常用的霉菌有根霉、毛霉、曲霉、青霉、红曲霉等。

1. 根霉属(*Rhizopus*)

根霉在自然界分布极广，空气、土壤及各种物体表面都有其孢子，常引起有机物霉变，使食品发霉变质，水果、蔬菜霉烂。根霉的用途广泛，其淀粉酶活性很强，是酿酒工业常用的糖化菌。根霉可生产发酵食品、饲料、葡萄糖、酶制剂(淀粉酶、糖化酶)、有机酸(如延胡索酸、乳酸等)，可转化甾族化合物，是重要的转化甾族化合物的微生物。

2. 毛霉属(*Mucor*)

毛霉种类较多，在自然界中分布广泛，土壤、空气中都有很多毛霉孢子。有些毛霉能引起谷物、果品、蔬菜的腐败。毛霉的淀粉酶活力很强，可把淀粉转化为糖，在酿酒工业上用作淀粉质原料的糖化菌。毛霉能产生蛋白酶，有分解大豆蛋白质的能力，用于制作豆腐乳和豆豉。毛霉产生的淀粉酶活性很强，可将淀粉转化为糖，是酿酒工业常用的糖化菌。有些毛霉能产生柠檬酸、草酸、乳酸、琥珀酸、甘油等，并能转化甾族化合物。

3. 曲霉属(*Aspergillus*)

曲霉在自然界分布很广，土壤、谷物和各种有机物上均有存在，空气中经常有曲霉孢子。两千年前我国就已利用各种曲霉菌制酱。曲霉也是我国民间用以酿酒、制醋曲中的主要菌种，现代工业利用曲霉生产各种酶制剂(如淀粉酶、果胶酶)、有机酸(如柠檬酸、葡萄糖酸)等。发酵工业中常用的菌种有黑曲霉、米曲霉和黄曲霉。

(1) 黑曲霉　黑曲霉具有多种活性强大的酶系，可用于工业生产。例如：淀粉酶用于淀粉的液化、糖化，以生产乙醇、白酒或制造葡萄糖和消化剂；果胶酶用于水解多聚半乳糖醛酸、果汁澄清和植物纤维精炼；柚苷酶和陈皮苷酶用于柑橘类罐头去苦味或防止白浊；葡萄糖氧化酶用于食品脱糖和除氧防锈。黑曲霉还能产生多种有机酸如抗坏血酸、柠檬酸、葡萄糖酸和没食子酸等。某些菌系可转化甾族化合物，还可测定锰、铜、钼、锌等微量元素和作为霉腐试验菌。

(2) 米曲霉　米曲霉含有多种酶类，糖化型淀粉酶（淀粉-1，4-葡萄糖苷酶）和蛋白酶都较强，不产生黄曲霉毒素，主要用作酿酒的糖化曲和酱油生产用的酱油曲。

(3) 黄曲霉　黄曲霉产生液化型淀粉酶（α-淀粉酶）的能力较黑曲霉强，蛋白质分解力次于米曲霉。黄曲霉能分解 DNA 产生 5′-脱氧胸腺嘧啶核苷酸、5′-脱氢胞苷酸和 5′-脱氧鸟苷酸等。但黄曲霉中的某些菌系能产生黄曲霉毒素，特别是在花生或花生饼粕上易于形成，能引起家禽、家畜严重中毒以至死亡。由于黄曲霉毒素能致癌，已引起人们的极大关注。

4. 青霉属(*Penicillium*)

青霉种类很多，广泛分布于空气、土壤和各种物品中，常生长在腐烂的柑橘皮上，呈蓝绿色。青霉用于生产抗生素、酶制剂（脂肪酶、磷酸二酯酶、纤维素酶）、有机酸（抗坏血酸、葡萄糖酸、柠檬酸）等。发酵青霉素的菌丝废料含有丰富的蛋白质、矿物质和 B 族维生素，可作为家畜家禽的饲料。产黄青霉（*P. chrysogenum*）和点青霉（*P. notatum*）都是生产青霉素的重要菌种。

(1) 产黄青霉　该菌能产生多种酶类及有机酸，在工业生产上主要用于生产青霉素，并用以生产葡萄糖氧化酶或葡萄糖酸、柠檬酸和抗坏血酸。

(2) 橘青霉　橘青霉（*Penicillium citrinum*）的许多菌系可产生橘霉素，也能产生脂肪酶、葡萄糖氧化酶和凝乳酶，有的菌系产生 5′-磷酸二酯酶，可用来生产 5′-核苷酸。

5. 头孢霉(*Cephalosporium*)

本属的顶孢头孢霉（*C. acremonium*）是发酵生产头孢菌素 C 的生产菌。头孢菌素 C 具有广谱抗菌作用和毒性非常低的优点。虽然其抗菌活性较低，但由顶孢头孢霉发酵提取获得的头孢菌素 C，可通过酰化酶水解法或化学裂解法除去侧链，制取其 7-氨基头孢霉烷酸（7-ACA）母核，再用固定化酰化酶法使 7-ACA 母核与新的侧链缩合（酰基化）而成为各种新型高效的半合成头孢菌素。现已发展到第三、第四代头孢菌素，它们具有抗菌谱广，血药浓度高，疗效高，用药安全，剂量小，长效稳定等优点。

6. 红曲霉属(*Monascus*)

红曲霉是腐生菌，嗜酸，特别喜乳酸，耐高温，耐乙醇，它们多出现在乳酸自然发酵的基物中。大曲、制曲作坊，酿酒醪液、青储饲料、泡菜、淀粉厂等都是适于它们繁殖的场所。

红曲霉在发酵工业上有着重要的地位，红曲霉能产生淀粉酶、麦芽糖酶、蛋白酶、柠檬酸、琥珀酸、乙醇、麦角甾醇等。有些种产生鲜艳的红曲霉红色素和红曲霉黄色素，所以我国多用它们培制红曲，可作中药、食品染色剂和调味剂。某些红曲霉菌株能高产具有降血脂功能的洛伐他汀和降血压作用的 γ-氨基丁酸。

7. 木霉(*Trichoderma*)

本属的绿色木霉（*T. viride*）和康氏木霉（*T. koningii*）含有很强的纤维素酶（C_1 酶和 C_X 酶），能分解纤维素，是木质纤维素酶生产的主要菌。此外，还含有纤维二糖酶、淀粉酶、乳糖酶、真菌细胞壁溶解酶和青霉素 V 酰化酶等。木霉也是一类能产生抗生素的真菌，如绿木菌素、黏霉素、木菌素和环孢菌素（免疫抑制剂）等。此外，木霉还能产生核黄素，并可用于转化甾族化合物。

8. 白僵菌属(*Beauvia*)

白僵菌的分生孢子在昆虫体上萌发后，可穿过体壁进入虫体内大量繁殖，使其死亡，死虫僵直，呈白茸毛状，故将该菌称为白僵菌。白僵菌已广泛应用于杀灭农林害虫(如棉花红蜘蛛、松毛虫和玉米膜等)，是治虫效果最好的生物农药之一。

2.2 发酵工业菌种的分离与筛选

微生物是获得各种生物活性产物的丰富资源，是地球上分布最广、物种最丰富的生物种群，它们既能生活在动植物生存的环境，也能生活在动植物不能生存的环境中。尤其是极端微生物为耐受极端环境而进化出的许多特殊代谢机制，使一些新的生物技术手段成为可能，各种具有特殊功能的酶类及其他活性物质，在医药、食品、化工、环保等领域有着重大的应用潜力。但自然环境下的微生物是混杂生长的，要想得到理想的菌株，就需要采取一定的方法将它们分离出来。菌株分离(separation)就是将一个混杂着各种微生物的样品通过分离技术区分开，并按照实际要求和菌株的特性采取迅速、准确、有效的方法对它们进行分离、筛选(screening)，进而得到所需微生物的过程。菌株分离与筛选是获得微生物菌株的两个关键环节，密不可分。菌株分离要以生产实际的需要为出发点，充分了解目的代谢物的性质，以及可能产生所需目的产物的微生物分布、特性以及生长环境等，设计选择性高、目的性强的分离方法，才能快速从可能的环境和混杂的多种微生物生物中获得所需菌种。筛选方案是否合理的关键在于所采用的筛选方法的选择性和灵敏度，因为野生菌株本身的内含物和周围环境中的养分非常复杂，目的产物的含量极低，所以检测方法要求灵敏度高、快速，且专一性强。

工业微生物产生菌的筛选一般包括两大部分：一是从自然界分离所需要的菌株，二是把分离到的野生型菌株进一步纯化并进行代谢产物鉴别。在实验工作中，为使筛选达到事半功倍的效果，可从以下途径进行菌种的收集和筛选。

(1) 根据文献资料报道的微生物种属，向国内外菌种保藏机构索取同种或同属的菌株，从中寻求符合要求者。

(2) 由自然界采集样品分离菌种：自然界中的微生物是非常多的。土壤，水，空气，植物的根、茎、果、叶和动植物的腐败残骸等，都是微生物大量活动的场所。近年来从海洋与各种极端恶劣的环境中分离筛选菌种成为了获得新的微生物代谢产物研究的热点。

(3) 从一些发酵制品中分离目的菌株：如从酱油中分离蛋白酶产生菌，从酒酸中分离淀粉酶或糖化酶的产生菌和酵母，从红曲中分离红曲霉菌，从泡菜中分离乳酸菌等。该类发酵制品经过长期的自然选择，具有悠久的历史，从这些传统产品中容易筛选到理想的菌株。

(4) 被污染的生产及科研用菌：生产与科研用菌，由于某种原因被其他种微生物污染，为了重新得到原有的纯种，可根据污染菌与原有菌的性质区别及污染的程度选择适当的分离方法进行分离。

(5) 生产中长期使用的菌种：在长期的生产实践中，生产用菌往往会发生某些自然变异和较难恢复的条件变异。因为这些变异都是随机的，而且同时存在着正突变和负突变株，为了满足于生产的需要，须淘汰生产性状差的，分离选择出生产性状优良的菌株。

(6) 经过各种育种方法处理的微生物材料：为了满足工业与科研的需要，根据新菌种的要求与微生物本身遗传变异的关系，对现有的菌种进行改造（其方法包括诱变、杂交、融合以及基因工程育种等）使之获得比原菌株更为优良的性状。

从自然界分离筛选微生物菌株，通常包含图 2-1 所示的主要步骤。

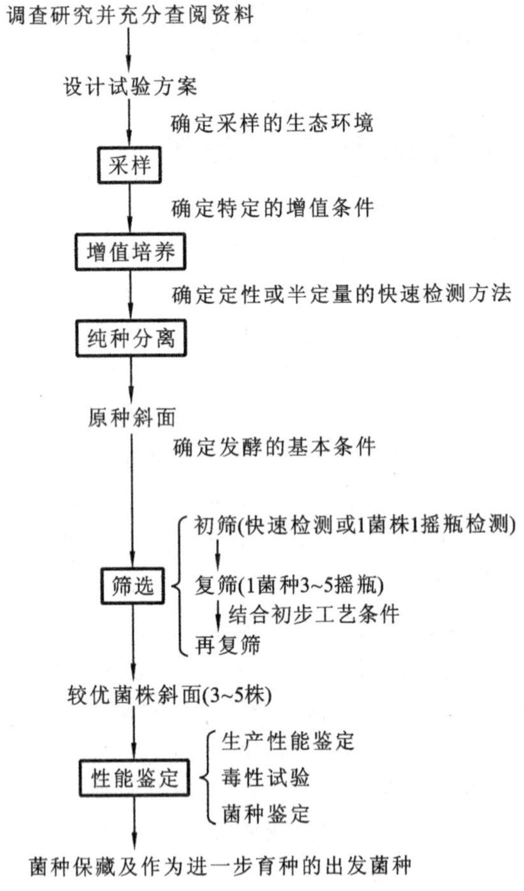

图 2-1　典型工业微生物菌种分离筛选过程

2.2.1　目标微生物样品的采集

1. 采集目标微生物的样品应遵循的原则

（1）材料的来源越广泛，获得新菌种的概率就越高。自然界含微生物样品十分丰富，如土壤、水、空气、腐烂水果和动植物体中的微生物都数量可观、种类众多，尤其是在极端环境中，如高温、高压、高酸碱、高盐等，极有可能找到适应各种环境压力的微生物类群，已有很多成功的例子，如嗜高温放线菌可生产嗜高温红菌素，嗜热链霉菌属可代谢榴菌酸等。

（2）采集含目标微生物的样品时，要了解目的产物的特性和可能产此产物的微生物代谢规律和生理特点。如若以初级代谢产物为目的，在细菌和真菌中往往都可以分离到目的菌株。如要获得某些可以产生次级代谢产物的目的菌株，根据系统进化的观点，则必须是产芽孢菌及以后的进化种类才有筛选的价值。

（3）根据微生物的生理特点进行采样。微生物的分布因其对碳源、氮源等的营养需求不同而不同，并且代谢类型也与其生长的外部环境条件有很大的相关性，如：农田作物的土层中含有丰富的有机物，则细菌和放线菌占优势；果树根部的土壤中酵母菌含量较高；动植物残骸和腐殖土中霉菌量上占绝对优势；根瘤菌多存在于豆科植物根系土壤中；森林土壤中因含有大量的落叶和腐烂的木头等，富含木质纤维素，适合纤维素酶产生菌的生长；在肉类加工厂和食堂饭店周围富含油脂、腐肉的土壤中，可以分离出产蛋白酶和脂肪酶的菌株；在中性和微碱性土壤中，细菌和放线菌含量较多；在偏酸性的土壤中，则酵母菌和霉菌含量较多；分解石油的微生物，常在油田和炼油厂附近的土层中分布较多；江、河、湖、海及被某种物质污染的水域也是分离微生物的重要环境。

(4) 在筛选一些具有特殊性质的微生物菌株时，则需要了解该微生物的生理特性，选择与其生理特性相近的一些特殊的环境进行采样。如：筛选高温酶产生菌的时候，就要到温度较高的地方，如温泉、我国南方、火山口附近的土壤中采样；若分离耐高渗透压的酵母菌时，通常到蜜饯、甘蔗渣堆积处采样；分离耐高压微生物时，则需要到油井、深海处采样，尤其是海洋，由于其独特的高盐度、高压力、低温及光照条件，使得海洋微生物具备特殊的生理活性，同时也代谢了和陆地来源的微生物不同的特殊产物。有少数微生物，可以在高温、低温、高酸、高碱、高盐或高辐射强度的环境下生存，使得它们具有不同于一般特性微生物的一些特性、结构和生理机能，因此，在冶金、采矿及生产特殊酶制剂方面有巨大的开发潜能和应用价值。

2. 从土壤中采样要考虑的原则

(1) 地点的选择　土壤样品标本的采集方法是，采样环境选择确定后，先用小铲子除去表土，取离地表 5～15 cm 处的土样 10～25 g，盛入预先消过毒的牛皮纸或玻璃瓶中，扎好口。对每个土样需记录采样地点、日期与编号、环境情况、土壤质地、植被名称等，以备查考，采集的土样，切忌将大块土粉碎，以便到实验室处理土样时再破碎并重新取样，这也是保持核心部环境的一种好方法。

(2) 采样的时间　由于春秋两季温度、湿度对微生物的生长繁殖最合适，因此土壤中微生物的采样时间以春秋两季最为适宜；而秋季采土样最为理想，其原因是经过夏季到秋季在较高的温度和丰富的植被下，土壤中微生物数量比任何时候都多。

此外，采样时，就需注意水分的问题，一般应避免夏冬两季采土，而以秋季采土较为理想。

2.2.2　样品的预处理

在从样品中分离生产菌种之前，要对含微生物的样品进行预处理，可以大幅度地提高菌种分离的效率。常用的样品预处理方法有以下几种。

1. 物理方法

物理方法包括加热处理、膜过滤法、离心法和空气搅拌法。在分离放线菌时，热处理的方法较为有效，因为放线菌的繁殖体、孢子(如链霉菌)和菌丝片段比革兰氏阴性菌更加耐热，如采用100 ℃、1 h 或 40 ℃、2～6 h，可以处理土壤或根土的样品，便于分离链霉菌霉菌属、马杜拉菌和小双孢菌等。加热可以减少样品中细菌的数量，虽然也常减少放线菌的数量，但能增加放线菌同细菌的比例。膜过滤法和离心法主要起到浓缩样品中微生物细胞，如用膜过滤法处理水样品，以分离出小单孢菌属、内孢高温放线菌，用离心法处理海水、污泥样品，以便于分离链霉菌属等。但要注意本法应根据目的菌的类型、大小来选择不同孔的滤膜。如从发霉的稻草中筛选嗜热放线菌孢子时，可采用空心搅拌法(沉淀池)，即在空气搅动下，用风筒或沉淀室收集，再用 Anderson 取样器将含孢子的空气撞击在平板上，可以大大减少样品中的细菌数。

2. 化学法

在分离前，将分离培养基中添加某些化学物质或者在样品中加一些固体基质，或撒一些可溶性养分以强化分离，来增加特定微生物的数量。如：在培养基中添加 1%几丁质可分离土样和水样中链霉素菌属的放线菌；添加 $CaCO_3$ 提高培养基的 pH 值，来分离嗜碱放线菌。

3. 诱饵法

诱饵法是采用将一些固体物质，如用涂石蜡的棒置于培养基中，或者将花粉、蛇皮、人的头发等加到待分离的土样或水样中做诱饵，使得目的菌株富集，待其菌落长出后再进行平板分离。

2.2.3 富集培养

所谓富集培养就是根据微生物的生理特点，如生长环境和营养要求等，提供有利于目标微生物生长、不利于其他类型的微生物生长的一定限制因素，使目的微生物迅速地生长繁殖，数量增加，成为人工环境条件下的优势菌株，便于进一步分离。这些限制因素，须根据具体情况确定，常通过培养条件的控制，将目标微生物最适合的培养条件控制在很窄范围内，以致迅速淘汰非目的菌株。

1. 控制营养成分

在增殖培养基中加入各种营养成分(如唯一可利用的碳源和氮源)等，就可使可能利用此种养分的菌株因为得到充分的营养而迅速生长，其他微生物因无法分解利用这些物质，生长受到抑制，如在几丁质琼脂培养基中加入一定量的胶态几丁质或矿物盐，就可以使链霉菌属和微单孢菌属的放线菌成为优势菌；如要分离脂肪酶的产生菌，可在富集培养基中加入相应的底物作为唯一碳源，加入含菌样品，并给预分离的微生物提供最适宜的培养条件(如温度、pH、通气条件等)。能分解该底物的微生物能大量繁殖，而其他类型微生物因没有相应的碳源可以利用，生长受到抑制。但要注意，能在同一种富集培养基上繁殖的微生物，是一类营养类型相类似的群体，要得到纯的菌种还需要进一步的分离。

2. 控制培养基的酸碱度

筛选某些微生物时，除可通过营养状态进行选择外，还可通过其他一些条件的特殊要求加以控制培养，微生物生长繁殖的适宜酸碱度往往是不同的。将 pH 调节至 7.0～7.5，可以分离细菌和放线菌，pH 调节至 4.5～6 的范围，可以分离霉菌和酵母菌；或通过温度调节，如在分离放线菌时，将样品液在 40 ℃恒温预处理 20 min，有利于孢子萌发，可以达到富集放线菌的目的。因此，结合一定营养，将培养基调至一定的 pH，更有利于排除某些不需要的微生物类型。对于筛选一些产有机酸类型的菌种，采用控制 pH 方法更为有效。

3. 添加抑制剂

分离微生物所用的培养基中，可以添加一些专一性抑制剂，这样筛选效果还会提高。添加一些抗生素和化学试剂减少非目的微生物的数量，使得增加目的微生物的比例提高。但是，不同的起抑制作用的物质种类和浓度是有差异的，所以应该区别分离对象，灵活使用。一般在分离细菌时，培养基中可以加入浓度为 50 U/mL 制霉菌素，可有效地抑制霉菌和酵母菌的生长；而再分离霉菌和酵母菌时，可以 1∶1∶1 的比例添加 30 U/mL 青霉素、链霉素和四环素，细菌和放线菌生长受到抑制。此外，还可以根据要分离微生物的生理特性，采用一些特殊的方法抑制非目的微生物。如分离具有耐高温特性芽孢杆菌时，可先将样品加热到 80 ℃或在 50%乙醇溶液中浸泡 1 h，可将不产芽孢的微生物杀死后，再进行分离。分离厌氧菌时，培养基中加入少量硫乙醇酸钠作为还原剂，它能降低培养基氧化还原电势，创造厌氧环境，抑制好氧菌的繁殖。

4. 控制培养温度和通气条件

根据微生物的最适生长温度进行富集，一般嗜冷微生物的最适温度在 15 ℃左右，嗜温微生物在 25～37 ℃，嗜热微生物在 55 ℃甚至更高。当从样品中进行菌种分离时，置于目的微生物的最适温度下培养，可在一定程度上抑制另一类微生物的生长。当分离某些特殊产物的微生物时，对温度的选择还需考虑某些内在的关系，如在筛选不饱和脂肪酸产生菌时，由于细胞膜中所含的不饱和脂肪酸含量越高，凝固点越低，细胞在较低温度下越有活力，因此在低于正常温度 10 ℃时分离效果较好。分离放线菌时，可将样品液在 40 ℃条件下预处理 20 min，有利于孢子的萌发，以达到富集的目的。可见，根据需要选择合适的培养温度，可使不适合生长的菌得到淘汰。

若分离严格厌氧菌时，需准备特殊的培养装置，为厌氧菌提供适宜的生长环境，更便于分离；在筛选极端微生物时，需针对其特殊的生理特性，设计适宜的培养条件（高盐、高渗、高酸碱等），达到富集的目的。

2.2.4　纯种分离

经过富集培养后的样品，虽然目的微生物的数量得到了大大增加，但仍是各种微生物的混合物。为了进一步研究目的微生物的特性，首先须使该微生物处于纯培养状态。也就是说培养物中所有细胞只是微生物的某一个种或株，它们有着共同的来源，是同一细胞的后代。

好氧微生物的分离方法可分为两类：一类只能达到“菌落纯”，较为粗放，如稀释涂布法、平板划线分离法等，操作简便有效，多应用在工业生产中；另一类是单细胞或单孢子分离方法，可达到“菌株纯”或“细胞纯”的水平，需采用专门的仪器设备，简单的可利用培养皿或凹玻片作分离小室进行分离，复杂的则需借助显微操作装置。厌氧微生物的分离和培养有其特殊性，主要是采取各种方法使它们处于没有氧的环境或氧化还原电位低的条件下进行培养。随着对厌氧微生物培养方法的改进，发现它们在自然环境中存在的种类和数量都得到大幅度地增加，它们的作用也显得愈来愈重要。

因此，要根据样品经不同方法处理后得到的菌悬液中含有所需的微生物浓度以及生理生化特性，选择适宜的分离方法。稀释涂布分离法、稀释混合平板法或平板划线分离法是分离和纯化微生物的常规方法，不需要特殊的仪器设备，一般情况下都能顺利进行，达到好的效果。常见的纯种分离的方法有以下几种。

1. 平板划线分离法

平板划线分离法是借助将蘸有微生物混合悬菌液的接种环在固体培养基的表面做规则划线，使混杂的微生物细胞在平板表面分散，经培养得到分散的由单个微生物细胞繁殖而成的菌落，混合微生物经多次划线逐渐被稀释分散开来，最后以单细胞生长繁殖，经过培养后形成彼此独立的单菌落，达到分离目的。划线方法很多，如图 2-2 所示。

2. 稀释倾注分离法与稀释涂布分离法

采用梯度稀释的方法稀释菌悬液，然后吸取一定量注入到培养皿中，再加入融化后冷却至 45～50 ℃的固体培养基摇匀混合，培养后挑取单菌落，这种微生物分离的方法称为稀释倾注分离法（图 2-3）。如果取少量（0.1 mL）梯度稀释到一定浓度的菌悬液到已制备好的平板上，用无菌玻璃棒涂布，使其均匀分散，从而形成单菌落的方法则称为稀释涂布分离法。这两种分

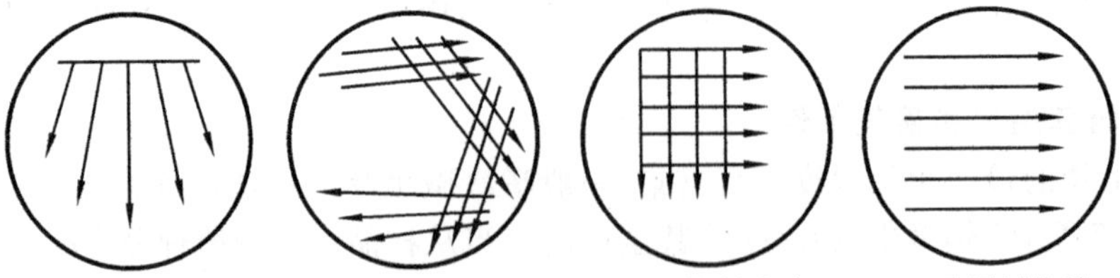

图 2-2　平板划线分离法

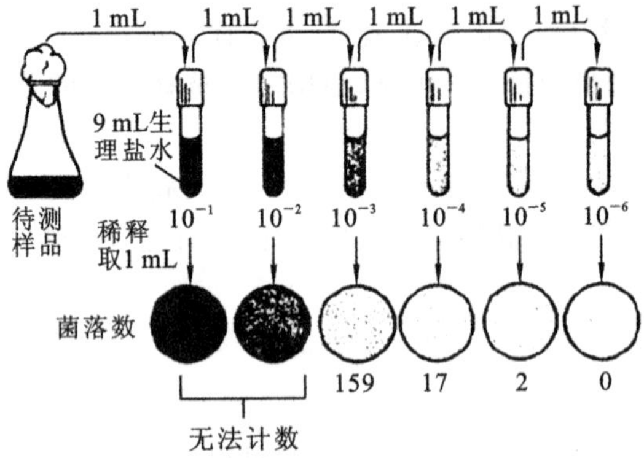

图 2-3　稀释倾注分离法

离方法得到纯种的概率高。

3. 简单平板分离法

一般取三支固体试管培养基融化，菌悬液加入第一支试管，另外两支试管做梯度稀释，然后将三支有菌的培养基倒入平皿，在第三个平皿中获得单菌落(图 2-4)。

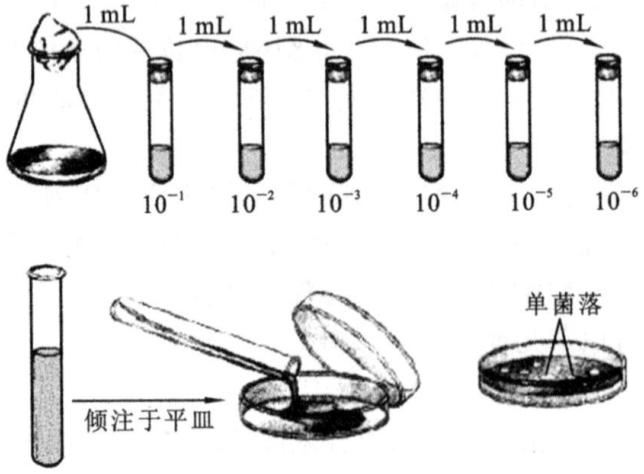

图 2-4　简单平板分离法

4. 单细胞或单孢子分离法

采用显微操作仪法、凹玻片法、平皿滤纸法等特殊的仪器设备进行单细胞或单孢子的分离。用凹玻片进行单细胞或单孢子分离的一般方法为：将纯化的米曲霉孢子悬液稀释为 1 500 cfu/mL，用校正口径的滴管(400 滴/mL)吸取孢子，均匀滴于无菌干燥盖玻片上，将其翻转于凹玻片已经加入一滴灭菌的培养液的孔穴上，用凡士林密封盖玻片和载玻片。显微镜下观察，将只有一个孢子的小滴位置做好记录，恒温培养后，挑取单菌落于斜面。

5. 滤纸法

取与培养皿内径大小相同的滤纸 3～4 层，用培养液浸透置于空皿内，并上滴上几滴甘油以防干燥，盖好皿盖后灭菌。将稀释为 1 500 cfu/mL 的孢子悬液用滴管滴 20 滴左右在灭菌后的滤纸上，恒温培养，将单菌落移接于斜面上。

6. 厌氧菌的分离

如若分离工业发酵所的厌氧菌时，如梭状芽孢杆菌、丁酸菌、光合菌、反硝化菌、脱氮排硫杆菌等，需采取厌氧培养法，否则菌体会因接触氧气而死亡，几种厌氧菌分离方法如下。

(1) 加还原剂法　需准备一个事先已抽空气的真空密闭的容器（容器内充满 CO_2 或 N_2），在分离培养基内加入还原剂，如半胱氨酸、D 型维生素 C、硫化钠等，操作时以最快的速度划线分离，后立即置于事先准备好的厌氧容器内，于适宜温度下培养。

(2) 容器厌氧培养法　先将焦性没食子酸放在容器中，把含有厌氧菌样品的培养皿架空放入容器内，然后加入 NaOH 溶液（去 100 mL 空气需要焦性没食子酸 1 g 或 10% NaOH 溶液 10 mL），立即盖上容器盖子，并用石蜡或凡士林密封，于适宜温度下培养。

(3) 平皿厌氧培养法　在无菌培养皿底部，倒入分离培养基，凝固后，皿盖的一侧放入焦性没食子酸固体，另一侧放 10% NaOH 溶液，使二者不相接触。之后，迅速将含厌氧菌样品进行划线，盖上皿盖并密封，摇动平皿使焦性没食子酸固体和 NaOH 溶液混合，发生化学反应，除去皿内的氧气，于适宜温度下培养。

2.2.5　菌种的初筛与复筛

目的菌株被分离出来以后，还需要通过筛选来得到产物合成能力较高的菌株，以便应用于工业生产。通常根据目的微生物的特殊的生理特性或利用某些代谢产物生化反应来设计，这类微生物在分离培养基上培养时，其产物可以与指示剂、显色剂或底物等反应，表现出一定的特征，故而可定性地鉴定，而有些微生物则需要通过初筛和复筛的方法来确定。

1. 初筛

初筛是淘汰不符合要求的大部分菌株，把生产性状类似的菌株尽量保留下来，以量为主，尽可能快速、简单。初筛分为两种方式，即平板筛选和摇瓶发酵筛选。

(1) 平板筛选　平板筛选是利用菌体在特定固体培养基平板上的生理生化反应，将肉眼观察不到的产量性状转化成可见的“形态”变化（图 2-5）。平板筛选具体的方法有纸片培养显色法、透明圈法、变色圈法、生长圈法和抑制圈法等，这些方法可以将复杂而费时的化学测定转变为平皿上可见的显色反应，大幅度地减少工作量。但是这些方法较为粗放，一般只能用作定性或半定量，常用于初筛，但它们可以大大提高筛选的效率。

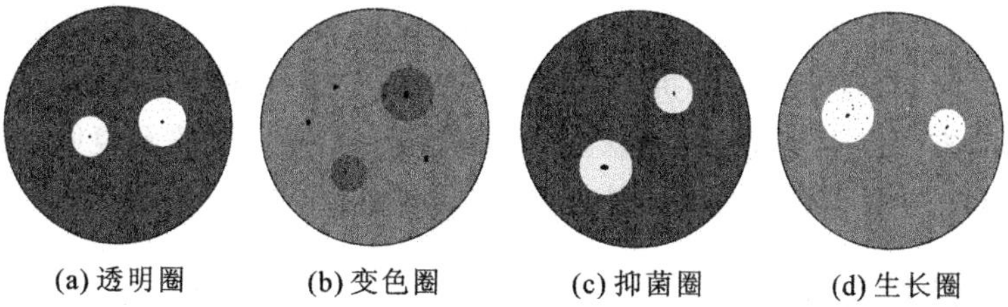

图 2-5　平板筛选示意图

①透明圈法：在固体培养基中渗入溶解性差、可被特定菌利用的营养成分，造成混浊、不透

明的培养基背景。能分解底物的微生物便会在菌落周围形成透明圈，透明圈的大小反映了菌落利用此物质的能力。该法在分离各类酶产生菌时采用较多，如脂肪酶、淀粉酶、蛋白酶、几丁质酶等。在分离产有机酸的菌株时，通常在选择性培养基中加入碳酸钙，使平板成混浊状，将样品悬浮液涂到平板上进行培养，若产生菌的代谢物可以将碳酸钙水解，就可以在菌落周围形成清晰的透明圈，可以轻易地鉴别出来。在分离溶血性链球菌时，可以采用血平板，培养后如菌落周围出现溶血圈，即可鉴别。

②变色圈法：在培养基中加入指示剂或显色剂，进行待筛选菌悬液的单菌落培养，或喷洒在已培养成分散单菌落的固体培养基表面，在菌落周围形成变色圈，使得微生物能被快速鉴别出来。如在含淀粉的平板上，涂布一定浓度的菌悬液，培养后呈单菌落，然后喷上稀碘液，发生显色反应。变色圈越大，说明该菌落产淀粉酶的能力越强；在分离谷氨酸产生菌时，将溴酚蓝酸碱指示剂加入培养基，若产酸菌出现，其菌落周围会变成黄色（pH 在 6.2 以下时为黄色），即可以从中筛选谷氨酸产生菌。筛选产脂肪酶的微生物时，用尼罗蓝作为指示剂，根据变色圈大小来判断脂肪酶活性的高低；果胶酶产生筛选菌时，用含 0.2%果胶为唯一碳源的培养基平板分离样品，待菌落长成后，加入 0.2%刚果红溶液染色 4 h，具有分解果胶酶能力的菌落周围便会出现绛红色水解圈。

③生长圈法：此法常用来选育氨基酸、核苷酸和维生素的生产菌。所需的工具菌是一些相对应的营养缺陷型菌株，将待检菌涂布于含高浓度的工具菌，并缺少工具菌所需营养物的平板培养基上进行培养，如果工具菌能够环绕待分离菌落生长，形成生长圈，说明待分离的微生物在缺乏上述营养物的条件下，能合成该营养物，或能分泌酶并将该营养物的前体转化成营养物。

④抑制圈法：该法常用于抗生素产生菌的筛选，工具菌常是抗生素敏感菌。如果待筛选的菌株能分泌产生某些能抑制工具菌生长的物质，或能分泌某种酶并将无毒的物质水解成对工具菌有毒的物质，则在该菌落周围形成工具菌不能生长的抑菌圈。例如：用打孔法取培养后的带琼脂培养基的单个菌落，移入无培养基平皿，继续培养 4～5 天，使抑制物积累，此时的抑制物难以渗透到其他地方，再将其移入涂布有工具菌的平板，每个琼脂块中心间隔距离为 2 cm，培养过夜后，即会出现抑菌圈。抑菌圈的大小反映了琼脂块中积累的抑制物的浓度高低。

（2）摇瓶发酵筛选　因为摇瓶振荡培养法更接近于发酵罐培养的条件，所以经平板筛选的菌株，再进行摇瓶培养，选出的菌株易于扩大培养。一般是一个菌种接种一组摇瓶，在一定的转速、合适的温度下进行振荡培养，培养的发酵液过滤后测其活力。

2. 复筛

复筛是在初筛的基础上进行，更进一步筛选出生产能力强的菌株，一般采用摇瓶培养，一个菌株重复培养 3～5 瓶，发酵液运用精确的方法分析测定。初筛阶段，通常淘汰 85%～90%不符合要求的微生物，但难以得到确切的产量水平，因此需要复筛。复筛需要结合菌种的培养条件如培养基、供氧量、温度、pH 等进行筛选，得到较为优良的菌株。这种直接从自然界样品中分离出来的，具有一定生产性能的菌株成为野生型菌株，通过初筛和复筛，可以初步掌握野生型菌株的培养条件，为育种工作提供依据。

2.2.6　菌种性能鉴定

筛选获得的新菌种性能的鉴定包括目的产物的鉴别和检测、菌株的毒性试验和菌种的鉴定。

1. 目的产物的鉴别和检测

在整个微生物筛选过程中，目的产物的鉴别和结构测定是非常重要的步骤，通常需要根据目的产物的理化性质选择合适的鉴定方法。一般可以分为早期鉴别、最终鉴别及结构测定。对大分子物质如酶、蛋白质、多肽、多糖等常用超滤、分子筛、离子交换、亲和层析、电泳等方法先进行分离纯化，然后再利用蛋白测序仪、大型质谱仪、X 射线晶体衍射仪等测定结构。对于小分子物质的鉴别，可以用萃取、浓缩、结晶及各种色谱技术，如纸电泳、纸色谱、薄层层析(TLC)、液相色谱(HPLC)、气相色谱(GC)等分离、鉴别及定量检测。利用液相色谱——紫外光谱(LC-UV)联用技术、液相色谱——质谱(LC-MS)联用技术和气相色谱——质谱(GC-MS)联用技术可以快速、准确鉴别微生物代谢产物，最终未知物质通过紫外光谱(UV)、红外光谱(IR)、质谱(MS)及核磁共振谱(MR)等进一步测定结构，确定其分子式和结构式。

2. 菌种的鉴定

经复筛获得目的野生菌株后，对菌株要进行鉴定。菌种鉴定工作是各类微生物学研究都必需要进行的一项基础工作。不论鉴定对象属微生物的哪一类，鉴定工作步骤都离不开以下三步：①获得该微生物的纯种培养物。②测定一系列必要的形态、生理、生化、遗传特征等鉴定指标。③根据权威性的鉴定手册，确定菌种类型。例如：细菌，参考《伯杰氏系统细菌学手册》(第八、第九版)、《细菌系统学手册》(第一版)；放线菌，参考中国科学院微生物研究所编著的放线菌目分科、分属检索表；真菌，参考 Smith、Alexopoulos、Ainsworth 的分类系统等进行菌种鉴定。

鉴定指标依微生物种类，侧重点不同，如鉴定真菌等体型较大的微生物时，可以以其形态特征作为主要指标；在鉴定酵母和放线菌时，就要以形态特征和生理特性相结合；在鉴定细菌时，因为细菌的形态特征较少，需要使用生化、生理和遗传特性等一系列指标进行鉴定；而在鉴定病毒时，一些独特的鉴定方法，应与生化、免疫技术和电子显微镜观察法结合使用。

通常把微生物的鉴定技术分为四个不同的水平：①细胞的形态与习性水平，即运用传统研究方法观察细胞的形态特征、生长条件、运动性、营养要求等。②细胞组分水平，可采用常规实验室技术、红外光谱、气相色谱和质谱分析等新技术，对细胞组成成分进行分析，包括细胞氨基酸库、细胞壁成分、脂类和光合色素等。③蛋白质水平，可运用一些现代分析技术进行分析，如氨基酸序列分析、凝胶电泳和血清学反应等。④基因或核酸水平，包括核酸分子杂交，(G+C)含量的测定，遗传信息的转化和转导，16S rRNA 或 18S rRNA 寡核苷酸组分分析，DNA 或者 RNA 的核苷酸序列分析等。

传统的微生物分类鉴定方法主要是以微生物的形态结构特征和生理生化特性等表型特征为依据，烦琐且费时。随着分子生物学技术和方法发展，生物系统分类基础发生了重大变化，对微生物的分类鉴定已不再局限于表型特征，而是进入了表型特征和分子特征相结合的时代。从分子水平上研究生物大分子特征，为微生物分类鉴定提供了简便、准确的技术和方法，其中 16S rRNA 的基因(真核微生物为 18S rRNA)序列分析技术已广泛用于微生物分类鉴定工作中。16S rRNA 参与原核生物蛋白质的合成过程，其功能是任何生物必不可少的，而且在生物进化的漫长过程中其功能保持不变。在 16S rRNA 分子中既含有高度保守的序列区域，又有中度保守和高度变化的序列区域，因此它适用于进化距离不同的各类生物亲缘关系的研究。此外，16S rRNA 大小适中，约 1.5 kb，既能体现不同菌种属之间的差异，又便于序列分析。因此，16S rRNA 是生物系统发育分类研究中最有用和最常用的分子钟，利用 16S rRNA 基因序列分析技术进行微生物分类鉴定被微生物学研究者普遍接受。16S rRNA 中可变区序列因细菌不同而异，恒定区序列基本保守，所以可利用恒定区序列设计引物，将 16S rRNA 片段扩增出来，利用可变区序列的差异来对不同属、种的微生物进行分类鉴定。一般认为，16S rRNA 的基因序列同源性小于 97%，可以认为属于不同的种；同源性为 93%～95%或更低时，可以认为属于不同的属。

应用 16S rRNA 或 18S rRNA 核苷酸序列分析法进行微生物分类鉴定，首先，要将原核或真核微生物进行培养，然后提取并纯化 16S rRNA 或 18S rRNA，分别进行序列测定，获得各相关微生物的序列资料，再与 16S rRNA 或 18S rRNA 数据库中的序列数据进行分析比较，确定其系统发育关系并确定其地位，从而可以鉴定样本中可能存在的微生物种类。

3. 菌株的毒性试验

通常采取动物急性毒性试验和亚急性毒性实验初步确定菌株的毒性。

2.3 发酵工业菌种选育

2.3.1 菌种选育的意义

发酵工业的菌种决定一个发酵产品工业化价值及发酵过程的成败。从自然界分离纯化得到的菌种，生产能力低，远不能满足工业化生产的要求，因此必须运用物理、化学、生物学、工程学等方法和手段处理菌种，打破菌种的正常生理代谢，最大限度地积累人们需要的代谢产物，最终实现工业化、产业化的目的。现代发酵工业之所以如此迅猛地发展，除了发酵工艺改进和发酵设备的不断更新外，更重要的原因就是由于不断地进行菌种的改良及选育，才使得抗生素、酶制剂、有机酸、氨基酸、维生素、激素、色素、生物碱、不饱和脂肪酸以及其他各类生物活性物质等产品的产量大幅度地增长，其中一个典型的例子是青霉素产生菌特异青霉，最初发现时(1929 年)，表层培养产量只有 1～2 U/mL，后来美国一研究所实验室分离出产黄青霉，同时伴以浸没培养，达到 40 U/mL，在此基础上，经过多年不断地菌种选育(诱变育种)的过程，目前产量可达 80 000 U/mL 以上，提高了 2 000 多倍。

微生物菌种选育是建立在遗传和变异的基础上，一个菌种生物合成目的产物的能力是由遗传物质的结构与功能所决定的，而功能由遗传机构所控制，通过改变遗传结构来影响功能，使生物合成产物的化学结构、合成能力和活性也发生改变。

微生物菌种的选育的目的是旨在能够提供一株优异的菌种，大幅度提高微生物发酵产品的数量与质量，促进微生物发酵工业的快速发展。因此，菌种选育的目标应包括以下几个方面。

1. 提高目的产物的产量

对微生物菌种进行选育改良，目的是以过量生产或超量生产目标产物。产量效益是一切商业发酵过程所追求的首要目标，经济是菌种选育的主要推动力，是菌种选育不变的目的。工业生产所用的菌种，几乎都是通过各种育种方法而获得的突变菌种。

2. 提高性能

除了产量以外，优异的服务性能也在考虑之列，如对用于杀虫和防腐作用的农业微生物菌种来说，则是毒力效价的提高、杀虫毒力的快速发挥、毒力的持久性、防治对象范围的扩大等。

3. 提高产物纯度

通过提高产物纯度，最大限度减少不需要的副产物的产生。对抗生素而言，是提高有效组分的比例，减少产物类似物的产量。例如，对于黑曲霉柠檬酸发酵，是防止草酸的生成，减少或消除色素，以有利于目的产物柠檬酸的分离、提取。

4. 改变菌种的性状以改善发酵过程

通过改变菌种的性状，可以改善发酵过程，主要涉及以下几个方面。

(1) 改变和扩大菌种所利用的原料结构，使之适应不同的原料，适应成分简单、来源广泛易得、价格低廉的培养基，以降低生产成本。

(2) 改善菌种的生长速度，提高斜面孢子化程度，使生产菌种能产生大量有活力的繁殖体、细胞、芽孢、分生孢子等。

(3) 以菌丝体形态发酵的真菌和放线菌，宜采用微小的球状菌丝体，以增加菌丝体表面积，大大降低丝状菌丝体对发酵搅拌剪切力的敏感性，并降低发酵液翻性，少用消泡剂以及耐合成消泡剂。

(4) 改善对氧的摄取条件，降低需氧量及能耗等。

(5) 菌种要能耐不良培养条件，如抗噬菌体、耐高温、耐酸碱、耐自身代谢产物等。

(6) 改变细胞产物分泌能力，使目的产物尽可能分泌到细胞外，降低产物抑制作用及有利于产物分离。

(7) 菌种的遗传性状，特别是涉及生产的遗传性状稳定。

5. 改变生物合成途径以获得新产品

菌种选育工作的研究目标是实现工业化生产，也就是说，要求选育出的菌种特性具有工业化生产价值和实际利用价值。因此，一株优良的生产菌种应该具备如下的特性。

(1) 菌种的生长繁殖能力强，具有较强的生长速率，产孢子能力强。这样有利于缩短发酵培养周期，减少种子罐的级数，降低生产成本。同时，还可以减少菌种退化和染菌的可能性。

(2) 菌种的培养基和发酵醪原料来源广泛、价格便宜，尤其对发酵原料成分的波动敏感性较小。

(3) 目标产物生产能力强，能高效地将原料转化为产品，高产菌株的应用，可以在不增加投资的情况下，降低生产成本，提高产品的市场竞争力。

(4) 在发酵过程中不产生或少产生与目标产品性质相近的副产物及其他产物，减少分离纯化的难度，提高产品质量。

(5) 在发酵过程中产生的泡沫要少，可提高装料系数，提高单罐产量和设备利用率。

(6) 具有抗噬菌体感染的能力。

(7) 菌株遗传特性稳定，以保证发酵能长期、稳定地进行，有利于工艺控制。

(8) 菌种纯粹，不易变异退化，不产生任何有害的生物活性物质和毒素，以保证安全。

微生物菌种选育是微生物资源利用的关键步骤，自然选育、诱变育种、杂交育种、原生质体融合、基因工程育种、基因定位突变育种、定向进化技术育种和核糖体工程育种技术等都被用于优良菌种的选育。

2.3.2 自然选育

自然选育(或自然分离)是一种纯种选育的方法。微生物具有容易发生自然变异的特性，微生物的这种自然变异是偶然的、不定向的，其中多数为负向变异。若微生物群体中自然变异的负变多于正变，那么菌种就发生退化，如果不及时进行自然选育，分离、筛选排除负变菌株，从中选择维持原有生产水平的正变菌株，就会导致目标产物产量或质量下降。为了保证生产水平的稳定和提高，应经常地进行生产菌种自然选育，以淘汰退化的菌种，选出优良的菌种。自然选育有时也可用来选育高产量突变株，不过这种正突变的概率很低。

1. 自然变异产生的原因

自然变异是指没有人工参与的微生物变异，但并不是说这种变异没有原因。自然界能引起微生物发生突变的因素多种多样，自发突变实际上就是这些众多因素长期综合诱变的结果。一般认为多因素低剂量的诱变效应与遗传物质的互变异构效应是引起自然突变的两种主要原因。所谓多因素低剂量的诱变效应，是指在自然环境中存在着低剂量的宇宙射线、各种短波辐射、低剂量的诱变物质和微生物自身代谢产生的诱变物质等的作用引起的突变。例如胸腺嘧啶(T)和鸟嘌呤(G)可以酮式或烯醇式出现，胞嘧啶(C)和腺嘌呤(A)可以氨基式或亚氨基式出现。平衡是倾向于酮式或氨基式的，因此 DNA 双链中以 AT 和 CG 碱基配对为主。但在偶然的情况下，当 T 以烯醇式出现时的一瞬间，DNA 链正好合成到这一位置上，与 T 配对的就不是 A，而是 G；若 C 以亚氨基式出现时的一瞬间，新合成的 DNA 链到这一位置上，与 C 配对的就不是 G，而是 A。在 DNA 复制过程中发生的这种错误配对，就有可能引起自然突变。这种互变异构现象是无法预测的，但对这种偶然事件作了大量的统计分析后，仍能找出规律来，据统计，这种碱基对错误配对引起自然突变的概率为 $10^{-8}\sim10^{-9}$。

自发突变的产生特点是变异速度比较缓慢，因为导致变异的不利因素不是强诱变因子；另外，一个基因发生突变不可能立即影响微生物群体的性状变异，变异要通过 DNA 复制才能传到下一代，并在一定的环境条件下才能体现出来。更重要的是必须在突变基因取得数量上的优势时，才能使群体表现出性状的变异。

2. 自然选育的方法与步骤

单菌落分离法是自然选育方法最常用的方法，一般包括以下主要步骤。

(1) 单孢子悬液的制备　用无菌生理盐水或缓冲液制备单孢子悬浮液并计数(显微镜计数或平板菌落计数)。

(2) 单菌落分离　培养根据计数结果，定量稀释后，取适量(0.1～0.2 mL)加到平皿培养基上，培养后长出的单菌落，以 5～20 个菌落/平皿为宜(依丝状真菌、放线菌菌落的大小不同而不同)。

(3) 斜面种子　将分离培养后的单菌落，挑选接斜面培养，成熟后接入发酵瓶，测定发酵单位的过程称为筛选。它分为初筛、复筛两个过程。

(4) 摇瓶初筛　初筛是指初步筛选，以筛选面宽、菌株数多为原则。因此，初筛时尽量不用种子瓶，将斜面直接接入发酵瓶，测其产量；对一些生长慢的菌种也可先接入种子瓶，生长好后再转入发酵瓶。初筛中高单位菌株挑选量以 5%～20%为宜。

(5) 摇瓶复筛　复筛是对初筛得到的高产菌株的复试，以挑选出稳定高产菌株为原则，要求菌株数少，测定准确。每一初筛通过斜面可进 2～3 只摇瓶，最好使用母瓶、发酵瓶两级，并要重复 3～5 次，用统计分析法确定产量水平。

(6) 生产试验复筛　选出的高单位菌株要比对照菌株产量提高 10%以上(以排除摇瓶单位波动的影响)，并经过菌落纯度、摇瓶单位波动情况，以及糖、氮代谢等的考察，合格后方可在生产罐上试验。

(7) 菌种保藏　初筛、复筛都要同时以生产菌株作对照。复筛得到的高单位菌株应制成沙土管、冷冻管或液氮管进行保藏。

3. 自然选育在发酵工业中的应用

（1）提高生产能力　在工业生产上，由于各种条件因素的影响，自然突变是经常发生的，也造成了生产水平的波动，可从高生产水平的批次中，分离出高生产能力的菌种再应用于生产。

（2）复壮菌种经诱变或杂交选育　获得的突变株，往往会继续发生变异，导致不同生产能力的菌株的比例改变，采用自然选育可以有效地用于高性能突变株的分离。经常进行自然选育，淘汰衰退的菌株可以达到纯化菌种，防止菌种退化，稳定生产，提高产量的目的。但是自然选育的效率低，因此经常与诱变选育交替使用，以提高育种效率。

（3）纯化菌种　自然选育常采用单菌落分离法，一般程序是将菌种制成菌悬液，用稀释法在固体平板上分离单菌落，再分别测定单菌落的生产能力，从中选出高水平菌种，可以稳定生产，并作为诱变育种的出发菌种。实践证明，纯的出发菌种比用遗传性能差的异核体作为出发菌效果要好。

2.3.3　诱变育种

诱变育种就是以人工诱变手段，利用各种被称为诱变剂的物理因素、化学试剂和生物诱变剂处理微生物细胞群，提高基因突变频率，再通过适当的筛选方法从中分离得到能显示所要求表型的变异菌株。以自然选育为基础的生产选育菌种，因变异频率太低而概率不高。采用物理、化学或生物方法可改变微生物的基因组，促进其诱发突变，产生突变型，大幅度提高其变异率，达到 $10^{-3}\sim10^{-6}$，相对于自发突变提高了上百倍。当今发酵工业所使用的高产菌株，几乎都是通过诱变育种而获得，诱变育种不仅能提高菌种的生产能力而且能改进产品的质量、扩大品种和简化生产工艺等。从方法上讲，它具有方法简便和效果显著等优点，虽然目前在育种方法上，杂交、转化、转导以及基因工程、原生质体融合等方面的研究都在快速地发展，但诱变育种仍为目前比较主要、广泛使用的育种手段。

1. 诱变育种的原理与诱变剂

基因突变是微生物变异的主要源泉，诱变育种的理论基础即是基因突变，所谓突变是指由于染色体和基因本身的变化而产生的遗传性状的变异。突变主要包括染色体畸变和基因突变两大类。染色体畸变是指染色体或 DNA 片段发生缺失、易位、重复等。基因突变是指 DNA 链中的某一部位碱基发生变化，即点突变。大多数诱变剂在诱发生物体发生突变的同时造成生物体大量死亡。诱变剂种类很多，目前使用的诱变剂基本上可分为物理诱变剂、化学诱变剂和生物诱变剂三大类。

（1）物理诱变剂　物理诱变剂包括紫外线、快中子、X 射线、α 射线、β 射线、γ 射线、微波、超声波、电磁波、激光射线、宇宙射线、离子注入等，其中应用最广泛是紫外线、快中子、X 射线、γ 射线等物理辐射。物理辐射可分为电离辐射和非电离辐射，它们都是以量子为单位的可以发射能量的射线。

①电离辐射：电离辐射中的 X 射线和 γ 射线都是高能量电磁波，能发射一定波长的射线。X 射线波长为 0.06～136 nm，γ 射线波长为 0.006～1.4 nm，其实就是短波的 X 射线，由钴、镭等产生。快中子是不带电荷的粒子，不直接产生电离，但能从吸收中子物质的原子核中撞击出质子。常用于诱变育种电离辐射的种类、性质和来源见表 2-1。

表 2-1 电离辐射的种类、性质及来源

电离辐射种类	放射源	性质	能量范围	危险性
X 射线	X 光机	电磁辐射	通常 50～300 kW	危险、有穿透力
γ 射线	放射性同位素及核反应物质	与 X 射线相似的电磁辐射	达几百万 eV	危险、有穿透力
快中子	核反应堆或加速器	不带电子的粒子，只有通过它与被击中的原子核的作用才能观察到	从小于 1 eV 到几百万 eV	危险高、穿透力强
α 射线	放射性同位素	氦核，电离密度大	$(2～9)\times10^6$ eV	很危险
β 射线	放射性同位素	电子(带“+”或“－”)，比 α 射线电离密度小	几百万 eV	有时有危险

②非电离辐射：非电离辐射中的紫外线是一种波长短于紫外光的肉眼看不见的“光线”，波长为 136～390 nm。下面以紫外线为例介绍物理诱变剂的诱变机制和 DNA 损伤修复。

a. 紫外线的诱变机制：DNA 吸收紫外线，可以发生 DNA 与蛋白质的交链；胞嘧啶与尿嘧啶之间的水合作用；DNA 链的断裂；形成嘧啶二聚体。而形成嘧啶二聚体是产生突变的主要原因。

b. DNA 损伤修复：DNA 损伤的修复对突变体的形成影响很大。DNA 损伤包括任何一种不正常的 DNA 分子结构，其中，DNA 损伤中研究较多的是由紫外线引起的胸腺嘧啶二聚体。在修复系统中研究较多的是光修复、切补修复、重组修复和 SOS 修复系统以及聚合酶的校正作用。

c. 光修复：在一定剂量的紫外线照射后的突变体，在可见光下照射适当时间，90%以上被修复而存活下来。这是由于在黑暗下嘧啶二聚体被一种光激活酶结合形成复合物，这种复合物在可见光下由于光激活酶获得光能而发生解离，从而使二聚体重新分解成单体，DNA 恢复成正常的构型，使突变率下降。在一般的微生物中都存在着光复活作用，因此，用紫外线进行诱变时，照射或分离均应在红光下进行。

d. 暗修复：在四种酶的协调作用下进行 DNA 损伤修复，这四种酶都不需要可见光的激活，在黑暗中就可修复，所以称为暗修复。核酸内切酶识别 DNA 损伤部位，并在 5′端作一切口，再在外切酶的作用下从 5′端到 3′端方向切除损伤，然后在 DNA 多聚酶的作用下以损伤处相对应的互补链为模板合成新的 DNA 单链片断以填补切除后留下的空隙；最后再在连接酶的作用下将新合成的单链片断与原有的单链以磷酸二酯链相接而完成修复过程。

③其他类型的物理诱变剂：近年来，陆续开发出了一些新型的物理诱变剂用于微生物的诱变育种，主要包括以下几种。

a. 微波：微波是一种电磁波，其生物学效应分为热效应和非热效应。有人研究了微波诱变大肠杆菌和米曲霉的生物学效应。在辐射过程中采用分散低温干燥法，消除微波热效应的影响。另外，微波对微生物有一定的致死能力和诱变效应。选择适当的剂量和样品处理方法，可产生较好的诱变效果。

b. 红外射线：应用红外辐射和紫外辐射对果胶酶产生菌的原生质体和孢子进行诱变，发现红外辐射能促进菌体代谢，提高对紫外损伤的抗性。在紫外线中增加红外辐射可显著提高诱变效果。红外辐射产生的突变株产酶性能显著高于对照亲株，说明红外辐射是有效的微生物物理诱变因子。

c. 激光：激光是一种光量子流，又称光微粒。激光辐射可以通过产生闪、热、压力和电磁场效应的综合作用，直接或间接地影响生物有机体，引起 DNA、染色体畸变效应，酶的激活和纯化以及细胞的分裂和细胞代谢活动的改变等。除紫外波段的激光有诱变作用外，可见光至红光波段间的激光也有诱变作用。目前激光已经成为微生物的常用诱变剂。

d. 离子注入：利用离子注入生物体引起遗传物质的改变，导致性状的变异，从而达到育种的目的。离子注入育种是 20 世纪 80 年代发展起来的物理诱变技术。该技术不仅以较小的生理损伤而得到较高的突变率和较广的突变谱，而且具有设备简单、成本低廉、便于运行和维修、对人体和环境无害等优点。目前利用离子注入进行微生物育种时选用的离子大都为气体单质正离子，其中以 N^+ 最多，也有报道使用 H^+、Ar^+、$O_6{}^+$、$C_6{}^+$ 的情况。有关离子注入的诱变机制研究工作仍在进行，离子注入作为一类高效、方便、安全无污染的新型诱变源，将引起越来越多的育种工作者的重视。

(2) 化学诱变剂　化学诱变剂是一类能对 DNA 起作用、改变其结构，并引起遗传变异的化学物质。化学诱变剂对碱基作用的原理如表 2-2 所示。化学诱变剂包括四大类：碱基类似物、烷化剂、脱氨剂、移码突变剂以及其他种类等。

表 2-2　部分化学诱变剂作用情况

诱变剂名称	诱变效应					回复效应
	G∶C→A∶T	A∶T→G∶C	颠换	移码	缺失	
羟胺	++					不能用羟胺再回复
亚硝基胍	++					
吖啶类				++		可以用吖啶类再回复
亚硝酸	++	++		+	+	脱氨基后的突变可以引起回复突变，缺少突变不能被任何诱变剂回复突变
5-溴尿嘧啶	++	+				可以用 5-BU 再回复

①碱基类似物：碱基类似物是一类和天然的嘧啶嘌呤等四种碱基分子结构相似的物质，是一种既能诱发正向突变，也能诱发回复突变的诱变剂。如：胸腺嘧啶的结构类似物，5-溴尿嘧啶(5-BU)、5-氟尿嘧啶(5-FU)、5-溴脱氧尿嘧苷(BUdr)、5-碘尿嘧啶(5-IU)等；腺嘌呤的结构类似物，2-氨基嘌呤(AP)、6-巯基嘌呤(6-MP)；最常用的碱基类似物，5-BU 和 AP。

碱基类似物可以取代核酸分子中碱基的位置，再通过 DNA 的复制，引起突变，因此也称掺入诱变剂。常以互变异构现象在嘧啶分子中以酮式和烯醇式的形式出现，而在嘌呤分子中以氨基和亚氨基互为变构的形式出现。

②烷化剂：烷化剂是诱发突变中一类相当有效的化学诱变剂，这类诱变剂具有一个或几个活性烷基，它们易取代 DNA 分子中活泼的氢原子，直接与一个或多个碱基起烷化反应，从而改变 DNA 分子结构，引起突变。烷化剂分为单功能烷化剂和双功能烷化剂或多功能烷化剂两大类。

a. 单功能烷化剂：仅一个烷化基团，对生物毒性小，诱变效应大。这类化合物包括亚硝基化合物、磺酸酯类、硫酸酯类、重氮烷类、乙烯亚胺类。

b. 双功能烷化剂或多功能烷化剂：具有两个或多个烷化基团，毒性大，致死率高，诱发效应较差。这类化合物包括硫芥子类[硫芥 $S(CH_2CH_2Cl)$]、氮芥子气[氮芥 $CH_3N(CH_2CH_2Cl)_2$]。

③脱氨剂(以亚硝酸为例)：亚硝酸是一种常用的诱变剂，毒性小，不稳定，易挥发，其钠盐容易在酸性缓冲液中分解产生 NO 和 NO_2：

$$NaNO_2 + H^+ \longrightarrow HNO_2 + Na^+$$

$$2HNO_2 \longrightarrow N_2O_3 + N_2O$$

$$N_2O_3 \longrightarrow NO\uparrow + NO_2\uparrow$$

而遇到空气又变成 N_2气体，故配制时须加塞密封，并且要现配现用。

亚硝酸处理液是用亚硝酸钠溶解于 0.1M、pH4.6 的醋酸缓冲液中生成亚硝酸的原理而制成：

$$NaNO_2 + H^+ \longrightarrow HNO + Na^+$$

④移码突变剂：这类诱变剂是指能和 DNA 分子相结合并造成其碱基对增多或缺失，从而诱发突变的化合物。主要包括吖啶类杂环染料(如吖啶黄和原黄素)以及一些烷化剂和吖啶类相结合的化合物，如吖啶分子可插入 DNA 分子中，并嵌入两个相邻的碱基对之间，而造成两个碱基对之间的距离增加。吖啶分子与 DNA 分子相结合时，因在 DNA 复制的不同阶段插入而引起不同的结果。如吖啶分子在 DNA 复制以前插入，则诱发碱基插入突变；如在 DNA 复制中插入，即诱发碱基缺失突变。

⑤其他诱变剂：其他类型的诱变剂主要有以下几种。

a. 羟化剂：羟胺是具有特异诱变效应的诱变剂，专一地诱发 G∶C→A∶T 的转换。对噬菌体、离体 DNA 专一性更强。DNA 分子上和羟胺发生反应的碱基主要是羟化胞嘧啶上的氨基。

b. 金属盐类：诱变育种的金属盐类主要有氯化锂、硫酸锰等。其中氯化锂比较常用，与其他诱变剂复合处理，效果相当显著。在诱变育种中多用于与其他诱变剂复合处理，如氯化锂与紫外光、电离辐射以及和乙撑亚胺、亚硝酸、硫酸二乙酯等化学诱变剂复合处理时，诱变效果显著。

c. 秋水仙碱：秋水仙碱是诱发细胞染色体多倍体的诱变剂。最先用于植物细胞的诱变，后来作为微生物诱变处理的辅助剂。

d. 抗生素：抗生素在诱变育种中应用不如烷化剂广泛，且多用于复合处理。其作用机制按品种而有不同。

化学诱变剂的剂量主要取决于其浓度和处理时间。在进行化学诱变处理时，控制使用剂量要以诱变效应大而副作用或反应小为原则。

绝大多数化学诱变剂都具有毒性，其中 90%以上是致癌物质或极毒药品，使用时要格外小心，不能直接用口吸，避免与皮肤直接接触，不仅要注意自身安全，还要防止污染环境，造成公害。

(3) 生物诱变剂　噬菌体特别是溶原性噬菌体是一种遗传信息的传递者，因而有人把噬菌体看作一种诱变剂。细菌或放线菌等微生物，多数有感染噬菌体的现象。在筛选抗噬菌体的突变株中，常出现一些抗生素产量伴随着有明显提高的抗性菌株。在选育放线菌抗噬菌体菌种(如链霉素、红霉素、万古霉素、四环素、卡那霉素、利福霉素、竹桃霉素等抗生素菌种)时，噬菌体显示出明显的诱变效应。

总之，紫外光是常用而且有效的诱变剂。电离辐射可诱发大的损伤，特别是可诱发染色体畸变或缺失。其优点是回复突变少，其缺点是损伤区域大，影响到邻近几个基因。碱基类似物和羟胺两类诱变剂在已知的诱变剂中专一性是最明显的，但实际应用中效果并不理想，因而应用不多。烷化剂和亚硝酸类诱变剂虽已证实可诱发多种生物突变，但它们对于不同生物的遗传损伤极为多样化，因而不易掌握。吖啶类及 ICR 系列的移码突变剂应用于寻找阻断突变株较为有效。

诱变育种实践中，为了提高诱变效果常采用两种以上的诱变剂复合处理，但其使用方法很重要。即采用什么样的诱变剂的剂量以及先后顺序都很重要，否则会出现负结果。

2. 诱变育种的步骤和方法

诱变育种的步骤和方法包括出发菌株的选择、单细胞（或单孢子）菌悬液的制备、诱变剂及诱变剂量的选择、诱变剂处理方式、突变株的分离与筛选。具体步骤如图 2-6 所示。

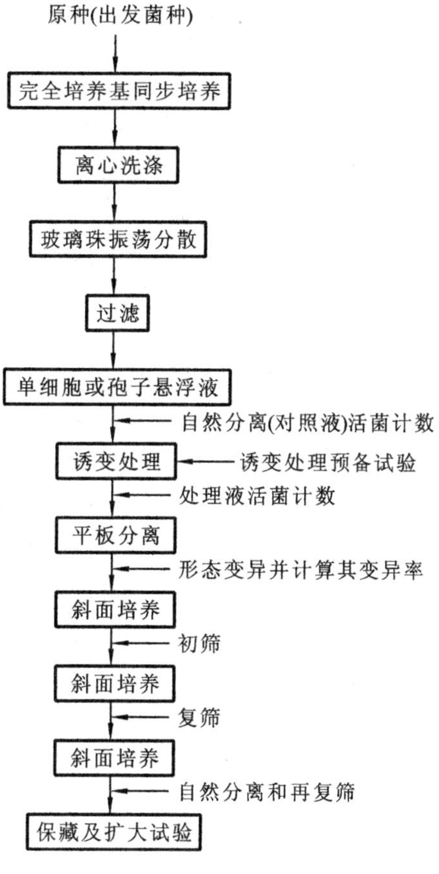

图 2-6　诱变育种的步骤

（1）出发菌株的选择　工业上用来进行诱变或基因重组育种处理的起始菌株称为出发菌株。在诱变育种中，出发菌株选择的标准是产量高，对诱变剂的敏感性大，变异幅度大，具有一定的目标产物。同时，还要求菌株具有生产繁殖快、营养要求低、孢子多等特点，因此必须对出发菌株的产量、形态、生理等各方面有相当的了解，挑选出对诱变剂敏感性大、变异幅度广、产量高的出发菌株。用作诱变育种的出发菌株常从以下三类菌株中选取。

①选取自然界新分离的野生型菌株：这类菌株的特点是对诱变因素敏感，容易发生变异，而且容易向好的方向变异，即产生正突变。

②选取生产中由于自发突变或长期在生产条件下驯化而筛选得到的菌株：这类菌株的特点是与野生型菌株较相像，容易达到较好的诱变效果，同时，由于出发菌株已经是生产菌株，对发酵条件已具备了较好的适应性，因此经过诱变所获得的正突变株易于推广到工业化生产。

③选取每次诱变处理都有一定提高的菌株：这类菌株的特点是往往经过多次诱变后效果可能叠加，因此这类菌株在育种工作中经常被采用。

在诱变育种工作中，一般采用 3～4 个出发菌株，在逐代处理后，经过比较将更适合的菌株留着继续诱变。

选择出发菌株时，首先从遗传方面考察该菌种是否具有人们所需要的特性，即对目的产物具有一定的生产能力，或至少能少量生产这种产物，说明该菌株原来就具有合成该产物的代谢途径，这种菌株进行诱变容易收到较好的效果。

在进行诱变处理时，要选择单倍体、单核或少核的细胞作为出发菌株。单倍体细胞中只有一个基因组，单核细胞中只有一个细胞核，通过诱变所造成的某一变化是细胞中唯一的变化，不发生分离现象。若是二倍体或多核细胞，突变有时只发生在二倍体中的一条染色体或多核细胞中的一个核，该细胞在诱变后的培养过程中会发生性状的分离现象。

（2）细胞悬液的制备

①同步培养：在诱变育种中，处理材料一般采用生理状态一致的单倍体、单核细胞，即菌悬液的细胞应尽可能达到同步生长状态，这称为同步培养。细菌一般要求培养到对数生长期，此时群体生长状态比较同步，易于变异。

②细胞悬液的制备：菌悬液一般可用生理盐水或缓冲溶液配制，除此之外，还应注意分散度，操作时先用玻璃珠振荡分散，再用脱脂棉或滤纸过滤，经处理，分散度可达 90%以上，这样可以保证菌悬液均匀地接触诱变剂，获得较好的诱变效果。最后制得的菌悬液，霉菌孢子或酵母菌细胞的浓度为 $10^6 \sim 10^7$ 个/mL，放线菌和细菌的浓度约为 10^8 个/mL。菌悬液的细胞可用平板计数法、血球计数法或光密度法测定，但以平板计数法较为准确。

（3）诱变处理

①诱变剂的选择：一般情况下，尽可能使用简便的方法，如营养缺陷型的回复突变、抗药性突变、形态突变和溶源细菌的裂解等方法测定。其中用抗药性突变作为筛选诱变剂的诱变效应强弱的指标比较方便。

应该指出，在诱变育种中，对诱变剂的要求应该是遗传物质改变较大，难于产生回复突变的诱变剂，这样获得的突变株性状稳定。NTG 或 EMS 等烷化剂虽然能引起高频度的变异，但它们多引起碱基对转换突变，得到的突变性状易发生回变；而那些能引起染色体巨大损伤、码组移动的紫外线、γ 射线、烷化剂、吖啶类等诱变剂，确实显示了优越的性能。

尽管如此，目前在实际育种中，仍多使用 NTG 或 EMS 等化学诱变剂。据报道：有人用 EMS 处理棒状杆菌和枯草杆菌（处理 18 h）在细胞存活率为 1.0×10^{-5} 时，突变率达 82.7%；用 NTG（浓度 1 000 μg/mL）处理谷氨酸产生菌 30 min，营养缺陷型高达 49.6%。

②诱变剂量的选择：一切诱变剂都有杀菌和诱变双重效应，如果以剂量为横坐标，细胞存活率和突变率为纵坐标，就可以看到，当细胞存活率高时，突变率往往随诱变剂量的增大而增大，当达到某一数值时，突变率反而下降。说明在诱变剂的使用中存在最适剂量。

近年来，根据紫外线、X 射线和乙烯亚胺等诱变效应的研究发现：正相突变较多出现在偏低剂量中，而负相突变（即降低产量）较多出现在偏高剂量中；对经过多次诱变而提高了产量的菌株，在较高的剂量时负相突变率高，而正相突变则偏于低剂量；形态变异与生产性能变异在剂量上不完全一致。形态变异多发生在偏高剂量中，而一般形态变异多趋向于降低产量。

近年来认为，杀菌率在 70%～80%或更低剂量，诱变效果较好。特别是经过多次诱变的高产菌株更是如此。在使用 NTG 或 EMS 等高效化学诱变剂时，其最适剂量也应在较低的杀菌率范围内。但是，对多核的细胞来说，剂量不宜过低。各种化学诱变剂常用的剂量和处理时间见表 2-3。

表 2-3　各种化学诱变剂常用的剂量和处理时间

诱变剂	诱变剂的剂量	处理时间	缓冲剂	中止反应方法
亚硝酸（HNO_2）	0.01～0.1 mol/L	5～10 min	pH 4.5，1 mol/L 醋酸缓冲液	pH 8.6，0.07 mol/L 磷酸二氢钠
硫酸二乙酯（DES）	0.5%～1%	10～30 min，孢子 18～24 h	pH 7.0，0.1 mol/L 磷酸缓冲液	硫代硫酸钠或大量稀释

续表

诱变剂	诱变剂的剂量	处理时间	缓冲剂	中止反应方法
甲基磺酸乙酯(EMS)	0.05～0.5 mol/L	10～60 min，孢子 3～6 h	pH 7.0，0.1 mol/L 磷酸缓冲液	硫代硫酸钠或大量稀释
亚硝基胍(NTG)	0.1～1.0 mol/mL，孢子 3 mg/mL	15～60 min，90～120 min	pH 7.0，0.1 mol/L 磷酸缓冲液或 Tris 缓冲液	大量稀释
亚硝基甲基胍(NMU)	0.1～1.0 mol/mL	15～90 min	pH 6.0～7.0，0.1 mol/L 磷酸缓冲剂或 Tris 缓冲液	大量稀释
氮芥	0.1～1.0 mol/mL	5～10 min	$NaHCO_3$	甘氨酸或大量稀释
乙烯亚胺	1 ∶ 1 000～1 ∶ 10 000	30～60 min		硫代硫酸钠或大量稀释
氯化锂(LiCl)	0.3%～0.5%	加培养基中，在生长过程中诱变		大量稀释
秋水仙碱($C_{22}H_{25}NO_6$)	0.01%～0.2%	加培养基中，在生长过程中诱变		大量稀释

③诱变处理：可分为单因子处理和复合因子处理两种方式。单因子处理是指采用单一诱变剂处理出发菌株；而复合因子处理是指采用两种以上诱变剂诱发菌体突变。实践证明，单因子处理不如复合因子处理好。复合因子处理主要包括以下两种方式。

a. 紫外线与光复活的交替处理：应用光复活现象能使紫外线诱变作用明显增强。当用一次紫外线处理后，光复活一次会降低突变率，但增加紫外线照射剂量再次照射时，发现突变率增加了，若多次紫外线照射后，并在每一次照射后进行一次光复活，突变率将大大提高。例如，链霉素生产菌经 6 次光复活交替处理，结果突变率由初始的 14.6%提高到 35%。

b. 不同诱变剂交替处理：诱变剂的复合处理呈现一定的协同性，如表 2-4 所示。复合处理有以下几种方式：两种或多种诱变因子先后使用，两种或两种以上诱变剂的交替使用，同一种诱变剂先后使用，同一种诱变剂的连续使用等。

表 2-4　复合处理和分别处理对金霉素的诱变效果比较

诱　变　剂	菌落数	突变菌落数	突变率/(%)
乙二烯三胺(1 ∶ 10 000，28 ℃，处理 4 h)	105	6	6.06
硫酸二乙酯/0.01 mol/L	224	28	12.7
紫外线(30 cm，15 min)	328	40	12.5
乙二烯三胺＋紫外线	428	111	26.6
硫酸二乙酯＋紫外线	2 005	719	35.86

(4) 突变株的筛选

①突变株筛选的一般程序：诱变处理后，正向突变的菌株通常为少数，诱变形成的高产菌株的数量往往小于筛选的实验误差。真正的高产菌株，往往需要经过产量的逐步积累过程，才能变得越来越明显，因此在实际工作中，有必要多挑选一些出发菌株进行多步诱变育种，以确保获得高产菌株，图 2-7 所示为获得高产菌株的常规筛选程序。

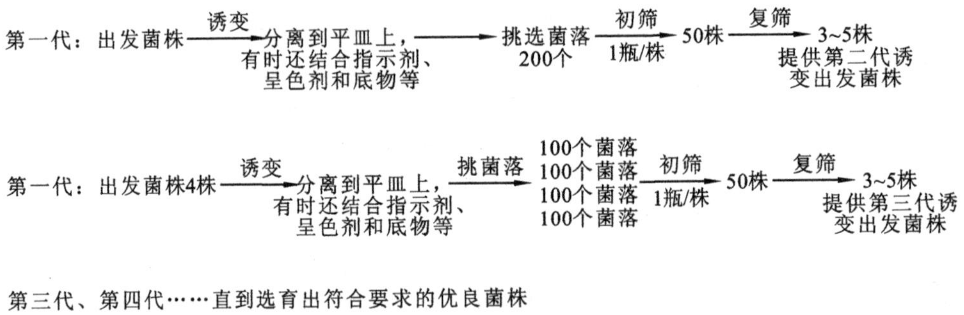

图 2-7　典型的工业用微生物高产突变株筛选程序

②突变株的筛选方法：菌体细胞经诱变处理后，要从大量的变异株中，把一些具有优良性状突变株挑选出来，这需要明确筛选目标和选择合适的筛选方法以及进行认真细致的筛选工作，育种工作中常采用随机筛选和理性化筛选两种筛选方法。

a. 随机筛选：菌种经诱变处理后，进行平板分离，随机挑选单菌落，从中筛选高产菌株。随机筛选包括摇瓶筛选法、琼脂块筛选法、筛选自动化和筛选工具微型化。①摇瓶筛选法是生产上一直使用的传统方法。即将挑出的单菌落传种斜面后，再由斜面接入模拟发酵工艺的摇瓶中培养，然后测定其发酵生产能力。选育高产菌株的目的是要在生产发酵罐中推广应用，因此，摇瓶的培养条件要尽可能和发酵生产的培养条件相近。但是，实际上摇瓶培养条件很难和发酵罐培养条件相同。摇瓶筛选的优点是培养条件与生产培养条件相接近，但缺点是工作量大、时间长、操作复杂。②琼脂块筛选法是一种简便、迅速的初筛方法。将单菌落连同其生长培养基(琼脂块)用打孔器取出，培养一段时间后，置于鉴定平板以测定其发酵产量。琼脂块筛选法的优点是操作简便、速度快。但是，固体培养条件和液体培养条件之间是有差异的，利用此法所取得的初筛结果必须经摇瓶复筛加以验证。③筛选自动化和筛选工具微型化使筛选实验实现了自动化和半自动化，省去了烦琐的劳动，大大提高了筛选效率。筛选工具的微型化也是很有意义的，例如将一些小瓶子取代现有的发酵摇瓶，在固定框架中振荡培养，可使操作简便，又可加大筛选量。

b. 理性化筛选：理性化筛选是随着遗传学、生物化学知识的积累而出现的筛选方法。理性化筛选意指运用遗传学、生物化学的原理，根据产物已知的或可能的生物合成途径、代谢调控机制和产物分子结构来进行设计和采用一些筛选方法，以打破微生物原有的代谢调控机制，获得能大量形成产物的高产突变株。理性化筛选一般从以下几方面着手。

(a)营养缺陷型突变体的筛选：营养缺陷型菌株是指通过诱变而产生的缺乏合成某些营养物质(如氨基酸、维生素、嘌呤和嘧啶碱基等)的能力，必须在其基本培养基中加入相应缺陷的营养物质才能正常生长繁殖的变异菌株。营养缺陷型菌株的筛选一般要经过诱变、淘汰野生型菌株、检出缺陷型和确定生长谱四个环节，诱变剂处理时与其他诱变处理基本相同。诱变后可用影印法、夹层法、逐个检出法、限量补充培养法对营养缺陷型突变体进行检出。选出的缺陷型菌株经验证确定后，还需确定其缺陷的因子，是氨基酸缺陷型，还是维生素缺陷型，或是嘌呤、嘧啶缺陷型。

营养缺陷型菌株不论在科学实验中，还是在生产实践中用途都很广泛。利用营养缺陷型菌株测定微生物的代谢途径，并通过有意识地控制代谢途径，获得更多我们所需要的代谢产物，从而成为发酵生产氨基酸、核苷酸和各种维生素等的生产菌种。

(b)抗反馈阻遏和抗反馈抑制突变株的筛选：抗反馈阻遏和抗反馈抑制突变株是由于代谢途径失调产生的，共同的表型是，在细胞中已经积累代谢末端产物时，仍将继续过量地合成这一产物。其原因有以下两点：A. 因为操纵基因或调节基因发生突变，使产生的阻遏蛋白和终产物结合，便不能再作用于已突变的操纵基因，反馈阻遏作用解除；B. 由于编码酶的结构基因发生突变，变构酶虽不能结合终产物，但仍具有催化活性，从而解除反馈抑制。

通过此法可筛选出抗反馈阻遏或抗反馈抑制突变株，抗分解阻遏或抗分解抑制突变株等，故通称为抗类似物突变株。结构类似物与终产物具有相似的结构，能阻遏与蛋白或变构酶结合、阻止产物的合成、引起反馈调节作用，但它不能代替终产物参与生物合成，它们的浓度不会降低，因此它们与阻遏蛋白或变构酶结合也是不可逆的。未突变的细胞因代谢受阻，不能合成某种产物而死亡，抗反馈调节突变株则即使在结构类似物存在下仍可合成终产物形成菌落。为了稳定抗结构类似物突变株，可在培养基中加入适量的结构类似物或抗生素物质，防止回复突变。

抗反馈突变株也可从营养缺陷型的回复突变株获得。营养缺陷型突变株是因为对反馈调节作用敏感的酶纯化或缺换等原因所致，发生回复突变，虽然酶的催化活性恢复了，但酶结构发生了改变。对反馈调节作用不敏感，因此，可过量积累代谢终产物。

(c)组成型突变株的筛选：组成型突变株是指操纵基因或调节基因突变引起酶合成诱导机制失灵，菌株不经诱导也能合成酶，或不受终产物阻遏的调节突变型。这些菌株的获得，除了自发突变之外，主要由诱变剂处理后的群体细胞中筛选出来的。组成型突变株在没有诱导剂存在的情况下就能正常地合成诱导酶。这种突变株，有的是调节基因突变，致使不能形成活性化的阻抑物，有的是操纵基因突变，丧失了和阻抑物结合的亲和力。

(d)抗性突变株的筛选：抗性突变株主要包括抗代谢产物、抗噬菌体、抗代谢类似物、抗前体或其类似物、抗培养条件(如温度)、抗重金属或特定的有毒物质等。抗性突变受核基因或质粒基因所控制，因细胞壁、酶的结构、酶的水平或核糖体的改变而造成，并可能与形态改变、营养需求或其他多基因的效应有关，所筛选的突变型常用来提高某些代谢产物的产量。筛选抗性突变株常用方法有三种：药物临致死浓度分离法、梯度分离法和滤纸小片法。

(e)抗生素抗性突变株：各种抗生素可以通过对微生物代谢的抑制机制，改变微生物的代谢，致使某些产物过量积累。抗生素、抗性突变株通常用作杂交和遗传分析的标记，但在抗自身所产抗生素的抗性突变株在高产菌株育种则有更广泛的实际应用，如青霉素、链霉素、金霉素和里斯托霉素高产菌株的获得。枯草芽孢杆菌的衣霉素抗性突变的筛选，使 α-淀粉酶的产量比亲株提高 5 倍；蜡状芽孢杆菌的抗利福平无芽孢突变株的 β-淀粉酶产量提高 7 倍。

(f)抗噬菌体菌株的选育：抗噬菌体菌株的筛选采用自然选育和诱发突变选育两种方法，自然突变是以噬菌体为筛子，在不经任何诱变的敏感菌株中筛选抗性菌株，但抗性突变的频率很低。诱发突变选育是对敏感菌株进行诱变处理，再用高浓度的噬菌体平板筛选抗性菌株。

抗噬菌体突变株的筛选操作方法有平皿法和液体法两种：平皿法是在平皿上挑选抗噬菌体突变株；液体法是将菌株和噬菌体混合培养后，再涂平皿，培养后挑选抗性突变株。噬菌体感染的筛选过程可反复多次，使敏感菌株裂解，从中筛选抗噬菌体突变株。

噬菌体对寄主有严格的专一性，选育一个抗性菌株，只能对相应的噬菌体有效。噬菌体本身在传代过程中还会不断发生自发突变，致使原来的抗性菌株对噬菌体的新变种又成为敏感菌。这样对新出现的噬菌体需要再选育抗性菌株。

抗噬菌体菌株的选育程序如下：专一性噬菌体获得和纯化→高效价噬菌体原液制备→菌株诱发突变→分离在含有噬菌体的平皿上→挑取抗性菌落和摇瓶筛选（加入噬菌体）→分离到含噬菌体的平皿上→挑取抗性菌落→抗性菌株的特性试验。

(g)其他类型突变株的选育：其他类型突变株的选育主要有以下几种。A. 条件抗性突变：也称为条件致死突变，其中温度敏感株可提高产物的产量，将菌株分别接种在同一培养基的两个平皿（合成培养基），分别在不同的温度下培养，选育温度突变株菌株。温度敏感株突变株的机制尚不清楚，可作遗传标记，识别和研究基因。如耐高温株的筛选，对发酵工业的意义在于可以节约冷却水用量，在夏季生产可减少染菌机会并大大节约冷冻机能耗。B. 敏感突变：柠檬酸经顺乌头酸催化，转化为异柠檬酸。生产上为提高柠檬酸产量，必须抑制乌头酸酶活性，防止异柠檬酸产生。氟乙酸可抑制顺乌头酸酶活性，通过诱变处理造成顺乌头酸酶结构基因的突变，有可能造成酶活力下降，那么此菌株必须对氟乙酸更加敏感，即不足以抑制野生菌顺乌头酸酶活力的某一氟乙酸浓度，会对突变型产生抑制作用。C. 对前体及其类似物的抗性突变：此选育方法的机制是解除反馈阻碍，如苯乙酸是青霉素 G 发酵的重要前体，通过筛选抗前体的突变株，使其在高浓度前体存在下，微生物仍能旺盛生长，合成青霉素。D-色氨酸是假单孢菌所产生的吡咯霉素的直接前体，筛选抗性突变株，解除色氨酸的反馈抑制，结果使抗性突变株的吡咯霉素的产能力提高 3 倍，而且不再添加 D-色氨酸作前体。D. 抗重金属离子及特定有毒性物质突变：Gu^{2+}、Co^{2+}、Fe^{2+}、Hg^{2+}等重金属离子对微生物有一定毒性，筛选耐金属离子的突变株，有可能从中得到高产菌株，如筛选耐重金属离子的青霉素产生菌突变株，因它们与青霉素结合能消除毒性。5-磷酸酯酶的高产菌株选育，采用紫外光和亚硝基胍诱变处理后，筛选抗 8-氮腺嘌呤和 5-氟胞嘧啶的抗性突变株，获得比亲株产量提高 5.5 倍的黑曲霉突变株。

(5) 复筛　复筛通常在摇瓶中进行。由于初筛已经淘汰了 80%～90%的菌株，因此，在复筛阶段应精确测定每一株菌株的发酵性能和遗传稳定性。一般一株菌株做 3～5 个摇瓶，以提高精确性。另外，在筛选出一株优良菌株后，还应进行发酵工艺条件的优化，并在三角瓶的基础上用小型发酵罐将发酵工艺条件进行修正，使之更接近工业化生产。

诱变育种技术虽然效率不高，但即使是基因工程技术较为发达的今天，诱变育种技术仍然是不可缺少的育种手段，常用于细菌、酵母和霉菌的诱变。

2.3.4　杂交育种

尽管优良菌种的选育主要是采用诱变育种的方法，但长期接受诱变剂的处理会使其产能力逐渐下降，如生长周期延长、孢子量减少、代谢减慢、产量增加缓慢、诱变因素对相关基因影响的有效性降低等。因此，需要采用其他育种的方法继续优化菌株。杂交育种是指将两个基因型不同的菌株经细胞的互相联结、细胞核融合，随后细胞核进行减数分裂，遗传性状会出现分离和重新组合的现象，产生具有各种新性状的重组体，然后经分离和筛选，获得符合要求的生产菌株。由于杂交育种是选用已知性状的供体和受体菌种作为亲本，因此不论在方向性还是自觉性方面，都比诱变育种前进了一大步，所以它是微生物菌种选育的另一个重要途径。这种方法适用范围很广，在酒类、面包、药用和饲料酵母的育种，链霉菌和青霉菌抗生素产量的提高及曲霉的酶活性增强等方面均已获得成功。

1. 杂交育种的一般程序

图 2-8 所示为杂交育种的一般程序，它包括：选择原始亲本→诱变筛选直接亲本→直接亲本之间亲和力鉴定→杂交→分离（基本培养基 MM，选择培养基）→筛选重组体→重组体分析鉴定。

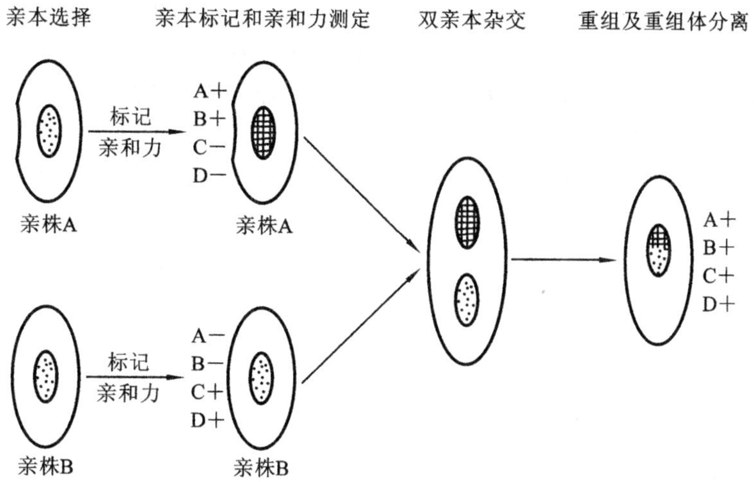

图 2-8　微生物杂交育种的一般程序示意图

2. 杂交育种的遗传标记

微生物杂交育种所使用的配对菌株称为直接亲本。由于杂交育种的频率极低，一般为 10^{-7}左右。因此，为了从大量的无效的杂交后代当中快速有效地将重组体筛选出来，常常给杂交的亲本带上遗传标记。常用的遗传标记主要有以下几种。

(1) 营养缺陷型　营养缺陷型是一种有效的遗传标记，通过诱变使杂交亲本分别带不同的营养缺陷型标记。双亲杂交后分离到基本培养基上，由于杂交的两亲本不能够合成某种营养物质（氨基酸、维生素或核苷酸碱基），因而在基本培养基上不能生长；而发生杂交后的子代因为遗传物质的互补能够在基本培养基上生长。

(2) 抗性遗传标记　抗性遗传标记的种类很多，有抗逆性（高温、高盐或高 pH）和抗药性等。其中常用的是抗生素抗性。选择两个分别带不同抗生素抗性基因的亲本，杂交后涂布到含有两种抗生素的平板上，杂交后的子代由于基因的重组因而在此培养基上能够生长，从而有效地排除无效杂交的后代。抗性标记常和营养缺陷型标记相结合，用以提高育种的效率。

(3) 温度敏感性遗传标记　温度敏感性遗传标记常与其他性状配合使用，如耐盐、耐酸等。在筛选时采用双亲的遗传标记的特性作为培养条件可有效地挑选出杂交子代。

(4) 其他性状标记　除了上述遗传标记，还可通过菌落形态、孢子颜色等生理生化特性作为标记。

3. 细菌的杂交

细菌的杂交行为是于 1946 年首次在大肠杆菌 K-12 菌株中发现并证实的。首先在大肠杆菌 K-12 菌株中诱发一个营养缺陷型(A^-)、不能发酵乳糖和抗链霉素以及对噬菌体 T_1 敏感的突变体;另一菌株诱发成一个营养缺陷型(B^-),能发酵乳糖和对链霉菌敏感以及抗噬菌体 T_1 的突变体。这两个菌株各自都不能在基本培养基上生长,如果把大约 10^5 个/mL 浓度的上述两种菌株混合在一起,并接种在基本培养基上,则能长出少数菌落;如果把上述两种菌株分别接种到一个特制的 U 形管的两端去培养,中间用一片可以使培养液流通,但不能使细菌通过的烧结玻璃隔开,那么在基本培养基上就不会出现菌落。这说明细胞的接触是导致基因重组的必要条件,即细菌通过接合完成了杂交行为。

细菌通过接合、转化、转导这三种方式,把受体菌原来不具备的遗传物质由供体菌传递到受体菌中去,经过繁殖过程,染色体交换和重组后,受体子代中出现了新的遗传信息和遗传性状。在转导育种方面已有成功的报道,如在色氨酸生产方面,通过转导的方法选育出了积累色氨酸 70 mg/mL 的变异株,较出发菌株提高了 2 倍多。而其他方式的细菌杂交则鲜见报道。

4. 放线菌的杂交育种

放线菌的基因重组于 1955—1957 年首先在天蓝链霉菌中发现,以后在其他科、属、种中相继发现。近年来,放线菌的杂交育种工作取得了很大进展。Mindlin 等通过杂交获得了龟裂链霉菌 L-S-T 菌株,该菌株在高糖、高氮培养基中不仅泡沫形成较少,而且土霉素的产量有很大提高。此外,在金霉素、链霉素、新生霉素等抗生素产生菌的杂交育种方面都有过成功的报道。

目前放线菌杂交育种的方法主要有混合培养法、玻璃纸法和平板杂交法。这里主要介绍混合培养法。

(1) 确定杂交亲本　根据选育的目的,确定杂交亲本。直接亲本和配对亲本上要求有不同的遗传标记,同时配对亲本最好还带有颜色标记。

(2) 混合接种培养　将两亲本的新鲜孢子或菌丝分别接种到同一个完全培养基斜面上,置于适宜的温度下培养。根据选育的目的确定培养时间,培养时间长,原养型重组体较多,培养时间短,异养型重组体较多。

(3) 单孢子悬液的制备　将混合培养成熟的孢子用含有 0.01%月桂酸钠的无菌水洗下,孢子液置于盛有玻璃珠的三角瓶内,振摇 10 min,然后经过滤、离心、洗涤,制成浓度为 10^7～10^8 个/mL 的单孢子悬液。

(4) 重组体的检出　由于原养型重组体对营养的需求表现了两个亲本的表型,因而可将稀释后的单孢子悬液涂布在基本培养基上培养,长出的菌落除回复突变和互养杂合系菌株外几乎都是原养型重组体。异养型重组体由于仍具有某些营养缺陷型的基因,与原养型菌株相比其代谢处于不平衡状态,因此在发酵工业中几乎没有应用价值。

5. 酵母的杂交育种

酵母菌的杂交工作开展较早,1938 年就获得了酵母的杂交种,所以在基础理论和操作技术方面都比较完善。酵母杂交育种运用了酵母的单双倍生活周期,将不同基因型和相对的交配型的单倍体细胞经诱导杂交而形成二倍体细胞,经筛选便可获得新的遗传性状。酵母的杂交方法有孢子杂交法、群体杂交法、单倍体细胞杂交法和罕见交配法。

酵母菌有性杂交包括三个步骤:酵母子囊孢子的形成、子囊孢子的分离和酵母菌杂交重组体的获得。下面以群体杂交法进行说明。

(1) 亲本单倍体细胞的分离　亲本单倍体细胞的分离包括以下两步。

①子囊孢子的形成:产孢子酵母通常要在生孢培养基上才能形成子囊孢子,生孢培养基的

营养较为贫乏，因为在饥饿条件下比较容易发生减数分裂形成子囊孢子。

②子囊孢子的分离：子囊孢子的分离有酶法和机械法。酶法使用蜗牛酶水解子囊孢壁，反复激烈振荡，然后用液体石蜡悬浮孢子；机械法是将子囊用无菌水洗下后，与液体石蜡和硅藻土一起研磨，以 4 500 r/min 离心 10 min，孢子悬浮在液体石蜡中。

（2）群体杂交　将带有不同交配型的亲本单倍体细胞置于麦芽汁培养基中混合过夜培养，当镜检发现有大量的哑铃形接合细胞时，就可以接种到微滴培养液中培养，形成的二倍体细胞就是杂种细胞。

目前酵母菌的杂交育种已经取得优异的成果。如将啤酒发酵中的上下酵母杂交获得自杂种细胞可生产出较亲本香气和口感更好的啤酒；日本的大内宏造等人选育出了具有嗜杀活性的优良清酒酵母，第一次实现了清酒酿造的纯粹发酵。

6. 霉菌的杂交育种

霉菌的杂交育种主要是通过体细胞的核融合和基因重组，即通过准性生殖过程而不是通过性细胞的融合。霉菌的杂交育种的步骤如下。

（1）选择直接亲本　作为直接亲本的遗传标记有多种，如营养突变型、抗药突变型、形态突变型等，目前应用普遍的是营养缺陷型菌株。

（2）异核体的形成　在基本培养基上，强迫两株营养缺陷型互补营养，则这两个菌株经过菌丝细胞间的吻合形成异核体。

（3）双倍体的检出　用放大镜观察异核体菌落表面，如果发现有野生型颜色的斑点和扇面，即可用接种针将其孢子挑出，进行分离纯化，即得杂合双倍体。

（4）分离子的检出　用选择性培养基筛选分离子，培养至菌落成熟，检查大量双倍体菌落，在一些菌落上有突变颜色的斑点或扇面出现，从每个菌落接出一个斑点或扇面的孢子于完全培养基斜面上，培养后经过纯化和鉴别即得分离子。

2.3.5 原生质体融合育种

20 世纪 70 年代发展起来的原生质体育种技术，与传统的育种方法相比有其独特优点，因而在工业微生物育种中日益受到重视。原生质体育种技术主要包括原生质体融合育种、原生质体转化育种、原生质体诱变育种等。本节主要介绍原生质体融合育种。

1. 原生质体融合育种的特点

（1）打破种属间的界限　由于原生质体融合受接合型和致育型的限制较小，两亲株间无供体和受体之分，有利于不同种属的微生物杂交，但不是任何种属间原生质体都可融合。

（2）杂交频率高　细胞壁是微生物之间遗传物质交换的最大屏障，在原生质体融合过程中，需将细胞壁去除，且加入聚乙二醇(PEG)等助融合，所以重组频率高，一般细菌和酵母为 $10^{-6}\sim10^{-5}$，霉菌和放线菌为 $10^{-3}\sim10^{-1}$。

（3）遗传物质的传递和交换更为完整　因为两亲株的细胞质、细胞核合成一体，通过融合，可将两个或更多的完整基因组结合到一起，形成多种类型的重组子，使原核微生物可以有两个以上完整基因组融合的机会。

（4）提高诱变频率　原生质体可明显提高诱变频率，获得优良融合菌株。提高生产性状的潜力较大。

2. 原生质体融合育种的原理

原生质体融合育种的基本原理如图 2-9 所示。

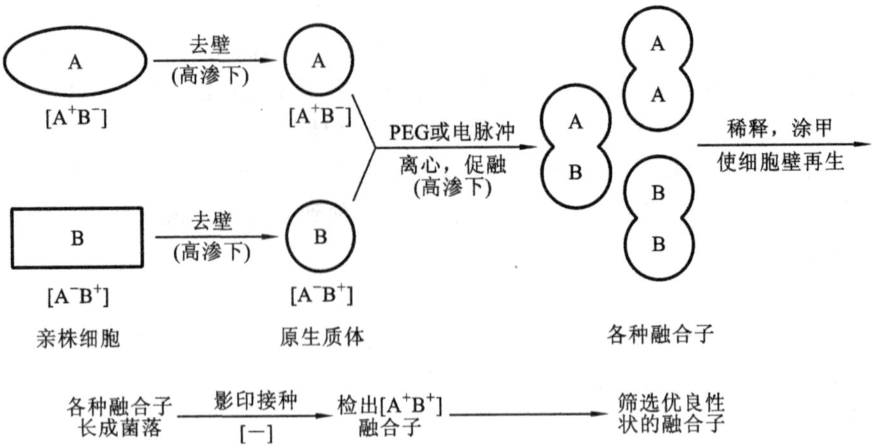

图 2-9　原生质体融合育种的原理

3. 原生质体融合基本步骤

（1）原生质体的制备

①菌体的预处理：在用酶类处理菌种之前，先用化合物对其进行预处理，使菌体细胞壁对酶的敏感性增强，有利于原生质体的制备。

②菌体的培养时间：菌体菌龄影响原生质体的释放频率，为了使菌体更易于原生质体化，一般采用对数生长后期的菌体，这时细胞正在生长、代谢旺盛，细胞壁对酶解最为敏感。

③酶浓度：一般而言酶浓度越高，原生质体形成的概率也越大，但浓度过高，原生质体所形成的概率提高就并不明显了。

④酶解时间：酶解时间与原生质体所形成的质量关系密切，酶解时间太短，原生质体形成不完全，直接影响到原生质体间的融合；时间太长，酶则会损坏细胞膜，使原生质体破裂而失活，不利于原生质体融合。

⑤酶解温度和 pH：选择酶解温度应该考虑到不同酶具有的不同最适合反应温度，温度对酶解具有双重影响，随着温度的升高，酶解反应速度加快，同时酶也会发生蛋白变性而失活，一般控制在 20～40 ℃。最适 pH 也是随酶和菌种的不同而各有差异。

⑥稳定剂：原生质体因细胞壁的剥离而失去保护作用，因此在原生质体制备过程中，需要渗透压稳定剂保护原生质体免于膨胀破裂，原生质体的制备也有利于底物与酶的结合。对于细菌或放线菌一般采用蔗糖、丁二酸钠溶液；对于酵母菌则采用山梨醇、甘露醇等；对于霉菌则采用 KCl 和 NaCl 等。一定浓度的 Ca^{2+}、Mg^{2+} 等二价阳离子可增加原生质膜的稳定性。

（2）原生质体的融合　融合是把两个亲本的原生质体混合在一起，在化学或物理等融合剂作用下，或采用电场诱导的方法进行融合，化学因子诱导常采用聚乙二醇 4 000 和 6 000 作为融合剂，并加入 Ca^{2+}、Mg^{2+} 等阳离子，PEG 具有强烈的脱水作用，使原生质体收缩变形、黏合紧密、Ca^{2+} 可促进脂分子的扰动，增加融合频率。电融合过程是原生质体在电场中极化成偶极子，并沿电力线方向排列成串，再加直流脉冲击穿原生质体膜，导致原生质体间发生融合。

影响原生质体融合的因素主要有：菌体的前处理，菌体的培养时间，融合剂的浓度，融合剂作用的时间，阳离子的浓度，融合的温度，融合体系的 pH 值等。

（3）原生质体的再生　原生质体融合后的重组子要成为一个无性繁殖系，再生是一个复杂的过程，影响原生质体再生的因素主要有：菌种自身的再生性能，原生质体制备的条件，再生培养基成分，再生培养条件等。

融合后的原生质体具有生物活性，但不具有细胞壁，无法表现优良的生产性状，不能在普通培养基上生长。首先必须再生，即能重建细胞壁，恢复完整细胞并生长、分裂。再生培养基必须具有与原生质体内相同的渗透压，常用含有 Ca^{2+}、Mg^{2+} 离子或增加渗透压稳定剂的完全培养基、增加高渗培养基的渗透压或添加蔗糖可增加再生率。再生率因菌种本身的特性、原生质体制备条件、再生培养基成分及再生条件等不同可由百分之零点几至百分之几十。

再生率＝(再生培养基上总菌落数－酶处理后未原生质体化菌落数)/原生质体数×100％

(4) 融合子的筛选　融合子筛选的方法很多，主要依靠两个亲株的选择性遗传标记进行选择。

①利用选择标记筛选：此方法主要是基于在选择性培养基上，通过两个亲株的遗传标记互补而挑选出融合子。在融合体再生后，需要进行几代自然分离、选择，才能确定真正的融合子。

②灭活原生质体筛选：用热、紫外线、电离辐射以及某些生化试剂、抗生素等作为灭活剂处理单一亲株或双亲株的原生质体，使之失去再生能力，经细胞融合后，由于损伤部位的互补可以形成能再生的融合体。

③利用荧光染色法筛选：利用双亲携带的不同荧光色素标记，然后在显微镜下操作。挑取同时带有双亲荧光标记的融合子，直接分离到再生培养基上就可得到融合子。

2.3.6　基因组改组育种

经典的诱变育种技术操作简便、技术门槛低，曾有效地推动了微生物工业的建立、发展与繁荣，目前仍是最常用的菌株改良手段，当前产业界仍依赖其提高产量。对一个目标产物生产菌，每年平均筛选 50 000 个菌株，才能以平均 10％速率提高产量，可见，经典的诱变育种技术的确是工作量繁重，效率较低。产业竞争和学科发展对微生物育种提出了更大目标，不仅要求高效性和定向性，还要求理性化、通量化和自动化。随着分子生物学的发展渗透，基因组学研究的不断深入，各种组学和代谢工程工具的成熟，传统的微生物育种方法正在发生根本性的转变。

基因组改组(genome shuffling)育种是通过传统诱变与原生质体融合技术相结合，对微生物细胞进行基因组重排，从而大幅度提高微生物细胞的正向突变频率及正向突变速度，使人们能够快速选育出高效的正向突变菌株。基因组改组技术巧妙地模拟和发展了自然进化过程，以工程学原理加以人工设计，以分子进化为核心在实验室实现微生物全细胞快速定向进化，仅需 1～2 年就可完成自然界数百万年才能达到的进化目标，使得人们能够在较短的时间内获得性状大幅度改良的正向突变目标菌株，成为微生物育种的前沿技术。该技术不仅在理论上大大丰富了现代育种学和进化工程的内容，而且可以预见它将在微生物工程上发挥重大作用，并带来巨大的经济效益。

1. 基因组改组育种的特点

诱变育种与原生质体融合是基因组改组的技术基础，基因组改组是对传统育种技术的发展和延伸。基因组改组过程包括菌株诱变和融合改组两个阶段，诱变技术和过程与前述类似。融合过程有些不同，传统原生质体融合过程是两个亲本单轮融合，然后选择综合了双亲优良性状的重组子，而基因组改组为多亲本递推式融合，具有两个显著特点：①多亲融合，即参与融合的是多个带有不同遗传性状的亲本，一般采用 4～11 个亲本；②递推式(即循环性或重复性)，融合重组后代可重复进行第二轮、第三轮，甚至更多轮融合。多亲性是为了增加突变位点和扩大进化范围，扩大重组的广度，而递推式是为了提高重组效率，两者结合后产生跳跃性进化结果。

传统诱变通常是将每一轮产生的突变体库中筛选出的最优的一株菌作为下一轮诱变的出发菌株，而基因组改组则是将一次诱变获得的若干正性突变株共同作为出发菌株，经过递推式的多轮融合实现较大范围内的基因重组，效率更快更高，并可以基本避免诱变选育中因多次诱变导致的钝化反应和饱和现象，在一定程度上克服了诱变选育存在的缺点。能提高子代菌株的遗传多样性的基因组改组技术源于原生质体融合技术，但两者最大的区别在于基因组改组技术使用多亲本，而非双亲本，并且进行多轮递推式融合，能产生各种各样的突变组合，这将大大增加子代筛选群体内遗传多样性，从而提高了获得优良性状的菌株的概率。

2. 基因组改组育种的基本原理

传统育种过程通常选择其中最优或次优的正变菌株进入下一轮诱变，而将其他菌株弃之不管。这种过程相当于无性繁殖的重复循环，各菌株独立进化，缺乏重组和信息交流，故积累有益变异的效率极低。事实上，其他正变幅度较小的菌株在遗传结构上也与出发菌株不同，其基因组中某些基因已发生了有益变异，但可能因其他一些基因位点发生了有害突变而抑制了正变幅度。而传统育种过程中难免会淘汰这类含有部分有益变异的菌株。

在自然进化过程中，常常通过有性生殖和基因重组来合理利用突变菌库中的基因差异，高效地积累和强化有益变异，消除并淘汰有害突变，因此可产生跳跃性的进化。基因组改组技术正是模拟这种自然进化过程，合理地利用了突变菌库中的大部分正变菌株，将这些带有不同有益变异基因的多个亲本融合重组，在全基因组范围内交换重组遗传信息，通过同源重组，剔除基因组中的有害或中性变异基因，积累并综合突变库中所有亲本大部分有益变异基因，达到跳跃性的人工进化目标。

因此，基因组改组技术基本原理就是将诱变育种和原生质体融合育种相结合。

3. 基因组改组育种的方法与步骤

首先对出发菌株进行人工诱变，选择目标性状超过出发菌株的正突变体，构成一个由各种变异体组成的突变库。接着把突变库中的这些正向变异菌株制备成原生质体，按等比例混合后，进行多亲本原生质体融合，让这些突变体随机融合后，在全基因组交换重组，然后从中筛选出性状优化的重组体，构成重组体库，这样就完成了一轮基因组改组（图 2-10）。如果经一轮基因组改组后操作性状变异仍不够理想，还可将重组库中各正变菌株再制备原生质体，进行多次递推式原生质体融合（recursive protoplast），最后筛选出具有多重正向进化标记的目标菌株。

4. 基因组改组育种技术应用

虽然基因组改组技术诞生的时间不长，但已在许多领域显示了诱人的应用前景。Maxgm 公司将其掌握的 DNA 改组和基因组改组新技术所代表的进化育种技术平台与其所拥有的七十多个专利独立出来，成立一个新的独立的 Codexis 公司，该公司与道尔、礼莱（Eli Lilly）、罗氏等十几家化工和制药寡头结成战略同盟，在提高目标代谢产物产量、优化微生物发酵特性、改造微生物代谢途径等方面取得了不俗的成就。下面以 Codexis 公司与礼莱公司合作对弗氏链霉菌进行基因组改造提高泰乐星（tylosin）产率为例来说明基因组改组育种技术的优越性。微生物产生抗生素的整个代谢过程需要数十个，甚至数百个基因参与，其中包括合成基因、调控基因、抗性基因等直接相关基因，还有与产物转运、前体供应速度和细胞膜透性有关的基因。因此用简单的常规方法来提高产物产量并不容易。基因组改组技术在全基因组快速定向进化

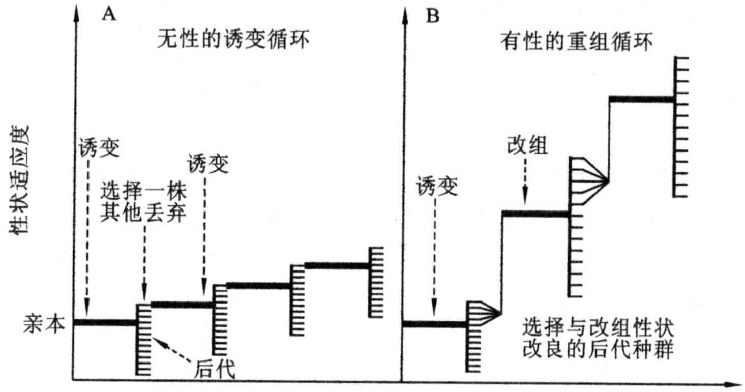

图 2-10 传统诱变育种(A)与基因改组育种(B)方法比较

和改造微生物提高产量的效率是惊人的。以泰乐菌素产生菌弗氏链霉菌为例说明:弗氏链霉菌 SF21 菌株是礼莱公司以野生型的 SF1 为出发菌株,花了 20 年时间,经过 20 轮传统诱变,从一百万个突变菌株中分离得到的泰乐菌素高产菌株;而 Codexis 公司将野生型菌株 SF1 先进行了一轮常规诱变,从 22 000 个菌株中分离了 11 个正变菌株,这 11 个变株经过一轮基因组改组,从 1 000 个菌株中就可以得到产量高于 SF21 的菌株,通过第二轮基因组改组,从 1 000个菌株中分离的 7 个变异菌株产量均大大高于 SF21。通过两轮基因组改组得到了传统诱变技术需要 20 年 20 轮才能得到的结果,筛选菌株量从 1 000 000 降至 24 000,育种周期从 20 年缩短为 1 年。

因此,基因组改组大幅度地缩短了菌株选育周期,明显地提高了菌株的进化速率,扩大了变异范围,增加了获得高产突变菌株的机会,可使目的菌株更快地投产和产生经济效益,为快速开发和利用丰富的微生物资源提供了一条捷径。

2.3.7 基因工程育种

1973 年 Cohen 和 Boyer 首次成功地完成了 DNA 分子的体外重组实验,宣告基因工程的诞生,也为微生物育种带来了一场革命。与传统育种方法不同的是,基因工程育种不但可以完全突破物种间的障碍,实现真正意义上的远缘杂交,而且这种远缘杂交既可跨越微生物之间的种属障碍,还可实现动物、植物、微生物之间的杂交。同时,利用基因工程方法,人们可以"随心所欲"地进行自然演化过程中不可能发生的新的遗传组合,创造全新的物种。因此,广义的基因工程育种包括所有利用 DNA 重组技术将外源基因导入到微生物细胞,使后者获得前者的某些优良性状或者利用后者作为表达场所来生产目的产物。然而,真正意义上的微生物基因工程育种应该仅指那些以微生物本身为出发菌株,利用基因工程方法进行改造而获得的工程菌,或者是将微生物甲的某种基因导入到微生物乙中,使后者具有前者的某些性状或表达前者的基因产物而获得的新菌种,本节仅就传统意义上的基因工程菌的构建和基于基因工程技术的相关分子育种(如基因工程改造菌株、基因定位突变、定向进化等)做一介绍。

1. 基因工程原理

基因工程又称遗传工程、重组 DNA 技术,是指将一种或多种生物的基因与载体在体外进行拼接重组,然后转入另一种生物(受体),使受体按人们的愿望表现出新的性状。

在基因水平上,运用人为方法将所需的某一供体生物的遗传物质提取出来,在离体条件下用适当的工具酶进行切割后与载体连接，然后导入另一细胞，使外源遗传物质在其中进行正常复制和表达。与传统育种技术相比，基因工程育种技术是人们在分子生物学指导下的可预先设计和控制的育种新技术，它可实现超远缘杂交，也是最新、最有前途的一种育种新技术。

2. 基因工程步骤

本节基因工程介绍的是基因的克隆和蛋白质的表达。其过程包括以下几个步骤：①目的基因获得；②载体的选择与准备；③目的基因与载体切割与连接；④重组 DNA 导入宿主细胞；⑤重组体的筛选与鉴定；⑥外源基因的表达。进一步学习请参阅基因工程相关书籍。图 2-11 所示为基因工程操作的主要过程。

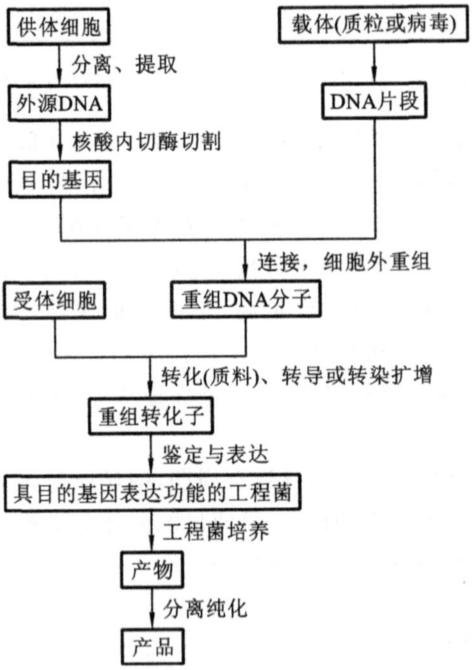

图 2-11 基因工程菌的构建步骤示意图

特别需要指出的是，目的基因被克隆后，为了提高其表达产率进而提高生产能力，还可以用不同的方法进行操纵，如控制基因计量和控制基因表达等。

基因剂量的控制主要通过载体来实现。不同质粒在细菌中的拷贝数不同，有时会相差很大。这种差异使质粒载体携带外源基因进入宿主细胞后自主复制能力出现差异，自然影响了目的基因的表达量。一般来说，单基因高数量拷贝的质粒可提高菌株生产力。然而，有时某单一基因的高拷贝数量有利于细胞调节机制的自动平衡，不一定能保证提高菌株生产力，甚至可能有害。理想的情况是结构基因具有高拷贝数，而调节基因则保持低拷贝数。当涉及多基因的产物时，克隆多拷贝质粒上的几个基因或整个操纵子 DNA 是比较有利的。

就某一特定基因而言，其表达水平的高低是由操纵子起始端的启动子和末端的终止区控制的。启动区结构直接控制 DNA 聚合酶与核糖体结合的效率。通过对 DNA 序列的操纵可以改变启动区的活性。首先鉴定出基因的启动区，然后通过点诱变或置换技术将启动区进行改造，使启动子的启动效率大大加强，从而增加目的基因的表达量，达到提高菌株生产能力的目的。

2.3.8　代谢工程育种

代谢工程或途径工程(metabolic engineering or pathway engineering)是由美国加州理工学院化学工程系教授 Bailey 于 1991 年首先提出的。是一门利用重组 DNA 技术对细胞物质代谢、能量代谢及调控网络信号进行修饰与改造，进而优化细胞生理代谢、提高或修饰目标代谢产物以及合成全新的目标产物的新学科。代谢工程所采用的概念来自反应工程和用于生化反应途径分析的热力学。它强调整体的代谢途径而不是个别酶反应。

1. 代谢工程遵循的原理

代谢工程是一个多学科高度交叉的新领域，其主要目标是通过定向性地组合细胞代谢途径和重构代谢网络，达到改良生物体遗传性状的目的。因此，它必须遵循下列基本原理。

(1) 涉及细胞物质代谢规律及途径组合的生物化学原理，它提供了生物体的基本代谢图谱和生化反应的分子机理。

(2) 涉及细胞代谢流及其控制分析的化学计量学、分子反应动力学、热力学和控制学原理，这是代谢途径修饰的理论依据。

(3) 涉及途径代谢流推动力的酶学原理，包括酶反应动力学、变构抑制效应、修饰激活效应等。

(4) 涉及基因操作与控制的分子生物学和分子遗传学原理，它们阐明了基因表达的基本规律，同时也提供了基因操作的一整套相关技术。

(5) 涉及细胞生理状态平衡的细胞生理学原理，它为细胞代谢机能提供了全景式的描述，因此是一个代谢速率和生理状态表征研究的理想平台。

(6) 涉及发酵或细胞培养的工艺与工程控制的生化工程和化学工程原理，化学工程将工程方法运用于生物系统的研究无疑是最合适的渠道。从一般意义上来说，这种方法在生物系统的研究中融入了综合、定量、相关等概念。更为特别的是，它为速率过程受限制的系统分析提供了独特的工具和经验，因此在代谢工程领域中具有举足轻重的意义。

(7) 涉及生物信息收集、分析与应用的基因组学、蛋白质组学原理，随着基因组计划的深入发展，各生物物种的基因物理信息与其生物功能信息汇集在一起，这为途径设计提供了更为广阔的表演舞台，这是代谢工程技术迅猛发展和广泛应用的最大推动力。由此可见，代谢工程是一门综合性的科学，现仍处于起步时期。

2. 代谢工程的基本过程

代谢工程研究的主要目的是通过重组 DNA 技术构建具有能合成目标产物的代谢网络途径或具有高产能力的工程菌(细胞株、生物个体)，并使之应用于生产。其研究的基本程序通常由代谢网络分析(靶点设计)、遗传操作和结果分析三个方面组成。代谢工程研究技术的主要内容包括以下三个方面。

(1) 微点阵、同位素示踪和各种常规的及现代高新生化检测技术。

(2) 结合遗传信息学、系统生物学、组合化学、化学计量学、分子反应动力学、化学工程学及计算机科学的分析技术。

(3) 涉及几乎所有的分子生物学和遗传学的操作技术。

3. 代谢工程操作的设计思路

代谢工程操作的设计思路主要体现在以下几个方面。

(1) 提高限制步骤的反应速率，如 1989 年 Skalrwl 等人利用代谢工程手段提高头孢菌素产量的成功。

(2) 改变分支代谢流的优先合成,如 1987 年 Sano 及我国的吴汝平等人通过改变分支代谢流优先合成提高氨基酸的产量。

(3) 构建代谢旁路,如 Ariatidou 等人通过构建代谢旁路降低微生物中的乙酸积累。

(4) 引入转录调节因子,如 2000 年 Vander 等人在长春花悬浮细胞中引入转录调节因子导致吲哚生物碱的大量生成。

(5) 引入信号因子。

(6) 延伸代谢途径,如 1998 年 Shintaini 等克隆 γ-生育酚甲基转移酶通过延伸代谢途径,使 γ-生育酚转化成 α-生育酚。

(7) 构建新的代谢途径合成目标产物,如植物合成医药蛋白脑啡肽、抗原、抗体等。

(8) 代谢工程优化的生物细胞。

(9) 创造全新的生物体。

代谢工程是非常重要的菌种改良手段。在分析细胞代谢网络的基础上,理性设计并通过基因操作重构分子,以提高目的产物产量、降低成本和生产新代谢物。代谢工程与细胞的基因调控、代谢调控和生化工程密切有关。可以通过改变代谢流和代谢途径来提高发酵产品的产量、改善生产过程、构建新的代谢途径和产生新的代谢产物。

2.4 工业生产菌种的衰退与复壮

2.4.1 菌种衰退的现象及原因

随着菌种保藏时间的延长或菌种的多次转接传代,菌种本身所具有的优良的遗传性状逐渐减退或丧失,表现为目的代谢产物合成能力下降。常见的菌种退化现象中,最易觉察到的是菌落形态、颜色的改变;产孢子能力减弱,如放线菌、霉菌在斜面上多次传代后产生"光秃"等现象;生理上,表现为菌种代谢活动的下降,如菌种发酵力下降,产酶能力衰退,抗生素发酵单位减少等,所有这些方面都对发酵生产不利。因此,为了能使菌种的优良性状持久延续下去,研究与生产中就必须做好菌种的复壮工作,即在各菌种的优良性状还没出现退化之前,定期进行纯种分离和性能测定。

菌种的退化不是突然之间发生的,而是一个日积月累的过程,个别的细胞突变不会影响到整个群体表现型的改变,这时如果不及时发现并采用有效措施而一直移种传代,就会造成群体中负突变个体的比例逐渐增高,当负变细胞达到某一数量级后,群体的表现型就会出现退化。

造成菌种退化的主要原因如下。

(1) 菌种自发突变或回复突变,引起菌体本身的自我调节和 DNA 修复。

(2) 细胞质中控制产量的质粒脱落或核内 DNA 和质粒复制不一致。

(3) 基因突变。

(4) 不良的培养和保藏条件。

2.4.2 菌种衰退的防止

(1) 合理的育种　选育菌种时所处理的细胞应使用单核的,避免使用多核细胞。

(2) 选用合适的培养基　选取营养相对贫乏的培养基做菌种保藏培养基，因为变异多半是通过菌株的生长繁殖而产生的，当培养基营养丰富时，菌株会处于旺盛的生长状态，代谢水平较高，为变异提供了良好的条件，大大提高了菌株的退化概率。

(3) 创造良好的培养条件　在生产实践中，创造一个适合原种生长的条件可以防止菌种的退化，如干燥、低温、缺氧等。

(4) 控制传代次数　由于微生物存在自发突变，而突变都是在繁殖过程中发生表现出来的，所以应尽量避免不必要的移种和传代，把必要的传代降低到最低水平，以降低自发突发的概率。

(5) 利用不同类型的细胞进行移种传代　在有些微生物中，如放线菌和霉菌，由于该菌的细胞常含有几个核或甚至是异核体，因此用菌丝接种就会出现不纯和衰退，而孢子一般是单核的，用它接种时，就没有这种现象发生。有人在研究中发现，用构巢曲霉的分生孢子传代就容易退化，如果改用子囊孢子移种传代则不易退化。

(6) 采用有效的菌种保藏方法　用于工业生产的微生物菌种，其主要性状都属于数量性状，而这类性状恰是最容易退化的。因此，有必要研究和制定出更有效的菌种保藏方法以防止菌种退化。

2.4.3　衰退菌种复壮的方法

退化菌种的复壮可通过纯种分离和性能测定等方法来实现，其中一种方法是从退化菌种的群体中找出少数尚未退化的个体，以达到恢复菌种的原有典型性状，另一种方法是在菌种的生产性能尚未退化前就经常而有意识地进行纯种分离和生产性能的测定工作，以使菌种的生产性能逐步有所提高。一般退化菌种的复壮措施如下。

(1) 纯种分离　采用平板划线分离法、稀释平板法或涂布法，把仍保持原有典型优良性状的单细胞分离出来，经扩大培养恢复原菌株的典型优良性状，若能进行性能测定则更好。还可用显微镜操纵器将生长良好的单细胞或单孢子分离出来，经培养恢复原菌株性状。

(2) 淘汰衰退的个体芽孢　产生菌经过高温(80 ℃)处理，不产生芽孢的个体将会被淘汰，可对未被淘汰的芽孢进行培养，以达到复壮的目的。

(3) 选择合适的培养条件　一般认为保藏后的菌种接种到保藏之前的同一培养基上，有利于菌种性状的恢复，但也应该认识到保藏后的菌种的生理特性可能发生较大的变化，特别是出现生长因子的缺乏。由于菌种在保存时培养基营养成分相对较少，在此培养基上传代会导致菌种生理特性的衰退。可在复壮培养基上外加入生长因子让其复壮效果更好，如PDA培养基加入维生素和蛋白胨等，使衰退的平菇菌种复壮。

(4) 通过寄主进行复壮　寄生型微生物的退化菌株可接种到相应寄主体内以提高菌株的活力。

(5) 联合复壮　对退化菌株还可用高剂量的紫外线辐射和低剂量的DTG联合处理进行复壮。

2.5　发酵工业菌种的保藏

菌种是一个国家的重要自然资源，菌种保藏工作是一项重要的微生物学基础工作，在发酵工业中，具有良好稳定性状的生产用菌种的获得十分不容易，微生物是具有生命活力的，但其繁殖速度很快，在传代过程中容易变异和死亡。如何利用良好的微生物菌种保藏技术，使菌种经长时间保藏后不但存活，而且保证高产突变株不改变表现型和基因型，尤其是不改变初级代谢产物和次级代谢产物生产的高产能力很关键。所以，如何保持菌种的优良稳定性状是研究菌种保藏的关键课题。

在工业生产中因菌种变异造成的经济损失是可想而知的，导致次级代谢产物的产量下降是菌种变异带来的直接后果。例如，*Penicilliumchrysogenum* 或 *Streptomycesniveus*，连续经过 7～10 次传代培养后，会完全丧失合成青霉素或新生霉素的能力。发酵过程的后续阶段对菌体的不当处理也会造成同样的后果。采取有效的菌种保藏、种子制备及发酵放大体系可以避免或减少这些损失。

无论用何种方法保藏菌种，其基本原理是一致的，即挑选处于休眠体（如分生孢子、芽孢等）的优良纯种，如干燥、低温、缺氧及缺乏营养、添加保护剂或酸度中和剂等手段，使微生物代谢、生长受抑制，则保藏中的微生物不进行增殖，也就很少发生突变。理想的菌种保藏方法应具备下列条件。

(1) 经长期保藏后菌种存活健在。

(2) 保证高产突变株不改变表型和基因型，特别是不改变初级代谢产物和次级代谢产物生产的高产能力。

就实际而言，保藏的菌种要其不发生变异是相对的，现在还没有一种方法能使菌种绝对不变化，我们所能做到的是采用最合适的方法，使菌种的变异和死亡降低到最小程度。

2.5.1 菌种保藏的方法

微生物菌种保藏技术很多，主要是根据其自身的生化生理特性，但原理基本一致，一般采用低温、干燥、缺氧、保持培养基的营养成分处于最低水平、添加保护剂或酸度中和剂等方法，挑选优良纯种，使微生物生长在代谢不活泼、生长受抑制的环境中处于“休眠”状态，抑制其生长繁殖能力。一种优良的保藏方法，首先要求该保藏的菌种在长时间保藏下其优良性状不发生改变，其次该保藏方法本身应该经济和简便，在科研、生产中能广泛应用。菌种保藏方法多种多样，下面介绍常用的几种方法。

(1) 斜面传代保藏法　斜面传代保藏法是将菌种定期在新鲜琼脂斜面培养基上、液体培养基中或穿刺培养，然后在 4 ℃冰箱保存。可用于实验室中各种微生物保藏，此法简单易行，且不要求任何特殊的设备。但缺点是此方法易发生培养基干枯、菌体自溶、基因突变、菌种退化、菌株污染等不良现象。因此要求最好在基本培养基上传代，目的是能淘汰突变株，同时转接菌量应保持较低水平。此方法一般保存时间为 3～6 个月。

(2) 干燥-载体保藏法　此法适用于产孢子或芽孢的微生物的保藏。它的操作方法如下：先将菌种接种于适当的载体上，如河砂、土壤、硅胶、滤纸和麸皮等，以保藏菌种。其中以砂土保藏用得较多，制备方法为：将河砂经 24 目过筛后用 10%～20%盐酸浸泡 3～4 h，以去除其中的有机物，用清水漂洗至中性，烘干后，将高度约 1 cm 的河砂装入小试管中，121 ℃间歇灭菌 3 次。用无菌吸管将孢子悬液滴入砂粒小管中，经真空干燥 8 h，于常温或低温下保藏均可，保存期为 1～10 年。土壤法则以土壤代替砂粒，不需酸洗，经风干、粉碎，然后同法过筛、灭菌即可。一般细菌芽孢常用砂管保藏，霉菌的孢子多用麸皮管保藏。

(3) 麸皮保藏法　也称曲法保藏，即以麸皮作载体，吸附接入的孢子，然后在低温干燥条件下保存。其制作方法是按照不同菌种对水分要求的不同，将麸皮与水以一定的比例

(1∶0.8～1∶1.5)拌匀,装量为试管体积 2/5,湿热灭菌后经冷却,接入新鲜培养的菌种,室温培养至孢子长成。将试管置于盛有氯化钙等干燥剂的干燥器中,于室温下干燥数日后移入低温下保藏;干燥后也可将试管用火焰熔封,再保藏,效果更好。该法适用于产孢子的霉菌和某些放线菌,保藏期在 1 年以上。因该法操作简单、经济实惠,工厂较多采用。中国科学院微生物研究所采用麸皮保藏法保藏曲霉,如米曲霉、黑曲霉、泡盛曲霉等,其保藏期可达数年至数十年。

(4) 甘油溶液悬浮法　这是一种最简单的菌种保藏方法,将菌体悬浮于 15%～20%甘油溶液中,封好口后,放于冰箱保藏室低温保藏。基因工程菌、细菌和酵母等保存期可达 1 年以上。如果放在超低温冰箱(−80～−70 ℃)保藏,有些菌保存期可达 5 年以上。

(5) 矿物油浸没保藏法　此方法可用于丝状真菌、酵母、细菌和放线菌的保藏,且简便有效。将化学纯的液体石蜡(矿油)经高温蒸气灭菌, 放在 40 ℃恒温箱中蒸发其中的水分, 然后注入培养成熟的菌种斜面上, 矿物油液面高出斜面约 1 cm,直立保存在室温下或冰箱中。以液体石蜡作为保藏物质时,应对需保藏的菌株预先作试验,因为某些菌株如酵母、霉菌、细菌等能利用液体石蜡作为碳源,还有些菌株对液体石蜡保藏敏感。一般保藏菌株 2～3 年应做一次存活试验。

(6) 真空冷冻干燥保藏法　真空冷冻干燥保藏法是当今较为理想的一种保藏方法。其原理是在较低的温度下(−18 ℃),将细胞快速地冻结,与此同时保持细胞的完整,而后在真空中使水分升华。在低温环境下,微生物的生长、繁殖都停止了,能减少变异的发生。此法是微生物菌种长期保藏最为有效的方法之一,对各种微生物都适用,而且大部分微生物菌种可以在冻干状态下保藏 10 年之久而不丧失活力,但操作过程复杂,并要求一定的设备条件。

此方法的基本操作:先将菌种培养到最大稳定期后,然后制成悬浮液并与保护剂混合,保护剂常选用脱脂乳、蔗糖、动物血清、谷氨酸钠等,菌液浓度为 10^9～10^{19}个/mL,取 0.1～0.2 mL 菌悬液置于安瓿管中,用低温乙醇或干冰迅速冷冻,再于减压条件下使冻结的细胞悬液中的水分升华至 1%～5%,使培养物干燥。最后将管口熔封,最后低温保藏。

(7) 冷冻保藏　冷冻保藏是指将菌种于−20 ℃以下低温保藏,冷冻保藏是微生物菌种保藏行之有效的方法。通过冷冻,使微生物代谢活动停止。一般而言,冷冻温度越低,效果越好。为了保藏的结果更佳,通常需要在培养物中加入一定量的冷冻保护剂,同时还要认真掌握好冷冻速度和解冻速度。冷冻保藏的缺点是培养物运输较困难。

(8) 寄主保藏　适用于一些难于用常规方法保藏的动植物病原菌和病毒。

(9) 基因工程菌的保藏　随着基因工程的发展,更多的基因工程菌需要得到合理的保藏,这是由于它们的载体质粒等所携带的外源 DNA 片段的遗传性状不太稳定,且其外源质粒复制子很容易丢失。另外,对于宿主细胞质粒基因通常为生长非必需,一般情况下当细胞丢失这些质粒时,生长速度会加快。而由质粒编码的抗生素抗性在富集含此类质粒的细胞群体时极为有用。当培养基中加入抗生素时,抗生素提供了有利于携带质粒的细胞群体的极有用的生长选择压。而且在运用基因工程菌进行发酵时,抗生素的加入可帮助维持质粒复制与染色体复制的协调。由此看来基因工程菌最好应保藏在含低浓度选择剂的培养基中。

2.5.2　菌种保藏的注意事项

(1) 菌种在保藏前所处的状态　大多数菌种都保藏其休眠态,如芽孢与孢子。对于保藏用的芽孢与孢子需采用新制斜面上生长旺盛的培养物,培养时间与温度皆影响其保藏质量。培养时间太长,生产性能减弱,时间过短,保藏时易死亡。要取得较好的保藏效果,一般稍低于生长最适温度培养至孢子成熟的菌种即可保藏。

(2) 菌种保藏所用的基质　低温保藏所用的斜面培养基，碳源和营养成分比例应该少些，否则会使代谢增强及产酸，严重影响保藏时间。冷冻干燥用到的保护剂，很多经过加热后物质会变性或分解，如脱脂乳，过度的加热将会形成有毒物质，加热灭菌时应注意。砂土管保藏时应将砂和土彻底洗净，防止其中含有过多的有机物，影响菌种的代谢或者经过灭菌后产生的一些有毒物质。

(3) 操作过程对细胞结构的损害　冷冻操作过程中，冻结速度缓慢容易导致微生物细胞内形成较大的冰晶，对细胞结构造成机械损伤。真空干燥时也会影响细胞的结构，加入适当的保护剂就是为了尽可能地减轻冷冻干燥所引起对细胞结构的损坏。细胞结构的损坏不仅能使菌种保藏的死亡率增加，同时易导致菌种发生变异，造成菌种性能的衰退。

2.5.3　国内外菌种保藏机构

微生物菌种是一个国家的宝贵资源，各个国家都设置了专业保藏机构对菌种进行保藏，主要保藏机构如下。

1. 中国菌种保藏中心

(1) 普通微生物菌种保藏管理中心(CCGMC)。

(2) 农业微生物菌种保藏管理中心(ACCC)。

(3) 工业微生物菌种保藏管理中心(CICC)。

(4) 医学微生物菌种保藏管理中心(CMCC)。

(5) 抗生素菌种保藏管理中心(CACC)。

2. 国外菌种保藏中心

(1) 美国标准菌种收藏所(ATCC)。

(2) 冷泉港研究室(CSH)。

(3) 英联邦真菌研究所(CMI)。

(4) 荷兰真菌中心收藏所(CBS)。

(5) 日本东京大学应用微生物研究所(IAM)。

(6) 日本北海道大学农业部(AHU)。

本章总结与展望

工业微生物遗传育种是一门在促进人类文明进步中起了重要作用的技术，特别是近年来，其技术的发展和应用迅猛。工业微生物遗传育种在基因工程、细胞工程、蛋白质工程和酶工程等现代生物技术的支持下，创造出许许多多的设计巧妙、科技含量高、目的性强、劳动强度低、效果显著的育种方法，为人类获得稳定性好、高产、新种类的工程菌株和开发新药和工业产品，以及提高产品产量和质量提供了有力的保障。从1982年第一个基因工程产品——人胰岛素在美国问世以来，吸引和激励了大批科学家投身这一领域的研究和开发，获得了大批的成果，也产生了巨大的经济效益和社会效益。同时工业微生物遗传育种学与数学、当代物理学、化学、工程科学和信息科学等学科间相互渗透、交叉和融合以及在一批新仪器和新装备的帮助下，如当代电子显微镜技术、电子计算机技术、航天育种技术、激光技术、免疫学技术、分子克隆技术、传感器技术、分子标记技术、微生物快速鉴定技术、核酸与蛋白质测序技术、PCR 技术、核磁共振技术以及质谱技术等现代科学技术的应用与发展，为微生物遗传育种的研究提供了无比优越的客观条件，使微生物遗传育种从原来的静态、盲目、烦琐的工作中解放出来，提高到以动态、定向、定位、定序和立体等全新的水平上。我们有理由相信微生物遗传育种学将得到更加全面的纵横发展，将为生产实践提供更多的优良菌株，将在食品工业、医药、农业、环境保护、化工能源、矿产开发等领域发挥更加重要的作用。

1. 菌种选育手段上要注重创新

提升中国菌种选育水平的关键原则是要注重创新。20 世纪 80 年代中，我国的氨基酸发酵工业中，所采用的技术一般是以公开的技术文献和专利技术为基础，且研究所设备落后，理论与实践结合不紧密，在当时，酶制剂、有机酸、抗生素工业也都存在这样的情况。

20 世纪 80 年代由中科院等离子体物理研究所余增亮等发明的离子注入诱变技术是中国少数原创性技术之一，不仅在植物育种中取得可喜成就，而且在菌种诱变改良上取得了很大成绩，初步显示了这种诱变技术的效果，是很值得进一步探索、发展的诱变源。其诱变机制、在细胞染色体上作用部位及起哪些物理化学作用均需要探明，其应用还应大大拓展。其他诱变源如激光诱变、超声波诱变、太空诱变育种等在中国都有一定研究基础和条件，值得深入探究和开发。

2. 加强新技术、新方法在筛菌及菌种优化中的应用

应研究高通量筛选法、菌落计算机图形识别、流式细胞术等新技术在不同微生物产品开发中的实际应用，以大大提高筛选、检出优良目的菌种的效率。

采用能把试验设计、数理统计、计算机处理等相结合的响应面分析法、遗传算法、神经网络技术等新颖方法，用于菌种、培养基和发酵工艺条件的优化及所得数据的快速处理，以加快优良菌种检出的速度，确定优化工艺条件，缩短菌种选育周期。国外许多大型工业筛选小组都有相当大而完善的机构及专用的仪器设备，有很高的使用频率和应用效率，筛选能力每年达到 1 000～2 000 菌株。

3. 加强基础研究

基础研究内容包括微生物资源的调查，尤其需注意特殊及极端环境中微生物的分离、保存、诱变培养技术，以及它们的生理生化特性、遗传学研究、代谢途径的调控、代谢物的积聚等。形成一条微生物开发链，即新环境—新菌种—新基因—新性状—新产品—新用途，让微生物资源不断地为人类经济的可持续发展提供新的产品和服务。

尤其重要的是，微生物基因组的研究正迅速开展，并取得了相当大的进展。迄今已有超过 1 200 个微生物基因组序列完成，还有更多的微生物基因组序列尚在分析之中，功能基因组的研究也相继开展。由此给菌种选育和菌种改良提供了全新的研究内容和工作思路，影响深远。有关的技术发展和新兴育种策略包括基因芯片技术、二维凝胶电泳、DNA 随机重组、共核基因组技术、高通量基因突变、蛋白质工程、定向进化、基因组信息学、基因组育种学、代谢工程等，正逐渐崭露头角，成为菌种改良跃上新台阶的重要依托。

4. 传统的菌种诱变筛选技术、基因重组技术要与基因工程结合

常规的诱变育种技术仍然非常有效，基因工程、蛋白质工程和代谢工程等高新技术将越来越发挥出其威力，且具有主导作用，大多数基因工程菌均采用先诱变技术，然后通过基因工程手段进一步改良菌种，但也不乏基因工程菌反过来再采用用诱变剂处理来提高其产量，故应两者并用，相辅相成，发挥各自的优势，选育出具备更好生产性能的突变株。

5. 加强适合菌种选育的高通量筛选技术的研究

无论是传统的诱变育种、杂交育种、基因组改组育种、现代基因工程育种及分子定向进化育种等，建库后，都要对文库进行筛选。而文库的库容量很大，各个样品的质量参差不齐，具有很大的随机性。使用传统零敲碎打的筛选方法，筛选量低，概率小，工作量大，要耗费大量的人力物力。在这种背景下，高通量筛选技术(high-throughput screening)孕育而生。由于高通量筛选技术并无统一的模式程序。要想做好筛选，必须根据实验室具备高通量筛选仪器设备、技术及自身样品的实际情况，将前人的各种方法有机结合，摸索出适合自己的一套筛选方法，必将在育种过程中起到事半功倍效果。

思考题

1. 常用工业微生物的种类有哪些？每种列举出三个典型代表，并说明其主要的发酵产品。

2. 写出从自然界中分离与筛选微生物菌种的流程和具体操作要点。

3. 自然选育有哪些不足？为什么？

4. 简要说明诱变育种的步骤。诱变育种应注意哪些问题？

5. 紫外诱变主要引起遗传物质的哪些变化？紫外线的有效诱变波长是多少？

6. 初筛和复筛的要求有何不同？复筛的目的是什么？

7. 试比较诱变育种技术、原生质体融合技术、基因工程育种技术的优缺点。

8. 什么是基因组改组育种？它的特点及优势有哪些？

9. 工业生产中使用的微生物菌种为什么会发生衰退？菌种衰退表现在哪些方面？防止菌种衰退的措施有哪些？

10. 菌种保藏的方法有哪些？简述冷冻干燥保藏法的主要步骤。

参考文献

[1] 余龙江. 发酵工程原理与技术应用[M]. 北京：化学工业出版社，2006.

[2] 施巧琴，吴松刚. 工业微生物育种学[M]. 3 版. 北京：科学出版社，2009.

[3] 李玉英. 发酵工程[M]. 北京：中国农业大学出版社，2009.

[4] 杨汝德等. 现代工业微生物[M]. 广州：华南理工大学出版社，2001.

[5] 程殿林. 微生物工程技术与原理[M]. 北京：化学工业出版社，2003.

[6] 杨生玉，张建新. 发酵工程[M]. 北京：科学出版社，2013.

[7] 韩北中. 发酵工程[M]. 北京：中国轻工业出版社，2013.

[8] 张卉. 微生物工程[M]. 北京：中国轻工业出版社，2013.

[9] 汪钊. 微生物工程[M]. 北京：科学出版社，2013.

[10] Ying-Xin Zhang, Perry Kim, Vinci Victor A, et al. Genome shuffling leads to rapid phenotypic improvement in bacteria [J]. Nature, 2002, 415: 644-646.

[11] 李义勇，张亚雄. 基因重组技术在工业微生物菌种选育中应用的研究进展[J]. 中国酿造，2009，1：11-14.

第3章 发酵工业培养基

微生物的生长与繁殖,需要从外界环境中吸收营养物质(包括水和空气)。营养物质进入到菌体内后,部分用于微生物细胞物质的合成,部分用于生命活动所需的能量。培养基是提供微生物生长繁殖和生物合成各种代谢产物所需要的、按一定比例配制的多种营养物质的混合物。培养基组成对菌体生长繁殖、产物的生物合成、产品的分离精制乃至产品的质量和产量都有重要的影响。工业生产中选择的培养基俗称发酵培养基,一个好的发酵培养基是一个发酵产品能否成功实现产业化和商业化的关键一环。

3.1 发酵工业培养基的一般要求

在工业生产、科研或各项检验工作中,为了大量地培养微生物或使其大量地合成目标代谢产物,就需要配制一组特定的营养物质,即培养基。同时,为了更加有效地利用微生物资源,使微生物的发酵培养过程更加经济、有效,还必须合理地设计和优化培养基。有关发酵培养基的设计和优化,虽然目前已有一些理论依据和设计原则,但针对不同的发酵产品、不同菌种,其发酵培养基的要求有较大的不同。选择培养基时会受到各种相关因素的影响和制约,如菌种特性、发酵过程特征、原材料的来源及成本等。因此培养基的设计是一项具有多技术集成特征的综合性研究工作。对发酵培养基进行科学设计包括两个重要阶段,首先要对发酵培养的成分及原材料特性有较为详细的了解,其次是在此基础上结合具体微生物和发酵产品的代谢特点对培养基的成分进行合理选择和配比优化。

3.1.1 发酵工业培养基的一般要求

发酵工业培养基是提供微生物生长繁殖和生物合成各种代谢产物所需要的,按一定比例配制的多种营养物质的混合物。虽然不同微生物的生长状况不同,且发酵产物所需的营养条件也不同,但是,对于所有发酵生产用培养基而言,仍然存在一些共同的要求。

(1) 必须提供合成微生物细胞和发酵产物的基本成分。

(2) 有利于减少培养基原料的单耗,即提高单位营养物质的转化率。

(3) 有利于提高产物的浓度,以提高单位容积发酵罐的生产能力。

(4) 有利于提高产物的合成速度,缩短发酵周期。

(5) 尽量减少副产物的形成,便于产物的分离纯化。

(6) 原料价格低廉,质量稳定,取材容易。

(7) 所用原料尽可能减少对发酵过程中通气搅拌的影响,有利于提高氧的利用率,降低能耗。

(8) 有利于产品的分离纯化，并尽可能减少三废物质。

用葡萄糖、糖蜜、谷物淀粉等作为碳源，用铵盐、尿素、硝酸盐、玉米浆、豆类农副产品饼粉及发酵的残余物作为氮源，都能较好地满足上述培养培养基的条件，表3-1是几种常见发酵培养基。

表 3-1 常见发酵培养基

代谢产物	培养基
衣康酸	甘蔗糖蜜，150 g/L；$ZnSO_4$，1.0 g/L；$MgSO_4$ 3.0 g/L；$CuSO_4$ 0.01 g/L
核黄素	大豆油，20 mL/L；甘油，20 mL/L；葡萄糖，20 g/L；玉米浆，12 mL/L；酪蛋白，12 g/L；KH_2PO_4，1.0 g/L
青霉素	葡萄糖或糖蜜，10%；玉米浆，4%～5%；苯乙酸，0.5%～0.8%；猪油、植物油、消泡剂，0.5%

3.2 发酵工业培养基的种类

微生物培养基的种类繁多，发酵工业中可根据培养基组成物质的化学成分、物理状态、用途等方面加以分类。

3.2.1 按对培养基成分的了解程度分类

根据对培养基的化学成分的了解程度，可将培养基分成天然培养基、合成培养基和半合成培养基。

1. 天然培养基

天然培养基又称非化学限定培养基，是指利用各种动物、植物或微生物的原料构成或以其为基础加工而成的培养基，其成分难以确切知道，如牛肉膏蛋白胨培养基和麦芽汁培养基就属于此类。

天然培养基的主要原料有牛肉膏、麦芽汁、蛋白胨、酵母膏、玉米粉、麸皮、各种饼粉、马铃薯、牛奶、血清等。用这些物质配成的培养基虽然不能确切知道它们的化学成分，但一般来讲，营养是比较丰富的，微生物生长旺盛，而且来源广泛，配制方便，所以较为常用，尤其适合于配制实验室常用的培养基和工业上的培养基。

2. 合成培养基

合成培养基又称化学限定培养基，是指由化学成分完全清楚的物质配制而成的培养基，如高氏Ⅰ号培养基和查氏培养基等。这类培养基化学成分精确，重复性强，但与天然培养基相比其成本较高，一般多用于实验室的微生物营养需求、代谢、分类鉴定、遗传分析等方面的研究工作。

3. 半合成培养基

半合成培养基是指主要以化学试剂配制，同时还加入某种或几种天然成分的培养基，如马铃薯蔗糖培养基等。半合成培养基介于天然培养基与合成培养基之间，是两者结合的产物，适合于大多数微生物的生长代谢，且来源方便，价格较低，在生产实践和实验室中使用较多。

3.2.2 按培养基的物理状态分类

根据在培养基中是否加入凝固剂以及加入量的多少，可将培养基分为液体培养基、固体培养基和半固体培养基。

1. 液体培养基

液体培养基是指配制的培养基是液态的，不加任何凝固剂。在使用液体培养基时，可通过振荡或搅拌增加培养基的通气量，同时使营养物质分布均匀。液体培养基在实验室和生产实践中应用广泛，常用于大规模地培养微生物。

2. 固体培养基

在液体培养基中加入一定量的凝固剂即成固体培养基。常用作凝固剂的物质有琼脂、明胶、硅胶等，以琼脂最为常用。因为琼脂具备了比较理想的凝固剂的条件，如一般不易被微生物分解和利用、在微生物生长的温度范围内能保持固体状态、透明度好、黏着力强等。琼脂的用量一般为1.5%～2.0%。在实验室中，固体培养基一般是加入到培养皿或试管中，制成平板或斜面，用来进行微生物的分离、鉴定、活菌计数、微生物检验及菌种保藏等。

除了在液体培养基中加入凝固剂制成的固体培养基外，一些用天然固态基质配制成的培养基也属于固体培养基，例如用马铃薯块、大米、麦粒、大豆、麸皮、米糠等制成的固体状态的培养基就属于此类。

3. 半固体培养基

如果把少量的凝固剂加入到液体培养基中，就制成了半固体培养基。以琼脂为例，其用量一般在0.2%～0.7%之间。半固体培养基常用来观察微生物的运动性、进行趋化性研究、进行厌氧菌培养和噬菌体效价滴定，有时也用来保藏菌种。

3.2.3 按培养基的用途分类

根据培养基的用途分类，可将培养基分为增殖培养基、选择培养基和鉴别培养基等。

1. 增殖培养基

在自然界中，不同种的微生物常混杂在一起。为了分离所需要的某种微生物，在普通培养基中加入一些能助长该种微生物的营养物质，以增加其生长繁殖速度，逐渐淘汰其他微生物，这种培养基称为增殖培养基，又称加富培养基。例如要分离得到利用液体石蜡进行发酵的微生物，可在培养基中加入液体石蜡，就能达到目的。

2. 选择培养基

在培养基中加入某种物质以杀死或抑制不需要的微生物的培养基称为选择培养基。如链霉素、氯霉素等能抑制原核微生物的生长，制霉菌素、灰黄霉素等能抑制真核微生物的生长，结晶紫能抑制革兰氏阳性细菌的生长等。从某种程度上讲，增殖培养基也是一种选择培养基。

3. 鉴别培养基

在培养基中加入某种或某些特殊的化学物质，使难以区分的微生物经培养后呈现出明显差别，从而有助于快速鉴别某种微生物，这样的培养基称为鉴别培养基。例如用以检查饮用水和乳品中是否含有大肠菌群的伊红美蓝(EMB)培养基就是一种常用的鉴别培养基。在这种培养基上，大肠杆菌和产气杆菌能发酵乳糖产酸，并与指示剂伊红美蓝结合，结果大肠杆菌形成较小的、带有金属光泽的紫黑色菌落，产气杆菌形成较大的、灰棕色的湿润菌落。

除上述 3 种主要类型外，培养基按用途分类还有很多种，如分析培养基、还原性培养基、组织培养物培养基等。

3.2.4 根据发酵工业生产流程分类

1. 斜面培养基

斜面培养基是供微生物细胞生长繁殖或保藏菌种用的，主要作用是供给细胞生长繁殖所需的各类营养物质。其特点是富含有机氮源，有利于菌体的生长繁殖，能获得更多的细胞。此外，斜面培养基中宜加少量无机盐类，并供给必要的生长因子和微量元素。

2. 孢子培养基

孢子培养基是供霉菌、放线菌产生孢子用的固体培养基。主要作用是使菌体迅速生长，产生较多优质的孢子。配制孢子培养基的基本要求就是在营养基本保证、理化条件适宜的前提下，营养不要太丰富（特别是有机氮源），否则不易产生孢子；所用无机盐的浓度要适当，不然会影响孢子量和孢子颜色。生产上常用的孢子培养基有麸皮培养基、大米培养基、玉米碎屑培养基等。

3. 液体种子培养基

液体种子培养基是指直接为发酵提供种子的培养基。一般指摇瓶培养基和一、二级种子罐的培养基。种子培养基是供孢子发芽生长出大量菌丝体，或不产孢子的菌种繁殖出大量细胞，并且具有较高的活力和纯度的培养基。因此，种子培养基的营养应该较孢子培养基丰富、氮源含量要高些，且最好是有机氮源和无机氮源混合使用（有的有机氮源能刺激孢子发芽，而无机氮源的分解利用迅速），但总固形物含量较低为好，这样可提高溶氧含量，为菌体生长繁殖提供充足的氧。种子培养基的成分还要考虑在微生物代谢过程中能维持稳定的 pH，保证种子繁殖旺盛。另外，最后一级的种子培养基的成分应接近发酵培养基，这样可使种子进入发酵培养罐后尽快适应发酵培养基，缩短延滞期。

4. 发酵培养基

发酵培养基是指供菌种生长繁殖和合成发酵产物的培养基。它既要保证种子能迅速生长，达到一定的菌体浓度，又要保证菌体能迅速合成发酵产物。因此，发酵培养基中除含有发酵菌种正常生长所必需的营养元素外，还含有发酵产物迅速合成所需的前体、产物促进剂和抑制剂以及保证发酵正常进行的消泡剂等物质。由于具体的发酵菌种和发酵设备、发酵工艺千差万别，因此发酵培养基种类繁多，生产中一般要通过小试、中试、投产实验再确定。

5. 补料培养基

为了使工艺条件稳定，有利于菌体生长和代谢，延长发酵周期，提高生产水平，常先使前期培养基稀薄一些，过一段时间，开始间歇或连续补加各种必要的营养物质，如碳源、氮源、前体等。补料培养基一般按单一成分分别配制，在发酵中各自独立控制加入，也可以按一定的比例配制成复合补料培养基。

3.3 发酵工业培养基的成分及来源

由于微生物种类繁多，它们对营养物质的需求、吸收和利用也不一样。但是从各类微生物细胞物质成分(表 3-2)的分析可知,微生物细胞含有 80%左右的水分和 20%左右的干物质。在其干物质中,碳素含量约占 50%,氮素占 5%～13%,矿物质元素占 3%～10%。所以,在配制培养基时必须有足够的碳源、氮源、水和无机盐。此外,有些合成能力差的微生物需要添加适当的生长辅助类物质,才能维持真正常的生长。

表 3-2　微生物细胞物质成分

微生物	细胞的化学成分/(%)					
	水分①	蛋白质②	糖类②	核酸②	脂类②	无机盐②
细菌	75～85	50～80	12～28	10～20	5～20	2～30
酵母	70～80	32～75	27～63	6～8	2～15	4～7
霉菌	85～90	14～20	7～40	1～5	4～40	6～12

注:①占微生物细胞鲜重的百分比;②占微生物干重的百分比。

3.3.1　碳源

碳源是培养基的主要营养成分之一,其主要功能:一是提供微生物菌体生长繁殖所需的能量以及合成菌体所需的碳骨架;二是提供菌体合成目的产物的原料。常用的碳源有糖类、脂肪、有机酸、醇类和碳氢化合物等。

1. 糖类

工业发酵常用的糖类主要有单糖(如葡萄糖、果糖、木糖)、双糖(如蔗糖、乳糖、麦芽糖)和多糖(如淀粉、纤维素)等,工业发酵中常用碳源及来源如表 3-3 所示。

表 3-3　工业发酵中常用碳源及来源

碳　源	来　源
葡萄糖	纯葡糖糖、水解淀粉
乳糖	纯乳糖、乳清粉
淀粉	甘薯粉、马铃薯粉、大米粉、小麦粉、玉米粉、木薯粉、菊芋粉等
蔗糖	甘蔗糖蜜、甜菜糖蜜、红糖、白糖等
麦芽糖	大麦芽等

(1) 葡萄糖　葡萄糖是几乎所有微生物都能利用的碳源,因此在培养基选择时一般被优先考虑,并且作为加速微生物生长的一种速效碳源。但工业上如果直接选用葡萄糖作为碳源,成本相对较高,一般采用淀粉水解糖,广泛用于抗生素、氨基酸、有机酸、多糖、黄原胶、甾类转化等发酵生产中。目前淀粉水解糖的制备方法有酸法、酸酶法和双酶法,其中以双酶法制得的糖液质量最好。淀粉水解糖液中的主要糖类是葡萄糖。因水解条件的限制,糖液中尚有少量的麦芽糖及其他一些二糖、低聚糖等复合糖类,这些低聚糖的存在不仅降低了原料的利用率,而且会影响糖液的质量,降低糖液可利用的营养成分。因此,为了保证生产出高产、高质量的发酵产品,水解糖液必须达到一定的质量指标。例如,谷氨酸发酵生产中水解糖液的质量指标见表 3-4。

表 3-4　谷氨酸发酵生产中水解糖液的质量指标

项目	色泽	葡萄糖值(DE 值)	糊精反应	还原糖含量	透光率	pH
要求	浅黄色、杏黄色,透明	90%以上	无	18%左右	60%以上	4.6～4.8

(2) 双糖　蔗糖、乳糖、麦芽糖也是工业发酵中较常用的碳源。蔗糖既有纯制品,也有含有较多杂质的粗品,例如生产中使用的糖蜜。糖蜜是制糖生产时的结晶母液,它是制糖工业的副产物。糖蜜中含有丰富的糖类物质、含氮物质、无机盐和维生素。它是微生物发酵工业常用的碳源之一。糖蜜分甘蔗糖蜜和甜菜糖蜜,二者在糖的含量和无机盐的含量上有所不同,使用时要注意。一般来说,糖蜜中总糖含量一般为 45%～50%,水分含量为 18%～36%,粗蛋白质含量为 2.5%～8%,粗灰分含量为 4%～12.5%,pH 5～7.5。糖蜜是发酵工业中价廉物美的原料,常用在氨基酸、抗生素、乙醇等发酵工业上。乳糖作为发酵生产的碳源,成本相对较高,而乳清是乳制品企业利用牛奶提取酪蛋白以制造干酪或干酪素后留下的溶液。干乳清含 65%～75%的乳糖,其他成分还有乳清蛋白、无机盐等,因此可以利用乳清替代乳糖作为碳源。结晶麦芽糖价格很高,生产上多用麦芽糖浆。麦芽糖浆是以淀粉为原料、以生物酶为催化剂,经液化、糖化、精制、浓缩等工序生产而成的。高麦芽糖糖浆的麦芽糖含量超过 50%。

(3) 多糖　淀粉、纤维素和糊精等多糖也是常用的碳源,多糖一般都要经过菌体产生的胞外酶水解成单糖后再被吸收利用。淀粉在发酵工业中被普遍使用,使用淀粉或其不完全水解液价格低廉,同时可克服葡萄糖效应对次级代谢产物合成的影响。常用的淀粉为玉米淀粉、小麦淀粉和甘薯淀粉,不同来源淀粉原料的营养成分见表 3-5。玉米淀粉及其水解液是抗生素、氨基酸、核苷酸、酶制剂等发酵中常用的碳源。马铃薯、小麦、燕麦淀粉等用于有机酸、醇等生产中。纤维素和一些野生的含淀粉较多的植物(如橡子、菊芋等)也是今后开发碳源的广阔天地。

表 3-5　粮食原料的成分

种类	淀粉/(%)	蛋白质/(%)	脂肪/(%)	纤维素/(%)	灰分/(%)
小麦粉	66～72	5～8	1～2	1～2	0.4～1
玉米粉	60～72	9～10	2～4	2～3	0.2
甘薯粉	77.8	2.2	0.4	3.0	2.9
木薯粉	77.36	0.26	—	—	1.68

根据微生物利用碳源速度的快慢,可将碳源分为速效碳源和迟效碳源。葡萄糖和蔗糖等被微生物利用的速度较快,它们是速效碳源,而乳糖、淀粉等被利用的速度相对较为缓慢,它们是迟效碳源。在微生物发酵生产中应考虑速效碳源和迟效碳源对目的产物合成的影响。例如,在青霉素的发酵生产中,葡萄糖阻遏青霉素的合成,而乳糖被利用则较为缓慢,对青霉素的生物合成几乎无阻遏作用,因此即使浓度较高,仍能延长发酵周期,提高产量。

2. 油和脂肪

油和脂肪也能被许多微生物作为碳源,这类微生物一般都具有比较活跃的脂肪酶(如解脂酵母类)。在脂肪酶的作用下,油或脂肪被水解为甘油和脂肪酸,在溶解氧的参与下,进一步 β-氧化成 CO_2 和 H_2O,并释放出比糖类碳源代谢更多的能量。因此,当微生物利用脂肪作为碳源时,要供给比糖代谢更多的溶解氧,否则,会因为缺氧导致代谢不彻底,造成脂肪酸和有机酸中间体的大量积累,导致发酵液 pH 下降,影响发酵的正常进行。另外,要注意油脂原料是不溶于水的，发酵液要设法成为乳状液，发酵罐的结构也要作一定改造，以利于乳化。常用的有豆油、菜籽油、葵花籽油、猪油、鱼油、棉籽油等。

除了作为碳源，脂肪酸还具有消泡作用，从而增加发酵罐的装料系数，改善发酵过程中的溶氧状况。

3. 有机酸

有机酸或它们的盐也能作为微生物的碳源。某些微生物对许多有机酸如琥珀酸、乳酸、柠檬酸、乙酸等有很强的氧化能力，有机酸的利用常会使发酵体系 pH 上升，尤其是有机酸盐氧化时，常伴随着碱性物质的产生，使 pH 上升，以醋酸盐为碳源时，其反应式如下。

$$CH_3COONa + 2O_2 \longrightarrow 2CO_2 + H_2O + NaOH$$

从上式可见，有机酸作为碳源在分解氧化时，对 pH 有影响，要注意对整个发酵过程中 pH 的调节和控制。

4. 烃和醇类

石油微生物分布很广，种类繁多，能够分解利用石油的几乎所有组分，使微生物工业的碳源范围不断扩大。正烷烃(一般指从石油裂解中得到的 14～18 碳的直链烷烃混合物)已用于有机酸、氨基酸、维生素、抗生素和酶制剂的工业发酵中。另外，石油工业的发展促使乙醇产量增加，国外乙醇代粮发酵的工艺发展也十分迅速。从表 3-6 可知，乙醇作碳源时其菌体收得率比葡萄糖作碳源还高，因而乙醇已成功地应用在发酵工业的许多领域中。

表 3-6　乙醇与其他碳源的比较

项　　目	乙醇	葡萄糖	乙酸	正烷烃(C18)	甲醇	甲烷
含碳量/(%)	52.2	40	40	85	37.5	75
菌体收得率/(g 细胞/g 碳源)	0.83	0.50	0.43	1.40	0.67	0.88

总的来说，发酵工业的碳源范围很广，在生产实践中，我们要根据不同的菌种和不同的工艺设备要求选择合适的碳源。

3.3.2　氮源

氮源是培养基主要成分之一，用于构成菌体细胞中的含氮物质和合成含氮代谢物。常用的氮源可分为有机氮源和无机氮源两大类。

1. 有机氮源

常用的有机氮源有黄豆饼粉、花生饼粉、棉籽饼粉、玉米浆、玉米蛋白粉、蛋白胨、酵母粉、鱼粉、蚕蛹粉、废菌丝体和酒糟等。有机氮源除含有丰富的蛋白质、多肽和游离氨基酸外，往往还含有少量的糖类、脂肪、无机盐、维生素及某些生长因子，微生物在含有机氮源的培养基中生长旺盛、菌丝浓度增长迅速。常用的有机氮源的营养成分见表 3-7。

表 3-7　发酵工业常用有机氮源的成分分析

成　分①	豆饼粉	棉籽饼粉	花生饼粉	玉米浆	米糠	鱼粉	酵母膏
干物质	92	90	90.5	50	91	93.6	95
蛋白质	51.0	41	45	24	13	72	50
碳水化合物	—	28	23	5.8	45	5.0	—
脂肪	1	1.5	5	1	13	1.5	0

续表

成　　分①	豆饼粉	棉籽饼粉	花生饼粉	玉米浆	米糠	鱼粉	酵母膏
纤维	3	13	12	1	14	2	3
灰分	5.7	6.5	5.5	8.8	16.0	18.1	10
精氨酸	3.2	3.3	4.6	0.4	0.5	4.9	3.3
胱氨酸	0.6	1.0	0.7	0.5	0.1	0.8	1.4
甘氨酸	2.4	2.4	3	1.1	0.9	3.5	—
组氨酸	1.1	0.9	1	0.3	0.2	2.0	1.6
异亮氨酸	2.5	1.5	2	0.9	0.4	4.5	5.5
亮氨酸	3.4	2.2	3.1	0.1	0.6	6.8	6.2
赖氨酸	2.9	1.6	1.3	0.2	0.5	6.8	6.5
甲硫氨酸	0.6	0.5	0.6	0.5	0.2	2.5	2.1
苯丙氨酸	2.2	1.9	2.3	0.3	0.4	3.1	3.7
苏氨酸	1.7	1.1	1.4	—	0.4	3.4	3.5
色氨酸	0.6	0.5	0.5	—	0.1	0.8	1.2
酪氨酸	1.4	1	—	0.1	—	2.3	4.6
缬氨酸	2.4	1.8	2.2	0.5	0.6	4.7	4.4
核黄素/(mg/kg)	3.06	4.4	5.3	5.73	2.64	10.1	—
硫胺素/(mg/kg)	2.4	14.3	7.3	0.88	22	1.1	—
泛酸/(mg/kg)	14.5	44	48.4	74.6	23.2	9	—
尼克酸/(mg/kg)	21	—	167	83.6	297	31.4	—
吡哆醇/(mg/kg)	—	—	—	19.4	—	14.7	—
生物素/(mg/kg)	—	—	—	0.88	—	—	—
胆碱/(mg/kg)	2 750	2 440	1 670	929	1 250	3 560	—

注:①表中凡未标注单位的均为百分含量(%)。—表示未测或无此项。

(1) 氨基酸　有些微生物对氨基酸有特殊的需要,例如,缬氨酸既可用于红霉素链霉菌的生长,又可以氮源的形式参加红霉素的生物合成;在螺旋霉素发酵中,发酵培养基里加 L-色氨酸可使螺旋霉素的发酵单位显著提高。另外,有机氮源中含有的某些氨基酸是菌体合成次级代谢产物的前体。如:α-氨基己二酸、半胱氨酸和缬氨酸是合成青霉素和头孢菌素的直接前体;玉米浆中含有的苯乙胺和苯丙氨酸有合成青霉素 G 的前体作用。色氨酸是合成硝吡咯菌素和麦角碱的前体。在工业发酵生产中,因氨基酸价格昂贵,大多采用添加有机氮源水解液。常用的有大豆饼、花生饼粉和毛发的水解液。如在赖氨酸生产中,甲硫氨酸和苏氨酸的存在可提高赖氨酸的产量,但生产中常用黄豆水解液来代替。

(2) 黄豆饼粉　黄豆饼粉是发酵工业中最常用的一种有机氮源。但是,黄豆的产地和加工方法不同,营养物质种类、水分和含油量也随之不同,对菌体的生长和代谢有很大影响。

(3) 蛋白胨　蛋白胨是由动物组织或植物蛋白质经酶或酸水解而获得的由胨、肽、氨基酸组成的水溶性混合物,经真空干燥或喷雾干燥后制得的产品。原材料和加工工艺不同,蛋白胨中营养成分的组成和含量差异较大。

(4) 酵母粉　酵母粉一般是啤酒酵母或面包酵母的菌体粉碎物，而酵母膏也称酵母膏粉、酵母浸膏或酵母浸出粉，是以酵母为原料，经酶解、脱色脱臭、分离和低温浓缩(喷雾干燥)而制成的。酵母粉和酵母膏都含有蛋白质、多肽、氨基酸、核苷酸、维生素和微量元素等营养成分，但质量有很大的差异。

(5) 玉米浆　玉米浆是玉米淀粉生产中的副产物，是一种很容易被微生物利用的良好氮源。玉米浆是以玉米制淀粉或制糖中的玉米浸泡水制得的。玉米在浸渍过程中，由于使用了一定量和浓度的亚硫酸(0.1%～0.2%)，使种皮成为半透性膜，一些可溶性蛋白、生物素、无机盐和糖进到浸渍水中，因而玉米浆含有丰富的氨基酸、还原糖、磷、微量元素和生长素。其中玉米浆中含有的磷酸肌醇对红霉素、链霉素、青霉素和土霉素等的生产有积极促进作用。此外，玉米浆还含有较多的有机酸，如乳酸等，所以玉米浆的 pH 在 4.0 左右。另外玉米浆的原料来源比较广泛、制法也比较多样，因此其具体成分比例在不同发酵批次间可能会有一定波动。

(6) 尿素　尿素也是常用的有机氮源，但它成分单一，不具有上述有机氮源的特点，但在青霉素和谷氨酸等生产中也常被采用。尤其是在谷氨酸生产中，尿素可使 α-酮戊二酸还原并氨基化，提高谷氨酸的产量。尿素作为氮源使用要注意以下几点：一是尿素是生理中性氮源；二是尿素含氮量比较高(占 46%)；三是微生物必须能分泌脲酶才能分解尿素。

2. 无机氮源

常用的无机氮源有铵盐、硝酸盐和氨水等。无机氮源的利用速度一般比有机氮源快，因此无机氮源又被称作速效氮源。某些无机氮源由于微生物分解和选择性吸收，常会引起环境 pH 的变化，如下述的反应所示。

$$(NH_4)_2SO_4 \longrightarrow 2NH_3 + H_2SO_4$$

$$NaNO_3 + 4H_2 \longrightarrow NH_3 + 2H_2O + NaOH$$

在第一个反应中，反应产生的 NH_3 被微生物选择性吸收，环境培养基中就留下了 H_2SO_4，培养基就会逐渐变酸，像这样经微生物代谢后形成酸性物质的无机氮源称为生理酸性物质；在第二个反应中 NH_3 被微生物选择吸收后，在环境中留下了 NaOH，培养基就会逐渐变碱，像这样经微生物代谢后形成碱性物质的无机氮源称为生理碱性物质。正确使用生理酸、碱性物质，对稳定和调节发酵过程的 pH 有积极作用。

氨水是发酵工业上普遍使用的无机氮源。氨水在发酵中除可以调节 pH 外，它也是一种容易被利用的氮源，在氨基酸、抗生素等发酵工业中被广泛采用。如链霉素的生产，合成1 mol 链霉素需要消耗 7 mol 的 NH_3，红霉素生产中通氨可以提高红霉素的产率和有效成分的比例。采用通氨工艺应注意两个问题：一是氨水碱性较强，要防止局部过碱，应加强搅拌，并少量多次地添加；二是氨水中含有多种嗜碱性微生物，使用前应用石棉等过滤介质进行除菌过滤，避免因通氨而引起污染。

3.3.3　无机盐及微量元素

无机盐是微生物生命活动所不可缺少的物质。其主要功能是构成菌体成分，作为酶的组成部分、酶的激活剂或抑制剂，调节培养基渗透压，调节 pH 值和氧化还原电位等。各种不同的微生物及同种微生物在不同的生长阶段对这些物质的最适浓度要求均不相同。因此，在生产中要通过试验预先了解菌种对无机盐和微量元素的最适宜需求量，以稳定或提高产量。一般配制培养基时大量元素(P、S、K、Mg、Ca、Na 和 Fe 等)常以盐的形式加入，如硫酸盐、磷酸盐、氯化物等；微量元素（Cu、Zn、Mn、Mo 和 Co 等）由于需求量很小，一般在培养基的某些成分中已经足够（如玉米浆等有机氮源），所以一般不需要单独加入。但在某些特殊的情况下需要单独加入，如维生素 B_{12} 发酵，由于维生素 B_{12} 中含有钴，所以在培养基中一般要加入氯化钴以补充钴元素的含量，提高产量。表 3-8 为常用无机盐成分浓度的参考范围。

表 3-8　常用无机盐成分浓度的参考范围

成　分	浓度/(g/L)	成　分	浓度/(g/L)
KH_2PO_4	1.0～4.0	$FeSO_4 \cdot 4H_2O$	0.01～0.1
$MgSO_4 \cdot 7H_2O$	0.25～3.0	$MnSO_4 \cdot H_2O$	0.01～0.1
KCl	0.5～12.0	$CuSO_4 \cdot 5H_2O$	0.003～0.01
$CaCO_3$	5～7	$Na_2MoO_4 \cdot 2H_2O$	0.01～0.1

磷是核酸和蛋白质等重要细胞物质的组成成分，也是重要的能量传递者三磷酸腺苷（ATP）的成分。在代谢途径的调节方面，磷元素有利于糖代谢的进行，因此它能促进微生物的生长。但磷过量时，许多产物的合成常受抑制。例如，在谷氨酸的合成中，磷浓度过高就会抑制 6-磷酸葡萄糖脱氢酶的活性，使菌体生长旺盛，而谷氨酸的产量却很低，代谢向缬氨酸方向转化。在链霉素发酵过程中可溶性无机磷的用量超过 0.05%，就会降低链霉素的发酵单位。但也有一些产物要求磷酸盐浓度高些，如黑曲霉 NRRL 330 菌种生产 α-淀粉酶时，若加入 0.2%磷酸二氢钾则活力可比低磷酸盐提高 3 倍。许多次级代谢过程对磷酸盐浓度的承受限度比生长繁殖过程低，所以必须严格控制。工业生产上常用的磷酸盐有 $K_3PO_4 \cdot 3H_2O$、K_3PO_4、$Na_2HPO_4 \cdot 12H_2O$、$NaH_2PO_4 \cdot 2H_2O$ 等，有时也用磷酸，但要先用 NaOH 或 KOH 中和后再加入。另外要注意很多有机氮源中含有一定的磷元素，在配制发酵培养基时要予以考虑。

镁处于离子状态时，是许多重要酶（如己糖磷酸化酶、柠檬酸脱氢酶、羧化酶等）的激活剂，镁离子不但影响基质的氧化，还影响蛋白质的合成。镁离子能提高一些氨基糖苷类抗生素（如卡那霉素、链霉素、新生霉素）产生菌对自身所产生的抗生素的耐受能力。镁元素的供体一般是 $MgSO_4$，这样可以同时提供两种大量元素（硫元素和镁元素）。镁在碱性溶液中会形成 $Mg(OH)_2$ 的沉淀，在培养基配制时要注意。

硫存在于细胞的蛋白质中，是含硫氨基酸的组成成分和某些辅酶的活性基团，如辅酶 A、硫辛酸和谷胱甘肽等都含有硫。在某些产物如青霉素、头孢菌素等分子中硫是其组成部分，在生产这些产物的发酵培养基中需要加入足够量的含硫化合物（如硫酸钠、硫代硫酸钠），以满足产物合成的需要。

铁是细胞色素、细胞色素氧化酶和过氧化氢酶的组成成分，是菌体有氧氧化必不可少的元素。使用铁制发酵罐，再加上天然培养基中的原料含铁，所以一般发酵培养基中不需加含铁化合物。有些发酵产品对铁很敏感，如青霉素发酵中，发酵培养基中 Fe^{2+} 含量为 6 μg/mL 时，不影响青霉素的生物合成，当 Fe^{2+} 含量达 60 μg/mL 时，青霉素产量下降 30%，当 Fe^{2+} 浓度达 300 μg/mL 时，产量下降 90%。在柠檬酸生产中，无铁培养基中产酸率比含铁培养基提高近 3 倍。新发酵罐往往会造成培养基中铁离子浓度比较高，这时可以通过在罐内喷涂生漆或耐热环氧树脂的方法来解决。

氯离子对于一般微生物不具有营养作用，但对一些嗜盐菌来讲是必需的。在一些产生含氯代谢物如金霉素和灰黄霉素等的发酵中，除了从其他天然原料和水中带入的氯离子外，还需加约 0.1%的氯化钾以补充氯离子。啤酒在糖化时，氯离子含量在 20～60 mg/L 范围内能赋予啤酒柔和的口味，并对酶和酵母的活性有一定的促进作用，但氯离子含量过高会引起酵母早衰，使啤酒带有咸味。

钠、钾、钙虽不是微生物细胞的构成成分，但仍是微生物发酵培养基的必要成分。钠有维持细胞渗透压的功能，故在培养基中常加少量钠盐，但用量不能过高，否则会影响微生物生长。钾离子也与细胞渗透压和透性有关，并且还是许多酶的激活剂，它能促进糖代谢。在谷氨酸发酵中，菌体生长时需要钾离子约 0.01%，生产谷氨酸时需要量为 0.02%～0.1%(以 K_2SO_4 计)。钙离子主要控制细胞透性，同时对培养液的 pH 有一定的调节作用。在配制培养基时要注意两点：一是由于培养基中钙盐过多会形成磷酸钙沉淀而降低培养基中可溶性磷的含量，因此，可将两者分别消毒或补加(国外有些实验室将碳酸钙制成各种量的片剂，消毒后分别加到发酵摇瓶中)；二是先将配好的培养基(碳酸钙除外)用碱调 pH 近中性，再将碳酸钙加入培养基中，防止碳酸钙在酸性培养基中被分解而失去其在发酵过程中的缓冲能力。

锌、钴、锰、铜等微量元素大部分作为酶的辅基和激活剂，一般来讲只有在合成培养基中才需加这些元素。

3.3.4 水

水是所有培养基的主要组成成分，也是微生物机体的重要组成成分。水除直接参加一些代谢外，还是进行代谢反应的内部介质。此外，微生物特别是单细胞微生物由于没有特殊的摄食及排泄器官，它的营养物、代谢物、氧气等必须溶解于水后才能通过细胞表面进行正常生理代谢。对于发酵工厂来说，恒定的水源是至关重要的，因为不同水源的 pH 值、溶解氧、可溶性固体、污染程度以及矿物质组成和含量各不相同，对微生物发酵代谢影响甚大。目前多数发酵工厂已能通过水处理过程得到去离子或脱盐的工业用水。一般配制培养基没有特殊要求时用蒸馏水或自来水即可，但要注意自来水中的氯的影响。

3.3.5 生长因子

生长因子是微生物生长代谢必不可少，但不能用简单的碳源或氮源生物合成的一类特殊的营养物质。根据化学结构及代谢功能，生长因子主要有三类，即氨基酸、维生素和碱基及其衍生物，此外还有脂肪酸、卟啉、甾醇等。其功能是构成细胞的组成成分，促进生命活动的进行。生长因子不是对于所有微生物都必需的，它只对于某些自己不能合成这些成分的微生物才是必不可少的营养物。如谷氨酸生产菌为生物素缺陷型，生物素为其生长因子。

不同的菌所需要的生长因子各不相同，有的需要多种生长因子，有的需要一种，有的不需要生长因子，同一种菌需要的生长因子也会随生长阶段和培养条件的不同而有所变化。天然原料是生长因子的重要来源，多数有机氮源含有较多的 B 族维生素和微量元素及一些微生物生长不可缺少的生长因子。提供生长因子的常用农副产品原料如玉米浆、麸皮水解液、糖蜜以及酵母膏或酵母粉等。

3.3.6 前体物质、产物促进剂和抑制剂

在现代发酵工业中，人们为了进一步提高发酵产率，在发酵培养基中除添加碳源、氮源等一般的营养成分外，还加了一些用量极少，但却能显著提高发酵产率的物质，这些物质主要包

括前体、产物促进剂和抑制剂等。

1. 前体

前体是指加到发酵培养基中的一类化合物，它们并不促进微生物的生长，但能直接被微生物在生物合成过程中结合到产物分子中去，其自身的结构并没有多大变化，但是产物的产量却因其加入而有较大提高。前体最早是在青霉素的生产过程中发现的。在早期青霉素发酵中人们就发现在发酵液中添加一定量的玉米浆会提高青霉素 G 的产量，后来进一步研究发现，这是由于玉米浆中含有苯乙酸，而苯乙酸是青霉素 G 生物合成的前体之一（不同类型青霉素侧链不同，青霉素 G 的侧链是苯乙酸）。在实际生产中，前体的加入可提高产物的产量，还能显著提高产物中目的成分的比重，如在青霉素生产中加入前体物质苯乙酸可增加青霉素 G 的产量，而用苯氧乙酸作为前体则可增加青霉素 V 的产量。

前体可以看作是产物生物合成反应的一种底物，它们可以来源于细胞本身的代谢，也可以外源人为添加。添加前体已成为氨基酸发酵、核苷酸发酵和抗生素发酵中提高产率的有效手段，大多数前体如苯乙酸对微生物的生长有毒性，在生产中为了减少毒性和增加前体的利用率，通常采用少量多次的流加工艺。一些氨基酸和抗生素发酵的前体物质见表 3-9。

表 3-9　发酵过程中常用的一些前体物质

代谢产物	前　　体	代谢产物	前　　体
青霉素 G	苯乙酸及其衍生物	核黄素	丙酸盐
青霉素 V	苯氧乙酸	类胡萝卜素	β-紫罗酮
青霉素 O	烯丙基-硫基乙酸	L-异亮氨酸	α-氨基丁酸
灰黄霉素	氯化物	L-色氨酸	邻氨基苯甲酸
红霉素	丙酸、丙醇、丙酸盐、乙酸盐	L-丝氨酸	甘氨酸
链霉素	肌醇、精氨酸、甲硫氨酸	L-苏氨酸	高丝氨酸

2. 产物促进剂和抑制剂

产物促进剂是指那些细胞生长非必需的，又非前体，但加入后却能显著提高发酵产量的一些物质，常以添加剂的形式加到发酵培养基中。产物促进剂增产机制大致有以下几种：①在酶制剂工业中，产物促进剂的本质是该酶的诱导物，尤其是某些水解酶类，如添加甘露聚糖可促进 α-甘露糖苷酶的分泌；②产物促进剂对发酵微生物有某种益处，使发酵过程更顺利，如加入巴比妥盐能使利福霉素和链霉素产量增加，这是由于巴比妥盐增强了生产菌菌丝的抗自溶能力，延长了发酵周期；③产物促进剂在某种程度上起到了稳定发酵产物的作用，如在葡萄糖氧化酶发酵中加入 EDTA；④产物促进剂为一些表面活性剂类物质，如以栖土曲霉生产蛋白酶时，适时加一定量的洗净剂脂肪酰胺磺酸钠可使蛋白酶产量大幅度地提高，这可能是由于表面活性剂物质增加了传氧效率，同时增加了产物的溶解和分散的程度。各种促进剂的效果除受菌种、种龄的影响外，还与所用的培养基组成有关，即使是同一种产物促进剂，用同一菌株，生产同一产物，在使用不同的培养基时效果也会不一样。

产物抑制剂主要是一些对生产菌代谢途径有某种调节能力的物质。在发酵过程中加产物抑制剂会抑制某些代谢途径的进行，同时会使另外一些代谢途径活跃，从而获得人们所需的某种产物或使正常代谢的某一代谢中间物积累起来。例如，在甘油发酵中加入亚硫酸氢钠，由于亚硫酸氢钠可与代谢的中间产物乙醛反应使乙醛不能受氢还原为乙醇，从而激活了另一条受氢途径，由磷酸二羟丙酮受氢被还原为 α-磷酸甘油，最后水解为甘油。另外，在代谢控制发酵中，加入某种代谢抑制剂也是发酵正常进行所必需的，如四环素发酵中加硫氰化苄，可以抑制 TCA 中的一些酶，从而增强 HMP，有利于四环素的合成。

总的来说，发酵中添加的产物促进剂和抑制剂一般都是高效且专一的，在具体使用时要选择好种类并且严格控制用量。

3.3.7　影响培养基质量的因素

在工业发酵过程中，很多因素都会影响发酵水平，培养基质量就是其中一个重要的影响因素。影响培养基质量变化的因素也较多，主要有原料质量、水质、培养基的灭菌和黏度等。

1. 原料质量

工业发酵中使用的培养基绝大多数是由一些农副产品组成，所用的原料成分复杂，由于品种、产地、加工方法和储藏条件的不同而造成其内在质量有较大的差异，因而常常引起发酵水平的波动。

有机氮源是影响培养基质量的主要因素之一。有机氮源大部分是农副产品，所含的营养成分也受品种、产地、加工方法和储藏条件的影响。例如玉米浆对很多品种的发酵水平有显著影响，这是由于玉米的品种和产地不同以及加工工艺的不同，使得玉米浆中营养成分不同，特别是磷的含量有很大的变化，对微生物发酵的影响很大。因此，在选择培养基的氮源时，应重视有机氮源的品种和质量。在原材料的质量控制方面，要检测各种有机氮源中蛋白质、磷、脂肪和水分的含量，注意酸价变化。同时，重视它们的储藏温度和时间。

碳源对培养基质量的影响虽不如有机氮源那样明显，但也会因原材料的品种、产地、加工方法不同，而影响其成分及杂质的含量，最终影响发酵水平。例如：甘蔗糖蜜和甜菜糖蜜在糖、无机盐和维生素的含量上有所不同；不同产地的甘蔗用碳酸法和亚硫酸法两种工艺制备的糖蜜，其成分也是有所不同的；废糖蜜和工业用葡萄糖中总糖、还原糖、含氮物、氯离子、无机磷、重金属、水分等含量差异更大，这些都会严重影响发酵水平。

工业发酵常用的豆油、玉米油、米糠油等油脂中的酸度、水分和杂质含量差异较大，对培养基质量有一定的影响。不同生产厂家的生产工艺不同，油脂的质量有很大的差异。即使是同一个生产厂家，由于原料品种和生产批次的不同，质量也有一定的差异。此外，这些油的储藏温度过高或时间过长，容易引起酸败和过氧化物含量的增加，对微生物产生毒性。

此外，培养基中用量较少的无机盐和前体，也要按一定的质量标准进行控制，否则，有的培养基成分如碳酸钙，由于杂质含量的变化会影响培养基的质量。由于各种原材料的质量都影响培养基的质量，因此有的发酵工厂会直接采购原料，然后自行加工或委托代加工，以严格控制所用原材料的质量。在更换原材料时，先进行小试，甚至中试，不随意使用不符合质量标准和生产工艺要求的原材料。

2. 水质

水是培养基的主要组成成分。发酵工业所用的水有深井水、地表水、自来水和蒸馏水等。深井水的水质可因地质情况、水源深度、采水季节及环境的不同而不同；地表水的水质受环境污染的影响更大，同时受到季节的影响；不同地方的自来水质量也有所不同。水中的无机离子和其他杂质影响着微生物的生长和产物的合成。在微生物药物的发酵生产中，有时会遇到一个高单位的生产菌种在异地不能发挥其生产能力。其原因纵然很多，但时常会归结到是由于水质的不同而导致的结果。因此，对于微生物发酵来说，稳定且符合质量要求的水源是至关重要的。因此，在发酵生产中应对水质定期进行检验。水源质量的主要考察参数包括 pH、溶解氧、可溶性固体、污染程度以及矿物质组成和含量。

3. 灭菌

大多数培养基均采用高压蒸汽灭菌法，一般在 121 ℃条件下灭菌 20～30 min。如果灭菌的操作控制不当，会降低培养基中的有效营养成分，产生有害物质，影响培养基的质量，给发酵带来不利的影响。其原因如下：①不耐热的营养成分可能产生降解而遭到破坏。灭菌温度越高或灭菌时间越长，营养成分被破坏越多。②某些营养成分之间可能发生化学反应。灭菌温度越高或灭菌时间越长，化学反应越强，导致可利用的营养成分减少越多。③产生对微生物生长或产物合成有害的有毒物质。

某些维生素在高温下会失活，因此避免灭菌时间过长、灭菌温度过高是保证培养基质量的重要一环。此外，糖类物质高温灭菌时会形成氨基糖、焦糖；葡萄糖在高温下易与氨基酸和其他含氨基的物质反应，形成 5-羟甲基糠醛和棕色的类黑精，从而导致营养成分的减少，并生成毒性产物对微生物的生长发育不利，甚至影响正常的发酵过程。磷酸盐、碳酸盐与钙盐、镁盐、铁盐、铵盐之间在高温下也会发生化学反应，生成难溶性的复合物而产生沉淀，使可利用的离子浓度大大降低，因此如能分开灭菌也可提高培养基的质量。

4. 培养基黏度

培养基中一些不溶性的固体成分，如淀粉、豆饼粉、花生饼粉等使培养基的黏度增加，直接影响氧的传递和微生物对溶解氧的利用，对灭菌控制和产品的分离提取也会带来不利影响。因此，在微生物的发酵生产中可使用“稀配方”，并通过中间补料方式补足营养成分，或将基础培养基适当液化(如用蛋白酶、淀粉酶对培养基进行初步酶解)，或采取补加无菌水的方法，来降低培养基的黏度，以保证培养基质量，提高发酵水平。

3.4 淀粉质原料可发酵性糖的制备

可发酵性糖主要包括蔗糖、麦芽糖、葡萄糖、果糖和半乳糖等。发酵工业中通常用的是蔗糖和葡萄糖，其次是麦芽糖和果糖。

3.4.1 淀粉糖制备的必要性

1. 微生物大都不能直接利用淀粉

就目前的状况而言，发酵工业所用的碳源大都以玉米、薯类、小麦、大米等淀粉质原料为主，而许多微生物并不能直接利用淀粉。例如以糖质为原料发酵生产氨基酸，几乎所有的氨基酸生产菌都不能直接利用(或只能微弱地利用)淀粉和糊精。同样，在乙醇发酵过程中，酵母菌也不能直接利用淀粉或糊精，这些淀粉或糊精必须经过水解制成淀粉糖以后才能被酵母菌所利用。此外，在抗生素、有机酸以及酶制剂发酵过程中，大都也要求对淀粉进行加工处理以提供给微生物可利用的碳源。

2. 能利用淀粉的微生物发酵过程缓慢

有些微生物能够直接利用淀粉作原料，但这一过程必须在微生物分解出胞外淀粉酶以后才能进行，过程非常缓慢，致使发酵过程周期过长，实际生产中无法被采用。

3. 淀粉质原料中存在的杂质影响糖液的质量

淀粉质原料带来的杂质(如蛋白质、脂肪等)以及其分解产物也混入可发酵性糖液中。一些低聚糖类、复合糖等杂质则不能被利用，它们的存在，不但降低淀粉的利用率，增加粮食消耗，而且常影响到糖液的质量，降低糖液中可发酵成分。因此，如何提高淀粉的出糖率，保证可发酵性糖液的质量，满足发酵高产的要求，是一个不可忽视的重要环节。

3.4.2　淀粉水解制糖的方法

用于制备淀粉的原料主要有玉米、薯类、小麦、大米等富含淀粉的农产品。根据采用的催化剂不同，淀粉水解为葡萄糖的方法有酸解法、酶解法及酸酶结合法三种。

1. 酸解法制备可发酵性糖

酸解法又称酸糖化法，它是以酸（无机酸或有机酸）为催化剂，在高温高压下将淀粉水解转化为葡萄糖的方法。

(1) 酸解法制备可发酵性糖工艺流程

淀粉→调浆→过筛→加酸→进料→糖化→放料→冷却→中和→脱色→压滤→糖液

(2) 酸解条件的选择及其控制

①淀粉的质量：不同来源的淀粉，其水解的难易程度也不同。一般谷物淀粉较薯类淀粉难水解。即使同一种类的淀粉，其内在质量也有区别，所以在糖化工艺条件上也要做适当调整。

②淀粉乳浓度的选择：淀粉乳的浓度越低，水解越容易，水解液中葡萄糖纯度越高；反之，淀粉乳浓度越高，越有利于发生葡萄糖复合、分解的副反应，糖液的纯度降低，色泽加深。一般淀粉乳浓度控制在10.5～12 °Bé。

③酸的种类：许多酸对淀粉水解有催化作用，工业上主要使用具有较高催化效能的盐酸、硫酸和草酸。盐酸的特点是催化效能高，但是中和后会产生氯化物。硫酸的催化效能比盐酸低，但是大部分的SO_4^{2-}可用Ca^{2+}除去，可大大提高糖液的质量。草酸催化能力更低，但草酸根最易除去，由于草酸是弱酸，分解复合反应少，可在较高温度下水解，草酸钙加热后又可回收草酸，但主要缺点是成本太高。

④加酸量：以盐酸水解为例，盐酸用量越大，淀粉水解速度越快。但随着盐酸用量的增加，糖化过程中的副产物也随着增加，糖液色泽也随着加深。以纯HCl计，盐酸用量为干淀粉的0.5%～0.8%。为了便于操作控制，当采用10～11°Bé的淀粉乳时，控制pH在1.5左右。除加入酸的量外，加酸的方法对糖液质量也有影响。目前采用的方法是：将底水加盐酸调至pH 1.5，泵入水解锅，蒸汽加热至沸腾，再把淀粉乳用盐酸调至pH 1.5，泵入糖化锅进行糖化。

⑤淀粉糖化的温度和时间：一定的压力反映一定的温度。压力升高，淀粉水解反应速度加快，水解的时间缩短。但是，葡萄糖的复合反应和分解反应也加快，要求设备的耐压性也高，酸对设备的腐蚀性也强，糖化终点难以控制。一般淀粉水解压力控制在蒸汽压力为$(0.28\sim0.32)\times10^5$ Pa（表压），水解时间一般为15 min左右。

糖化设备尺寸、管道安装、糖化操作是否合理，对淀粉水解质量也都有很大的影响。一般采用糖化锅径高比为1∶1左右，糖化锅的容积不宜过大，糖化锅的附属管道应保证进出料迅速，物料受热均匀，有利于升压，有利于消灭死角。

由于糖化结束后，放料需一定的时间，所以放料时间不能确定在糖化终点，而应提前放料。如放料需10 min，则应在糖化终点前5 min放料。

淀粉水解成为葡萄糖后，应加入碱（Na_2CO_3、NaOH）中和，将HCl除去，中和达到pH为4.6～4.8为止。然后经活性炭脱色处理，再经压滤机滤出，即为糖液。

(3) 酸解法制备可发酵性糖的优缺点　用酸解法生产葡萄糖，具有生产方便、设备要求简单、水解时间短、设备生产能力高等优点。但由于水解作用是在高温、高压及一定酸度条件下进行的，因此，酸解法要求有耐腐蚀、耐高温、耐高压的设备。此外，淀粉在酸水解过程中所发生的化学变化是很复杂的，除了淀粉的水解反应外，尚有副反应的发生，这将造成葡萄糖的损失而使淀粉的转化率降低。酸水解法对淀粉原料要求较严格，淀粉颗粒不宜过大，大小要均匀。颗粒大，易造成水解不透彻。淀粉乳浓度也不宜过高，若浓度高，则淀粉转化率低。这些都是酸解法亟待解决的问题。

2. 酶解法制备可发酵性糖

酶解法是用专一性很强的淀粉酶及糖化酶将淀粉水解为葡萄糖的工艺。酶解法制葡萄糖分为两步：第一步，利用α-淀粉酶将淀粉液化生成糊精和低聚糖，使淀粉的黏度下降，可溶性增加，这个过程称为液化；第二步，利用糖化酶将糊精和低聚糖进一步水解，使生成葡萄糖，这个过程称为糖化。

(1) 液化　生产上是将α-淀粉酶先加入淀粉乳中加热，淀粉糊化后，立即被液化。原料不同，淀粉结构不同，液化难易程度也不同，薯类比谷类和豆类容易液化。

①α-淀粉酶及其水解作用：目前工业上用的α-淀粉酶大都是微生物发酵生产出来的，产品有常温和耐热，在剂型上有液体和固体。α-淀粉酶作用于淀粉与糖源时，可从底物分子内部不规则地切开α-1,4-糖苷键，不能切开支链淀粉分支点的α-1,6-糖苷键，也不能切开紧靠分支点附近的α-1,4-糖苷键，但能越过α-1,6-葡萄糖苷键继续水解α-1,4-葡萄糖苷键，而将α-1,6-葡萄糖苷键留在水解产物中。由于α-淀粉酶能切开淀粉及其产物内部的α-1,4-糖苷键，从而使淀粉黏度减小，因此α-淀粉酶又称液化淀粉酶。它的水解产物中除含麦芽糖、麦芽寡糖外，还残留一系列具有α-1,4-糖苷键的界限糊精和含多个葡萄糖残基的带α-1,4-糖苷键的低聚糖。因为所产生的还原糖在光学结构上是α型的，故将此酶称作α-淀粉酶。地衣芽孢杆菌、湿热脂肪芽孢杆菌和凝聚芽孢杆菌生产的α-淀粉酶最适温度最高达到90 ℃，称为耐热型α-淀粉酶，在工业生产中大规模使用。

α-淀粉酶是一种重要的生物催化剂，除具有极强的专一性之外，还具有下列性质。a. 热稳定性：在60 ℃以下较为稳定，超过60 ℃，酶明显失活；在60～90 ℃，温度升高，反应速率加快，失活也加快。b. 作用温度：最适作用温度为60～70 ℃，耐高温酶的最适作用温度为90～110 ℃。c. pH稳定性：在pH6.0～7.0时较为稳定，pH5.0以下失活严重。最适pH为6.0。d. 与淀粉浓度的关系：淀粉乳的浓度增加，酶活力的稳定性提高。e. 钙离子浓度对酶活力的影响：α-淀粉酶是一种金属酶，每个酶分子至少含有1个钙离子，有的可达10个钙离子，钙离子使酶分子保持适当的构象，从而可维持其最大活性与稳定性。另外，在钙离子存在的情况下，酶活力的pH范围广。

②淀粉液化的方法：淀粉液化是在淀粉酶的作用下完成的，而酶是一种具有生物活性的蛋白质，酶的作用受很多条件的影响，如酶的作用底物（淀粉原料）、pH值、温度等，这些条件直接影响酶的活力、酶反应速率和酶的稳定性。

液化的分类方法很多，按生产工艺操作方式不同可分为间歇式、半连续式和连续式，按设备不同可分为管式、罐式、喷射式，按加酶方式分为一次加酶、二次加酶、三次加酶液化法等。作为发酵工业碳源使用的糖液，其黏度的高低会直接影响或决定后道发酵、提取工艺的难易，因此这种糖液的过滤速度一定要特别快。在液化方法上一般选用两次加酶法，以求降低糖液的黏度。国内以一次加酶或两次加酶的蒸汽喷射液化法较为普遍。

工艺流程如图3-1所示，具体步骤如下：调浆→配料→一次喷射液化→液化保温→二次喷

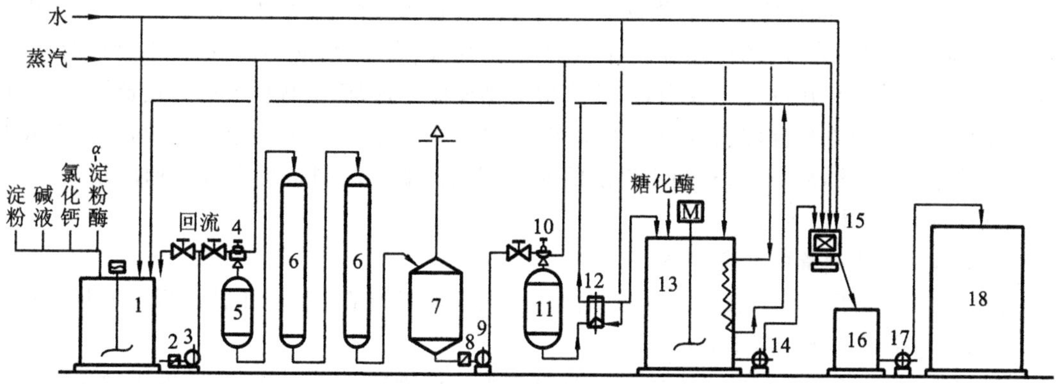

图 3-1　双酶法制糖工艺流程

1—调浆配料槽；2、8—过滤器；3、9、14、17—泵；4、10—喷射加热器；5—缓冲器；6—液化层流罐；7—液化液贮槽；11—灭酶罐；12—板式换器；13—糖化罐；15—压滤机；16—糖化暂贮罐；18—贮糖罐

射→高温维持→二次液化→冷却→糖化。

在配料罐内，将淀粉加水调制成淀粉乳，浓度控制在 17～25°Bé，用 Na_2CO_3 调 pH 值，使 pH 值处于 5.0～7.0，加入 0.15%的氯化钙作为淀粉酶的保护剂和激活剂，再加入耐温 α-淀粉酶（相当于 10 U/g 干淀粉），料液经搅拌均匀后用泵打入喷射液化器，在喷射液化器中，料液和高温蒸汽直接接触，料液在很短时间内升温，控制出料温度 95～105 ℃。此后料液进入层流罐保温 30～60 min，温度维持在 95～97 ℃，然后进行二次喷射，在第二只喷射器内料液和蒸汽直接接触，使温度迅速升至 120～145 ℃，并在维持罐内维持该温度 3～5 min，彻底杀死耐高温 α-淀粉酶，同时淀粉会进一步分散，蛋白质会进一步凝固。然后料液经真空闪急冷却系统进入二次液化罐，将温度降低到 95～97 ℃，在二次液化罐内加入耐高温 α-淀粉酶，液化约 30 min，用碘呈色试验合格后，结束液化。为避免液化酶对糖化酶的影响，需对液化液进行灭酶处理。一般液化结束，升温到 100 ℃保持 10 min 即可完成，然后降低温度，供糖化用。

（2）糖化

①糖化酶的水解作用：糖化是利用糖化酶（也称葡萄糖淀粉酶）将淀粉液化产物糊精及低聚糖进一步水解成葡萄糖的过程。糖化过程中葡萄糖含量不断增加。糖化酶对底物的作用是从非还原性末端开始进行的，逐个切下葡萄糖单位，产生 α-葡萄糖。糖化酶对 α-1,4-糖苷键和 α-1,6-糖苷键都能进行水解。

液化液的糖化速度与酶制剂的用量有关，糖化酶制剂用量取决于酶活力高低。酶活力高，则用量少；液化液浓度高，加酶量要多。糖化的温度和 pH 值取决于所用糖化剂的性质。目前工业上使用的糖化酶大都是黑曲霉基因工程菌生产。在 pH 3.5～4.2，55～60 ℃温度下糖化，DE 值可达到 99%。

②糖化工艺条件及控制：糖化是在一定浓度的液化液中，调整适当温度与 pH 值，加入需要量的糖化酶制剂，保持一定时间，使溶液达到最高的葡萄糖值。

其工艺过程为（图 3-1）：液化液→糖化→灭酶→过滤→贮糖计量→发酵。

液化结束后，迅速将液化液用酸调 pH 值至 4.2～4.5，同时迅速降温至 60 ℃，然后加入糖化酶，60 ℃保温数小时后。用无水乙醇检验无糊精存在时，将料液 pH 值调至 4.8～5.0，同时加热到 90 ℃，保温 20 min，然后将料液温度降低到 60～70 ℃时开始过滤，滤液进入贮罐，在 60 ℃以上保温待用。

(3) 酶解法制备可发酵性糖的优缺点　酶解法制备可发酵性糖的优点主要有：①采用酶解法制备葡萄糖，酶解反应条件较温和，因此不需耐高温、高压、耐酸的设备，便于就地取材，容易运作；②微生物酶作用的专一性强，淀粉水解的副反应少，因而水解糖液的纯度高，淀粉转化率(出糖率)高；③可在较高淀粉乳浓度下水解，而且可采用粗原料；④用酶解法制得的糖液颜色浅，较纯净，无异味，质量高，有利于糖液的充分利用。酶解法制备可发酵性糖的缺点在于：酶解反应时间较酸水解要长。

3. 酸酶结合法制备可发酵性糖

酸酶结合法是集中酸解法和酶解法制糖的优点而采用的结合生产工艺。根据原料淀粉性质可采用酸酶水解法或酶酸水解法。

(1) 酸酶水解法　酸酶水解法是先将淀粉酸水解成糊精或低聚糖，然后再用糖化酶将其水解成葡萄糖的工艺。如玉米、小麦等谷类原料的淀粉颗粒坚硬，如果用 α-淀粉酶液化，在短时间内作用，液化反应往往不彻底。工厂采用将淀粉用酸水解到一定的程度(用 DE 表示，一般为 10～15)，再降温中和后，用糖化酶进行糖化。此法的优点是酸液化速度快，糖化时可采用较高的淀粉乳浓度，提高了生产效率，且酸用量少，产品颜色浅，糖液质量高。

(2) 酶酸水解法　酶酸水解法是将淀粉乳先用 α-淀粉酶液化到一定的程度，然后用酸水解成葡萄糖的工艺。有些淀粉原料，颗粒大小不一(如碎米淀粉)，如果用酸解法水解，则常使水解不均匀，出糖率低。生产中应用酶酸水解法，可采用粗原料淀粉，淀粉浓度较酸解法要高，生产易控制，时间短，而且酸水解时 pH 可稍高些，以减轻淀粉水解副反应的发生。

3.4.3　淀粉水解糖质量要求

1. 淀粉水解糖质量

淀粉水解糖液是发酵工业生产菌的主要碳源，而且也是合成产物的碳架来源。它的质量好坏直接影响发酵，关系到生产菌产率的高低。能够作为发酵工业原料的水解糖液必须具备以下条件。

(1) 糖液中还原糖的含量要达到发酵用糖浓度的要求。

(2) 糖液洁净，有一定的透光度。水解糖液的透光度在一定程度上反映了糖液质量的高低。透光度低，常常是由于淀粉水解过程中发生的葡萄糖复合反应程度高，产生的色素等杂质多，或者由于糖液中的脱色条件控制不当所致。

(3) 糖液中不含糊精。若淀粉水解不完全，有糊精存在，不仅造成浪费，而且糊精存在使发酵过程中产生大量泡沫，影响发酵正常进行，甚至引起染菌的危险。

(4) 淀粉水解不能过度，若淀粉水解过度，葡萄糖发生复合反应生成龙胆二糖、异麦芽糖等非发酵性糖；葡萄糖还会发生分解反应生成烃甲基糠醛，并进一步与氨基酸作用生成类黑素。这些物质不仅造成浪费，而且还抑制菌体生长。

(5) 注意淀粉原料中蛋白质含量。若淀粉原料中蛋白质含量多，当糖液中和、过滤时除去不彻底，培养基中含有蛋白质及水解产物时，会使发酵液产生大量泡沫，造成逃液和染菌。

(6) 糖液不能变质。这就要求水解糖液的放置时间不宜太长，以免长菌、发酵而降低糖液的营养成分或产生其他的抑制物，一般现做现用。如果必须暂时贮存备用，糖液贮桶一定要保持清洁，防止酵母菌等浸入滋生。一旦侵入杂菌，便可利用糖产酸、产气、产乙醇，使 pH 值降低，糖液含量减少。有的厂在贮糖桶内设置加热管加热，使水解糖液保持 50～60 ℃，有效地防止酵母菌等的滋生。

2. 制糖过程考察指标

(1) 葡萄糖的理论收率　淀粉经完全水解生成葡萄糖可以用下面的反应式来表示。

$$(C_6H_{10}O_5)_n + nH_2O \longrightarrow nC_6H_{12}O_6$$

从该化学反应式可知，由于水解过程中水参与了反应，产物有化学增生，糖的理论收率为

$$\frac{180.16}{162.14}\times 100\% = 111.11\%$$

(2) 实际收率　从理论上讲，淀粉水解时可达到完全水解的程度，但是由于水解时存在复合、分解等一系列副反应以及生产过程中的一些损失，葡萄糖的实际收率不能达到理论收率，而仅有 105%左右。葡萄糖的实际收率可按下式计算。

$$实际收率 = \frac{糖液量(L)\times 葡萄糖含量(\%)}{投入淀粉量(kg)\times 原料淀粉中含纯淀粉的含量(\%)}\times 100\%$$

(3) 淀粉转化率　淀粉的转化率是指 100 份淀粉中有多少份淀粉转化成葡萄糖。淀粉转化率的计算可按下式进行。

$$淀粉转化率 = \frac{糖液量(L)\times 糖液中葡萄糖含量(\%)}{投入淀粉量(kg)\times 原料淀粉中含纯淀粉的含量(\%)\times 1.11}\times 100\%$$

(4) 葡萄糖值(DE 值，dextrose equivalent value)　工业上用 DE 值表示淀粉水解程度或糖化程度。液化液或糖化液中的还原糖含量(所测得的糖以葡萄糖计算)占干物质的百分率为 DE 值。

$$DE值 = \frac{还原糖含量(\%)}{干物质含量(\%)}\times 100\%$$

(5) DX 值　糖化液中葡萄糖含量占干物质的百分率为 DX 值。

$$DX值 = \frac{葡萄糖含量(\%)}{干物质含量(\%)}\times 100\%$$

糖液中葡萄糖的实际含量稍低于葡萄糖值，因为还有少量的还原性低聚糖存在，随着糖化程度的增高，二者的差别减小。

不管用哪种方法制得水解糖，必须达到一定的质量指标，方能满足微生物生产产品的需要。因为淀粉水解糖是生产菌的主要碳源，它的质量好坏直接影响发酵，关系到产品产率的高低。因此，应合理选择水解工艺，确定相应的水解工艺条件，提高葡萄糖的质量和得率。

3.5　发酵工业培养基的设计与优化

在研究微生物并从事微生物发酵生产的过程中，设计一个合理的培养基配方是很重要的，也是最基础的工作之一。一般来讲，培养基的设计主要包括确定培养基的组成成分和决定各组分之间的最佳配比。目前还不能完全从生化反应的基本原理来推断和计算出适合某一菌种的培养基配方，只能用生物化学、细胞生物学、微生物学等学科的基本理论，参照文献报道的某一类菌种的经验配方，再结合所用菌种和产品的特性，采用摇瓶及玻璃罐等小型发酵设备，按照一定的实验设计和实验方法选择出较为适合的培养基。

3.5.1　培养基成分选择的原则

发酵培养基的主要作用是为了获得目的产物，必须根据产物合成的特点来选择培养基成

分。在成分选择时应注意以下几个方面的问题。

1. 菌体的同化能力

由于微生物来源和种类的不同，有些微生物能够分泌各种各样的水解酶系，在体外将糖类和蛋白质类大分子物质水解为微生物能够直接利用的小分子物质，因此，可直接利用较为复杂的大分子物质，而有些微生物由于水解酶系的缺乏只能够利用简单的物质。因而在考虑培养基成分选择的时候，必须充分考虑菌种的同化能力，从而保证所选用的培养基成分是微生物能够利用的。

2. 较高的转化率

转化率是指单位质量的原料所产生的产物的量。作为一个适宜的培养基首先必须满足产物最经济的合成，即具有较高的转化率。发酵过程的转化率分为理论转化率和实际转化率。理论转化率是指理想状态下根据微生物的代谢途径进行物料衡算，所得出的转化率。理论转化率为培养基成分在浓度确定时提供了重要的参考。实际转化率是指实际发酵过程中转化率的大小。由于实际发酵过程中副产物的形成，原材料的利用不完全等因素的存在，实际转化率往往要小于理论转化率。因此如何使实际转化率接近于理论转化率是选择培养基成分的原则之一。

3. 代谢的阻遏和诱导

根据微生物的特性和培养目的将速效碳（氮）源和迟效碳（氮）源相互配合，发挥各自的优势，也可考虑分批补料或连续补料的方式来控制微生物对底物利用的合适速率，以解除“分解代谢物阻遏”来得到更多的目的产物。对许多诱导酶来说，易被利用的碳源如葡萄糖与果糖等不利于产酶，而一些难被利用的碳源如淀粉、糊精等对产酶是有利的，因而在酶制剂生产中几乎都选用淀粉类原料作为碳源。有些产物会受氮源的诱导与阻遏，这在蛋白酶的生产中表现尤为明显。通常蛋白酶的产生受培养基中蛋白质或脂肪的诱导，而受铵盐、硝酸盐以及氨基酸的代谢阻遏，这时应考虑以蛋白质等有机氮源为主。

4. 合适的碳氮比

碳氮比（C/N）是培养基营养成分配比中的一个重要比例关系，直接影响菌体的生长繁殖和代谢产物的积累。碳氮比指的是培养基碳源中的碳原子摩尔数与氮原子的摩尔数之比。碳氮比的值较大，容易使氧化不彻底，形成较多的有机酸，培养基会偏酸；碳氮比的值较小，会使培养基偏碱，同时也造成菌体生长过多，不利产物合成。不同种类微生物碳氮比差异很大，即同种微生物在其不同生理时期对碳氮比要求也有不同，所以最适碳氮比要通过试验确定。发酵培养基的碳氮比一般为 100∶(1～20)。但在谷氨酸发酵中因为产物含氮量较多，所以氮源比就相对高些，通常谷氨酸生产中的碳氮比为 100∶(15～21)。

5. pH

pH 是极为重要的环境因子。各类微生物生长繁殖的最适 pH 是不同的。一般来讲，大多数细菌、放线菌的最适 pH 为中性至微碱性（pH 7.0～7.5），而酵母和霉菌则偏酸性（pH4.5～6.0）。微生物的生长和代谢积累的酸碱物质可引起培养体系 pH 的波动。由于培养基 pH 的异常波动常常是由于某些营养成分的过多（或过少）而造成的，发酵过程中直接用酸碱来调节并不能解决引起 pH 异常的原因。因此，选取培养基营养成分时，除考虑营养的需求外，也要考虑其代谢后对培养体系 pH 缓冲体系的贡献，从而保证整个发酵过程中 pH 能够处于较为适宜的状态。

6. 经济原则

从科学的角度出发，培养基的经济性通常是不被那么重视，但对于发酵生产来说，培养基的经济性和其科学性一样重要，因此发酵培养基组分的选择还应注意经济原则。由于配制发酵培养基的原料大多是粮食、油脂、蛋白质等，且工业发酵消耗原料量大，因此，在工业发酵中选择培养基原料时，除了必须考虑容易被微生物利用并满足生产工艺的要求外，还应考虑到经济效益，必须以价廉、来源丰富、运输方便、就地取材以及没有毒性等为原则选择培养基的原料。

总之，配制任何一种培养基都不可能全部满足上述各项要求，必须根据具体情况抓住主要环节，使其既满足微生物的生长要求，又能获得优质高产的产品，同时也符合增产节约、因地制宜的原则。

3.5.2　培养基组成成分的理论计算

培养基中各成分的含量往往是根据经验和摇瓶试验或小罐试验结果来决定的，培养基各成分用量的多少，大部分是根据经验而来。但有些代谢产物因为它们的代谢途径较清楚，所以对于能确定的化学反应，可以通过其化学反应方程式计算出反应物料衡量，根据物料平衡确定理论上培养基中某一物质的含量。

对于初级代谢产物，如淀粉乙醇发酵：

$$(C_6H_{10}O_5)_n + H_2O \xrightarrow{\text{水解}} nC_6H_{10}O_6$$

$$C_6H_{10}O_6 \xrightarrow{\text{发酵}} 2C_2H_5OH + 2CO_2 + H_2O$$

100 kg 淀粉理论上可以产乙醇：

$$X = \frac{2\times 46\times 100}{182} = 56.79(\text{kg})$$

对于次级代谢产物，生物合成途径了解有限，根据化学计算比较困难，但也有人根据物料平衡计算了碳源转化为青霉素的得率。

Cooney(1979)根据化学反应计量关系和经验数据得出下式：

$$\frac{10}{6}C_6H_{10}O_6 + 2NH_3 + \frac{1}{2}O_2 + H_2SO_4 + C_8H_8O_{12} \rightarrow C_{16}H_{18}N_2S + 2CO_2 + 9H_2O$$

上式计算青霉素 G 的理论得率为 1 g 葡萄糖得 1.1 g 青霉素 G。

上面按照代谢反应方程式计算出来的都是理论转化率，而在实际过程中还要考虑到用于菌体生长的维持消耗，对于前体还要考虑到实际利用率，其他营养物质也有相类似或另一些影响因素的存在，因而实际转化率要小于理论转化率，但是理论得率为培养基成分在浓度确定时提供了重要参考。

3.5.3　培养基的优化

一般来说，选择培养基成分、设计培养基配方会依据培养基设计原理，但最终培养基配方的确定还是通过实验来获得。培养基设计和优化的过程大约经过以下几个步骤：①根据以前的经验以及在培养基成分确定时必须考虑的一些问题，初步确定可能的培养基组分；②通过单因子优化实验确定适宜的培养基组分及其浓度；③最后通过多因子实验，进一步优化培养基的各种成分及其浓度。

有关单因子实验比较简单。对于多因子实验，为了通过较少的实验次数获得所需的结果常采用一些合理的实验设计方法，如正交实验设计、响应面分析、均匀设计等。

1. 正交实验设计

正交实验设计是安排多因子实验的一种常用方法，通过合理的实验设计，可用少量的具有代表性的实验来代替全面实验，较快地取得实验结果。正交实验的实质就是选择适当的正交表来合理安排实验并分析实验结果的一种实验设计方法。具体过程可以分为四步：①根据问题的要求和客观条件确定因子和水平，列出因子水平表；②根据因子和水平数选用合适的正交表，设计正交表头，并安排实验；③根据正交表给出的实验方案，进行实验；④对实验结果进行分析，选出较优的实验条件和对结果有显著影响的因子。

例：利用正交实验设计确定赖氨酸产生菌 FB31 发酵培养基成分中玉米浆、豆饼水解液、硫酸铵的适宜浓度及其对发酵的影响。

解：(1) 根据经验确定因子和水平，列出因子水平表(表 3-10)。

表 3-10 因子水平表

因子 水平	豆饼水解液 /(%)	玉米浆 /(%)	硫酸铵 /(%)
1	0.5	2.5	3
2	1.0	3.0	4
3	1.5	3.5	5

(2) 根据因子水平选用合适的正交表，安排实验。

本实验是三因子三水平，选用 $L_9(3^4)$。将玉米浆、豆饼水解液、硫酸铵分别安排在 B、C、D 列，A 列为空列(误差列)。正交实验安排及实验结果见表 3-11。

表 3-11 正交实验安排及实验结果

列号 试验号	A 空列	B 硫酸铵	C 豆饼水解液	D 玉米浆	产酸/(g/L)
1	1	1	1	1	21.0
2	1	2	2	2	42.0
3	1	3	3	3	31.0
4	2	1	2	3	38.0
5	2	2	3	1	22.0
6	2	3	1	2	33.0
7	3	1	3	2	24.0
8	3	2	1	3	36.0
9	3	3	2	1	30.0
k_1	31.3	27.7	30.0	24.3	
k_2	31.0	33.3	36.7	33.0	
k_3	30.0	31.3	25.7	35.0	
极差 R	1.3	5.6	11.0	10.7	
因子主次顺序			C>D>B		
优水平		B_2	C_2	D_3	

(3) 实验结果及分析　正交实验结果的统计分析方法有极差分析法和方差分析法两种。

①极差分析法　对于因子 B(硫酸铵)，把因子 B 取 1 水平的三次实验(试验号 1、4、7)的实验结果计算平均值，并记为 k_1，即

$$k_1 = (21.0 + 38.0 + 24.0)/3 = 27.7$$

同理得到因子 B 取 2 水平的平均值 $k_2=33.3$，取 3 水平的平均值 $k_3=31.3$。

因子 B 的极差为 R，$R=33.3-27.7=5.6$。

类似地，计算因子 C(豆饼水解液)、因子 D(玉米浆)、空列相应的 k_1、k_2、k_3 和相应的极差 R，结果见表 3-11。

比较各因子极差的大小。极差越大，说明该因子的水平变动时，实验结果的变动越大，即该因子对实验结果的影响越大。按各因子极差的大小可以决定各因子对实验结果影响的主次顺序。本实验的结果为：玉米浆＞豆饼水解液＞硫酸铵。

确定各因子的优水平。k_1、k_2、k_3 反映了因子各水平对实验结果的影响，最大的 k 值对应了最好的水平。对于本实验得到的优水平为 B_2、C_2、D_3，即硫酸铵 4.0%、豆饼水解液 1.0%、玉米浆 3.5%。

②方差分析法　方差分析法是实验设计中常用的分析方法，可以通过统计分析排除实验误差的干扰，在多因子实验中可用于判断因子的主次或因子对实验结果影响的显著性(表 3-12)。

表 3-12　方差分析结果

方差来源	偏差平方和	自由度	均方	F 值	显著性
硫酸铵	5.51	2	2.76	23.0	*
玉米浆	20.47	2	10.24	85.3	*
豆饼水解液	21.43	2	10.72	89.3	*
误差	0.24	2	0.12		
总和	47.65	8			

查 F 分布临界值表，$F_{0.05}(2,2)=19.0$，$F_{0.01}(2,2)=99.0$。一般 F 因子＞$F_{0.05}$[(因子自由度)，(误差自由度)]时，就称这个因子的作用是显著的；一般 F 因子＞$F_{0.01}$[(因子自由度)，(误差自由度)]时，就称这个因子的作用是高度显著的。本例三个因子对实验结果的影响都是显著的，在培养基配制的过程中都必须严格控制它的量，其中玉米浆、豆饼水解液接近高度显著，更是主要的影响因子。

2. 响应面分析法

响应面分析(response surface analysis，RSA)方法是数学与统计学相结合的产物。采用合理的实验设计，能以最经济的方式，用很少的实验数量和时间对实验进行全面研究，科学地提供局部与整体的关系，从而取得明确的、有目的的结论，适宜于解决非线性数据处理的相关问题。它囊括了试验设计、建模、检验模型的合适性、寻求最佳组合条件等众多试验和统计技术，通过对过程的回归拟合和响应曲面、等高线的绘制，可方便地求出对应于各因素水平的响应值。在各因素水平响应值的基础上，可以找出预测的响应最优值以及相应的实验条件，广泛应用于化学、化工、农业、机械工业等领域。

响应面优化的前提是设计的实验点应包括最佳的实验条件，如果实验点的选取不当，使用响应面优化法是不能得到很好的优化结果的。因而，在使用响应面优化法之前，应当确立合理

实验的各因素与水平。响应面分析的实验设计有多种，但最常用的是 Central Composite Design 响应面优化分析、Box-Behnken Design 响应面优化分析。

Central Composite Design，简称 CCD，即中心组合设计，有时也称为星点设计。其设计表是在两水平析因设计的基础上加上极值点和中心点构成的，通常实验表是以代码的形式编排的，实验时再转化为实际操作值。一般水平取值为 0，±1，±α，其中 0 为中值，α 为极值，$\alpha=F\times(1/4)$；F 为析因设计部分实验次数，$F=2^k$ 或 $F=2^k\times(1/2)$，其中 k 为因素数，$F=2^k\times(1/2)$，一般 5 因素以上采用，设计表由下面三个部分组成。

(1) 2^k 或 $2^k\times(1/2)$析因设计。

(2) 极值点。由于两水平析因设计只能用作线性考察，需再加上第二部分极值点，才适合于非线性拟合。如果以坐标表示，极值点在相应坐标轴上的位置称为轴点(axial point)或星点(star point)，表示为(±α，0，…，0)，(0，±α，…，0)，…，(0，0，…，±α)，星点的组数与因素数相同。

(3) 一定数量的中心点重复试验。中心点的个数与 CCD 设计的特殊性质如正交(orthogonal)或均一精密(uniform precision)有关。

Box-Behnken Design，简称 BBD，也是响应面优化法常用的实验设计方法，其设计表是在两水平析因设计的基础上加上中心点构成的，一般水平取值为 0，±，其中 0 是中心点，+，−分别是相应的高值和低值。

响应面分析的过程一般包括：①按照实验设计安排实验，得出实验数据；②对实验数据进行响应面分析，得到拟合方程；③根据得到的拟合方程，采用绘制响应面图或采用方程求解的方法，获得最优值；④实验验证，响应面分析得到的优化结果是一个预测结果，需要做实验验证。如果根据预测的实验条件，能够得到相应的预测结果一致的实验结果，则说明进行响应面优化分析是成功的；如果不能够得到与预测结果一致的实验结果，则需要改变响应面方程，或是重新选择合理的实验因素与水平。

例：采用响应面分析法优化 L-谷氨酰胺发酵培养基组成成分，对可能影响 L-谷氨酰胺产量的初始发酵培养基中的 9 种成分，即玉米浆、KH_2PO_4、葡萄糖、VB_1、$MnSO_4$、$FeSO_4$、$ZnSO_4$、$MgSO_4$及$(NH_4)_2SO_4$进行优化。

解：

(1) 在摇瓶发酵实验的基础上设计筛选影响 L-谷氨酰胺产量的显著因素，选用 $n=12$ 的 Plackett-Burman 实验设计(PB 实验设计)。每个因素取高(+1)和低(−1)两个水平，分别计算各因素的效应值，并进行 t 检验，选择置信度较高的因素作为显著因素进行考察。PB 实验设计及发酵 48 h 后 L-谷氨酰胺的产量见表 3-13，各因素所代表的参数、水平及因素效应评价见表 3-14。

表 3-13 $n=12$ 的 Plackett-Burman 实验设计及响应值

序号	实验因素										Y
	X_1	X_2	X_3	X_4	X_5	X_6	X_7	X_8	X_9	X_{10}	/(g/L)
1	−1	1	1	1	−1	1	1	−1	1	−1	15.6
2	−1	1	1	−1	1	−1	−1	−1	1	1	25.5
3	1	−1	1	1	−1	1	−1	−1	−1	1	16.4
4	−1	−1	−1	−1	−1	−1	−1	−1	−1	−1	14.1

续表

序号	实验因素										Y /(g/L)
	X_1	X_2	X_3	X_4	X_5	X_6	X_7	X_8	X_9	X_{10}	
5	1	1	1	−1	1	1	−1	1	−1	−1	15.1
6	−1	−1	1	1	1	−1	1	1	−1	1	31.4
7	1	1	−1	1	1	−1	1	−1	−1	−1	11.2
8	1	1	−1	1	−1	−1	−1	1	1	1	9.4
9	−1	−1	−1	1	1	1	−1	1	1	−1	11.9
10	1	−1	−1	−1	1	1	1	−1	1	1	9.9
11	−1	1	−1	−1	−1	1	1	1	−1	1	17.8
12	1	−1	1	−1	−1	−1	1	1	1	−1	14.7

表 3-14 各因素实验水平及因素效应分析

变量		单位	水平		t 检验	P	显著性
代码	因素		低(−)	高(+)			
X_1	玉米浆	mL/L	9	12	−19.88	0.032	2
X_2	KH_2PO_4	g/L	2	4	−1.90	0.308	9
X_3	葡萄糖	g/L	80	160	22.31	0.029	1
X_4	空白				−0.60	0.657	10
X_5	VB_1	mg/L	10	15	8.53	0.074	6
X_6	$MnSO_4$	mg/L	10	15	−9.86	0.064	4
X_7	$FeSO_4$	mg/L	10	15	4.12	0.152	7
X_8	$ZnSO_4$	mg/L	10	15	3.83	0.162	8
X_9	$MgSO_4$	mg/L	10	15	−9.53	0.067	5
X_{10}	$(NH_4)_2SO_4$	g/L	20	60	13.97	0.045	3

由表 3-14 的分析结果可知，葡萄糖、玉米浆和 $(NH_4)_2SO_4$ 3 个因素对 L-谷氨酰胺产量的影响最显著，因此选取这 3 个因素进行进一步优化。

(2) 最陡爬坡实验：系统最优条件的初步估计常常远离实际的最优点，要先采用最陡爬坡实验设计逼近最佳值区域后才能建立有效的响应面拟合方程。根据 PB 实验设计获得的 3 个主要因素的比例关系设定步长和上升路径，进行最陡爬坡实验设计，实验设计及结果见表 3-15。

表 3-15 最陡爬坡实验设计及结果

实验序号	葡萄糖/(g/L)	玉米浆/(mL/L)	$(NH_4)_2SO_4$/(g/L)	L-谷氨酰胺/(g/L)
1	60	0.5	1	24.66±1.2
2	70	2.0	2	31.88±0.8
3	80	3.5	3	34.76±1.0
4	90	5.0	4	38.52±1.5

续表

实验序号	葡萄糖/(g/L)	玉米浆/(mL/L)	$(NH_4)_2SO_4$/(g/L)	L-谷氨酰胺/(g/L)
5	100	6.5	5	36.75±0.6
6	110	8.0	6	32.83±1.3
7	120	9.5	7	28.65±1.6

由表 3-15 的结果可知，最优条件在实验 4 附近，因此以该处理条件为中心点进行下一步优化实验。

(3) 中心组合实验设计：以葡萄糖、玉米浆和$(NH_4)_2SO_4$三个因子为自变量和最陡爬坡实验设计结果（葡萄糖 90 g/L、玉米浆 5 mL/L 及$(NH_4)_2SO_4$ 40 g/L）为中心点，以摇瓶发酵 48 h的 L-谷氨酰胺产量为响应值，采用 CCD 设计 3 因素 5 水平的响应面分析实验。结果见表 3-16 和表 3-17。

表 3-16　响应面中心组合设计的因素及水平

因　素		水　平				
代码	参数	1.68	−1	0	+1	1.68
A	葡萄糖/(g/L)	73.2	80	90	100	106.8
B	玉米浆/(mL/L)	2.5	3.5	5.0	6.5	7.5
C	$(NH_4)_2SO_4$/(g/L)	23.2	30	40	50	56.8

表 3-17　响应面中心组合实验设计及结果

编　号	A	B	C	L-谷氨酰胺/(g/L)
1	−1	−1	−1	31.88
2	1	−1	−1	39.40
3	−1	1	−1	27.01
4	1	1	−1	33.77
5	−1	−1	1	33.57
6	1	−1	1	34.17
7	−1	1	1	36.04
8	1	1	1	35.68
9	−1.68	0	0	31.61
10	1.68	0	0	35.25
11	0	−1.68	0	36.19
12	0	1.68	0	33.22
13	0	0	−1.68	32.25
14	0	0	1.68	35.27
15	0	0	0	40.19
16	0	0	0	42.79
17	0	0	0	41.21

续表

编　号	A	B	C	L-谷氨酰胺/(g/L)
18	0	0	0	41.52
19	0	0	0	40.66
20	0	0	0	40.13

(4) 中心组合实验结果分析:

20 个实验点可分为两类:其一是析因点,自变量在 A、B、C 所构成的三维顶点,共有 14 个析因点;其二是零点,为区域的中心点,零点实验重复 6 次,用以估计实验误差。运用 Mintab 软件的响应面分析程序对 20 组实验的响应值进行回归分析和拟合,去掉不显著项,得各实验因素对响应值影响的回归模型:

$$Y=41.07+1.51A-0.84B+0.91C-1.75AC+1.81BC-2.62A^2-2.17B^2-2.50C^2$$

回归方程的方差分析及模型可信度分析结果见表 3-18 和表 3-19。

表 3-18　回归方程的方差分析

方差来源	SS	DF	MS	F	P
模型	318.12	8	39.76	56.73	<0.000 1
A	31.25	1	31.25	44.58	<0.000 1
B	9.72	1	9.72	13.86	0.003 4
C	11.42	1	11.42	16.28	0.002
AC	24.64	1	24.64	35.15	<0.000 1
BC	26.15	1	26.15	37.31	<0.000 1
A2	98.89	1	98.89	141.08	<0.000 1
B2	67.87	1	67.87	96.83	<0.000 1
C2	90.34	1	90.34	128.89	<0.000 1
残差	7.71	11	0.70		
失拟项	2.71	6	0.45	0.45	0.820 2
纯误差	5.01	5	1.00		
总值	325.83	19			

表 3-19　模型可信度分析

标准差	平均值	变异系数	R^2	Adj R_2	PRESS
0.84	36.09	2.32	0.98	0.96	22.52

从表 3-19 可以看出,采用上述回归方程描述各因素与响应面之间的变化关系时,方程的 F 值为 56.73,大于 F 的概率<0.001(Prob>F),说明该方程是显著的。由模型的可信度分析表可知,该方程的决定系数 $R^2=97.63\%$,说明模型可以解释 97.63%的实验所得的谷氨酰胺产量变化,表明方程拟合度良好。变异系数表示实验的精确度,变异系数值越低则实验的可靠性越高,本设计实验变异系数为 2.32%,说明实验操作可信。

上述模型方程中的 3 个因素及其相互作用对响应值的影响可通过图 3-2、图 3-3 所示的响应面图直观反映出来。从图中可知响应值存在最大值,通过软件进一步分析得到 L-谷氨酰

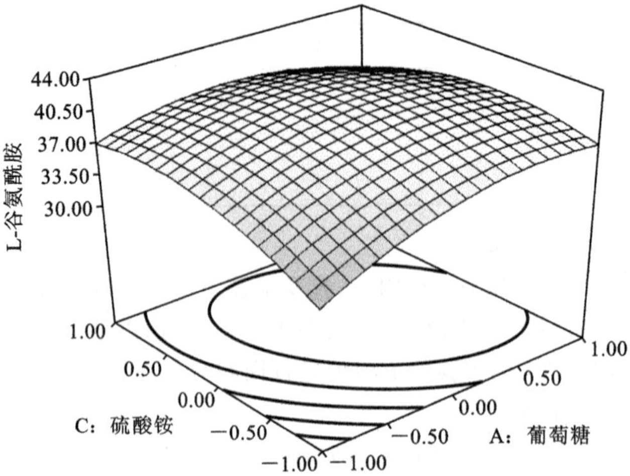

图 3-2　硫酸铵和葡萄糖影响 L-谷氨酰胺产量的响应面图

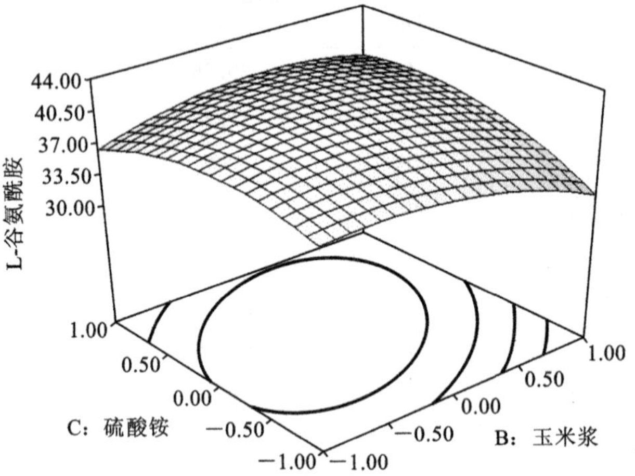

图 3-3　硫酸铵和玉米浆影响 L-谷氨酰胺产量的响应面图

胺最大产量为 40.21 g/L，此时对应的最佳浓度分别为葡萄糖 100 g/L、玉米浆 4.5 mL/L、$(NH_4)_2SO_4$ 37.2 g/L。

（5）模型的验证：为验证模型的准确性和有效性，可采用预测的最佳培养基组成和初始培养基分别进行摇瓶培养实验。结果优化前的 3 个摇瓶的 L-谷氨酰胺产量平均为 29.81 g/L，优化后的 3 个摇瓶的 L-谷氨酰胺产量平均为 41.03 g/L。由回归方程所得的 L-谷氨酰胺的产量的预测值与验证试验的平均值很接近，说明模型能够比较真实地反映各显著因素对 L-谷氨酰胺产量的影响，优化后 L-谷氨酰胺产量较优化前提高了 37.6%，结果显著（$P<0.05$）。

本章总结与展望

在自然状态下，微生物的生长与繁殖是非定向的、无序的。为了进行定向、快速和有序的培养，就需要通过培养基优化和强化培养条件来实现。因此在研究微生物并从事微生物发酵的过程中，科学设计一个合理的培养基配方是很重要的。

自 20 世纪 70 年代末开始，中国微生物发酵工业进入了快速增长期，全国的发酵吨位成倍增加，发酵品种日益增多，生产工艺不断改进，设备也越来越先进。但是长期以来我国对培养基制造技术的研究及其研究经费的投入缺乏足够的力度，以至于目前在许多场合(如临床检验、环境检测、进出口商品的检验和科学研究等)仍在大量地使用进口的商品培养基，既增加了这些工作的成本，也不利于中国与微生物有关的各项工作的开展。另外，为了确定一种培养基配方，往往是靠经验进行多次的试验，而缺少较严格的理论指导，限制了中国发酵工业整体水平的提高。

在发达国家，根据微生物生长的需要和微生物生物合成代谢产物的需要，将农副产品或其加工处理后的残渣用生物和化学的方法进行深加工，用先进的设备进行过滤和干燥，得到了各营养成分的组成清楚、含量确定、批量生产的质量指标可控且稳定的精细产品，并使产品逐步做到基本可溶，同时有利于改善发酵液的特性，提高空气中的氧在发酵液中的溶解度和发酵液中营养物质的交换。

另外，我国在工业发酵培养基中使用的有机氮源主要是廉价的玉米浆、黄豆(饼)粉、花生(饼)粉、棉籽(饼)粉、蚕蛹粉、麸质粉、麸皮、酵母粉、酵母浸膏、鱼粉等。这些有机含氮物质一般都是农副产品的有效成分被提取后的废弃物经过简单的加工而得到，加工过程比较粗糙、质量规格比较简单，产品质量因生产的批次或产地的不同而有较大的差别。因此，解决精细有机氮源的制造技术和统一精细有机氮源质量标准对我国发酵工业将产生深远的影响。

思考题

1. 发酵工业培养基的一般要求有哪些？常见的发酵培养基分为哪几种？
2. 发酵工业常用的碳源、氮源有哪些？各有什么特点？
3. 什么是前体？举例说明前体对发酵的重要性。
4. 什么是生长因子、产物促进剂和抑制剂？试举几例。
5. 选择发酵培养基成分应该遵循哪些原则？
6. 淀粉质原料可发酵性糖的制备方法有哪几种？其制备工艺主要包括哪些环节？
7. 培养基设计和优化过程要经过哪些步骤？
8. 如何利用正交实验设计和响应面分析法优化发酵培养基？

参考文献

[1] 余龙江. 发酵工程原理与技术应用[M]. 北京：化学工业出版社，2006.
[2] 贺小贤. 生物工艺原理[M]. 2 版. 北京：化学工业出版社，2008.
[3] 何建勇. 发酵工艺学[M]. 2 版. 北京：中国医药科技出版社，2009.
[4] 程殿林. 微生物工程技术与原理[M]. 北京：化学工业出版社，2003.
[5] 韦革宏，杨祥. 发酵工程[M]. 北京：科学出版社，2008.
[6] 肖冬光. 微生物工程原理[M]. 北京：中国轻工业出版社，2006.
[7] 栾军. 现代试验设计优化方法[M]. 上海：上海交通大学出版社，1995.
[8] 郭春前，江衍哲，关丹，等. 响应面法优化 L-谷氨酰胺发酵培养基的研究[J]. 生物技术通讯，2013，24(4)：528-531.

第4章 发酵工业灭菌与除菌

发酵工业中的绝大多数培养过程都只允许生产菌存在、生长和繁殖，不允许任何其他微生物存在，即纯种培养。在种子逐级扩大培养、转接种过程中和发酵的前、中期，一旦污染了杂菌，会在短时间内与生产菌抢夺营养物质，严重影响和干扰生产菌的生长与发酵。培养基和发酵相关设备灭菌以及空气除菌是否彻底，直接关系到生产过程的成败，轻则导致产量锐减、质量下降、分离提取困难，重则使全部培养液变质，导致培养基报废，得不到产品，造成经济上的严重损失。因此，为了保证发酵培养过程正常进行，防止杂菌发生，无论是在实验室还是在工业生产中，在接种要培养的生产菌株之前，必须对培养基、流加物料、消泡剂、发酵设备及其管道系统、空气系统等进行严格的灭菌，杀死所有非生产用微生物。同时，对生产环境，即车间、器具、厂区等进行消毒，防止杂菌和噬菌体的污染。因此，掌握消毒与灭菌的技术、原理和方法，在发酵生产实践中具有非常重要的意义。当然，在生产实践中，要达到完全无杂菌污染几乎是不可能的，一般以 10^{-3} 为评价标准，即 1 000 次发酵培养中，只允许有一次染菌。但是，现代大规模的发酵生产对于无菌的要求很高，应尽可能保持完全无杂菌状态。

4.1 灭菌的基本原理

灭菌是指利用物理或化学方法杀灭或除去物料及设备中一切有生命物质的过程。而消毒是指用物理或化学的方法杀死物料、容器、器具内外的病源微生物，一般只能杀死营养细胞而不能杀死芽孢。消毒不一定能达到灭菌的要求，而灭菌则可达到消毒的目的。在发酵工业生产中，为了保证纯种培养，在生产菌种接种培养之前，要对培养基、空气系统、消泡剂、流加物料、设备、管道等进行灭菌，还要对生产环境进行消毒，防止杂菌和噬菌体的大量繁殖。只有不受杂菌污染发酵过程才能正常进行。

4.1.1 常用灭菌方法

常用的灭菌方法有化学药品灭菌法，电磁波、射线灭菌法，过滤除菌法，干热灭菌法，湿热灭菌法。根据灭菌对象和要求不同可选用不同的方法。

1. 化学药品灭菌法

许多化学试剂能与微生物细胞中的某些成分产生反应，如使蛋白质变性、酶失活、破坏细胞膜的通透性等而具有杀菌作用。常用的化学灭菌试剂有甲醛、氯气（或次氯酸钠）、高锰酸钾、环氧乙烷、季铵盐（如新洁尔灭）、臭氧等，见表 4-1，但由于化学试剂也会与培养基中的一些成分作用，且加入培养基后易残留在培养基内，所以不用于培养基的灭菌。

表 4-1　常用化学消毒剂及其使用方法

化学消毒剂	用　　途	常用浓度	备　　注
氧化剂			
高锰酸钾	皮肤消毒	0.1%～0.25%	
漂白粉	环境消毒	2%～5%	环境消毒可直接使用粉末
醇类			
乙醇	皮肤及器物消毒	70%～75%	器物消毒浸泡 30 min
酚类			
石炭酸	浸泡衣物、擦拭房间和桌面、喷雾消毒	1%～5%	
来苏水	皮肤、桌面、器械消毒	3%～5%	
醛类			
甲醛	空气消毒	1%～2% （10～15 mL/m^3）	加热熏蒸
戊二醛	器皿、仪器和工具	2%	
胺盐			
新洁尔灭	皮肤器械消毒	0.1%～0.25%	浸泡 30 min

2. 电磁波、射线灭菌法

利用高能电磁波、紫外线或放射性物质产生的高能粒子可以起到灭菌的作用。波长为$(2.1\sim3.1)\times10^{-7}$ m 的紫外线有杀死微生物的能力，其中以波长为 2.537×10^{-7} m 的紫外线最为常用，其杀菌作用主要是因为导致 DNA 胸腺嘧啶间形成胸腺嘧啶二聚体和胞嘧啶水合物，抑制 DNA 的正常复制，此外在紫外线辐射下产生的臭氧有一定的杀菌作用。但细菌的芽孢和霉菌的孢子对紫外线的抵抗能力强，且紫外线的穿透能力低，物料灭菌不彻底，所以仅适用于物体表面、超净工作台及培养室等环境的灭菌与消毒。除紫外线外，也可利用波长为$(0.06\sim1.4)\times10^{-10}$ m 的 X 射线或由 ^{60}Co 产生的 γ 射线进行灭菌。

3. 过滤除菌法

利用过滤方法阻留微生物以达到除菌的目的。此法仅适用于澄清不耐高温液体和空气的除菌。工业上常用过滤法大量制备无菌空气，供好气微生物的培养使用。

4. 干热灭菌法

干热灭菌时，微生物主要是由于其体内物质发生氧化作用而死亡。最常用的方法有以下两种。

(1) 灼烧法　这是最简单、最彻底的干热灭菌方法，它将被灭物品放到火焰中灼烧，使所有的生物物质炭化。由于该法对被灭菌物品破坏性大，适用范围有限，仅适用于接种针、玻璃棒、试管或三角瓶口、棉塞等的灭菌，以及工业发酵罐接种时的火环保护。

(2) 烘箱热空气灭菌　将物品放入烘箱内，然后升温至 150～170 ℃，保温 1～2 h，经过烘箱热空气法可以达到彻底灭菌的目的。该方法适用于玻璃、陶瓷和金属物品的灭菌，优点是灭菌后物品是干燥的，缺点是操作时间长，易损坏物品，不适用于液体样品。

5. 湿热灭菌法

利用饱和蒸汽进行灭菌的方法称为湿热灭菌法。由于蒸汽具有很强的穿透能力，而且在冷凝时会放出大量的冷凝热，很容易使微生物细胞中的蛋白质、酶和核酸分子内部的化学键，特别是氢键受到破坏，引起不可逆变性，造成微生物死亡。从灭菌的效果来看，干热灭菌不如湿热灭菌有效，温度升高 10 ℃时，灭菌速度常数仅增加 2～3 倍，而湿热灭菌对耐热芽孢的灭菌速度常数增加的倍数可达到 8～10 倍，对营养细胞则更高，一般的湿热灭菌条件为为 121 ℃，保温 30 min。由于蒸汽的来源方便，价格低廉，灭菌效果可靠，高压蒸汽灭菌是目前实验室、发酵工业生产中最为常用的灭菌方法。一般培养基、玻璃器皿、无菌水、缓冲液、金属用具以及发酵罐及其相关设备、管道等都采用高压蒸汽灭菌法灭菌。

4.1.2 湿热灭菌原理

在发酵工业中，对培养基和发酵设备的灭菌，广泛使用湿热灭菌法。用湿热灭菌法处理培养基，其加热温度和受热时间与灭菌程度和营养成分的破坏都有关系。营养成分的减少将影响菌种的培养和产物的生成，所以灭菌程度和营养成分的破坏成为灭菌工作中的主要矛盾，恰当掌握加热温度和受热时间是培养基灭菌的关键，一般以能够杀死芽孢细菌的温度和时间为衡量标准。

1. 微生物热阻

每一种微生物都有一定的最适生长温度范围，如一些嗜冷菌的最适温度为 5～10 ℃(最低限 0 ℃，最高限 20～30 ℃)，大多数微生物的最适温度为 25～37 ℃(最低限为 5 ℃，最高限为 45～50 ℃)，另有一些嗜热菌的最适温度为 50～60 ℃(最低限为 30 ℃，最高限为 70～80 ℃)。当微生物处于最低限温度以下时，代谢作用几乎停止而处于休眠状态。当温度超过最高限度时，微生物细胞中的原生质体和酶的基本成分——蛋白质发生不可逆的变化，即凝固变性，使微生物在很短时间内死亡。湿热灭菌就是根据微生物的这种特性进行的。一般无芽孢细菌，在 60 ℃下经过 10 min 即可全部杀灭。而芽孢细菌的芽孢能经受较高的温度，在 100 ℃下要经过数分钟至数小时才能杀死。某些嗜热菌能在 120 ℃温度下，耐受 20～30 min，但这种菌在培养基中出现的机会不多。一般来讲，灭菌的彻底与否以能否杀死芽孢细菌为准。

衡量热灭菌的指标很多，最常用的是“热死时间”，即在规定温度下杀死一定比例的微生物所需要的时间。杀死微生物的极限温度称为致死温度，在此温度下，杀死全部微生物所需要的时间称为致死时间。在致死温度以上，温度越高，致死时间就越短。微生物对热的抵抗力常用“热阻”表示。热阻是指微生物在某一特定条件(主要是温度和加热方式)下的致死时间。相对热阻是指微生物在某一特定条件下的致死时间与另一微生物在相同条件下的致死时间的比值。表 4-2 列出了某些微生物对湿热的相对热阻。

表 4-2 某些微生物对湿热的相对热阻

微生物名称	大肠杆菌	细菌芽孢	霉菌孢子	病毒
相对热阻	1	3×10^{6}	2～10	1～5

芽孢或孢子的热阻比生长期营养细胞的热阻大得多，这是由于芽孢或孢子内吡啶二羧酸含量对热阻的增加有关。另外，芽孢或孢子中蛋白质含水量较营养细胞低(特别是游离水分少)，也是芽孢耐热的一个原因。图 4-1 和图 4-2 分别为大肠杆菌营养细胞和嗜热脂肪芽孢杆菌芽孢在不同温度下的死亡曲线。

2. 灭菌动力学——微生物的死亡速率

(1) 湿热灭菌的对数残留定律　微生物在高温下时，其体内的一些蛋白质、酶等可发生凝

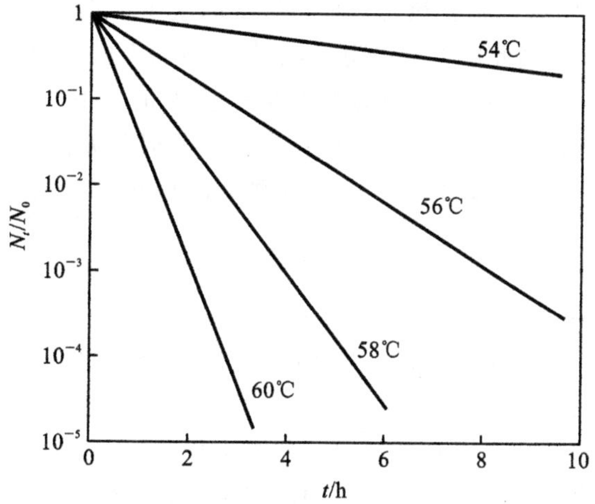

图 4-1　大肠杆菌营养细胞在不同温度下的死亡曲线

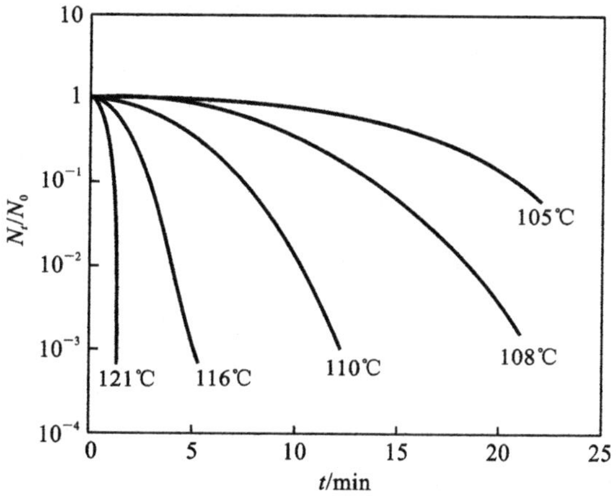

图 4-2　嗜热脂肪芽孢杆菌芽孢在不同温度下的死亡曲线

固变性，从而导致微生物无法生存而死亡。微生物受热而丧失活力，但其物理性质不变。在一定温度下，微生物的受热死亡遵照分子反应速率理论，微生物的死亡速率与任一瞬时残存的活菌数成正比，即在灭菌过程中，活菌数逐渐减少，其减少量随残留活菌数的减少而递减，这就是对数残留定律，其数学表达式为

$$-\frac{\mathrm{d}N}{\mathrm{d}t}=kN \tag{4-1}$$

式中：N—残存的活菌数，个；t—灭菌时间，min；k—灭菌速率常数，min^{-1}，也称比死亡速率常数，此常数的大小与微生物的种类及加热温度有关；$\frac{\mathrm{d}N}{\mathrm{d}t}$—活菌数瞬时变化速率，即死亡速率。

上式通过积分可得

$$t=\frac{2.303}{k}\lg\frac{N_0}{N_t} \tag{4-2}$$

式中：N_0—开始灭菌（$t=0$）时原有的活菌数，个；N_t—经时间 t 后残存的活菌数，个。

式（4-2）是计算灭菌的基本公式。从式中可知，灭菌时间取决于污染程度（N_0）、灭菌程度（残留菌数 N_t）和灭菌速率常数（k）。k 值是以存活率 N_t/N_0 的对数对时间 t 作图后，得到的直

线斜率的绝对值，它是判断微生物受热死亡难易程度的基本依据。各种微生物在同样的温度下 k 值是不同的，k 值愈小，则此微生物愈耐热，细菌芽孢的 k 值比营养体小得多，即细菌芽孢耐热性比营养体大。同一微生物在不同的灭菌温度下，k 值是不同的，灭菌温度越低，k 值越小，温度越高，k 值越大。表 4-3 所示为某些细菌在 121 ℃时的 k 值。

表 4-3　121 ℃时某些细菌的 k 值

细菌名称	枯草杆菌 FS5230	嗜热芽孢杆菌 FS1518	嗜热芽孢杆菌 FS617	梭状芽孢杆菌 PA3679
k 值/min^{-1}	3.8～2.6	0.77	2.9	1.8

（2）非对数残留定律　在实际过程中某些微生物受热死亡的速率是不符合对数死亡规律的。如图 4-2 所示，嗜热脂肪芽孢杆菌的芽孢在不同温度下的死亡曲线，就不符合对数死亡规律。呈现热死亡非对数动力学行为的主要是一些微生物芽孢。描述这一热死亡动力学行为以 Prokop 和 Humphey 所提出的“菌体循序死亡模型”最有代表性。

“菌体循序死亡模型”假设耐热性微生物芽孢的死亡不是突然的，而是渐变的，也就是说，芽孢从耐热的芽孢（R 型）转变为死亡的芽孢（D 型）的过程，中间经历了一个对热敏感的中间态芽孢（S 型），这一过程可用下式表示：

$$N_R \xrightarrow{k_R} N_S \xrightarrow{k_S} N_D \tag{4-3}$$

根据反应动力学的原理，它们的变化可表示为

$$\frac{dN_R}{dt} = -k_R N_R \tag{4-4}$$

$$\frac{dN_S}{dt} = k_R N_R - k_S N_S \tag{4-5}$$

式中：N_R—耐热性活芽孢数（R 型）；N_S—敏感性活芽孢数（S 型）；N_D—死亡的芽孢数（D 型）；k_R—耐热性芽孢的比死亡速率，s^{-1}；k_S—敏感性芽孢的比死亡速率，s^{-1}。

联立上述微分方程组，可求得其解为

$$\frac{N_t}{N_0} = \frac{k_R}{k_R - k_S}\left[\exp(k_S t) - \frac{k_S}{k_R}\exp(-k_R t)\right] \tag{4-6}$$

式中：N_t—任一时刻具有活力的芽孢数，即 $N_t = N_S + N_R$；N_0—初始的活芽孢数。

从上述的微生物对数残留定律和非对数残留定律的方程式可知，如果要达到彻底灭菌，即灭菌结束时残留的活微生物数 $N_t = 0$，则灭菌所需的时间 t 应为无限长，这在实际生产中是不可能的。因此，工程上，在进行灭菌的设计时，常认为 $N_t/N_0 = 0.001$，即在 1 000 次灭菌中，允许有一次失败。

（3）灭菌的温度和时间　微生物受热死亡的灭菌速率常数 k 与温度之间的关系可用阿累尼乌斯公式表示：

$$k = A e^{-\Delta E/RT} \tag{4-7}$$

式中：A—阿累尼乌斯常数，s^{-1}；R—气体常数，8.314 J/(mol·K)；T—绝对温度，K；ΔE—微生物死亡活化能，J/mol。

培养基灭菌过程中，由于高温高压导致其中的微生物被杀死，同时营养成分如氨基酸及维生素等也受到不同程度的破坏，如在 121 ℃下灭菌 20 min，有 59% 的赖氨酸和精氨酸及其他碱性氨基酸被破坏，甲硫氨酸和色氨酸也有相当数量被破坏。培养基营养物分解的动力学方程也符合一级分解反应动力学，即

$$\frac{dC}{dt}=-k'C \tag{4-8}$$

式中：dC/dt—营养物分解速率，mol/L·s；C—营养物浓度；mol/L；k'—营养物分解速率常数，s^{-1}。

在一级分解反应中，若其他条件不变，则培养基营养物分解速率常数和温度的关系也可以用阿累尼乌斯方程表示，即

$$k' = A'e^{-\Delta E'/RT} \tag{4-9}$$

式中：A'—分解反应的阿累尼乌斯常数，s^{-1}；R—气体常数，8.314 J/(mol·K)；T—绝对温度，K；$\Delta E'$—分解反应的活化能，J/mol。

当微生物受热温度从 T_1上升到 T_2时，有：

$$\ln\frac{k_2}{k_1}=\frac{\Delta E}{R}(1/T_2-1/T_1) \tag{4-10}$$

$$\ln\frac{k'_2}{k'_1}=\frac{\Delta E'}{R}(1/T_2-1/T_1) \tag{4-11}$$

将式(4-10)和式(4-11)相除，得：

$$\frac{\ln\frac{k_2}{k_1}}{\ln\frac{k'_2}{k'_1}}=\frac{\Delta E}{\Delta E'} \tag{4-12}$$

通过实际测定，一般杀死微生物营养细胞的活化能 ΔE 为 209 400～272 100 J/mol，杀死微生物芽孢的活化能 ΔE 约为 418 700 J/mol，而一般酶及维生素的分解活化能 $\Delta E'$为 8 374～83 740 J/mol，葡萄糖破坏的活化能 $\Delta E'$约为 100 000 J/mol。由于灭菌时杀死微生物的活化能 ΔE 大于培养基成分的破坏活化能 $\Delta E'$，因此，随着温度的上升，微生物的死亡速率常数增加倍数要大于培养基成分的破坏速率的增加倍数。也就是说，当灭菌温度上升时，微生物杀死速率的提高要超过培养基成分的破坏速率的增加，即微生物的死亡速率随温度的升高更为显著。因此，可选择合适的灭菌温度和时间来调和二者之间的矛盾。表 4-4 表明，若要减少营养成分的破坏，可升高温度以缩短灭菌时间。

表 4-4　灭菌温度、完全灭菌时间与维生素 B_1 破坏量的关系

灭菌温度/℃	100	110	115	120	130	145	150
完全灭菌时间/min	400	36	15	4	0.5	0.08	0.01
维生素 B_1 破坏量/(%)	99.3	67	50	27	8	2	<1

生产实践也证明，灭菌时选择较高温度、较短时间，既可达到需要的灭菌程度，同时又可减少营养物质的损失。

4.2　发酵培养基及设备灭菌

在发酵工业中，对培养基和发酵设备的灭菌，广泛使用湿热灭菌法。用湿热灭菌法处理培养基，其加热温度和受热时间与灭菌程度和营养成分的破坏都有关系。营养成分的减少将影响菌种的培养和产物的生成，所以灭菌程度和营养成分的破坏成为灭菌工作中的主要矛盾，恰

当掌握加热温度和受热时间是培养基灭菌的关键，一般以能够杀死芽孢细菌的温度和时间为衡量标准。

4.2.1 发酵培养基灭菌

1. 间歇灭菌(分批灭菌)

培养基的间歇灭菌就是将配制好的培养基放在发酵罐或其他装置中，通入蒸汽将培养基和所用设备一起进行加热灭菌的过程，通常也称为实罐灭菌。由于培养基的间歇灭菌不需要专门的灭菌设备，投资少，对设备要求简单，对蒸汽的要求也比较低，且灭菌效果可靠，因此间歇灭菌是中小型生产工厂经常采用的一种培养基灭菌方法。

间歇灭菌过程包括升温、保温和冷却三个阶段，图 4-3 为培养基间歇灭菌过程中的温度变化情况。

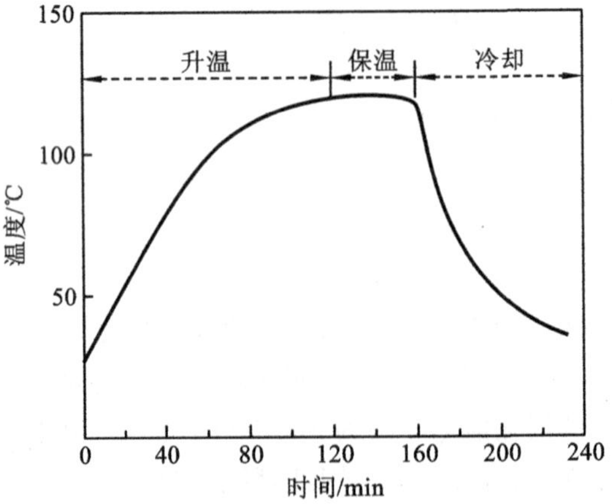

图 4-3　培养基间歇灭菌过程中的温度变化情况

灭菌过程中升温和保温阶段的灭菌作用是主要的，而冷却阶段的灭菌作用是次要的，一般很小，可以忽略不计。在升温阶段的后期和冷却阶段的前期，培养基的温度很高，因而也具有一定的灭菌作用。

在进行培养基的间歇灭菌之前，通常先将发酵罐等培养装置的分空气过滤器进行灭菌，并且用空气将分空气过滤器吹干。开始灭菌时，应先放去夹套或蛇管中的冷水，开启排气管阀，通过空气管向发酵罐内的培养基通入蒸汽进行加热，同时，也可在夹套内通蒸汽进行间接加热。当培养基温度升到 70 ℃左右时，从取样管和放料管向罐内通入蒸汽进一步加热，当温度升至 120 ℃，罐压为 1×10^5 Pa(表压)时，打开接种、补料、消泡剂、酸、碱等管道阀门进行排汽，并调节好各进汽和排汽阀门的排汽量，使罐压和温度保持在一定水平上进行保温。当然在保温过程中，应注意凡在培养基液面下的各种进口管道都应通入蒸汽，而在液面以上的其余各管道则应排放蒸汽，这样才能不留死角，从而保证灭菌彻底。保温结束后，依次关闭各排汽、进汽阀门，待罐内压力低于空气压力后，向罐内通入无菌空气，在夹套或蛇管中通冷水降温，使培养基的温度降到所需的温度，进行下一步的发酵和培养。

2. 连续灭菌

培养基的连续灭菌，就是将配制好的培养基在向发酵罐等培养装置输送的同时进行加热、保温和冷却而进行灭菌。图 4-4 为培养基连续灭菌过程中温度的变化情况。由图可以看出，连续灭菌时，培养基可在短时间内加热到保温温度，并且能很快地被冷却，因此可在比间歇灭菌更高的温度下进行灭菌，而由于灭菌温度很高，保温时间就相应地可以很短，极有利于减少培养基中的营养物质的破坏。

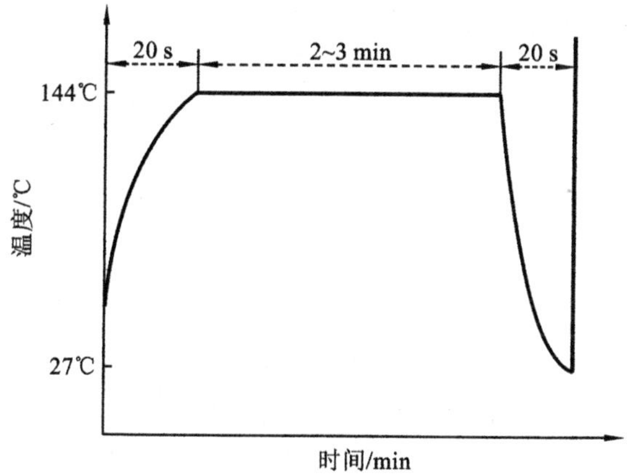

图 4-4 培养基连续灭菌过程中温度的变化情况

(1) 连续灭菌的基本设备 培养基连续灭菌的基本流程如图 4-5 所示。连续灭菌的基本设备一般包括以下几种装置。

①配料预热罐：将配制好的料液预热到 60～70 ℃，以避免连续灭菌时由于料液与蒸汽温度相差过大而产生水汽撞击声。

②连消塔：连消塔的作用主要是使高温蒸汽与料液迅速接触混合，并使料液的温度很快升高到灭菌温度(126～132 ℃)。

③维持罐：连消塔加热的时间很短，光靠这段时间的灭菌是不够的，维持罐的作用是使料液在灭菌温度下保持 5～7 min，以达到灭菌的目的。

④冷却管：从维持罐出来的料液要经过冷却排管进行冷却，生产上一般采用冷水喷淋冷却，冷却到 40～50 ℃后，输送到预先已经灭菌过的罐内。

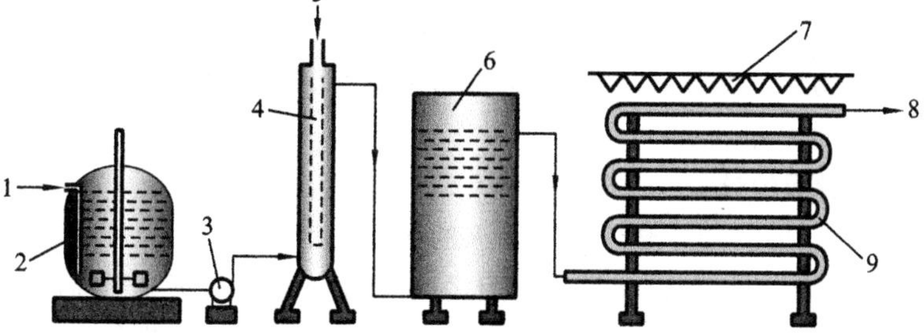

图 4-5 培养基连续灭菌流程图

1—蒸汽；2—配料预热罐；3—连消泵；4—连消塔；5—蒸汽；6—维持罐；7—冷却水；8—无菌培养基；9—冷却管

(2) 连续灭菌的其他流程 实际生产中还有喷射加热连续灭菌和薄板换热器连续灭菌两种流程(图 4-6、图 4-7)。

①喷射加热连续灭菌：喷射加热连续灭菌流程中采用了蒸汽喷射器，它使培养液与高温蒸汽直接接触，从而在短时间内可将培养液急速升温至预定的灭菌温度，然后在该温度下维持一段时间灭菌，灭菌后的培养基通过膨胀阀进入真空冷却器急速冷却，从图 4-6 中可以看出，由

于该流程中培养基受热时间短，营养物质的损失也就不很严重，同时该流程保证了培养基物料先进先出，避免了过热或灭菌不彻底等现象。

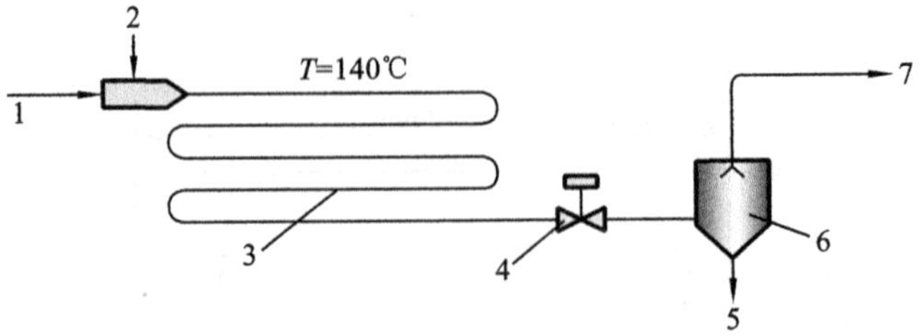

图 4-6　喷射加热连续灭菌流程

1—原料介质；2—蒸汽；3—保温段；4—膨胀阀；5—灭菌介质；6—真空冷却器；7—真空

②薄板换热器连续灭菌　薄板换热器连续灭菌流程中采用了薄板换热器作为培养液的加热和冷却器，蒸汽在薄板换热器的加热段使培养液的温度升高，经维持段保温一定时间后，培养基在薄板换热器的冷却段进行冷却，从而使培养基的预热、加热灭菌及冷却过程可在同一设备内完成。该流程的加热和冷却时间比喷射加热连续灭菌流程要长些，但由于在培养基的预热过程同时也起到了灭菌后培养基的冷却，因而节约了蒸汽和冷却水的用量。

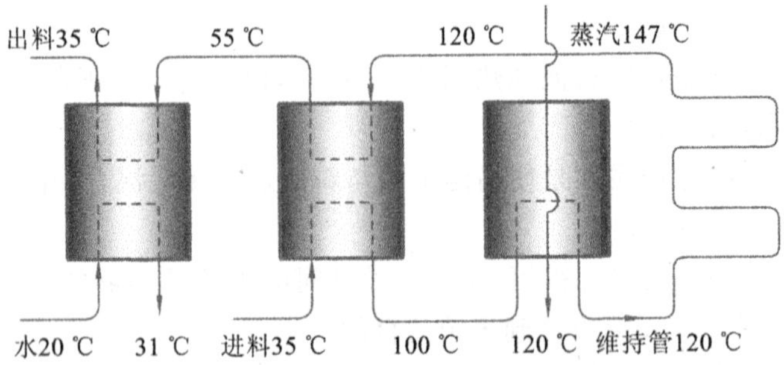

图 4-7　薄板换热器连续灭菌流程

培养基采用连续灭菌时，加热器、维持罐(管)和冷却器以及发酵罐等都应先进行灭菌，然后才能进行培养基的连续灭菌。同时组成培养基的耐热性物质和不耐热性物质可在不同温度下分开灭菌，以减少物质的受热破坏程度，也可将碳源与氮源分开灭菌，以免醛基与氨基发生反应，防止有害物质的生成。

3. 培养基灭菌时间的计算

(1) 间歇灭菌　如果不计升温阶段所杀灭的菌数，把培养基中所有的菌均看作是在保温阶段(灭菌温度)被杀灭，这样可以简单地利用式(4-2)粗略地求得灭菌所需的时间。

例 4-1　有一 100 m^3 发酵罐，培养基装量为 80 m^3，在 121 ℃下进行实罐灭菌。原污染程度为 1 mL 有 2×10^5 个耐热芽孢菌，121 ℃时灭菌速率常数为 1.8 min^{-1}。求灭菌失败概率为 0.001 时所需要的灭菌时间。

解　$N_0=80\times10^6\times2\times10^5=1.6\times10^{13}$(个)

$$N_t=0.001\text{ 个},\quad k=1.8\ \text{min}^{-1}$$

灭菌时间：　$$t=\frac{2.303}{k}\lg\frac{N_0}{N_t}=\frac{2.303}{1.8}\lg\frac{1.6\times10^{13}}{0.001}=20.725\ \text{min}$$

但是实际上，培养基在加热升温时(即升温阶段)就有部分菌被杀灭，特别是当培养基加热至 100 ℃以上，这个作用较为显著。因此，保温灭菌时间实际上比上述计算的时间要短。

(2) 连续灭菌　连续灭菌的灭菌时间，仍可用式(4-2)计算，但培养基中的含菌数，应改为 1 mL培养基的含菌数，则式(4-2)变换为式(4-13)。

$$t=\frac{2.303}{k}\lg\frac{C_0}{C_s} \tag{4-13}$$

式中：C_0—单位体积培养基灭菌前的含菌数，个/mL；C_s—单位体积培养基灭菌后的含菌数，个/mL。

例 4-2　若将例 1 中的培养基采用连续灭菌，灭菌温度为 131 ℃，灭菌速率常数为 15 $\min^{-1}$，求灭菌所需的维持时间。

解

$$C_0=2\times10^5\text{个/mL}$$

$$C_s=\frac{1}{80\times10^6\times10^3}=1.25\times10^{-11}(\text{个/mL})$$

灭菌时间：

$$t=\frac{2.303}{k}\lg\frac{C_0}{C_s}=2.487\ \text{min}$$

4. 间歇灭菌与连续灭菌比较

表 4-5 对间歇灭菌与连续灭菌的优缺点进行了比较。

表 4-5　间歇灭菌与连续灭菌的比较

灭菌方式	优　点	缺　点
连续灭菌	灭菌温度高，可减少培养基中营养物质损失	设备要求高，需另外设置加热、冷却装置
	操作条件恒定，灭菌质量稳定	操作较麻烦
	易于实现管道化和自控操作	染菌的机会较多
	避免了反复的加热和冷却，提高了热的利用率	不适合于含大量固体物料的灭菌
间歇灭菌	发酵设备利用率高	对蒸汽的要求高
	设备要求低，不需另外设置加热、冷却装置	培养基的营养物质损失较多，灭菌后培养基的质量下降
	操作要求低，适于手动操作	需进行反复的加热和冷却，能耗较高
	适合于小批量生产规模	不适合于大规模生产过程的灭菌
	适合于含有大量固体物质的培养基的灭菌	发酵罐的利用率较低

5. 固体培养基的灭菌

固体培养基与液体培养基一样，也采用蒸汽灭菌，但固体培养基呈粒状、片状或粉状，流动性差，不易翻动，吸水加热易成团，冷却困难。针对这些特点设计的转鼓式灭菌机常用于酒厂、酱油厂。该设备能承受一定压力，装料后旋紧进出口盖，就如同密封容器。转鼓以 0.5～1 r/min转动，培养基得到翻动，蒸汽沿轴中心通入加热培养基，达到一定温度后，进行保温灭菌。灭菌完毕用真空泵沿空心横抽真空，转鼓内压力降低，培养基冷却。

4.2.2　影响培养基灭菌的因素

灭菌是一个复杂的过程，它包括热量传递以及微生物细胞内的一系列生化、生理变化过程，受到多种因素的影响。影响灭菌的因素主要有以下几类。

1. 培养基成分

培养基中脂肪、糖分和蛋白质的含量越高，微生物的热死亡速率就越慢，这是因为在热死温度下，脂肪、糖分和蛋白质等有机物质在微生物细胞外面形成一层薄膜，该薄膜能有效保护微生物细胞抵抗不良环境，所以灭菌温度相应要高些。相反高浓度的盐类、色素等的存在则会削弱微生物细胞的耐热性，故一般较易灭菌。

2. 培养基的物理状态

实践证明，培养基的物理状态对灭菌具有极大的影响，固体培养基的灭菌时间要比液体培养基的灭菌时间长，如 100 ℃时固体培养基灭菌的时间是液体培养基的 2～3 倍，才能达到同样的灭菌效果。其原因在于液体培养基灭菌时，热的传递除了传导作用外，还有对流作用，固体培养基则只有传导作用而没有对流作用，况且液体培养基中水的传热系数要比有机固体物质大得多。实际中，对于含有小于 1 mm 的颗粒培养基，可不必考虑颗粒对灭菌的影响，但对于含有少量大颗粒及粗纤维的培养基的灭菌，则要适当提高温度，且在不影响培养基质量的条件下，采用粗过滤的方法预先处理，以防止培养基结块而造成灭菌的不彻底。

3. 培养基的 pH 值

培养基的 pH 值愈低，灭菌所需的时间就愈短，见表 4-6。

表 4-6　培养基的 pH 值对灭菌时间的影响

温度/℃	孢子数/(个/mL)	灭菌时间/min				
		pH 6.1	pH 5.3	pH 5.0	pH 4.7	pH 4.5
120	10 000	8	7	5	3	3
115	10 000	25	25	12	13	13
110	10 000	70	65	35	30	24
100	10 000	740	720	180	150	150

4. 培养基中的微生物数量

培养基中微生物数量越多，达到要求灭菌效果所需的灭菌时间也越长，表 4-7 所示为培养基中不同数量的微生物孢子在 105 ℃下灭菌所需的时间。因此，在实际生产中，不宜采用严重霉腐的原料和腐败的水质，因为这类原料中不但有效成分少，而且微生物数量多，彻底灭菌比较困难。

表 4-7　培养基中微生物孢子在 105 ℃下灭菌所需的时间

培养基中孢子数/(个/mL)	9	9×10^2	9×10^4	9×10^6	9×10^8
105 ℃灭菌所需时间/min	2	14	20	36	48

5. 微生物细胞中水含量

在一定范围内，微生物细胞含水分越多，则蛋白质的凝固温度越低，也就越容易受热凝固而丧失生命活力。

6. 微生物细胞菌龄

微生物细胞菌龄不同对高温的抵抗能力也不同，年老细胞对不良环境的抵抗力要比年轻细胞强，这与细胞中蛋白质的含水量有关，年老细胞中水分含量低，年轻细胞含水量高，因此，年轻细胞容易被杀死。

7. 微生物的耐热性

各种微生物对热的抵抗力是不同的，细菌的营养体、酵母、霉菌的菌丝体对热较为敏感，而放线菌、酵母、霉菌孢子比营养细胞的抗热性要强，细菌芽孢的抗热性就更强。

8. 空气排除情况

蒸汽灭菌过程中，温度的控制是通过控制罐内的蒸汽压力来实现的。压力表所显示的压力应与罐内蒸汽压力相对应，即压力表的压力所对应的温度应是罐内的实际温度。但是如果罐内空气排除不完全，压力表所显示的压力就不单是罐内蒸汽压力，还包括了空气分压，因此，此时罐内的实际温度就低于压力表显示压力所对应的温度，以致造成灭菌温度不够而灭菌不彻底。

9. 搅拌

在整个灭菌过程中，必须保持培养基在罐内始终均匀地充分翻动。使培养基不致因翻动不均匀造成局部过热，从而过多破坏营养物质或造成局部(亦称死角)温度过低而杀菌不透彻等，要保证培养基翻动良好，除了搅拌外，还必须正确控制进、排汽阀门，在保持一定的温度和罐压的情况下，使培养基得到充分的翻动，是灭菌的要点之一。

10. 泡沫

在培养基的灭菌过程中，培养基中产生的泡沫对灭菌极为不利，要注意防止培养基出现泡沫，因为泡沫中的空气形成隔层，使热量难以传递，使热量难以渗透进去，不易达到微生物的致死温度，从而导致灭菌不彻底。泡沫的形成主要是由于进汽、排汽不均衡而致。如果在灭菌过程中突然减少进汽或加大排汽，则立即会出现大量泡沫，对极易发泡的培养基应加消泡剂以减少泡沫量。

4.2.3 发酵培养基与设备、管道灭菌条件

在发酵工业中，对发酵培养基、发酵设备、管道的灭菌，广泛使用湿热灭菌法。

1. 发酵培养基灭菌条件

发酵培养灭菌受到多种因素的影响，培养基组成不同以及培养不同的微生物，都是确定培养基灭菌条件要考虑的因素，以下列出的是发酵工业中培养基灭菌常采用的条件。

(1) 灭菌锅内灭菌　固体培养基灭菌蒸汽压力 0.098 MPa，维持 20～30 mim；液体培养基灭菌蒸汽压力 0.098 MPa，维持 15～20 mim；玻璃器皿及用具灭菌蒸汽压力 0.098 MPa，维持 30～60 min。

(2) 种子培养基实罐灭菌　从夹层通入蒸汽间接加热至 80 ℃，再从取样管、进风管、接种管进蒸汽，进行直接加热，同时关闭夹层蒸汽进口阀门，升温 121 ℃，维持 30 min。谷氨酸发酵的种子培养基实罐灭菌为 110 ℃，维持 10 min。

(3) 发酵培养基实罐灭菌　从夹层或盘管进入蒸汽，间接加热至 90 ℃，关闭夹层蒸汽，从取样管、进风管、放料管三路进蒸汽，直接加热至 121 ℃，维持 30 min。谷氨酸发酵培养基实罐灭菌为 105 ℃，维持 25 min。

(4) 发酵培养基连续灭菌　一般培养基为 130 ℃，维持 5 min，谷氨酸发酵培养基为 115 ℃，维持 6～8 min。

(5) 补料实罐灭菌　根据料液不同而异，如淀粉料液为 121 ℃，维持 5 min。

(6) 消泡剂　灭菌直接加热至 121 ℃，维持 30 min。

2. 发酵设备、管道灭菌条件

(1) 空罐灭菌　空罐灭菌包括种子罐、发酵罐、计量罐、补料罐等罐体的灭菌。从有关管

道通入蒸汽，使罐内压力维持罐压(1.5～2.0)×10^5 Pa，罐温 125～130 ℃，时间为 30～45 min。灭菌时要求总蒸汽压力不低于(3.0～3.5)×10^5 Pa，使用压力不低于(2.5～3.0)×10^5 Pa。灭菌后为避免罐压急速下降造成负压，要等到经过连续灭菌的无菌培养基输入后，才可以开冷却水冷却。

(2) 总空气过滤器和分过滤器灭菌　空气过滤器灭菌时，先关闭总进气和出气阀门，开启放气阀门，使空气过滤器内的压力降到零，即表压为零。蒸汽自上端输入，上下放气口放气，空气过滤器灭菌的蒸汽压力为 3.5×10^5 Pa 左右，过滤器内压力控制为(1.5～2.0)×10^5 Pa(表压)，灭菌时间 2 h。灭菌完毕，自上端输入无菌空气，自上而下吹干过滤介质。

(3) 管道灭菌　管道灭菌的蒸汽压力不应低于 3.4×10^5 Pa(表压)，灭菌时间 1 h。新安装的管道或长期未使用的管道灭菌时间可适当延长到 1.5 h，灭菌后以无菌空气保压，自然冷却 30 min 后即可使用。

4.3　空气除菌

微生物的生长、繁殖以及代谢需要消耗大量的氧气，这些氧气通常是由空气提供，但是空气中含有大量的各类微生物，这些微生物如果随空气一起进入培养系统，便会在合适的条件下大量繁殖，并与目的微生物竞争性消耗培养基中的营养物质，产生各种副产物，从而干扰或破坏纯种培养过程的正常进行，甚至使培养过程彻底失败导致倒罐，造成严重的经济损失。空气除菌不彻底是发酵染菌的主要原因之一。比如一个通气量为 40 m^3/min 的发酵罐，一天所需要的空气量高达 5.76×10^4 m^3，假如所用的空气中含菌量为 10^4 个/m^3，那么一天将有 5.76×10^8 个微生物细胞进入发酵系统，这么多杂菌的带入，完全可导致发酵失败。因此，空气的灭菌是好氧培养过程中的一个重要环节。

4.3.1　发酵工业空气除菌的要求与方法

1. 空气中的微生物种类及其分布

空气中含有大量的微生物，除常见的细菌外，还有酵母菌和病毒，据统计一般城市的空气中含菌量为 10^3～10^4 个/m^3。空气中常见的微生物大致有金黄色小球菌、产气杆菌等(表 4-8)。

表 4-8　空气中常见的微生物种类及其大小

微　生　物	宽/μm	长/μm
产气杆菌	1.0～1.5	1.0～2.5
蜡状芽孢杆菌	1.3～2.0	8.1～25.8
普通变形杆菌	0.5～1.0	1.0～3.0
地衣芽孢杆菌	0.5～0.6	1.8～3.3
巨大芽孢杆菌	0.9～2.1	2.0～10.0
覃状芽孢杆菌	0.6～1.6	1.6～13.6
枯草芽孢杆菌	0.5～1.1	1.6～4.8

续表

微生物	宽/μm	长/μm
金黄色小球菌	3.0～5.0	0.5～1.0
酵母菌	0.001 5～0.225	5.0～19.0
病毒	0.6～1.6	0.001 5～0.28
霉状分枝杆菌		1.6～13.6

空气中微生物的数量与环境有密切的关系，随地区、气候等因素变化。一般干燥寒冷的地区和季节，空气中含微生物量较少，而潮湿温暖的地区和季节，空气中含微生物量较多，人口密集的地方比人口稀少的地方多，地平面空气含微生物量比高空多。

空气中的微生物是依附在尘埃上的，空气中的尘埃数与细菌数的关系如式(4-14)。

$$y = 0.003x - 2.6 \tag{4-14}$$

式中：y—空气中的微生物数量，个/m^3；x—空气中的尘埃颗粒数量，个/m^3。

2. 空气灭菌的要求和方法

不同的培养过程、不同的菌种，对空气灭菌的要求也不相同。所以，对空气灭菌的要求应根据具体情况而定，但一般仍可按 10^{-3} 的染菌概率，即在 1 000 次培养过程中，只允许 1 次是由于空气灭菌不彻底而造成染菌，致使培养过程失败。

空气灭菌的方法大致有如下几种。

(1) 空气热灭菌法　空气热灭菌法是基于加热后微生物体内的蛋白质(酶)氧化变性而得以实现。但空气热灭菌时所需的温度提高，不必用蒸汽或其他载热体加热，可直接利用空气压缩时的温度升高来实现。一般来说，欲杀死空气中的杂菌，在不同温度下所需的时间大致如表 4-9 所示。

所以，若空气经压缩后温度能够升到 200 ℃以上，保持一定时间后，便可实现干热杀菌。根据多变压缩公式(4-15)可知道空气压缩与温度之间的关系如下：

$$T_2 = T_1 (P_2/P_1)^{(m-1)/m} \tag{4-15}$$

式中：T_1—压缩前的空气温度，K；T_2—压缩后的空气温度，K；P_1—压缩前的空气压力，Pa；P_2—压缩后的空气压力，Pa；m—多变指数，一般取 $m=1.25$。

表 4-9　不同温度下杀死空气中微生物所需时间

温度/℃	所需时间/s
200	15.1
250	5.1
300	2.1
350	1.05

(2) 辐射杀菌　α 射线、X 射线、β 射线、γ 射线、紫外线、超声波等从理论上讲都能破坏蛋白质等生物活性物质，从而起到杀菌作用。辐射灭菌目前仅用于一些表面的灭菌及有限空间内空气的灭菌，对于在大规模空气的灭菌尚有不少问题有待解决。

(3) 静电除菌　静电除菌是利用静电引力来吸附带电粒子而达到除尘灭菌的目的。悬浮于空气中的微生物，其孢子大多数带有不同的电荷，没有带电荷的微粒进入高压静电场时都会被电离成带电微粒，但对于一些直径很小的微粒，它所带的电荷很小，当产生的引力等于或小于气流对微粒的拖带力或微粒布朗扩散运动的动量时，则微粒就不能被吸附而沉降，所以静电除尘灭菌对很小的微粒效率较低。静电除尘灭菌器的示意图见图 4-8。

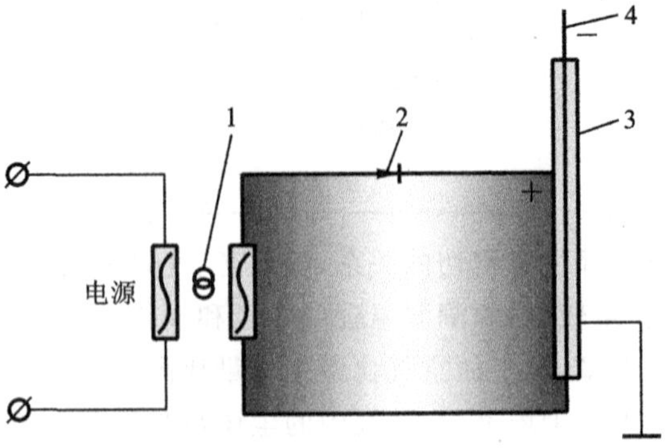

图 4-8　静电除尘灭菌器示意图

1—升压变压器；2—整流器；3—沉淀电极；4—电晕电极

(4) 介质过滤除菌法　介质过滤除菌法是让含菌空气通过过滤介质，以阻截空气中所含微生物，而取得无菌空气的方法。通过过滤除菌处理的空气可达到无菌，并有足够的压力和适宜的温度以供好氧培养过程之用。该法是目前获得大量无菌空气的常规方法。

4.3.2　空气介质过滤除菌原理

空气过滤所用介质的间隙一般大于微生物细胞颗粒，空气中的微生物依靠气流通过滤层时滤层纤维的层层阻碍，迫使空气在流动过程中出现无数次改变气速大小和方向的绕流运动，从而导致微生物微粒与滤层纤维间产生撞击、拦截、布朗扩散、重力及静电引力等作用，从而把微生物微粒截留、捕集在纤维表面上，实现了过滤的目的。图 4-9 为过滤除菌时各种除菌机理的示意图。

1. 布朗扩散截留作用

布朗扩散是指直径很小的微粒在很慢的气流中产生的一种不规则的直线运动，其运动距离很短，在很慢的气流速度和较小的纤维间隙中，布朗扩散作用大大增加了微粒与纤维的接触滞留机会，而在较大的气速、较大的纤维间隙中是不起作用的。假设微粒扩散运动的距离为 x，则离纤维表面距离小于等于 x 的气流微粒都会因扩散运动而与纤维接触，截留在纤维上。由于布朗扩散截留作用的存在，大大增加了纤维的截留效率。

2. 拦截截留作用

在一定条件下，空气速度是影响截留效率的重要参数，改变气流的流速就是改变微粒的运动惯性力。通过降低气流流速，可以使惯性截留作用接近于零，此时的气流速度称为临界气流速度。气流速度在临界速度以下，微粒不能因惯性截留于纤维上，截留效率显著下降，但实践证明，随着气流速度的继续下降，纤维对微粒的截留效率又回升，说明有另一种机理在起作用，这就是拦截截留作用。

因为微生物微粒直径很小，质量很小，它随气流流动慢慢靠近纤维时，微粒所在主导气流流向受纤维所阻改变流动方向，绕过纤维前进，并在纤维的周边形成一层边界滞留区，滞留区的气流流速更慢，进到滞留区的微粒慢慢靠近和接触纤维而被黏附截留。拦截截留的截留效率与气流的雷诺准数和微粒同纤维的直径比有关。

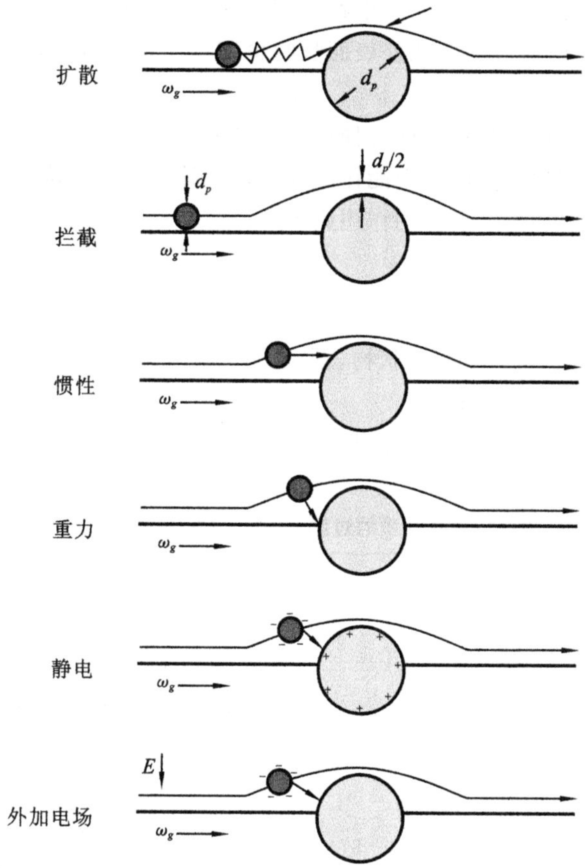

图 4-9　过滤除菌时各种除菌机理的示意图

3. 惯性撞击截留作用

过滤器中的滤层交织着无数的纤维，并形成层层网格，随着纤维直径的减小和填充密度的增大，所形成的网格就越细致、紧密，网格的层数就越多，纤维间的间隙也就越小。当含有微生物颗粒的空气通过滤层时，空气流仅能从纤维间的间隙通过，由于纤维纵横交错，层层叠叠，迫使空气流不断地改变它的运动方向和速度大小。鉴于微生物颗粒的惯性大于空气，因而当空气流遇阻而绕道前进时，微生物颗粒未能及时改变它的运动方向，其结果便将撞击纤维并被截留于纤维的表面。

惯性撞击截留作用的大小取决于颗粒的动能和纤维的阻力，其中尤以气流的流速显得更为重要。惯性力与气流流速成正比，当空气流速过低时惯性撞击截留作用很小，甚至接近于零，当空气的流速增大时，惯性撞击截留作用起主导作用。

4. 重力沉降作用

重力沉降起到一个稳定的分离作用，当微粒所受的重力大于气流对它的拖带力时微粒就会沉降。就单一的重力沉降情况来看，大颗粒比小颗粒作用显著，对于小颗粒只有气流速度很慢时才起作用。一般它是配合拦截截留作用而显示出来的，即在纤维的边界滞留区内微粒的沉降作用提高了拦截截留的效率。

5. 静电吸引作用

空气在与非导体物质进行相对运动时，由于摩擦会产生诱导电荷，特别是纤维和树脂处理过的纤维更为显著。悬浮在空气中的微生物颗粒大多带有不同的电荷，这些带电的微粒会受带异性电荷的物体所吸引而沉降。此外表面吸附也归属于这个范畴，如活性炭的大部分过滤效能应是表面吸附的作用。

在过滤除菌中，有时很难分辨上述各种机理各自所作出贡献的大小。随着参数的变化，各种作用之间有着复杂的关系，目前还未能作准确的理论计算。一般认为惯性截留、拦截和布朗运动的作用较大，而重力和静电引力的作用则很小。

4.3.3 空气过滤除菌介质

用于空气过滤的过滤介质有纤维状物、颗粒状物、过滤纸、微孔滤膜等各种类型的物质。

1. 纤维状或颗粒状过滤介质

该类介质主要有棉花、玻璃纤维、活性炭等。表 4-10 列出了各种纤维过滤介质的过滤效能。

表 4-10 各种纤维过滤介质的过滤效能（$d_p \geqslant 0.3\mu m$ 粒子数，个/500 mL）

材料 \ 残存离子数 \ 流量/(L/min)	6	12	18	24	30	36	42	48	54	60
棉花	1.0	0.7	1.9	14.5	29.5	83.4	242.1	268.7	429.7	597
腈纶	4.4	6.2	13.5	21.8	66.6	106.3	202.2	320.4	241.2	372.8
涤纶	5.3	34.6	198.8	874.5	1 961.3	2 908.7	5 738	4 063	3 510	5 757.5
维尼龙	0.5	0.7	0.5	4.6	8.4	18	48	401	1 345	15 867
丙纶	6.5	10.7	21.7							
玻璃纤维	3.2	1.2	3.1	15.8	135	42				
涤-腈无纺布	18.8	91.5	181.2	80.7	147.3	155.5	143	185	119.2	140

（1）棉花　棉花是常用的过滤介质，通常使用的是脱脂棉花，它有弹性，纤维长度适中，重度约为 1 520 kg/m^3。使用时一般填充密度是 130～150 kg/m^3，填充率为 8.5%～10%。

（2）玻璃纤维　通常使用的是无碱的玻璃纤维，纤维直径为 5～19 μm，重度约为 2 600 kg/m^3，填充密度为 130～280 kg/m^3，填充率为 5%～11%，其优点是纤维直径小，不易折断，过滤效果好。

（3）活性炭　常用小圆柱体的颗粒活性炭，大小为 $\varphi(3\sim10)\times15$ nm，实重度为 1 140 kg/m^3，填充密度为 470～530 kg/m^3，填充率为 44%。要求活性炭质地坚硬，不易压碎，颗粒均匀，装填前应将粉末和细粒筛去。

2. 过滤纸类介质

过滤纸类介质主要是玻璃纤维纸，由于玻璃纤维纸很薄，纤维间的孔隙为 1～5 μm，厚度为 0.25～0.4 mm，实重度为 2 600 kg/m^3，虚重度为 384 kg/m^3，填充率为 14.8%，一般应用时需将 3～6 张滤纸叠在一起使用，它属于深层过滤技术。这类过滤介质的过滤效率相当高，对于大于 0.3 μm 的颗粒的去除率为 99.99%以上，同时阻力也比较小，压力降较小，其缺点是强度不大，特别是受潮后强度更差。为了增加强度，常用酚醛树脂、甲基丙烯酸树脂或含氢硅油等增韧剂或疏水剂处理，也有在制造滤纸时，在纸浆中加入 7%～50%的木浆，以增加强度。表 4-11 为空气流速为 0.4 m/s 时，不同纤维直径、不同填充密度和厚度的玻璃纤维纸的过滤效能。

表 4-11　玻璃纤维纸的过滤效能

纤维直径/μm	填充密度/(kg/m³)	填充厚度/cm	过滤效率/(%)
20	72	5.08	22
18.5	224	5.08	97
18.5	224	10.16	99.3
18.5	224	15.24	99.7

3. 微孔滤膜类过滤介质

微孔滤膜类过滤介质的空隙小于 0.5 μm，甚至小于 0.1 μm，能将空气中的细菌真正滤去，也即绝对过滤。绝对过滤易于控制过滤后的空气质量，节约能量和时间，操作简便。微孔滤膜类过滤介质用于滤除空气中的细菌和尘埃，除有滤除作用外，还有静电作用。通常在空气过滤之前应将空气中的油、水除去，以提高微孔滤膜类过滤介质的过滤效率和延长使用寿命。

4.3.4　空气过滤除菌工艺

1. 空气过滤除菌流程的要求

要制备无菌程度高、有一定压力的无菌空气，必须有供气设备——空气压缩机。压力是为了给空气供给足够的能量，以克服空气在预处理、过滤除菌及有关设备、管道、阀门、过滤介质等的压力损失，以及在培养过程中维持一定的罐压，同时还要具有高效的过滤除菌设备以除去空气中的微生物颗粒。对于其他附属设备则要求尽量采用新技术以提高效率，精简设备流程，降低设备投资、运转费用和动力消耗，并简便操作。但流程的制订要根据所在地的具体地理、气候环境和设备条件来考虑，总的来说，需选择好吸风条件，加强除水设施，以尽量降低过滤器的负荷并确保干燥，提高空气的无菌程度。

2. 无菌空气制备系统的组成及设备

空气过滤除菌的工艺过程如下：吸入空气→前过滤→空气压缩机压缩→压缩空气冷却至适当温度→分离除去油和水→加热至适当温度，使相对湿度为 50%～60%→空气过滤器→无菌空气。

无菌空气制备系统主要由空气的预处理和空气过滤除菌两部分组成。空气预处理的目的有两个：一是提高压缩前空气的洁净度；二是去除压缩后空气中所带的油、水。空气预处理流程如图 4-10 所示。

空气过滤除菌的目的是借助各种过滤介质的拦截、惯性、静电等原理将空气中的尘埃颗粒和附着的微生物去除。无菌空气制备系统及设备包括以下几种。

(1) 采风口　采风口应建在工厂的上风口，远离烟囱，高 10 m 以上，设计气流速度为 8 m/s。也可将采风口建成采风室，直接构筑在空压机房的屋顶上。提高压缩前空气洁净度的主要措施是提高空气吸气口的位置和加强吸入空气的前过滤。一般认为，高度每升高 10 m，空气中微生物含量下降一个数量级。

(2) 粗过滤器　为了保护空气压缩机，常在空气吸口处设置粗过滤器或前置高效过滤器，作用是拦截空气中颗粒较大的尘埃，减少进入空气压缩机的灰尘和微生物含量，以减轻压缩机

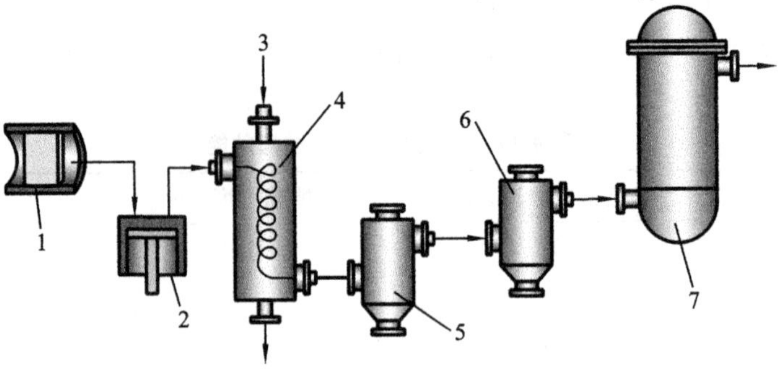

图 4-10　空气预处理流程

1—粗过滤器；2—压缩机；3—冷却水；4—冷却器；5—分离器；6—加热器；7—空气过滤器

的磨损和主过滤器的负荷，提高除菌空气的质量。要求前置过滤器过滤效率高，阻力小。通常采用布袋过滤器、填料过滤器、油浴洗涤和水雾除尘装置等。过滤介质可用泡沫塑料（平板式）或无纺布（折叠式）。例如，布袋过滤器是将滤布缝制成与骨架相同形状的布袋，绷紧缝于骨架上，缝紧会造成短路的空隙。填料式粗过滤器是采用油浸铁丝网、玻璃纤维或其他合成纤维等。油浴洗涤装置是空气进入装置后通过油层洗涤，空气中的微粒被吸附而逐渐沉降于油箱底部而除去。

(3) 空气压缩机　为了克服输送过程中过滤介质等阻力，吸入的空气须经空气压缩机压缩，目前常用的空气压缩机有涡轮式与往复式两种。

(4) 空气冷却设备　空气经压缩后，温度会显著上升，压缩比愈高，温度也愈高。若将此高温压缩空气直接通入空气过滤器，会引起过滤介质的炭化或燃烧，而且还会增大培养装置的降温负荷，给培养温度的控制带来困难，同时高温空气还会增加培养液水分的蒸发，对微生物的生长和生物合成都不利，因此要将压缩空气降温。用于空气冷却的设备一般有列管式换热器和翅板式换热器两种。

(5) 气液分离设备　气液分离是指压缩空气的除水、除油。经冷却降温后的空气相对湿度增大，会析出水来，使过滤介质受潮失效。同时由于空气经压缩机后不可避免地会夹带润滑油，因此压缩后的空气要除水、除油。

湿空气的析水随温度、压力等物理因素的变化而变化。分离空气中的油水有两类设备可供选用，一类是利用离心力进行沉降的旋风分离器，另一类是利用惯性进行拦截的介质过滤器，即丝网分离器。

(6) 空气加热设备　压缩空气冷却至一定温度，分去油水后，空气的相对湿度仍为 100%，若不加热升温，只要温度稍微有降低，便再度析出水分，使过滤介质受潮而降低或丧失过滤效能。所以必须将冷却除去油水后的压缩空气加热到一定温度，使相对湿度降低，才能输入过滤器。一般来讲，加热前后的温差在 10～15 ℃，即可保证相对湿度降至一定水平，满足进入过滤器的要求。

空气的加热一般采用列管式换热器来实现。由压缩机出来的空气是脉冲式的，在过滤器前需要安装一个空气储罐来消除脉冲，维持罐压的稳定，还可使部分液滴在罐内沉降。

(7) 空气过滤器　按过滤介质孔隙大小将空气过滤分为两类：绝对过滤和深层过滤。绝对过滤介质孔隙小于被拦截的微生物，如用聚四氟乙烯或纤维素醋材料做成的微孔滤膜过滤器。深层过滤的介质孔隙大于被拦截的微生物但介质有一定的厚度。

3. 空气除菌的工艺流程

无菌空气制备流程需根据生产厂所在地区及地理位置、气候环境和设备条件来制订。原则上需吸风条件好，加强除水设施，以尽量降低过滤器的负荷并保持干燥，提高空气的无菌程度。生产用空气除菌流程有以下 6 种。

(1) 两级冷却、加热除菌流程　图 4-11 为两级冷却、加热除菌流程示意图。空气从采气口进入过滤系统前，先经粗过滤器过滤，再进入压缩机，压缩升温后的压缩空气再经两次冷却，最后被加热和过滤。该流程的特点是两次冷却、两次分离、适当加热。经第一冷却器冷却后，大部分的水、油都已结成较大的雾粒，且雾粒浓度较大，适宜用旋风分离器分离。第二冷却器使空气进一步冷却后析出一部分较小雾粒，宜采用丝网分离器分离。通常，第一级冷却到30～35 ℃，第二级冷却到 20～25 ℃。除水后，空气的相对湿度仍是 100%，需用加热器加热，将空气的相对湿度降低至 50%～60%，以保证过滤器的正常运行。这是一个比较完善的空气除菌流程，可适应各种气候条件，能充分地分离油、水，使空气达到较低的相对湿度下进入过滤器，以提高过滤效率。

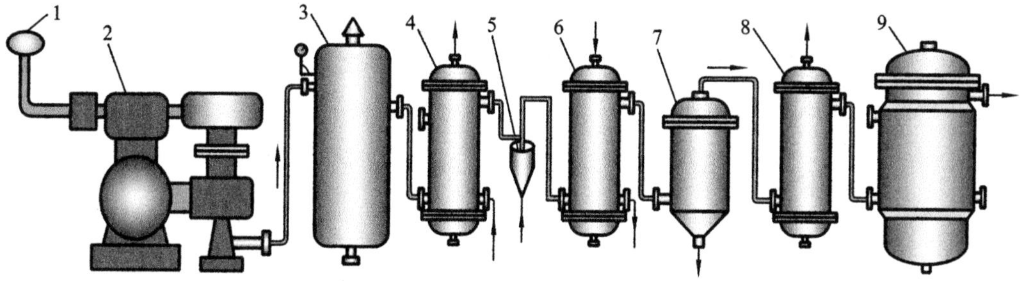

图 4-11　两级冷却、加热除菌流程

1—粗过滤器；2—压缩机；3—贮罐；4、6—冷却器；5—旋风分离器；7—丝网分离器；8—加热器；9—过滤器

(2) 冷热空气直接混合式空气除菌流程　图 4-12 为冷热空气直接混合式空气除菌流程示意图。从该流程图可以看出，压缩空气从贮罐出来后分成两部分，一部分进入冷却器，冷却到较低温度，经分离器分离水、油雾后与另一部分未处理过的高温压缩空气混合，此时混合空气已达到温度为 30～35 ℃，相对湿度为 50%～60%的要求，再进入过滤器过滤。该流程的特点是可省去第二次冷却后的分离设备和空气再加热设备，流程比较简单，利用压缩空气来加热析水后的空气，冷却水用量少等。该流程适用于中等湿含量地区。

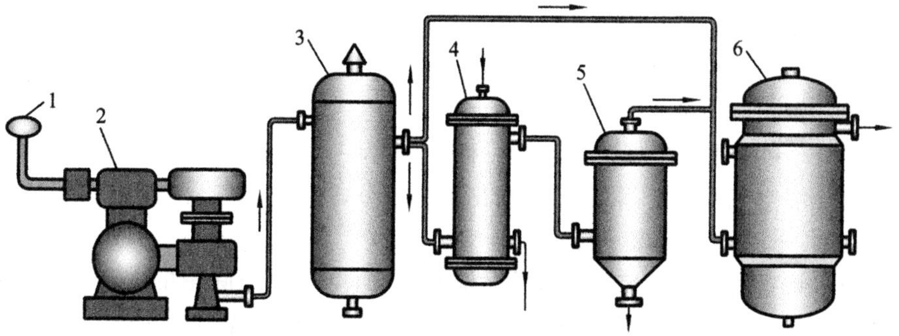

图 4-12　冷热空气直接混合式空气除菌流程

1—粗过滤器；2—压缩机；3—贮罐；4—冷却器；5—丝网分离器；6—冷却器

(3) 高效前置过滤空气除菌流程　图 4-13 为高效前置过滤空气除菌的流程示意图。它采用了高效率的前置过滤设备，利用压缩机的抽吸作用，使空气经中、高效过滤后，再进入空气压缩机，这样就降低了总过滤器的负荷。经高效前置过滤后，空气的无菌程度已经相当高，再经冷却、分离，入总过滤器过滤，就可获得无菌程度很高的空气，供培养过程之用。此流程的特点是采用了高效率的前置过滤设备，使空气经多次过滤，因而所得的空气无菌程度比较高。

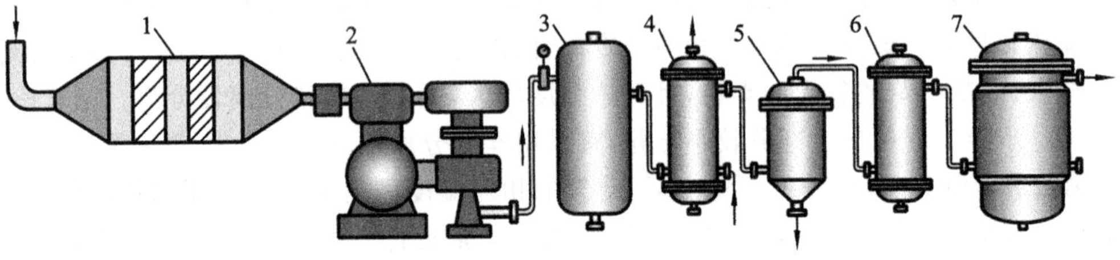

图 4-13　高效前置过滤空气除菌流程

1—高效前置过滤器；2—压缩机；3—贮罐；4—冷却器；5—丝网分离器；6—加热器；7—过滤器

(4) 将空气冷却至露点以上的流程　图 4-14 为将空气冷却至露点以上的流程示意图。它将压缩空气冷却至露点以上，使进入过滤器的空气相对湿度降至 60%～70%或以下。这种流程适用于北方和内陆气候干燥地区。

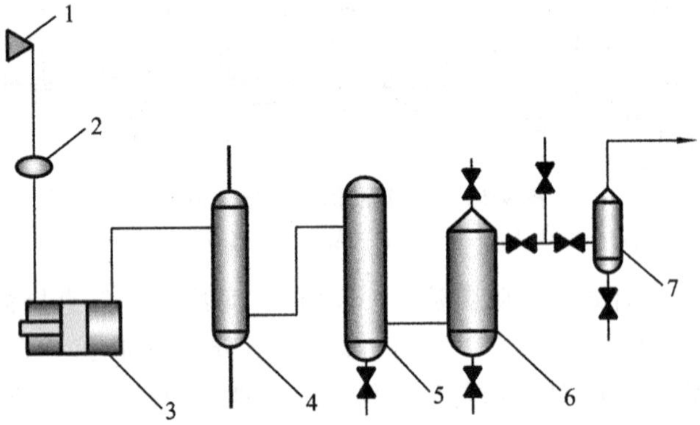

图 4-14　将空气冷却至露点以上的流程

1—高空采风；2—粗过滤器；3—压缩机；4—冷却器；5—贮气罐；6—空气总过滤器；7—空气分过滤器

(5) 利用热空气加热冷空气的流程　图 4-15 为利用热空气加热冷空气的流程示意图。它利用压缩后的热空气和冷却后的冷空气进行热交换，使冷空气的温度升高，降低相对湿度。此流程对热能的利用比较合理，热交换器还可兼做贮气罐，但由于气-气换热的传热系数很小，加热面积要足够大才能满足要求。

(6) 一次冷却和析水的空气过滤流程　图 4-16 为一次冷却和析水的空气过滤流程示意图。该流程将压缩空气冷却至露点以下，析出部分水分，然后升温使相对湿度为 60%左右，再进入空气过滤器，采用一次冷却一次析水。

综合分析上述各个典型的空气过滤除菌流程可知，空气过滤除菌的工艺过程一般是将吸入的空气先经前过滤，再进入空气压缩机，从压缩机出来的空气先冷却至适当的温度，经分离除去油、水，再加热至适当温度，使其相对湿度为 50%～60%，再通过空气过滤器除菌，得到合乎要求的无菌空气。因此，空气预处理是保证过滤器效率能否正常发挥的重要部分。

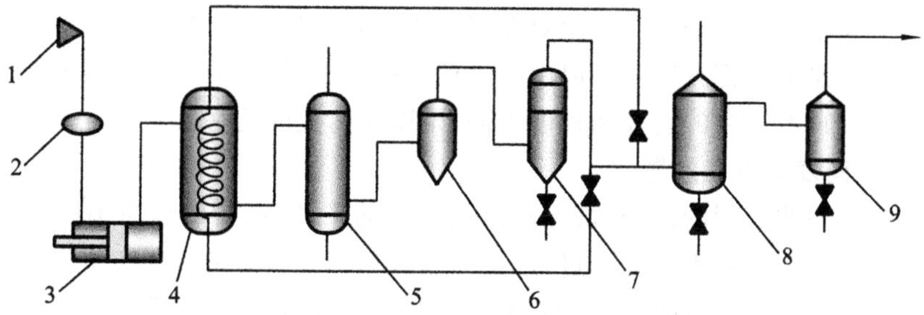

图 4-15　利用热空气加热冷空气的流程

1—高空采风；2—粗过滤器；3—压缩机；4—热交换器；5—冷却器；6、7—析水器；8—空气总过滤器；9—空气分过滤器

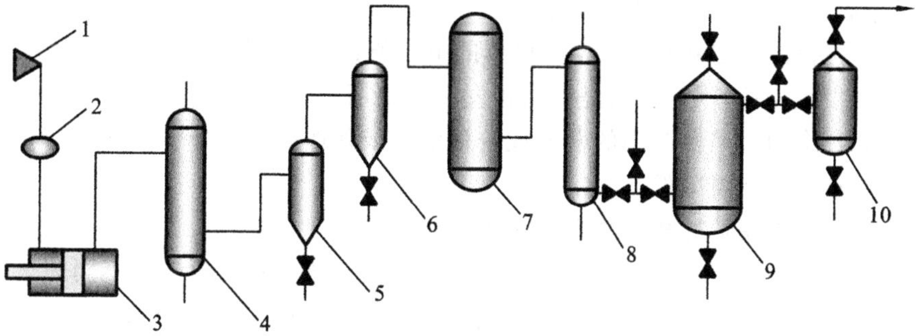

图 4-16　一次冷却和析水的空气过滤流程

1—高空采风；2—粗过滤器；3—压缩机；4—冷却器；5、6—析水器；7—贮气罐；
8—加热器；9—空气总过滤器；10—空气分过滤器

4.3.5　提高过滤除菌效率的方法

鉴于目前所采用的过滤介质均需要在干燥条件下才能进行除菌，因此需要围绕介质来提高除菌效率。提高除菌效率的主要措施如下。

(1) 减少进口空气的含菌数。方法有：①加强生产场地的卫生管理，减少生产环境空气中的含菌数；②正确选择进风口，压缩空气站应设上风向；③提高进口空气的采气位置，减少菌数和尘埃数；④加强空气压缩前的预处理。

(2) 设计和安装合理的空气过滤器，选用除菌效率高的过滤介质。

(3) 设计合理的空气预处理设备，以达到除油、水和杂质的目的。

(4) 降低进入空气过滤器的空气的相对湿度，保证过滤介质能在干燥状态下工作。方法有：①使用无油润滑的空气压缩机；②加强空气冷却和去油、水；③提高进入过滤器的空气温度，降低其相对湿度。

4.4　发酵染菌的处理及防治

4.4.1　杂菌污染的危害

所谓发酵染菌是指在发酵过程中，生产菌以外的其他微生物侵入了发酵液，从而使发酵过程失去了真正意义上的纯种培养。染菌对发酵过程的影响是很大的，它对发酵产物的产率、产品的质量和三废的排放等都有影响。但由于生产的产品不同、污染杂菌的种类和性质不同、染菌发生的时间不同以及染菌的途径和程度不同，染菌所造成的危害及后果也不同。

1. 染菌对不同发酵过程的影响

由于各种发酵过程所用的菌种、培养基以及发酵的条件、产物的性质不同，杂菌污染造成的危害程度也不同。如青霉素的发酵过程，由于染菌后的许多杂菌都能产生青霉素酶，因此不管染菌是发生在发酵的前期、中期或后期，都会使青霉素迅速分解破坏，使发酵过程得不到目的产物，其危害十分严重。对于核苷或核苷酸的发酵过程，由于所用的生产菌种是多种营养缺陷型微生物，其生长能力差，所需的培养基营养丰富，因此极容易受杂菌的污染，且染菌后，培养基中的营养成分迅速被消耗，严重抑制了生产菌的生长和代谢产物的生成。但对于柠檬酸等有机酸的发酵过程，一般在产酸后，发酵液的 pH 值比较低，杂菌生长十分困难，在发酵的中、后期不太会发生染菌，因此主要是要防止发酵的前期染菌。但是，不管对于什么发酵过程，一旦发生染菌，都会由于培养基中的营养成分被消耗或代谢产物被分解，严重影响到发酵产物的生成，使发酵产品的产量降低。

2. 杂菌的种类和性质对发酵过程的影响

对于每一个发酵过程而言，污染的杂菌种类和性质对该过程的影响是不同的。如：在抗生素的发酵过程中，青霉素的发酵污染细短杆菌比粗大杆菌的危害更大；链霉素的发酵污染细短杆菌、假单孢杆菌和产气杆菌比污染粗大杆菌更有危害；四环素的发酵过程最怕污染双球菌、芽孢杆菌和荚膜杆菌；柠檬酸的发酵最怕青霉菌的污染；谷氨酸的发酵最怕噬菌体的污染。

3. 不同时间发生染菌对发酵的影响

从发生染菌的时间来看，染菌可分为种子培养期染菌、发酵前期染菌、发酵中期染菌和发酵后期染菌四个不同的染菌时期，不同的染菌时期对发酵所产生的影响也是有区别的。

(1) 种子培养期染菌　种子培养基主要是用于微生物细胞的生长与繁殖，营养十分丰富，此时，微生物菌体的浓度低，培养基比较容易染菌。若将种子培养期染菌的种子带进发酵罐，危害极大，因此应严格控制种子染菌的发生。一旦发现种子受到杂菌的污染，应经灭菌后弃去，并对种子罐、管道等进行仔细检查和彻底灭菌。

(2) 发酵前期染菌　在发酵前期，微生物菌体主要处于生长、繁殖阶段。此时代谢产物很少，也容易染菌，染菌后的杂菌将迅速繁殖，与生产菌争夺培养基中的营养物质，严重干扰生产菌的正常生长、繁殖和产物的生成。

(3) 发酵中期染菌　发酵中期染菌将会导致培养基中的营养物质大量消耗，并严重干扰生产菌的代谢，影响产物的生成。有的染菌后杂菌大量繁殖，产生酸性物质，使 pH 值下降，糖、氮等的消耗加速，菌体自溶发生，致使发酵液发黏，产生大量泡沫，代谢产物的积累减少或停止；有的染菌后会使已生成的产物被利用或破坏。从目前的情况来看，发酵中期染菌一般较难挽救，危害性较大。

(4) 发酵后期染菌　由于发酵后期，培养基中的糖等营养物质已接近耗尽，且发酵的产物也已积累较多，如果染菌量不太多，对发酵的影响相对来说小一些，可继续进行发酵。但对于肌苷酸、谷氨酸、赖氨酸等的发酵，后期染菌也会影响产物的产量、提取和产品的质量。

4. 染菌程度对发酵的影响

染菌程度对发酵的影响是很大的。进入发酵罐内的杂菌数量愈多，对发酵的危害就愈大。当生产菌在发酵过程中已大量繁殖，并已占有优势时，污染极少量的杂菌，对发酵不会带来太大的影响。这也是此种染菌常常被忽视的原因。当然如果染菌程度严重时，尤其是在发酵前期或发酵中期，对发酵将会产生严重的影响。

4.4.2　培养液染菌的判断

1. 种子培养和发酵染菌后的异常现象

(1) 种子培养异常

①菌体生长缓慢：培养基原料质量下降、菌体老化、灭菌操作失误、供氧不足、培养温度偏高或偏低、酸碱度调节不当均可造成菌体生长缓慢的现象；接种物冷藏时间长或接种量过低，或接种物本身质量差可导致菌体量过少，生长缓慢。

②菌丝结团：在培养过程中有些丝状菌容易产生菌丝团，菌体仅在表面生长，菌丝向四周伸展，而菌丝团的中央结实，使内部菌丝的营养吸收和呼吸受到很大影响，从而不能正常地生长。主要原因是通气不良或停止搅拌导致溶解氧浓度不足造成，同时培养基的原料质量差或灭菌效果不好；如果接种的孢子或菌丝保藏时间过长和接种物种龄过短，都会造成菌落数少、泡沫多、罐内装料小、菌丝粘壁，从而导致培养液的菌丝浓度比较低、菌体生长缓慢，造成菌丝结团。

③代谢不正常：代谢不正常表现为糖、氨基氮等变化不正常，菌体浓度和代谢产物不正常，而且原因很复杂，与接种物质量和培养基质量差、培养环境条件差、接种量小、杂菌污染等有关。

(2) 发酵异常现象

①菌体生长差：由于种子质量差或种子低温放置时间长导致菌体数量较少、停滞期延长、发酵液内菌体数量增长缓慢、外形不整齐。因为种子质量不好，所以菌种的发酵性能差，若环境条件差、培养基质量不好、接种量太少等，也会引起糖、氮的消耗少或间歇停滞，出现糖、氮代谢缓慢现象。

②pH 值过高或过低：发酵过程中由于培养基原料质量差、灭菌效果差、加糖、加油过多或过于集中，将会引起 pH 值的异常变化。pH 值变化是所有代谢反应的综合反映，在发酵的各个时期都有一定规律，pH 值的异常就意味着发酵的异常。

③泡沫过多：一般在发酵过程中泡沫的消长是有一定规律的。但是，由于菌体生长差、代谢速度慢、接种物嫩或种子未及时移种而过老、蛋白质类胶体物质多等都会使发酵液在不断通气、搅拌下产生大量的泡沫。除此以外，培养基灭菌时温度过高或时间过长，葡萄糖受到破坏产生的氨基糖会抑制菌体的生长，也会使泡沫大量产生，从而使发酵过程的泡沫发生异常。

④菌体浓度过高或过低：在发酵生产过程中菌体或菌丝浓度的变化是按其固有的规律进行的。但是，如罐温长时间偏高，或停止搅拌时间较长造成溶氧不足，或培养基灭菌不当导致培养条件较差，种子质量差菌体或菌丝自溶等均会严重影响到培养物的生长，导致发酵液中菌体浓度偏离原有规律，出现异常现象。

2. 染菌的判断方法

发酵过程是否染菌应以无菌试验的结果为依据进行判断。在发酵过程中，如何及早发现杂菌的污染并及时采取措施加以处理，是避免染菌造成严重经济损失的重要手段。因此，生产上要求能用确切、迅速的方法检查出杂菌的污染。目前常用于检查是否染菌的无菌试验方法主要有显微镜检查法、肉汤培养法、平板划线培养或斜面培养检查法、发酵过程的异常现象观察法等。

(1) 显微镜检查法(镜检法) 用革兰氏染色法对样品进行涂片、染色,然后在显微镜下观察微生物的形态特征,根据生产菌与杂菌的特征,区别判断是否染菌。如发现有与生产菌形态特征不一样的其他微生物的存在,就可断定为发生了染菌。此法是检查杂菌最简单、最直接、也是最常用的检查方法之一。必要时还可进行芽孢染色或鞭毛染色。

(2) 肉汤培养法 通常用组成为0.3%牛肉膏、0.5%葡萄糖、0.5%氯化钠、0.8%蛋白胨、0.4%的含1%酚红溶液(pH7.2)的葡萄糖酚红肉汤作为培养基,将待检样品直接接入经完全灭菌后的肉汤培养基中,分别于37 ℃和27 ℃进行培养,随时观察微生物生长情况,并取样进行镜检,判断是否染菌。肉汤培养法常用于检查培养基和无菌空气是否带菌,同时此法也可用于噬菌体的检查。

(3) 平板划线培养或斜面培养检查法 将待检样品在无菌平板上划线,分别于37 ℃、27 ℃下进行培养,一般24 h后即可进行镜检观察,检查是否有杂菌。有时为了提高平板培养法的灵敏度,也可以将需要检查的样品先置于37 ℃条件下培养6 h,使杂菌迅速增殖后再划线培养。

(4) 发酵过程的异常现象观察法 根据发酵过程出现的异常现象如溶解氧、pH值、排出气中的CO_2含量以及微生物菌体的酶活力等的异常变化来检查发酵是否染菌。

①溶解氧水平异常变化:对于特定的发酵过程具有一定的溶解氧水平,而且在不同的发酵阶段其溶解氧的水平也是不同的。如果发酵过程中的溶解氧水平发生了异常的变化,一般就是发酵染菌发生的表现。

在正常的发酵过程中,发酵初期时菌体处于适应期,耗氧量很少,溶解氧基本不变;当菌体进入对数生长期,耗氧量增加。溶解氧浓度很快下降,并且维持在一定的水平,在此阶段中操作条件的变化会使溶解氧有所波动,但变化不大;而到了发酵后期,菌体衰老,耗氧量减少,溶解氧又再度上升。当感染噬菌体后,生产菌的呼吸作用受到抑制,溶解氧浓度很快上升。发酵过程感染噬菌体后,溶解氧的变化比菌体浓度更灵敏,能更好地预见染菌的发生。

由于染菌的杂菌的好氧性不同,产生的溶解氧异常现象也是不同的。当杂菌是好气性微生物时,溶解氧变化是在较短时间内下降,直至接近于零,且在长时间内不能回升;当杂菌是非好气性微生物时,生产菌由于受污染而抑制生长,使耗氧量减少,溶解氧升高。

②排气中的CO_2异常变化:好气性发酵排出的气体中的CO_2含量与糖代谢有关。对于特定的发酵过程,工艺确定后,排出的气体中的CO_2含量的变化是有规律的。染菌后,培养基中糖的消耗发生变化,引起排气中CO_2含量的异常变化,如杂菌污染时,糖耗加快,CO_2含量增加,噬菌体污染后,糖耗减慢,CO_2含量减少。因此,可根据CO_2含量的异常变化来判断染菌情况。

除此之外,还可根据其他的一些异常现象,如菌体生长不良、耗糖慢、pH值的异常变化、发酵过程中泡沫的异常增多、发酵液的颜色异常变化、代谢产物含量的异常下跌、发酵周期的异常拖长、发酵液的黏度异常增加等来判断染菌。

在众多的方法中,应以无菌试验和平板培养为主,其他方法为辅来进行染菌的判断。无菌试验时,如果肉汤连续三次发生变色反应(由红色变为黄色)或产生混浊,或平板培养连续三次发现有杂菌菌落的出现,即可判断为染菌。有时肉汤培养的阳性反应不够明显,而发酵样品的各项参数确有可疑的染菌反应,并经镜检等其他方法确认连续三次样品有相同类型的杂菌存在,也应该判断为染菌。一般来讲,无菌试验的肉汤或培养平板应保存并观察至本批(罐)放罐后12 h,确认为无染菌后才能弃去。无菌试验期间应每6 h观察一次无菌试验样品,以便能及早发现染菌。

4.4.3　染菌处理的方法

发酵过程一旦发生染菌，应根据污染微生物的种类、染菌的时间或杂菌的危害程度等进行挽救或处理，同时对有关设备也应进行相应的处理。

1. 种子培养期染菌的处理

一旦发现种子受到杂菌的污染，该种子就不能再接入发酵罐中进行发酵，应经灭菌后弃之，并对种子罐、管道等进行仔细检查和彻底灭菌。同时采用备用种子，选择生长正常无染菌的种子接入发酵罐，继续进行发酵生产。如无备用种子，则可选择一个适当菌龄的发酵罐内的发酵液作为种子，进行“倒种”处理，接入新鲜的培养基中进行发酵，从而保证发酵生产的正常进行。

2. 发酵前期染菌的处理

当发酵前期发生染菌后，如培养基中的碳、氮源含量还比较高时，应终止发酵，将培养基加热至规定温度，重新进行灭菌处理后，再接入种子进行发酵；如果此时染菌已造成较大的危害，培养基中的碳、氮源的消耗量已比较多，则可放掉部分料液，补充新鲜培养基，重新进行灭菌处理后，再接种进行发酵。也可采取降温培养、调节 pH 值、调整补料量、补加培养基等措施进行处理。

3. 发酵中、后期染菌处理

发酵中、后期染菌或发酵前期轻微染菌而发现较晚时，可以加入适当的杀菌剂或抗生素以及正常的发酵液，以抑制杂菌的生长速度，也可采取降低培养温度、降低通风量、停止搅拌、少量补糖等其他措施进行处理。当然如果发酵过程的产物代谢已达一定水平，此时产品的含量若达到一定值，只要明确是染菌也可放罐。对于没有提取价值的发酵液，废弃前应加热至 120 ℃以上、灭菌 30 min 后才能排放。

4. 染菌后对设备的处理

染菌后的发酵罐在重新使用前必须在放罐后进行彻底清洗，空罐加热至 120 ℃以上、灭菌 30 min 后，才能使用。也可用甲醛熏蒸或甲醛溶液浸泡 12 h 以上等方法进行处理。

4.4.4　分析染菌的原因

对已发生的染菌作具体分析，了解染菌原因，总结发酵染菌的经验教训，并采取相应的措施是防治染菌的最有效措施。

造成发酵染菌的原因有很多，且常因工厂不同而有所不同，但设备渗漏、空气中有杂菌、种子带菌、灭菌不彻底和技术管理不善等是造成污染杂菌的普遍原因。

1. 发酵染菌的规模分析

从染菌的规模来看，主要有下列三种情况。

（1）大批量发酵罐染菌　如发生在发酵前期，可能是种子带菌或连消设备引起染菌；如果染菌是发生在发酵的中期、后期，且所有这些染菌类型相同，则一般是空气系统存在诸如空气系统结构不合理、空气过滤器介质失效等问题；如果空气带菌量不多，无菌试验的显现时间较长，这就使分析防治空气带菌增加了难度。

（2）部分发酵罐染菌且生产同一产品的发酵罐均染菌　如果染菌是发生在发酵前期，就可能是由于种子染菌、连消系统灭菌不彻底；如果是发酵后期染菌，则可能是中间补料染菌，如补料液带菌、补料管路渗漏。

（3）个别发酵罐连续染菌　此时如果采用间歇灭菌工艺，操作不当只是孤立的事件，一般不会发生连续染菌，个别发酵罐的连续染菌，大都是由于设备渗漏而造成，应仔细寻找阀门、罐体的渗漏或罐器清洁不彻底等。一般设备渗漏引起的染菌，会出现每批染菌时间向前推移的现象。

2. 不同污染时间分析

从发生染菌的时间来分析，也有三种情况。

（1）染菌发生在种子培养期，通常是由种子带菌、培养基或设备灭菌不彻底，以及接种操作不当或设备因素等原因而引起染菌。

（2）发酵前期染菌，此时大部分染菌也是由种子带菌、培养基或设备灭菌不彻底，以及接种操作不当或设备因素、无菌空气带菌等原因而引起染菌。

（3）发酵后期染菌大部分是由空气过滤不彻底、中间补料染菌、设备渗漏、泡沫顶盖污染以及操作问题而引起染菌。

3. 污染的杂菌种类分析

从污染的杂菌种类来看，若染菌的杂菌是耐热的芽孢杆菌，可能是由于培养基或设备灭菌不彻底、设备存在死角等引起；若染菌的是球菌、无芽孢杆菌等不耐热杂菌，可能是由于种子带菌、空气过滤效率低、除菌不彻底、设备渗漏和操作问题等引起；若染菌的是浅绿色菌落的杂菌，就可能是由于设备或冷却盘管的渗漏等引起；若染菌的杂菌是霉菌的话，一般是由于无菌室灭菌不彻底或无菌操作不当而引起；若染菌的是酵母菌，则主要是来自糖液灭菌不彻底。

4.4.5　防治染菌的方法

1. 种子带菌及其防治

种子带菌是发酵前期染菌的重要原因之一，是发酵生产成败的关键，因而对种子染菌的检查和染菌的防治是极为重要的。种子带菌的原因主要有种子保存管染菌、培养基和器具灭菌不彻底、种子转移和接种过程染菌以及种子培养所涉及的设备和装置染菌等。针对上述染菌原因，生产上常采用以下一些措施予以防治。

（1）根据生产工艺的要求和特点，严格控制无菌室的污染程度，间替使用各种灭菌手段对无菌室进行处理。除常用的紫外线杀菌外，如发现无菌室中已染有较多的细菌，就采用石炭酸或土霉素等进行灭菌；如发现无菌室中有较多的霉菌，则可采用制霉菌素等进行灭菌；如果污染噬菌体，通常就用甲醛、双氧水或高锰酸钾等灭菌剂进行处理。

（2）将种子的转移、接种等操作放在超净工作台上进行，保证不被杂菌污染。

（3）在制备种子时对沙土管、斜面、三角瓶及摇瓶均严格加以限制，防止杂菌污染。为了防止染菌，种子保存管的棉花塞应有一定的紧密度，且有一定的长度，保存温度尽量保持相对稳定，不宜有太大的变化。

（4）对每一级种子的培养物均应进行严格的无菌检查，确保任何一级种子均未受染菌后才能使用。

（5）对菌种培养基或器具进行严格的灭菌处理，保证在利用灭菌锅进行灭菌前，先完全排除灭菌锅内的空气，以免造成假压，使灭菌温度达不到预定值，造成灭菌不彻底而使种子染菌。

2. 空气带菌及其防治

无菌空气带菌是发酵染菌的主要原因之一。要杜绝无菌空气带菌，就必须从空气的净化流程和设备的设计、过滤介质的选用和装填、过滤介质的灭菌和管理等方面完善空气净化系统。生产上经常采取以下一些措施。

(1) 加强生产场地的卫生管理，减少生产环境中空气的含菌量，正确选择采气口，提高采气口的位置或前置粗过滤器，加强空气压缩前的预处理等，提高空压机进口空气的洁净度。

(2) 设计合理的空气预处理过程，尽可能减少空气的带油、水量，提高进入过滤器的空气温度，降低空气的相对湿度，保持过滤介质的干燥状态，防止空气冷却器漏水，勿使冷却水压力大于空气压力，防止冷却水进入空气系统等。

(3) 设计和安装合理的空气过滤器，防止过滤器失效。选用除菌效率高的过滤介质，在过滤器灭菌时要防止过滤介质被冲翻而造成短路，避免过滤介质烤焦或着火，防止过滤介质的装填不均而使空气流短路，保证一定的介质充填密度。当突然停止进空气时，要防止发酵液倒流入空气过滤器，在操作过程中要防止空气压力的剧变和流速的急增。

3. 设备渗漏或“死角”造成的染菌及其防治

设备渗漏染菌主要是指发酵罐、补糖罐、冷却盘管、管道阀门等由于化学腐蚀、电化学腐蚀、磨蚀、加工制作不良等原因形成的微小漏孔后发生的渗漏染菌。“死角”染菌是指由于操作、设备结构、安装及其他人为因素造成的不能彻底灭菌的部位引起的染菌。常见的设备、管道渗漏或死角染菌有以下几个方面。

(1) 盘管的渗漏染菌　盘管是发酵过程中用于通冷却水或蒸汽进行冷却或加热的蛇形金属管，由于存在温差，温度急剧变化，或发酵液的 pH 低、化学腐蚀严重等原因，使金属盘管受损，盘管是最易发生渗漏的部件之一，渗漏后带菌的冷却水会进入罐内引起染菌。生产上可采取仔细清洗，检查渗漏等措施加以防治。

(2) 空气分布管的“死角”染菌　空气分布管一般安装于靠近搅拌桨叶的部位，受搅拌与通气的影响很大，易磨蚀穿孔造成“死角”，产生染菌。通常采取频繁更换空气分布管或认真洗涤等措施。

(3) 发酵罐的渗漏或“死角”染菌　发酵罐罐体易发生局部化学腐蚀或磨蚀，产生穿孔渗漏。罐内的部件如挡板、扶梯、搅拌轴拉杆、联轴器、冷却管等及其支撑件、温度计套管焊接处等的周围容易积聚污垢，形成“死角”而染菌。采取罐内壁涂刷防腐涂料、加强清洗并定期铲除污垢等是有效消除染菌的措施。发酵罐的制作不良，如不锈钢衬里焊接质量不好，导致不锈钢与碳钢之间有空气存在，在灭菌加温时，由于不锈钢、碳钢和空气这三者的膨胀系数不同，不锈钢会鼓起或破裂，从而造成“死角”染菌。采用不锈钢或复合钢可有效克服此弊端。同时发酵罐封头上的人孔、排气管接口、照明灯口、视镜口、进料管口、压力表接口等也是造成“死角”的潜在因素，一般通过安装边阀，使灭菌彻底，并注意清洗是可以避免染菌的。除此之外，发酵罐底常有培养基中的固形物堆积，形成硬块，这些硬块包藏有脏物，且有一定的绝热性，使藏在里面的脏物杂菌不能在灭菌时候被杀死而染菌，通过加强罐体清洗、适当降低搅拌桨位置都可减少罐底积垢，减少染菌。发酵罐的修补焊接位置不当也会留下“死角”而染菌。

(4) 管路的安装不当形成“死角”染菌　发酵过程中与发酵罐连接的管路很多，如空气、蒸汽、水、物料、排气、排污管等，一般来讲，管路的连接方式要有特殊的防止微生物污染的要求，对于接种、取样、补料和加油等管路一般要求配置单独的灭菌系统，能在发酵罐灭菌后或发酵过程中进行单独的灭菌。采用单独的排气、排水和排污管可有效防止染菌的发生。另外，法兰的加工、焊接、安装及各个阀门都要符合灭菌的要求，务必使各衔接处管道畅通、光滑。

4. 培养基灭菌不彻底导致的染菌及防治

(1) 原料性状不一造成灭菌不匀而染菌　一般来说，稀薄的培养基比较容易灭菌彻底，而淀粉质原料在升温过快或混合不均匀时容易结块，使团块中心部位包埋有活的杂菌，蒸汽不易进入将其杀死，但在发酵过程中这些团块会散开而造成染菌。同样由于培养基中诸如麸皮、黄豆饼一类的固形物含量较多，在投料时溅到罐壁或罐内的各种支架上，容易形成堆积，这些堆积物在灭菌过程中经受的是干热灭菌，由于传热较慢，其中的一些杂菌也不易被杀灭，一旦灭菌操作完成后，通过冷却、搅拌、接种或液面升高等操作，含有杂菌的堆积物将重新返回培养液中，造成染菌。通常对于淀粉质培养基的灭菌采用实罐灭菌为好，一般在升温前先通过搅拌混合均匀，并加入一定量的淀粉酶进行液化；对于有大颗粒存在时应先过筛去除，再行灭菌；对于麸皮、黄豆饼一类的固形物含量较多的培养基，可采用罐外预先配料，再转至发酵罐内进行实罐灭菌较为有效。

(2) 灭菌时温度与压力不对应造成染菌　灭菌时由于操作不合理，未将罐内的空气完全排除，造成压力表显示“假压”，使罐内温度与压力表指示的不对应，培养基的温度以及罐顶局部空间的温度达不到灭菌的要求，导致灭菌不彻底而染菌。因此，在灭菌升温时，要打开排气阀门，使蒸汽能通过并驱除罐内空气，一般可避免此类染菌。

(3) 灭菌过程中产生的泡沫造成染菌　培养基在灭菌过程中很容易产生泡沫，发泡严重时泡沫可上升至罐顶甚至逃逸，以致泡沫顶罐，杂菌很容易藏在泡沫中，由于泡沫的薄膜及泡沫内的空气传热差，使泡沫内的温度低于灭菌温度，一旦灭菌操作完毕并进行冷却时，这些泡沫就会破裂，杂菌就会释放到培养基中，造成染菌。因此，要严防泡沫升顶，尽可能添加消泡剂防止泡沫大量产生。

(4) 连续灭菌维持时间不够而造成染菌　在连续灭菌过程中，培养基灭菌的温度及其停留时间必须符合灭菌的要求。避免蒸汽压力的波动过大，应严格控制灭菌的温度，过程最好采用自动控温。

(5) 灭菌过程中的压力剧变而造成染菌　在灭菌操作完成后，当用冷却水冷却时，由于突然冷却常会造成负压而吸入外界的带菌空气，造成染菌。一般操作上在进行冷却前需先通入无菌空气维持罐内压力，然后进行冷却，可以避免染菌的发生。

(6) 一些仪器探头等灭菌不彻底造成染菌　发酵过程中采用的一些仪器探头，如控制发酵液 pH 值的复合玻璃电极、测定溶氧浓度的探头等，如用蒸汽进行灭菌，不但容易损坏，还会因反复经受高温而大大缩短其使用寿命，因此，一般常采用化学试剂浸泡等方法来灭菌，但常会因灭菌不彻底而导致染菌。

5. 噬菌体染菌及其防治

对于利用细菌或放线菌进行的发酵容易受噬菌体的污染，由于噬菌体的感染力非常强，传播蔓延迅速，且较难防治，对发酵生产有很大的威胁。噬菌体是一种病毒，直径约 0.1 μm，可以通过环境污染、设备的渗漏或“死角”、空气系统、培养基灭菌不彻底、补料过程及操作失误、菌种带进噬菌体或本身是病源性菌株等途径使发酵染菌。

由于发酵过程中噬菌体侵染的时间、程度不同以及噬菌体的“毒力”和菌株的敏感性不同，所表现的症状也不同。比如谷氨酸的发酵过程，感染噬菌体后，常使发酵液的光密度在发酵初期不上升或回降；pH 值逐渐上升，可达 8.0 以上，且不再下降或 pH 值稍有下降，停滞在 pH7～7.2 之间，氨的利用停止；糖耗、升温缓慢或停止；产生大量的泡沫，有时使发酵液呈现黏胶状；谷氨酸的产量很少，增长缓慢或停止；镜检时可发现菌体数量显著减少，甚至找不到完整的菌体；排出 CO_2 量异常，含量急剧下降；发酵周期逐罐延长；二级种子和发酵对营养要求增高，但培养时间仍然延长；提取时发酵液发红、发灰，泡沫很多，难中和，谷氨酸呈糊状或泥状，分离困难，收率很低等。

噬菌体在自然界中分布很广，在土壤、腐烂的有机物和空气中均有存在，一般来说，造成噬菌体污染必须要具备噬菌体、活菌体、噬菌体与活菌体接触的机会和适宜的环境等条件。噬菌体是专一性的活菌寄生体，脱离寄主菌体不能自行生长繁殖，由于作为寄主的使用菌体的大量存在，并且噬菌体对于干燥有相当强的抗性，同时噬菌体有时也能脱离寄主在环境中长期存在，在实际生产中，常由于空气的传播，使噬菌体潜入发酵的各个环节，从而造成污染。因此，环境污染是噬菌体染菌的主要根源。

至今最有效的防治噬菌体染菌的方法是以净化环境为中心的综合防治法，主要有净化生产环境，消灭污染源，提高空气的净化度，保证纯种培养，做到种子本身不带噬菌体，轮换使用不同类型的菌种，使用抗噬菌体的菌种，改进设备装置，消灭“死角”，药物防治等措施。

本章总结与展望

常用灭菌方法有化学灭菌法，电磁波、射线灭菌法，干热灭菌法，湿热灭菌法，过滤除菌法及火焰灭菌法等，其中湿热灭菌法是发酵培养基及发酵相关设备灭菌的基本方法，空气除菌通常采用过滤除菌法。

湿热灭菌法的灭菌程度与加热温度和受热时间有关，还与微生物对热的抵抗力即热阻有关，一般以能够杀死芽孢细菌的温度和时间为衡量标准，可按 10^{-3} 的染菌概率，即在 1 000 次培养过程中，只允许一次失败。微生物受热死亡的速率遵循对数死亡规律，也有些呈现热死亡非对数动力学行为，主要是一些微生物芽孢。灭菌时选择较高温度、较短时间，既可达到需要的灭菌程度，又可减少营养物质的损失。发酵培养基灭菌可采用间歇灭菌或连续灭菌。影响培养基灭菌的因素主要有培养基成分及其物理状态、pH 值、培养基中的微生物数量、微生物细胞中水含量、微生物细胞菌龄及其耐热性、空气排除情况、搅拌、泡沫等。

空气灭菌的方法有热灭菌法、辐射杀菌法、静电除菌法、介质过滤除菌法等。其中介质过滤除菌法是目前获得大量无菌空气的常规方法。过滤除菌可通过布朗扩散截留、拦截截留、惯性撞击截留、重力沉降、静电吸引等作用实现，一般认为惯性截留、拦截截留和布朗运动的作用较大，而重力和静电引力的作用则很小。用于空气过滤的过滤介质有纤维状物、颗粒状物、过滤纸、微孔滤膜等各种类型的物质。空气除菌的工艺流程有两级冷却、加热除菌流程，冷热空气直接混合式空气除菌流程，高效前置过滤空气除菌流程，将空气冷却至露点以上的流程，利用热空气加热冷空气的流程，一次冷却和析水的空气过滤流程。提高空气除菌效率的方法主要围绕介质来实现，尽量在干燥条件下进行。

由于产品不同、污染杂菌的种类和性质不同、染菌发生的时间不同以及染菌的途径和程度不同，染菌所造成的危害及后果也不同。发酵过程是否染菌应以无菌试验的结果为依据进行判断，目前常用于检查是否染菌的无菌试验方法主要有显微镜检查法、肉汤培养法、平板划线培养或斜面培养检查法、发酵过程的异常现象观察法等。发酵过程一旦发生染菌，应根据污染微生物的种类、染菌的时间或杂菌的危害程度等进行挽救或处理，对有关设备也应进行相应的处理，并分析染菌的原因，总结经验，为以后发酵提供参考。

随着现代发酵技术的迅猛发展，发酵工业对于无菌的要求也越来越高，无菌技术始终是这一系统工程的支撑技术之一。

思考题

1. 列出可用于空气除菌的方法，比较各种方法的优缺点。
2. 分析空气过滤除菌过程中可能存在的过滤机理，指出影响介质过滤效率的主要因素。
3. 简述染菌的检验方法及染菌类型的判断。
4. 影响培养基灭菌效果和灭菌时间的因素有哪些？
5. 感染了噬菌体后应采取哪些措施？
6. 提高空气过滤除菌效率可采用哪些有效措施？
7. 如何根据不同的地域特点选择不同的空气处理流程？
8. 染菌对发酵有什么危害？请分析生产过程染菌的原因和途径，并针对这些原因和途径列出相应的防止染菌的措施。
9. 简述微生物的热阻和培养基湿热灭菌的对数残留定律。
10. 试比较间歇和连续灭菌的工艺流程。

参考文献

[1] 余龙江. 发酵工程原理与技术应用[M]. 北京：化学工业出版社，2006.
[2] 俞俊棠等. 新编生物工艺学[M]. 北京：化学工业出版社，2003.
[3] 贺小贤. 生物工艺学原理[M]. 2 版. 北京：化学工业出版社，2007.
[4] 郝矩，李友荣. 现代生物工艺学[M]. 上海：华东理工大学出版社，2008.
[5] 李艳. 发酵工程原理与技术[M]. 北京：高教出版社，2007.
[6] 徐岩等. 发酵工程[M]. 北京：高等教育出版社，2011.
[7] 伦世仪. 生化工程[M]. 北京：中国轻工业出版社，2008.

第5章 发酵种子的制备

菌种的扩大培养是发酵生产的第一道工序，该工序又称为种子制备。现代发酵工业生产呈现两大显著特点：一是高附加值的基因工程菌发酵规模小、产值高；二是更多的大宗量发酵产品，生产规模越来越大，每个发酵罐的容积有几十立方米到几百立方米。对于规模化的发酵，若按5%～10%的接种量计算，就要接入几立方米到几十立方米的种子。单靠试管或摇瓶里的少量种子直接接入发酵生产罐无法达到必需种子数量的要求，必须从试管保藏的微生物菌种逐级扩大为发酵生产使用的种子。不仅如此，作为发酵工业的种子，其质量是决定发酵成败的关键，只有将数量多、代谢旺盛、活力强的种子接入发酵生产罐中，才能实现缩短发酵时间、提高发酵效率和抗杂菌感染的能力等目标。因此，如何提供发酵产量高、生产性能稳定、数量足够而且没被其他杂菌污染的生产菌种，是种子制备工艺的关键。

5.1 种子扩大培养概述

菌种的扩大培养是指将保藏的菌种，即砂土管、冷冻干燥管中处于休眠状态的生产菌种接入试管斜面活化，再经过摇瓶及种子罐逐级扩大培养，从而得到一定数量和质量的纯种的过程，这些纯种培养物称为种子。菌种扩大培养不但要得到纯而壮的培养物，而且还要获得活力旺盛的、接种数量足够的培养物。不同产品、不同菌种和不同生产工艺所对应的扩大培养工艺流程不同，但总体目标都是为了能够高效生产优质产品。

5.1.1 种子扩大培养的目的

1. 满足规模化发酵的要求

种子制备不仅要使菌体数量增加，更重要的是经过种子制备培养出具有高质量的生产种子供发酵生产使用。菌体数量是实现工业化发酵生产的基础和前提，菌体浓度是发酵工业高效率和高质量的保证，是缩短发酵周期及降低成本的必然要求。因此种子扩大培养的目的就是为每次发酵罐的投料提供一定数量代谢旺盛的种子。

工业发酵用菌种一般都采用沙土管、斜面试管等保藏，要获得发酵用菌种，必须将保藏的菌种经过逐级活化获得一定数量的纯培养物。而工业规模的发酵罐体积已达到几十立方米至几百立方米，单靠试管里的种子直接接入是不可能达到必需的数量和质量的，必须从试管中的微生物菌种逐级扩大为生产使用的种子。

2. 使菌种逐渐适应大生产的培养条件

通过种子的扩大培养，可达到驯化菌种的目的，一般试管活化或者摇瓶培养用培养基多采用合成培养基，此种培养基成分明确、微生物容易利用，但价格较高；而种子罐发酵用的培养基是或接近于发酵用培养基，多为天然培养基，此种培养基来源广、价格低，适宜于规模化发酵生产。微生物菌种从斜面试管或摇瓶到种子罐逐级扩大培养的过程就是微生物不断适应新体系的过程，通过调节培养基组成、发酵温度、pH 等因素逐步向生产阶段的真实环境逼近，调理菌体的代谢，让菌体在快速增殖的同时使菌体的各项生理性能向最适宜于生产需要的方向趋近，从而也完成微生物菌种在培养条件上的驯化。

3. 缩短发酵周期和减少杂菌污染

发酵接种菌种的时间和接种量适宜，细胞生长繁殖速度快，很快进入发酵期，缩短发酵时间，同时通过种子的扩大培养，还可以减少杂菌污染，为发酵的正常进行提供保证。菌种在扩大培养的过程中，所采用的培养条件都是适合目的菌种的，因此，目的菌种的活力、生长速率等几乎都能达到最佳状态，从而成为发酵体系的优势菌种，其对底物的利用及其产生的某些代谢物都能够在一定程度上抑制其他微生物的生长和繁殖。

5.1.2 发酵工艺对种子的要求

作为大规模发酵生产的微生物菌种，应尽可能满足下列要求。

(1) 菌种细胞的生长活力强，接种到以廉价原料作为培养基的发酵体系后，能迅速生长且迟滞期短。

(2) 生理性状稳定，能使菌体生长过程保持稳定。

(3) 菌体总量及浓度能满足大容量发酵罐的要求。

(4) 无杂菌污染，以保证发酵的正常进行。

(5) 具有持续稳定的生产能力，保证目的产物持续高效稳定地生产。

要获得优质的发酵种子，种子的转接必须在不引起种子染菌的场所进行，应该有能使保藏的菌种经接种后能最大限度地保存活力的方法，还应该具有定量判断种子质量标准的方法及定量分析菌种生理状态的措施，此外，还应该选择能满足种子扩大培养的容器设备等条件。

5.1.3 种子扩大培养的工艺流程

种子制备包括实验室种子制备阶段和生产车间种子制备阶段(图 5-1)。过程大致可分为以下几个步骤。

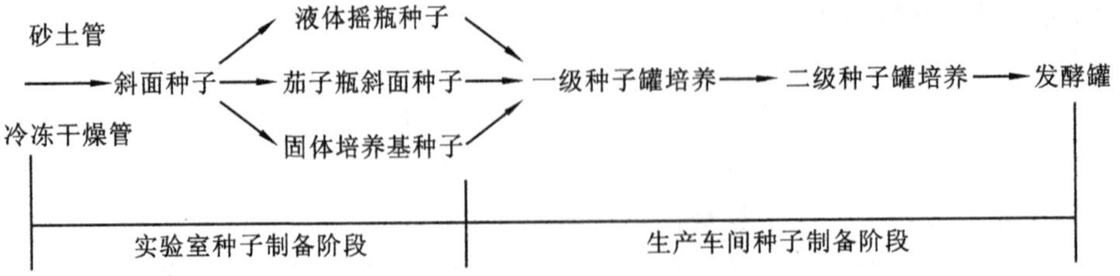

图 5-1 种子扩大培养工艺流程图

(1) 将砂土管或冷冻孢子接种到斜面培养基中进行活化培养。

(2) 将长好的斜面孢子或菌丝体转接到扁瓶固体培养基或摇瓶液体培养基中进行扩大培养，制备实验室种子。

(3) 将扩大培养的孢子或菌丝体接种到一级种子罐，制备生产用种子；如果需要，可将一级种子再接种至二级种子罐进行扩大培养，完成生产车间种子的制备。

（4）制备好的生产种子转接到发酵罐中进行发酵生产。

5.1.4　种子扩大培养的方法

1. 液态发酵种子培养的方法

在工业发酵过程中，种子培养的方法主要有两种：一种是先将种子在固体培养基上生长繁殖形成大量孢子，将孢子直接接入种子罐扩大培养；另一种是将固体培养基上繁殖的菌种接入摇瓶液体培养基中生长繁殖，再将摇瓶种子接入种子罐扩大培养。在生产上，前一种方法称为孢子进罐法，后一种方法称为摇瓶种子进罐法。

目前在发酵生产中，除细菌、霉菌采用孢子进罐法以外，一些放线菌也采用这种方法。此法的优点是工艺过程简单，一次可以制备较大量的孢子，易于保存，可以节省大量的人力、物力和时间，又可减少杂菌污染的机会。另外，孢子在接入种子罐之前，可先对其质量进行鉴定，合格的孢子才能接入种子罐，这样就可控制孢子质量，减少生产中批次之间的差异性。此法的缺点是砂土管或冷冻管的用量大。

摇瓶种子进罐法适用于生长发育缓慢的放线菌。此法的优点是可以节省砂土管或冷冻管的用量，缩短菌种在种子罐内的生长时间。缺点是菌种制备工艺时间长，增加了杂菌污染的机会。

对于兼性厌氧和专性厌氧微生物菌种，适宜采用液体厌氧培养。除掉培养液中的氧气或者加入还原剂（如 0.1%的巯基乙酸钠盐，0.01%的硫化钠等）造成厌氧环境，在厌氧条件下接入微生物菌种，在厌氧培养箱中恒温培养，将获得的菌体作为种子。

2. 固态发酵种子培养的方法

固态发酵种子的制备通常采用浅盘固体培养或种曲机培养，统称曲法培养，它来源于我国酿造生产特有的传统制曲技术，用固体培养方式得到的种子称为固态种子。传统上的固态种子，实际上是经过比较后认为质量较好而被保留的种曲，其优点是可长期保存、便于携带或运输；固态种子培养设施也相对简单，可用常规的固态发酵设施。但固态种子生产过程中，如果条件较差，可能会染菌，致使种曲中含杂菌数高，这种情况应尽量避免。

目前，固态种子可通过菌种的逐级扩大培养方式，在短时间内大量培养。人工纯粹扩大培养种曲的过程为：试管（或茄子瓶）原种→三角瓶种子→曲盘或种曲机培养的种曲（生产用种子）。

在传统工艺操作中，是将培养物料堆积于曲盒、竹匾和金属盘中，然后放置于较彻底消毒的培养室内进行培养。而此过程并非是严格的纯粹培养，培养过程中仍有许多机会染菌，操作上也以人工操作为主。为保证纯粹培养，可采用完全密闭，通入无菌空气的“种曲机”作为种曲的培养装置。种曲机的特点是整个菌种的培养过程可避免杂菌污染，操作可实现自动控制，避免人为失误，对菌种培育产生不良影响。

5.2　发酵工业种子的制备

在发酵工业中，各个生产紧密相关，任何一个环节达不到生产工艺的要求，都会造不可逆转的巨大损失。发酵菌种是发酵过程中进行物质转化的主角，而发酵工业种子的制备是发酵正常进行和成功运行的重要环节。不同菌种的种子制备工艺大体相似，但在某些细节上，如培养温度、时间、培养基组成等方面会因种子的不同而有所不同，而这些差别正是种子扩大培养是否能成功的关键。因此，在进行发酵工业种子的制备过程中，除了必须按照种子扩大培养的一般原则和一般流程执行外，还应该根据具体菌种的生理生化特性及生产工艺要求对种子制备工艺进行适当调整。发酵工业种子的制备包括两个阶段，即实验室种子制备和生产车间种子制备。

5.2.1 实验室种子制备

实验室种子的制备一般采用孢子制备和液体种子制备两种方式。

1. 孢子制备

孢子制备是种子制备的开始，是发酵生产的重要环节之一。不同菌种的孢子制备工艺均有其自身的特点。

(1) 细菌孢子(芽孢)的制备　细菌种子一般保存于冷冻管，而产芽孢的细菌也可用斜面试管或者沙土管保存，其扩大培养工艺流程为：冷冻管或斜面或沙土管→斜面→斜面一代→斜面二代→种子罐→发酵罐。

细菌的斜面培养基多采用碳源限量而氮源丰富的配方，牛肉膏、蛋白胨常用作有机氮源。细菌培养的最适温度一般为 37 ℃，但来源于特殊环境的微生物除外。细菌菌体培养时间一般为 1～2 天，产芽孢的细菌则需培养 5～10 天。

(2) 放线菌孢子的制备　放线菌的孢子培养一般采用半合成培养基，培养基中含有麸皮、蛋白胨和无机盐等一些适合产孢子的营养成分。培养基中碳源和氮源不能太丰富，碳源丰富易造成生理酸性的营养环境，不利于孢子的形成，而氮源过于丰富只有利于菌丝的繁殖而不利于孢子的形成。放线菌孢子的一般制备工艺流程为：菌种→斜面一代→斜面二代→摇瓶种子(菌丝)→种子罐→发酵罐。

放线菌斜面的培养温度大多数为 28 ℃，少数为 37 ℃，培养时间为 5～14 天。一般而言，干燥和限制营养可直接或间接诱导孢子形成。制备放线菌孢子时，首先要制备合格的琼脂斜面，进行斜面传代，最好不要超过三代，以防衰老和变异，必要时对斜面进行观察。采用哪一代的斜面孢子接入液体培养基培养，视菌种特性而定。采用母斜面孢子接入液体培养基有利于防止菌种变异，采用子斜面孢子接入液体培养基可节约菌种用量。菌种可通过孢子进罐法和摇瓶菌丝进罐法进入种子罐，前者可减少批次之间的差异，工艺简单，方便操作，便于控制孢子质量，后者可以缩短种子在种子罐的培养时间。

(3) 霉菌孢子的制备　霉菌的孢子一般以大米、小米、玉米、麸皮、麦粒等来源丰富、简单易得、价格低廉的天然农产品作为培养基进行培养。天然培养基营养丰富，所含成分较适合霉菌的孢子繁殖，而且这类培养基的表面积较大，一般比合成培养基产生孢子的数量多。霉菌孢子的扩大培养工艺流程为：冷冻管或斜面或沙土管→母斜面→子斜面→摇瓶→种子罐→发酵罐。

将保存的孢子接种于斜面培养，待孢子成熟后制孢子悬液，将其接种于大米或小米等培养基上，培养成为“亲米”，由“亲米”再转到大米或小米培养基上，培养成为“生产米”并接入种子罐。霉菌的培养温度一般为 25～28 ℃，培养时间为 4～14 天。为了使通气均匀，菌体分散度大，局部营养供应均一，在培养过程中要注意翻动或搅动培养基。

无论采用哪一种制备孢子的方法，在制备过程中都要严格进行无菌检查，即把接种用的接种针或吸管做无菌试验。培养好的斜面也要仔细检查其是否有杂菌污染。

2. 液体种子制备

有些菌种孢子发芽和菌丝繁殖速度缓慢，为缩短种子培养周期及保证种子质量，需将孢子经摇瓶培养成菌丝后再进罐。制备液体种子的目的是使孢子发芽并成为健壮的菌丝，同时对斜面孢子的质量和无菌情况进行分析，然后选种。摇瓶种子的培养通常用三角瓶进行液体恒温振荡，培养时温度、时间、培养基组成等依不同菌种而定，三角瓶中的菌种由斜面培养的种子接入。摇瓶相当于小体积的种子罐，其培养基配方和培养条件与种子罐相似。摇瓶进罐，常采用母瓶、子瓶两级培养，有时母瓶也可以直接进罐。母瓶培养基成分比较丰富，易于分解利用，氮源丰富利于菌丝生长；子瓶培养基更接近于种子罐的培养基组成。摇瓶培养基在原则上各种成分都不易过浓，pH 也应适当稳定。摇瓶液体种子的质量主要通过外观颜色、菌丝浓度或黏度、pH、效价及糖氮代谢等来判断，只有符合要求的液体种子才可进罐。

5.2.2　生产车间种子制备

将实验室制备的种子移到种子罐扩大培养，种子罐培养基虽因不同菌种而异，但配制原则相同，即采用易被微生物菌种利用的成分如葡萄糖、玉米浆、磷酸盐等，好氧种子进罐培养时需要供给足够的无菌空气并不断搅拌，使每部分菌丝体在培养过程中获得相同的培养条件，营养成分及溶解氧均匀获得。孢子悬液一般采用微孔接种法接种。摇瓶菌丝体种子可在火焰的保护下接入种子罐或采用压差法接入。生产车间制备种子时应考虑种子罐级数、种龄及接种量。

种子罐的作用是使孢子发芽，生长繁殖成菌（丝）体，接入发酵罐能迅速生长，达到一定的菌体量，以利于产物的合成。种子罐级数是制备种子需逐级扩大培养的次数。种子罐的级数主要取决于菌种的性质和菌体生长速度及发酵设备的合理应用。对于细菌来说，菌体生长快，种子用量比例少，级数也较少，一般采用二级发酵；对于生长较慢的链霉菌，一般采用三级发酵或四级发酵。孢子发芽和菌体开始繁殖时，菌体量很少，在小型发酵罐内即可进行。产物是在菌体大量形成并达到一定生长阶段后形成的，需要在大型发酵罐内才能进行。种子罐的级数少有利于简化工艺，并可减少由于多次移种而产生的染菌概率。但种子级数太少，接种量小，发酵时间延长，降低发酵罐的生产率，反而会增加染菌机会。

5.2.3　基因工程菌种子培养

近年来，重组 DNA 技术（基因工程）已开始由实验室走向工业生产，基于基因工程的菌种在发酵工业中扮演着越来越重要的角色。要获得基因工程菌，首先应该确定目的产物并找出产该产物的微生物；提取该微生物的信使 RNA，利用基因扩增技术（PCR）找出所需的目的基因；将目的基因通过载体转入受体细胞内，然后选择合适的培养条件使细胞繁殖；最后根据选择性标记，从菌落中筛选出基因工程菌。

研究表明，基因工程菌在发酵生产过程中会出现不稳定性，这种不稳定性已经成为基因工程这一高技术成就转化为生产力的关键之一。因此，作为发酵工业的种子，基因工程菌必须满足一些条件：首先菌株是分泌型的，其发酵产品是高浓度、高转化率和高产率的；其次菌株是非致病性菌，不产内毒素，能利用常用的碳源，并可进行连续发酵代谢且容易控制；最后，菌株能进行适当的 DNA 重组，并且稳定，重组的 DNA 不易脱落。

基因工程菌和常规微生物并无太多的差异，但由于在发酵生产过程中的不稳定性以及安全性等问题，使其培养有着自身所特有的特点。经过重组的菌和质粒一旦用于工业化生产，就不可避免地进入自然界。因此，基因工程菌的安全问题不容忽视。在发酵工业中进行重组菌培养时的设备标准有 LS-1 和 LS-2。其中，LS-2 相当严格，而进行基因工程菌发酵的设备至少应该采用 LS-1 标准。LS-1 标准的要点主要有以下几个方面：①培养装置密闭性强，能有效防止重组菌体外漏，并能在密闭状态下进行内部灭菌；②培养装置的排气通过除菌器排出；③培养装置如果易产气溶胶，应安装相应的收集气溶胶的安全箱等。除了基因工程菌的培养要注意安全外，培养后的菌体分离、破碎等处理也必须在安全柜内进行，或是采用密闭型的设备。

基因工程菌的培养包括以下两个过程：首先，通过摇瓶培养，探索基因工程菌生长的基础条件，如培养基各种组分、pH、温度、分析表达产物的合成和积累对受体细胞的影响；其次，通过培养罐来确定培养参数和控制方案以及顺序。基因工程菌种子的一般制备工艺流程为：菌种→一级种子摇瓶→二级种子罐培养。

基因工程菌种子的培养可通过补料分批培养、连续培养、透析培养、固定化培养四种方式获得。

5.3 种子质量的控制

对于发酵工业而言，种子的质量至关重要，是生产是否能顺利进行的关键。种子的多种生理生化特性可以反映出种子的质量，故在生产实践中，可以通过监测微生物种子的一些特性来判断种子质量的优劣，从而保证发酵种子的高质性。种子的生产性能不仅和种子本身的遗传特性相关，还同扩大培养过程中的控制相关。

5.3.1 影响孢子质量的因素及质量控制

影响孢子质量的因素通常有培养基、培养温度、培养湿度、培养时间、冷藏时间及接种量。

1. 培养基

培养基的组成对种子质量的影响非常大。构成孢子培养基的原材料，其产地、品种、加工方法和用量对孢子质量都有一定的影响。琼脂品牌不同对孢子质量的影响也不同，原因是不同品牌的琼脂含有不同的无机盐。为了减少琼脂差异对孢子质量产生的影响，在使用前可先将琼脂用水浸泡处理，以去除其中的可溶性杂质。不同地区、不同季节及水源水质量，均可造成水质波动，影响种子质量。菌种在固体培养基上可呈现多种不同代谢类型的菌落，氮源种类越多，出现的菌落类型也越多，不利于生产的稳定。为此，用于配制培养基的原料要经过发酵试验合格方可使用；灭菌后培养基的质量要严格控制；斜面培养基在使用前，需在适当温度下放置一定时间，以确定所用培养基是否染菌；供生产用的孢子培养基要用比较单一的氮源，而作为选种或分离应用较复杂的有机氮源。

2. 培养温度和湿度

温度对多数品种斜面孢子质量有显著的影响，尽管微生物能在一个较宽的温度范围内生长，但要获得高质量的孢子，其必须在一个最适温度条件下才可实现，而这一最适温度是在很狭窄的区间内。培养温度不同，菌的生理状态也不同，如果不是用最适温度培养的孢子，其生产能力就会下降。因此，一般各生产单位都要严格控制孢子斜面的培养温度。

斜面孢子培养基的湿度对孢子形成的速度、数量和质量有很大影响。在寒冷干燥地区，由于气候干燥,空气相对湿度偏低,培养基的水分蒸发快,致使斜面下部含有一定水分,而上部易干瘪,这时孢子长得快,且从斜面下部向上长;在气温高且湿度大的地区,空气相对湿度高,斜面内水分蒸发慢,这时斜面孢子从上部往下长,下部因积存冷凝水致使孢子生长慢或孢子不能生长。一般来说,真菌对湿度要求偏高,而放线菌对湿度要求偏低。

3. 培养时间和冷藏时间

孢子本身是一个独立的遗传体,其遗传物质比较完整,因此孢子用于传代和保存均能保持原始菌种的基本特征。丝状菌在斜面培养基上的生长发育过程可分为孢子发芽和基质菌丝生长、气生菌丝生长、孢子形成、孢子成熟及衰老菌丝自溶五个阶段。一般来说衰老的孢子不如年轻的孢子,因为衰老的孢子已在逐步进入发芽阶段,核物质趋于分化状态。过于衰老的孢子会导致生产能力下降,因此,孢子的培养时间应控制在孢子量多、孢子成熟、发酵产量正常的阶段终止培养。

孢子过于年轻则经不起冷藏,过于衰老则生产能力又会降低。斜面孢子的冷藏时间对孢子质量也有影响,其影响随菌种不同而异,总的原则是冷藏时间宜短不宜长。

4. 接种量

孢子数量的多少也会影响孢子质量。接种量过大或过小均对孢子质量产生影响,因为接种量的大小影响到在一定量培养基中孢子的个体数量的多少,进而影响到菌体的生理状况。接种量大,可缩短发酵罐中菌丝繁殖达到高峰的时间,并可减少杂菌生长机会,但接种量过大,又会使菌丝生长过快,培养液黏度增加,从而造成发酵体系溶解氧不足。

5.3.2　影响种子质量的因素及质量控制

种子的质量是发酵能否正常进行的重要因素之一。种子质量主要受孢子质量、培养基、培养条件、种龄和接种量等因素的影响。

1. 培养基

种子培养基的原材料质量的控制类似于孢子培养基原材料质量的控制。液体种子培养基应选择有利于孢子发芽和菌体生长的培养基,在营养上要易于被菌体直接吸收和利用,其营养成分要适当丰富和完全,氮源和维生素含量要高,还要尽可能与发酵培养基相近。

2. 培养条件

影响种子质量的培养条件主要是培养温度和通气量。总体上来说,微生物适宜生长的温度范围较大,但是具体到某一种微生物,则只能在有限的温度范围内。因此种子培养应选择最适温度。在种子罐中培养的种子除保证供给易被利用的培养基外,还要有足够的通气量提高种子质量。一般培养前期需氧量较少,培养后期需氧量较多,应适当增大供氧量。在发酵生产中,有时种子培养会产生大量泡沫而影响正常的通气搅拌,此时应严格控制培养基的消毒质量,甚至考虑改变培养基配方以减少发泡。

3. 种龄

种龄是表示种子罐中培养的菌丝体开始移入下一级种子罐或发酵罐时的培养时间。菌体在生长发育过程中,不同生长阶段的菌体的生理活性差别很大,种龄的控制就显得非常重要。种子培养时间太长,菌种趋于老化,生产能力下降,菌体自溶,种龄过短,发酵前期生长缓慢。通常种龄是以处于生命力极旺盛的对数生长期,菌体量还未达到最大值时的培养时间较为合适。不同菌种或同一菌种工艺条件不同,种龄也不同,因此最适的种龄应通过多次试验,特别要根据本批种子质量来确定。

4. 接种量

接种量的大小与菌种特性、种子质量和发酵条件等有关，不同的微生物其发酵的接种量是不同的。采用适宜的接种量，种子进入发酵罐能较快适应环境，种子液中含有的水解酶可促进菌种对发酵培养基的利用，种子生长繁殖快，产物合成速度也快。接种量过大或过小都会对种子的质量造成不好的影响。通常情况下，细菌的最适接种量为1%～5%，酵母菌为5%～10%，霉菌为7%～15%。

5.3.3 影响基因工程菌种子质量的主要因素

影响基因工程菌种子质量的因素通常有培养基、培养温度、接种量、溶解氧、诱导时机及pH。

1. 培养基

培养基的组成不仅影响基因工程菌的生长、代谢产物的合成，对菌体功能稳定性还有一定的影响。因此，作为基因工程菌的培养基，其组成既要提高微生物菌种的生长速率，又要保持工程菌的稳定性，使外源基因高效表达。碳源的种类对菌体的生长和外源基因表达有较大的影响。常用的碳源有葡萄糖、甘油、乳糖、甘露糖、果糖等，其中，葡萄糖对lac启动子有阻遏作用，乳糖对lac启动子有利。常用的氮源有酵母提取液、酪蛋白水解物、玉米浆、氯化铵等，其中酪蛋白水解物有利于产物的合成与分泌。色氨酸对trp启动子控制的基因有影响。

2. 培养温度

温度能影响基因工程菌各种酶的反应速度，改变菌体代谢产物的反应方向，影响代谢调控机制。基因工程菌扩大培养时采用的温度既要有利于菌体的生长，又要有利于菌体代谢产物的合成，还应该不影响蛋白质的活性和包含体的形成。

3. 接种量

接种量的大小影响发酵的产量和发酵周期，接种量大，菌体生长迅速，延滞期缩短，适于外源基因表达，但过大的接种量会造成菌体过快生长以及代谢物过多积累，进而抑制后期菌体的生长。接种量太小导致菌体生长缓慢，菌龄老化，不利于外源基因的表达。

4. 溶解氧

对于好氧的基因工程菌种子的扩大培养，溶解氧至关重要。基因工程菌的生长需要大量的氧，而外源基因的高效表达需要大量的能量，这些能量的产生必然要求菌体有较强的呼吸作用，因此，溶解氧有利于外源基因的高效表达，提高溶氧速度和氧的利用率，就能有效地提高发酵产率。

5. 诱导时机

基因工程菌的培养并不都需要加入诱导剂，有时基因工程菌在生长过程中会产生所需的诱导剂。但有些基因工程菌的发酵，只有在其底物中加入诱导剂或者利用物理诱导方式，菌体才能合成目的产物。噬菌体启动子PL受CI阻遏蛋白阻遏，很难直接诱导控制。在基因工程中一般使用CI阻遏蛋白的温度敏感型突变株(clts857)控制PL。培养温度为28～30 ℃时，该突变体能合成有活性的阻遏蛋白阻遏PL启动子的转录；当温度升高到42 ℃时，该阻遏蛋白失活脱落，PL便可介导目的基因的表达，使启动子启动转录，提高目的基因的表达效率。一般在对数生长期或对数生长后期升温诱导表达。

6. pH

每一种微生物都有自己生长与合成酶的最适pH，同一菌种合成酶的类型与酶系组成可随 pH 的改变而产生不同程度的变化。对于基因工程菌的扩大培养而言，工程菌的正常生长和外源蛋白的高效表达都会受到 pH 的影响，因此，在具体工业发酵实践中，应根据工程菌的生长和代谢情况对 pH 进行适当的调节。

5.3.4　种子质量检测

种子质量检测即种子质量的检查与判断。种子质量差会给发酵带来较大的影响。然而种子内在质量常被忽视，由于种子培养的周期短，可供分析的数据较少，因此种子异常的原因一般较难确定。发酵工业生产上种子质量的检测要遵循一定的标准。

1. 细胞或菌体

菌体形态、菌体浓度以及培养液的外观，是种子质量的重要指标。在菌体形态方面，单细胞要求菌体健壮、菌形一致、均匀整齐，有的还要求有一定的排列或形态；而霉菌、放线菌要求菌丝粗壮、对某些染料着色力强、生长旺盛、菌丝分枝情况和内含物情况好。种子中不含杂菌，未被污染。

2. 生化指标

种子液的糖、氮等的含量变化和 pH 变化是微生物菌种生长繁殖、物质代谢的反映，可以通过检测这些指标来判断种子质量的优劣。

3. 产物生成量

种子液中产物生成量的多少是种子生产能力和成熟程度的反映，因此，产物生成量可作为种子质量检测的一个指标。在工业生产中，种子液中产物的生成量是多种抗生素发酵考察种子质量的重要指标。

4. 酶活力

种子液中某种酶的活力，与目的产物的产量有一定的关联。因此，测定种子液中某种酶的活力，可以作为种子质量的标准。

5.4　种子异常分析

在生产过程中，种子质量受各种各样因素的影响，种子培养异常的表现主要有菌体生长缓慢、菌丝粘壁或结团、菌体老化、培养液的理化参数改变等。

1. 菌种生长缓慢

菌种在种子罐生长缓慢和孢子质量以及种子罐的培养条件有关。培养基质量下降、菌体老化、灭菌操作失误、供氧不足、培养温度偏高或偏低、酸碱度调节不当、接种物冷藏时间长或接种量过低或接种物本身质量差等都会引起菌体生长缓慢。

2. 菌丝粘壁或结团

在液体培养条件下，繁殖的菌丝并不分散舒展而聚成团从而形成菌丝团。菌丝团菌丝仅在表面生长，其中央结实，使内部菌丝的营养吸收和呼吸受到很大影响，从而不能正常生长。搅拌效果不好，泡沫过多以及种子罐装料系数过小等原因，使菌丝逐步黏附在罐壁上，其结果使培养液中菌丝浓度减少，最后就可能形成菌丝团。

3. 菌体老化

菌体老化主要表现在菌体浓度低、染色不匀、出现较多的中大液泡等。种子培养基原料质量差、灭菌过度、培养温度超出最适范围、接种物本身老化等均会导致菌体老化。

4. 代谢异常

种子在培养过程中出现代谢异常，包括糖、氨基氮、菌体浓度、代谢产物等的异常变化。导致培养液的理化参数改变的原因很多，诸如接种物质量、培养基质量以及灭菌质量等。

本章总结与展望

菌种是微生物工业实现从原料到目的产物过程的关键，它直接决定着生产效率、产品成本和产品质量，可以认为菌种是微生物工业的生命。菌种的扩大培养是发酵生产的第一道工序，该工序又称为种子制备。种子制备不仅要使菌体数量增加，更重要的是，经过种子制备培养出具有高质量的生产种子供发酵生产使用。发酵工艺的种子必须达到一定的要求才可以作为菌种。不同菌种的种子制备工艺大体相似，但在某些细节上，如培养温度、时间、培养基组成等方面会因种子的不同而有所不同，而这些差别正是种子扩大培养是否能成功的关键。因此，在进行发酵工业种子的制备过程中，除了必须按照种子扩大培养的一般原则和一般流程执行外，还应该根据具体菌种的生理生化特性及生产工艺要求对种子制备工艺进行适当调整。种子制备包括实验室种子制备阶段和生产车间种子制备阶段。种子的制备一般采用两种方法，即固体培养法和液体培养法。对于产孢子能力强或孢子发芽、生长、繁殖快的菌种可以采用固体培养基培养以获得孢子。对于产孢子能力不强或孢子发芽慢的菌种，可以用液体种子培养法。基因工程菌的培养包括以下两个过程：首先通过摇瓶培养，探索基因工程菌生长的基础条件；其次通过培养罐来确定培养参数和控制方案以及顺序。种子的质量是生产是否能顺利进行的关键。影响孢子质量的因素通常有培养基、培养温度、培养湿度、培养时间、冷藏时间及接种量。种子质量主要受孢子质量、培养基、培养条件、种龄和接种量等因素的影响。而培养基、培养温度、接种量、溶解氧、诱导时机及 pH 都会影响基因工程菌种子质量。发酵工业生产上种子质量的检测要以细胞或菌体、生化指标、产物生成量及酶活力四个方面作为指标。在生产过程中，种子质量受各种各样因素的影响，种子培养异常的表现主要有菌体生长缓慢、菌丝粘壁或结团、菌体老化、培养液的理化参数改变等。因此，种子的制备包括了从实验室阶段到生产车间阶段的系列工作与操作，在实际工作中应该加以重视。

思考题

1. 什么是种子的扩大培养？种子扩大培养的目的是什么？
2. 发酵工艺对种子的要求是什么？
3. 种子扩大培养的一般工艺流程有哪些？
4. 种子扩大培养的方法是什么？
5. 实验室种子制备和生产车间种子制备有哪些不同？
6. 什么是发酵级数？发酵级数确定的依据是什么？发酵级数对发酵有何影响？影响发酵级数的因素有哪些？
7. 基因工程菌种子培养要注意什么？
8. 影响种子质量的因素有哪些？如何控制？
9. 影响基因工程菌种子质量的主要因素有哪些？

10. 种子质量如何检测？

11. 种子异常的表现有哪些？

参考文献

[1] 肖东光.微生物工程原理[M].北京:中国轻工业出版社,2004.

[2] 陈代杰,朱宝泉. 工业微生物菌种选育与发酵控制技术[M]. 上海:上海科学技术文献出版社,1995.

[3] 何建勇. 发酵工艺学[M]. 北京:中国医药科技出版社,2009.

[4] 蒋新龙. 发酵工程[M]. 杭州:浙江大学出版社,2011.

[5] 李艳,李江华. 发酵工程原理与技术[M]. 北京:高等教育出版社,2007.

[6] 刘冬,张学仁. 发酵工程[M]. 北京:高等教育出版社,2007.

[7] 欧阳平凯,曹竹安,马宏建. 发酵工程关键技术及其应用[M]. 北京:化学工业出版社,2005.

[8] 邱立友. 发酵工程与设备[M]. 北京:中国农业出版社,2008.

[9] 韦革宏,杨祥. 发酵工程[M]. 北京:科学出版社,2008.

[10] 吴松刚. 微生物工程[M]. 北京:科学出版社,2004.

[11] 熊宗贵. 发酵工艺原理[M]. 北京:中国医药科技出版社,2003.

[12] 许赣荣. 发酵工程[M]. 北京:科学出版社,2013.

第6章 发酵机制及发酵动力学

发酵工程以微生物积累的代谢产物为产品。由于微生物种类、遗传特性和环境条件的多样性，因此，微生物代谢产物的种类很多，如乙醇、丙酮丁醇、有机酸、氨基酸、核苷酸、蛋白质、抗生素、维生素、脂肪、多糖等。在自然状态下，微生物通过体内复杂的代谢调控体系控制其代谢活动，经济合理地利用和合成所需要的各种物质和能量，防止中间产物和终产物的过量积累，使细胞处于平衡生长状态。但在以微生物代谢产物为目的的发酵生产中，往往需要微生物高浓度的过量积累某一种代谢产物。为此，必须通过化学的、物理的或生物的方法人为解除微生物原有的代谢调控机制，建立新的代谢方式，使之能够过量合成、积累和分泌特定的产物。为了实现这一目标，就必须系统地研究微生物内在的发酵机制，即微生物合成代谢产物的途径和代谢调节机制，从而掌握控制和改变微生物代谢方向的措施。

微生物发酵过程中主要包含微生物生长、基质消耗和代谢产物生成等方面，其中微生物生长是关键。在各种不同的理化环境中生长的微生物，它们的生长代谢活动实际上是其对所处的理化环境的一种响应。发酵动力学是对微生物生长和产物形成过程的定量描述，它研究微生物生长、发酵产物合成、底物消耗之间的动态定量关系，确定微生物生长速率、发酵产物合成速率、底物消耗速率及其转化率等发酵动力学参数特征，以及各种理化因子对这些动力学参数的影响，并建立相应的发酵动力学过程的数学模型，从而达到认识发酵过程规律及优化发酵工艺、提高发酵产量和效率的目的。

6.1 微生物的代谢产物

微生物的新陈代谢途径错综复杂，代谢产物多种多样。人们将微生物的代谢分为初级代谢和次级代谢，这种分类的依据最早来自人们对植物代谢产物的分类。很多年以前植物生理学家就将高等植物产生代谢产物分为两大类：一类是几乎所有植物都能够产生的代谢产物，如叶绿素、蛋白质等，把它们称为初级代谢产物；另一类是只有个别植物才能产生的代谢产物，如樟脑、单宁等，把它们称为次级代谢产物。后来由英国的微生物学家 Lock 和美国的微生物学家 Demains 首先把高等植物中的次级代谢产物的概念引入到微生物中，把微生物的代谢产物分初级代谢产物和次级代谢产物。

6.1.1 初级代谢产物及特点

初级代谢产物是指与微生物的生长繁殖有密切关系的代谢产物，例如氨基酸、蛋白质、核苷酸、核酸、多糖、脂肪酸、维生素等。这些代谢产物往往是各种不同种生物所共有的，且受生长环境影响不大。

微生物初级代谢产物具有如下特点：①它们是菌体生长繁殖所必需的物质；②它们是各种微生物所共有的产物。微生物的初级代谢产物，不仅是菌体生长繁殖所必需的产物，同样也是具有广泛应用前景的化合物。例如，氨基酸、核苷酸、脂肪酸、维生素、蛋白质、酶类、多糖、有机酸等被分离精制成各种功能食品、医药产品、轻工产品、生物制剂等。菌体对初级代谢活动有着严格的调控系统，一般不能积累多余的初级代谢产物。能积累这些代谢产物的微生物都是代谢失控的突变菌体，如营养缺陷型、结构类似物抗性变株、生化调节变株等，因此，人们为了获得上述有重要作用的初级代谢产物，就必须了解其代谢调控机制，打破菌体的调控，让其积累更多的、有益的初级代谢产物，提高产量，造福于人类的生活和健康。

6.1.2　次级代谢产物及特点

次级代谢是与生物的生长繁殖无直接关系的代谢活动，是某些生物为了避免初级代谢中间产物的过量积累或由于外界环境的胁迫，而产生的一类有利于其生存的代谢活动。例如，某些微生物为了竞争营养物质和生存空间，分泌抗生素来抑制其他微生物的生长甚至杀死它们。

1. 次级代谢产物的分类

与初级代谢产物相比，次级代谢产物种类繁多、类型复杂。迄今对次级代谢产物的分类还没有统一的标准。根据次级代谢产物的结构和生理活性，次级代谢产物可大致分为抗生素、生长刺激素、维生素、色素、毒素、生物碱等不同类型。

(1) 抗生素　抗生素是生物在其生命活动过程中产生的（或在生物产物的基础上经化学或生物方法衍生的），在低微浓度下能选择性地抑制或影响其他种生物机能的化学物质。抗生素是生物合成或半合成的次级代谢产物，相对分子质量不大。微生物是产生抗生素的主要来源，其中以放线菌产生的最多，真菌次之，细菌又次之。虽然抗生素对产生菌本身有无生理作用还不是十分清楚，但它能在细胞内积累或分泌到细胞外，并能抑制其他种微生物的生长或杀死它们，因而这类化合物常被用于防治人类、动物的疾病与植物的病虫害，是人类使用最多的一类抗菌药物。目前医疗上广泛应用的抗生素有青霉素、链霉素、庆大霉素、金霉素、土霉素、制霉素等。

(2) 生长刺激素　生长刺激素主要是由植物和某些细菌、放线菌、真菌等微生物合成并能刺激植物生长的一类生理活性物质。例如，赤霉素是农业上广泛应用的一种植物生长刺激素。赤霉素是某些植物、真菌、细菌分泌的特殊物质，可取代光照和温度，打破植物的休眠，常被用于促进植物迅速生长，提早收获期，增加产量。许多霉菌、放线菌和细菌也能产生类似赤霉素的生长刺激素。

(3) 维生素　维生素是指某些微生物在特定条件下合成量远远超过产生菌正常需要的那部分维生素。例如，丙酸菌（*Propionibacterium freudenreichii*）在培养过程中能积累维生素 B_{12}。某些细菌、酵母菌能够形成大量的核黄素。

(4) 色素　色素是指微生物在代谢中合成的积累在胞内或分泌于胞外的各种呈色次生代谢产物。微生物王国是一个绚丽多彩的世界，许多微生物都具有产生或释放色素物质的能力。例如：红酵母（*Rhodotorula*）能分泌出类胡萝卜素，而使细胞呈现黄色或红色；红曲霉（*Monascus*）产生的红曲素，使菌体呈现紫红色。微生物能产生种类繁多的天然色素，通过微生物生产色素是一种有效的天然色素生产途径，已越来越受到人们的重视。

(5) 毒素　毒素是指一些微生物产生的对人和动植物细胞有毒杀作用的次级代谢产物。

能够产生毒素的微生物类群主要包括细菌和霉菌两大类。微生物在生命活动过程中释放或分泌到周围环境的毒素称为外毒素，主要是一些单纯蛋白质。产生外毒素的细菌主要是革兰氏阳性菌，如白喉杆菌（*Corynebacterium*）、破伤风杆菌（*Clostridium tetani*）、肉毒杆菌（*Clostridium botulinum*）和金黄色葡萄球菌（*Staphyloccous aureus*），还有少数革兰氏阴性菌，如痢疾杆菌（*Shigella*）和霍乱弧菌（*Vibrio cholera*）等。革兰氏阴性菌细胞壁外壁层上有一种特殊结构，在菌体死亡自溶或黏附在其他细胞时才表现出毒性，称为内毒素，它是由多糖O抗原、核心多糖和类脂A组成的复合体。真菌产生的毒素种类也很多，例如黄曲霉（*Aspergillus flavus*）和寄生曲霉（*Aspergillus parasiticus* Speare）所产生的曲霉毒素，青霉（*Penicillium*）和曲霉（*Aspergillus*）产生的展青霉素，镰刀菌属（*Fusarium*）产生的镰刀菌毒素，以及一些蕈子所产生的毒素等。

（6）生物碱　生物碱是存在于天然生物界中含氮原子的碱性有机化合物，主要存在于植物中，常具有明显的药理学活性。按照生物碱的结构分类，重要的类型有吡啶和哌啶类、莨菪烷类、异喹啉类、有机胺类、吲哚类、萜类、甾体类。目前发现的许多生物碱与植物内生真菌有关，例如，紫杉醇就是一个二萜类的生物碱，该化合物具有独特的抑制微管解聚和促进微管聚合的作用，是一种良好的广谱抗肿瘤药物，目前发现许多植物内生真菌能够产生紫杉醇。

2. 次级代谢产物的特点

（1）次级代谢产物与微生物的生长繁殖无直接关系　抗生素、生物碱、色素、毒素等次级代谢产物往往是特定物种在特定生长阶段产生的，且受生长环境影响很大。产生次级代谢产物的微生物具有非常明显的种属特异性，就是在变种之间其产物也有显著的差异。从现有的研究报道看，次级代谢产物的产生菌一般是放线菌、丝状真菌和产孢子的细菌。其中放线菌科中的链霉菌属产生的次级代谢产物最多，丝状真菌中不完全菌纲、担子菌纲产生的种类比较多。近年来从稀有放线菌和某些产孢子的细菌中也发现了许多次级代谢产物产生菌，此外还从海洋微生物中发现了不少具有生物活性的次级代谢产物。从稀有放线菌和海洋微生物中寻找具有特异生物功能且结构新颖的次级代谢产物，是当前研究热点。

（2）次级代谢产物一般在菌体生长后期合成　初级代谢贯穿于生命活动始终，与菌体生长平行进行。而次级代谢一般只是在菌体对数生长后期或稳定生长期进行。因此，此类微生物的生长和次级代谢过程可以区分为两个阶段，即菌体生长阶段和代谢产物合成阶段。例如，链霉素、青霉素、金霉素、红霉素、杆菌肽等，都是在合成阶段形成。但是，次级代谢产物的合成时期，可以因培养条件的改变而改变。例如氯霉素在天然培养基中是菌体繁殖期合成，而在合成培养基中，它的合成与生长平行。又如麦角菌（*C. purpurea*）的营养缺陷型菌株，在含葡萄糖及酵母膏的天然培养基中，先长菌体，繁殖期合成生物碱，而在合成培养基中，菌体生长缓慢，同时合成生物碱。

在生长阶段菌体生长迅速，中间产物很少积累，当容易利用的糖、氮、磷消耗到一定量之后，菌体生长速度减慢，菌体内某些中间产物积累，原有酶活力下降或消失，导致生理阶段的转变，即由菌体生长阶段转为次级代谢物质合成阶段。此时原来被阻遏的次级代谢的酶，被激活或开始合成。例如，青霉素合成中的酰基转移酶、链霉素合成中的脒基转移酶等次级代谢中的关键酶都在合成阶段被合成。若在菌体生长阶段接近终了或终了后立即加入蛋白质、核酸抑制剂，这些酶将不能合成，次级代谢过程也不能进行。

次级代谢中存在两个生理阶段，一般认为是由于碳分解产物产生阻遏作用的结果，阻遏解除后，合成阶段才能开始。

(3) 次级代谢产物通常是多组分的混合物　次级代谢产物通常是几种结构相似物的混合物，因此往往称为同一产物的多个组分，如阿维菌素具有 8 个组分，黑暗链霉菌产生的尼拉霉素有 15 个组分，后经菌种选育得到只产 3 个组分的工业生产菌种，3 个组分分别是氨甲酰妥布霉素、安普霉素和氨甲酰卡那霉素 B。产生这种现象的原因主要有以下几方面：①次级代谢产物的合成酶对底物要求的特异性不强，往往结构上类似的底物都能够被同一种酶催化，如青霉素生物合成中的酰基转移酶，它可以将不同的酰基侧链转移到青霉素母核 6-APA 的 7 位氨基上，因而青霉素发酵形成了 5 个不同的组分，分别是青霉素 G、V、O、F、X；②酶对底物作用的不完全，如阿维菌素生物合成中，首先合成的是 B 组分，然后在甲基转移酶的作用下，将 5 位的羟基甲基化，形成了 5 个甲氧基，使 B 组分转化为 A 组分，但是由于该酶促反应进行的不完全，使 A、B 组分同时存在与发酵产物中，因而形成了抗生素的多组分；③同一底物可以被多种酶催化，如利福霉素生物合成过程中，首先合成的是利福霉素 S，但是几种不同的酶都可以以利福霉素 S 为底物合成不同的产物，因而形成利福霉素 C、D、E、G、R 等不同的组分。

6.1.3　初级代谢产物与次级代谢产物的关系

初级代谢和次级代谢是一个相对的概念，二者的代谢产物间有密切联系。

1. 初级代谢是次级代谢的基础，次级代谢产物以初级代谢产物为前体或起始物

次级代谢与初级代谢关系密切。初级代谢的关键性中间产物，多半是次级代谢的前体。例如糖降解产生的乙酰 CoA 是合成四环素、红霉案及 β-胡萝卜素的前体，缬氨酸、半胱氨酸是合成青霉素，头孢霉素的前体，色氨酸是合成麦角碱的前体等。

以 β-内酰胺类抗生素的生物合成为例，青霉素生物合成的起始物是 α-氨基己二酸、L-半胱氨酸、L-缬氨酸。这三种氨基酸都是微生物的初级代谢产物，但是它们又被作为原料来合成青霉素、头孢菌素 C 等次级代谢产物。大环内酯类抗生素——阿维菌素的生物合成是以异亮氨酸和缬氨酸为起始物，经过聚酮体途径生物合成的。同时，初级代谢的一些关键中间产物也是次级代谢合成中重要的中间体物质，如乙酰 CoA、莽草酸、丙二酸以及糖类代谢中间产物等都是大多数次级代谢产物的前体或起始物。通过图 6-1 可以更清晰地了解初级代谢产物与次级代谢产物的关系。

2. 初级代谢产物的调控影响次级代谢产物的生物合成

初级代谢还具有调节次级代谢的作用。初级代谢为次级代谢提供前体，而初级代谢产物往往受到较为严格的代谢调控，当一些初级代谢产物和次级代谢相关时，初级代谢产物的调控必然影响到次级代谢产物的生物合成。例如，三羧酸循环可以调节四环素的合成，赖氨酸的反馈调节控制着青霉素的合成，色氨酸调节麦角碱的合成等。

以产黄青霉(*Penicillium chrysogenum* Thom)合成青霉素为例，在 4 株青霉素生产能力不同的产黄青霉菌株中，发现在青霉素发酵培养基中，菌株胞内的 α-氨基己二酸浓度与青霉素的产量有直接的关系。向生长着的菌体或静息细胞的培养液中加入外源性的 α-氨基己二酸可有效提高青霉素的产量。另外，初级代谢也是次级代谢主要的能量和还原力来源，例如糖类、脂类、氨基酸的分解代谢产生的能量和还原力也可以用于次级代谢。

由于青霉素 G 和赖氨酸是分支合成途径的两个终产物，过量的赖氨酸抑制了其共同的中间产物——氨基己二酸的合成，并由此影响了青霉素的生物合成。此外在产生头孢菌素 C 的顶头霉中，高浓度的赖氨酸也抑制了头孢菌素 C 的生物合成。

在微生物的代谢过程中，一些中间代谢产物同 α-氨基己二酸一样，既可以被微生物用来

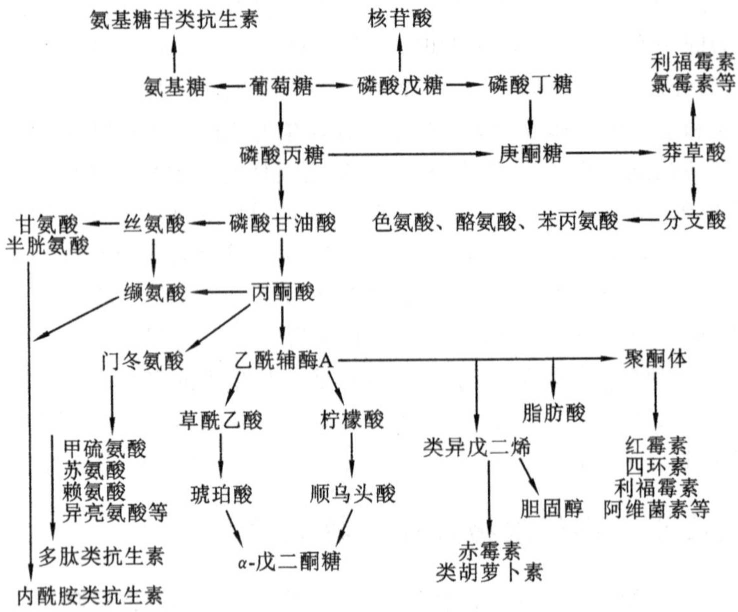

图 6-1 初级代谢产物与次级代谢产物的关系

合成初级代谢产物，也可以被用来合成次级代谢产物，这样的中间体被称为分叉中间体，表6-1列出了一些常见的分叉中间体。

表 6-1 初级代谢和次级代谢的分叉中间体

分叉中间体	初级代谢产物	次级代谢产物
α-酮戊二酸	赖氨酸	青霉素、头孢菌素 C
丙二酰辅酶 A	脂肪酸	大环内酯类抗生素、四环类抗生素、多烯大环内酯类抗生素、蒽环类抗生素
莽草酸	芳香族氨基酸	氯霉素、杀假丝菌素、西罗莫司
戊糖	核酸、核苷酸	核苷类抗生素（嘌呤霉素）
甲羟戊酸	胆固醇、甾族化合物	赤霉素、胡萝卜素

6.2 微生物代谢调节

微生物的生命活动是由各种代谢途径组成的网络相互协调来维持的，每一条代谢途径都由一系列连续的酶促反应构成。在生命活动过程中，微生物能严格控制代谢活动，使之有序地运行，并能快速适应环境，最经济地利用环境中的营养物。

微生物总是尽量不浪费能量去合成那些它们用不着的东西。例如，微生物只有在某些基质（如乳糖）存在的情况下才会合成利用这些基质的酶。微生物如果能从外界获得某一单体化合物，则其自身合成会自动中止。如果环境中存在两种可利用的基质，微生物会先利用那些更易利用的基质，待这种基质耗尽后才开始利用较难利用的基质。微生物所有大分子合成前体（如氨基酸）的合成速率总是和大分子（如蛋白质）的合成速率协调一致。这些事实都证明，微生物的代谢网络是受到严格调控的。微生物正是依靠其严格而又灵活的代谢调节系统才能有高效、经济的代谢，从而在复杂多变的环境条件下生存和发展的。

微生物有两种主要的代谢调节方式：一种是酶合成的调节，即调节酶的合成量，这是一种“粗调”；另一种是酶活力调节，即调节已有的酶的活力，这是一种“细调”。微生物通过对其系统的“粗调”和“细调”从而达到最佳的调节效果。

6.2.1　微生物代谢相关酶的调节

1. 酶合成的调节

这是通过调节微生物细胞中酶合成的量来控制微生物生长代谢速度的调节机制。这种调节方式虽然相对缓慢，但却是经济的，避免了能量和合成前体的浪费，保证了只有需要的酶才能被合成。那些在代谢途径中的主要分支点后的前一、二个酶是最可能的控制位点，因为在这里调控最为经济。

微生物 DNA 上的遗传信息指导着酶的合成。虽然基因型是稳定的，但随着环境的变化，微生物的细胞成分和代谢状况能灵活地做出反应。环境在一定程度上左右着基因的表达，因此微生物通常不会过量合成代谢产物。酶合成的调节主要发生在 RNA 转录水平上，其调节方式可归纳为：酶合成的诱导，终产物阻遏，分解代谢物阻遏。

(1) 酶合成的诱导　根据酶的合成方式和存在时间，微生物细胞内的酶可分为组成酶和诱导酶。组成酶是指那些微生物细胞中固有的酶。这些酶随着细胞的生长繁殖而被合成，在细胞中的含量相对固定，受环境条件影响很小，只受到遗传基因的控制，例如糖酵解、三羧酸循环中的催化酶。诱导酶是在环境中有某些诱导物存在的情况下，细胞才开始合成的酶，一旦这些诱导物消失，合成就会停止。诱导酶的合成实际上是诱导物和遗传基因共同作用的结果，遗传基因是内因，诱导物是外因。表 6-2 中列举了一些常见的诱导酶以及相对应的诱导物。这种当微生物细胞与培养基中某种基质接触后，出现相应酶合成速率增加的现象称为酶合成的诱导。那些能引起酶合成的诱导的化合物就是诱导物，它们可以是基质本身，也可以是基质转化以后的衍生物，甚至产物。酶的作用底物或底物的结构类似物常常是良好的诱导物。

表 6-2　一些常见的诱导酶

诱导酶	微生物	基质	诱导物
葡糖淀粉酶	黑曲霉(*Aspergillus niger*)	淀粉	麦芽糖、异麦芽糖
淀粉酶	嗜热芽孢杆菌(*Bacillus stearothermophilus*)	淀粉	麦芽糊精
葡聚糖酶	青霉属(*Penicillium*)	葡聚糖	异麦芽糖
支链淀粉酶	产气克氏杆菌(*Kelbsiella aerogenes*)	支链淀粉	麦芽糖
脂酶	白地霉(*Geotrichum candidum*)	脂质	脂肪酸
内多聚半乳糖醛酸酶	顶柱霉(*Acrocylindrium* sp.)	多聚半乳糖醛酸	半乳糖醛酸
色氨酸氧化酶	假单胞菌属(*Pseudomonas*)	色氨酸	犬尿氨酸
组氨酸酶	产气克氏杆菌(*Kelbsiella aerogenes*)	组氨酸	尿刊酸
脲羧化酶	酿酒酵母(*Saccharomyces cerevisiae*)	尿素	脲基甲酸
β-半乳糖苷酶	嗜酸乳杆菌(*L. acidophilus Lakcid*) 嗜热芽孢杆菌(*Bacillus stearothermophilus*)	乳糖	异丙基-β- D-硫半乳糖苷
β-内酰胺酶	产黄青霉(*Penicillium chrysogenum*)	苄青霉素	甲霉素

雅各布(F. Jacob)和莫诺德(J. Monod)等人对大肠杆菌(*Escherichia coli*)乳糖发酵过程中酶合成的诱导现象进行了深入的研究，并于1960—1961年提出了乳糖操纵子模型(lac operon model)，开创了基因表达调节机制研究的新领域，很好地解释了酶合成的诱导现象。该模型已经被学术界广泛接受，并得到了许多遗传学和生理学试验数据的支持。所谓操纵子是原核生物在转录水平上控制基因表达的一组协调单位，它由启动基因(promoter)、操纵基因(operator)以及在功能上彼此相关的几个结构基因(structural gene)组成。其中结构基因是酶的编码基因，由它转录出的RNA被用于指导蛋白质的合成，从而确定酶蛋白质的氨基酸序列。启动基因位于结构基因的上游，是一种能被依赖于DNA的RNA聚合酶特异性识别的碱基序列，是RNA聚合酶的结合部位，也是转录的起始位点。操纵基因是位于结构基因和启动基因之间的一段碱基序列，通过与阻遏物的结合与否来决定下游的结构基因能否被转录，此外，有些操纵子还有调节基因(regulator gene)，是阻遏物的编码基因。

下面以大肠杆菌乳糖操纵子为例来具体说明操纵子的作用机制。大肠杆菌的乳糖操纵子是第一个被发现的操纵子，它由启动基因、操纵基因和三个结构基因组成，如图6-2所示。

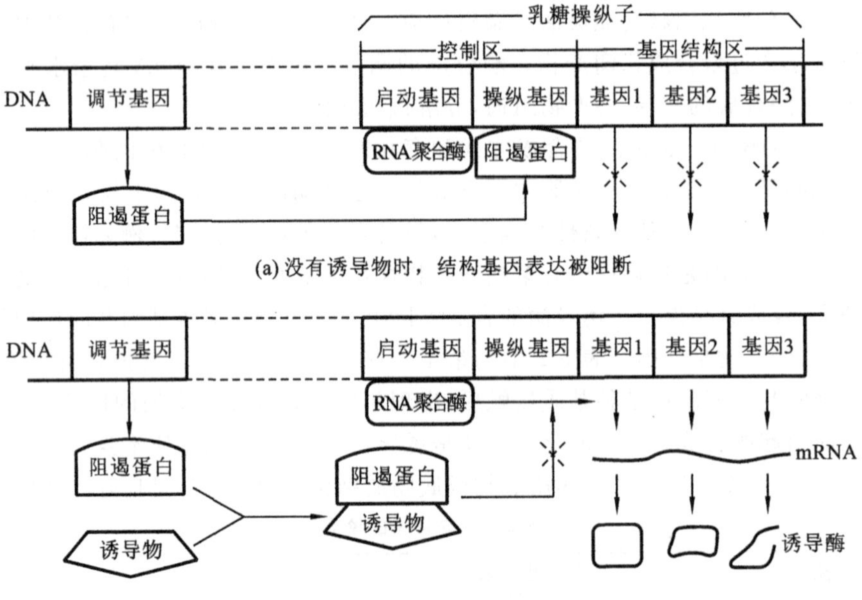

图6-2　酶合成的诱导的乳糖操纵子模型

三个结构基因分别是*lac*Z、*lac*Y和*lac*A，它们分别编码β-半乳糖苷酶(水解乳糖)、β-半乳糖苷透性酶(吸收乳糖)和β-硫代半乳糖苷乙酰基转移酶(对透性酶输入的某些毒性物质有解毒功能)。启动基因是RNA聚合酶的结合部位和转录的起始位点。在启动基因和结构基因之间存在着操纵基因。操纵基因*lac*O本身不编码任何蛋白质，它是阻遏蛋白的结合部位。阻遏蛋白是由操纵子附近的调节基因表达产生的一种别构蛋白，它有两个结合位点，一个可以与操纵基因结合，另一个可以与诱导物结合。当环境中没有诱导物(乳糖)的时候，阻遏蛋白可以与操纵基因结合，阻挡了RNA聚合酶的向前移动，从而阻断RNA聚合酶对下游结构基因的转录，结果是结构基因不会表达，大肠杆菌细胞中没有代谢乳糖的三个酶。当环境中有诱导物(乳糖)存在时，诱导物(乳糖)可与阻遏蛋白结合，导致阻遏蛋白的构象发生变化，构象变化后的阻遏蛋白不能再与操纵基因结合，于是RNA聚合酶在结合到启动基因以后可以顺利移动到结构基因部位进行转录，操纵子“开关”被打开，结构基因顺利表达，大肠杆菌细胞中出现了代谢乳糖的三个酶。当乳糖被耗尽以后，阻遏蛋白失去了诱导物的结合，构象又得以恢复，又能重新与操纵基因结合，操纵子“开关”又被关闭，结构基因进入休眠，细胞中代谢乳糖的三个酶的含量迅速下降。

如果操纵子中的调节基因发生突变，不能产生阻遏蛋白，或者产生的阻遏蛋白不能与操纵基因结合，则无论是否存在诱导物，细胞都能顺利表达结构基因，原来的调控机制被打破，该诱导酶就变成了组成酶。诱导酶和组成酶在化学本质上是相同的，只是合成过程中的调控方式不同而已。在工业生产应用中，常通过一些微生物育种的方法，将一些诱导酶转变成组成酶，以增大这些酶在细胞中的含量，从而提高一些代谢产物的产量。例如，大肠杆菌在低浓度乳糖的恒化器中生长，就可以筛选出没有诱导物存在时也能生产β-半乳糖苷酶的组成型突变株。此突变株能合成相当于其总蛋白含量的25%的β-半乳糖苷酶(一种有助于奶制品中乳糖消化的添加剂)。

酶合成的诱导可以分成两种情况：一种是同时诱导，例如上面所述的乳糖操纵子中的三个酶，它们受到同一组启动基因和调节基因的控制，当受到诱导物诱导时同时被合成；另一种是顺序诱导，第一种酶的底物诱导第一种酶的合成，该酶的产物又诱导第二种酶的合成，依次类推合成一系列的酶。例如，乳糖能诱导β-半乳糖酶的合成，β-半乳糖酶将乳糖水解成半乳糖和葡萄糖，随着细胞内半乳糖含量的逐渐升高，半乳糖作为新的诱导物又可以诱导一系列代谢半乳糖的酶的合成。

(2) 终产物阻遏　由某些阻遏物的过量积累所引起的相关酶合成的(反馈)阻遏称为终产物阻遏。阻遏物常常是该代谢途径的末端产物本身或者末端代谢产物的衍生物。该机制常发生在生物合成代谢中，尤其在氨基酸、维生素、核苷酸的合成代谢中十分普遍。例如，在处于对数生长期的大肠杆菌的培养液中加入精氨酸，能有效抑制精氨酸合成相关酶(氨甲酰基转移酶、精氨酸代琥珀酸合成酶、精氨酸代琥珀酸裂解酶)的合成，而由于细胞能从培养液中获得精氨酸，细胞生长几乎不受影响。再如，大肠杆菌培养过程中，半胱氨酸的存在能阻遏半胱氨酸合成相关酶的合成，色氨酸的存在则能阻遏色氨酸合成相关酶的合成。

终产物阻遏的机制也可以用操纵子模型来解释，下面以大肠杆菌色氨酸操纵子为例来说明。大肠杆菌的色氨酸操纵子也由启动基因、操纵基因和几个结构基因组成，启动基因位于结构基因的上游，操纵基因位于启动基因和结构基因之间，如图6-3所示。在操纵子附近存在着调节基因，可以表达阻遏蛋白，和乳糖操纵子不同的是，阻遏蛋白是无活性的，阻遏蛋白只与阻遏物(色氨酸)结合以后才被激活。激活后的阻遏蛋白能与操纵基因结合，阻止RNA聚合酶对下游结构基因的转录，使细胞不能代谢产生色氨酸合成所需要的酶。如果大肠杆菌生长环境中没有色氨酸，则调节基因表达产生的阻遏蛋白没有活性，不能与调节基因结合，RNA聚合酶可以顺利转录结构基因，细胞内出现色氨酸合成酶合成色氨酸。

终产物阻遏机制保证了细胞内某些物质维持在适当的浓度。当细胞缺乏某种物质时，相关酶被合成出来，用于代谢产生该物质。而当细胞内某种物质的生成量已经很充足，或者细胞可以很容易地从外界环境中获取该物质的时，酶的合成则被阻遏。这样可以有效避免不需要的酶的合成和某些代谢产物或中间物的过量积累，节约了生物体内的能量和物流，在细胞代谢调控中，具有十分重要的意义。

终产物阻遏机制对于直线式的代谢途径，可以引起代谢途径中各种酶合成的终止，对于分支代谢途径，情况则比较复杂。每种末端终产物可专一作用于其分支途径中的酶。对于代谢

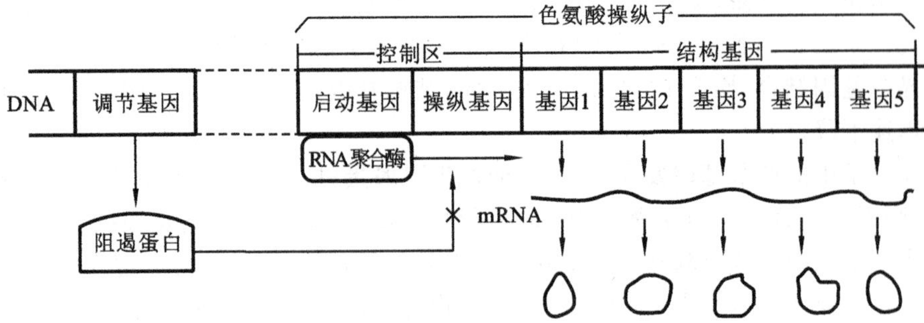

(a) 没有阻遏物时，结构基因顺利表达

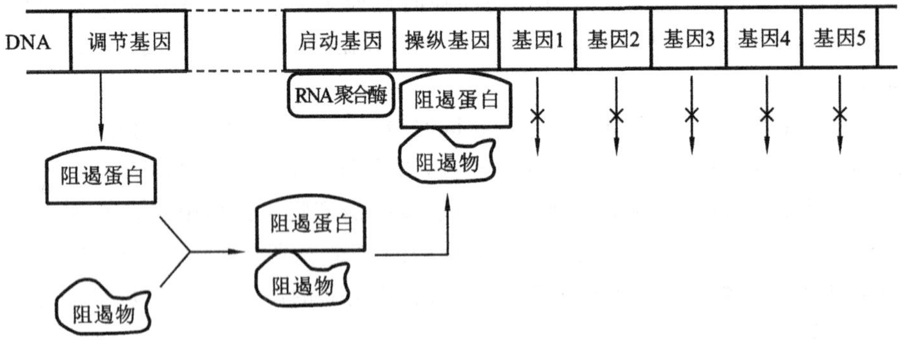

(b) 有阻遏物时，结构基因表达被阻断

图 6-3　终产物阻遏的色氨酸操纵子模型

途径分支点之前的"共同酶"，有些末端终产物可以独立发挥阻遏作用，有些末端终产物不能独立发挥作用，只有当多个末端产物同时存在时，才能发挥阻遏作用。例如，芳香族氨基酸、天冬氨酸族和丙氨酸族的氨基酸在生物合成中，只有多个末端产物都存在时，才能对共同代谢途径中的酶发挥阻遏作用。

(3) 分解代谢物阻遏　当细胞生存环境中存在两种可利用碳源时，利用快的底物会阻遏与利用慢的底物有关的酶的合成。这种现象是由这种利用快的底物的分解代谢所产生的中间产物引起的，所以称为分解代谢物阻遏。由于人们最早发现的分解代谢物阻遏现象是葡萄糖对微生物利用其他碳源的阻遏，因此过去曾被称为葡萄糖效应。

分解代谢物阻遏，从分子水平上看，与细胞内一种称为腺苷-3′,5′-环化一磷酸(cAMP)的物质的含量有关。cAMP 是 ATP 在腺苷酸环化酶的催化下生成的，同时又能在 cAMP 磷酸二酯酶的催化下变成 AMP。cAMP 在细胞内的浓度与 ATP 的合成速率成反比，胞内 cAMP 的水平反映了细胞的能量状况，其浓度高，说明细胞处于能量供应不足的状态，反之则说明能量供应充足。一般来说，细胞利用易于利用的碳源(如葡萄糖)时，其胞内的 cAMP 含量较低，而利用难于利用的碳源时，则 cAMP 含量较高。例如，大肠杆菌生长在含葡萄糖的培养基中时，细胞内 cAMP 的浓度比其生长在只有乳糖作为碳源的培养基中时要低 1 000 倍。其原因是，葡萄糖降解产物能够抑制腺苷酸环化酶的活性，而同时促进 cAMP 磷酸二酯酶的活性，使 cAMP 的浓度下降。

cAMP 能促进诱导酶的合成，是一些微生物诱导酶的操纵子转录所必需的调节分子。下面以大肠杆菌乳糖操纵子模型为例，说明 cAMP 在诱导酶合成中所发挥的作用。如图 6-4 所示，大肠杆菌乳糖操纵子的启动基因内，除 RNA 聚合酶的结合位点以外，还存在一个 CAP-cAMP 复合物结合位点。CAP 是一种特殊的蛋白质，称为降解物基因活化蛋白（又称为 cAMP 受体蛋白，CRP）。当 CAP 与 cAMP 结合以后，CAP 被活化，形成的复合物能结合到操纵子的启动基因上，此复合物与启动基因的结合能增强该基因和 RNA 聚合酶的亲和力，并且是 RNA 聚合酶顺利结合到启动基因上所必需的前提。当细胞内 cAMP 浓度较高时，如大肠杆菌生长在只有乳糖作为碳源的培养基上时，CAP 和 cAMP 结合形成的复合物能与乳糖操纵子启动基因结合，增强启动基因与 RNA 聚合酶结合的亲和力，使结构基因转录的频率增加，促进乳糖代谢相关的诱导酶的合成。而当细胞内 cAMP 浓度较低时，如大肠杆菌生长环境中有葡萄糖存在时，CAP 不能和 cAMP 结合形成复合物，也就不能和启动基因结合，RNA 聚合酶不能顺利结合到启动基因上，结构基因表达受到阻遏，乳糖代谢相关的诱导酶不能合成。这种分子机制在宏观上表现为，大肠杆菌生长在同时含有的葡萄糖和乳糖的培养基中时，总是优先利用葡萄糖，只有在葡萄糖耗尽以后才开始利用乳糖。

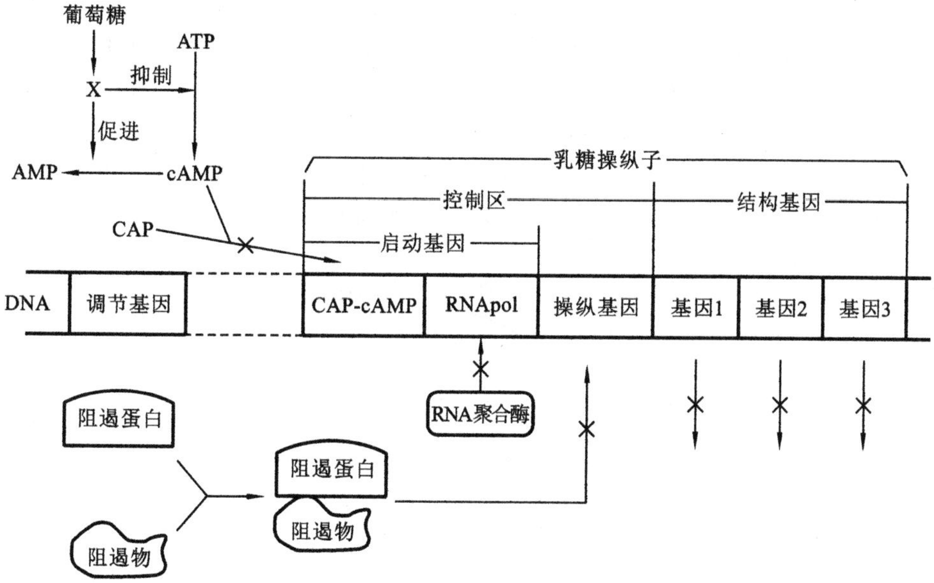

图 6-4　分解代谢物阻遏的乳糖操纵子模

注：葡萄糖分解代谢物降低了 cAMP 水平，使 CAP-cAMP 不能形成，从而阻止了 RNA 聚合酶和启动基因的结合，即使有诱导物乳糖存在，结构基因仍然无法表达。

值得注意的是，一种碳源起分解代谢物阻遏作用的能力取决于它作为碳源和能源的效率，而不是它的化学结构。由于不同微生物对碳源和能源的偏好不同，分解代谢物阻遏作用在不同微生物中的表现也就不同。同一化合物，可能在一种微生物中起分解代谢物阻遏作用，而在另一种微生物中不起作用。例如，对于大肠杆菌，葡萄糖比琥珀酸更易起分解代谢物阻遏作用，而对恶臭假单胞菌的作用恰好相反。

2. 酶活性的调节

酶活性的调节是通过改变酶分子的活性来调节代谢速度的一种调节方式。与酶合成的调节相比，这种方式更直接，见效更快。通常酶活性的调节是在一些小分子的影响下进行的。这些小分子存在于细胞内，通过作用于一些代谢途径的关键酶，改变这些关键酶活性的强弱，从而影响整个代谢途径，起到调节新陈代谢的作用。常见的酶活性调节的方式有别构调节、共价修饰等。下面重点介绍这两种调节方式。

(1) 别构调节　酶是一种生物大分子，其化学本质主要是蛋白质。酶的催化活性是由其分子的空间构象决定的。在一些小分子物质或蛋白质分子的作用下，酶分子的空间构象能发生改变，使得其催化活性也发生变化，这种现象称为别构效应(变构效应)。别构调节就是依据酶分子的别构效应来调节酶活性的一种方式。这些具有别构效应的酶称为别构酶(变构酶)。能引起别构效应的小分子物质或蛋白质分子称为别构效应物(变构效应物)。别构效应物对酶活性的改变可以是激活，也可以是抑制。激活过程的效应物称为激活剂，抑制过程的效应物称为抑制剂。而这些效应物常是酶催化的反应途径的上游底物、下游产物或底物产物的结构类似物和一些调节性代谢物。我们把上游底物对酶活性的调节称为前馈，而把下游产物对酶活性的调节称为反馈。前馈激活和反馈抑制是两种最常见的机制。

别构效应是格哈特(J. Gerhart)和帕迪(A. Pardee)在1962年研究胞苷三磷酸(CTP)对其自身合成途径中的第一个催化酶——天冬氨酸转氨甲酰酶(ATCase)的反馈抑制时发现的。别构酶的反应速率和底物浓度的关系曲线与一般酶不同。以ATCase为例，该酶催化氨甲酰磷酸和天冬氨酸反应生成氨甲酰天冬氨酸。维持氨甲酰磷酸浓度过量，改变天冬氨酸的浓度[S]，分别测定不同天冬氨酸浓度时的ATCase酶促反应初速度 v_0，再以 v_0 对[S]作图，所得的曲线为近S型，而非普通米氏酶所呈现的双曲线型。这种酶促反应动力学特征不是ATCase所特有的，许多别构酶都是这样。如果在反应体系中分别加入CTP和ATP，再测定得到的动力学曲线，则前者更接近S型，而后者更接近双曲线型，如图6-5所示。

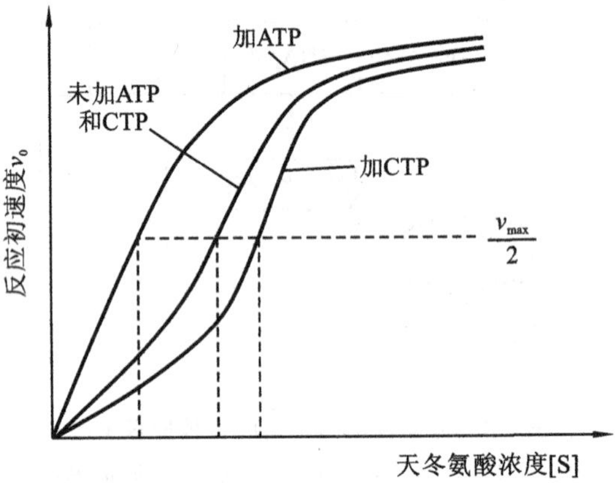

图6-5　天冬氨酸转氨甲酰酶动力学曲线

CTP作为一种别构抑制剂，抑制了ATCase的活力，提高了 K_m 值；ATP则作为一种别构激活剂，增强了ATCase的活力，降低了 K_m 值。根据ATCase三维结构的研究结果，该酶由6个亚基组成，亚基分成上、下两层，背靠背排列。每个亚基以两种不同的构象态(R态和T态)存在，并且在无任何配体存在时，两种构象态处于平衡中。R态为松弛态，对底物的亲和力高；T态为紧张态，对底物的亲和力低。催化部位和调节部位分布在不同的亚基上，催化部位处于催化亚基结合形成的沟内，调节部位则处于调节亚基的外侧表面，此部位是CTP和ATP的竞争结合位点。当ATP与一个调节亚基上的调节部位结合以后，会促使其他亚基的构象由T态向R态转变，增强酶与底物的亲和力，提高酶活力。CTP的作用则正好相反，CTP与调节亚基结合会促使其他亚基的构象由R态向T态转变，减弱酶与底物的亲和力，降低酶活力。

ATCase在别构酶中是具有代表性的。别构酶往往都具有调节部位和催化部位，而且结合效应物的调节部位和酶的催化部位是分开的，两者甚至可以同时被结合，而且调节位点常可结合不同配体，产生不同的效应。另外，别构酶通常都是寡聚酶，一般具有多个亚基，包括催化亚基和调节亚基。一个亚基上的结合位点与配体的结合会影响到同一分子中另一亚基上的结合位点与底物的结合，这种现象称为协同效应。协同效应分为两种：如果起始的配体结合能促进分子中另一亚基上的结合位点更容易地与底物结合，称为正协同效应；如果起始的配体结合能抑制分子中另一亚基上的结合位点与底物结合，称为负协同效应。ATP 对 ATCase 的作用就是一种正协同效应，而 CTP 对 ATCase 的作用则是一种负协同效应。

别构调节是生物体调节新陈代谢的重要方式，特别是在代谢途径的支点和代谢可逆步骤中，例如糖酵解、糖异生和 TCA 循环。这些代谢途径的关键酶往往都是别构酶，从而使得一些代谢途径在细胞内同一空间同时发生时，能够相互协调，不会彼此干扰。下面以巴斯德效应为例，说明微生物如何利用别构调节来调控糖的分解代谢。巴斯德效应是巴斯德（Louis Pasteur）在研究酵母菌的乙醇发酵时发现的。酵母菌在厌氧条件下，能分解葡萄糖产生乙醇，而且消耗葡萄糖的速度很快；而如果在发酵液中通入氧，乙醇的产量会下降，葡萄糖被消耗的速度也会减慢。这种呼吸抑制发酵的现象，称为巴斯德效应（Pasteur effect）。酵母菌在无氧条件下，由于呼吸链的效率下降，NADH 不能顺利进入呼吸链，[NADH]/[NAD^+]比值上升，使得丙酮酸脱氢酶系、异柠檬酸脱氢酶和 α-酮戊二酸脱氢酶系的活性受到抑制。而 TCA 循环是糖类物质分解代谢途径中产生能量的主要步骤，该循环效率下降会使细胞的能荷降低，ATP 分子减少，而 ADP 和 AMP 分子增多，糖酵解的关键酶——磷酸果糖激酶的活性被 ADP 和 AMP 别构激活，糖酵解加快。而较高的[NADH]/[NAD^+]比值，也有利于乙醇脱氢酶将乙醛转变成乙醇。结果就是，在无氧条件下，酵母菌快速消耗葡萄糖，并大量生成乙醇。而如果在发酵体系中通入氧，由于氧的介入，呼吸链效率提高，NADH 会顺利进入呼吸链，产生 ATP，[NADH]/[NAD^+]比值下降。同时 TCA 循环效率上升，并大量生成 NADH 和 $FADH_2$，通过呼吸链再生成 ATP。结果细胞中的能荷提高了，ATP 分子增多，ADP 和 AMP 分子减少。由于异柠檬酸脱氢酶活性受到 ATP 的别构抑制，导致了柠檬酸的积累，而柠檬酸和 ATP 都是磷酸果糖激酶的别构抑制剂，从而使糖酵解速度减慢。同时，较低的[NADH]/[NAD^+]比值，不利于乙醇脱氢酶产生乙醇。所以，在这种情况下，葡萄糖消耗速度减慢，乙醇的产量也下降了。以上对巴斯德效应机理的说明可参照图 6-6。

(2) 共价修饰　酶分子中的一个或多个氨基酸残基被某些化学基团共价结合或解开，使其活性发生改变的现象称为共价修饰。与上面讨论的别构调节相比，别构调节只改变酶分子的构象，不改变酶分子的共价结构，而共价修饰则改变了酶分子的共价结构。按照此共价结构变化是否可逆，共价修饰可以分为两种：一种是可逆的，称为可逆共价修饰；另一种是不可逆的，称为不可逆共价修饰。

①可逆共价修饰　可逆共价修饰可使原本无活性的酶活化，也可使原本有活性的酶钝化。可用于修饰的化学基团有磷酸基、乙酰基、甲基、乙基、腺苷酰基、尿苷酰基等。其中磷酸基的修饰（即磷酸化）最普遍，是已知的可逆共价修饰的最大部分，真核细胞中 1/3 到 1/2 的蛋白质可被磷酸化。组成蛋白质的 Ser、Thr、Tyr 残基，由于其氨基酸侧链上的羟基，常被作为磷酸化的位点。例如，糖原的分解和合成代谢的调控就利用了这种机制。糖原分解的限速酶是糖原磷酸化酶，糖原合成的限速酶是糖原合成酶。这两个酶均具有活性和非活性两种形式（a 型和 b 型）。糖原磷酸化酶的 a 型是被磷酸化的，有活性；而 b 型是去磷酸化的，无活性。糖原合成酶的 a 型是去磷酸化的，有活性；而 b 型是磷酸化的，无活性。当糖原磷酸化酶和糖原合成酶均被磷酸化时，糖原磷酸化酶被活化，而糖原合成酶被钝化，于是，糖原分解代谢加强，糖原

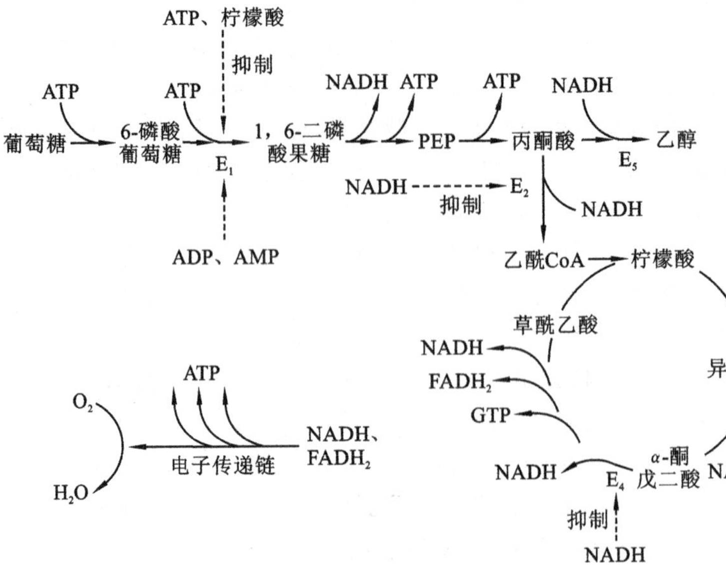

图 6-6　巴斯德效应的机理

E_1—磷酸果糖激酶；E_2—丙酮酸脱氢酶系；E_3—异柠檬酸脱氢酶；E_4—α-酮戊二酸脱氢酶系；E_5—乙醇脱氢酶

合成代谢减弱。当糖原合成酶和糖原磷酸化酶均被去磷酸化时，糖原磷酸化酶被钝化，糖原合成酶则被活化，使得糖原合成代谢加强，糖原分解代谢减弱。这样一来，当磷酸化酶充分活动时，糖原合成酶几乎不起作用；当糖原合成酶活跃时，糖原磷酸化酶又受到抑制。

可逆共价修饰中，酶构型的转变是在另一些酶的催化下完成的，可在很短的时间内触发出大量有活性的酶，其作用效率是极高的。并且，这种机制可使一些酶经常在活化与钝化之间来回变换，根据生物体代谢状况的变化，随时作出响应。不过，这种变换和响应是需要消耗能量的，虽然这部分能量对于整个细胞来说只是很小的一部分，但也是细胞为实现对其代谢的精密调控所付出的代价。

②不可逆共价修饰　不可逆共价修饰最典型的例子就是酶原激活。没有活性的酶的前体称为酶原。酶原转变成有活性的酶的过程称为酶原的激活。酶原激活过程的实质就是酶原中的一些小肽段被切除以后，使酶的活性部位形成和暴露的过程。例如，胰蛋白酶原的激活是其N-端被切掉了一个六肽（Val-Asp-Asp-Asp-Asp-Lys），该过程是在肠激酶的催化下完成的。少量的肠激酶可以激发大量的胰蛋白酶。组织细胞中，以酶原的形式存在，可保护分泌酶的组织细胞不被破坏，具有自我保护的功能。然而，这种机制是不可逆的，一旦酶原被激活，待其完成了其催化使命以后，便被降解，不能再恢复成酶原。

（3）其他调节方式　①缔结与解离：某些酶蛋白由多个亚基组成，亚基之间的缔结与解离可以使酶分子实现活化与钝化。这类相互转变是由共价修饰或由若干配基的缔合启动的。②竞争性抑制：一些酶的生物活性受到代谢物的竞争性抑制，其实质是某些代谢物与底物竞争结合酶的催化位点，导致酶活受到抑制。例如，需要 NAD^+ 参与的酶促反应常受到 NADH 的竞争性抑制，而需要 ATP 参加的反应可能受 ADP 和 AMP 的竞争性抑制；还有一些酶促反应常受到产物的竞争性抑制。③酶的降解：酶分子被合成出来以后，能够维持一段时间的生物活性，然后被生物降解。不同的酶半寿期不同，短的只有几分钟，长的可以达到几天。调节酶的半寿期长短也是生物体调节酶活性的一种方式。例如环境突然发生变化时，细胞中的某些代谢途径需要关闭，而此前一些相关的代谢酶已经被合成出来了，细胞需要钝化这些酶，以避免不必要的酶促反应对细胞造成伤害。于是一些蛋白酶会被激活，这些蛋白酶会选择性地降解一些酶分子，以关闭这些代谢途径。

6.2.2 微生物次级代谢合成的调节

1. 诱导调节

次级代谢产物合成途径中的某些酶是诱导酶，需要在底物（或底物的结构类似物）的诱导作用下才能产生，如卡那霉素-乙酰转移酶是在 6-氨基葡萄糖-2-脱氧链霉胺（底物）的诱导下合成的。在头孢菌素 C 的生物合成中，甲硫氨酸可使产生菌菌丝发生变化，形成大量的“节孢子”，同时可以诱导其合成途径中两种关键酶——异青霉素 N 合成酶（环化酶）和脱乙酰氧头孢菌素 C 合成酶（扩环酶）的合成，显著提高产量。

2. 反馈调节

（1）自身代谢产物的反馈调节　在次级代谢产物的生物合成程中，反馈抑制和反馈阻遏起着重要的调节作用。近年来发现青霉素、链霉素、卡那霉素、泰乐霉素、麦角碱等多种次级代谢产物能抑制或阻遏其自身的生物合成。其反馈调节机制只有少数品种搞清楚了，如卡那霉素生物合成中，卡那霉素能反馈抑制合成途径中最后一步反应的酶——N-乙酰卡那霉素酰基转移酶的活性。吲哚霉素终产物的调节位点是抑制其生物合成途径中的第一个酶；而嘌呤霉素终产物的调节位点是抑制其生物合成途径中的最后一个酶——O-甲基转移酶的活性。

抑制抗生素自身合成需要的抗生素浓度与产生菌的生产能力成正相关性，如完全抑制青霉素高产量 E-15 合成青霉素，需要的青霉素浓度为 15 mg/mL；抑制产黄霉素菌株 Q_{125}（生产能力为 420 μg/μL）为 2 mg/mL；当浓度为 200 μg/mL 时就可使菌株 NR-RL1951（生产能力为 125 μg/mL）完全丧失合成青霉素的能力。

许多次级代谢产物能够抑制或阻遏它们自身的生物合成酶（表 6-3）。如氯霉素终产物的调解是通过阻遏其生物合成过程中的第一个酶——芳香胺合成酶的合成而使代谢朝着芳香族氨基酸的合成途径进行。四环素、金霉素和土霉素抑制四环素合成途径中最后第二个酶——脱水四环氧化酶的活性。

表 6-3　次级代谢产物的自身反馈调节

次级代谢物	被调节的酶	调节机制
氯霉素	芳香胺合成酶	阻遏
放线菌酮	未知	未知
红霉素	SAM:红霉素 C O-甲基转移酶	抑制
吲哚霉素	第一个合成酶	抑制
卡那霉素	酰基转移酶	阻遏
嘌呤霉素	O-甲基转移酶	抑制
四环素	脱水四环素氧化酶	抑制

（2）前体物的反馈调节　几乎所有的次级代谢产物的都是从初级代谢产物衍生出来的，而当这些初级代谢产物积累后形成自身反馈调节，其结果将影响次级代谢产物的合成。如缬

氨酸是合成青霉素的前体物质，它能自身反馈抑制合成途径的第一个酶——乙酰羟酸合成酶的活性，控制自身的生物合成，从而影响青霉素的合成。

(3) 支路产物的反馈调节　已知微生物代谢中产生的一些中间体，它既可用于合成初级代谢产物，又可用于合成次级代谢产物，这样的中间体称为分叉中间体。在某些情况下，初级代谢的末端产物能反馈抑制共用代谢途径中某些酶的活性，从而影响次级代谢产物的生物合成。如产黄青霉中青霉素的生物合成与赖氨酸的生物合成有共同的代谢途径，即由高柠檬酸至 α-氨基己二酸的合成途径，α-氨基己二酸作为分叉中间体既可合成初级代谢产物赖氨酸，也可合成次级代谢产物青霉素。当赖氨酸积累后，反馈抑制共同代谢途径第一个酶——同型柠檬酸合成酶的活性，因而抑制了青霉素生物合成的起始单位 α-氨基己二酸的合成。结果影响到青霉素的生物合成。

3. 碳分解产物的调节

碳分解产物的调节作用是指易被菌体迅速利用的碳源及其降解对其他代谢途径的酶的调节作用。早期研究青霉素生产中的最适碳源时发现，葡萄糖有利于菌体生长繁殖，但显著抑制青霉素的合成，而乳糖有利于青霉素的合成，当时把此现象称为“葡萄糖效应”。

产黄霉素发酵青霉素的试验结果表明，葡萄糖达到一定浓度能阻止 δ-L-氨基己二酸-L-半胱氨酰-D-缬氨酸（LLD 三肽）的合成。同样研究结果表明，葡萄糖达一定浓度能阻遏脱乙酰氧头孢菌素 C 合成酶（扩环酶）和异青霉素 N 异构酶的合成。

在链霉素发酵时，发酵后期必须控制发酵液中葡萄糖浓度低于某一水平，如果葡萄糖浓度高于 10 mg/mL，甘露糖苷酶的合成受到阻遏，就不能将副产物甘露糖链霉素水解成链霉素和甘露糖，使链霉素的产量显著降低。许多科学家在对抗生素等次级代谢产物发酵的最适碳源研究中发现，当培养基中含有两种以上的碳源物质时，产生菌首先利用葡萄糖，葡萄糖利用完后利用其他的碳源，这是较普遍的现象。次级代谢产物的生物合成一般是在葡萄糖等速效碳源消耗至一定浓度时才开始的。这些实践结果表明，抗生素等次级代谢产物的合成受到葡萄糖等速效碳源的调节。表 6-4 列出了一些次级代谢产物生物合成酶受碳分解产物调节的例子。

表 6-4　碳源对次级代谢产物生物合成的影响

次级代谢产物	干扰碳源	非干扰碳源	靶　酶
放线菌素	葡萄糖、甘油	半乳糖、果糖	羟基犬尿素酶(R)、犬尿素甲酰胺酶(R)、色氨酸吡咯酶(R)
头孢菌素	葡萄糖、甘油、麦芽糖	蔗糖、半乳糖	去乙酰头孢菌素 C 合成酶(R)、乙酰水解酶(R)
金霉素	葡萄糖	蔗糖	
环丝氨酸	甘油		
红霉素	葡萄糖、甘油、甘露糖、2-脱氧葡萄糖	乳糖、山梨糖、蔗糖	
庆大霉素	葡萄糖、木糖	果糖、甘露糖、麦芽糖、淀粉	
卡那霉素	葡萄糖		

续表

次级代谢产物	干扰碳源	非干扰碳源	靶　　酶
密尔比霉素	葡萄糖	果糖	
竹桃霉素	葡萄糖	蔗糖	
嘌呤霉素	葡萄糖		O-脱甲基嘌呤霉素甲基酶(R)
链霉素	葡萄糖		甘露糖苷酶(R)
四环素	葡萄糖		
泰乐菌素	葡萄糖	脂肪酸	脂肪酸氧化酶(R、I)

注：R 表示阻遏；I 表示抑制。

4. 氮分解产物的调节

当发酵培养基中存在多种氮源时，微生物总是先利用简单的氮源，然后再分解利用复杂的氮源。而且，当这些简单的氮源物质（如铵离子、氨基酸）浓度高时，几乎不合成次级代谢产物，只有降到较低的浓度时次级代谢产物才开始合成。

在抗生素的生物合成中，这种现象表现得非常明显，人们把这种现象称作铵离子阻遏作用或氮阻遏作用。

近年来的研究表明，快速利用的氮源（如铵盐、某些氨基酸）对许多种次级代谢产物的生物合成有较强烈的调节作用，如青霉素、头孢菌素、红霉素、柱晶白霉素、新生霉素、林可霉素、杀假丝菌素等（表 6-5）。

表 6-5　氮源对次级代谢产物合成的影响

次级代谢产物	影响次级代谢的氮源	不影响次级代谢的氮源
放线菌素	L-谷氨酸、L-丙氨酸 L-缬氨酸、L-苯丙氨酸	L-异亮氨酸
放线紫红素	NH_4^+	
杀念珠菌素	L-色氨酸、L-酪氨酸 L-苯氨酸、对氨基苯甲酸	
头孢菌素	NH_4^+	L-门冬氨酸、L-精氨酸、D-丝氨酸、L-脯氨酸
氯霉素	NH_4^+	DL-苯丙氨酸、DL-亮氨酸、L-异亮氨酸
红霉素	NH_4^+	
柱晶白霉素	NH_4^+	尿酸
利福霉素	NH_4^+	硝酸盐
螺旋霉素	NH_4^+	
链霉素	NH_4^+	脯氨酸
硫链丝菌素	NH_4^+	DL-门冬氨酸、L-谷氨酸、DL-丙氨酸、甘氨酸
四环素	NH_4^+	
泰乐菌素	NH_4^+	缬氨酸、L-异亮氨酸、L-亮氨酸、L-苏氨酸

氮分解产物对次级代谢产物生物合成的调节作用，特别是 NH_4^+ 的调节作用是多向性的。从已报道的研究结果分析，其调节机制有以下几种。

(1) 阻遏次级代谢产物生物酶的合成　如谷氨酸和苯丙氨酸能阻遏参与放线菌素生物合成的犬尿氨酸甲酰胺酶Ⅱ的形成，半胱氨酸和甲硫氨酸能够阻遏参与链霉素生物合成的甘露糖苷链霉素合成酶的形成，铵离子能阻遏β-内酰胺抗生素生物合成酶——ACV合成酶和脱乙酰氧头孢菌素C合成酶的形成，钠离子还能阻遏赤霉素生物合成酶的合成。

(2) 调节初级代谢进而影响次级代谢产物的合成　在研究阿维菌素生物合成中发现，铵盐能使HMP途径中的葡萄糖-6-磷酸脱氢酶活性显著降低，而使琥珀酸脱氢酶的活性显著提高，从而影响了阿维菌素生物合成前体物的合成。

在研究带棒链霉菌生物合成β-内酰胺抗生素的酶系中发现，当培养基中铵盐达到某一浓度时，菌体内的谷氨酰胺合成酶活力显著降低直至消失，抗生素产量显著下降，丙氨酸脱氨酶活性显著提高。在泰乐菌素发酵中，铵离子能抑制缬氨酸脱氢酶活性，使抗生素产量下降。在利福霉素、青霉素、麦迪霉素、螺旋霉素等发酵中也出现了类似现象。

在研究铵离子对阿维菌素生物合成的影响时发现，铵离子能显著抑制产生菌胞外淀粉酶的活性，试验组(加入0.1%硫酸铵)的淀粉酶活性只有对照组(不加硫酸铵)淀粉酶活性的50%左右。研究生二素链霉菌生物合成螺旋霉素的氮代谢产物调节作用时发现，高浓度铵离子对产生菌产生的总蛋白酶、金属蛋白酶和丝氨酸蛋白酶显示出强烈抑制作用。

5. 磷酸盐的调节

磷酸盐是微生物生长繁殖必需的营养成分，磷酸盐浓度为0.3～300 mmol/L时，能支持大多数微生物的生长，但当浓度超过10 mmol/L时，对许多次级代谢产物(如抗生素)的生物合成产生阻遏或抑制作用，见表6-6。因此，磷酸盐是一些次级代谢产物生物合成的限制因素，由于微生物生物合成次级代谢产物的途径不用，磷酸盐表现的调节位点也不同。

表6-6　适合抗生素合成的磷酸盐浓度

抗　生　素	产　生　菌	磷酸盐浓度/(mmol/L)
放线菌	抗生素链霉菌	1.4～17
新生霉素	雪白链霉菌	9～40
卡那霉素	卡那霉素链霉菌	2.2～5.7
链霉素	灰色链霉菌	1.5～15
万古霉素	东方链霉菌	1～7
杆菌肽	地衣芽孢菌	0.1～1
金霉素	金霉素链霉菌	1～5
短杆菌肽S	短小芽孢杆菌	10～60
两性霉素B	结节链霉菌	1.5～2.2
杀假丝菌素	灰色链霉菌	0.5～5
制霉菌素	诺尔斯链霉菌	1.6～2.2

一般认为，磷酸盐调节作用的机制可能有以下几个方面。

(1) 磷酸盐促进初级代谢，抑制菌体的次级代谢　在微生物的代谢中，磷酸盐除影响糖代谢、细胞呼吸及细胞内ATP水平外，还控制着产生菌的DNA、RNA、蛋白质和次级代谢产物的合成。向正在合成杀假丝菌素的灰色链霉菌培养液中添加5 mmol/L的磷酸盐，产生菌对氧的需要量显著增加，抗生素的合成立即停止，同时细胞内的RNA、DNA和蛋白质的合成速率恢复到菌体生长时期的速率。当磷酸盐被耗尽时，菌体的呼吸强度，DNA、RNA 和蛋白质的合成速率又降到较低的水平，抗生素重新开始合成。

(2) 磷酸盐抑制次级代谢产物前体的生物合成　在链霉素合成中，肌醇是合成链霉胍的前体，该前体是由葡萄糖衍生而来。过量的磷酸盐能引起菌体内焦磷酸浓度增高，焦磷酸是催化 6-磷酸葡萄糖向 1-磷酸肌醇转化的 6-磷酸葡萄糖环化醛缩酶的竞争性抑制剂。因此，培养液中磷酸盐浓度高抑制肌醇的形成，必然影响链霉素产量。四环素类抗生素生物合成的还原反应中需要 NADPH，而 NADPH 来源于糖代谢的磷酸盐己糖支路(HMP)。磷酸盐能抑制 HMP 途径中的 6-磷酸葡萄糖脱氢酶的活性，从而抑制了 NADPH 的合成，结果也抑制了四环类抗生素的生物合成。

(3) 磷酸盐抑制磷酸酯酶的活性　在链霉素的生物合成途径的最后一个中间体，是无生物活性的磷酸化产物链霉素磷酸酯。该产物在磷酸酯酶的作用下水解生成相应的链霉素和磷酸。另外在链霉素生物合成中有三步是在磷酸酯酶的作用下的去磷酸反应。这些磷酸酯酶的活性受磷酸盐的调节。当磷酸盐浓度高于一定限度时，磷酸酯酶的活性受到强烈抑制，所以在链霉素等氨基糖苷类抗生素的发酵生产时，要很好地控制发酵培养基中的磷酸盐浓度。

(4) 磷酸盐对次级代谢产物合成酶的调节　磷酸盐对许多次级代谢产物的生物合成酶有调节作用。这种调节作用表现在两种不同的水平上：一种是作用于生物合成酶的基因，对生物合成酶基因的表达起负调节作用，即阻遏其生物合成酶的转录的过程；另一种是对已经生成的酶的活性也有调节作用。

四环类、大环内酯类、多烯类、蒽环类、安莎类和聚醚类等抗生素的生物合成对磷酸盐非常敏感，但 β-内酰胺类和多肽类抗生素的生物合成对磷酸盐的敏感性就要小得多。另外，同一株抗生素产生菌在不同的磷酸盐浓度下能合成不同的抗生素。如棒状链霉菌在高浓度磷酸盐(25 mmol/L)培养时，合成克拉维酸的基因表达受到抑制，而合成头霉素的基因表达仍不会受到影响。这样就可通过调节培养基中磷酸盐的水平，来使头霉素与克拉维酸的合成分开进行。

6.2.3　微生物发酵中的代谢调控

微生物的物质代谢和能量代谢，依靠代谢网络来实现。代谢网络是由许许多多代谢途径组成的整体，既相对稳定，又可以自主调节。前馈和反馈是常见的调节方式，诱导、阻遏、激活、抑制是常见的调节手段。下面将讨论它们对代谢调节的一般模式。

1. 直线式途径的调节

直线式途径就是只有一个末端产物的途径。当末端产物积累到一定浓度时，就会反馈阻遏该途径中所有酶的合成，或者反馈抑制该途径中某个关键酶，这个关键酶常是反应途径的第一、第二个酶，如图 6-7 所示。

例如，在谷氨酸棒杆菌(*Corynebacterium glutamicum*)、黄色短杆菌(*Brevibacterium flavum*)、枯草芽孢杆菌(*Bacillus subtilis*)由谷氨酸生物合成精氨酸的代谢途径中，终产物精氨酸对催化 N-乙酰谷氨酸生成 N-乙酰谷氨酰磷酸的关键酶 N-乙酰谷氨酸激酶有反馈抑制作用。而且，精氨酸作为该合成途径的最终产物，其合成途径没有分支，精氨酸自身是其合成代谢的调节因子。

直线式途径还有另一种调节方式，是末端产物阻遏与中间产物诱导的混合形式。如图6-8所示，当末端产物 E 浓度升高时，该途径中的第一个酶被阻遏。当末端产物 E 浓度下降时，第一个酶的阻遏被解除，A 被催化反应生成 B，由于 B 的积累，进而诱导了第二、第三、第四个酶的合成，使该代谢途径逐渐畅通。由于代谢途径畅通，E 又会逐渐积累，再次形成对第一个酶的阻遏，导致 A 不能生成 B，随着 B 逐渐被消耗，便不能再诱导第二、第三、第四个酶的合成了，此代谢途径又逐渐阻塞。例如，在粗糙链孢霉（*Neurospora crassa*）合成亮氨酸的过程中，终产物亮氨酸能阻遏合成途径中第一个酶——异丙基苹果酸合成酶的合成，而该酶的产物异丙基苹果酸能诱导反应途径中第二、第三个酶的合成。

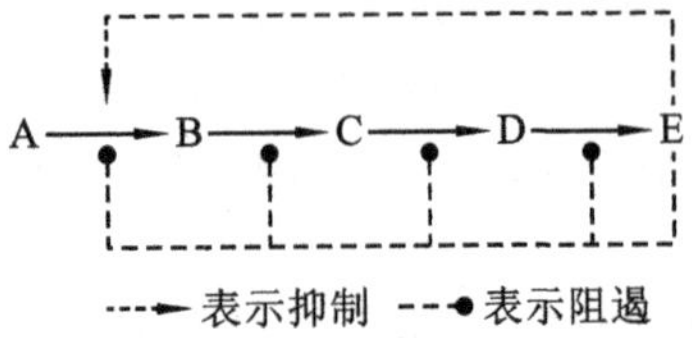

图 6-7　末端产物的抑制与阻遏

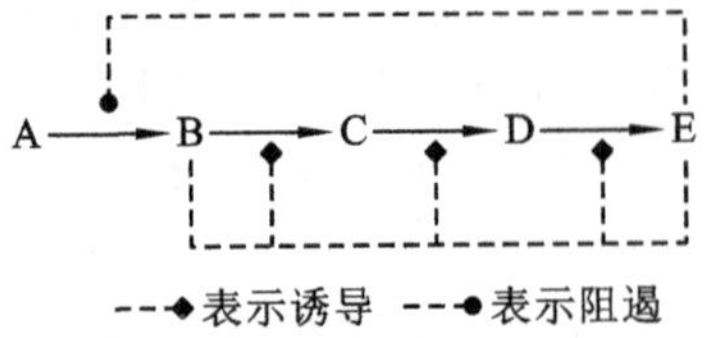

图 6-8　末端产物阻遏与中间产物诱导

2. 分支式途径的调节

大多数物质的合成代谢都是有分支的代谢途径，产生的末端代谢产物不止一个，对于这样的代谢途径，其调节方式相对比较复杂。下面介绍几种不同的调节方式。

（1）顺序反馈调节　如图 6-9 所示，在这种调节模式中，反馈抑制第一个酶活性的不是末端产物，而是分支点上的中间产物 C。末端产物 F 和 I 分别抑制其分支途径中的第一个酶的活性。F 浓度较高时，C 向 D 的转化被抑制，此时 C 向 I 的代谢仍能进行。I 浓度较高时，C 向 G 的转化被抑制，C 向 F 的代谢仍能进行。如果 F 和 I 同时过量，则会导致中间产物 C 的积累，C 的积累则会导致 A 向 B 的转化受到抑制，整个代谢途径被阻塞。

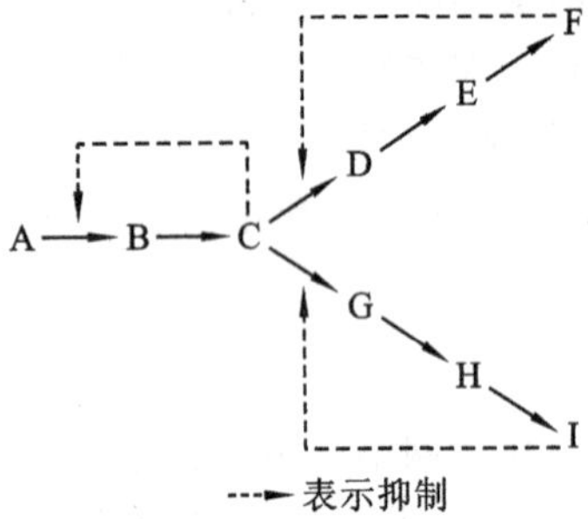

图 6-9　顺序反馈调节

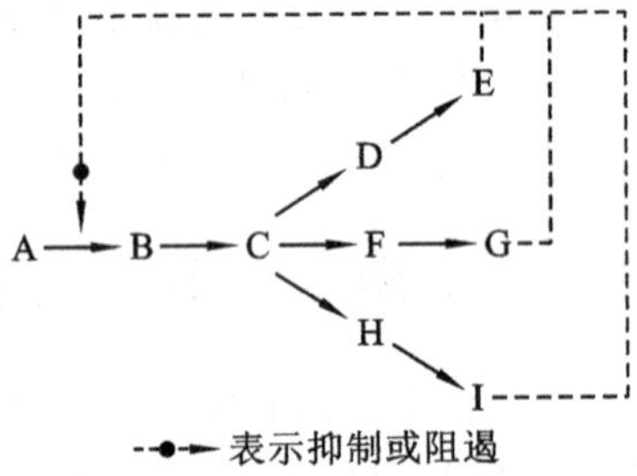

图 6-10　协同反馈调节

（2）协同反馈调节　如图 6-10 所示，在这种调节模式中，只有当几个分支途径上的末端产物同时过量时，该途径的第一个酶才会被抑制或阻遏，单个末端产物的积累对该酶几乎没有影响。例如，多黏芽孢杆菌（*Bacillus polymyxa*）在合成天冬氨酸族氨基酸时，天冬氨酸激酶受到赖氨酸和苏氨酸的协同反馈调节。如果仅是苏氨酸或赖氨酸过量，并不能引起抑制或阻遏作用。

（3）累积反馈调节　如图 6-11 所示，在这种调节模式中，每一个分支途径上的末端产物都能部分地抑制或阻遏第一个酶的活性，只有当所有末端产物都过量时，第一个酶才会被完全抑制或阻遏。这几个末端产物对酶促反应的抑制是累积的，各自按照一定百分比发挥作用，彼此之间既无协同效应，也无拮抗作用。例如，大肠杆菌的谷氨酰胺合酶的活性调节，该酶受 8 个不同的末端产物的累积反馈抑制，只有这 8 个终产物同时存在时才能完全抑制其活性。

（4）同工酶调节　同工酶是指催化相同的化学反应，但存在多种四级缔合形式，并因而在

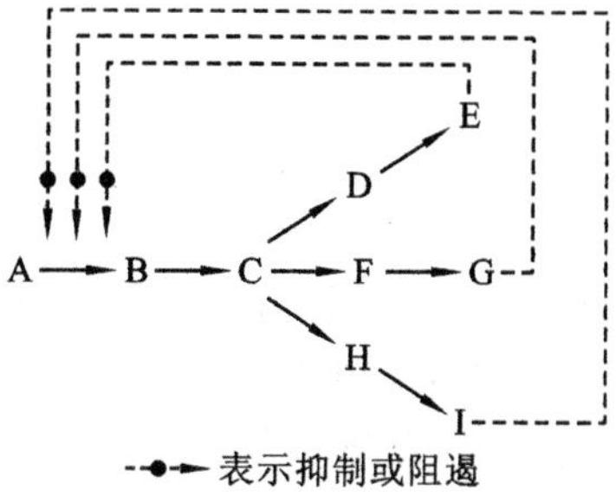

图 6-11　累积反馈调节

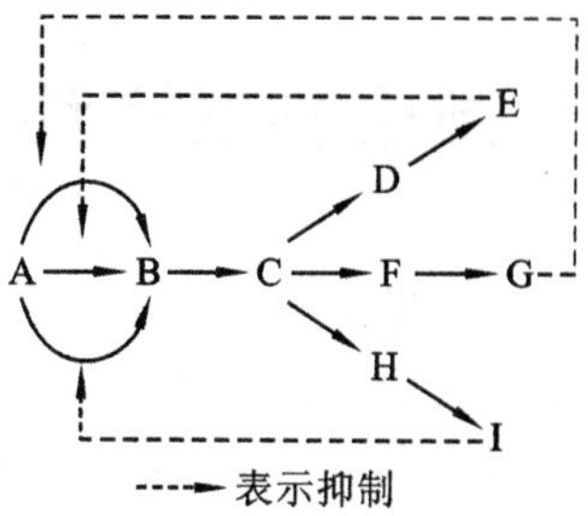

图 6-12　同工酶调节

物理、化学和免疫学等方面有所差异的一组酶。它们通常催化分支途径中的头一个反应，分别受不同的末端产物的反馈调节。典型的例子是大肠杆菌天冬氨酸族氨基酸的合成中，催化该途径第一个反应的酶——天冬氨酸激酶，该酶存在三种同工酶，分别受赖氨酸、苏氨酸、甲硫氨酸的反馈调节，如图 6-12 所示。

（5）联合激活或抑制作用　同一个中间产物同时参与两个代谢途径时，可同时受到两种不同的调节。下面以氨甲酰磷酸合成酶为例来介绍这种机制。氨甲酰磷酸合成酶催化的反应如图 6-13 所示，其产物——氨甲酰磷酸是嘧啶核苷酸合成的前体物，同时也是鸟氨酸合成精氨酸的底物。氨甲酰磷酸合成酶受到 UMP 的别构抑制和鸟氨酸的别构激活。当细胞内 UMP 含量较高时，氨甲酰磷酸合成酶的活性受到抑制，导致氨甲酰磷酸浓度下降。鸟氨酸得不到氨甲酰磷酸就不能合成精氨酸，于是细胞中的鸟氨酸会积累。鸟氨酸浓度上升，又会对氨甲酰磷酸合成酶有激活作用，使氨甲酰磷酸再被合成出来，为精氨酸的合成提供底物。当精氨酸的浓度上升到一定水平时，它会反馈抑制 N-乙酰谷氨酸合成酶，结果鸟氨酸的合成受阻，浓度下降，氨甲酰磷酸合成酶不再被激活，活性降低。随着精氨酸的消耗，N-乙酰谷氨酸合成酶的抑制被解除，鸟氨酸浓度上升，氨甲酰磷酸合成酶再次被激活。同时，如果 UMP 含量下降，氨甲酰磷酸合成酶受到的抑制被解除，活性也会上升。这样激活和抑制交错进行，相互制约，对相关的代谢途径发挥调节作用，就是联合激活或抑制作用。

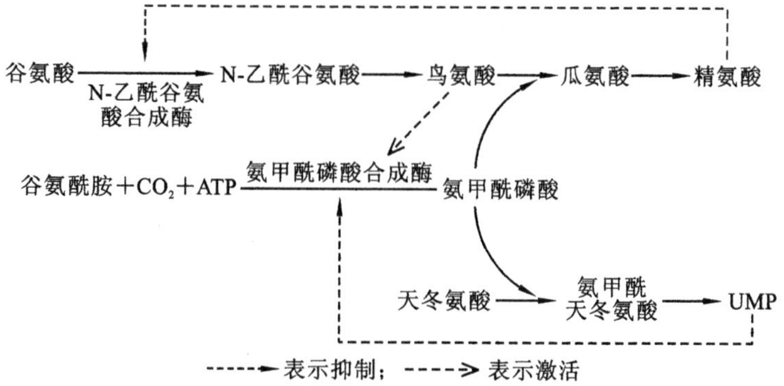

图 6-13　氨甲酰磷酸合成酶活性的调节

6.3 微生物发酵动力学

生物反应基本上有两种情况：一种是使底物在酶(游离酶或固定化酶)的作用下进行反应，如淀粉的液化、异构酶的生产等；另一种是通过细胞的培养，利用细胞中的酶系，把培养基中的物质通过复杂的生物反应转化为新的细胞及其代谢产物。微生物发酵动力学是通过定量描述生物反应过程的速率及影响速率的诸因素，主要研究微生物发酵过程中菌体生长、基质消耗、产物生成的动态平衡及其内在规律。具体内容包括微生物生产过程中质量的平衡、发酵过程中的菌体的生长速率、基质消耗速率和产物生成速率的相互关系、环境因素对三者的影响以及影响反应速率的因素。发酵动力学研究能够为发酵生产工艺的调节控制、发酵过程的合理设计和优化提供依据，也为发酵过程的比拟放大和分批发酵向连续发酵的过渡提供了理论支持。

6.3.1 微生物发酵动力学一般描述

1. 菌体生长速率

微生物发酵动力学对菌体的描述是采用群体来表示的。菌体的生长速率反映的是微生物群体生物量的变化，而不是个体大小的变化。微生物群体生物量即菌体量，用 x 表示，指的是菌体干重，单位为 g；菌体浓度用 $c(x)$ 表示，指的是单位体积培养液中的菌体量，单位为 g/L；菌体生长速率是单位体积单位时间内，由于生长而新增加的菌体量，用 v_x 表示，单位为 g/(L·h)，有公式(6-1)：

$$v_x = \mathrm{d}c(x)/\mathrm{d}t \tag{6-1}$$

式中：t—时间，单位为 h。

由于菌体的生长速率除了和细胞生长繁殖快慢有关外，还和细胞大小、细胞数量有关，细胞数量基数越大则生长速率会越大。那么仅仅用 $\mathrm{d}c(x)/\mathrm{d}t$ 还不能准确反应细胞生长繁殖的快慢，因而，比生长速率的概念被建立。比生长速率是单位质量的菌体在单位时间内引起菌体量的变化，即菌体的生长速率除以菌体浓度，用 μ 表示，单位为 h^{-1}。它们之间的关系如公式(6-2)所示：

$$\mu = \frac{\mathrm{d}c(x)/\mathrm{d}t}{c(x)} = \frac{v_x}{c(x)} \quad 或 \quad \mu = \frac{\mathrm{d}x/\mathrm{d}t}{x} \tag{6-2}$$

菌体比生长速率 μ 反映细胞生长繁殖的快慢，除了受细胞自身遗传信息的影响外，还受到生长环境的影响。

2. 基质消耗速率

基质消耗速率是单位时间内培养液中基质(碳源、氮源等)浓度的变化量，用 v_s 表示，单位为 g/(L·h)，有公式(6-3)：

$$v_s = \mathrm{d}c(s)/\mathrm{d}t \tag{6-3}$$

式中：$c(s)$—基质浓度，单位为 g/L。

基质消耗速率反映微生物群体对基质消耗的总速率，不能反映单位菌体消耗基质的速率。单位菌体的基质消耗速率称为基质比消耗速率，以 Q_s 表示，有公式(6-4)：

$$Q_s = \frac{v_s}{c(x)} = \frac{\mathrm{d}c(s)/\mathrm{d}t}{c(x)} \quad 或 \quad Q_s = \frac{\mathrm{d}s/\mathrm{d}t}{x} \tag{6-4}$$

式中：s—基质的量，单位为 g。

菌体比生长速率和基质比消耗速率之间的关系，是以得率系数为媒介建立的。得率系数是两种物质的得失之间的计量比。菌体生长量对基质消耗量的得率系数，反映了每消耗单位浓度的基质时菌体浓度的变化量，用 $Y_{x/s}$ 表示，有公式(6-5)：

$$Y_{x/s}=-\frac{\mu}{Q_s} \quad 或 \quad -Q_s=\frac{\mu}{Y_{x/s}} \tag{6-5}$$

当基质成分(氮源、维生素、无机盐等)只用来构建菌体细胞组成成分，而不作为能源时，$Y_{x/s}$近于恒定，式(6-5)基本成立。如果基质成分(碳源)既作为细胞组分，又作为能源时，则式(6-5)不能成立，需要根据作为能源消耗的基质多少做出修正。细胞为维持能量代谢而消耗基质的能力，可以用基质维持代谢系数来表示。基质维持代谢系数表示单位菌体在单位时间内为维持能量代谢而消耗的基质的量，用 m 表示，单位为 mol/(g·h)。据此而修正以后的关系式为公式(6-6)：

$$-v_s=\frac{v_x}{Y_G}+m*c(x) \tag{6-6}$$

式中：Y_G—菌体生长得率系数。

$Y_{x/s}$是对基质总消耗而言，Y_G是对用于生长形成所消耗的基质而言的。

将公式(6-6)两边同时除以 $c(x)$，得

$$-\frac{v_s}{c(x)}=\frac{v_x/c(x)}{Y_G}+m$$

整理得

$$-Q_s=\frac{\mu}{Y_G}+m \tag{6-7}$$

式(6-7)适用于既作为细胞组分又作为能源的基质的代谢。

从式(6-5)和式(6-7)可以看出基质比消耗速率 Q_s和菌体比生长速率 μ 是成线性相关的。

3. 产物生成速率

与基质消耗速率类似，产物生成速率是单位时间内培养液中产物浓度的变化量，用 v_p 表示，单位为 g/(L·h)，有公式(6-8)：

$$v_p=\mathrm{d}c(p)/\mathrm{d}t \tag{6-8}$$

式中：$c(p)$—产物浓度，单位为 g/L。

值得一提的是，由于微生物代谢产物多种多样，有些代谢产物能被分泌到培养液中，有些则保留在细胞内，式(6-8)是统一将所有产物都看作分散在培养液中。产物生成速率反映微生物群体生成产物的总速率。

产物比生成速率是单位菌体的产物生成速率，用 Q_p 表示，有公式(6-9)：

$$Q_p=\frac{v_p}{c(x)}=\frac{\mathrm{d}c(p)/\mathrm{d}t}{c(x)} \quad 或 \quad Q_p=\frac{\mathrm{d}p/\mathrm{d}t}{x} \tag{6-9}$$

式中：p—基质的量，单位为 g。

产物生成量对菌体生长量的得率系数，用 $Y_{p/x}$ 表示，有公式(6-10)：

$$Y_{p/x}=\frac{Q_p}{\mu} \quad 或 \quad Q_p=\mu*Y_{p/x} \tag{6-10}$$

产物生成量对基质消耗量的得率系数，用 $Y_{p/s}$ 表示，有公式(6-11)：

$$Y_{p/s}=-\frac{Q_p}{Q_s} \quad 或 \quad Q_p=-Q_s*Y_{p/s} \tag{6-11}$$

需要指出，式(6-10)和式(6-11)都只能在特定条件下才能成立，不具有普遍性。一般情况下，Q_p 是 μ 的函数，考虑到生长偶联和非生长偶联两种情况，它们的关系式可写成公式(6-12)：

$$Q_p = A + B\mu \tag{6-12}$$

作为更一般的形式，可认为是二次方程，即

$$Q_p = A + B\mu + C\mu^2 \tag{6-13}$$

式中：A、B、C 为常数。

另外，在分析好氧微生物代谢过程时常用到一个特殊的得率系数——呼吸商，它是释放出的 CO_2 的摩尔数与消耗的 O_2 的摩尔数之比，常用 RQ 表示，有公式(6-14)：

$$RQ = -\frac{Q_{CO_2}}{Q_{O_2}} \tag{6-14}$$

式中：Q_{CO_2}—CO_2 比生成速率；Q_{O_2}—O_2 比消耗速率。

4. 混合生长学

当两种或更多种微生物生活在同一环境时，随之产生群体之间的相互作用，这些作用大体上可分为直接和间接两大类。间接相互作用是指两种可以单独生活的微生物共同生活在一起时，可以相互有利或彼此依赖，创造相互有利的营养和生活条件，微生物间的互生和共生关系属于此类型。直接相互作用是指微生物间的互不相容性，即一种微生物的生长繁殖，致使另一类微生物趋于死亡的过程，微生物学中的捕食、寄生及竞争等属于此类。

6.3.2 微生物发酵动力学分类

发酵过程中产物合成与细胞生长之间的动力学关系取决于产物在细胞活动中的地位。一般根据细胞生长与产物形成的关系归纳为三类：生长偶联型、非生长偶联型、混合型。根据产物形成与基质消耗关系归纳为三类：类型Ⅰ、类型Ⅱ、类型Ⅲ。见表 6-7。

表 6-7 发酵动力学分类

分类依据及类型		判断因素	例子
根据细胞生长与产物形成有否偶联	生长偶联型	产物形成速度与细胞生长速度有紧密联系	乙醇发酵
	混合型	产物形成与细胞生长速度只有部分联系	乳酸发酵
	非生长偶联型	产物形成速度与细胞生长速度无紧密联系	抗生素发酵
根据产物形成与基质消耗关系	Ⅰ	产物形成直接与基质(糖类)消耗有关	乙醇发酵、葡萄糖酸发酵、乳酸发酵、酵母培养等
	Ⅱ	产物形成与基质消耗间接有关	柠檬酸、衣康酸、谷氨酸、赖氨酸、丙酮、丁醇等
	Ⅲ	产物形成与基质消耗无关	青霉素、链霉素、糖化酶等

1. 根据细胞生长与产物形成是否偶联进行分类

根据细胞生长与产物形成是否偶联分为三种类型，分批发酵中微生物细胞的生长与产物形成的动力学模型见图 6-14。

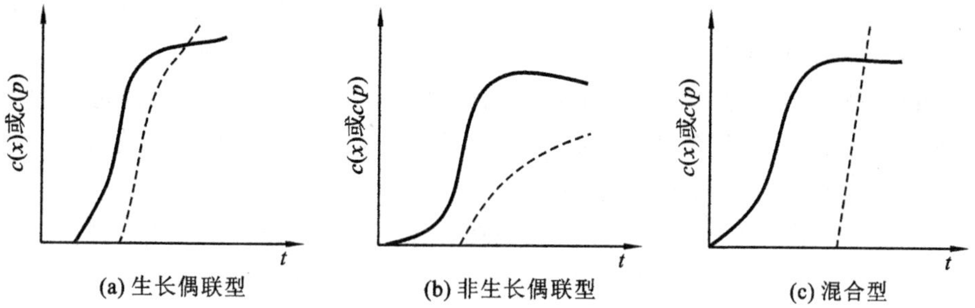

图 6-14　分批发酵中微生物细胞的生长与产物形成的动力学模型

(1) 生长偶联型　产物形成的速率和细胞生长的速率有密切联系，这类产物常常是基质分解代谢的产物或细胞初级代谢的中间产物。例如，葡萄糖厌氧发酵生产乙醇，葡萄糖好氧发酵生产氨基酸等。生长偶联型的代谢产物的生成速率和细胞生长速率之间的关系，如式(6-15)所示：

$$\frac{\mathrm{d}c(p)}{\mathrm{d}t}=\frac{\mathrm{d}c(x)}{\mathrm{d}t}*Y_{p/x} \tag{6-15}$$

式(6-15)两边同时除以 $c(x)$ 得

$$\frac{\mathrm{d}c(p)/\mathrm{d}t}{c(x)}=\frac{\mathrm{d}c(x)/\mathrm{d}t}{c(x)}*Y_{p/x}$$

整理得

$$Q_p=\mu*Y_{p/x}$$

与式(6-10)结果相同，也就是说 Q_p 在生长偶联型产物形成中是成立的。

(2) 非生长偶联型　产物形成的速率和细胞生长的速率没有直接关系，这种代谢类型的特点是细胞处于生长阶段时没有或很少有目的产物的生成，而当细胞生长停止以后却开始了目的产物的积累。例如，大多数抗生素的发酵都是非生长偶联型。非生长偶联型的产物形成速率只和菌体量有关，而和菌比生长速率没有直接关系。产物形成和菌体量的关系如式(6-16)所示：

$$\frac{\mathrm{d}c(p)}{\mathrm{d}t}=\beta*c(x)\quad 或\quad \beta=\frac{\mathrm{d}c(p)/\mathrm{d}t}{c(x)} \tag{6-16}$$

式中：β—非生长偶联的比生产速率，单位为 h^{-1}。

(3) 混合型　产物形成的速率和细胞生长的速率部分相关，例如乳酸、柠檬酸等的发酵属于这种类型。混合型的产物形成和菌体细胞生长的关系如式(6-17)所示：

$$\frac{\mathrm{d}c(p)}{\mathrm{d}t}=\alpha*\frac{\mathrm{d}c(x)}{\mathrm{d}t}+\beta*c(x) \tag{6-17}$$

式(6-17)两边同时除以 $c(x)$ 得

$$\frac{\mathrm{d}c(p)/\mathrm{d}t}{c(x)}=\alpha*\frac{\mathrm{d}c(x)/\mathrm{d}t}{c(x)}+\beta$$

整理得

$$Q_p=\alpha*\mu+\beta \tag{6-18}$$

式中：α—生长偶联型的产物形成系数，单位为 h^{-1}；β—非生长偶联型的产物形成系数，单位为 h^{-1}。

2. 根据产物形成与基质消耗的关系分类

(1) 类型Ⅰ　产物的形成直接与基质的消耗有关，这是一种产物合成与利用糖类有化学计量关系的发酵，糖提供了生长所需的能量。糖耗速度与产物合成速度的变化是平行的(图6-15(a))，如利用酵母菌的乙醇发酵和酵母菌的好气生长。在厌氧条件下，酵母菌的生长和产物合成是平行的过程；在通气条件下培养酵母时，底物消耗的速率和菌体细胞合成的速率是平行的。这种关系也称为有生长联系的培养。

(2) 类型Ⅱ　产物的形成间接与基质的消耗有关，例如柠檬酸、谷氨酸发酵等。即微生物生长和产物合成是分开的，糖既满足细胞生长所需能量，又充作产物合成的碳源。但在发酵过程中有两个时期对糖的利用最为迅速，一个是最高生长时期，另一个是产物合成最高的时期(图6-15(b))。如在用黑曲霉生产柠檬酸的过程中，发酵早期被用于满足菌体生长，直到其他营养成分耗尽为止，然后代谢进入柠檬酸积累的阶段，产物积累的数量与利用糖的数量有关，这一过程仅得到少量的能量。

(3) 类型Ⅲ　产物的形成显然与基质的消耗无关，例如青霉素、链霉素等抗生素发酵。即产物是微生物的次级代谢产物，其特征是产物合成与利用碳源无准量关系，产物合成在菌体生长停止时才开始(图6-15(c))。此种培养类型也称为无生长联系的培养。

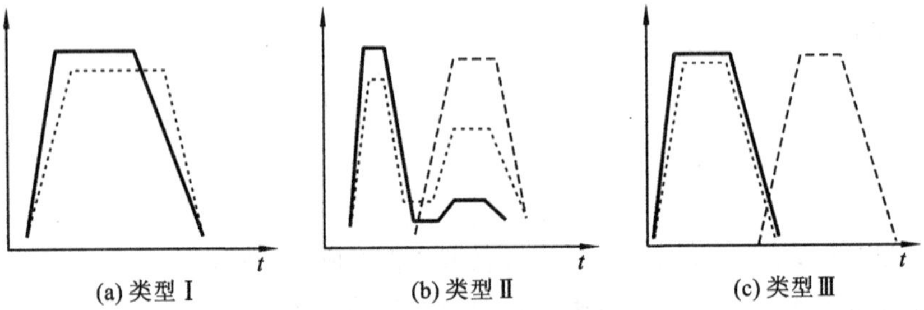

图6-15　根据产物形成与基质消耗的关系分类的发酵类型

6.3.3　微生物发酵动力学模型

依据微生物生长与产物合成动力学的知识，便可以对发酵过程进行动力模拟，即建立能预测菌体生长、产物合成、基质消耗等状态变量随主要控制变量而变化的数学模拟式，用于指导过程操作，并为实施计算机在线优化控制打下基础。由于发酵过程极其复杂，完全的动力学模拟和优化是很难做到的，故只能抓住一些主要因素，忽略或简化一些次要因素，对过程进行近似模拟与优化。微生物发酵过程根据微生物生长和培养方式不同可分为分批发酵、补料分批发酵和连续发酵三种类型，下面分别介绍这三种发酵过程的产物合成动力学。

1. 分批发酵

分批发酵是指在一个密闭容器中投入有限数量的营养物质后，接入微生物进行培养，在特定的条件下只完成一个生长周期的微生物培养方法。在整个培养过程中，除供应的O_2、排出的尾气、添加的消泡剂和控制pH需加入酸和碱外，培养系统和外界没有其他物质交换。由于营养物质不断被消耗，微生物的生长环境也随之发生变化，因此，分批式发酵实际上是一种非稳态的培养方法。

根据分批发酵过程中菌体量的变化，可以将发酵过程分为四个时期：延迟期、对数生长期、稳定期和衰亡期。图 6-16 为不同生长阶段菌体量的变化。

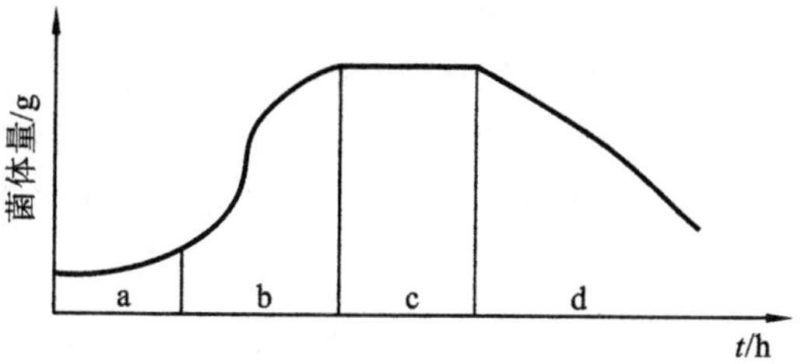

图 6-16 分批发酵中微生物的生长曲线

a. 延迟期；b. 对数生长期；c. 稳定期；d. 衰亡期

延迟期是微生物进入新的培养环境以后表现出来的一段适应期。在这段时期，微生物细胞数量变化不大，处于一个相对停滞的状态，然而细胞内的代谢状况却在发生着变化，新的营养物质运输系统被诱导产生，新的营养物质相关的代谢酶被合成。另外，在细胞进入新的培养环境时，许多基本的辅助因子会扩散到细胞外而流失，导致细胞不得不重新积累这些小分子，以调节酶活力。

延迟期的长短与菌种特性、种龄、接种量大小以及新旧培养环境的差异等因素都有关系。繁殖快的菌种延迟期较短，如细菌和酵母菌的延迟期短，而霉菌次之，放线菌较长。对数生长期的种子延迟期会较短，甚至没有延迟期，进入稳定期以后的种子延迟期较长。相同种龄，接种量越大延迟期越短。新的培养环境和种子培养环境越相近，延迟期越短，天然培养基比合成培养基延迟期短。

对数生长期是微生物细胞数量快速增长的时期。在这段时期，细胞生长速率大大加快，细胞浓度随时间呈指数增长，其生长速率可用公式(6-19)表示：

$$\frac{\mathrm{d}c(x)}{\mathrm{d}t}=\mu * c(x) \tag{6-19}$$

将式(6-19)整理得

$$\frac{\mathrm{d}c(x)}{c(x)}=\mu * \mathrm{d}t$$

两边同时求积分

$$\int_{c_0(x)}^{c(x)}\frac{\mathrm{d}c(x)}{c(x)}=\int_0^t \mu * \mathrm{d}t$$

整理得

$$\ln\frac{c(x)}{c_0(x)}=\mu * t \quad 或 \quad c(x)=c_0(x) * \exp(\mu * t) \tag{6-20}$$

式中：$c(x)$—培养时间 t 后的细胞浓度；$c_0(x)$—初始细胞浓度。

由式(6-20)可以看出，细胞浓度随时间的变化，呈现指数增长。当 $c(x)=2c_0(x)$ 时，细胞浓度增长一倍，此时所需要的时间 t 称为倍增时间或世代时间，用 t_d 表示，有公式(6-21)：

$$t_d=\ln 2/\mu \approx 0.693/\mu \tag{6-21}$$

不同的细胞比生长速率不同，倍增时间也不同，微生物细胞倍增时间多在 0.5～5 h。另外，需要特别指出的是，不是都微生物的生长方式都符合对数生长规律。例如，丝状真菌的生长方式是顶端生长，繁殖不是以几何级数倍增，都没有对数生长期，只有迅速生长期。再例如，当用碳氢化合物为微生物的营养物质时，营养物质从油滴表面扩散的速度限制了微生物的生长，使其生长方式也不符合对数生长规律。

在对数生长期末，由于培养基中营养物质的消耗和代谢产物的积累，菌体生长速率逐渐下降，而细胞死亡速率逐渐上升，当繁殖速率和死亡速率趋于平衡时，活菌体数目维持基本稳定，这一时期称为稳定期。此时 $\mu=0$。由于这一时期菌体代谢十分活跃，许多次级代谢产物在此期合成。该时期的长短与菌种和培养条件有关，若生产需要，可在菌种或发酵工艺上采取措施，延长稳定期。

当微生物细胞将培养基中的营养物质和细胞内所储存的能量基本耗尽时，细胞开始大量死亡，并在自身所含的酶的作用下发生自溶，这一时期称为衰亡期。在此期，有些微生物还能继续产生次级代谢产物。此时 μ 为负值。衰亡期往往比其他各期时间更长一些，而且时间长短取决于菌种及环境条件。

在指数生长期，比生长速率与菌体浓度无关，保持最大的比生长速率。当某种基质浓度下降到一定程度，成为限制性基质时，比生长速率下降，对数生长期结束(图 6-17)。

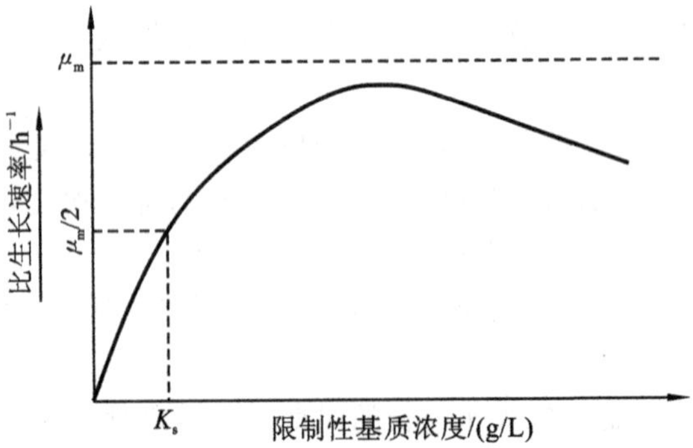

图 6-17　比生长速率与限制性基质浓度的关系

自 20 世纪 40 年代以来，人们提出了许多描述比生长速率和基质浓度的关系式，其中 1942 年 J. Monod 提出的方程最著名。J. Monod 指出，在特定的培养基成分、基质浓度、培养条件下，微生物细胞的比生长速率和限制性基质的浓度之间呈现关系如式(6-22)所示，该公式被称为 Monod 方程。

$$\mu=\frac{\mu_m * c(s)}{K_s+c(s)} \tag{6-22}$$

式中：μ_m—微生物的最大比生长速率，单位为 h^{-1}；$c(s)$—限制性基质的浓度，单位为 g/L；K_s—饱和常数，单位为 g/L。K_s的物理意义为当比生长速率 μ 为最大比生长速率 μ_m 的一半时的限制性基质浓度。它的大小反映了微生物对该基质的吸收亲和力，K_s越小表明亲和力越大，K_s越大表明亲和力越小。对于多数微生物而言，K_s的值是很小的，一般为 0.1～120 mg/L 或 0.01～3.0 mmol/L。

当 $c(s)\ll K_s$时，式(6-22)可写为 $\mu\approx\frac{\mu_m * c(s)}{K_s}$，微生物的比生长速率和限制性基质浓度之间为线性关系；当 $c(s)\gg K_s$时，按照式(6-22)应该是 $\mu\approx\mu_m$，然而实际情况往往不是这样，由于浓度过高的基质或代谢产物对菌体生长产生了抑制作用，使得比生长速率随基质浓度增大而逐渐下降，这种情况下的比生长速率可用式(6-23)表示。

$$\mu=\frac{\mu_m * K_1}{K_1+c(s)} \tag{6-23}$$

式中：K_1—抑制常数。

因此，综合式(6-22)和式(6-23)，微生物的比生长速率和限制性基质浓度的关系如图 6-21 所示。Monod 方程是基于经验观察得出的，只有当微生物生长受一种限制性基质制约，而且其他基质浓度没有过高时，该方程才近似成立。

分批发酵时，如果限制性基质只作为构建细胞组分的原料，不作为能源，则基质比消耗速率和菌体比生长速率的关系符合式(6-5)。如果限制性基质是碳源，消耗的碳源中一部分形成细胞物质，一部分形成产物，一部分作为能源，则有如下关系。

$$-\frac{\mathrm{d}c(s)}{\mathrm{d}t}=\frac{\mu c(x)}{Y_{\mathrm{G}}}+m*c(x)+\frac{Q_{\mathrm{p}}*c(x)}{Y_{\mathrm{p}}} \tag{6-24}$$

式中：Y_{p}—产物形成的得率系数。

$Y_{\mathrm{p/s}}$是对基质总消耗而言的，Y_{p} 是对用于产物形成所消耗的基质而言的。式(6-24)两边同时除以 $c(x)$ 得

$$-\frac{\mathrm{d}c(s)/\mathrm{d}t}{c(x)}=\frac{\mu}{Y_{\mathrm{G}}}+m+\frac{Q_{\mathrm{p}}}{Y_{\mathrm{p}}}$$

整理得

$$-Q_{\mathrm{s}}=\frac{\mu}{Y_{\mathrm{G}}}+m+\frac{Q_{\mathrm{p}}}{Y_{\mathrm{p}}} \tag{6-25}$$

若产物可忽略，则式(6-25)可写成

$$-Q_{\mathrm{s}}=\frac{\mu}{Y_{\mathrm{G}}}+m \tag{6-26}$$

式(6-26)两边同时除以 μ 得

$$-\frac{Q_{\mathrm{s}}}{\mu}=\frac{1}{Y_{\mathrm{G}}}+\frac{m}{\mu}$$

整理得

$$\frac{1}{Y_{\mathrm{x/s}}}=\frac{1}{Y_{\mathrm{G}}}+\frac{m}{\mu} \tag{6-27}$$

在微生物的分批发酵中，产物形成与细胞生长的关系有如下三种情况。

(1) 生长偶联型　产物形成速率和细胞生长速率的关系符合公式(6-15)和公式(6-10)。

(2) 非生长偶联型　产物形成速率和细胞生长速率的关系符合公式(6-16)。

(3) 混合型　产物形成速率和细胞生长速率的关系符合公式(6-17)和公式(6-18)。

2. 补料分批发酵

补料分批发酵又称为半连续发酵，是指在分批发酵过程中，间歇或连续地补加营养物质但不同时放出发酵液的培养方法。如果补料操作直到培养液达到特定量为止，培养过程中不放出发酵液，则这种发酵方法称为单一补料分批发酵。如果补料到一定阶段以后，放出部分发酵液，剩下的发酵液继续进行补料，反复多次进行补料和放料操作，则这种发酵方法称为重复补料分批发酵。补料分批发酵是介于分批发酵和连续发酵之间的一种发酵方法，由于可以有效控制发酵液的基质浓度，提高发酵产率，因而应用十分广泛，尤其是在以下几种情况中。

(1) 细胞的高密度发酵　通过加入高浓度的营养物质，可以使细胞浓度达到很高的水平，进行高密度发酵。

(2) 基质对微生物生长有抑制作用时　例如一些微生物能利用甲醇、乙醇、芳香族化合物，但这些基质浓度较高时，会对微生物生长造成抑制，采取补料分批发酵可以限制基质中这些化合物的浓度，解除抑制作用。

(3) 基质对目的产物合成有抑制或阻遏作用时　某些微生物发酵过程中，高浓度的基质会抑制或阻遏一些目的产物的合成，例如快速利用碳源的分解产物对一些酶有阻遏作用。采用补料分批发酵可以使这些基质的浓度保持在较低的水平，降低抑制或阻遏作用。

(4) 营养缺陷型菌株的培养　营养缺陷型菌株的培养需要添加其自身不能代谢合成的生长因子，而这些生长因子往往对目的产物的合成有反馈调节作用，因而限制这些生长因子的浓度是提高目的产物产量的调节手段之一。采用补料分批发酵是一种行之有效的方法。

(5) 前体的补充　某些发酵过程中，加入前体，可使产物的生成量大大增加，然而如果前体对细胞有毒害作用就不能一次性大量加入，补料分批发酵可以解决这一矛盾。

补料分批发酵的补料操作可以连续进行，也可以间歇进行。下面以单一补料分批发酵中的连续补料操作为重点来说明补料分批发酵的动力学原理。

补料操作中，补料培养基的流量用 F 表示，单位为 L/h；发酵容器内培养基的体积用 V 表示，单位为 L。培养基流量 F 与培养基体积 V 的比值称为稀释度，用 D 表示，单位为 h^{-1}，公式如下。

$$D = \frac{F}{V} \tag{6-28}$$

按流量 F 的定义，则有

$$F = \frac{dV}{dt} \tag{6-29}$$

微生物菌体量和培养基体积之间有关系如下。

$$x = c(x) * V \tag{6-30}$$

则有

$$dx = d[c(x) * V]$$

则有

$$\frac{dx}{dt} = \frac{d[c(x) * V]}{dt} = V * \frac{dc(x)}{dt} + c(x) * \frac{dV}{dt} \tag{6-31}$$

又因为

$$\frac{dx}{dt} = \mu * x = \mu * c(x) * V$$

则有

$$\mu * c(x) * V = V * \frac{dc(x)}{dt} + c(x) * \frac{dV}{dt}$$

整理可得

$$\frac{dc(x)}{dt} = (\mu - F/V) * c(x) = (\mu - D) * c(x) \tag{6-32}$$

对于限制性基质而言

$$\frac{ds}{dt} = F * c^*(s) + Q_s * x \tag{6-33}$$

式中：$c^*(s)$—补加培养基中基质浓度，单位为 g/L。

由式(6-33)则有

$$\frac{ds}{dt} = F * c^*(s) - \frac{\mu}{Y_{x/s}} * x$$

则有

$$\frac{\mathrm{d}s}{\mathrm{d}t} = F * c^*(s) - \frac{\mathrm{d}x/\mathrm{d}t}{Y_{x/s}} \tag{6-34}$$

则有

$$\frac{\mathrm{d}[c(s) * V]}{\mathrm{d}t} = F * c^*(s) - \frac{\mathrm{d}x/\mathrm{d}t}{Y_{x/s}}$$

则有

$$\frac{\mathrm{d}c(s)}{\mathrm{d}t} * V + \frac{\mathrm{d}V}{\mathrm{d}t} * c(s) = F * c^*(s) - \frac{\mu * x}{Y_{x/s}}$$

则有

$$\frac{\mathrm{d}c(s)}{\mathrm{d}t} * V + F * c(s) = F * c^*(s) - \frac{\mu * c(x) * V}{Y_{x/s}}$$

整理可得

$$\frac{\mathrm{d}c(s)}{\mathrm{d}t} = \frac{F}{V}[c^*(s) - c(s)] - \frac{\mu * c(x)}{Y_{x/s}} \tag{6-35}$$

式(6-32)和式(6-35)描述了补料分批发酵中菌体浓度和限制性基质浓度的变化规律。从式(6-32)可以看出，只要发酵液的稀释度 $D=\mu$，就可以使得菌体浓度维持不变。如果同时限制性基质浓度也维持不变，也就是说，$\frac{\mathrm{d}c(x)}{\mathrm{d}t}\approx 0$，$\frac{\mathrm{d}c(s)}{\mathrm{d}t}\approx 0$，这种发酵状态称为拟稳态。此时，基质消耗速率和补料速度正好平衡，培养液基质浓度不变；稀释度 D 与菌体比生长速率 μ 相等，菌体浓度也不变；细胞总量 x 则随着培养液体积 V 的增加而增大。这些都可以通过控制补料的流量 F 和补加培养基中基质浓度 $c^*(s)$ 来实现。

由公式(6-35)可知，要使 $\frac{\mathrm{d}c(s)}{\mathrm{d}t}\approx 0$，则需要

$$\frac{F}{V}[c^*(s) - c(s)] = \frac{\mu * c(x)}{Y_{x/s}}$$

整理可得

$$F = \frac{\mu * c(x) * V}{Y_{x/s} * [c^*(s) - c(s)]} \tag{6-36}$$

将式(6-20)代入式(6-36)得

$$F = \frac{\mu * c_0(x) * V}{Y_{x/s} * [c^*(s) - c(s)]} * \exp(\mu * t) \tag{6-37}$$

从公式(3-37)可以看出，由于菌体浓度是随时间变化呈指数增长的，因此，要使培养液中基质浓度不变，补料速度也需要呈指数增长，而不是采取恒速补料。然而，问题远不止这么简单，式(6-37)中的 V 并不是一个常量，而是一个随着时间 t 的变化而增大的变量，V 和 t 的关系如下。

$$V = V_0 + F * t \tag{6-38}$$

式中：V_0—补料开始时的培养液体积，单位为 L。

将式(6-38)代入式(6-37)可得

$$F = \frac{\mu * c_0(x) * (V_0 + F * t)}{Y_{x/s} * [c^*(s) - c(s)]} * \exp(\mu * t) \tag{6-39}$$

进一步整理可得

$$F = \frac{V_0 * \mu * c_0(x) * \exp(\mu * t)}{Y_{x/s} * [c^*(s) - c(s)] - \mu * c_0(x) * \exp(\mu * t) * t} \tag{6-40}$$

从(6-40)可看出，要使该公式成立，有一隐含条件，即

$$Y_{x/s} * [c^*(s) - c(s)] > \mu * c_0(x) * \exp(\mu * t) * t$$

如果菌体比生长速率 μ 不变的话，那么随着时间的变化，$\mu * c_0(x) * \exp(\mu * t) * t$ 的数值会越来越大，最终会使公式(6-40)不可能成立。这也就是说，在补料分批发酵时，通过单一补料的方式来维持发酵处于拟稳态，只能是暂时的，不可能持久。

以上考虑的限制性基质是完全用于构建微生物细胞组分的，如果限制性基质除了用于构建细胞组分以外，还用于维持能量代谢和产物合成，那么公式(6-34)就需要改写成公式(6-41)了。

$$\frac{ds}{dt} = F * c^*(s) - \frac{dx/dt}{Y_G} - m * x - \frac{Q_p * x}{Y_p} \tag{6-41}$$

在补料分批发酵中，产物浓度一方面随着产物合成而增加，另一方面又随着培养基体积的增大而被稀释，其变化可用公式(6-42)简单描述。

$$\frac{dc(p)}{dt} = Q_p * c(x) - c_0(p) * D \tag{6-42}$$

式中：$c_0(p)$—开始补料时的产物浓度，单位为 g/L。

将(6-42)变形，可得

$$dc(p) = Q_p * c(x) * dt - c_0(p) * D * dt$$

则有

$$dc(p) = Q_p * c(x) * dt - c_0(p) * \frac{F}{V} * dt$$

两边同时积分

$$\int_{c_0(p)}^{c(p)} dc(p) = \int_0^t Q_p * c(x) * dt - \int_0^t c_0(p) * \frac{F}{V} * dt$$

整理可得

$$c(p) - c_0(p) = \int_0^t Q_p * c(x) * dt - c_0(p) * \frac{\Delta V}{V}$$

式中：ΔV—由补料而增加的培养基体积，单位为 L。

进一步整理可得

$$c(p) = \frac{c_0(p) * V_0}{V} + \int_0^t Q_p * c(x) * dt \tag{6-43}$$

如果单一补料分批发酵的补料方式采用间歇式进行，则可将补料期看成连续补料，将补料间期看成分批发酵。对于重复补料分批发酵，培养液体积、稀释度、菌体比生长速率以及其他有关的参数都发生周期性变化，可将每一个补料周期(不包括放料期间)当成单一补料分批发酵中的连续补料操作看待。

3. 连续发酵

连续发酵是指以一定的速度向发酵系统中添加新鲜的培养液，同时以相同的速度放出初始的培养液，从而使发酵系统中的培养液的量维持恒定，使微生物能在近似恒定的状态下生长的发酵方式。在连续发酵中，微生物细胞所处的环境可以自始至终保持不变，甚至可以根据需要来调节微生物的比生长速率，从而稳定、高效地培养微生物细胞或生产目的产物。常见的连续发酵方式有三种：单级连续发酵、带有细胞再循环的单级连续发酵、多级连续发酵。下面分别介绍它们的发酵动力学原理。

(1) 单级连续发酵　单级连续发酵是最简单的一种连续发酵方式，即在一个发酵容器中一边补加新的培养液，一边以相同的速度放出初始的培养液，放出的培养液不再循环利用。对发酵容器来说，细胞浓度平衡满足公式(6-44)。

$$\frac{\mathrm{d}c(x)}{\mathrm{d}t}=\mu * c(x)-\frac{F * c(x)}{V}=c(x) *(\mu-D) \tag{6-44}$$

将式(6-22)代入式(6-44)得

$$\frac{\mathrm{d}c(x)}{\mathrm{d}t}=c(x) *\left(\frac{\mu_m * c(s)}{K_s+c(s)}-D\right) \tag{6-45}$$

当发酵处于稳态时，$\frac{\mathrm{d}c(x)}{\mathrm{d}t}=0$，故而有

$$D=\frac{\mu_m * c(s)}{K_s+c(s)} \tag{6-46}$$

将式(6-46)变形可得

$$c(s)=\frac{D * K_s}{\mu_m-D} \tag{6-47}$$

式(6-47)反映了限制性基质浓度 $c(s)$ 是由稀释度 D 决定的，也就是说，在一定范围内，通过控制补料培养基的流量 F 就可以控制稀释度 D，进而控制限制性基质浓度 $c(s)$。由于在一定范围内，限制性基质浓度直接决定着细胞的比生长速率 μ，因此调节补料培养基的流量 F 还能控制细胞的比生长速率 μ。

再看看限制性基质物料衡算：

$$\frac{\mathrm{d}c(s)}{\mathrm{d}t}=\frac{F * c^*(s)}{V}-\frac{F * c(s)}{V}-\frac{\mu * c(x)}{Y_{x/s}} \tag{6-48}$$

当发酵处于稳态时，$\frac{\mathrm{d}c(s)}{\mathrm{d}t}=0$，故而有

$$\frac{F * c^*(s)}{V}-\frac{F * c(s)}{V}=\frac{\mu * c(x)}{Y_{x/s}}$$

则有

$$D *\left[c^*(s)-c(s)\right]=\frac{\mu * c(x)}{Y_{x/s}}$$

再由式(6-44)可知，发酵处于稳态时，$\frac{\mathrm{d}c(x)}{\mathrm{d}t}=0$，则有 $\mu=D$，于是

$$c(x)=Y_{x/s} *\left[c^*(s)-c(s)\right] \tag{6-49}$$

将式(6-47)代入式(6-49)可得

$$c(x)=Y_{x/s} *\left[c^*(s)-\frac{D * K_s}{\mu_m-D}\right] \tag{6-50}$$

由式(6-50)可知：在补料培养基浓度 $c^*(s)$ 不变的情况下，当稀释度 D 很小时，$c(x) \approx Y_{x/s} * c^*(s)$；随着稀释度 D 的增大，在 $D \rightarrow \mu_m$ 的过程中，必然存在 D 取某个值的时候，使得 $c^*(s)=\frac{D * K_s}{\mu_m-D}$，此时 $c(x)=0$，这就意味着，在这种情况下细胞会不断地被流动的培养液“清洗”出去，无法在发酵系统中存留。人们通常将 $D=\mu_m$ 称为临界稀释度，用 D_{crit} 表示，此时的菌体比生长速率 μ 称为临界比生长速率，用 μ_{crit} 表示。从式(6-46)也可以看出，在稳态时的 D 是不可能大于 μ_m 的，换句话说，如果 D 大于 μ_m，发酵系统就不可能进入稳态。而且，当稀释度 D 只稍稍低于 μ_m 时，整个发酵系统对外界环境会表现得非常敏感：随着 D 的微小变化，$c(x)$ 将会发生巨大变化。

(2) 带有细胞再循环的单级连续发酵　带有细胞再循环的单级连续发酵是将连续发酵中

放出的发酵液加以浓缩，然后再送回发酵罐中，形成一个循环系统。这样可以增加系统的稳定性，提高发酵系统中的细胞浓度。

设回流比（再循环的培养基流量与新补充的培养基流量的比值）为 α，再循环的发酵液浓缩倍数为 C，则细胞浓度的平衡如式(6-51)。

$$\frac{dc(x)}{dt} = \mu * c(x) + \frac{\alpha * F * C * c(x)}{V} - \frac{(1+\alpha) * F * c(x)}{V} \tag{6-51}$$

整理可得

$$\frac{dc(x)}{dt} = \mu * c(x) + \alpha * D * C * c(x) - (1+\alpha) * D * c(x)$$

当发酵处于稳态时，$\frac{dc(x)}{dt}=0$，则有

$$\mu * c(x) + \alpha * D * C * c(x) = (1+\alpha) * D * c(x)$$

整理可得

$$\mu = D * (1+\alpha-\alpha * C) \tag{6-52}$$

由于发酵液浓缩倍数 C 总是大于 1 的，故而 μ 恒小于 D。这说明，在带有细胞再循环的单级连续发酵中，有可能达到很高的稀释度，但细胞没有被“清洗”的危险。

再看看限制性基质的物料衡算：

$$\frac{dc(s)}{dt} = \frac{F * c^*(s)}{V} + \frac{\alpha * F * c(s)}{V} - \frac{(1+\alpha) * F * c(s)}{V} - \frac{\mu * c(x)}{Y_{x/s}}$$

整理可得

$$\frac{dc(s)}{dt} = D * c^*(s) - D * c(s) - \frac{\mu * c(x)}{Y_{x/s}} \tag{6-53}$$

当发酵处于稳态时，$\frac{dc(s)}{dt}=0$，则公式(6-53)可整理为

$$c(x) = \frac{D}{\mu} * Y_{x/s} * [c^*(s) - c(s)] \tag{6-54}$$

将式(6-52)代入式(6-54)可得

$$c(x) = \frac{1}{(1+\alpha-\alpha * C)} * Y_{x/s} * [c^*(s) - c(s)] \tag{6-55}$$

比较式(6-49)和式(6-55)可知：由于$(1+\alpha-\alpha * C)$总是小于 1，所以该系统有利于增加菌体浓度。从式(6-52)和式(6-55)还能看出，回流比 α 越大，则比生长速率 μ 就越小，而细胞浓度 $c(x)$会越大。

将 Monod 方程即式(6-22)变形可得

$$c(s) = \frac{K_s * \mu}{\mu_m - \mu} \tag{6-56}$$

将式(6-52)代入式(6-56)可得

$$c(s) = \frac{K_s * D * (1+\alpha-\alpha * C)}{\mu_m - D * (1+\alpha-\alpha * C)} \tag{6-57}$$

再将式(6-57)代入式(6-55)可得

$$c(x) = \frac{Y_{x/s} * c^*(s)}{(1+\alpha-\alpha * C)} - \frac{Y_{x/s} * K_s * D}{\mu_m - D * (1+\alpha-\alpha * C)} \tag{6-58}$$

式(6-57)和式(6-58)是带有细胞再循环的单级连续发酵中基质浓度和菌体浓度的表达式。

(3) 多级连续发酵　多级连续发酵是将几个发酵罐串联起来，第一个发酵罐放出的发酵

液作为第二个发酵罐的补料培养基,第二个发酵罐放出的发酵液作为第三个发酵罐的补料培养基,依次类推。在多级连续发酵中,第一个发酵罐中的发酵与单级连续发酵相同。下面对第二个发酵罐中的发酵过程进行探讨,可分成两种情况:不向第二个发酵罐中补加新鲜的培养基;同时向第二个发酵罐中补加新鲜的培养基。

先看第一种情况,不向第二个发酵罐中补加新鲜的培养基,这时的细胞浓度的平衡可用公式(6-59)表示。

$$\frac{\mathrm{d}c(x_2)}{\mathrm{d}t}=\mu_2 * c(x_2)+\frac{F_2 * c(x_1)}{V_2}-\frac{F_2 * c(x_2)}{V_2} \tag{6-59}$$

式中:$c(x_1)$—第一个发酵罐放出的发酵液的菌体浓度,单位为 g/L;$c(x_2)$—第二个发酵罐中的发酵液的菌体浓度,单位为 g/L;μ_2—第二个发酵罐中的菌体比生长速率,单位为 h^{-1};F_2—第二个发酵罐中的补料培养基流量,单位为 L/h;V_2—第二个发酵罐中的培养基体积,单位为 L。

将式(6-59)整理可得

$$\frac{\mathrm{d}c(x_2)}{\mathrm{d}t}=\mu_2 * c(x_2)+D_2 * c(x_1)-D_2 * c(x_2)$$

式中:D_2—第二个发酵罐中的稀释度。

当第二个发酵罐中的发酵处于稳态时,$\frac{\mathrm{d}c(x_2)}{\mathrm{d}t}=0$,则有

$$\mu_2=D_2 * \left[1-\frac{c(x_1)}{c(x_2)}\right] \tag{6-60}$$

由式(6-60)可看出,只要 $\mu_2\neq 0$,$c(x_1)$就不会等于$c(x_2)$,一定有$c(x_2)>c(x_1)$,又因$c(x_1)$不可能为零,所以 $\mu_2\neq D_2$。

限制性基质浓度衡算:

$$\frac{\mathrm{d}c(s_2)}{\mathrm{d}t}=\frac{F_2 * c(s_1)}{V_2}-\frac{F_2 * c(s_2)}{V_2}-\frac{\mu_2 * c(x_2)}{Y_{x/s}} \tag{6-61}$$

式中:$c(s_1)$—第一个发酵罐中的限制性基质浓度,单位为 g/L;$c(s_2)$—第二个发酵罐中的限制性基质浓度,单位为 g/L。

当第二个发酵罐中的发酵处于稳态时,$\frac{\mathrm{d}c(s_2)}{\mathrm{d}t}=0$,则有

$$c(x_2)=\frac{D_2 Y_{x/s}}{\mu_2}[c(s_1)-c(s_2)] \tag{6-62}$$

将式(6-60)代入式(6-62)可得

$$c(x_2)=c(x_1)+Y_{x/s}[c(s_1)-c(s_2)] \tag{6-63}$$

再由式(6-49)可知$c(x_1)=Y_{x/s}[c^*(s)-c(s_1)]$,再代入式(6-63)可得

$$c(x_2)=Y_{x/s}[c^*(s)-c(s_2)] \tag{6-64}$$

由于$c(x_2)>c(x_1)$,所以 $Y_{x/s}[c^*(s)-c(s_2)]>Y_{x/s}[c^*(s)-c(s_1)]$,即$c(s_2)<c(s_1)$。这是很好理解的,随着菌体继续生长,基质会继续被消耗,第二个发酵罐中的基质浓度一定小于第一个发酵罐。在实际情况中,往往是$c(s_2)$远小于$c(s_1)$,基质被利用得比较完全,而 μ_2 的值非常小,第二个发酵罐中的菌体生长速度十分缓慢。

再看第二种情况,同时向第二个发酵罐中补加新鲜的培养基,设新鲜培养基的流量为 F_2^*,单位为 L/h,新鲜培养基的基质浓度为 $c_2^*(s)$,单位为 g/L。这时的细胞浓度的平衡可用

公式(6-65)表示。

$$\frac{\mathrm{d}c(x_2)}{\mathrm{d}t}=\mu_2 c(x_2)+\frac{F_2 c(x_1)}{V_2}-\frac{(F_2+F_2^*)c(x_2)}{V_2} \tag{6-65}$$

当第二个发酵罐中的发酵处于稳态时，$\frac{\mathrm{d}c(x_2)}{\mathrm{d}t}=0$，整理可得

$$\mu_2=D_2-\frac{F_2 c(x_1)}{V_2 c(x_2)} \tag{6-66}$$

比较式(6-66)和式(6-60)可看出：由于 $D_2=\frac{(F_2+F_2^*)}{V_2}>\frac{F_2}{V_2}$，所以此时的 μ_2 大于不补加新鲜培养基时的 μ_2，也就是说，向第二个发酵罐中补加新鲜培养基有利于促进细胞生长，提高菌体比生长速率。

限制性基质浓度的平衡可用下式计算：

$$\frac{\mathrm{d}c(s_2)}{\mathrm{d}t}=\frac{F_2 c(s_1)}{V_2}+\frac{F_2^* c_2^*(s)}{V_2}-\frac{(F_2+F_2^*)c(s_2)}{V_2}-\frac{\mu_2 c(x_2)}{Y_{x/s}}$$

则有

$$\frac{\mathrm{d}c(s_2)}{\mathrm{d}t}=\frac{F_2 c(s_1)}{V_2}+\frac{F_2^* c_2^*(s)}{V_2}-D_2 c(s_2)-\frac{\mu_2 c(x_2)}{Y_{x/s}}$$

当第二个发酵罐中的发酵处于稳态时，$\frac{\mathrm{d}c(s_2)}{\mathrm{d}t}=0$，则有

$$c(x_2)=\frac{Y_{x/s}}{\mu_2}\left[\frac{F_2 c(s_1)}{V_2}+\frac{F_2^* c_2^*(s)}{V_2}-D_2 c(s_2)\right] \tag{6-67}$$

比较式(6-67)和式(6-62)可知，在第二个发酵罐补料培养基的总流量不变的情况下，只要 $c_2^*(s)>c(s_1)$，即新鲜培养基基质浓度大于第一个发酵罐放出的培养基基质浓度，那么补充新鲜培养基就能够提高菌体浓度。

本章总结与展望

本章主要介绍了微生物的基本代谢及调控机制，微生物发酵动力学概念、分类及发酵动力学模型特点。重点介绍了微生物次级代谢的调节机制，微生物分批发酵，补料分批发酵动力学模型特点。

微生物的代谢是指发生在微生物细胞中的分解代谢与合成代谢的总和。微生物的新陈代谢途径错综复杂，代谢产物多种多样，具有代谢的严格调节和灵活性。人们将微生物的代谢分为初级代谢和次级代谢。

微生物初级代谢是指与微生物的生长繁殖有密切关系的代谢活动。初级代谢产物包括氨基酸、蛋白质、核苷酸、核酸、多糖、脂肪酸、维生素等。这些代谢产物往往是不同种微生物所共有的，且受生长环境影响不大。

微生物次级代谢是指与微生物的生长繁殖无直接关系的代谢活动，是为了环境需要而产生的一类有利于其生存的代谢活动。与初级代谢产物相比，次级代谢产物种类繁多、类型复杂。迄今为止，对次级代谢产物的分类还没有统一的标准。微生物次级代谢产物大致可分为抗生素、生长刺激素、维生素、色素、毒素、生物碱等不同类型。

微生物的初级代谢和次级代谢是一个相对的概念，二者代谢产物间有密切联系。首先，初级代谢是次级代谢的基础，次级代谢产物以初级代谢产物为前体或起始物；其次，初级代谢产

物的调控影响次级代谢产物的生物合成。

微生物代谢的调节主要通过对酶的调节来实现，主要有两种调节方式：一种是酶合成的调节，即调节酶的合成量，这是“粗调”；另一种是酶活力调节，即调节已有的酶的活力，这是“细调”。微生物通过对其系统的“粗调”和“细调”从而达到最佳的调节效果。

次级代谢产物种类繁多，代谢活动千变万化，其生物合成调控机制大都还不清楚，许多问题还需要深入研究，但从目前研究结果来看，主要包括诱导调节、反馈调节、碳分解产物的调节、氮分解产物的调节和磷酸盐的调节等。

微生物发酵动力学主要研究微生物发酵过程中菌体生长、基质消耗、产物生成的动态平衡及其内在规律。具体内容包括微生物生产过程中质量的平衡、发酵过程中的菌体的生长速率、基质消耗速率和产物生成速率的相互关系、环境因素对三者的影响以及影响反应速率的因素。发酵动力学研究能够为发酵生产工艺的调节控制、发酵过程的合理设计和优化提供依据，也为发酵过程的比拟放大和分批发酵向连续发酵的过渡提供了理论支持。研究发酵动力学的目的在于按照人们的需要控制微生物发酵过程。

微生物发酵动力学一般有两种分类方法：根据细胞生长与产物形成的关系可分为生长偶联型、非生长偶联型、混合型三种类型；根据产物形成与基质消耗关系可分为类型Ⅰ、类型Ⅱ、类型Ⅲ三种类型。

根据微生物生长和培养方式不同可将微生物发酵过程分为分批发酵、补料分批发酵和连续发酵三种类型。分批发酵过程包括四个时期：延迟期、对数生长期、稳定期和衰亡期。Monod 方程描述了比生长速率和基质浓度的关系，即在特定的培养基成分、基质浓度、培养条件下，微生物细胞的比生长速率和限制性基质的浓度之间呈现关系。Monod 方程是基于经验观察得出的，只有当微生物生长受一种限制性基质制约，而且其他基质浓度没有过高时，该方程才近似成立。补料分批发酵是介于分批发酵和连续发酵之间的一种发酵方法。连续发酵是指以一定的速度向发酵系统中添加新鲜的培养液，同时以相同的速度放出初始的培养液，从而使发酵系统中的培养液的量维持恒定，使微生物能在近似恒定的状态下生长的发酵方式。常见的连续发酵方式有三种：单级连续发酵、带细胞再循环的单级连续发酵、多级连续发酵。

思考题

1. 理解概念：初级代谢、次级代谢、分叉中间体、别构效应、发酵动力学、比生长速率、基质比消耗速率、产物形成速率。
2. 简述初级代谢与次级代谢的关系及次级代谢产物的特征。
3. 次级代谢产物的代谢调节有哪些方式？如何进行？
4. 以大肠杆菌（*Escherichia coli*）乳糖操纵子为例来具体说明操纵子的作用机制。
5. 简述巴斯德效应及其机制。
6. 简述 NH_4^+ 对次级代谢产物生物合成的调节作用。
7. 简述磷酸盐在抗生素发酵过程中的调节作用。
8. 简述发酵动力学研究内容及其意义。
9. 简述比生长速率、基质比消耗速率、产物形成速率的区别。
10. 简述微生物发酵动力学分类方法及依据。
11. 简述 Monod 方程及其意义。

12. 简述补料分批发酵的特点及其应用范围。
13. 简述连续发酵的方法及其特点。

参考文献

[1] 何建勇. 发酵工艺学[M]. 北京:中国医药科技出版社,2009.
[2] 储炬,李友荣. 现代工业发酵调控学[M]. 北京:化学工业出版社,2006.
[3] 岑沛霖,蔡谨. 工业微生物学[M]. 北京:化学工业出版社,2008.
[4] 贺小贤. 生物工艺原理[M]. 北京:化学工业出版社,2008.
[5] 王镜岩,朱圣庚,徐长法. 生物化学教程[M]. 北京:高等教育出版社,2008.
[6] 陈坚,堵国成. 发酵工程原理与技术[M]. 北京:化工出版社,2012.
[7] 余龙江. 发酵工程原理与技术应用[M]. 北京:化工出版社,2006.

第7章 发酵过程控制

发酵体系是一个非常复杂的多相共存的动态系统，其主要特征如下。①微生物细胞内部结构及代谢反应的复杂性。微生物细胞内同时进行着上千种不同的生化反应，并受到各种各样的调控机制的影响，它们之间相互影响，又相互制约，如果某个反应受阻，就可能影响整体代谢变化。②微生物所处的生物反应器环境复杂，环境是气相、液相、固相混合的三相系统。③系统状态的时变性及包含参数的复杂性，这些参数互为条件，相互制约。

在发酵过程中，微生物细胞的生长繁殖和代谢产物的生物合成都受到菌体遗传物质的控制，发酵产量的高低是由遗传物质决定的。但是，遗传基因的表达也受发酵条件的影响，发酵液中各种生物、化学、物理因素对遗传基因的表达都会产生影响。例如通气量过大时，可以使发酵液变得黏稠，因此使氧气的传递受到影响，溶解氧浓度降低时，可影响到菌体的生长和代谢产物的生物合成。因此，要想取得理想的发酵产量，必须对发酵过程进行控制。以红霉素的发酵为例，对于一次性投料的简单发酵过程，发酵过程中不对营养物质进行控制，其放罐时发酵单位只能达到 4 000 U/mL 左右；但如果对发酵过程中的营养物质浓度进行控制，根据需要调整其浓度，则放罐时发酵单位可以达到每小时 8 000 U，甚至更高。由此可以看出，对发酵过程进行调控对于提高代谢产物的发酵产量是非常必要的。

7.1 发酵过程控制的主要参数

微生物发酵要取得理想的效果，即取得高产并保证产品的质量，就必须对发酵过程进行严格的控制，发酵控制是否得当，对发酵是否能取得预期的效果至关重要。与发酵过程控制有关的主要参数可分为物理参数、化学参数和生物学参数。

7.1.1 物理参数

发酵生产过程中的物理参数及其测定方法见表 7-1。

表 7-1 发酵过程中的物理参数及其测定方法

参数名称	单位	测定方法	测定意义
温度	℃,K	传感器	维持生长、合成
罐压	Pa	压力表	维持正压、增加溶氧
空气流量	L/(L·min)	传感器	供氧，排出废气，提高 K_La
搅拌转速	r/min	传感器	物料混合，提高

续表

参数名称	单　位	测定方法	测定意义
搅拌功率	kW	传感器	反映搅拌情况
黏度	Pa·s	黏度计	反映菌体生长
密度	g/cm^3	传感器	反映发酵液性质
装液量	m^3,L	传感器	反映发酵液数量
浊度(透光度)	%	传感器	反映菌体生长情况
泡沫		传感器	反映发酵代谢情况
体积氧传质系数 K_La	h^{-1}	简洁计算,在线检测	反映供氧效率
加消泡剂速率	kg/h	传感器	反映泡沫情况
加中间体或前体速率	kg/h	传感器	反映前体和基质利用情况
加其他基质速率	kg/h	传感器	反映基质利用情况

1. 温度(℃)

发酵整个过程或不同阶段所维持的温度。温度的高低与发酵中的酶反应速率、氧在培养液中的溶解度和传递速率、菌体生长速率和产物合成速率等有密切关系。

2. 压力(Pa)

发酵过程中发酵罐维持的压力。罐内维持正压可以防止外界空气中的杂菌侵入而避免污染,以保证纯种的培养。同时罐压的高低还与氧和 CO_2 在培养液中的溶解度有关,间接影响菌体代谢。罐压一般维持在$(0.2\sim0.5)\times10^5$ Pa。

3. 搅拌转速(r/min)

搅拌器在发酵过程中的转动速度,通常以每分钟的转数来表示。它的大小与氧在发酵液中的传递速率与发酵液的均匀性有关。

4. 搅拌功率(kW)

搅拌器搅拌时所消耗的功率,常指每立方米发酵液所消耗的功率(kW/m^3)。它的大小与液相体积氧传质系数 K_La 有关。

5. 空气流量(L/L·min)

指每分钟内每单位体积发酵液通入空气的体积,也是需氧发酵的控制参数。它的大小与氧的传递和其他控制参数有关。

6. 黏度(Pa·s)

黏度大小可以作为细胞生长或细胞形态的一项标志,也能反映发酵罐中菌丝分裂过程的情况。通常用表观黏度表示。它的大小可改变氧传递的阻力,又可表示相对菌体浓度。

7. 浊度(%)

浊度是能及时反映单细胞生长状况的参数,它对某些产品的生产是极其重要的。

8. 料液流量(L/min)

料液流量是控制流体进料的参数。

7.1.2 化学参数

发酵生产过程中的化学参数及其测定方法见表 7-2。

表 7-2　发酵过程化学参数及其测定方法

参数名称	单　位	测定方法	测定意义
酸碱度(pH)		传感器	反映菌的代谢情况
溶解氧浓度	$\times 10^{-6}$	传感器	反映氧的供给和消耗情况
尾气氧含量	%	传感器,热磁氧分析	了解耗氧情况
氧化还原电位	mV	传感器	反映菌的代谢情况
溶解 CO_2 含量	%	传感器	了解 CO_2 对发酵的影响
尾气 CO_2 含量	%	传感器,红外吸收	了解菌的呼吸情况
总糖、葡萄糖、蔗糖、淀粉	kg/m^3	取样	了解基质在发酵过程中的变化
前体或中间体浓度	mg/mL	取样	产物生成情况
氨基酸浓度	mg/mL	取样	了解氨基酸含量的变化情况
矿物盐浓度(Fe^{2+}、Mg^{2+}、Ca^{2+}、Na^+、NH_4^+、PO_4^{3-}、SO_4^{2-})	%	取样,离子选择电极	了解离子含量对发酵的影响

1. 酸碱度(pH)

发酵液的 pH 是发酵过程中各种产酸和产碱的生化反应的综合结果。它是发酵工艺控制的重要参数之一。它的高低与菌体生长和产物合成有着重要的关系。

2. 基质浓度

这是发酵液中糖、氮、磷等重要营养物质的浓度。它们的变化对产生菌的生长和产物的合成有着重要的影响,也是提高代谢产物产量的重要控制手段。因此,在发酵过程中,必须定时测定糖(还原糖和总糖)、氮(氨基氮或铵氮)等基质的浓度。

3. 溶解氧浓度

溶解氧(DO)(简称溶氧)是需氧菌发酵的必备条件。氧是微生物体内的一系列经细胞色素氧化酶催化产能反应的最终电子受体,也是合成某些代谢产物的基质,所以溶氧浓度大小的影响是多方面的。利用溶氧浓度的变化,可了解产生菌对氧利用的规律,反映发酵的异常情况,也可作为发酵中间控制的参数及设备供氧能力的指标。溶氧浓度一般用绝对含量(g/mL)来表示,有时也用在相同条件下,氧在培养液中的饱和度来表示。

4. 氧化还原电位(mV)

培养基的氧化还原电位是影响微生物生长及其生化活性的因素之一。对各种微生物而言,培养基最适宜的与所允许的最大电位,应与微生物本身的种类和生理状态有关。氧化还原电位常作为控制发酵过程的参数之一,特别是某些氨基酸发酵是在限氧条件下进行的,氧电极已不能精确使用,这时用氧化还原参数控制则较为理想。

5. 产物的浓度(μg/mL 或 U/mL)

这是发酵产物产量高低或合成代谢正常与否的重要参数,也是决定发酵周期长短的根据。

6. 废气中的氧浓度(Pa)

废气中的氧含量与产生菌的摄氧率和 $K_{L}a$ 有关。从废气中的氧和 CO_2 的含量可以算出产生菌的摄氧率、呼吸商和发酵罐的供氧能力。

7. 废气中的 CO_2 浓度(%)

废气中的 CO_2 就是产生菌呼吸放出的 CO_2。测定它可以算出产生菌的呼吸商,从而了解产生菌的呼吸代谢规律。

7.1.3 生物学参数

发酵生产过程中的生物学参数及其测定方法见表 7-3。

表 7-3 发酵过程生物学参数及其测定方法

参数名称	单位	测定方法	测定意义
菌体浓度	g(DCW①)/L	取样	了解菌的生长情况
菌体中 RNA、DNA 含量	mg(DCW)/g	取样	了解菌的生长情况
菌体中 ATP、ADP、AMP 含量	mg(DCW)/g	取样	了解菌的能量代谢情况
菌体中 NADH 含量	mg(DCW)/g	在线荧光法	了解生长和产物情况
效价或产物浓度	g/mL	取样(传感器)	产物生成情况
菌丝形态		取样,离线	了解菌的生长情况

① DCW(dry cell weight)表示细胞干重。

1. 菌丝形态

丝状菌发酵过程中菌丝形态的改变是生化代谢变化的反映。一般都以菌丝形态作为衡量种子质量、区分发酵阶段、控制发酵过程的代谢变化和决定发酵周期的依据之一。

2. 菌体浓度

菌体浓度是控制微生物发酵的重要参数之一,特别是对抗生素次级代谢产物的发酵。它的大小和变化速度对菌体的生化反应都有影响,因此测定菌体浓度具有重要意义。菌体浓度与培养液的表观黏度有关,间接影响发酵液的溶氧浓度。在生产上,常常根据菌体浓度来决定合适的补料量和供氧量,以保证生产达到预期的水平。

根据发酵液的菌体量和单位时间的菌浓度、溶氧浓度、糖浓度、氮浓度和产物浓度等的变化,即可分别算出菌体的比生长速率、氧比消耗速率、糖比消耗速率、氮比消耗速率和产物比生产速率。这些参数也是控制产生菌的代谢、决定补料和供氧工艺条件的主要依据,多用于发酵动力学的研究。

除上述外,还有跟踪细胞生物活性的其他参数,如 NAD-NADH 体系,ATPADP-AMP 体系,DNA、RNA、生物合成的关键酶等,需要时可查有关资料。

发酵工艺条件对过程的影响是通过各种检测参数反映出来的,发酵过程中主要控制参数有以下几种:酸碱度、温度、溶氧浓度、基质含量、空气流量、压力、搅拌转速、搅拌功率、浊度、料液流量、产物浓度、氧化还原电位、尾气中的 CO_2 浓度、细胞形态和菌体浓度等。这些参数可作为发酵过程生产菌的代谢方向、补料、供氧等工艺控制的主要依据,同时为研究发酵动力学及进一步优化控制提供了可能。

7.2 发酵过程参数检测方法

工业发酵的目标是利用微生物最经济地获得高附加值产品,发酵过程参数的测定是进行发酵过程控制的重要依据。发酵过程参数的检测分为两种方式,一是利用仪器进行在线检测,二是从发酵罐中取出样品进行离线检测。

常用的在线检测仪器有各种传感器如 pH 电极、溶氧电极、温度电极、液位电极、泡沫电极、尾气分析仪等。离线分析发酵液样品的仪器有分光光度计、pH 计、温度计、气相色谱仪(GC)、高效液相色谱仪(HPLC)、色质联用仪(GC-MS)等。这些在线或离线检测的参数均可用于监测发酵的状态，直接作为发酵控制的依据。

7.2.1　直接状态参数

直接状态参数是指能直接反映发酵过程中微生物生理代谢状况的参数，如 pH 值、溶解氧(DO)、溶解 CO_2、尾气 O_2、尾气 CO_2、黏度等。现有的监测直接状态参数的传感器除了必须耐高温高压蒸汽能反复灭菌外，还要避免探头表面被微生物堵塞导致测量失败的危险。特别是 pH 值和溶氧电极有时还会出现失效和显著漂移等问题。

比较有价值的状态参数是尾气分析和空气流量的在线测量。用红外和热磁氧分析仪可分别测定尾气中 CO_2 和 O_2 的含量。也可以用一种快速、不连续的，能同时测定多种组分的质谱仪进行检测。尽管得到的数据是不连续的，但这种仪器的响应速度相当快，可用于过程控制。尾气在线分析能及时反映生产菌的生长及代谢状况。

7.2.2　间接状态参数

间接状态参数是指那些采用直接状态参数计算求得的参数，如比生长速率(p)、摄氧率(y 或 OUR)、CO_2 释放速率(CER)、呼吸商(RQ)、氧得率系数($Y_{x/o}$)、体积氧传质系数(K_La)等。通过对发酵罐进行物料平衡，可计算出摄氧率和 CO_2 释放速率以及呼吸商，后者反映微生物的代谢状况，尤其能提供从生长向生产过渡或主要基质间的代谢过渡指标。用此方法也能在线求得 K_La，在其他影响因素已知的情况下，它能提供培养物的黏度状况。间接状态参数更能反映发酵过程的整体状况，间接测量是许多测量技术、控制和其他先进控制生物反应器方法结合的过程。

综合各种状态变量，可以得到反应速率、设备性能、设备利用效率等信息，以便能及时做出调整。如加酸或加碱、生物反应器的加热或冷却、消泡剂的添加等。

7.2.3　离线发酵分析方法

尽管直接状态参数如 pH 值、溶解氧、溶解 CO_2、尾气 O_2、尾气 CO_2、黏度等能直接检测，但目前还没有一种可在线监测培养基成分和代谢产物的传感器。所以，目前发酵液中的基质(糖、脂质、盐、氨基酸等)、前体和代谢产物(抗生素、酶、有机酸和氨基酸等)以及菌量的监测还是依赖于人工取样和离线分析。离线分析的特点是所得的过程信息是不连贯和滞后的，但离线分析在发酵过程中亦十分重要。表 7-4 介绍了离线测定生物量的方法。

表 7-4　离线测定生物量的方法

方　法	原　理	效果评价
压缩细胞体积	离心沉淀物	粗糙但快速
干重	悬浮颗粒干燥至恒重后的质量	如培养基含有固体，结果不准确
光密度	浊度	要保持线性稀释才准确

续表

方　法	原　理	效果评价
荧光或其他化学法	分析与生物量相关的化合物如ATP、DNA、蛋白质等的含量	只能间接测量计算
显微观察	血球计数器上细胞计数	费力，但可通过成像分析实现可视化、简单化
平板计数	经适当稀释后，在平板上计数	只能测定活菌，时间长，结果滞后

7.3 发酵基质对发酵的影响及其控制

发酵基质是指供微生物生长及产物合成的原料，也称为底物，主要包括碳源、氮源、无机盐、微量元素和生长调节物质等。对于发酵控制来说，基质是生产菌代谢的物质基础，既涉及菌体的生长繁殖，又涉及代谢产物的形成。因此，选择适当的基质和控制适当的浓度是提高产物产量的重要方法。

在分批发酵中，若培养基过于丰富，有时会使菌体生长过旺、黏度增大、传质差、菌体不得不花费较多的能量来维持其生存环境，即用于非生产的能量大量增加，不利于代谢产物的合成。若培养基浓度过低，会使菌体营养不足，影响菌体生产和产物的合成，使设备利用率降低。所以，控制合适的基质浓度对菌体的生长和产物的形成都有利。现具体阐述碳源、氮源和磷酸盐等主要因素对发酵过程的影响和控制。

7.3.1 碳源对发酵的影响及控制

按碳源利用快慢程度，分为快速利用的碳源和缓慢利用的碳源。前者能较迅速地参与代谢、合成菌体和产生能量，并产生分解产物（如丙酮酸等），对菌体生长有利，但有的分解代谢产物对于产物的合成可能产生阻遏作用；而缓慢利用的碳源多数为聚合物，菌体利用缓慢，有利于延长代谢产物的合成，特别是延长抗生素的分泌期，这为许多微生物药物的发酵所采用。例如，乳糖、蔗糖、麦芽糖、玉米油及半乳糖分别是青霉素、头孢菌素C、核黄素及生物碱发酵的最适碳源。因此，选择最适碳源对提高代谢产物的产量非常重要。

在青霉素发酵的早期研究中，人们就认识到了碳源的重要性。在迅速利用的葡萄糖培养基中的菌体生长良好，但青霉素合成量很少；在缓慢利用的乳糖培养基中，菌体的生长缓慢，但青霉素的产量明显增加。其代谢变化如图7-1所示。从图7-1中可知，糖的缓慢利用是青霉素合成的关键因素。在其他抗生素发酵及初级代谢中也有类似情况，如葡萄糖完全阻遏嗜热脂肪芽孢杆菌产生胞外生物素——同效维生素（其化学构造及生理作用与天然维生素相类似的化合物）的合成。因此，控制使用能产生阻遏作用的碳源是非常重要的。在工业上，发酵培养基中常采用含迅速利用和缓慢利用的混合碳源，就是根据这个原理来控制菌体的生长和产物的合成的。

碳源的浓度对于菌体生长和产物合成有明显的影响。碳源浓度的优化控制，通常采用经验法和发酵动力学法，即在发酵过程中采用中间补料的方法进行控制。在实际生产中，要根据不同的代谢类型确定，如补糖时间、补糖量和补糖方式。而发酵动力学法要根据菌体的生产速率、糖比消耗速率及产物的比生产速率等动力学参数来控制。

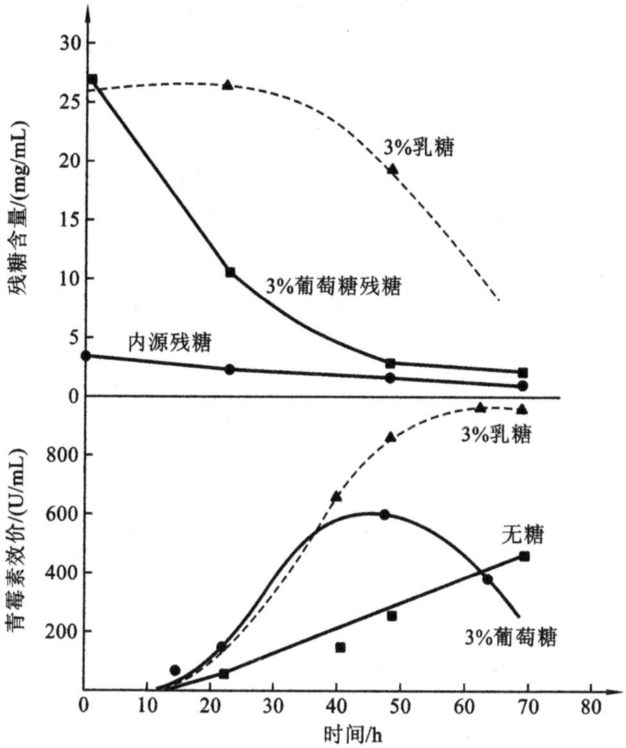

图 7-1　糖对青霉素生物合成的影响

7.3.2　氮源的种类和浓度对发酵的影响及控制

氮源可分为无机氮源和有机氮源两大类，不同种类和不同浓度的氮源都能影响产物合成的方向和产量。例如，在谷氨酸发酵中，在 NH_4^+ 供应不足时，α-酮戊二酸不能还原氨基化，而积累 α-酮戊二酸，过量的 NH_4^+ 反而促使谷氨酸转化为谷氨酰胺。控制适当量的 NH_4^+ 浓度才能获得谷氨酸的最大产量。在研究螺旋霉素的生物合成中，发现无机铵盐不利于螺旋霉素的合成，而有机氮源（如鱼粉）则有利于产物的形成。

像碳源一样，氮源也可分为快速利用的氮源和缓慢利用的氮源。前者如氨基（或铵）态氮的氨基酸（或者硫酸铵等）和玉米浆等；后者如黄豆饼粉、花生饼粉、棉籽饼粉等蛋白质。它们各有自己的作用，可快速利用的氮源容易被菌体所利用，促进菌体生长，但对某些代谢产物的合成，特别是某些抗生素的合成不利而影响产量。例如，链霉菌的竹桃霉素发酵中，采用促进菌体生长的铵盐浓度，能刺激菌丝生长，但抗生素的产量反而下降。铵盐可对柱晶白霉素、螺旋霉素、泰洛星等的合成产生调节作用。缓慢利用的氮源对延长次级代谢产物的分泌期、提高产物的产量是有好处的。但一次性地投入也容易促进菌体的生长和养分过早耗尽，导致菌体过早衰老而自溶，从而缩短产物的分泌期。综上所述，对微生物发酵来说需要优化氮源的种类及其浓度。

发酵培养基一般选用含有快速和慢速利用的混合氮源。例如，氨基酸发酵用铵盐（硫酸铵或醋酸铵）和麸皮水解液、玉米浆作为氮源；链霉素发酵采用硫酸铵和黄豆饼粉作为氮源。但也有使用单一铵盐或有机氮源（如黄豆饼粉）的。为了调节菌体生长和防止菌体衰老自溶，除了基础培养基中的氮源外，还要通过补加氮源来控制浓度。生产上常采用以下方法。

(1) 补加有机氮源　根据产生菌的代谢情况，可在发酵过程中添加某些具有调节生长代谢作用的有机氮源，如酵母粉、玉米浆、尿素等。例如：在土霉素发酵中，补加酵母粉可提高发酵单位；在青霉素发酵中，后期出现糖利用缓慢、菌体浓度变稀、菌丝展不开，pH 值下降的现象时，补加尿素就可改善这种状况并提高发酵产量。

(2) 补加无机氮源　补加氨水或硫酸铵是工业上常用的方法，氨水既可作为无机氮源，又可以调节 pH 值。在抗生素发酵工业中，补加氨水是提高发酵产量的有效措施，如果与其他条件相配合，有些抗生素的发酵单位可提高 50%。但当 pH 值偏高而又需要补氮时，就可补加生理酸性物质的硫酸铵，以达到提高氮含量和调节 pH 值的双重目的。因此，应根据发酵的需要来选择与补充无机氮源。

7.3.3　磷酸盐浓度对发酵的影响及控制

磷是构成蛋白质、核酸和 ATP 的必要元素，是微生物生长繁殖所必需的成分，也是合成代谢产物所必需的营养物质。微生物生长良好时所允许的磷酸盐浓度为 0.32～300 mmol/L，但次级代谢产物合成良好时所允许的最高平均浓度仅为 1.0 mmol/L，提高到 10 mmol/L 可明显抑制其合成。相比之下，菌体生长所允许的浓度比次级代谢产物所合成所允许的浓度要大得多，相差十几倍，甚至几百倍。因此，控制磷酸盐浓度对微生物次级代谢产物发酵的意义非常大。

对磷酸盐浓度的控制，一般是在基础培养基中采用适当的浓度。对抗生素发酵来说，常常是采用生长亚适量(对菌体生长不是最适合但又不影响生长的量)的磷酸盐浓度。其最适浓度取决于菌种特性、培养条件、培养基组成和原料来源等因素，并结合具体条件和使用的原材料通过实验来确定。培养基中的磷含量还可能因配制方法和灭菌条件不同而有所变化。在发酵过程中，若发现代谢缓慢，还可补加磷酸盐。例如，在四环素发酵中，间歇添加微量 KH_2PO_4，有利于提高四环素的产量。

除碳源、氮源和磷酸盐等主要影响因素外，在培养基中还有其他成分影响发酵。例如，Cu^{2+} 在以醋酸为碳源的培养基中，能促进谷氨酸产量的提高，而 Mn^{2+} 对芽孢杆菌合成杆菌肽等次级代谢产物具有特殊的作用，必须使用足够浓度才能促进它们的合成等。

7.4　温度对发酵的影响及其控制

7.4.1　影响发酵温度变化的因素

发酵过程中，随着菌体对培养基的利用，以及机械搅拌的作用，将产生一定的热量，同时，因为发酵罐壁散热、水分蒸发等也带走部分热量，包括生物热、搅拌热及蒸发热、辐射热等。引起发酵过程中温度变化的原因是在发酵过程中所产生的热量，这个热量称为发酵热，即发酵过程中释放出来的净热量，它是由产热因素和散热因素两方面所决定的，如式(7-1)所示。

$$Q_{发酵} = Q_{生物} + Q_{搅拌} - Q_{蒸发} - Q_{显} - Q_{辐射} \tag{7-1}$$

微生物在生长繁殖过程中产生的热称为生物热($Q_{生物}$)。营养物质代谢释放出来的能量，一部分用于合成高能化合物，部分用来合成代谢产物，其余以热的形式散发出来。其中以生长对数期产生的热量最多,同时培养基愈丰富则生物热就愈大。搅拌使发酵液之间、液体和设备之间摩擦产生的热称为搅拌热($Q_{搅拌}$)。发酵液随气体带走蒸汽(主要是水蒸气)的热量称为蒸发热($Q_{蒸发}$)。进入发酵罐的空气和排出发酵罐的废气因温度差而带走或带入的热量称为显热($Q_{显}$)。发酵液中部分热通过罐体向大气辐射热量称为辐射热($Q_{辐射}$)。

发酵热的测定与计算方法有三种。

1. 冷却水流量和温度变化测定法

通常选择主发酵旺盛期,此时是产生热量最大的时间段,通过测定一定时间内冷却水流量和进、出口温度,用式(7-2)计算发酵热。

$$Q_{发酵} = G \times c_w \times (t_2 - t_1)/V \tag{7-2}$$

式中:$Q_{发酵}$—发酵热,kJ/(m³·h);G—冷却水流量,kg/h;c_w—水的比热,kJ/(kg·℃);t_2、t_1—分别为进、出的冷却水温度,℃;V—发酵液体积,m³。

2. 直接测定计算法

通过发酵温度自动控制,先使罐温达到恒定,再关闭自动控制装置,测量温度随时间上升的速率。

$$Q_{发酵} = [(M_1c_1 + M_2c_2)S]/V \tag{7-3}$$

式中:M_1、M_2—分别为发酵液和发酵罐质量,kg;c_1、c_2—分别为发酵液和罐材料比热,kJ/(kg·℃);S—温度上升速率,℃/h;V—发酵液体积,m³。

3. 根据化合物的燃烧热计算生物热

根据赫斯(Hess)定律,热效应决定于系统的初态和终态,而与变化的途径无关,反映的热效应等于作用物的燃烧热总和减去生成物的燃烧热总和,即

$$\Delta H = \sum(\Delta H)_{作} - \sum(\Delta H)_{生} \tag{7-4}$$

7.4.2 温度对微生物生长的影响

温度决定微生物生长发育是否旺盛:每一种微生物都有其最适生长温度,在生物学范围内每升高 10 ℃,生长速度加快 1 倍。温度影响细胞的各种代谢过程和生物大分子的组分等,例如,比生长速率随温度上升而增大,细胞中的 RNA 和蛋白质的比例也随着增长。这说明,为了支持高的生长速率,细胞需要增加 RNA 和蛋白质的合成。例如,将温度从 30 ℃更改为 42 ℃可诱导重组蛋白产物的形成。

几乎所有微生物的脂质成分均随生长温度而变化。温度降低时细胞脂质的不饱和脂肪酸含量增加。微生物的脂肪酸成分随温度而变化的特性是微生物对环境变化的响应。脂质的熔点与脂肪酸的含量成正比。因膜的功能取决于膜中脂质组分的流动性,而后者又取决于脂肪酸的饱和程度,故微生物在低温下生长时必然会伴随脂肪酸不饱和程度的增加。

超出温度范围则会停止生长或死亡。微生物的死亡速率比生长速率对温度更为敏感,高温能快速杀菌,原因是高温能使蛋白质变性或凝固。微生物对低温的抵抗力一般较对高温的为强。原因是微生物体积小,在细胞内不能形成冰晶体,不能破坏细质,所以利用低温能保存菌种。不同生长阶段对温度的敏感程度不同。菌体置于最适温度附近,可以缩短适应期;在最适温度范围内提高培养温度可加快菌体生长;处于生长后期的细菌,生长速度主要取决于氧而非温度。

7.4.3 温度对发酵的影响

同一种生产菌,菌体生长和积累代谢产物的最适温度也往往不同。最适温度是最适于菌体生长或发酵产物生成的温度。如谷氨酸菌的最适生长温度为30～32 ℃,产谷氨酸的最适温度为34～37 ℃。整个发酵周期内仅选用一个最适温度不一定好,因适合菌体生长的温度不一定适合产物的合成。例如,黄原胶的发酵前期的生长温度控制在27 ℃,中后期控制在32 ℃,可加速前期的生长和明显提高产胶量约20%。在过程优化中应了解温度对生长和发酵过程的影响是不同的。依据不同的菌种、培养条件(培养基成分和浓度、工艺参数等)、酶反应类型和菌生长阶段,选择相应的最适温度,以获得微生物最快的生长速度和最高的产物产率。例如,青霉素发酵的变温培养比25 ℃恒温培养所得青霉素产量高14.7%。

一般情况下,发酵温度升高,酶反应速率增大,生长代谢加快,生产期提前,但酶本身很容易因过热而失去活性,表现在菌体容易衰老,发酵周期缩短,从而影响发酵过程最终产物的产量。温度除了直接影响发酵过程的各种反应速率外,还通过改变发酵液的物理性质,例如氧的溶解度和基质的传质速率以及菌对养分的分解和吸收速率,间接影响产物的合成。

温度影响酶系组成及酶的特性,通过改变酶的调节机制实现,从而影响生物合成的方向。例如,金色链霉菌的四环素发酵中,在低于30 ℃主要合成金霉素,温度达35 ℃则只产四环素。近年来发现温度对微生物的代谢有调节作用。在20 ℃,氨基酸合成途径的终产物对第一个酶的反馈抑制作用比在正常生长温度37 ℃的更大。故可考虑在抗生素发酵后期降低发酵温度,让蛋白质和核酸的正常合成途径关闭得早些,从而使发酵代谢转向产物合成。

在分批发酵中研究温度对发酵影响的试验数据有很大的局限性,因为产量的变化究竟是温度的直接影响还是因生长速率或溶氧浓度变化的间接影响难以确定。用恒化器可控制其他与温度有关的因素,如生长速率等的变化等,使在不同温度下保持恒定,从而能不受干扰地判断温度对代谢和产物合成的影响。

温度的选择还应参考其他发酵条件,应灵活掌握。例如,在供氧条件差的情况下最适的发酵温度可能比在正常良好的供氧条件下低一些。这是由于在较低的温度下氧溶解度相应大些,菌的生长速率相应小一些,从而弥补了因供氧不足而造成的代谢异常。此外,还应考虑培养基的成分和浓度。使用稀薄或较易利用的培养基时提高发酵温度则养分往往过早耗竭,导致菌丝过早自溶,产量降低。例如,提高红霉素发酵温度在玉米浆培养基中的效果就不如在黄豆饼粉培养基的好,因提高温度有利于黄豆饼粉的同化。

7.4.4 发酵过程温度的选择与控制

1. 根据菌种及生长阶段来选择最适温度

微生物种类不同,所具有的酶系及其性质不同,所要求的温度范围也不同。如黑曲霉生长温度为37 ℃,谷氨酸产生菌棒状杆菌的生长温度为30～32 ℃,青霉菌生长温度为30 ℃。在产物分泌阶段,其温度要求与生长阶段又不一样,应选择最适生产温度。如青霉素产生菌生长的最适温度为30 ℃,但产生青霉素的最适温度是20 ℃。

2. 根据培养条件选择最适温度

温度选择还要根据培养条件综合考虑,灵活选择。比如,通气条件差时可适当降低温度,使菌体呼吸速率降低些,溶氧浓度也可高些;培养基稀薄时,温度也该低些,因为温度高营养利用快，会使菌体过早自溶。

3. 根据菌生长情况选择最适温度

菌体生长快，维持在较高温度时间要短些；菌体生长慢，维持较高温度时间可长些。培养条件适宜，如营养丰富，通气能满足，那么前期温度可高些，以利于菌体的生长。总的来说，温度的选择根据菌种生长阶段及培养条件综合考虑。要通过反复实践来定出最适温度。

4. 工业生产上的温度控制

工业生产上，所用的大发酵罐在发酵过程中一般不需要加热，因发酵中释放了大量的发酵热，需要冷却的情况较多。利用自动控制或手动调整的阀门，将冷却水通入发酵罐的夹层或蛇形管中，通过热交换来降温，保持恒温发酵。如果气温较高，冷却水的温度又高，就可采用冷冻盐水进行循环式降温，以迅速降到最适温度。因此，大工厂需要建立冷冻站，提高冷却能力，以保证在正常温度下进行发酵。

7.5　pH值对发酵的影响及其控制

发酵过程中培养液的pH值是微生物在一定环境条件下代谢活动的综合指标，是非常重要的发酵参数。掌握发酵过程中pH值变化的规律，及时检测并进行控制，可以使发酵处于生产的最佳状态。

7.5.1　pH值对发酵的影响

发酵液pH值的改变将对发酵产生很大的影响。主要表现在以下几个方面。

1. 改变细胞膜的电荷性质，影响新陈代谢的正常进行

细胞质膜具有胶体性质，在一定pH值时细胞质膜可以带正电荷，而在另一pH值时，细胞质膜则带负电荷。这种电荷的改变同时会引起细胞质膜对个别离子渗透性的改变，从而影响微生物对培养基中营养物质的吸收及代谢产物的分泌，妨碍新陈代谢的正常进行。如产黄青霉的细胞壁厚度随pH值的增加而减小，其菌丝的直径在pH 6.0时为2～3 μm，在pH 7.4时，则为2～1.8 μm，呈膨胀酵母状细胞，随pH值下降菌丝形状可恢复正常。

2. 影响菌体代谢方向

如采用基因工程菌毕赤酵母生产重组人血清白蛋白，生产过程中最不希望产生蛋白酶。在pH 5.0以下，蛋白酶的活性迅速上升，对白蛋白的生产很不利；而在pH 5.6以上则蛋白酶活性很低，可避免白蛋白的损失。不仅如此，pH值的变化还会影响菌体中的各种酶活性以及菌体对基质的利用速率，从而影响菌体的生长和产物的合成。故在工业发酵中维持生长和产物合成的最适pH值是生产成功的关键之一。

3. pH值变化对代谢产物合成的影响

培养液的pH值对微生物的代谢有更直接的影响。在产气杆菌中，与吡咯并喹啉醌(PQQ)结合的葡萄糖脱氢酶受培养液pH值影响很大。在钾营养限制性培养基中，pH 8.0时不产生葡萄糖酸，而在pH 5.0～5.5时产生的葡萄糖酸和2-酮葡萄糖酸最多。此外，在硫或氨营养限制性的培养基中，此菌生长在pH 5.5下产生葡萄酸与2-酮葡萄酸，但在pH 6.8时不产生这些化合物。发酵过程中在不同pH值范围内以恒定速率加糖，青霉素产量和糖耗并不一样，如表7-5所示。

表 7-5 在不同 pH 值范围内恒定速率加糖，青霉素产量和糖耗的关系

pH 值范围	糖耗	残糖	PenG 相对单位
pH 6.0～6.3	10%	0.5%	较高
pH 6.6～6.9	7%	0.2%	高
pH 7.3～7.6	7%	>0.5%	低
pH 6.8	<7%	<0.2%	最高

7.5.2 影响 pH 值变化的因素

发酵过程中 pH 值会发生变化。pH 值变化的幅度取决于所用的菌种、培养基的成分和培养条件。在正常情况下，发酵过程中 pH 值的变化有如下规律：在菌体的生长阶段，pH 值有上升或下降的趋势；在生产阶段，pH 值趋于稳定；在自溶阶段，pH 值有上升的趋势。

外界环境发生较大变化时，pH 值将会不断地波动。导致酸性物质释放或产生，碱性物质消耗的会引起发酵液 pH 值下降；导致碱性物质释放或产生，酸性物质消耗的会引起发酵液 pH 值上升。影响发酵液中 pH 值变化的因素很多，主要是培养基的成分、中间补料、代谢中间产物和代谢终产物等。造成 pH 值上升的原因主要有以下几个方面：①培养基中碳氮比（C/N）偏低；②生理碱性物质存在，如硝酸钠；③中间补料中氨水或尿素等碱性物质加入过量。造成 pH 值下降的原因主要有以下几个方面：①培养基中碳氮比偏高；②生理酸性物质存在，如硫酸铵；③消泡剂加入过量。

pH 值的变化会引起各种酶活力的改变，影响菌对基质的利用速度和细胞的结构，以致影响菌体的生长和产物的合成。pH 值还会影响菌体细胞膜电荷状况，引起膜的渗透性改变，因而影响菌体对营养的吸收和代谢产物的形成等。因此，确定发酵过程中的最适 pH 值及时采取有效控制措施是保证或提高产量的重要环节。

7.5.3 发酵最适 pH 值确定

每一类微生物都有最适的和能耐受的 pH 值范围。大多数细菌生长的最适 pH 值为 6.3～7.5；霉菌最适生长 pH 值为 4.0～5.8；酵母最适生长 pH 值为 3.8～6.0；放线菌最适生长 pH 值为 6.5～8.0。有的微生物生长繁殖阶段的最适 pH 值与产物形成阶段的最适 pH 值是一致的，但也有许多是不一致的。表 7-6 列举了几种生长最适 pH 值范围与产物形成最适 pH 范围不一致的例子。

表 7-6 几种抗生素发酵的最适 pH 值范围

产　　品	菌生长最适 pH 值范围	产物形成最适 pH 值范围
青霉素	6.5～7.2	6.2～6.8
链霉素	6.3～6.9	6.7～7.3
四环素	6.1～6.6	5.9～6.3
土霉素	6.0～6.6	5.8～6.1
红霉素	6.6～7.0	6.8～7.3
灰黄霉素	6.4～7.0	6.2～6.5

选择最适 pH 值有利于菌的生长和产物合成，应以获得较高的产量为依据。以利福霉素为例，由于利福霉素 B 分子中的所有碳单位都是由葡萄糖衍生的，在生长期葡萄糖的利用情况对利福霉素 B 的生产有一定的影响。试验证明，其最适 pH 值在 7.0～7.5 范围内。当 pH 7.0 时，平均得率系数达最大值；pH 6.5 时为最小值。在利福霉素 B 发酵的各种参数中，从经济角度考虑，平均得率系数最重要。故 pH 7.0 是生产利福霉素 B 的最佳条件。在此条件下葡萄糖的消耗主要用于合成产物，同时也能保证适当的菌量。试验结果表明，与整个发酵过程中维持 pH 7.0 相比，生长期和生产期时分别维持 pH 6.5 和 pH 7.0，可使利福霉素 B 的产率提高 14%。

7.5.4　发酵过程中 pH 值的调节和控制

由于微生物不断地吸收、同化营养物质和排出代谢产物，因此，在发酵过程中，发酵液的 pH 值是一直在变化的。这不但与培养基的组成有关，而且与微生物的生理特性有关。各种微生物的生长和发酵都有各自的最适 pH 值。为了使微生物能在最适 pH 值范围内生长、繁殖和发酵，首先应根据不同微生物的特性，不仅要在原始培养基中控制适当的 pH 值，而且要在整个发酵过程中，随时检查 pH 值的变化情况，并进行相应的调控。实际生产中，可从以下几个方面进行。

1. 调整培养基组分

适当调整碳氮比，使盐类与碳源配比平衡。一般情况下，碳氮比高时（真菌培养基），pH 值降低；碳氮比低时（一般细菌），经过发酵后，pH 值上升；此外，基础料中若含有玉米浆，pH 值呈酸性，必须调节 pH 值。若要控制消化后 pH 值在 6.0，消化前 pH 值往往要调到 6.5～6.8。

2. 在基础料中加入维持 pH 值的物质

（1）添加 $CaCO_3$　当用 NH_4^+ 盐作为氮源时，可在培养基中加入 $CaCO_3$，用于中和 NH_4^+ 被吸收后剩余的酸。

（2）氨水流加法　氨水可以中和发酵中产生的酸，且 NH_4^+ 可作为氮源，供给菌体营养。通氨一般是使压缩氨气或工业用氨水（浓度 20%左右），采用少量间歇添加或连续自动流加，可避免一次加入过多造成局部偏碱。发酵过程中使用氨水中和有机酸来调节需谨慎，过量的氨会使微生物中毒，导致呼吸强度急速下降。故在需要用通氨气来调节 pH 值或补充氮源的发酵过程中，可通过监测溶氧浓度的变化防止菌体出现氨过量中毒。氨极易和铜反应产生毒性物质，对发酵产生影响，故需避免使用铜制的通氨设备。

（3）尿素流加法　味精厂多用，尿素首先被菌体脲酶分解成氨，氨进入发酵液，使 pH 值上升，当 NH_4^+ 被菌体作为氮源消耗并形成有机酸时，发酵液 pH 值下降，这时随着尿素的补加，氨进入发酵液，可使发酵液 pH 值上升，氮源得到补充，如此循环，直至发酵液中碳源耗尽，完成发酵。

3. 通过补料调节 pH 值

在发酵过程中根据糖氮消耗需要进行补料。在补料与调节 pH 值没有矛盾时采用补料调节 pH 值，如调节补糖速率来调节 pH 值，当 NH_2-N 低而 pH 值低时补氨水，当 NH_2-N 低且 pH 值高时补 $(NH_4)_2SO_4$ 等；当补料与调节 pH 值发生矛盾时，加酸碱调节 pH 值。

氨基酸发酵常用此法。这种方法既可以达到稳定 pH 值的目的，又可以不断补充营养物质，特别是能产生阻遏作用的物质。少量多次补加还可以解除对产物合成的阻遏作用，提高产物产量。也就是说，采用补料的方法，可以同时实现补充营养、延长发酵周期、调节 pH 值和培养液的特性（如菌体浓度等）等几个目的。

4. 应急措施

必要时采取应急措施。如改变搅拌转速或通气量，以改变溶解氧浓度，控制有机酸的积累量及其代谢速度；改变温度，以控制微生物代谢速度；改变罐压及通气量，降低 CO_2 的溶解量；改变加消泡剂或加糖量等，调节有机酸的积累量等。

在实际生产过程中，一般可以选取其中一种或几种方法，并结合 pH 值的在线检测情况，对 pH 值进行快速有效控制，以保证 pH 值长期处于合适的范围。

7.6 氧对发酵的影响及其控制

好气性微生物的生长发育、繁殖和代谢活动都需要消耗氧气，它们只有在氧分子存在的情况下才能完成生物氧化、菌体生长和代谢产物生成的作用。同时，氧是构成细胞本身和代谢产物的组分之一，即氧也是一种特殊的发酵原料，许多微生物细胞必须利用分子态的氧作为呼吸链电子传递系统末端的电子受体，最后与氢离子结合成水。此外，氧还可以直接参与一些生物反应。因此，供氧对需氧微生物的培养必不可少。在发酵过程中必须供给适量的无菌空气，无菌空气中的氧只有溶解到发酵液并进一步传递到细胞内的氧化酶系后，菌体才能够利用，才能完成生长繁殖和积累所需的代谢产物。

7.6.1 发酵过程中微生物对氧的需求

1. 供氧与微生物呼吸及代谢产物的关系

根据对氧的需求，微生物可分为专性好氧微生物、兼性好氧微生物和专性厌氧微生物。专性好氧微生物把氧作为最终电子受体，通过有氧呼吸获取能量，如霉菌；进行此类微生物发酵时一般应尽可能地提高溶氧（DO），以促进微生物生长，增大菌体量。兼性好氧微生物的生长不一定需要氧，但如果在培养中供给氧，则菌体生长更好，如酵母菌。典型的如乙醇发酵，对溶氧的控制分两个阶段，初始提供高溶氧进行菌体扩大培养，后期严格控制溶氧进行厌氧发酵。厌氧和微好氧微生物能耐受环境中的氧，但它们的生长并不需要氧，这些微生物在发酵生产中应用较少。而对于专性厌氧微生物，氧则可对其显示毒性，如产甲烷杆菌，此时能否限制溶氧在一个较低的水平往往成为发酵成败的关键。

好氧性微生物的生长发育和代谢活动都需要消耗氧气。在发酵过程中必须供给适量无菌空气，才能使菌体生长繁殖，积累所需要的代谢产物。微生物只能利用溶解于液体的氧。发酵液中溶解氧的多少，一般用溶解氧系数 K_d 表示。由于各种好气微生物所含的氧化酶体系（如过氧化氢酶、细胞色素氧化酶、黄素脱氢酶、多酚氧化酶等）的种类和数量不同，在不同环境条件下，各种需氧微生物的吸氧量或呼吸程度是不同的。

微生物的吸氧量常用呼吸强度和耗氧速率两种方法来表示。呼吸强度是指单位质量干菌体在单位时间内所吸取的氧量，以 Q_{O_2} 表示，单位为 mmol/(kg · h)。耗氧速率是指单位体积培养液在单位时间内的耗氧量，以 r 表示，单位为 mmol/(m^3 · h)。呼吸强度可以表示微生物的相对耗氧量，但是，当培养液中有固定成分存在而测定 Q_{O_2} 有困难时，可用耗氧速率表示。微生物在发酵过程中的耗氧速率取决于微生物的呼吸强度和单位体积发酵液的菌体浓度，而菌体呼吸强度又受到菌龄、菌种性能、培养基及培养条件等诸多因素的综合影响。

溶氧是需氧微生物生长所必需的，微生物只能利用溶解于液体中的氧。在发酵过程中有多方面的限制因素，而溶氧往往是最易成为影响因素的控制因素。氧是一种难溶性气体，在水、发酵液中的溶解度都很小。在 28 ℃时氧在发酵液中 100%的空气饱和度情况下，其浓度只有 7 mg/L 左右，是糖的溶解度的 1/7 000。在对数生长期即使发酵液中的溶氧能达到100%空气饱和度，若此时中止供氧，发酵液中溶氧可在几分钟之内便耗竭，使溶氧成为限制因素。因此，需要不断通风和搅拌，才能满足不同发酵过程对氧的需求。溶氧的大小对菌体生长和产物的形成及产量都会有不同的影响，即对于细胞生长的最佳溶解氧浓度并不一定就是合成产物的最佳浓度，换言之，发酵不同阶段对氧浓度的要求不同。例如，谷氨酸发酵过程中，在菌体生长繁殖阶段比谷氨酸生成阶段对溶氧要求低，要求溶氧系数 K_d（以氧分压差为传氧推动力的体积溶氧系数）为（4.0～5.9）$\times10^{-6}$ mol/（mL · min · MPa），形成谷氨酸阶段要求溶氧系数 K_d 为（1.5～1.8）$\times10^{-5}$ mol/（mL · min · MPa）。在菌体生长繁殖阶段，若供氧过量，在生物素限量的情况下抑制菌体生长，表现为糖的消耗慢，pH 值偏高且下降缓慢。在发酵产酸阶段，若供氧不足，发酵的主产物由谷氨酸转为乳酸，这是因为在缺氧条件下，谷氨酸生物合成所必需的丙酮酸氧化反应停滞，导致糖代谢中间体——丙酮酸转化为乳酸，生产上则表现为糖的消耗快，pH 值低，尿素消耗快，只长菌而不产生谷氨酸。但是，如果供氧过量，则不利于 α-酮戊二酸进一步还原氨基化而积累大量 α-酮戊二酸。因此，了解菌体生长繁殖阶段和代谢产物形成阶段的最适耗氧量，就可能分别合理地控制氧供给。

2. 微生物的临界氧浓度

微生物的耗氧速率受发酵液中氧浓度的影响，各种微生物进行某种生理活动时，对环境中溶氧浓度有一个最低要求。这一溶氧浓度称为临界氧浓度，以 $C_{临界}$ 表示。好氧性微生物的临界氧浓度一般为 0.003～0.05 mmol/L，某些微生物的临界氧浓度见表 7-7。

表 7-7 某些微生物的临界氧浓度

微生物名称	温度/℃	$C_{临界}$/(mmol/L)
固氮菌	30	0.018～0.049
大肠杆菌	37.8	0.008 2
大肠杆菌	15	0.003 1
黏质赛氏杆菌	31	0.015
黏质赛氏杆菌	30	0.009
酵母菌	34.8	0.004 6
酵母菌	20	0.003 7
橄榄型青霉菌	24	0.022
橄榄型青霉菌	30	0.009
米曲霉	30	0.02

不同种类的微生物的需氧量不同，一般为 25～100 mmol/(L·h)。同一种微生物的需氧量，随菌龄和培养条件的不同而异。菌体生长和形成代谢产物时的耗氧量也往往不同，一般幼龄菌生长旺盛，其呼吸强度大，但在种子培养阶段由于菌体浓度低，总的耗氧量也较低；晚龄菌的呼吸强度弱，但在发酵阶段由于菌体浓度高，总的耗氧量较大。据报道：青霉素产生菌培养 80 h 的耗氧速率为 40 mmol/(L·h)；链霉素产生菌培养 12 h 的耗氧速率为 45 mmol/(L·h)；黑曲霉生长最大耗氧速率为 50～55 mmol/(L·h)，而产 α-淀粉酶时的最大耗氧速率为 20 mmol/(L·h)；谷氨酸产生菌在种子培养 7 h 的耗氧速率为 13 mmol/(L·h)，发酵 13 h 的耗氧速率为 50 mmol/(L·h)，发酵 18 h 的耗氧速率为 51 mmol/(L·h)。

7.6.2　氧在溶液中的传质理论

1. 氧的传递途径与传质阻力

在大规模发酵生产中，通常采用深层培养方式，培养时给培养中的微生物通入无菌空气进行供氧。微生物细胞分散在培养液中，只能利用溶解氧。空气中的氧从空气泡里通过气膜、气液界面和液膜扩散到液体主流中的过程就是供氧的过程。氧分子自液体主流通过液膜、菌丝丛、细胞膜扩散到细胞内，然后被消耗，图 7-2 简单地表示了氧传递过程，共分为以下几步：①从气泡中的气相扩散通过气膜到气液界面；②通过气液界面；③从气液界面扩散通过气泡的液膜到液相主体；④液相溶解氧的传递；⑤从液相主体扩散通过包围细胞的液膜到达细胞表面；⑥氧通过细胞壁；⑦微生物细胞内氧的传递。氧在传递过程中必须克服一系列阻力，才能被微生物所利用，通常第③和第⑤步传递阻力最大，是整个过程的控制步骤。

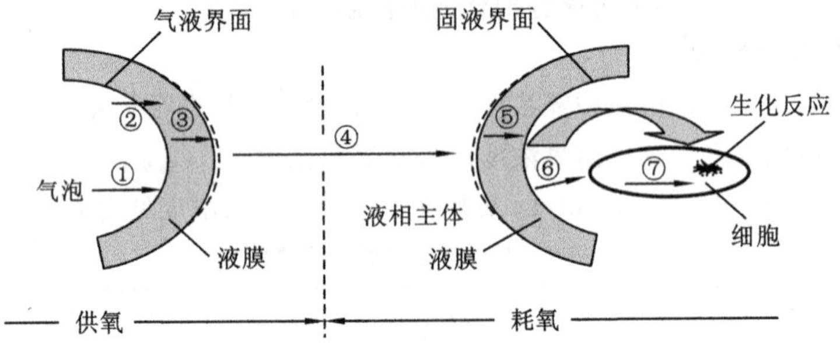

图 7-2　氧传递途径示意图

2. 气体溶解过程的双膜理论

大多数微生物细胞的培养，细胞都分散在培养液中，它只能利用溶解氧，因此供氧的方法是，在培养液中通入灭菌空气。氧从空气泡传递到细胞内要克服一系列阻力，首先氧先从气相溶解于培养基中，然后传递到细胞内的呼吸酶位置上被利用。好氧微生物只能利用溶解态的氧，发酵过程中不断地通过通风和搅拌，使气态中的氧经过一系列传递步骤到液相。气体溶解于液体是一个复杂的过程，至今还未能从理论上完全解释清楚，最早提出的至今还在应用的假说是双膜理论。该假说的过程见图 7-3：氧首先由气相扩散到气液两相的接触界面，再进入液相，界面的一侧是气膜，另一侧是液膜，氧由气相扩散到液相必须穿过这两层膜。

氧气在气膜中的扩散动力来自于空气中的氧的分压与界面处氧的分压之差，即 $p-p_i$，氧穿过界面，在液膜中扩散的动力来自于界面处氧的浓度与液体中氧的浓度之差，即 c_i-c_L；与这两种推动力对应的阻力是气膜阻力 $1/k_G$ 和液膜阻力 $1/k_L$。单位接触界面氧的传递速率为

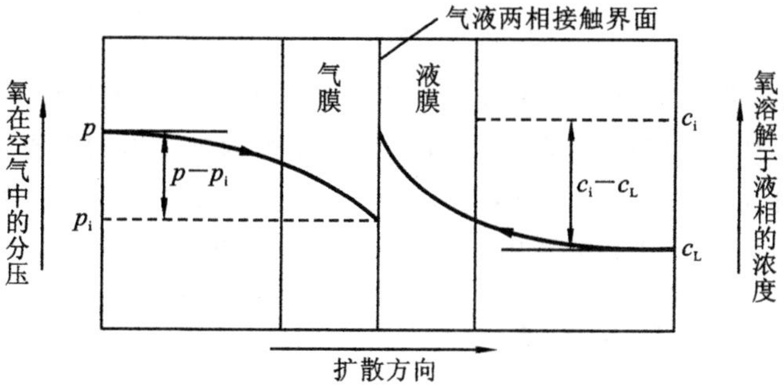

图 7-3　双膜理论的气液接触

$$N_A=\frac{推动力}{阻力}=\frac{p-p_i}{\frac{1}{k_G}}=\frac{c_i-c_L}{\frac{1}{k_L}}=k_G(p-p_i)=k_L(c_i-c_L) \tag{7-5}$$

式中：N_A—单位接触界面的氧传递速率，kmol/(m^3·h)；p、p_i—分别为气相中和气、液界面处氧的分压，MPa；c_L、c_i—分别为液相中和气、液界面处氧的浓度，kmol/m^3；k_G—气膜传质系数，kmol/(m^2·h· MPa)；k_L—液膜传质系数，kmol/(m^2·h·kmol/m^3)或 m/h。

通常情况下，由于不能直接测定气膜和液膜界面处氧的分压和氧浓度，上式不能直接用于实际操作。为了方便计算，并不单独使用 k_G或 k_L，而是将两膜合并起来考虑，改用总传质系数和总推动力，在稳定状态，则

$$N_A=K_G(p-p^*)=K_L(c^*-c_L) \tag{7-6}$$

式中：K_G—以氧分压差为总推动力的总传质系数，kmol/(m^2·h·MPa)；K_L—以氧浓度差为总推动力的总传质系数，m/h；p^*—与液相中氧浓度 c 相平衡时氧的分压，MPa；c^*—与气相中氧分压 p 相平衡时氧的溶解浓度，kmol/m^3。

根据亨利定律，溶解浓度达到平衡时气体分压与该气体所溶解的分子分数成正比，可得

$$p=H\cdot c^* \qquad p^*=H\cdot c_L \qquad p_i=H\cdot c_i$$

式中：H—亨利常数，它表示气体溶解于液体的难易程度。

为找出总传质系数与上述气膜、液膜的传递系数之间的关系，将式(7-6)变形，利用亨利定律，将 O_2浓度换成相对应的分压来表示，得

$$\frac{1}{K_G}=\frac{p-p^*}{N_A}=\frac{p-p_i}{N_A}+\frac{p_i-p^*}{N_A}=\frac{p-p_i}{N_A}+\frac{H(c_i-c_L)}{N_A} \tag{7-7}$$

再根据式(7-5)提供的关系，可得

$$\frac{1}{K_G}=\frac{1}{k_G}+\frac{H}{k_L} \tag{7-8}$$

对于易溶气体如 NH_3来讲，H 很小，H/k_L可以忽略，则 $K_G\approx k_G$，此时气体溶解的阻力主要来自于气膜阻力。

同理可得

$$\frac{1}{K_L}=\frac{1}{H\cdot k_G}+\frac{1}{k_L} \tag{7-9}$$

对于难溶气体如 O_2，H 很大，$K_L\approx k_L$，说明这一过程液膜阻力是主要因素。

3. 氧传质方程式

在稳定状态下，氧分子从气体主体扩散到液体主体的传递速率即氧的传质方程式为

$$N = K_L a(c^* - c_L) = K_G a(p - p^*) = K_L a \frac{1}{H}(p - p^*) \tag{7-10}$$

式中：N—单位体积培养液中氧的传递速率，kmol/(m³·h)；a—单位体积的内界面，m²/m³；通常 K_L和 a 合并作为一个项目处理，称 K_La 为以浓度差为推动力的溶氧系数，单位为 h^{-1}；同理 K_G和 a 也合并作为一个项目处理，称 K_Ga 为以分压差为推动力的溶氧系数，单位为 kmol/(m³·h·MPa)，是反映发酵罐内氧传递（溶氧）能力的一个重要参数。

7.6.3 影响供氧的主要因素

根据氧的传质方程，影响供氧的主要因素是推动力 $c^* - c_L$和溶氧系数 K_La。此外，发酵罐中液体的体积与高度及发酵液的物理性质等也和供氧有关。

1. 影响推动力 $c^* - c_L$的因素

(1) 温度　氧传递过程中的推动力将随发酵液温度的升高而下降。

发酵液中的温度不同，氧的溶解度也不同。氧在水中的溶解度随温度的升高而降低（表 7-8），因此，氧传递过程中的推动力将随发酵液温度的升高而下降。在 1.01×10^5 Pa 和温度在 4～33 ℃的范围内，氧的溶解度可由式(7-11)经验公式来计算。

$$c_w^* = \frac{14.6}{t + 31.6} \tag{7-11}$$

式中：c_w^*—与空气平衡时水中的氧浓度，mol/m³；t—温度，℃。

表 7-8　纯氧在不同温度水中的溶解度(1.01×10^5 Pa 时)

温度/℃	溶解度/(mol/m³)	温度/℃	溶解度/(mol/m³)
0	2.18	25	1.26
10	1.70	30	1.16
15	1.54	35	1.09
20	1.38	40	1.03

(2) 溶质　氧传递的推动力随着发酵液中溶质浓度的增加而下降。

在电解质溶液中，由于发生盐析作用使氧的饱和溶解度降低，故氧传递的推动力随着发酵液中电解质浓度的增加而下降。利用 Sechenov 公式可计算氧的溶解度与电解质浓度的关系。对于单电解质有

$$\lg \frac{c_w^*}{c_e^*} = Kc_E \tag{7-12}$$

式中：c_e^*—氧在电解质溶液中的溶解度，kmol/m³；c_w^*—氧在纯水中的溶解度，kmol/m³；c_E—电解质溶液的浓度，kmol/m³；K—Sechenov 常数，随气体种类、电解质种类、温度而变化。

对于几种电解质的混合溶液，可根据溶液的离子强度计算。

$$\lg \frac{c_w^*}{c_e^*} = \sum_i h_i I_i \tag{7-13}$$

式中：h_i—第 i 种离子的常数，m³/kmol；I_i—离子强度，kmol/m³。

在非电解质溶液中，氧的溶解度一般也随着溶质浓度的增加而下降，变化规律与在电解质溶液中的变化情况相似。

$$\lg \frac{c_w^*}{c_n^*} = Kc_N \tag{7-14}$$

式中：c_n^*—氧在非电解质溶液中的溶解度，kmol/m³；c_N—非电解质或有机物浓度，kg/m³。

发酵液中同时含有电解质和非电解质，在这种混合溶液中，氧的溶解度可用下式计算。

$$\lg \frac{c_w^*}{c_m^*} = \sum_i h_i I_i + \sum_j \lg \frac{c_w^*}{c_{nj}^*} \tag{7-15}$$

式中：c_m^*—氧在混合溶液中的溶解度，kmol/m³。

（3）溶剂　氧传递的推动力随着发酵液中有机溶剂的增加而增加。

发酵过程中，通常使用的溶剂为水。由于氧在一些有机物中的溶解度比在水中的高，因此，实际发酵过程中也可以通过合理添加有机溶剂来降低水的极性从而增加溶解氧的浓度。

（4）氧分压　氧传递的推动力随着发酵液中氧分压的增加而增加。

增加氧分压也能通过提高氧的溶解度来增加氧传递的推动力。方法之一是提高空气总压，即增加罐压，提高饱和溶氧浓度 c^*。增加罐压虽然提高了氧的分压，从而增加了氧的溶解度，但其他气体成分（如 CO_2）分压也相应增加，且由于 CO_2 的溶解度比氧大得多，因此不利于液相中 CO_2 的排出，从而影响了细胞的生长和产物的代谢，所以增加罐压是有一定限度的。方法之二是保持空气总压不变，提高氧分压，进行富氧通气操作，提高饱和溶氧浓度 c^*，即通过深层分离法、吸附分离法及膜分离法制得富氧空气，然后通入培养液中。目前由于这三种分离方法的成本都较高，富氧通气还处于研究阶段。

2. 影响单位体积的内界面 *a* 的因素

根据氧的传质方程，氧的传递速率与单位体积的内界面 a 成正比。因此凡是影响单位体积的内界面 a 的因素均能影响氧在溶液中的溶解度。

单位体积的内界面 a 越大，氧传递速率越大，气液单位体积的内界面大小取决于截留在培养液的气体体积以及气泡的大小。截留在液体中的气体越多，气泡的直径越小，那么气泡单位体积的内界面就越大。

搅拌对单位体积的内界面的影响较大，因为搅拌一方面可使气泡在液体中产生复杂的运动，延长停留时间，增大气体的截留率，另一方面搅拌的剪切作用又使气泡粉碎，减小气泡的直径。增大通气量可增加空气的截留率，从而使单位体积的内界面增大。

3. 影响溶氧系数 K_La 的因素

影响溶氧系数 K_La 的因素有很多，如搅拌、空气线速度、表面活性剂、离子强度、菌体浓度、空气分布管和培养液的性质等。

（1）搅拌　采用机械搅拌是一般提高溶氧系数的行之有效的方法。搅拌能把大的空气泡打碎成为微小气泡，从而增加了氧与液体的接触面积，而且小气泡的上升速度要比大气泡慢，相应地氧与液体的接触时间也就增长了；搅拌使液体作涡流运动，使气泡不是直线上升而是作螺旋运动上升，延长了气泡的运动路线，增加了气液的接触时间；搅拌使菌体分散，避免结团，有利于固液传递中的接触面积的增加，使推动力均一，同时也减少了菌体表面液膜的厚度，有利于氧的传递。搅拌使发酵液产生湍流而降低气液界面的液膜厚度，减少了氧传递过程的阻力，增大了 K_La 的值。搅拌速度并不是越大越好，搅拌速度增加则相应的剪切力也增加，从而对细胞损伤也增强，对菌体形态破坏增加，发酵期间搅拌热上升，使传热负荷增加。

（2）空气线速度　空气的线速度增大，增加了溶氧，溶氧系数 K_La 相应地也增大。过大的空气线速度会使搅拌桨叶不能打散空气，气流形成大气泡在轴的周围逸出，使搅拌效率和溶氧速率都会大大降低。空气分布管的型式、喷口直径及管口与罐底距离的相对位置对氧溶解速率有较大的影响。

(3) 发酵液物理性质　微生物的生命活动会引起培养液性质的改变，特别是黏度、表面张力、离子浓度、密度、扩散系数等，从而影响到气泡的大小、气泡的稳定性，进而对溶氧系数 K_La 带来很大的影响。发酵液黏度的改变还会影响到液体的湍流性以及界面或液膜阻力，从而影响到溶氧系数 K_La。当发酵液浓度增大时，黏度也增大，溶氧系数 K_La 就降低。发酵液中泡沫的大量形成会使菌体与泡沫形成稳定的乳浊液，影响到氧传递系数。培养液中的菌体浓度对溶氧系数 K_La 也有很大的影响。细胞浓度增加，溶氧系数 K_La 下降。

(4) 表面活性剂　培养液中消泡用的油脂等是具有亲水端和疏水端的表面活性物质，它们分布在气液界面，增大了传递的阻力，使溶氧系数 K_La 等发生变化，一般在电解质溶液中生成的气泡比在水中生成的小得多，因而有较大的比表面积。在同一气液接触的发酵罐中，在同样的条件下，电解质溶液的溶氧系数 K_La 比水的大，而且随着电解质浓度的增加，溶氧系数 K_La 也有较大的增加。

(5) 发酵罐的体积和径高比　通常发酵罐体积越大，氧的利用率越高，体积越小，氧的利用率越低。在几何形状相似的条件下，发酵罐体积大的氧利用率可达 7%～10%，而体积小的氧利用率只有 3%～5%。发酵罐大小不同，所需搅拌转数与通风量不同，大罐的转数较低，通风量较小。因为若溶氧系数 K_La 的值保持一定，大罐气液接触时间长，氧溶解率高，搅拌转速和通风量均可小些。表 7-9 为不同容积发酵罐所需搅拌转速与通风量的关系。

表 7-9　不同容积发酵罐所需搅拌转速与通风量的关系

发酵罐体积/L	搅拌转速/(r/min)	通风量/(L/(L·min))
50	550	0.5～0.6
500	300	0.25～0.3
5 000	185	0.18～0.2
10 000	160	0.165
20 000	140	0.15
50 000	110	0.12

在空气流量和单位体积发酵液消耗功率不变时，通风效率随发酵罐的高径比 H/D 的增大而增加。根据经验数据，当发酵罐的高径比 H/D 从 1 增加到 2 时，K_La 可增加 40%左右；当发酵罐的高径比 H/D 从 2 增加到 3 时，K_La 可增加 20%。但高径比 H/D 太大，溶氧系数反而增加不大；相反，由于罐身过高，液柱压差增大，气泡体积缩小，有气液界面积小的缺点，且 H/D 太大，厂房要求也提高。一般罐的高径比 H/D 在 2～3 之间为宜。

7.6.4　溶氧系数 K_La 的测定方法

1. 亚硫酸盐氧化法

一般利用亚硫酸根在铜或镁离子作为接触剂时被氧迅速氧化的特性来估计发酵设备的通气效果。当亚硫酸盐浓度为 0.018～0.47 mol/L，温度在 20～45 ℃之间时，与氧反应的速度几乎不变，用碘量法测定未经氧化的亚硫酸钠，便可根据亚硫酸钠的氧化量来求得氧的溶解量。反应原理：Cu^{2+} 作为催化剂，它使溶解在水中的 O_2 能立即将 SO_3^{2-} 氧化为 SO_4^{2-}（实际上氧分子一经溶入液相，立即就被还原。这样的反应特性排除了氧化反应速度成为溶氧阻力的可能，因此，氧溶于液体的速度就是控制此氧化反应的因素）。剩余的 Na_2SO_3 与过量的碘作用，

再用标定的 $Na_2S_2O_3$ 滴定剩余的碘。

$$2Na_2SO_3 + O_2 \longrightarrow 2Na_2SO_4$$

$$Na_2SO_3 + I_2 + H_2O \longrightarrow Na_2SO_4 + 2HI$$

$$2Na_2S_2O_3 + I_2 \longrightarrow Na_2S_4O_6 + 2NaI$$

将一定温度的自来水加入试验罐内，开始搅拌，加入亚硫酸钠晶体，使 SO_3^{2-} 浓度约为 0.5 mol/L；再加入硫酸铜晶体，使 Cu^{2+} 浓度约为 10^{-3} mol/L，待完全溶解；通入空气，一开始就接近预定的流量，尽快调至所需的空气流量；稳定后立即计时，为氧化作用开始；氧化时间持续 4～10 min，到时停止通气和搅拌，准确记录氧化时间。试验前后各用吸管取 5～100 mL 样液，立即移入新吸入的过量的标准碘液中；然后用标准的硫代硫酸钠溶液，以淀粉为指示剂滴定至终点。

从上面的三个式子可得到，$4Na_2S_2O_3 \propto O_2$，可通过下式计算单位体积培养液中氧的传氧速率 N。

$$N = \frac{C \cdot n}{4 \times 1000 \times V_s \times t \times P} \tag{7-16}$$

式中：N—单位体积培养液中氧的传递速率；C—硫代硫酸钠浓度；t—两次取样的时间间隔；P—发酵罐的罐压；V_s—取样量；n—两次滴定所消耗的 $Na_2S_2O_3$ 的体积之差。

将所得的 N 值代入 $N = K_La(c^* - c)$ 即可得到溶氧系数 K_La。

本法优点是氧溶解和亚硫酸盐浓度无关，反应速度快，不需要特殊仪器；缺点是影响因素多，工作容积只能在 4～80 L 以内测定才比较可靠。

2. 取样极谱法

发酵液中的溶解氧可以用极谱法测定，其原理是，当电解电压为 0.6～1.0 V 时，扩散电流的大小与液体中溶解氧的浓度呈正比变化。由于氧的分解电压低，因此发酵液中其他物质对测定的影响甚微，且发酵液中含有氢氧化钠、磷酸盐等电解质，故可直接用来测定。

具体测定方法：将从发酵罐中取出的样品置入极谱仪的电解池中，并记下随时间而下降的发酵液中的氧浓度 c_L 的数值。而发酵液中氧的饱和浓度 c^* 可以根据所测 c_L 数据，作图外推法求得（图 7-4），同时曲线斜率的负数即为微生物的耗氧速率 r，从而就可按下式计算溶氧系数 K_La。

$$K_La = \frac{r}{c^* - c_L} = -\frac{\text{斜率}}{c^* - c_L}$$

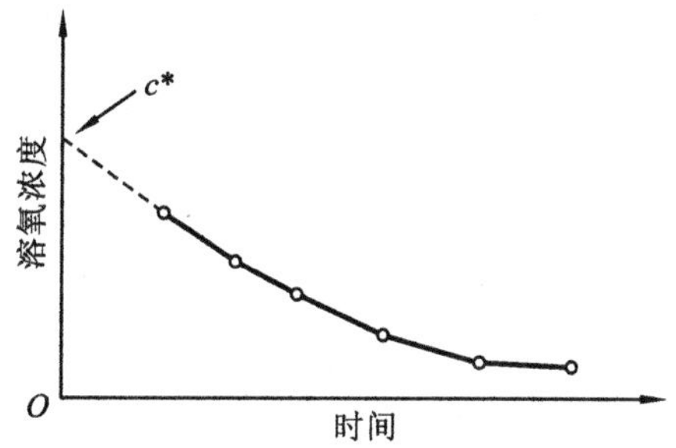

图 7-4　极谱法工作曲线

极谱法可以通过测定真实培养状态下培养液中的溶解氧浓度，进而可计算出溶氧系数，但是，当从发酵设备中取出样品时，样品所受的压力已发生了改变，此时测定得到的氧浓度已不准确了，且在静止条件下所测得的耗氧速率与培养设备中的实际耗氧速率不一致，因而其误差较大。

3. 排气法

排气法是一种在非发酵情况下进行的测定方法。在被测定的发酵罐中充以事先用氮气驱出溶解氧的发酵液或 0.1 mol/L 的 KCl 溶液。当开始通气及搅拌后，定时取出样品，用极谱仪或其他溶氧测定仪测定出其溶解氧的浓度，以 c_L 为纵坐标、t 为横坐标绘制曲线，求出溶液中饱和溶氧浓度 c^*，如图 7-5(a)所示。

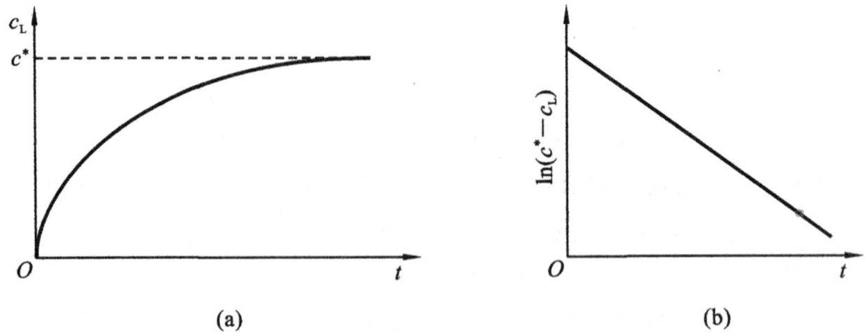

图 7-5　排气法测定 K_La 示意图

在不稳定的情况下，发酵液中没有微生物细胞时，氧分子从气体主流扩散至液体主流的物质传递速率可由式(7-17)表示：

$$\frac{dc}{dt}=K_La(c^*-c_L) \tag{7-17}$$

通气效率可用经过积分后的上式求出：

$$\ln(c^*-c_L)=-K_La\cdot t-\text{常数} \tag{7-18}$$

当以 $\ln(c^*-c_L)$ 对 t 作图时即可得出如图 7-5(b)所示的直线。根据这一直线的斜率便可求出溶氧系数 K_La，即

$$K_La=-2.303\times\text{斜率} \tag{7-19}$$

排气法的缺点是不能代表发酵过程的实际情况，也不能反映当时发酵液的特性，同时也没有考虑氧浓度差对溶氧系数 K_La 的影响。

4. 复膜电极测定 K_La 和氧分析仪测定 K_Ga

将阴极、阳极和电解质溶液装入壳体，用能透过氧分子的高分子薄膜封闭起来，并使阴极紧贴薄膜，就成了极谱型复膜电极。利用复膜电极可在培养过程中测定培养液的溶氧浓度、微生物菌体耗氧率及溶氧系数，这样测出的溶氧浓度、微生物菌体耗氧率及溶氧系数可代表培养过程中的实际情况，是比较理想的测定方法。

如以压力作为氧的推动力，则 K_Ga 与压力推动力间有下列关系：

$$K_Ga=\frac{r}{p-p^*} \tag{7-20}$$

式中：p—罐压，Pa；p^*—溶液中氧的分压，Pa。

耗氧速率 r 可由进气氧分压和排气氧分压求出，进气氧分压和排气氧分压可以用氧分析仪测定。p^* 是发酵液中溶氧平衡的氧分压。如果已知发酵液中氧的溶解特性，测定了进气氧分压、排气氧分压和液相氧浓度，即可求出 K_Ga。

7.6.5　发酵过程中溶氧浓度的变化

通过对发酵过程中溶解氧的变化规律的研究，可以了解溶氧浓度(DO)与其他参数的关系，从而就能利用溶氧来控制发酵过程。

临界氧浓度是指不影响呼吸所允许的最低溶氧浓度。对产物而言，就是不影响产物合成所允许的最低溶氧浓度。临界氧浓度可由尾气中 O_2 含量变化和通气量共同来测定。它也可用响应时间很快的溶氧电极来测定，其要点是在发酵过程中先加强通气搅拌，使溶氧浓度尽可能上升到实验最大值，然后终止通气，继续搅拌，并在罐顶部空间充氮，这时溶氧浓度会因菌体

呼吸而迅速直线下降,直到其直线斜率开始减小时所处的溶氧浓度就是其呼吸临界氧浓度。

一般情况下,发酵行业用空气饱和度(%)来作为溶氧浓度的单位。各种微生物的临界氧浓度用空气氧饱和度表示,如细菌和酵母为 3%～10%,放线菌为 5%～30%,霉菌为 10%～15%。青霉素发酵的临界氧浓度为 5%～10%的空气饱和度。低于此临界值时,青霉素的生物合成将受到不可逆的损害,溶氧即使低于 30%,也会导致青霉素的比生产速率急剧下降。如将溶氧浓度调节到大于 30%,则青霉素的比生产速率会很快地恢复到最大值。由于氧起着活化异青霉素 N 合成酶的作用,因而氧的限制可显著降低青霉素 V 的合成速率。

在各批发酵中通过维持溶氧在某一浓度范围,考察不同浓度对生产的影响,便可求得产物合成的临界氧值。实际上,呼吸临界氧值不一定与产物合成临界氧值相同。如卷曲霉素和头孢菌素的呼吸临界氧值分别为 13%～23%和 5%～7%,而其抗生素合成的临界氧值分别为 8%和 10%～20%。生物合成临界氧浓度并不等于其最适氧浓度。前者是指溶氧浓度不能低于其临界氧浓度,后者是指生物合成有一最适溶氧浓度范围。溶氧浓度并非越高越好,即溶氧浓度除了有一个低限外,还有一个高限。如卷曲霉素发酵,40～140 h 维持溶氧浓度在 10%显然比在 0 或 45%的产量要高。

发酵过程中从培养液的溶氧浓度变化可以判断菌的生长、生理状况。随菌种的活力、接种量以及培养基的不同,溶氧浓度在培养初期开始明显下降的时间也不同。通常,在对数生长期溶氧浓度下降明显,从其下降的速率可大致估计菌的生长情况。抗生素发酵在前期 10～70 h 间通常会出现一个溶氧浓度低谷阶段。如土霉素在 10～30 h,卷曲霉素、烟曲霉素在 25～30 h,赤霉素在 20～60 h,红霉素和制霉菌素分别在 25～50 h 和 20～60 h,头孢菌素 C 和两性霉素在 30～50 h,链霉素在 30～70 h。发酵过程中,溶氧浓度低谷到来的迟早与低谷时的溶氧浓度水平随工艺和设备条件不同而异。出现二次生长时,溶氧浓度往往会从低谷处逐渐上升,到一定高度后又开始下降,这是微生物开始利用第二种基质(通常为迟效碳源)的表现。当生长衰退或自溶时,溶氧浓度将逐渐上升。

值得注意的是,在培养过程中并不是维持溶氧浓度越高越好。即使是专性好氧菌,过高的溶氧浓度对生长也可能不利。氧的有害作用是因为形成新生 O、超氧化物基 O_2^- 和过氧化物基 O_2^{2-},或羟自由基 OH^-,破坏细胞及细胞膜。有些带巯基的酶对高浓度的溶解氧很敏感,好氧微生物就产生一些抗氧化保护机制,如形成过氧化物酶(POD)和超氧化物歧化酶(SOD),以保护其不被氧化。

在补料分批发酵生产纤维素的过程中,溶氧浓度对其产量有重要影响。最佳的溶氧浓度在 10%左右,其产量达 15.3 g/L,为对照组(溶氧浓度不控制)的 1.5 倍。溶氧浓度控制在 15%,纤维素产量反而降低,为 14.5 g/L。Kouda 等报道,采用其结构经改进的搅拌器可以大大改善无菌空气与培养基的混合效果,使纤维素的产量在 42 h 时达到 20 g/L。

7.6.6　溶氧浓度的控制对发酵的影响

1. 溶氧浓度在发酵过程中的重要作用

掌握发酵过程中溶氧浓度变化的规律及其与其他参数的关系后,就可以通过检测溶氧浓度的变化来控制发酵过程。如果溶氧浓度出现异常变化,就意味着发酵可能出现问题,要及时采取措施补救,而且通过控制溶氧浓度还可以控制某些微生物发酵的代谢方向。溶氧浓度在发酵过程控制中的重要作用具体表现在如下几个方面。

(1) 溶氧浓度可判断操作故障或事故引起的异常现象　一些操作故障或事故引起的发酵

异常现象能从溶氧浓度的变化中得到反映。如停止搅拌、未及时开启搅拌或搅拌发生故障、空气未能与液体充分混合等都会使溶氧浓度比平常低得多，又如一次补糖过量也会使溶氧浓度显著降低。

(2) 溶氧浓度可判断中间补料是否恰当　中间补料是否得当可以从溶氧浓度的变化看出来。如赤霉素发酵，有些批次的发酵罐会出现“发酸”现象，这时氨基氮迅速上升，溶氧浓度会很快升高。这是由于补料时机掌握不当或补料间隔过密，导致长时间溶氧浓度处于较低水平所致。溶氧不足会产生乙醇并与代谢中的有机酸反应，形成一种带有酒香味的酯类，称为“发酸”。

(3) 溶氧浓度可判断发酵体系是否污染杂菌　当发酵体系污染杂菌时，溶氧浓度一般会一反往常，迅速(一般 2～5 h)下跌到零，并长时间不回升，这比进行无菌试验发现染菌通常要提前几个小时。但不是一染菌溶氧浓度就下跌到零，要看杂菌的好氧情况和数量，以及在罐内与生产菌相比是否占优势。有时会出现染菌后溶氧浓度反而升高的现象，这可能是因为生产菌受到杂菌抑制，而杂菌又不太好氧的缘故。

(4) 溶氧浓度可作为控制代谢方向的指标　在天冬氨酸发酵中前期好氧培养，后期转为厌氧培养，酶的活力可大大提高。因此，掌握好由好气培养转为厌气培养的时机非常关键。当溶氧浓度下降到 45%空气饱和度时，由好氧转换到厌氧培养并适当补充养分，酶的活力可提高6 倍。在酵母及一些微生物细胞的生产中，溶氧浓度是控制其代谢方向的主要指标之一，溶氧分压要高于某一水平才会进行同化作用。当补料速率较慢和供氧充足时糖完全转化为酵母、CO_2和水；若补料速率提高，培养液的溶氧分压跌到临界值以下时，便会出现糖的不完全氧化而生成乙醇，使酵母的产量减少。

此外，溶氧浓度变化还能作为各级种子罐的质量控制和移种的指标之一。

2. 溶氧浓度控制对发酵的影响

发酵过程对溶氧浓度进行控制具有多方面的好处，但在实际生产中一个重要的方面是，人们希望通过控制溶氧浓度来提高产物的合成。现以纤维素的合成与丙酮的生产为例来进行说明。

(1) 纤维素的合成　在纤维素合成的补料分批发酵中，控制生产期溶氧浓度为 10%空气饱和度，可获得最高的纤维素产量(15.3 g/L)，这相当于溶氧浓度未控制批号的 1.5 倍。在生产过程中发酵液的黏度随纤维素浓度的提高而增加，纤维素浓度为 12 g/L 时的表观黏度相当于 10 Pa·s。因此，在发酵 40 h 后由于黏度很高，溶氧分布不均，后期 40～50 h 纤维素产量增加较小，菌体量反而略微有所下降。在这种情况下，进一步提高产量应从改善搅拌的效果上进行考虑。

(2) 丙酮酸的生产　Hua 等曾用维生素缺陷型酵母 *Torulopsis glabrata* 对高效丙酮酸发酵做代谢物流分析。他们研究了溶氧浓度与硫胺素浓度对菌体代谢活性的影响。试验结果显示，溶氧浓度控制在 30%～40%，对丙酮酸的生产最为有利，最终丙酮酸浓度、得率与产率分别达到 42.5 g/L、44.7%和 1.06 g/(L·h)。

工业发酵中产率是否受氧的限制，单凭通气量的大小是难以确定的。因溶氧水平的高低不仅取决于供氧、通气搅拌等，还取决于需氧状况。故了解溶氧是否满足培养需求最简便而又有效的办法是就地监测发酵液中的溶氧浓度，从溶氧浓度变化的情况可以了解氧的供需规律及其对生长和产物合成的影响。

7.7 通风与搅拌对发酵的影响及其控制

多数生物工业生产涉及的生化反应都是需氧的，如抗生素发酵、酶制剂生产、单细胞生产以及有机酸、氨基酸发酵等。细胞要维持正常生长，需要呼吸，都需要氧气。然而氧气是难溶于水的气体，常温常压下空气中的氧在纯水中的饱和溶解度极低，所以需要通过通风和搅拌来提高发酵液中的溶氧浓度。

好氧发酵对氧的要求高，系统中传质、传热需要良好的通风和搅拌。空气流速增加既可提供微生物生长所需的氧气，又可以移除 CO_2、挥发性代谢物和反应热，但很多因素都会影响 O_2 的传输，如空气压力、通气率、基质空隙、料层厚度、培养基水分、反应器几何特征及机械搅拌装置的转速等。气流强度可作为评判通风强弱的标准，合适的通风强度和质量可提高对温度的控制。

由于基质的不均匀性，通风过程容易造成细胞代谢发生变化，需要通过搅拌来提高物料发酵、水分、温度和气态环境的均一性。在选择基质时，应考虑基质特性，避免在搅拌过程中出现结块现象，但过分的翻动可能损伤菌丝体，抑制菌体生长。间歇搅拌比连续搅拌效果好，对菌丝体的生长及其在基质上附着更为有利。

通入无菌空气进入反应器中使培养液获得溶氧及其搅拌混合作用是通风发酵的共同要求。溶氧传质过程必须通入空气，即使培养液有一定的通气速率，发酵液的体积氧传质系数的大小与反应器的空截面气体流速 V_S 或单位体积溶液通气量（V_g/V_L）成一定比例关系。当用同一发酵罐进行实验时，若固定通气量，则搅拌叶轮的形状、大小、数量、转速等参数改变时，所需的通气搅拌功率也随之变化，对发酵结果会产生影响。

7.8 二氧化碳对发酵的影响及其控制

7.8.1 二氧化碳的来源及其对发酵的影响

二氧化碳是呼吸和分解代谢的终产物。几乎所有发酵均产生大量二氧化碳，二氧化碳主要来源于微生物的新陈代谢过程中有机酸的脱羧反应。二氧化碳对发酵具有重要的作用和影响，具体表现在如下几个方面。

1. CO_2 可作为重要的基质

如在以氨甲酰磷酸为前体之一的精氨酸的合成过程中，无机化能营养菌能以 CO_2 作为唯一的碳源加以利用。异养菌在需要时可利用补给反应来固定 CO_2，细胞本身的代谢途径通常能满足这一需要。若发酵前期大量通气，则可能出现 CO_2 减少，导致这种异养菌延迟期延长。

2. 溶解在发酵液中的 CO_2 对氨基酸、抗生素等发酵过程有抑制或刺激作用

大多数微生物适应低含量 CO_2（0.02%～0.04%）。当尾气中 CO_2 含量高于 4%时，微生物的糖代谢与呼吸速率下降；当 CO_2 分压为 0.08×10^5 Pa 时，青霉素比合成速率降低 40%。又如，发酵液中溶解的 CO_2 为 0.001 6%时会强烈抑制酵母的生长。当进气 CO_2 含量占混合气体流量的80%时，酵母活力只有对照组的80%。在充分供氧条件下，即使细胞的最大摄氧率得到满足，发酵液中的CO_2浓度对精氨酸和组氨酸发酵仍有影响。组氨酸发酵中CO_2分压大于0.05×10^5 Pa时，其产量随CO_2分压的提高而下降。精氨酸发酵中有一最适CO_2分压，即1.25×10^5 Pa，高于此值对精氨酸合成有较大影响。因此，即使供氧足够，也应考虑通气量，以控制发酵液中的CO_2含量。

3. CO_2对氨基糖苷类抗生素如紫苏霉素的合成也有影响

当进气中的CO_2含量为1%和2%时，紫苏霉素的产量分别为对照组的2/3和1/7。

溶解于培养液中的CO_2主要作用在细胞膜的脂溶性部位，而CO_2溶解于水后形成的HCO_3^-则影响细胞膜上的膜磷脂、膜蛋白质等亲水性部位。当细胞膜的脂质相中CO_2浓度达到某一临界值时，可使膜的流动性及表面电荷密度发生变化，这将导致许多基质的跨膜运输受阻，从而可影响细胞膜的运输效率，使细胞处于"麻醉"状态：细胞生长受到抑制，形态发生了变化。

工业发酵罐中CO_2的影响值得注意，因为罐内的CO_2分压是液体深度的函数。在10 m高的罐中，在1.01×10^5 Pa的气压下操作，底部的CO_2分压是顶部的两倍。在发酵过程中如遇到泡沫上升引起逃液时，有时采用减少通气量和提高罐压的措施来抑制逃液，这将增加CO_2的溶解度，对微生物的生长有害。为了排除CO_2的影响，工业生产中需要综合考虑发酵液的温度、通气状况和CO_2在发酵液中的溶解度。

7.8.2 二氧化碳浓度的控制

微生物在发酵过程中产生的二氧化碳一部分溶入发酵液，一部分随尾气排出发酵罐。二氧化碳对发酵具有正、反两个方面的影响，所以要控制二氧化碳在发酵液中的浓度。在发酵工业生产上常用呼吸商(RQ)间接监控发酵液中二氧化碳的浓度。可以通过调节通气量和排气量及罐压来控制发酵液中二氧化碳的浓度。

$$RQ = CER/OUR = Q_{CO_2}X/Q_{O_2}X \tag{7-21}$$

式中：CER—CO_2释放率；OUR—菌耗氧速率；Q_{O_2}—呼吸强度，mol/(g·h)；Q_{CO_2}—比释放速率，mol/(g·h)；X—菌体干重，g/L。

发酵过程中尾气O_2含量的变化恰与CO_2含量的变化成反向同步关系，由此可判断微生物的生长、呼吸情况，求得微生物的呼吸商(RQ)。RQ可以反映微生物的代谢情况。例如在酵母发酵过程中：RQ=1，表示糖代谢走有氧分解代谢途径，仅生成菌体，无产物形成；RQ>1.1，表示走EMP途径，生成乙醇；RQ=0.93，生成柠檬酸；RQ<0.7，表示生成的乙醇被当作基质再利用。

微生物在利用不同基质时，RQ的值也不相同，如大肠杆菌发酵，以丙酮酸为基质时，RQ=1.26，以葡萄糖为基质时，RQ=1.00。在抗生素发酵的不同阶段，RQ的值也不相同，菌体生长时，RQ=0.909，菌体维持时，RQ=1，青霉素合成时，RQ=4。

在实际生产中RQ的测定值明显低于理论值，说明发酵过程中存在着不完全氧化的中间代谢物和葡萄糖以外的碳源。例如，在青霉素发酵过程中，除葡萄糖外，还加入消泡剂作为碳源，由于消泡剂具有不饱和性和还原性，与作为碳源的葡萄糖类似，从而使RQ的值在0.5～0.7范围随葡萄糖与消泡剂的量成比例波动。在菌体生长的发酵初期，维持加入总碳量不变，提高消泡剂与葡萄糖的量之比(O/G)，则OUR和CER上升的速度减慢，且菌体浓度增加也慢；若降低 O/G 的值，则 OUR 和 CER 快速上升，菌体浓度迅速增加。这说明葡萄糖有利于生长，消泡剂不利于生长。由此得知，消泡剂的加入主要用于控制生长，并作为菌体维持和产物合成的碳源。

CO_2在发酵液中的浓度变化不同于氧，没有规律可言。其大小受到菌体的呼吸强度、发酵液的流变性、通气搅拌程度、外界压力大小和设备规模等多种因素的影响。CO_2浓度的控制随其对发酵的影响而定。当CO_2对产物合成有抑制作用时，则设法降低其浓度；若有促进作用，就提高其浓度。通气和搅拌速率的大小，不但能调节发酵液中的溶氧，还能调节CO_2的溶解度，在发酵罐中不断通入空气，既可保持溶氧在临界点以上，又可随废气排出所产生的CO_2，使之低于能产生抑制作用的浓度。因而通气搅拌也是控制CO_2浓度的一种方法，降低通气量和搅拌速率，有利于增加CO_2在发酵液中的浓度；反之就会减小CO_2浓度。

7.9　泡沫对发酵的影响及其控制

7.9.1　发酵过程中泡沫的产生原因和方式

泡沫是气体被分散在少量液体中的胶体体系。发酵过程中所遇到的泡沫，其分散相是无菌空气和代谢气体，连续相是发酵液。发酵过程中形成的泡沫，按发酵液性质不同有两种类型：一种是发酵液液面上的泡沫，气相所占比例特别大，与它下面的液体之间有较明显的界限；另一种是出现在黏稠的菌丝发酵液中的泡沫，又称流态泡沫，这种泡沫分散很细，而且很均匀，也很稳定，泡沫与液体之间没有明显的液面界限，在鼓泡的发酵液中，气体分散相所占比例由下而上逐渐增加。泡沫的生成原因有两种：一种由外界引进的气流被机械地分散形成；另一种由发酵过程中产生的气体聚结生成。后一种方式生成的泡沫被称为发酵泡沫，它只有在代谢旺盛时才比较明显。

发酵过程中泡沫的多寡与通气搅拌的剧烈程度和培养基的成分有关，玉米浆、蛋白胨、花生饼粉、黄豆饼粉、酵母粉、糖蜜等是发泡的主要因素，其起泡能力随品种、产地、加工、储藏条件而有所不同，还与配比有关。如丰富培养基，特别是花生饼粉或黄豆饼粉的培养基，黏度比较大，产生的泡沫多又持久。糖类本身起泡能力较低，但在丰富培养基中高浓度的糖类物质增加了发酵液的黏度，起到了稳定泡沫的作用。此外，培养基的灭菌方法、灭菌温度和时间也会改变培养基的性质，从而影响培养基的起泡能力。

在发酵过程中发酵液的性质随微生物的代谢活动不断交化，是泡沫消长的重要因素。发酵液的理化性质对泡沫的形成起决定性作用。气体在纯水中鼓泡，生成的气泡只能维持瞬间，其稳定性等于零。这是由于其能量上的不稳定和围绕气泡的液膜强度很低所致。发酵液中的玉米浆、皂苷、糖蜜等中所含的蛋白质和细胞本身具有稳定泡沫的作用。多数起泡剂是表面活性物质，它们具有一些亲水基团和疏水基团，能降低发酵液的表面张力，使发酵液容易起泡。这些物质在水中，其分子带极性的一端向着水溶液，非极性一端向着空气，并力图在表面层作定向排列，从而增加了泡沫的机械强度。蛋白质分子中除了分子引力外，在羧基和氨基之间还有引力，因而形成的液膜比较牢固，泡沫比较稳定，此外，发酵液的温度、pH 值、基质浓度以及泡沫的表面积对泡沫的稳定性也有一定的作用。

7.9.2 发酵过程中泡沫对发酵的影响

发酵过程中因通气搅拌、发酵产生的CO_2以及发酵液中糖、蛋白质和代谢物等稳定泡沫的物质的存在，使发酵液含有一定数量的泡沫，这是正常的现象。泡沫的存在可以增加气液接触表面，有利于氧的传递。一般在含有丰富氮源的通气发酵中会产生大量泡沫，引起“逃液”，给发酵带来许多副作用，主要表现为如下几点。①泡沫降低了发酵液的装料系数：发酵罐的装料系数一般取0.7(料液体积/发酵罐容积)左右，通常充满余下空间的泡沫约占所需培养基的10%，且配比也不完全与主体培养基相同。②泡沫增加了菌群的非均一性：由于泡沫高低的变化和处在不同生长周期的微生物随泡沫漂浮或黏附在罐壁上，使这部分微生物有时在气相环境中生长，引起菌体分化，甚至自溶，从而影响了菌群的整体效果。③泡沫增加了污染杂菌的机会：发酵液溅到轴封处，容易染菌。④大量起泡，控制不及时，会引起逃液，招致产物的流失。⑤消泡剂的加入有时会影响发酵或给下游工程的分离工序带来困难。因此，泡沫不仅会干扰通气与搅拌的进行，有碍微生物的代谢，严重时还会导致大量跑料，造成浪费，甚至引起杂菌感染，直接影响发酵的正常进行。所以当泡沫大量产生时，必须予以消除。

7.9.3 控制与消除泡沫的方法

了解发酵过程中泡沫的消长规律，方可有效地控制泡沫。泡沫的控制与消除方法主要包括机械消泡和化学消泡两大类，同时还可以考虑从减少起泡物质和产泡外力着手。如起泡物质多为表面活性物质，可以适当予以减少；通气使氧的含量达到临界值即可，不一定要达到饱和度。此外也可以从生产菌种本身的特性着手，预防泡沫的形成。例如，单细胞蛋白生产中，筛选在生长期不易形成泡沫的突变株；也有用混合培养方法，如产碱菌、土壤杆菌和莫拉氏菌一起培养来控制泡沫的形成，这是因为一种菌种产生的泡沫物质可以被另一种协同菌种所利用的缘故。

1. 机械消泡

机械消泡是一种物理作用，是靠机械剧烈振动、压力的变化，促使气泡破裂，或借机械力将排出气体中的液体加以分离回收，达到消泡效果的。机械消泡的常用方法有两种：一种是罐内法，在搅拌轴上方安装消泡桨，形式多样，泡沫借旋风离心场作用被压碎，也可将少量消泡剂加到消沫转子上以增强消泡效果；另一种是罐外法，将泡沫引出罐外，通过喷嘴的加速作用或离心力粉碎泡沫后，液体再返回罐内。

机械消泡的优点是不用在发酵液中加入其他物质，节省了原料(消泡剂)，减少了由于加入消泡剂所引起的染菌机会，也可以减少培养液性质的变化，不会增加下游工段的负担。其缺点是效果往往不如化学消泡迅速可靠，对黏度较大的流态型泡沫几乎没有作用，也不能从根本上消除引起泡沫稳定的原因，需要一定的设备和消耗一定的动力。

2. 化学消泡

化学消泡是一种使用化学消泡剂的消泡法，也是目前应用最广的一种消泡方法。其优点是化学消泡剂来源广泛，消泡效果好，作用迅速可靠，尤其是合成消泡剂效率高，用量少，安装测试装置后容易实现自动控制等。

发酵工业常用的消泡剂分天然油脂类、聚醚类、高级醇类和硅树脂类：常用的天然油脂有玉米油、豆油、米糠油、棉籽油、鱼油和猪油等，除作消泡剂外，还可作为碳源。其消泡能力不强，需注意油脂的新鲜程度，以免菌体生长和产物合成受抑制。应用较多的聚醚类为聚氧丙烯甘油和聚氧乙烯氧丙烯甘油（俗称泡敌），用量为 0.03%左右，消泡能力比植物油大 10 倍以上。泡敌的亲水性好，在发泡介质中易铺展，消泡能力强，但其溶解度大，消泡活性维持时间较短，在黏稠发酵液中使用效果比在稀薄发酵液中更好。十八醇是高级醇类中常用的一种，可单独或与载体一起使用，它与冷榨猪油一起能有效地控制青霉素发酵的泡沫；聚二醇具有消泡效果持久的特点，尤其适用于霉菌发酵。

特别是合成消泡剂的消泡效果与使用方式有关，其消泡作用取决于它在发酵液中的扩散能力。消泡剂的分散可借助于机械方法或某种分散剂（如水），将消泡剂乳化成细小液滴。分散剂的作用在于帮助消泡剂扩散和缓慢释放，具有加速和延长消泡剂的作用，减小消泡剂的黏性，便于输送，如土霉素发酵中用泡敌、植物油和水按（2～3）∶（5～6）∶30 的比例配成乳化液、消泡效果很好，不仅节约了消泡剂和油的用量，还可在发酵全程使用。消泡作用的持久性除了取决于本身的性能外，还与加入量和时机有关。在青霉素发酵中曾采用滴加玉米油的方式，防止了泡沫的大量形成，有利于产生菌的代谢和青霉素的合成，且减少了油的用量，使用天然油脂时应注意不能一次加得太多。过量的油脂固然能迅速消泡，但也抑制了气泡的分散，使体积氧传质系数 K_La 中的气液比表面积减小，从而显著影响了氧的传质速率，使溶氧迅速下跌，甚至跌到零。油还会被脂肪酶等降解为脂肪酸与甘油，并进一步降解为各种有机酸，使 pH 值下降，有机酸的氧化需消耗大量的氧、使溶氧下降。加强供氧可减轻这种不利作用。油脂与铁会形成过氧化物，对四环素、卡那霉素等抗生素的生物合成有害。在豆油中添加 0.1%～0.2%的苯酚或萘胺等抗氧剂可有效地防止过氧化物的产生、消除它对发酵的不良影响。

过量的消泡剂通常会影响菌的呼吸活性和物质（包括氧气）透过细胞壁的运输。用电子显微镜观察消泡剂对培养到 24 h 的短杆菌的生理影响时发现，其细胞形态特征，如膜的厚度、透明度和结构功能与氧受限制的条件下相似。细胞表面呈细粒的微囊、类核（拟核）含有 DNK 纤维，其内膜隐约可见。几乎所有的细胞结构形态都在改变。因此，应尽可能减少消泡剂的用量。在应用消泡剂前需做比较性试验，找出一种对微生物生理、产物合成影响最小、消泡效果最好，且成本低的消泡剂。此外，化学消泡剂应制成乳浊液，以减少同化和消耗。为此，宜联合使用机械与化学方法控制泡沫，并采用自动监控系统。

7.10 发酵终点的判断

发酵类型的不同，要求达到的目标也不同，因而对发酵终点的判断标准也应有所不同。微生物发酵终点的判断对提高产物的生产能力和经济效益很重要。生产能力是指单位时间内单位罐体积的产物积累量。生产过程要将追求生产力和产品成本结合起来，既要有高产量，又要降低成本。

无论是初级代谢产物发酵还是次级代谢产物发酵，到了发酵末期，菌体的分泌能力都要下降，产物的生产能力相应地下降或停止。有的菌体衰老而进入自溶状态，释放出体内的分解酶会破坏已经形成的产物。因此，需要考虑以下几个因素来确定合理的放罐时间。

7.10.1 经济因素

发酵时间需要考虑经济因素，以最低的综合成本来获得最大生产能力的时间即为最适发酵时间。在生产实际中，以发酵周期缩短、设备利用率提高，即使不是最高产量，但在除去消耗和费用支出后的综合成本最低，为最合理发酵时间。一般来说，对原材料与发酵成本占整个生产成本的主要部分的发酵品种，主要追求提高产率、得率（转化率）和发酵系数；如下游提炼成本占主要部分和产品价值高，则除了提高产率和发酵系数外，还要求有较高的产物浓度。因此，考虑放罐时间时，还应考虑下列因素，如体积生产率（每升发酵液，每小时形成的产物量（g）表示）和总生产率（放罐时发酵单位除以总发酵生产时间）。这里，总发酵生产时间包括发酵周期和辅助操作时间，因此要提高总的生产率，就要缩短发酵周期。就是要在产物合成速率较低时放罐，延长发酵虽然略能提高产物浓度，但生产率下降，成本提高。

7.10.2 产品质量因素

发酵时间长短对后续工艺和产品质量的影响很大。若发酵时间太短，放罐时间过早，就会残留过多的未代谢的营养物质（如糖、脂肪、可溶性蛋白质等）在发酵液中。这些物质会增加分离纯化工段的负担，造成原料浪费，另外，它还会产生乳化作用，干扰树脂的交换；如果发酵时间太长，放罐时间太晚，菌体会自溶，释放出菌体蛋白或体内的水解酶，从而会显著改变发酵液的性质，增加过滤工序的难度，甚至使一些不稳定的活性产物浓度下跌，扰乱提取工段的作业计划。所有这些都可能导致产物的质量下降及产物中杂质含量的增加，需要考虑发酵周期长短对下游工序的影响。

7.10.3 其他因素

在个别发酵情况下，还要考虑特殊因素。例如，对老品种的发酵，已掌握了它们的放罐时间，在正常情况下，可根据作业计划按时放罐。但在异常情况下，如染菌、代谢异常时，就是应根据不同情况进行适当处理。为了能够得到尽量多的产物，应该及时采取措施（如改变温度或补充营养等），并适当提前或者推迟放罐时间。

合理的放罐时间是由实验确定的，应根据不同发酵时间所得到的产物量计算出发酵罐的生产能力和产品成本，采用生产力高而成本低的时间作为放罐时间。

临近放罐时加糖、补料或消泡剂要慎重。因残留物对提炼有影响，补料可根据糖耗速率计算到放罐时允许的残留量来控制。对抗生素发酵，在放罐前约 16 h 便应停止加糖或消泡剂。判断放罐的指标主要有产物浓度、过滤速度、菌丝形态、氨基氮、pH 值、溶氧浓度、发酵液的黏度和外观等。一般情况下，菌丝自溶前总有些迹象，如氨基氮、溶解浓度和 pH 值开始上升、菌丝碎片增多、黏度增加、过滤速率下降，最后一项对染菌罐尤为重要。老品种抗生素发酵放罐时间一般都按作业计划进行。但在发酵异常情况下，放罐时间就需当机立断，以免倒罐。新品种发酵更需探索合理的放罐时间。绝大多数抗生素发酵掌握在菌丝自溶前，极少数品种在菌丝部分自溶后放罐，以便胞内抗生素释放出来。总之，发酵终点的判断需综合多方面的因素统筹考虑。

本章总结与展望

本章主要介绍了与发酵过程控制相关的概念，发酵过程控制的主要参数和检测方法，从对发酵工艺过程影响较大的发酵基质、发酵温度、pH 值、溶氧、搅拌与通风、二氧化碳、泡沫八个方面阐述了对发酵过程的影响，探讨了如何进行发酵工艺的控制，为实现发酵产业的经济效益最大化提供了必要的理论依据。

思考题

1. 温度对微生物发酵有何影响？
2. 生产中如何有效控制溶氧在所需的最适范围内？
3. 提高发酵液中溶氧水平的措施有哪些？
4. pH 值影响发酵的机制是什么？引起 pH 值上升或下降的因素有哪些？
5. 发酵生产中如何控制 pH 值？
6. CO_2 对细胞作用的机制是什么？
7. 发酵过程中采取中间补料的目的是什么？
8. 泡沫给发酵带来的负面影响有哪些？
9. 机械消泡和化学消泡的机制是什么？
10. 磷酸盐浓度是怎样影响发酵的？怎样控制？
11. 发酵基质是怎样影响发酵的？怎样控制？
12. 何为发酵热？如何测量和计算？

参考文献

[1] 姚汝华，周世水. 微生物工程工艺原理[M]. 3 版. 广州：华南理工大学出版社，2013.
[2] 熊宗贵. 发酵工艺原理[M]. 北京：中国医药科技出版社，2001.
[3] 余龙江. 发酵工程原理与技术应用[M]. 北京：化学工业出版社，2006.
[4] 陈坚，堵国成. 发酵工程原理与技术[M]. 北京：化学工业出版社，2012.
[5] 李艳. 发酵工程原理与技术[M]. 北京：高等教育出版社，2007.
[6] 张嗣良. 发酵工程原理[M]. 北京：高等教育出版社，2013.
[7] 韩德权，王莘. 微生物发酵工艺学原理[M]. 北京：化学工业出版社，2013.
[8] 韩北忠. 发酵工程[M]. 北京：中国轻工业出版社，2013.
[9] 徐岩. 发酵工程[M]. 北京：高等教育出版社，2011.
[10] 曹军卫，马辉文，张甲耀. 微生物工程[M]. 2 版. 北京：科学出版社，2007.

第8章 发酵过程检测与自控

发酵是有微生物参与的复杂生化过程，受内、外部条件相互作用，其过程状态经历着不断的变化。内部条件主要是细胞内部的生化反应，外部条件包括物理条件、化学条件及发酵液中的生物学条件。发酵工程的基本任务是使菌株的生产能力高效表达，以较低的能耗和物耗获得更多的发酵产品。因此，成功的发酵同时受到生产菌种的遗传特性和发酵条件两方面因素的制约：一方面要了解产生菌生长、发育及代谢情况及动力学模拟，另一方面还要了解生物、物理、化学和工程的环境条件对发酵过程的影响。通过测定各种参数，依据参数变化及其动力学关系获得发酵过程的各项最佳参数，才能实现对发酵过程的有效控制。

检测和自控技术在发酵工业中的应用相当晚，但这种应用一经确立，就形成了迅速发展的势头，并且在某种程度上超过了其他产业。电子计算机的使用，为这一发展注入了巨大的活力，使发酵工业面临着一场新的变革。

8.1 发酵过程检测

通常发酵过程的操作只能对外部因素进行调控。所谓调控，一般是将环境因素调节到最适条件，使其利于细胞生长或产物的生成。发酵过程的操作需要了解一些与环境条件和微生物生理状态有关的信息，以便对过程实施有效的控制。只有准确和及时地测定发酵过程中的各项工艺参数，才有可能实现发酵过程的优化、模型化和自动化控制。

8.1.1 发酵过程参数检测的目的

工业生产中的机械化和自动化是实现高产优质、改善劳动条件、保障生产安全和降低生产成本的一项重要措施。发酵过程复杂，要求严格，因此在生产中应尽可能采用有关检测及显示仪表，以指示或记录生产中的有关参数，并通过调节器和执行机构对生产中有关参数进行自动控制或调节，使生产过程能在规定条件或最适条件下进行。发酵过程检测是为了取得所给定发酵过程及其菌株的生理生化特征数据，以便对过程实施有效的控制。

在工程上要实现在线分析并自控，只有通过各种参数检测，对生产过程进行定性和定量的描述，才能进而对过程进行控制，并在工业生产上推广应用。发酵过程的检测具有以下几个方面意义：

（1）了解过程变量的变化是否与预期的目标值相符；

（2）决定种子罐移种和发酵罐放罐的时间；

（3）对不可测变量进行间接估计；

(4) 对过程变量按给定值进行手动控制或自动控制；

(5) 通过过程模型实施计算机控制；

(6) 收集认识和发展过程(包括建立数学模型)所必需的数据。

一般来说，菌种的生产性能越高，表达它应有的生产潜力所需要的环境条件就越难满足，控制要求越严。高产菌种比低产菌种对环境条件的波动更为敏感，控制要求更严。因此，如果缺乏有关发酵过程参数的检测和控制方面的基本知识，是很难保证生产的稳定和向前发展的。发酵参数检测所提供的信息有助于人们更好地理解发酵过程，从而对工艺过程进行改进。一般而言，由检测获取的信息越多，对发酵过程的理解就越深刻，工艺改进的潜力也就越大。

8.1.2　发酵过程检测的主要参数

发酵参数是发酵过程及其菌株的生理生化特征数据，反映了环境变化和细胞代谢生理变化的许多重要信息。

按发酵参数的性质，一般可分为物理、化学、生物学三类。

(1) 物理参数包括温度、压力、搅拌转率、搅拌功率、泡沫、空气流量、黏度、浊度和料液流量等。

(2) 化学参数包括 pH 值、基质浓度、溶解氧浓度、氧化还原电位、产物的浓度、尾气中的 O_2 含量及 CO_2 含量、各种酶活力以及跟踪细胞生物活性的其他化学参数，如 ATP、NAD-NADH 体系等。

(3) 生物学参数包括菌体形态和菌体浓度(或菌体干重)等。

发酵过程需要测定的参数非常多，并非所有产品的发酵过程中都需检测全部参数，而是根据该产品的特点和可能条件，有选择地检测部分参数。

按发酵参数的检测手段，发酵参数可分直接参数和间接参数：①直接参数是通过仪器或其他分析手段直接测得的参数；②间接参数是将直接参数经过计算得到的参数。

直接参数又包括两种：①在线检测参数：不经取样直接从发酵罐上安装的仪表上得到的参数，如温度、pH 值、搅拌转速。②离线检测参数：从发酵罐内取样后测定得到的参数。

目前发酵参数检测中的困难在于有许多重要的发酵过程及菌株的生理生化特征参数因为没有合适的传感器而不能“在线(on-line)”测量，只能定时从发酵罐中取样进行“离线(off-line)”检测。这不仅烦琐费时，而且也不能及时反映发酵系统中的状况，造成工业生产过程的控制比较困难。

8.1.3　发酵传感器

在发酵生产中，实现自动化控制的主要关键是测量各种环境参数的传感器。发酵传感器是将发酵过程中所涉及的变量变化的信息，通过安装在发酵罐内的传感器检知，然后由变送器把非电信号转换为标准电信号，让仪表显示、记录或传送给电子计算机进行处理，可达到对发酵过程的自动控制。

传感器即参量变送器(电极或探头)，是能感受规定的被测量并按照一定规律将其转换成可用信号(主要是电信号)的器件或装置，它通常由敏感元件、转换元件及相应的机械结构和电子线路所组成。例如检测温度的电阻温度计，检测 pH 值的由耐热的玻璃电极和甘汞电极以及温度补偿热敏电阻组成的电极组，检测溶氧浓度的复膜电极，检测泡沫的接触电极等。这些感应元件能将发酵罐中相应的状态量值(温度、pH 值等),转换成相应的电压信号,通过引线输进信号放大器、变换器等,经多种功能处理,输入计算机。

1. 传感器的种类

传感器是能够将非电量转换为电量的器件,不但对被测变量敏感,而且具有把它对被测变量的响应传送出去的能力。也就是说,传感器不只是一般的敏感元件,它的输出响应还必须是易于传送的物理量。由于它的信号更便于远传,因此,绝大多数传感器的输出是电量形式,如电压、电流、电阻、电感、电容、频率等。也可利用气压信号传送信息,这种方法在抗电磁干扰和防爆安全方面比电传感器要优越,但投资大,传送速度低。常见测定元件如温度计、压力表、电流计、pH 计直接测定发酵过程中的各种参数,并输出相应信号。

按测量原理不同,传感器可分为力敏元件、热敏元件、光敏元件、磁敏元件、电化学元件以及生物感受膜传感器。物理传感器是检测力、热、光、电、磁等物理量的传感器;化学传感器则是能检测化学量的传感器。生物传感器是用固定化的生物体成分(酶、抗体、抗原、激素)或生物体本身(细胞、细胞器、组织)作为敏感元件的传感器。生物传感器既不是指专用于生物领域的传感器,也不是指被测量对象必须是生物量的传感器(尽管用它也能测定生物量),而是基于它的敏感材料来自生物体的传感器。

按测量方式不同,传感器又分为离线传感器、在线传感器和原位传感器。离线传感器不安装在发酵罐内,由人工取样进行手动或自动测量操作,测量数据通过人机对话输入计算机。在线传感器与自动取样系统相连,对过程变量连续、自动测定。如用于对发酵液成分进行测定的流动注射分析(FIA)系统和高效液相层析(HPLC)系统,对尾气成分进行测定的气体分析仪或质谱仪等。原位传感器安装在发酵罐内,直接与发酵液接触,给出连续响应信号,如温度、压力、pH 值、溶氧等。

2. 对发酵传感器的要求

传感器是发酵检控系统的关键。发酵参数检测所提供的信息有助于人们更好地理解发酵过程,从而对工艺过程进行改进。一般而言,由检测获取的信息越多,对发酵过程的理解就越深刻,工艺改进的潜力也就越大。一般工业生产过程中对传感器的基本要求为准确性、精确度、灵敏度、分辨能力要高,响应时间滞后要小,能够长时间稳定工作,可靠性好,具有可维修性。

用于发酵工业的传感器,除了应满足对一般测量仪器的要求外,还应具有以下几个方面的特性。

(1) 传感器与发酵液直接接触。一般要求传感器能与发酵液同时进行高压蒸汽灭菌,能耐受高压蒸汽(120～135 ℃、30 min 以上)。不能耐受蒸汽灭菌的传感器可在罐外用其他方法灭菌后无菌装入。

(2) 为保持发酵过程中无菌,要求传感器与外界大气隔绝,采用的方法有蒸汽汽封、O 形圈密封、套管隔断等。应选用不易污染的材料如不锈钢,同时要选择无死角的形状和结构,防止微生物附着及干扰,方便清洗,不允许泄漏。

(3) 传感器应具有只与被测变量有关而不受过程中其他变量和周围环境条件变化影响的能力,如抗气泡及泡沫干扰等。传感器及二次仪表具有长期工作稳定性,在 1～2 周内其测定误差应小于 5%;最好能在使用过程中随时校正。

(4) 传感器安装和使用方便,探头不易被物料粘住、堵塞,材料不易老化,使用寿命长,价格便宜。

3. 发酵过程常用的传感器

发酵过程参数检测方法一般是在线检测，即将能够感应检测参数变化的传感器直接放到发酵罐中的测量点上，传感器将测量点的待测参数变化转化为电信号，经放大，送到显示系统和控制单元。温度、压力、搅拌转速、功率输入、流加速率和质量等物理参数的测量在一般工业中的应用已相当普遍，在用于发酵过程检测时，只需进行微小的调整即可。化学参数检测技术中比较成熟的是发酵液 pH 值和溶氧浓度的检测。目前较为缺乏的是用于检测菌体形态和菌体浓度等的生物学参数的传感器，这些重要的生物学参数仍然采用离线检测方法，即先从发酵罐内取出物料，然后再用仪器分析和化学分析的方法进行检测。

发酵过程在线检测的常用传感器如下。

(1) 温度传感器　发酵罐的测温方法有多种，包括玻璃温度计、热电偶、热敏电阻、热电阻温度计等。常用的是热电偶(TC)温度传感器和热敏电阻(RTD)温度传感器(图 8-1)，可输出直流信号。

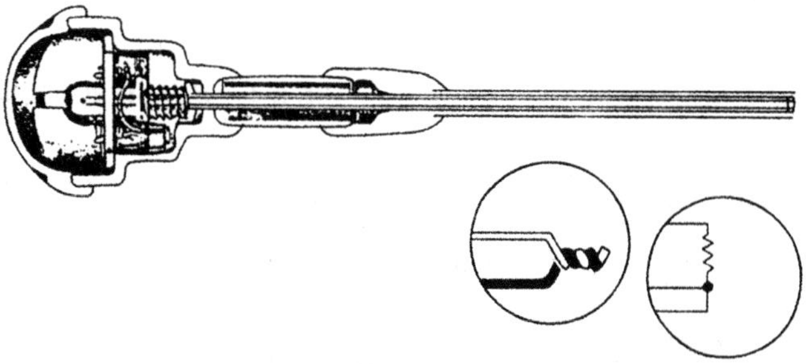

图 8-1　热敏电阻(RTD)温度传感器结构示意图

(2) 压力传感器　包括压阻式、电容式、电阻应变计压力传感器等，最常用的是隔膜式压力表。压力敏感膜(膜片或膜盒)可在压力下变形，测得的气动信号可直接或通过一简单的装置转换为电信号远传至仪表，这种压力计能经得起灭菌处理(图 8-2)。

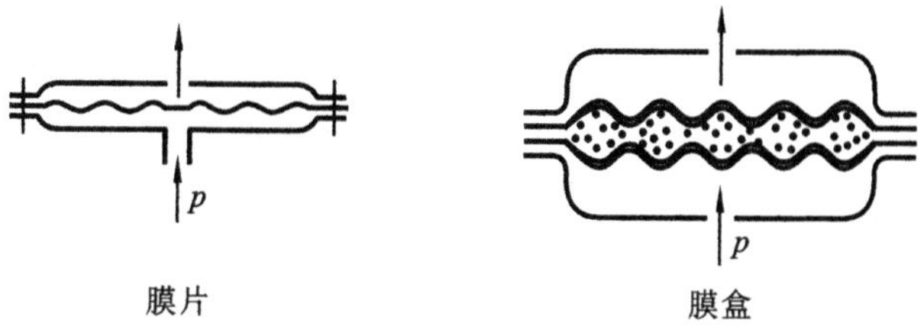

图 8-2　压力敏感膜(膜片或膜盒)结构示意图

(3) 搅拌转速传感器　发酵罐的搅拌转速一般用磁感应式检测器(图 8-3)或光感应式检测器，通过计测脉冲数测量或通过发电机型测速仪检测。

(4) pH 传感器和溶解 CO_2 传感器　发酵过程中，pH 值的测定已不成问题，如将由玻璃电极、甘汞电极组成的电极组插入有关容器或管路中，并用能进行连续测定的 pH 计加以指示或记录，即可完成 pH 值的连续测定。在连续测定发酵罐中发酸液的 pH 值时，必须考虑电极能经受蒸汽灭菌的问题。目前发酵工业中连续测定 pH 值所使用的是由玻璃电极和银-氯化银参比电极组成的复合 pH 电极(图 8-4)。一只质量好的电极至少应能在 121 ℃蒸汽下灭菌 20 次(每次 1 h)。

CO_2电极实际上是由微孔透气膜包裹的 pH 探头构成，此膜只让 CO_2气体选择性透过，膜

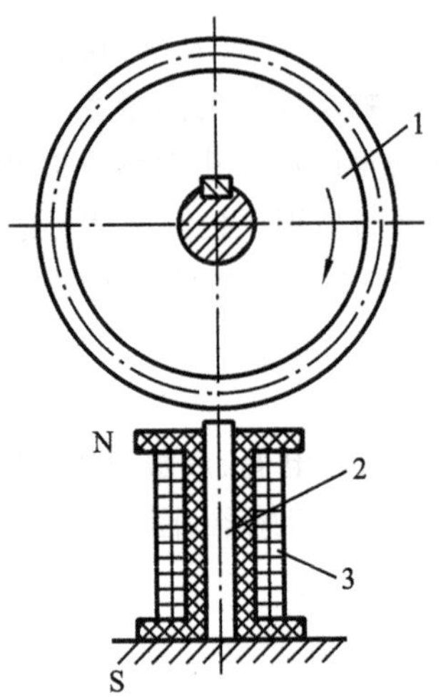

图 8-3 磁电式转速传感器结构示意图

1—齿轮；2—永久磁铁；3—线圈

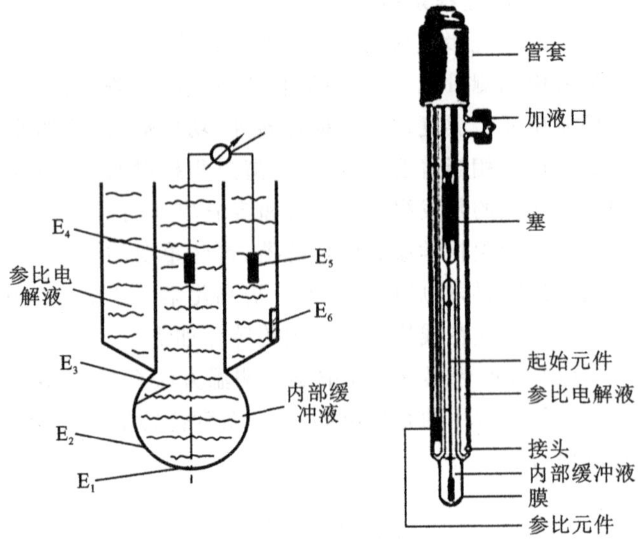

图 8-4 复合 pH 电极结构示意图

内还包裹着饱和碳酸氢盐缓冲液。CO_2通过透气性膜扩散进入碳酸氢钠水溶液中，缓冲液的pH 值会下降，由 pH 探头测出 pH 值的变化，并通过变换就可得到 CO_2浓度。

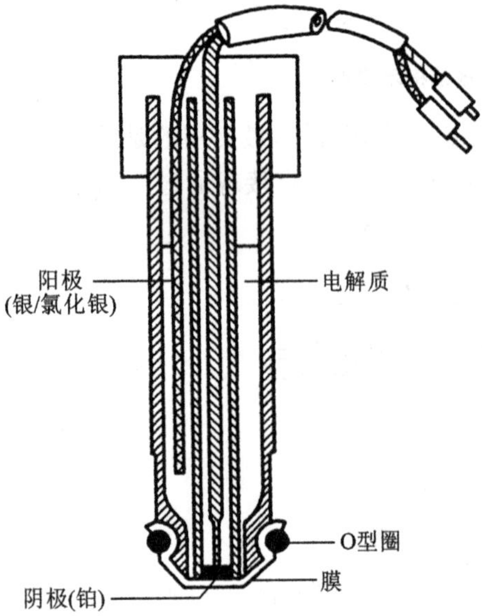

图 8-5 复膜氧电极结构示意图

(5) 溶氧电极和氧化还原电位电极　近年来，发酵罐溶解氧的测定已广泛地采用复膜氧电极。直接插入发酵罐内的复膜溶氧测定电极可分为两大类，即电解型(极谱型)电极及原电池型电极，前者工作时需外加直流电源，后者则不需加任何电源。

极谱型复膜氧电极的阴极由铂、银、金等贵金属组成，阳极由铅、锡、铝等组成。当给电极施加极谱电压时，溶液中的氧就在阴极被还原。当产生的电流与溶液中氧含量成正比时，此时的电极电流为饱和电流，此时的电压为极谱电压。氧浓度与饱和电流成正比关系。在阴极(铂)片的前面包一张半透膜，氧可以透过半透膜达到阴极上进行电极反应。该半透膜固定在阴极表面，小孔用于压力补偿(图8-5)。

溶氧探头受温度和溶氧压的影响，发酵液中溶氧压很低时，超出溶氧探头的检测极限。通过测定氧化还原电位(mV)，可弥补这一点。用一种由 Pt 电极和 Ag/AgCl 参比电极组成的复合电极，与具有电压(mV)读数的 pH 计连接，可测定发酵液中氧化剂(电子供体)和还原剂(电子受体)之间平衡的信息。

8.1.4 发酵过程中其他重要检测技术

在发酵过程检测中，除了使用传感器外，还引入了一些现代分析技术，其中最重要的是生物量、尾气成分和发酵液成分检测。

1. 生物量和细胞活性分析

生物量作为一个重要的状态参数，如果失控将会严重影响产物的合成。工业化生产中难以找到完全相同的过程曲线的根本原因在于细胞量、产物量数据的准确性和及时性。但目前还不具备理想的直接用来监测生物量的在线传感器，即使是离线分析，结果也不尽如人意。发酵过程优化和控制由经验走向模型化，生物量的定量监测或估计量必不可少。

最普通的离线检测方法是细胞干重法、显微镜计数法和吸光度法。吸光度与细胞浓度成正比，吸光度增量则主要是菌体生长量和菌体伸长膨大所致。细胞中 DNA 含量在发酵过程中大体保持不变，而与营养状况、培养基的组成、代谢及生长速率关系不大。因此，可通过发酵液中 DNA 含量来计算细胞浓度。

细胞内呼吸链上的 NADH 在 360 nm 处可激发出能在 460 nm 处检出的特征性荧光，利用这一荧光反应可以定量分析细胞活性或细胞浓度。采用光纤或在线采样的方式无菌取样后进行荧光测定。

黏度大小可作为细胞生长或细胞形态的一项标志，也能反映罐内菌丝分裂过程的情况，其大小可改变氧传递的阻力。目前，发酵液黏度测定一般为取样离线检测，使用旋转式黏度计进行，主要用于指示丝状菌的生长和自溶，而与细胞浓度不直接相关。

2. 发酵罐排气(尾气)检测

通风发酵罐排气(尾气)中 O_2 的减少和 CO_2 的增加是培养基中营养物质好氧代谢的结果。排气中的 O_2 分压与发酵微生物的摄氧率和 K_La 有关。根据排气中的 O_2 分压和 CO_2 分压计算获得的耗氧率(OUR)和 CO_2 释放率(CER)以及呼吸商(RQ)是目前有效的微生物代谢活性指示值。发酵罐排气(尾气)检测目前主要有顺磁氧分析仪、红外线测定仪和质谱仪。

检测气体混合物中氧含量可用顺磁式(磁导式、热磁式)氧分析仪。氧具有高顺磁性。在磁场中，氧气的磁化率比其他气体高几百倍，故混合气体的磁化率几乎完全取决于含氧气的多少。顺磁式氧分析仪是根据氧气的磁化率特别高这一物理特性来测定混合气体中含氧量的。

顺磁式氧分析仪工作原理如图 8-6 所示。中空玻璃球在气样室磁场中处于悬浮状态，当气样中含有氧时，氧的顺磁特性使磁场发生变化导致哑铃偏转产生转矩，据此可以算出气样中氧的含量(必须进行校正)。由于排气中氧的含量为 19%～20%，因此最好选用量程为 16%～21%的仪器进行检测。

检测尾气中 CO_2 含量的仪器类型较多，如热导式、电导式、红外线式等。由于排气中 CO_2 含量一般在 3%以下，因此远红外分析仪应更适合应用。排气中存在的水蒸气会使测定结果产生误差，可以采用相应的标准加以校正或在测定前将气体先干燥。

常用的尾气测定仪是不分光红外线二氧化碳测定仪(简称 IR)，其精度高，可达±0.5%，量程的线性范围大，虽然仪器价格高，但在生物细胞培养时常被采用。不分光红外线 CO_2 气体分析原理是：除了单原子气体(如氖、氩等)和无极性的双原子气体(如氧、氢、氮等)外，几乎所有气体都在红外波段(即微米级)具有不同的红外吸收光谱，CO_2 的红外吸收峰在 2.6～2.9 μm 和 4.1～4.5 μm 之间有两个吸收峰，根据吸收峰的高度可以求出 CO_2 的浓度，在一定范围内，吸光度与二氧化碳浓度成线性关系。采用空间双光路结构红外线 CO_2 分析仪可减小光源波动及环境变化的影响(图 8-7)。

工业生产中一般使用工业质谱仪对发酵尾气的多种成分进行在线检测。常用的工业质谱仪有扫描质谱和非扫描质谱两种，它们都由高真空取样口、分子离子化装置、高真空下的封闭磁场和检测器四部分组成。质谱仪应避免有任何液体或固体颗粒物质进入，样气须经多次过

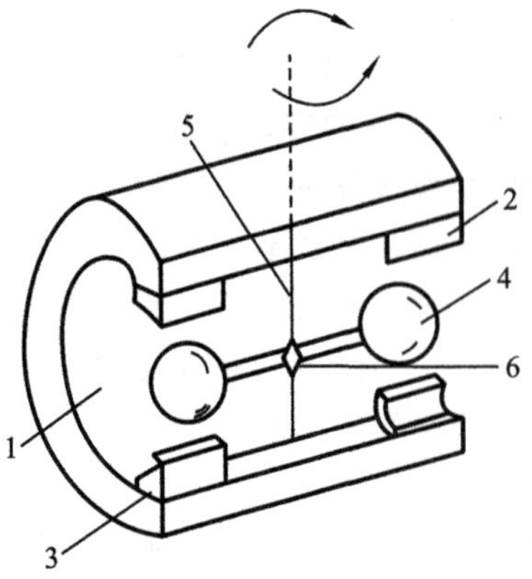

图 8-6 顺磁式氧分析仪工作原理示意图

1—气室；2、3—磁极；

4—石英空心小球；5—金属吊带；6—平面反射镜

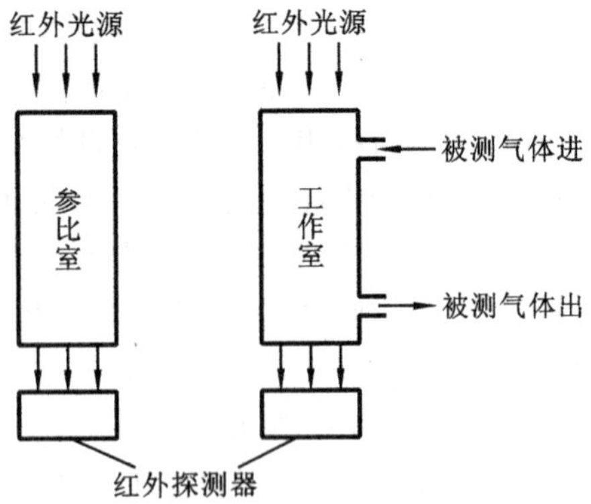

图 8-7 红外线 CO_2 分析仪空间双光路结构示意图

滤，入口处还需加热以防蒸汽凝结，如果发现泡沫或冷凝液体，应能自动切断，防止其进入。

3. 发酵液成分检测

发酵液中糖、氮、磷等重要营养物质的浓度，对菌体的生长和代谢合成有重要影响，是产物代谢控制的重要手段。产物浓度是检验发酵正常与否的重要参数，也是决定发酵周期长短的根据。为了获得高的优化产率，对这些物质的浓度在发酵过程中要加以控制。然而，至今对这些物质浓度的测量还缺乏工业上可用的在线测量仪表。

离子选择性电极可用于离线检测发酵液中特定的无机离子，如 NH_4^+、Na^+、K^+、Mg^{2+}、Ca^{2+}、SO_4^{2-} 和 NO^{3-} 等。电极以类似 pH 电极的方式工作，与标准参比电极组合使用(图 8-8)。离子选择电极依所用膜材料不同可以分成玻璃膜电极、固体膜电极、液体离子交换膜电极、天然载体液膜电极、气体敏感膜电极和离子选择场效应管。

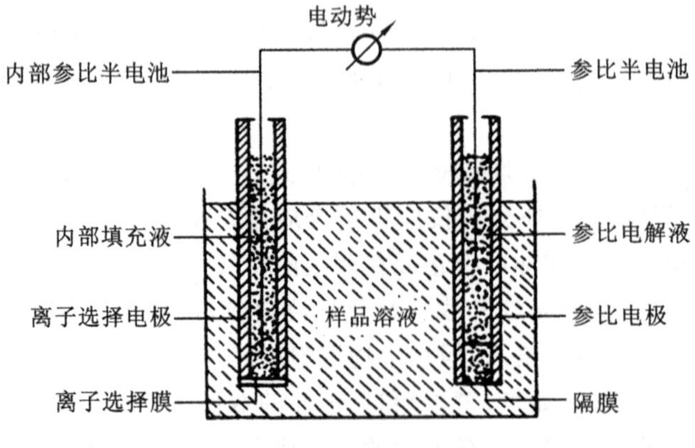

图 8-8 离子选择性电极原理示意图

高压液相色谱仪(high pressure liquid chromatography，HPLC)广泛地用来分析发酵液的有关组分浓度，是目前实验室应用最为广泛的分离分析纯化仪器，具有快速，灵敏，分辨率高，测量范围广泛等特点；进行色谱前要有层析柱、展开溶剂系统、色谱温度以及样品纯度估计等准备工作，而且样品要经过亚微米级过滤处理。

HPLC 与发酵罐的自动取样系统连接，也可对发酵液进行在线分析。近年来，与自动取样系统连接的流动注射分析系统(FIA)已用于发酵液成分的在线分析。FIA 是通过一个旋转进样阀将一定体积的样品溶液“注射”到连续流动的载流中，在严格控制分散的条件下，使样品流同试剂流混合反应，最后流经检测池进行测定。检测部分可以是现有的各种自动分析仪，但作为发酵过程实时优化控制还有待进一步改进。

8.1.5　发酵过程检测的可靠性

用于监测发酵过程的传感器和分析仪一旦发生故障，将造成信息的消失或产生错误的信息。如果这种传感器和分析仪组成控制回路的一部分，那么故障所造成的控制失误将使发酵过程蒙受重大损失。

发酵中使用的各种传感器及分析仪的可靠性如表 8-1 所示。一般来说，物理传感器(如温度、压力)是相当可靠的，而物理化学传感器(如 pH 值、DOT)作为控制回路的一部分使用时必须加倍小心。生化和生物传感器更加不可靠，故一般不用于自动控制系统中。

表 8-1　一些传感器和分析仪的可靠性

测定项目	传感器或仪器类型	灭菌方法	平均故障间隔时间/周
温度	Pt100	直接蒸汽①	200
DOT	复合玻璃电极	直接蒸汽①	48
DOT	原电池	直接蒸汽①	11
CO_2	极谱	直接蒸汽①	20
CO_2	红外分析仪		52
O_2	顺磁分析仪		24
CO_2、O_2等	质谱仪		24②

注：①表示每周原位直接蒸汽灭菌一次；②表示厂家访问服务间隔时间。

为了保证分析结果的可靠，必须对传感器和分析仪所获得的数据进行确认。确认方法有以下几种。

(1) 校准　传感器和分析仪在使用一段时间后应当进行校准。对于不大可靠的传感器如 pH 值、DOT 和溶解 CO_2 探头，每批发酵应至少校准一次。如条件允许，灭菌后也应校准一次，因为灭菌可能造成检测信号的漂移。

(2) 数据解析　发酵过程中许多变量是相关的，如 pH 值和溶解 CO_2 与荧光相关，通气、搅拌、压力及残糖与 DOT 相关等，因此，可利用相关变量的检测数据进行解析，确认某些传感器的可靠性。

(3) 噪声分析　所有传感器和分析仪都不可避免地会出现一些噪声，对这种噪声的分析有助于确认测量数据的可靠性。在一般情况下，某种特征性噪声突然或缓慢消失，有可能是出现故障的信号。

8.2　发酵过程变量的间接估计

发酵过程中许多关键参数，如生物量、基质浓度和产物浓度，没有工业上可应用的在线传感器。为了获得这些重要信息，往往利用间接测量的方法，即利用其他可测量的参数，通过有关模型进行计算而推断估计。可通过对直接反映菌体生理状态的间接状态参数实施过程控制，这种控制比单纯控制环境变量在提高发酵产率方面常能起到更加重要的作用。

构建物质平衡关系式是生化工程中的重要工具，由平衡关系式可以确定导出量，并能补充传感器直接测得的数值。如氧利用速率(OUR)、二氧化碳释放速率(CER)、比生产速率(μ)、体积氧传递系数(K_La)、呼吸商(RQ)等。

8.2.1 与基质消耗有关变量的估计

发酵液中糖、氮、磷等重要基质的浓度，对菌体的生长和代谢合成有重要影响，是产物代谢控制的重要手段。为了获得高的优化产率，对这些物质的浓度在发酵过程中要加以控制。然而，至今对这些物质浓度的测量还缺乏工业上可用的在线测量仪表。

1. 基质消耗率

基质消耗率是指在时间 t 内，每单位体积发酵液所消耗的基质数量。以补料分批发酵为例，由基质平衡可得

$$R_s = \frac{F}{V}(S_r - S) - \frac{dS}{dt} \tag{8-1}$$

式中：R_s—基质消耗率，kg/(m^3 · h)；F—补料体积流速，m^3/h；V—发酵液体积，m^3；S_r—补料液中基质浓度，kg/m^3；S—发酵液中基质浓度，kg/m^3。

如果发酵过程达到准稳定状态，即$\frac{dS}{dt}=0$保持不变，而 S_r 为常数，通过对补料体积流速 F 和发酵液体积 V 的在线测量，便可在线估计基质消耗率 R_s，从而决定补料速率。

2. 基质消耗总量

基质消耗总量 Δm(kg)可由基质消耗率在 0 至 t 时间段进行积分估计，即

$$\Delta m = \int_0^t \left[F(S_r - S) - V\frac{dS}{dt}\right]dt \tag{8-2}$$

通过此式可在线估计基质消耗总量 Δm，从而决定补料量。

8.2.2 与呼吸有关变量的估计

微生物的呼吸代谢参数通常有三个：CO_2释放速率(CRR)、耗氧速率(OUR)和呼吸商(RQ)。

1. CO_2的释放速率

如果连续测得发酵罐尾气中 O_2和 CO_2的浓度，可通过下式计算出整个发酵过程中 CO_2的释放速率(CRR)：

$$\text{CRR} = Q_{CO_2}X = \frac{F_{进}}{V}\left[\frac{C_{惰进} \cdot C_{CO_2出}}{1-(C_{O_2出}+C_{CO_2出})} - C_{CO_2进}\right]f \tag{8-3}$$

式中：Q_{CO_2}—比二氧化碳释放速率，molCO$_2$/(g 菌 · h)；X—菌体干重，g/L；$F_{进}$—进气流量，g/L，mol/h；$C_{惰进}$、$C_{CO_2进}$—分别为进气中的惰性气体、CO_2 的体积分数；$C_{O_2出}$、$C_{CO_2出}$—分别为排气中氧、二氧化碳的体积分数；V—发酵液的体积，L；f—系数，$f=\frac{273}{273+t_{进}} \times p_{进}$；$t_{进}$—进气分度，℃；$p_{进}$—进气绝对压强，Pa。

通过测定排气中 CO_2 浓度的变化，采用控制流加基质的方法，来实现对菌体的生长速率和菌体量的控制。

2. 耗氧速率

发酵过程的耗氧速率(OUR)可通过热磁氧分析仪或质谱仪测量进气和排气中的氧含量，由下式计算得到：

$$\mathrm{OUR} = Q_{O_2}X = \frac{F_{进}}{V}\left[C_{CO_2进} - \frac{C_{惰进} \cdot C_{CO_2出}}{1-(C_{O_2出}+C_{CO_2出})}\right]f \tag{8-4}$$

式中：Q_{O_2}—呼吸强度，$molO_2/(g \cdot h)$；OUR—菌耗氧速率，$molO_2/(L \cdot h)$。

3. 呼吸商

呼吸商(RQ)为 CO_2 的释放速率与耗氧速率之比，即

$$\mathrm{RQ} = \frac{\mathrm{CRR}}{\mathrm{OUR}} \tag{8-5}$$

RQ 反映了氧的利用状况，值随微生物菌种的不同，培养基成分的不同，生长阶段的不同而不同。测定 RQ 一方面可以了解微生物代谢的状况，另一方面也可以指导补料。

8.2.3　与传质有关变量的估计

1. 溶氧浓度

溶氧传感器测量的不是发酵液中的溶氧浓度，而是溶氧分压，它用饱和值(即与气相氧分压平衡的溶氧浓度)的百分数表示。可按以下两式分别估算饱和溶氧浓度和实际溶氧浓度：

$$C^* = \frac{p}{101325}C_0^* \tag{8-6}$$

$$C_L = C^* \times \mathrm{DOT} \tag{8-7}$$

式中：p—发酵罐的实际压力，Pa；C^*—与发酵罐气相氧分压平衡的溶氧浓度，mol/m^3；C_0^*—标准大气压(101325 Pa)下，发酵液的饱和溶氧浓度，mol/m^3；C_L—发酵液中的实际溶氧浓度，mol/m^3；DOT—溶氧传感器测量的溶氧分压，%。

2. 液相体积氧传递系数

当发酵液中溶氧浓度保持稳定，即发酵过程中的氧传递量与氧消耗量达到平衡时，液相体积氧传递系数 K_La 可由下式确定：

$$\mathrm{OTR} = \mathrm{OUR} = K_La(C^* - C_L) \tag{8-8}$$

式中：OTR—氧由气相向液相传递的速率，$mol/(m^3 \cdot h)$；OUR—耗氧速率，$mol/(L \cdot h)$；K_La—液相体积氧传递系数，1/h；C^*—和气相氧分压平衡的液相饱和溶氧浓度，mol/m^3；C_L—液相实际溶氧浓度，mol/m^3。

对于混合均匀的小型发酵罐，液相体积氧传递系数 K_La 可由下式估计：

$$K_La = \frac{\mathrm{OUR}}{(C^* - C_L)} \tag{8-9}$$

对于大型发酵罐，溶氧浓度差应取对数平均值，即

$$K_La = \frac{\mathrm{OUR}}{(C^* - C_L)_{对数平均值}} \tag{8-10}$$

8.2.4　与细胞生长有关变量的估计

测定生物量的方法虽然很多，但对于培养基中含有固形物及丝状菌来说，都不是十分令人

满意。因此，这类发酵过程中的生物量，一般以间接方法进行估计。

由氧平衡可得：

$$\mathrm{OUR} \cdot V = m_0 X + \frac{1}{Y_{\mathrm{GO}}}\frac{\mathrm{d}X}{\mathrm{d}t} + \frac{1}{Y_{\mathrm{PO}}}\frac{\mathrm{d}P}{\mathrm{d}t} \tag{8-11}$$

式中：m_0—生产菌以氧消耗率表示的维持因素，mol(kg·h)；Y_{GO}—生产菌生长相对于氧消耗的得率常数，kg/mol；Y_{PO}—产物合成相对于氧消耗的得率常数，kg/mol；X—生物量，kg；P—产量，mol；t—发酵时间，h。

由以上生物量的估计结果，可分别得出比生长速率和比生产速率的估计值：

$$\mu(t) \cong \frac{X_{(t+1)} - X(t)}{X(t)} \tag{8-12}$$

$$Q_{\mathrm{p}}(t) \cong \frac{P(t+1) - X(t)}{P(t)} \tag{8-13}$$

式中：μ—比生长速率，h^{-1}；Q_{P}—比生产速率，mol/(kg·h)。

8.3 发酵过程的自动控制

发酵过程的自动控制是根据对过程变量的有效测量及对过程变化规律的认识，借助于由自动化仪表和电子计算机组成的控制器，操纵其中一些关键变量，使过程向着预定的目标发展。

8.3.1 发酵过程自控内容

所谓发酵过程自动控制，就是在没有人直接参与的情况下，通过控制器使发酵过程自动地按照预定的规律运行。发酵过程的自动控制包含以下三个方面的内容：

①和过程的未来状态相联系的控制目的或目标，如要求控制的温度、pH 值、生物量浓度，等等；

②一组可供选择的控制动作，如阀门的开、关，泵的开、停等；

③一种能够预测控制动作对过程状态影响的模型，如用加入基质的浓度和速率控制细胞生长速率时需要能表达它们之间相关关系的数学式。

一般监控系统包括三个部分：

①测定元件，如温度计、压力表、电流计、pH 计，直接测定发酵过程的各种参数，并输出相应信号。

②控制部分，其功能主要是将测定元件测出的各种参数信号与预先确定的值进行比较，并且输出信号指令执行元件进行调整控制。

③执行元件，它接受控制部分的指令开启，或关闭有关阀门、泵、开关等调节控制机构，使有关参数达到预定位置。

关于控制方式，有手动控制和自动控制两类。

①手动控制，这是最简易的控制方法。例如，调节发酵温度，通过控制发酵罐夹套的冷却水(或蒸汽)流量来调节发酵液的温度。手动控制方法简单，不需特殊的附加装置，投资费用较少，劳动强度较大，控制得合适也可减少误差。

②自动控制，采用自动控制时，必须使测定元件产生输出信号并用仪表监视。如测定温度时，可用热电偶代替温度计，并与控制部分相连，控制部分再产生信号驱动执行元件进行操作。

8.3.2　发酵过程基本自控系统

发酵过程自控系统的设计流程为：变量测量和变化规律的认识→控制器（自动化仪表、计算机组成）→控制关键变量→控制发酵过程。

自控系统由控制器和控制对象两个基本元素组成。发酵过程基本的自动控制系统有前馈控制、反馈控制和自适应控制三种。

1. 前馈控制

如果被控对象动态反应慢，并且干扰频繁，则可通过对一种动态反应快的变量（干扰量）的测量来预测被控对象的变化，在被控对象尚未发生变化时，提前实施控制。这种控制方法称为前馈控制。如图 8-9 所示，在控制温度的前馈控制系统中，冷却水的压力被测量但不控制，当压力发生变化时，控制器提前对冷却水控制阀发出动作指令，以避免温度的波动。

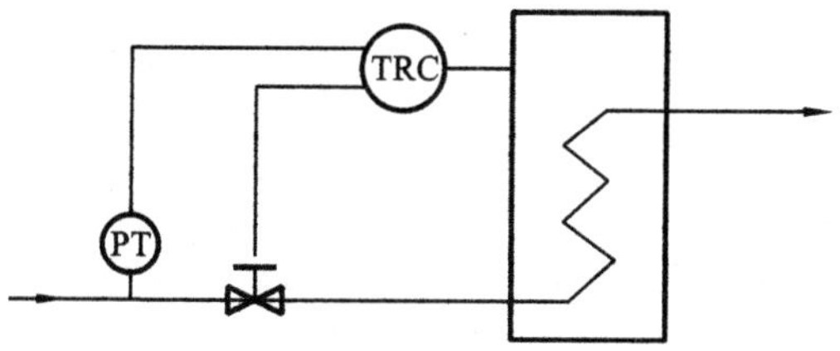

图 8-9　反应器温度的前馈控制系统

PT—压力变送器；TRC—温度记录和控制器

前馈控制的控制精度取决于干扰量的测量精度，以及预报干扰量对控制变量影响的数学模型的准确性。

2. 反馈控制

反馈控制系统如图 8-10 所示，被控过程的输出量 $x(t)$ 被传感器检测，以检测量 $y(t)$ 反馈到控制系统，控制器使之与预定的值 $r(t)$（设定点）进行比较，得出偏差 e，然后采用某种控制算法根据这一偏差 e 确定控制动作 $u(t)$。传感器检测被控输出量，反馈到控制系统，控制器根据与预定值的比较，得出偏差，进而控制动作。

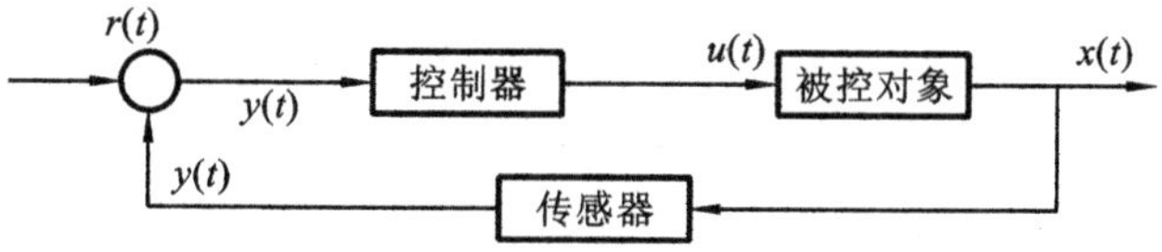

图 8-10　反馈控制系统

反馈控制器根据测量值与被测量值的偏差自动对操作变量进行调整与修改，将测量值迅速和稳定地控制在设定值附近。反馈控制是自动控制的主要方式。

反馈控制器的建立与调整离不开有效的数学模型。根据算法不同反馈控制可分为以下几类。

（1）开关控制　最简单的反馈控制系统是开关控制，即控制阀门的全开全关。发酵温度的开关控制系统（图 8-11）是通过温度传感器检测反应器内温度来调控的：如果低于设定点，

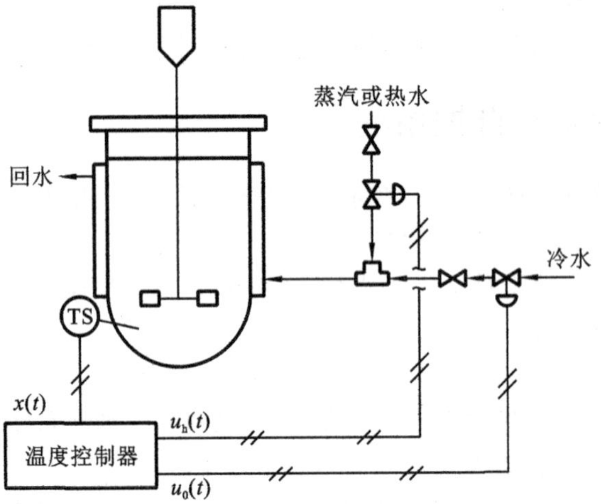

图 8-11　发酵温度的开关控制系统

TS—温度传感器；$x(t)$—检测量；$u_h(t)$—加热控制输出量；$u_0(t)$—冷却控制输出量

冷水阀关闭，蒸汽或热水阀打开；如果高于设定点，蒸汽或热水阀关闭，冷水阀打开。加热或冷却负荷相对稳定的过程，适合于这种形式的控制。

(2) PID 控制　当控制负荷不稳定时，可采用比例(P)、积分(I)、微分(D)控制算法，此法简称为 PID 控制。P、I、D 控制信号分别与被控过程的输出量与设定点的偏差、偏差相对于时间的积分和偏差变化速率成正比(图 8-12)。PID 控制器把收集到的数据和一个参考值进行比较，然后把这个差别用于计算新的输入值，这个新的输入值的目的是可以让系统的数据达到或者保持参考值。

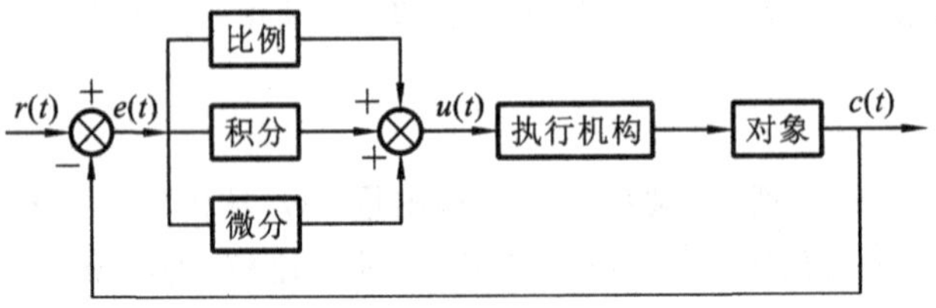

图 8-12　模拟 PID 控制系统原理示意图

和其他简单的控制运算不同，PID 控制器可以根据历史数据和差别的出现概率来调整输入值，这样可以使系统更加准确，更加稳定。可以通过数学的方法证明，在其他控制方法导致系统出现稳定性误差，或导致系统出现过程反复的情况下，一个 PID 反馈回路可以保持系统的稳定。但它们只能在接近设定点的情况下才能有效地工作，在远离设定点就开始启用时将产生较大的摆动。

(3) 串级反馈控制　由两个以上控制器对一种变量实施联合控制的方法称为串级控制。图 8-13 是对发酵罐中的溶氧水平实行串级控制的例子。

溶氧被发酵罐内的传感器检测到，作为一级控制器的溶氧控制器根据检测结果由 PID 算法计算出控制输出，但不用它来直接实施控制动作，而是被作为二级控制器的搅拌转速、空气流量和压力控制器当做设定点接受，二级控制器再由另一个 PID 算法计算出第二个控制输出，用于实施控制动作，以满足一级控制器设定的溶氧水平。当有多个二级控制器时，可以是同时或顺序控制，可以先改变搅拌转速，当达到某一预定的最大值后再改变空气流量，最后是

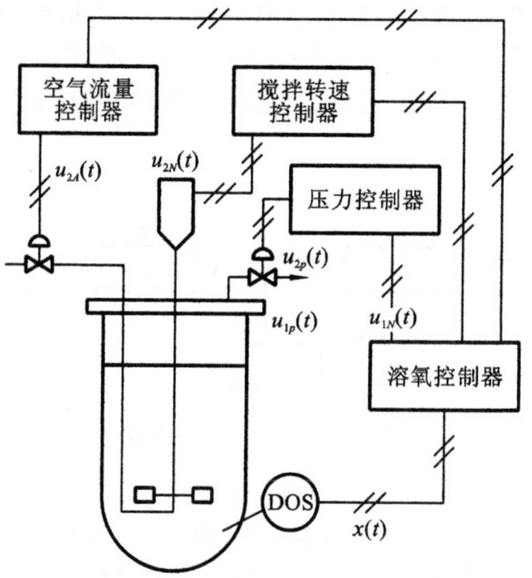

图 8-13　溶氧水平的串级后馈控制

DOS—溶氧传感器；$x(t)$—检测量；$u_1(t)$——级控制输出；$u_2(t)$—二级控制输出；p—压力；N—搅拌转速；A—空气流量

调节压力。

（4）前馈/反馈控制　前馈控制所依赖的数学模型大多数是近似的，加上一些干扰量难以测量，从而限制了它的单独应用。它通常与反馈控制结合使用，取各自之长，补各自之短。前馈/反馈控制可应用于污水处理系统，如图 8-14 所示。

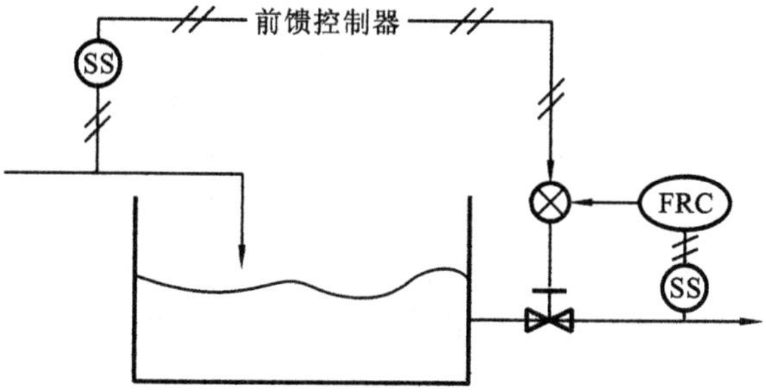

图 8-14　废水处理的前馈/反馈控制系统

SS—悬浮固体含量传感器；FRC—流量记录及控制器

假设在作为干扰量的输入废水中悬浮固体含量随时间变化，通过在线分析仪测定后，信号前馈至排放控制器，可使排出液的悬浮固体含量保持在设定点上，同时，还可根据排出液悬浮固体含量的直接测量对排放率进行反馈控制。

3. 自适应控制

上述各种自控系统一般只适用于确定性过程，即过程的数学模型结构和参数都是确定的，过程的全部输入信号又均为时间的确定函数，过程的输出响应也是确定的。但是，我们所面临的发酵过程总的来说是个不确定的过程，也就是说，对发酵过程动态特性无法确定数学模型，过程的输入信号也含有许多不可测的随机因素。此时，常规控制器不可能得到很好的控制品质。对于这样的过程的控制，需要设计一种特殊的控制系统。

为此，自适应控制必须首先要在工作过程中不断地在线辨识系统模型（结构及参数）或性能，作为形成及修正最优控制的依据，即提取有关输入、输出信息，对模型和参数不断进行辨识，使模型逐渐完善，同时自动修改控制器的动作，适应实际过程。这就是所谓的自适应能力。自适应控制系统主要由控制器、被控对象、自适应器及反馈控制回路和自适应回路组成(图8-15)。

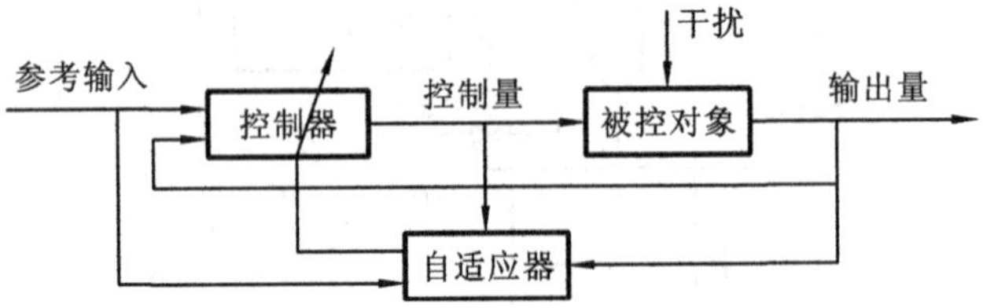

图 8-15　自适应控制系统

自适应控制和系统辨识是分不开的。自适应控制系统在工作过程中，系统本身能对模型及其参数不断地进行辨识，根据参数的变化改变控制参数，使模型逐渐完善，同时自动修改控制器的控制动作，使之适应实际过程，使系统运行于最优或接近于最优的工作状态。

8.3.3　发酵过程的自控系统硬件结构

发酵过程参数的自动控制流程如下：化学或物理信号→电信号→放大→记录显示仪→控制器(与设定参数比较)→发出调节信号→控制器动作。

发酵自控系统由传感器、变送器、执行机构、转换器、过程接口和监控计算机组成，这些硬件的配置如图 8-16 所示。下面对这些硬件分别进行简要的介绍。

1. 传感器

用于发酵过程检测的传感器已在第一节讨论过。但除了直接测量过程变量的传感器外，一些根据直接测量数据对不可测变量进行估计的变量估计器也可以称为传感器。这种广义传感器称为“网间传感器”或“算法传感器”。

2. 变送器与过程接口

除了传感器外，还需要特殊的电路(惠斯通电桥、放大器等)，将传感器获得的信息变成标准输出信号，才能被控制器所接受。这种电路装置称为变送器。传感器和变送器有时安装在同一个装置内。

为了使传感器与控制器的连接具有灵活性和机动性，一般采用以下标准输出信号。①连续的 0～10 V 或 0/4～20 mA 直流电模拟输出信号，为了避免接地，信号应当隔离输出。②二进制编码十进制输出信号应当用标准 RS232、RS423 或 IEEE 488 接口及其通讯协议传送。用处理机连接发酵装置对变量进行监测和控制需要数据接口，传递的信号是二进制编码的十进制数。广泛使用的 RS232 和 RS423 是标准化的系列传送接口，它们的传送距离较远而传送速度较慢。IEEE488 是字节定向的平行传送接口，它的传送速度相当快，缺点是传送距离有限(15 m)。

3. 执行机构和转换器

执行机构是直接实施控制动作的元件，如电磁阀、气动控制阀、电动调节阀、变速电机、步进电机、正位移泵、蠕动泵等，它对控制器输出信号或操作者手动干预而改变控制变量的值作出反应。执行机构可以连续动作(如控制阀的开启位置、马达或泵的转速)，也可以间歇动作(如阀的开、关，泵或马达的开、停等)。与反应器物料直接接触的执行机构要求无渗漏、无死

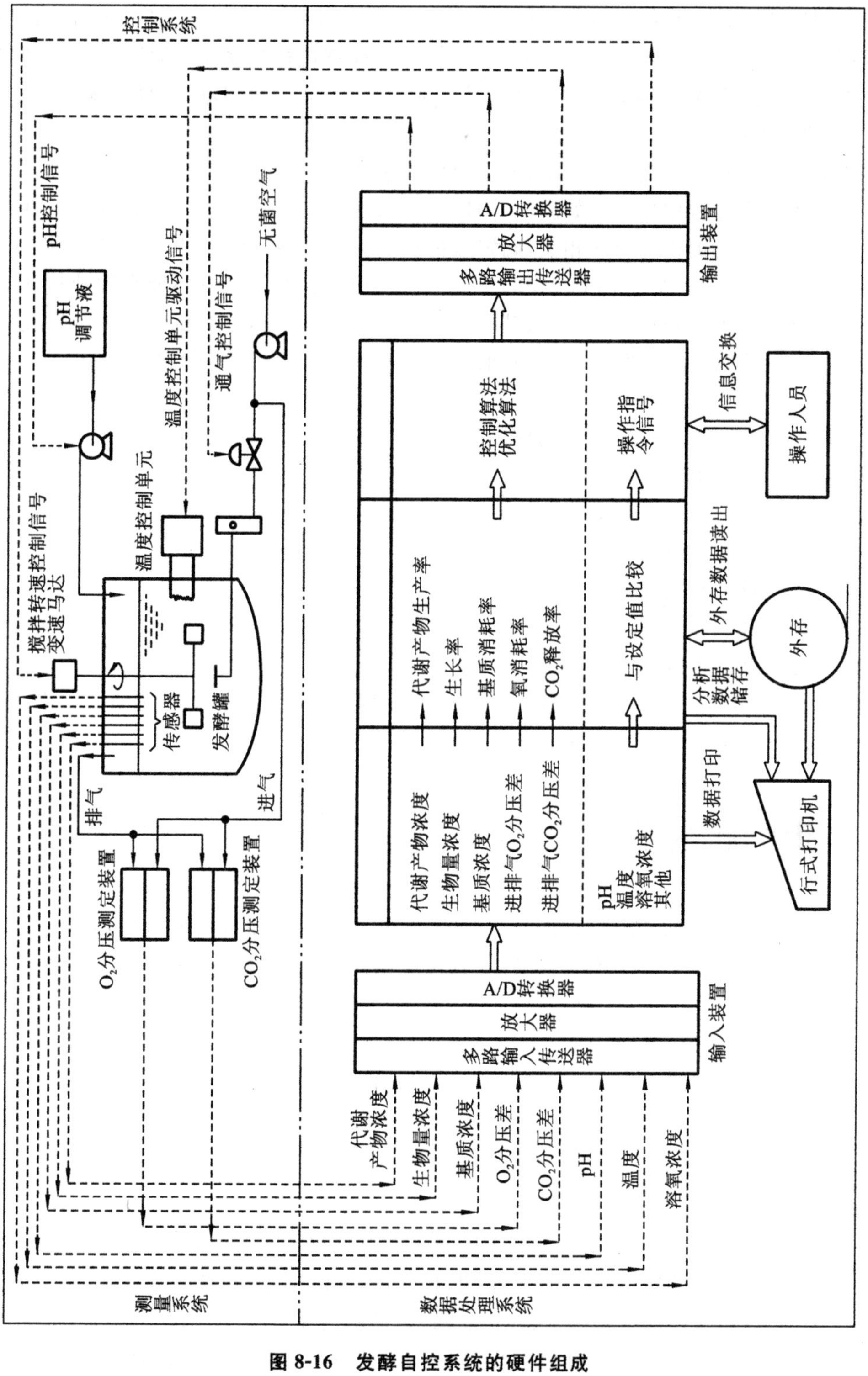

图 8-16　发酵自控系统的硬件组成

角、能耐受高温蒸汽灭菌、便于精确计量等。

控制器的输入信号就是反应器的输出信号。对于常规电子控制器，连续的模拟输出信号直接和控制器连接，当涉及计算机时，控制器输入信号必须转换成数字当量，而与执行机构连接的模拟输出信号必须由数字当量产生。因此，对于计算机控制系统，须使用 A/D 转换器和 D/A 转换器。但控制器的输入信号为离散信号时，可直接使用数字输入和数字输出。

4. 监控计算机

在工业发酵过程的监测和控制中，普通使用的装置是条形记录仪和模拟控制器。条形记录仪用于描绘发酵过程中各变量如温度、pH、溶氧浓度、尾气成分等变化的曲线，这些变量的变化往往与所需产物的生物合成相关，确定这种相关关系后，就可以用模拟控制器将这些变量控制在合适的变化范围内，以利于产物的生成。这种记录仪和控制器不能有效地检测和控制那些不能直接测量的变量如氧消耗率、基质消耗率、比生长率等，计算机和某些数字化仪表的应用，使一些可间接测定的变量的估计和监控成为可能，从而在发酵过程的发展中起着重要的作用。

过程监控计算机在发酵自控中的作用如下：

(1) 自发酵过程中采集和存储数据；

(2) 用图形和列表方式显示存储的数据；

(3) 对存储的数据进行各种处理和分析；

(4) 与检测仪表和其他计算机系统进行通讯；

(5) 对模型及其参数进行辨识；

(6) 实施复杂的控制算法。

监控计算机的选择应具有尽可能完善的功能、较低的成本、较高的可靠性、一定的升级能力、简单的运行要求，以及和其他系统的通讯能力等。

8.4 生物传感器

传感器即参量变送器(电极或探头)，是能感受规定的被测量并按照一定规律将其转换成可用信号(主要是电信号)的器件或装置，它通常由敏感元件、转换元件及相应的机械结构和电子线路所组成。

生物传感器是利用生物催化剂(生物细胞或酶)和适当的转换元件制成的传感器。用于生物传感器的生物材料包括固定化酶、微生物、抗原抗体、生物体组织或器官等，用于产生二次响应的转换元件包括电化学电极、热敏电阻、离子敏感场效应管、光纤和压电晶体等。

8.4.1 生物传感器概况

生物传感器巧妙地利用了酶、抗体、微生物等作为敏感材料，有针对性地对有机物进行简便而迅速的测定，具有选择性高、分析速度快、操作简易和仪器价格低廉等特点，而且可以进行在线甚至活体分析，从而为生物医学、环境监测、食品医药工业及军事医学领域直接带来了新技术革命。20 世纪 80 年代起国际上对生物传感器进行了广泛研究和探索，近些年来已经研制出一系列在环境监测、临床检验和生化分析等方面有实用价值的生物传感器。

生物传感器按所用分子识别元件的不同可分为酶传感器、微生物传感器、组织传感器、细胞器传感器和免疫传感器等，按信号转换元件的不同可分为电化学生物传感器、半导体生物传感器、测热型生物传感器、测光型生物传感器、测声型生物传感器等。

采用不同的生物物质，生物传感器可选择性地响应特定物质，如酶识别酶作用物、抗体识别抗原、核酸识别形成互补碱基对的核酸等。与通常的化学分析法相比，生物传感器具有如下特点：

(1) 对被测物质有极好的选择性，噪声低；

(2) 操作简单，需用样品少，能直接完成测定；

(3) 经固定化处理后，可保持长期生物活性，传感器能耐受反复使用；

(4) 能在短时间内完成测定；

(5) 不要求样品具有光学透明度；

(6) 生物传感器的主要缺点是寿命较短。

目前生物传感器的在线使用还存在一定的局限性，主要原因是：灭菌和稳定性方面存在问题；生物传感器自身同样会受到影响发酵的因素的影响；生物传感器中常需在检测器上固定微生物细胞或酶层，或具有另外的膜层，这会增加传质阻力，延长响应时间。

8.4.2　生物传感器原理

生物传感器一般由分子识别元件（感受器）和信号转换器（换能器）组成。

生物传感器的分子识别元件（感受器）由具有分子识别能力的生物活性物质构成，可以是生物体成分（酶、抗原、抗体、激素、DNA）或生物体本身（细胞、细胞器、组织）等，它们能特异性地识别各种被测物质并与之发生特异性反应。

信号转换器件（换能器）由电化学或光学检测元件构成。主要有电化学电极、离子敏场效应晶体管、热敏电阻器、光电管、光纤、压电晶体等，其功能为将敏感元件感知的生物化学信号转变为可测量的电信号。

如图 8-17 所示，生物传感器的结构一般是在基础传感器（电化学装置）上再耦合一个生物敏感膜（称为感受器或敏感元件）。生物敏感膜紧贴在探头表面上，再用一种半透膜使之与被测溶液隔离。当待测溶液中的成分越过半透膜有选择性地附着于敏感物质时，形成复合体，随之进行生化和电化学反应，产生普通电化学装置能够感知的产物，并通过电化学装置转换为电信号输出。由于测得的电信号与待测物质浓度相关联，故通过标准曲线或标定过的指示仪表即可确定待测物质的浓度。

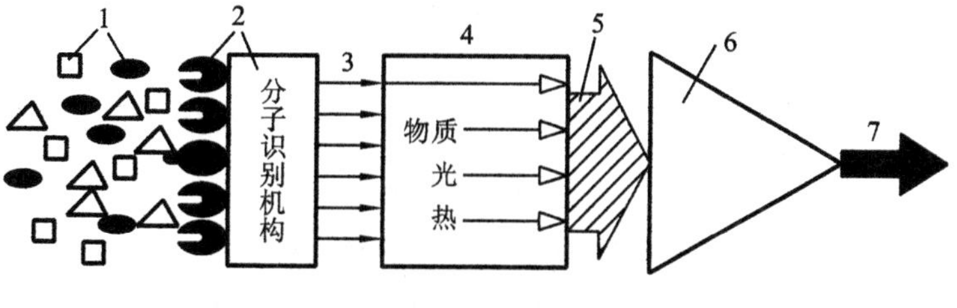

图 8-17　生物传感器的结构原理示意图

1—待测物质；2—生物功能材料；3—生物反应信息；4—换能器件；5—电信号；6—信号放大；7—输出信号

传感器的性能主要取决于感受器的选择性、换能器的灵敏度以及它们的响应时间、可逆性和寿命等因素。

8.4.3 信号转换器

生物传感器是以生物活性物质作为敏感元件，配以适当的换能器所构成的选择性小型分析器件。其基本组成单位包括具有分子识别功能的感受器、换能器和检测器三部分，换能器和检测器又可以统称为信号转换器。生物体的成分（如酶、抗原、抗体、核酸等）或生物体本身（如细胞、细胞器、组织等）具有分子识别能力的，均可作为敏感材料。敏感材料经固定化后形成的一种膜结构即生物传感器的感受器。具有分子识别功能的感受器是生物传感器的关键元件，决定了生物传感器选择性的好坏。

换能器是将分子识别元件上进行生化反应时消耗或生成的化学物质、产生的光或热等转换成电信号或光信号的装置。生化反应中产生的信息是多元化的，因此选择不同的换能器对信息进行转换非常重要。生物传感器中的信号转换器与传统的转换器并没有本质的区别。信号转换器有多种，电化学型和光电型转换器为主要类型，如利用电化学电极、场效应晶体管、热敏电阻、光电器件、声学装置等作为生物传感器中的信号转换器。其中用得最多、最成熟的是电化学电极。

8.4.4 酶传感器

酶传感器由固定化酶膜与电化学电极构成，通常被称为酶电极（图 8-18）。酶需经过固定化处理。所用酶可以是一种酶或复合酶，或是酶和辅酶系统。酶传感器的基本原理是用电化学装置检测酶在催化反应中生成或消耗的物质（电极活性物质），将其变换成电信号输出。常用的电化学装置有 O_2 电极、pH 电极、CO_2 电极和 NH_4^+ 电极等。

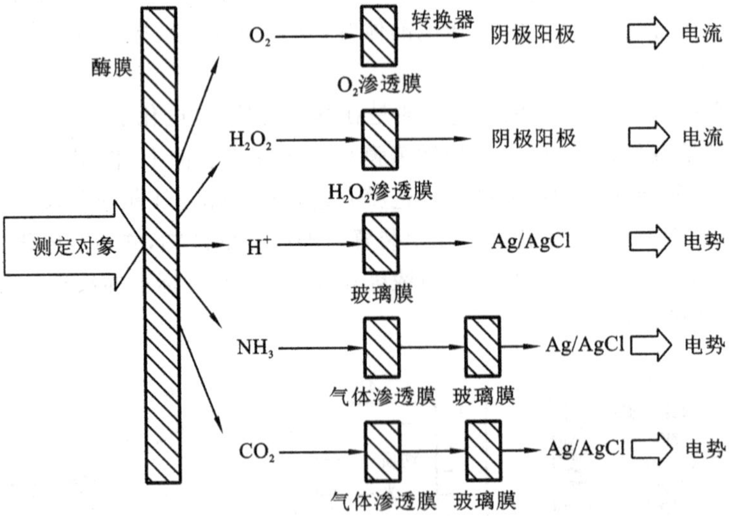

图 8-18 酶传感器结构原理示意图

酶是由蛋白质组成的生物催化剂，能对特定待测物质进行选择性催化。因此利用酶的特性可以制造出高灵敏度、高选择性的传感器。根据输出信号的不同，一般将酶传感器分为两类，即电流型和电压型，详见表 8-2。

表 8-2　酶传感器的分类

	检测方式	被测物质	酶	检出物质
电流型	O_2检测方式	葡萄糖	葡萄糖氧化酶	O_2
		过氧化氢	过氧化氢酶	O_2
		尿酸	尿酸氧化酶	O_2
		胆固醇	胆固醇氧化酶	O_2
	H_2O_2检测方式	葡萄糖	葡萄糖氧化酶	H_2O_2
		L-氨基酸	L-氨基酸氧化酶	H_2O_2
电压型	离子检测方式	尿素	尿素酶	NH_4^+
		L-氨基酸	L-氨基酸氧化酶	NH_4^+
		D-氨基酸	L-氨基酸氧化酶	NH_4^+
		天门冬酰胺	天门冬酰胺酶	NH_4^+
		L-酪氨酸	酪氨酸脱羧酶	CO_2
		L-谷氨酸	谷氨酸脱氢酶	NH_4^+
		青霉素	青霉素酶	H^+

葡萄糖酶传感器是研究得最早、最多，也是最成功的酶传感器。其敏感膜为葡萄糖氧化酶，它固定在聚乙烯酰胺凝胶上。传感器电化学敏感器件是阳极和阴极。中间溶液为强碱溶液，并在电极表面上覆盖一层透氧气的聚四氟乙烯膜，形成封闭式氧电极。在聚四氟乙烯膜外侧再包上一层葡萄糖氧化酶即构成葡萄糖酶传感器。当此酶传感器插入到被测葡萄糖溶液中时，就会发生酶的催化反应而耗氧，其反应式如下：

$$\beta\text{-D-葡萄糖} + O_2 + 2H_2O \xrightarrow[\text{GOD}]{\text{葡萄糖氧化酶}} \text{D-葡萄糖酸} + 2H_2O_2$$

此时在聚四氟乙烯膜附近的氧气量由于酶的催化反应而减少，相应电极的还原电流减小，因此通过电流的变化就可以确定葡萄糖的浓度。这种传感器有一优点，就是聚四氟乙烯膜起到隔离作用，它避免了被测物质与电极直接接触。

随着葡萄糖传感器的发明，不少生化工程学者相继研究出了测定各种成分的酶传感器，如某些氨基酸检测传感器、有机酸检测传感器、乙醇检测传感器、尿素检测传感器等。目前酶传感器已实用化，市售商品达到 200 种以上。表 8-3 列出了一些酶传感器的主要性能。

表 8-3　一些酶传感器的主要性能

传感器	酶膜	固定法	电化学器件	稳定性 /d	响应时间 /min	测量范围 /($mg \cdot L^{-1}$)
葡萄糖	葡萄糖氧化酶	共价法	O_2电极	100	1/6	$1 \sim 5 \times 10^2$
麦芽糖	糖化淀粉酶	共价法	Pt 电极	—	6～7	$10^{-2} \sim 10^3$
乙醇	醇氧化酶	交联法	O_2电极	120	1/2	$5 \sim 10^3$
酚	酪氨酸酶	包埋法	Pt 电极	—	5～10	$1 \times 10^{-2} \sim 10$
尿酸	尿酸酶	交联法	O_2电极	120	1/2	$10 \sim 10^3$
L-氨基酸	L-氨基酸氧化酶	共价法	NH_3电极	70	—	$5 \sim 10^2$

续表

传感器	酶膜	固定法	电化学器件	稳定性/d	响应时间/min	测量范围/(mg·L^{-1})
D-氨基酸	D-氨基酸氧化酶	包埋法	NH_4^+电极	30	—	5～10^2
L-谷氨酰胺	谷氨酰胺酶	吸附法	NH_4^+电极	2	—	10～10^4
L-谷氨酸	谷氨酸脱氢酶	吸附法	NH_4^+电极	2	—	10～10^4
L-天门冬酰胺	天冬酰胺酶	包埋法	NH_4^+电极	30	—	5～10^3
L-酪氨酸	L-酪氨酸脱羧酶	吸附法	CO_2电极	20	1～2	10～10^4
L-己氨酸	L-己氨酸脱羧酶,胺氧化酶	交联法	O_2电极	—	1～2	10^3～10^4
L-精氨酸	L-精氨酸脱羧酶,胺氧化酶	交联法	O_2电极	—	1～2	10^3～10^4
L-苯基丙氨酸	L-苯基丙氨酸氨解酶	交联法	NH_3电极	—	10	5～10^2
L-蛋氨酸	L-蛋氨酸氨解酶	交联法	NH_3电极	90	1～2	1～10^3
尿素	尿素酶	交联法	NH_3电极	60	1～2	10～10^2
胆甾醇	胆甾醇脂酶	共价法	Pt电极	30	3	10～5×10^2
中性脂	脂肪酶	共价法	pH电极	14	1	5～5×10
磷脂质	磷脂酶	共价法	O_2电极	30	2	10^2～5×10^3
青霉素	青霉素酶	包埋法	pH电极	7～14	0.5～2	10～10^3
肌酸	肌酸酶	吸附法	NH_3电极	—	2～10	1～5×10^3
过氧化氢	过氧化氢酶	包埋法	O_2电极	30	2	1～10^2
磷酸根离子	磷酸酶	交联法	O_2电极	120	1	10～10^3
硝酸根离子	硝酸还原酶	交联法	NH_4^+电极	—	2～3	5～5×10^2
亚硝酸根离子	亚硝酸还原酶	交联法	NH_3电极	120	2～3	5～10^3
汞离子	尿素酶	共价法	NH_3电极	—	3～4	1～10^2

8.4.5 微生物传感器

微生物传感器是生物传感器的一个重要分支,最适合发酵工业的测定。因为发酵过程中常存在对酶的干扰物质,并且发酵液往往不是清澈透明的,不适于用光谱法测定。而应用微生物传感器则极有可能消除干扰,并且不受发酵液混浊程度的限制。同时,由于发酵工业是大规模化生产,微生物传感器的成本低、设备简单使其具有极大的优势。

微生物传感器由固定化微生物膜和换能器紧密结合而成。常用微生物为细菌和酵母。微生物固定方法主要有吸附法、包埋法、共价交联法等,其中以包埋法用得最多。载体有胶原、醋酸纤维素和聚丙烯酰胺等。

微生物传感器按其原理可分为两种类型。

(1) 呼吸性测定型微生物传感器(图 8-19)　利用微生物在同化底物时消耗氧的呼吸作用。

(2) 代谢产物测定型微生物传感器(图 8-20)　利用不同的微生物含有不同的酶,这和动、植物组织一样,把它作为酶源。

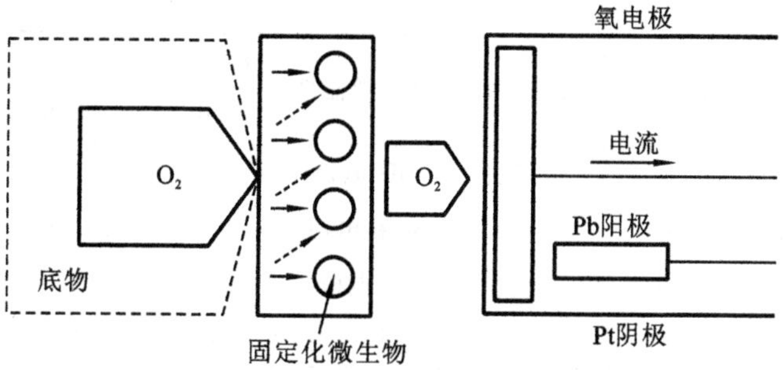

图 8-19　呼吸性测定型微生物传感器的结构原理示意图

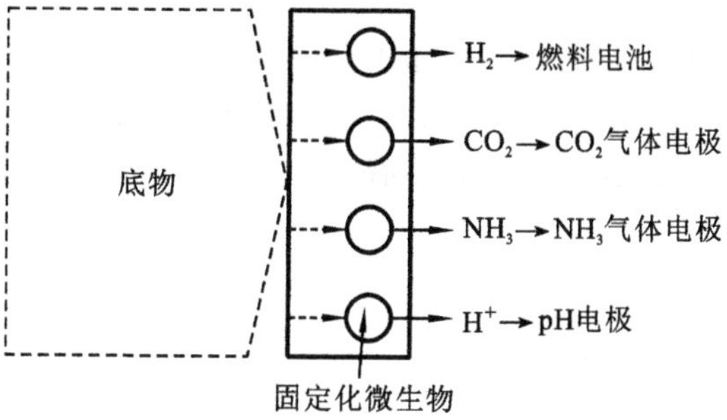

图 8-20　代谢产物测定型微生物传感器结构原理示意图

微生物传感器与酶传感器相比具有价格便宜、性能稳定（达数月）的优点，但响应时间较长（数分钟），选择性较差（一般微生物能与多种有机物作用）。表 8-4 列出了一些微生物传感器的主要性能。

表 8-4　一些微生物传感器的主要性能

传感器	微生物	固定法	电化学器件	稳定性/d	响应时间/min	测量范围/(mg·L^{-1})
葡萄糖	*P. fluorescens*	包埋法	O_2电极	>14	10	5～2×10
脂化糖	*B. lactorermentem*	吸附法	O_2电极	20	10	20～2×10^2
甲醇	未固定菌	吸附法	O_2电极	30	10	5～2×10
乙醇	*T. brassicae*	吸附法	O_2电极	30	10	5～3×10
乙酸	*T. brassicae*	吸附法	O_2电极	20	10	10～10^2
甲酸	*C. butyricum*	包埋法	燃料电池	30	30	1～3×10^2
谷氨酰胺	*E. coli*	吸附法	CO_2电极	20	5	10～8×10^2
己氨酸	*E. coli*	吸附法	CO_2电极	>14	5	10～10^2
谷酰胺	*S. flara*	吸附法	NH_3电极	>14	5	20～10^3
精氨酸	*S. faecium*	吸附法	NH_3电极	20	1	10～170
天门冬酰胺	*B. Codavaris*	吸附法	NH_3电极	10	5	5×10^{-9}～90
氨	硝化菌	吸附法	O_2电极	20	5	5～45
制霉菌素	*S. Cerevisiae*	吸附法	O_2电极	—	60	1～8×10^2
烃酸	*L. Arabinosus*	包埋法	pH 电极	30	60	10^{-2}～5

续表

传感器	微生物	固定法	电化学器件	稳定性 /d	响应时间 /min	测量范围 /(mg·L^{-1})
头孢霉菌素	*C. freumdil*	包埋法	pH 电极	>7	10	$10^{-2}\sim5\times10^{2}$
维生素 B_1	*L. fermenti*	—	燃料电池	60	360	$10^{-3}\sim10^{-2}$
BOD	*T. Cutaneum*	包埋法	O_2 电极	30	10	$5\sim3\times10$
菌数	*T. Cutaneum*	—	燃料电池	60	15	$10^{5}\sim10^{11}$(个/mL)

总之，由于生物传感器具有操作简便、测定迅速、试样一般无需处理、可进行连续在线分析和监控过程变化等普通传感器无法比拟的优点，使其具有非常光明的应用前景。但目前多数生物传感器的工作稳定性和动态响应等指标还有待提高。生物传感器的关键是生物敏感膜，它经历了生物活性物质(酶、抗体、激素)到仿生物功能膜，再到直接利用生物材料(微生物、组织切片)。因此，提高生物传感器的性能需要借助生物技术，当前急需解决的问题是膜的质量和它的使用寿命。

本章总结与展望

1. 发酵过程监控的参数分为物理参数(如温度、压力、体积、流量、泡沫体积)、化学参数(pH 值、溶氧、溶二氧化碳、氧化还原电位、尾气成分、基质、前体、产物浓度)和生物参数(生物量、细胞形态、酶活性、细胞内成分)三类。

2. 发酵检测的目的：获得发酵参数，收集数据；了解变量的变化是否和预期估计相符，对经验判断进行验证；对不可测变量进行间接估计。

3. 传感器的作用是感受被测量的变化，并将来自被测对象的各种信号转换成电信号。对插入发酵罐内的传感器必须具有耐受高压蒸汽灭菌等特殊要求。目前发酵过程所用的主要传感器有温度传感器、pH 传感器、溶氧探头、溶二氧化碳检测器、氧化还原电位检测器等。

4. 发酵过程的基本自动控制系统分为前馈控制、反馈控制和自适应控制。发酵自控系统的硬件有传感器、变送器、执行机构、转换器、过程接口和监控计算机。

5. 生物传感器是利用生物催化剂(生物细胞或酶)和适当的转换元件制成的传感器。生物传感器具有选择性高、分析速度快、操作简易和仪器价格低廉等特点，而且可以进行在线甚至活体分析，从而为生物医学、环境监测、食品医药工业及军事医学领域直接带来新技术革命。目前生物传感器在灭菌和稳定性方面还存在的问题，影响了它的在线使用。

思考题

1. 在发酵动力学研究及生产过程中通常采用的参数有哪些？发酵过程的参数检测有什么意义？

2. 什么是直接参数？什么是间接参数？获得直接参数和间接参数的手段有什么不同？

3. 为什么发酵工程对电极的耐高温性和可靠性都有很高的要求？

4. pH 复合电极测定 pH 值、复膜氧电极测定溶氧浓度的原理是什么？

5. 哪些仪器可以测定尾气氧和尾气二氧化碳？测定原理是什么？

6. 什么是生物传感器？它有哪些类型？

参考文献

[1] 熊宗贵. 发酵工艺原理[M]. 北京：中国医药科技出版社，2004.
[2] 余龙江. 发酵工程原理与技术应用[M]. 北京：化工出版社，2006.
[3] 曹卫军. 微生物工程[M]. 北京：科学出版社，2007.
[4] 李艳. 发酵工程原理与技术[M]. 北京：高等教育出版社，2006.
[5] 肖冬光. 微生物工程原理[M]. 北京：轻工出版社，2004.
[6] 贺小贤. 生物工艺原理[M]. 北京：化工出版社，2003.
[7] 王岁楼. 生化工程[M]. 北京：中国医药科技出版社，2002.

第9章 发酵过程的实验室研究与放大

9.1 发酵过程研究

9.1.1 发酵过程研究的内容

发酵是生物技术产业化的基础。为了追求经济效益，发酵工厂的规模不断扩大，由于反应器结构不当或控制不合理引起的投资风险也急剧增加。要规避这种风险，就必须首先对发酵过程进行研究。以工业微生物为例，选育或构建一株优良菌株仅仅是一个开始，要使优良菌株的潜力充分发挥出来，还必须优化其发酵过程，以获得较高的产物浓度、较高的底物转化率和较短的发酵周期。

发酵过程的研究包括三个阶段的研究：①在实验室进行菌种的筛选和培养基的研究；②在中试工厂确定菌种培养的最佳操作条件；③进行工厂化大规模生产研究。

9.1.2 发酵过程研究的作用

发酵过程研究有两个主要作用：一是将科研所得的新方法应用于工业生产；二是通过试验找到更好的菌种、更优的培养基和培养条件以及更好的生产设备。

因此，一个发酵工程学家，首先要在实验室对已经筛选出的新菌种（或改良后的新菌株）进行开发研究，获得高产基因表达的最佳条件，再逐步转移到工厂生产中去，并能得到重显，也就是所说的新发酵工艺的放大；或者，在现有生产中如何将实验室所取得的培养数据转化（或放大）成生产工艺，达到工艺改进的目的。无论是何种情况，都涉及实验室的研究和研究结果的放大。

9.2 实验室研究

9.2.1 实验室研究的目的

进行发酵过程实验室研究有四个目的：①研究菌种的保藏；②研究菌株在固体培养基上培养和繁殖的条件；③考察培养基的最适组成；④研究实验室规模的培养技术。

在研究开始阶段,菌种的保藏是必须掌握的技术。生产菌株在各种保存条件下的稳定性必须经过长时间的考查才能确定最好的保藏方法。同时也要有足够的保藏菌株供长期的实验使用。

其次,就是要确定培养基的组成,以保证产量能够重现。菌株繁殖培养基一定要达到菌落生长良好、孢子丰满和菌株稳定三个要求。工业生产的最适培养基组成,除了要考虑产物产量的高低外,还要考虑其他因素,如原材料的来源、价格、灭菌稳定性、对后处理的影响等。菌株和培养条件(培养基组成、培养温度和培养时间等)是紧密相连的,要通过实验室研究全面进行考查。

培养基确定后,还要细心考查其他发酵因素。通气强度对需氧发酵是很重要的影响因素,这可以通过改变摇床的转速、生物反应器的形式和培养基的装液量等因素来求得最佳通气范围。其他发酵过程的影响因素,如种子的类型(孢子或菌丝)、种子菌龄和接种量以及发酵周期等,还须进行实验一一考查。

经过上述系列的实验,确定了实验室开发研究结果后,还要进一步详细研究影响代谢产物产量的关键因素,以逐步提高生产水平,为决定工业生产最佳工艺条件提供基础。所以实验室研究仅仅提供了生产菌株的基本信息和初步的发酵工艺数据,尚待中试工厂规模发酵罐进一步考查。

9.2.2 实验室研究的实验设备

发酵实验室的有效运转需要许多必要的实验设备,一个完整的发酵实验室(从菌种制备、种子扩培、发酵、提纯)所需设备的规模和多少取决于发酵研究的要求及目的。发酵过程随产物如氨基酸、核酸、抗生素、酶、乙醇等的不同而稍有不同,但基本设备是相同的。发酵罐和种子罐各自都附有原料(培养基)调制、蒸煮、灭菌和冷却设备,通气调节和除菌设备,以及搅拌器等。种子罐以确保发酵罐培养所必需的菌体量为目的,发酵罐则承担产物的生产任务。发酵罐是提供微生物在灭菌后的培养基中进行生命活动和代谢的设备。它必须能够提供微生物生命活动和代谢所要求的条件,以便于操作和控制,保证工艺条件的实现,从而获得高产。

1. 生物反应器

发酵过程通常在一个特定的反应器中进行,利用生物催化剂(酶、微生物细胞或动植物细胞等)进行生物技术产品生产的反应装置称为生化反应器或生物反应器。在发酵过程中,生物反应器处于核心位置,它是连接原料和产物的桥梁,能把原料转化为成品,完成产品的升值。具有先进的生物过程优化和放大能力是生物反应器设计的核心技术。每年有大量的从摇瓶到不同大小的实验室生物反应器进行生物技术的实验室研究或中试放大项目。这也是当前国内外竞相发展的具有原创性的知识产权技术。这对促进生物技术产业化发展具有重要意义。

生化反应也是化学反应,可根据化学反应工程的分类方法,从不同角度对生物反应器进行分类。

(1) 按照所使用的生物催化剂的不同,可将生物反应器分为酶生物反应器(图 9-1)和细胞生物反应器(图 9-2)。

(2) 根据反应器内的流体流动及物料混合程度的不同,生物反应器可分为理想反应器和非理想反应器。理想反应器内的流体流动和混合均处于理想状态,包括平推流(活塞流)反应器(PFR)和全混流反应器(CSTR)两种。PFR 内的物料完全没有返混,而 CSTR 内的物料处于最大程度的返混状态。

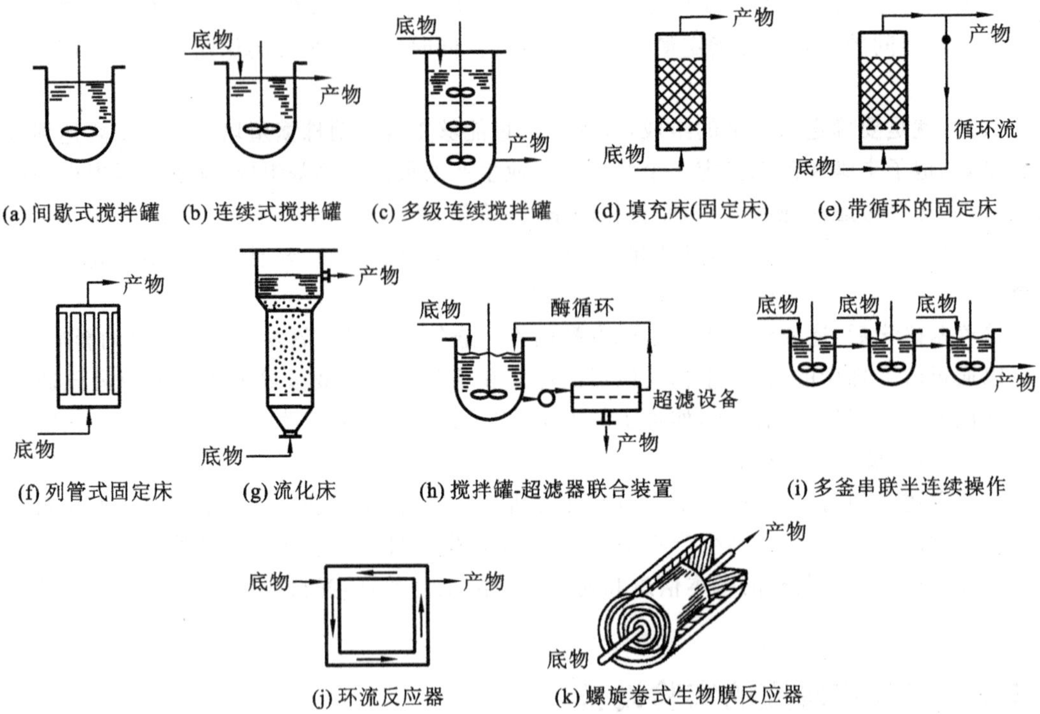

图 9-1　几种酶生物反应器及其操作方式示意图

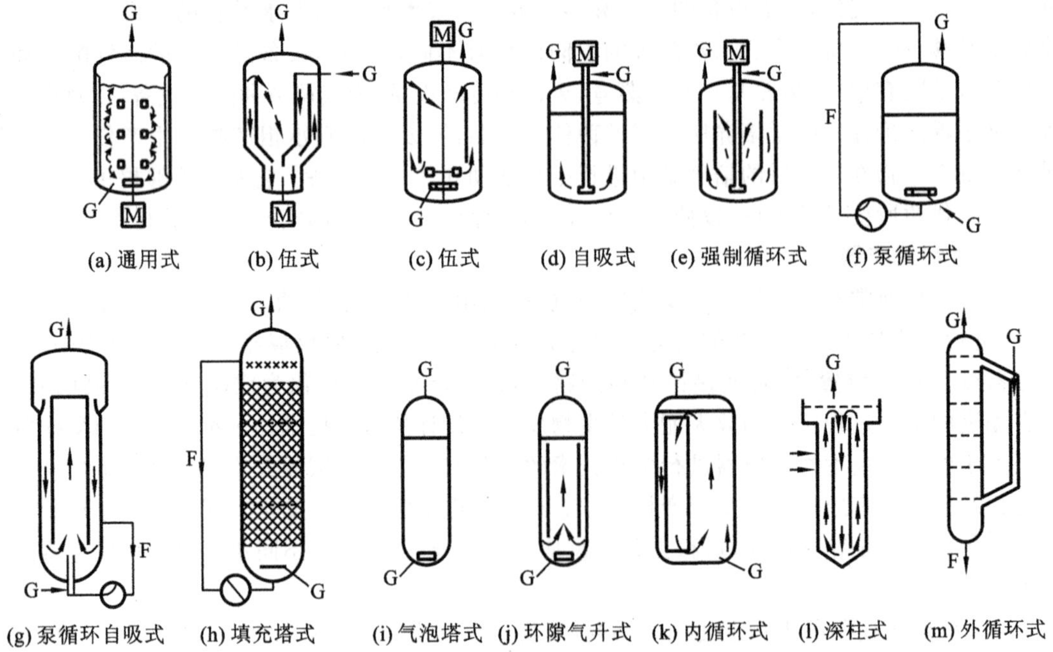

图 9-2　几种细胞生物反应器示意图

M—电动机；G—气体；F—发酵液

(3) 根据操作方式，生物反应器分为分批操作（即间歇操作）、半分批操作和连续操作三种类型。

(4) 根据几何形状(高径比或长径比)和结构特征,生物反应器可分为罐式(槽式或釜式)、管式、塔式及膜式等几类。罐式反应器高径比小(一般为 1～3),通常是装有搅拌器构成的搅拌罐。它既可以分批或半分批操作,也可以进行连续操作。连续操作时,罐式反应器可以按多级串联使用。管式反应器的长径比最大(一般大于 30)。塔式反应器的高径比介于罐式与管式之间,而且通常为竖直安装。管式和塔式反应器通常只能用于连续操作。膜式反应器,适合于酶化反应,它在其他形式的反应器中装有膜件,以使游离酶或固定化酶保留在反应器内而不随产物排出。

(5) 根据反应系统中物料的相的状态,生物反应器可分为均相和非均相两类。在气固、液固或气液固非均相反应系统中,根据液体与固体(一般为催化剂)的接触方式,反应器还可分为固定床及流化床等类型。

随着生物技术的发展,性能更高的生物反应器越来越受到重视。例如,哺乳类动物细胞大规模培养是当前高附加值的糖基化活性蛋白医药产品的关键生产技术,如何开发适应动物细胞特殊需要的生物反应器并商品化已成为迫切需要解决的问题。

2. 实验室规模发酵罐的种类

近年来微生物学家及化学工程师已开发出了几种先进的小型发酵罐或反应器,可专门用于不同类型的实验室规模发酵,如搅拌罐式发酵罐(STR)、气升式发酵罐、塔式发酵罐、流化床反应器及转盘式发酵罐。此外,固态发酵也有专用的实验室规模的发酵设备,每种发酵设备的配置均具有某种应用上的优点。下面重点介绍实验室规模涉及的生物反应器或发酵罐。

1) 搅拌发酵罐

搅拌发酵罐为带有顶部或底部驱动搅拌器的圆柱形罐,搅拌能将通入空气的大气泡击碎成细小气泡,增加气液接触面积。同时搅拌产生漩涡,使气泡停滞在液体中难以逃散,从而延长气液接触时间。因为顶式搅拌器易于操作,设计清洁、可靠、强度大,应用比较普遍。实验室内进行发酵罐培养,常用大小不同的小搅拌发酵罐,发酵罐类型见表 9-1。一般 1～3 L 发酵罐适用于种子制备和适应性试验,4～28 L 发酵罐适用于基础考查实验,30～150 L 或更大的发酵罐适用于中试放大试验。经过这样的一系列试验,即可为生产放大提供试验数据。

发酵罐罐体可采用玻璃制作或不锈钢制作。搅拌器桨叶型主要有六弯叶涡轮式和箭尾式,这两种均属于高效率搅拌器。通风管则有多孔环形管、多孔十字形管和单孔管等几种。发酵罐上附有温度、pH 值、溶氧、氧化还原电位、泡沫和液位等参数测定的传感器,有的还有微型计算机,便于监测和自动控制发酵过程。

表 9-1　发酵装置的类型

搅拌发酵罐大小	工作容积/L	搅拌器直径/cm	搅拌器转速/(r/min)	用　途
小	1～3	7～8	500～1 000	研究试验
中	4～28	10～15	250～600	开发和制备
大	30～2 000			开发和提取

对于较小的小型发酵罐(如台式发酵罐),还可用硼硅酸盐玻璃制作圆柱罐,用不锈钢顶盘夹紧。小型发酵罐易于在高压灭菌锅中灭菌。罐体、培养基和传感器同时灭菌,减少了无菌操作步骤。有时也可在原位灭菌,玻璃容器使用可移动的不锈钢网或夹套加以保护。这些玻璃容器的容积一般在 1～30 L。在容器中设有叶轮、挡板、空气喷射器及取样口等。图 9-3 为玻璃发酵罐的基本轮廓。

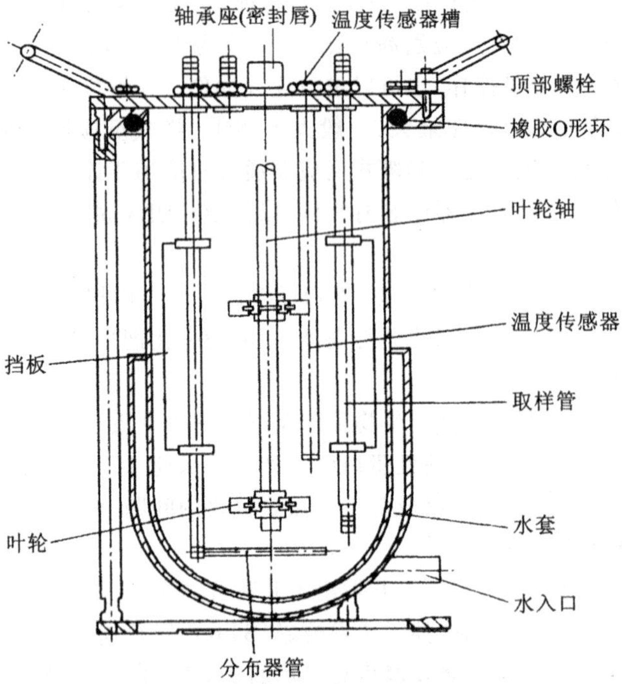

图 9-3　玻璃发酵罐

实验室中最好的发酵罐为不锈钢小型发酵罐，具有顶部或底部驱动的中空钢柱，可进行原位清洗和灭菌。搅拌罐容积通常为 1～100 L，虽然它比玻璃容器昂贵，但其强度大、可靠，具有更长的使用寿命。发酵罐可采用多种搅拌转速，如进行一般的细菌发酵，可采用较低的搅拌转速；而进行某种好氧菌丝体如 *Penicillium chrysogenum* 的发酵，则需要用较高的搅拌转速来增强混合及氧的传递效果。

搅拌罐式发酵罐因其内在的灵活性广泛应用于工业界及科研院所的实验室中，可用于菌种选育和发酵条件优化小试。几乎任何类型的微生物、植物或动物细胞均可在基本相同的罐内生长。培养营养要求相对复杂的细胞时，只需对叶轮的形式、搅拌速度及气流速度等做一些小的调整，就可以使用。一般可应用搅拌罐式发酵罐进行分批、补料分批或连续培养。搅拌罐式发酵罐比气升式或塔式反应器复杂，因而价格通常也更加昂贵。

2）气升式发酵罐

气升式发酵罐不具有任何机械搅拌系统，仅利用空气在发酵罐内循环以搅拌培养物。这一相对柔和的混合系统尤其适用于植物及动物细胞的培养。标准的带有叶轮搅拌的小型发酵罐会产生较大的剪切力，引起植物或动物细胞的破碎。气升式发酵罐的通气提供了对培养物及氧扩散进入培养物所需的混合作用。其主要能量来自于空气压缩机，耗能可大幅度降低。这种罐设备结构简单，溶氧效率高，并能使气液均匀地接触，空气中的 70%～80%的氧可被利用。但相对于搅拌罐式发酵罐，搅拌性能相对较差，对需氧量大的真菌发酵来说，气升式发酵显然就不够有效。

气升式发酵罐的原理是基于含气量高的培养物和含气量少的培养物之间比重的差异设计的，它在通气过程中使培养基循环。循环的类型取决于发酵罐内的装置，如图 9-4 所示。实验室规模的气升式发酵罐的基本设计为外部采用玻璃中空管，内部采用不锈钢管。气升式发酵罐的一个变型是管式循环发酵罐，管式循环增加了发酵容积，增长了培养基的停留时间。

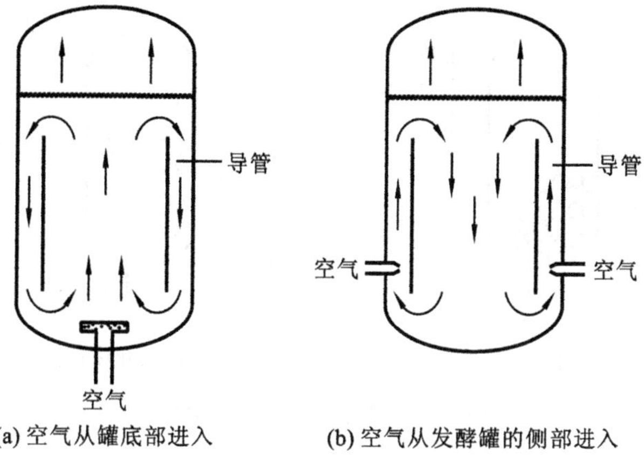

图 9-4　两种类型的气升式发酵罐

注：箭头为介质或空气流动方向。

3）塔式发酵罐

塔式发酵罐为一直立长圆筒，筒内安装孔板，有的还在罐内安装搅拌器，罐壁四周装有挡板。与分批的机械搅拌发酵罐相类似，塔式发酵罐有的塔顶横截面积大，以降低流速，截留液体夹带的悬浮物。发酵液可以和空气并流，也可逆流。

塔式发酵罐可用于连续的酵母发酵过程，啤酒的连续发酵也可在塔式发酵罐中进行。塔式发酵罐比常规的搅拌罐式发酵罐价格便宜，设计相对简单。通常实验室使用的为 30～50 L 容积的塔式发酵罐。图 9-5 为用于酵母发酵的典型塔式发酵罐的原理图，这一设计观念可用于连续生产单细胞蛋白。在气升式及塔式发酵罐中，由于不需要复杂的机械搅拌系统，因而比搅拌罐式发酵罐更易于在实验室规模上应用。

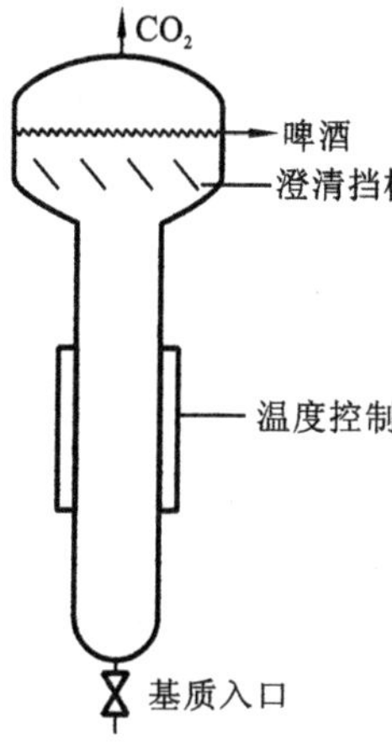

图 9-5　用于酵母发酵的典型塔式发酵罐

注：pH 电极和温度电极分别位于罐的顶部和侧部。

4）利用固定化细胞的生物反应器

这种反应器因具有多种发酵优势，其应用越来越广泛，但一些设计不够实用或不够经济而难以放大到生产规模上。另一方面，如滴滤器等传统的方法已被进一步开发，流化床已整合进生物反应器中。固定化细胞涉及将微生物吸附到较大的颗粒如岩石、玻璃珠或塑料珠等多种材质上，所固定的细胞数量取决于惰性颗粒表面积、脱落效应、通气及循环效率。

（1）固定床反应器　滴滤器在废水处理中已被应用了近 100 年，惰性的石粒、矿渣或砖片等可用于微生物细胞的吸附。与搅拌罐中发酵的均相反应不同，这类发酵属多相反应。现已开发了几种可用于实验室中的固定床反应器系统，如管式填充床反应器，其中一种如图 9-6(a) 所示。该类反应器的主要问题是使固定床充分通气，如果空气有限，厌氧微生物会取代好氧微生物而影响发酵。

（2）流化床反应器　流化床反应器是一类在中空的容器中混合了含有微生物膜或微生物团块的惰性密实颗粒的反应器。典型的流化床如图 9-6(b) 所示，一些传统的发酵如乙酸发酵应用的就是这种类型的反应器。

（3）转盘式发酵罐　生物转盘在废水处理中一直被使用。微生物吸附在盘上，这些转盘

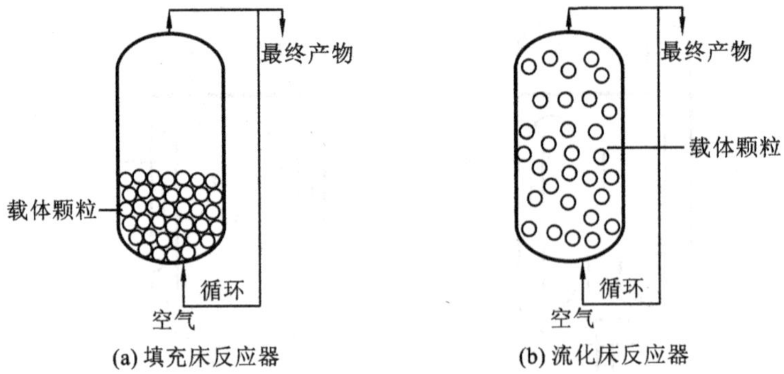

图 9-6 填充床反应器和流化床反应器

在废水中缓慢旋转，微生物膜分别暴露于废水及空气中。有研究者设计了适用于实验室的小规模转盘式发酵罐，可用于丝状真菌的发酵（图 9-7）。转盘式发酵罐可进一步开发用于工业规模的发酵过程。

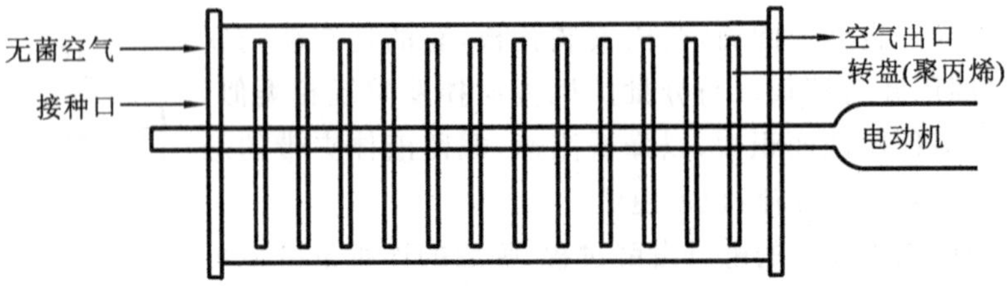

图 9-7 实验室规模转盘式发酵罐

5）固态发酵设备

使用固体原料发酵为我国首创，具有悠久的历史和独特风格。它常用于生产酶制剂、柠檬酸、白酒、日本清酒、R 油和乙醇工厂的制曲。迄今为止已有许多类型的固态发酵反应器（包括实验室、中试和工业生产规模）问世。B. Lonsane 曾经归纳出 9 种不同形式的工业规模的固态发酵反应器：①转鼓式；②木盒式；③加盖盘式；④垂直培养盒式；⑤倾斜接种盒式；⑥浅盘式；⑦传送带式；⑧圆柱式；⑨混合式。而根据基质的运动情况，固态发酵设备可分为两类：①静态固态发酵反应器，包括浅盘式和塔柱式；②动态固态发酵反应器。

目前静态固态发酵反应器在实验室研究中应用较为普遍，尤其是圆柱式固态发酵反应器，它将一个或多个静态圆柱式反应器平行放在一个恒温箱中并通以水饱和的空气而产生用途。完善的固态发酵反应器的供气、保温和控温系统应具有以下特点：①测量并控制进气组成、温度和湿度；②测量尾气组成并反馈调节进气组成、温度和湿度；③在较大规模应用时采用循环供气；④完善的气体过滤设备。具体应用时，应根据研究目的加以简化，以求经济节俭。

3. 附属设备

（1）高压灭菌锅　用于实验室的高压灭菌锅有多种，所用灭菌锅的尺寸及类型取决于所用的发酵罐的数量。在某些情况下，发酵实验室需使用几种类型的灭菌锅。许多 10 L 以上的发酵罐在购买时具有自带的灭菌装置，可方便地对内容物进行原位灭菌。如果实验室内所有的发酵罐本身都有灭菌系统，再有一个内部尺寸为 450 mm×800 mm×1 200 mm 的标准灭菌锅，就可以用于其他一些辅助目的，例如对玻璃容器或少量的培养基进行灭菌。

①台式或便携式灭菌锅　可用于小型实验器皿，即试管、少量的 500 mL 的锥形摇瓶及移

液管等的灭菌。其原理与家庭用压力锅相同，由于结构简单性能稳定，使用寿命一般较长而不易损坏。此外，也可使用可编程的便携式灭菌锅，但其价格一般是标准便携式灭菌锅的 6 倍左右。

②标准高压灭菌锅　适用于小容积(10 L 以下)的培养基、移液管及不能原位灭菌的 1～10 L 的容器等常规的实验装置灭菌。标准高压灭菌锅可以具有独立的蒸汽供应，也可应用电加热，其工作原理类似于小型锅炉。电灭菌锅比直接蒸汽模式的灭菌锅慢得多，因为水加热到沸点需要一定的时间，如需快速灭菌则不适合。

③大的高压灭菌锅　实验室中如果有较大的发酵罐或若干小发酵罐，均不能进行原位灭菌，则需使用大的高压灭菌锅，对发酵罐的空罐及培养基的储罐进行灭菌处理。对于常进行连续培养的实验室，由于发酵过程中往往需要大量的培养基，大的高压灭菌锅就尤其有用。大灭菌锅的循环时间一般较长，全负荷运行时间为 3～5 h。在估算 24 h 内的处理量时应切记这一点，以确定灭菌锅工作量是否能够满足实验需要。

(2) 一般培养箱、轨道式培养箱、摇床　一般培养箱用于原种培养及接种物的培养，是一种包括控温室及具有各种不同尺寸大小的立式装置。一般实验室至少要有两个以上常规培养箱，以便适应多种微生物对不同温度的需求。如果微生物需要在 25 ℃以下生长，培养箱还需要装配一冷却或冷冻装置。轨道式培养箱和摇床可用于生产接种物，也可用于摇床实验。轨道式装置设计成便于平台运动，有助于实现摇瓶内容物的混合及气体的传递，而使菌体尽可能不在锥形瓶侧壁上生长。尽管如此，壁面生长仍是一个普遍问题，尤其是丝状菌培养时更易发生。轨道式培养箱比摇床贵，但功能较多，可选择培养温度。摇床需在控温室中使用，操作温度受控温室的条件限制，因而不如轨道式培养箱灵活。

(3) 无菌室和净化工作台　无菌室和净化工作台是研究人员进行无菌操作的主要操作区域。无菌室通过空气的净化和空间的消毒为微生物实验提供一个相对无菌的工作环境。无菌室的主要组成设备包括空气自净器、传递窗、紫外线灯等。严格的无菌室可能还装备风淋室等。微生物实验操作应保证全程无菌操作，操作过程应在无菌室中的净化工作台中完成。净化工作台是一种局部层流装置，能在局部形成高洁度的工作环境。它由工作台、过滤器、风机、静压箱和支撑体等组成，采用过滤空气使工作台操作区达到净化除菌的目的。净化工作台根据风向分为水平式和垂直式。为了保证接种成功率，接种时使用酒精灯效果更好。净化工作台的使用简单方便，但其缺点是价格昂贵，预过滤器和高效过滤器还需要定期清洗和更换。

(4) 烘箱　发酵实验室中常用两种烘箱：热空气烘箱和微波炉。

①热空气烘箱　可用于干燥玻璃器皿、获得干菌体，或用于灭菌。类型很多，有箱式、滚筒式、套间式、回转式等。微生物学实验室多用箱式干燥箱，大小规格不一。工作室内配有可活动的铁丝网板，便于放置被干燥的物品。

②微波炉　可用于获得干菌体，干燥玻璃器皿，熔化琼脂等。使用微波炉的主要优点是上述过程可快速进行，例如，菌体可在 20 min 内达到干重，而采用热空气烘箱则需要一整夜。从而实现快速测定，以便对发酵过程进行快速评价。旧的或较厚的玻璃器皿在微波炉内易破碎，现代实验室中的玻璃器皿(如硼硅玻璃器皿等)一般较难破碎。

9.2.3　摇瓶试验及影响因素

早期科学家用于发酵实验室的主要工具是摇瓶。后来发展出采用带搅拌器的玻璃容器进行发酵研究，相继又出现了各种尺寸及形状的不锈钢容器，其中一个典型的例子是不锈钢小型发酵罐(搅拌罐)的出现,它实质上是 100 m^3生产规模发酵罐的缩小形式。尽管现在科学技术已经取得了很大进步,但摇瓶培养因为设备简单,在现代发酵实验室仍是经常使用和必不可少的重要实验工具。

摇瓶的尺寸及形状有多种,图 9-8 为一些发酵实验室使用的摇瓶的形状及类型。

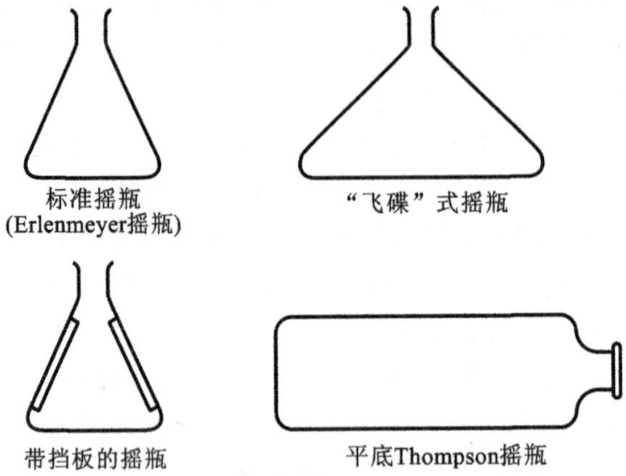

图 9-8 发酵实验室常用摇瓶的形状及类型

摇瓶试验是在一定大小体积的锥形烧瓶中装入一定量的培养基(一般为瓶体积的 10%~20%),配上瓶塞(如棉塞、纱布、纤维纸、特殊的聚乙烯醇等滤器),经灭菌后,接入菌种,在摇床上进行恒温振荡培养。培养一定时间后,分析测定培养液中的有关参数和产物的量。这种方法能在有限的空间和一定量的人力条件下,短期内获得大量的数据,所以被广泛采用。

摇瓶培养时,可使用摇床来辅助氧的传递,床体需设计成可长期运行且不摇晃的形式。床面由电动机驱动,一般可产生旋转式摇动或往复式摇动。较先进的摇床是具有培养室的培养摇瓶柜,可用于精确条件下的摇瓶发酵,温度、光照、通气水平及湿度均可随机控制。摇床由 3~4 个主要部件构成,有支持台、电动机、控制系统等。台上可装有不同数量的和大小不同的摇瓶,一般有 250 mL、500 mL、1 000 mL 的摇瓶,甚至有专供生产青霉素酸化酶种子液的 4 L 大的摇瓶。为了增加实验对象的数量,有时还使用 50 mL 的摇瓶或更小的试管。试管多用于菌株的初步鉴定、污染微生物的鉴定、供种孢子的发芽和积累微生物的试验中。为了提高通气效果,有时还采用其他类型的摇瓶或装有挡板的摇瓶,有的还将摇瓶放在倾斜 15°~30°的位置上振摇。往复式摇床的往复频率为 80~120 次/分,冲程为 8~12 cm,多用于单细胞菌体细菌和酵母的培养。丝状菌培养时使用往复式摇床往往在培养基表面上形成固体菌膜,故可使用旋转式摇床。旋转式摇床的旋转速度一般为 60~300 r/min,偏心距为 3~6 cm。具有传氧速率好、功率消耗小、培养基不会溅到瓶口等优点。近代趋向于采用 500 r/min 高转速的旋转式摇床,用此摇床所得的结果与搅拌式发酵罐深层培养相近似。摇床均应放在有加温和冷却设备的控温室中,室中有良好的空气循环,以保证各处的温度均匀,避免引起实验结果的差异。如果室内没有冷却装置,电机转动的热能和菌体释放的发酵热,可使室内温度上升至 30~35 ℃而对发酵培养造成严重的影响,特别是小摇瓶培养箱更需注意。室中最好能调节湿度。

摇瓶在发酵实验中具有多种用途,包括最初的菌种筛选、正交试验和种子的培养。用发酵罐培养微生物细胞时,增殖培养必然涉及摇瓶中微生物的培养。相对于在发酵罐中的培养,摇瓶具有许多明显的不利因素,例如氧传递速率较低、环境控制较难、无菌取样困难等。因而需要考虑一些影响微生物生长的物理因素。

1. 溶解氧

和通气搅拌式发酵罐一样，摇瓶培养中供氧也是影响发酵的重要因素。氧具有较低的溶解度(在 25 ℃时氧的饱和度为 9×10^{-3} g/L)，这意味着在空气气泡及液体之间具有传质阻力。Maier 等指出，摇瓶的溶解氧实际上不是由气液自由界面决定的，而是由自由表面与整个湿润的壁面决定的，湿润的壁面在传氧中有很大的贡献。但是鉴于要同时测定所有摇瓶内的培养基中的溶解氧浓度是不切实际的，因此常根据菌体浓度和限制性底物(这里指溶解氧)浓度的数据进行分析以计算氧传递系数是合适的。

2. 瓶塞对氧传递的阻力

摇瓶通常都配有瓶塞以杜绝空气中的杂菌或杂质进入瓶内。假设一空摇瓶内充满二氧化碳(一个大气压)，瓶口装有某种瓶塞(假设为棉塞)，将瓶塞塞上后立即使之摇动。在摇动时瓶中的二氧化碳将被周围的氧所取代。棉塞内氧分压的分布在经历了开始摇动时不可避免的非稳定态之后最终将与时间无关。因此可以通过氧传感器测出摇瓶内部氧分压的升高来确定氧透过棉塞的传递系数。瓶外的氧气通过过滤介质，必然遇到传质阻力，Hara 采用不同材质的瓶塞，在转速为 210 r/min、偏心距为 3.5 cm 的摇床上，29～30 ℃下进行试验，采用外界氧扩散进入空瓶中取代 CO_2的方法，测定氧透过瓶塞的氧传递系数$(K_c)_{O_2}$ (cm^3/min)。不同物质的瓶塞产生不同的阻力和不同的$(K_c)_{O_2}$。这表明，氧气经过过滤介质的传递阻力，可能会在某些情况下成为氧传递的限制因素。因此，在实际工作中，在保证除去杂菌的前提下，应尽量选择传递阻力小的瓶塞材质和厚度。

3. 水蒸发的影响

摇瓶在摇动期间(有时可连续数天之久)，瓶内的水分经由瓶塞而蒸发的问题是不容忽视的。水分的蒸发会产生各种不同的影响，如影响培养液的体积与摇瓶体积的比值，继而改变氧传递速率，又改变菌体产物的浓度。水蒸发量与发酵温度、周围空气的相对湿度和水汽的传递系数等多种因素有关。有人曾于 30 ℃、相对湿度为 29%的室内进行试验，通过摇瓶内水重量的减少测定棉塞的水汽传递系数$(K_c)_{H_2O}$为 18～21 cm^3/min，相当于水的蒸发量为 0.6～0.7 g/d。各种菌株摇瓶发酵的水蒸发量均需由实验来具体测定。如红霉素链霉菌于 34 ℃ 100 mL 摇瓶中装入 24 mL 培养基，经 162 h 振荡培养，测定的水蒸发量约为 10 mL。如在发酵起始时，补加 10 mL 水，就会得到红霉素产物的最高发酵单位。同时发现，接种后的水蒸发量常常高于没有接种的蒸发量，原因尚不清楚。

4. 比表面积的影响

摇瓶发酵所需的氧是由表面通气供给的。它的氧传递速率的大小是由摇床振荡的频率和振幅大小、摇瓶内培养基体积与摇瓶总体积的比率、摇瓶的形式等三方面因素所决定。曾于 500 mL 摇瓶中装入不同体积的培养基，400 r/min 转速下振荡培养，利用亚硫酸盐氧化法测定氧传递速率，其结果见图 9-9。从图 9-9 中可以看出，氧传递速率在一定程度上与培养基的装液量成反比关系，即装液量愈大，氧传递速率愈小，反之就大。这可以由自由表面积的变化来说明：装料体积减少时，瓶中的比表面积就增加，反之则降低。在实际工作中，往往是通过试验来求出培养基的最适装液量。还可以改变摇瓶的形状或在瓶中不同位置增加挡板提高氧的传递速率。平底摇瓶的氧传递速率比圆底摇瓶高，加挡板的比不加挡板的高。但是，挡板可能引起泡沫的产生，泡沫又会降低气体交换速率，所以挡板很少使用。

在进行摇瓶试验时，要得到可靠的结果，除考虑上述因素外，还要注意其他的因素。首先是摇床本身，摇床在长期运转中，除了要求稳定(无摆动)和安全可靠外，还要保证在运转中的

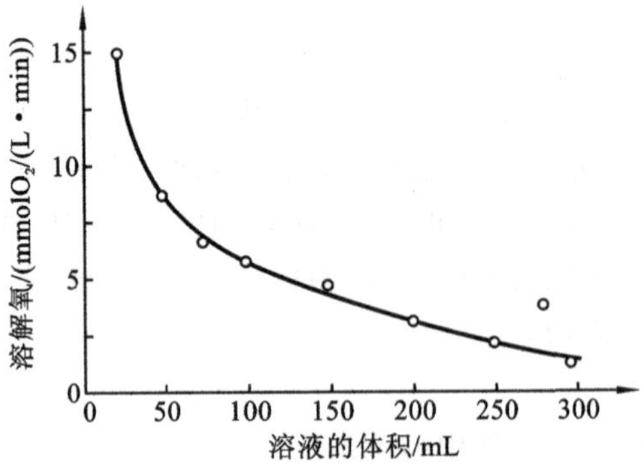

图 9-9　培养基体积对氧传递速率的影响

注：利用亚硫酸盐氧化法测定；500 mL 摇瓶；转速 400 r/min。

回转速度(或往复频率)和偏心距(或冲程)不要发生变化。另外，培养基加入的体积、瓶塞材料的透气性、培养温度、停机时间、接种量大小等都会对发酵结果产生影响。其中，摇床停止运转的影响最为明显，曾对金霉素链霉菌进行停机试验，其结果见表 9-2：在 6～12 h 内，每小时停机 10 min，可使发酵单位降低 65%，这说明这个时间的代谢最为重要，停机影响也最大，还会产生持续性的影响。另外，培养温度和装液量等其他因素也会对实验结果产生不同程度的影响。因此，在试验过程中，只有严格、认真地进行控制和管理，才能得到可靠的结果。

表 9-2　停机时间对摇瓶发酵产金霉素量的影响

停机周期 10 min/h	0～6	6～12	12～18	18～24
相对正常产量百分比/(%)	95	35	43	75

9.2.4　实验室研究的统计学方法

在发酵过程研究的一系列试验中，常常需要考查多因素的影响，因此，需要有一个良好的实验方案才能在有限的时间内获得可靠的结果，为放大生产提供依据。在进行发酵的工艺研究时，通常采用“单次单变量”的方法，即改变某一个条件并维持其他培养条件不变，比较发酵的效果。这种方法工作量大，如果按单因素进行试验，就需很长的时间和大量的劳动量。如考查 3 个因素、4 个水平，就需要进行 3×3×3×3=81 次试验，如每次试验需要 10 天，则要相当长的时间才能获得结果。如果采用有限个数的发酵罐进行实验，实验就更难进行了，并且还没有考虑一些条件间的交互作用。因此，在微生物实验中常采用统计设计学的方法来进行最佳化条件的考察试验：做少量次数的试验，即可求出各参数之间的数量关系。近年来很多研究采用了实验设计和统计学方法，如正交设计法、均匀设计法、响应面分析法等，都收到了很好的效果。

1. 正交设计法

正交设计法是广为采用的一种多因素优化方法。例如，对于 s 个因素，各有 q 个水平，进行正交试验需进行 q^2 次实验。使用正交表来安排少量的实验，从 s 个因素中分析出哪些是主要的，哪些是次要的，以及它们对实验的影响规律，从而找出较优的工艺条件。正交表是正交试验设计中安排实验和分析实验的工具，用正交表安排的实验方案具有代表性，能够比较全面地反映各水平对指标影响的大致情况。正交试验的特点是每个因素的每个水平都重复同样次数，每两个因素的水平组成一个全面试验方案，即均匀分散，整齐可比。

2. 均匀设计法

比正交设计法更为有效的统计学方法是均匀设计法，供实验研究最佳化设计中参考使用。它与正交设计法相比具有如下优点：①试验次数少，均匀试验采取每个因素的每个水平做一次而且仅做一次试验，实验按均匀试验表安排，只需进行 q 次试验，因此大大减少了试验次数，如图 9-10 所示；②适当调整水平顺序，就可避免高（或低）档次水平相遇，以防试验出现意外现象；③利用计算机处理试验数据，可迅速求得定量的回归方程式，便于分析各因素对试验结果的影响，定量地预测优化结果。

此法可以使每个试验点具有更好的代表性。因此，均匀设计法常用于发酵条件及培养基配方的实验优化，它对于多因素多水平的试验更具优点。

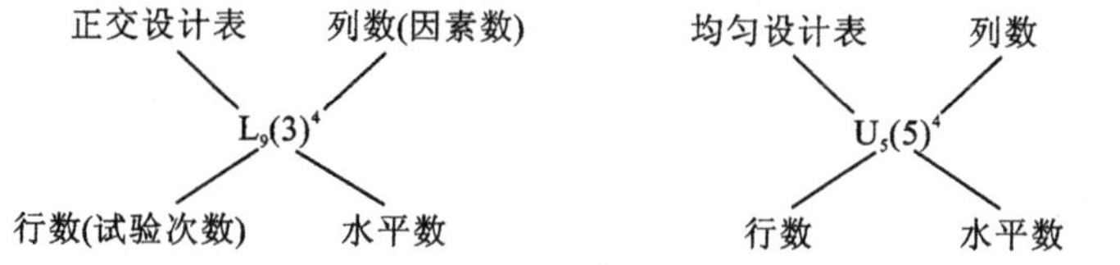

图 9-10　正交设计和均匀设计的表例

应用均匀设计法优化发酵培养基（或发酵条件）能做到多、快、好、省，较正交设计优越。均匀设计除了实验安排外，还有配套的使用表，两者结合起来，就能正确使用。

归纳起来，应用均匀设计法应包括下列一般程序。

（1）首先要做好该题目的理论分析，在现有知识、经验基础上做必要的预实验，以确定影响因素的数目及考察用量范围。这是非常关键的一步。

（2）根据实际需要和可能，在确定的范围内，按预定的水平数等分各因素的用量范围，选择合适的均匀表，根据表的要求，安排各实验号的工艺条件。

（3）每个实验号重复 3 次以上的实验，求出各号试验结果的平均值，作为该号实验的结果，并对每个实验数据进行质和量的分析。

（4）利用软件，将各因素的各水平对得率进行多元回归，求得回归方程式。

（5）结合实践经验和专业知识，分析得到的方程式，设计出优化条件，计算出预测的优化值及其区间估计。

（6）按照优化条件再进行实验，其结果应在预测范围内。

3. 响应面分析法

此方法已在第三章培养基优化中介绍过，应当指出，此法除了对培养基成分进行优化外，还可用于多因素优化。多因素优化可包括温度、通气条件、初始 pH 值、接种量等操作条件。多因素优化方案是在一定的实验条件下得出的结果，如果实验条件发生改变，则有关结果就可能不再是优化方案。例如，在摇瓶中对培养基进行优化，然后将其用于发酵罐中的发酵，由于二者的通气、混合等效果不同，得到的结果自然就有较大的差异。

9.3　微生物摇瓶与发酵罐培养的差异

虽然摇瓶培养的方法被广泛采用，但在摇瓶中进行的发酵与发酵罐中进行的发酵往往有较大差异（表 9-3）。摇瓶的实验条件放大到生产罐或小发酵罐转移到大发酵罐时，它们所得产物的产量往往不完全一致，特别是产抗生素的新菌株，差异更大，当然也有巧合的情况发生。引起这种差异的原因，本质上是由这两种实验规模的不同所决定的。现简述如下。

表 9-3　摇瓶与发酵罐发酵水平的比较

品　种	摇瓶发酵/(U/mL)	发酵罐发酵/(U/mL)	品　种	摇瓶发酵/(U/mL)	发酵罐发酵/(U/mL)
井冈霉素	18 000	11 000～13 000	庆大霉素	1 600～1 700	1 300～1 400
螺旋霉素	3 100	2 800	托布霉素	>1 000	300～400
大观霉素	>1 000	<1 000	新缩霉素	300	100
红霉素	5 000	<5 000	阿佛霉素	600	250
赤霉素	2 000	1 000			

9.3.1　溶解氧的差异

表示氧溶入培养液速度大小的溶氧系数 K_d（以大气压作为推动力，采用亚硫酸盐氧化法测定的溶氧系数称为亚硫酸氧化值 K_d）在摇瓶发酵和罐发酵中的差异很大，具体见表 9-4 和表 9-5。

表 9-4　两种摇瓶机的溶氧系数 K_d

装料系数/mL	往复式* $K_d/10^{-7}$	旋转式** $K_d/10^{-7}$
10	17.92	11.49
20	15.42	6.87
50	11.04	2.96
100	6.51	1.96

*表示用 250 mL 摇瓶，冲程 127 mm，96 r/min；**表示用 250 mL 摇瓶，偏心距 50 mm，215 r/min。

表 9-5　200 L 发酵罐平浆型搅拌器不同转速与空气线速度时的溶氧系数 K_d

搅拌转速/(r/min)	四种 V_S^* 时 $K_d/10^{-7}$			
	5.62×10^{-8} m/s	7.04×10^{-7} m/s	8.79×10^{-7} m/s	10.55×10^{-3} m/s
252	17.6	21.9	25	29.2
320	24.2	27.4	37.7	42.2
380	30.8	37.5	41.9	43.5

*V_S为发酵罐中空气分布器出口的空气线速度，m/s。

9.3.2　CO_2浓度的差异

已知 CO_2 对细胞呼吸和某些微生物代谢产物（如抗生素、氨基酸）的生物合成有较大的影响。发酵液中的 CO_2 既可以是随空气进入的 CO_2，又可以是菌体代谢产生的废气。CO_2 在水中的溶解度随外界压力的增大而增加。发酵罐处于正压状态，而摇瓶基本上是常压状态，所以发酵罐中的培养液 CO_2 浓度明显大于摇瓶。

9.3.3　菌丝受机械损伤的差异

摇瓶培养时，菌体受到液体的冲击，或受到瓶壁的影响，机械损伤非常轻微。而罐发酵时，菌体特别是丝状菌，却易受到搅拌叶剪切力的影响而受损。其受损程度远远大于摇瓶发酵，并与搅拌时间的长短成比例。增加培养液的黏度，仅能使损伤程度有所减轻。丝状菌受损伤以前，菌体内的低分子核酸类物质就会出现漏失，高分子核酸量也相对地减少，进而影响菌体代谢。核酸类物质的漏出率与搅拌转速、搅拌持续时间、搅拌叶的叶尖线速度、培养液单位体积吸收的功率以及体积氧传递系数（K_La）等因素成正比关系，也就是说，这些发酵参数的数量增加，其漏出率也增加，菌体受损伤的程度也增加。而漏出率还与菌丝对搅拌的敏感程度有关，如果菌丝的机械强度较大，则漏出率较小，反之则大。搅拌还可以造成细胞内质粒的流失。漏出率通常与通气量大小无关。摇瓶发酵也有低分子核酸类物质漏出现象。其漏出率与摇瓶转速、挡板和 K_La 有明显的关系，但远远低于罐的漏出量。

综上所述，上述三个原因就可能造成摇瓶发酵和罐发酵的结果出现差异。对摇瓶发酵来说，它更易受到环境因素的影响，如空气的湿度、组成及流动状况等；而对发酵罐来说，体系较为封闭，不易受到环境因素的影响。例如菌株要求较高的 K_La 和溶解氧时，罐中生产能力就有可能高于摇瓶，并随 K_La 和溶氧水平上升而提高。如果菌株对机械损伤比较敏感，则发酵罐的生产能力就会低于摇瓶，并随搅拌强度的增强而降低。有时菌株对溶氧和搅拌强度都很敏感，其结果就随发酵罐的特性而不同。

消除这两种规模发酵结果的差异，使摇瓶发酵结果能反映罐发酵的结果是一个很重要的问题。根据已有的实验经验，可以在摇瓶试验中从上述方面模拟罐发酵的条件。为了提高摇瓶的 K_d 值和溶氧水平，可以增加摇床的转速和减少培养基的装液量。国外已有 500 r/min 转速的摇瓶机，就是为了模拟发酵罐的通气状况。减少培养基的装液量也是为此目的而采取的措施，但要注意水分蒸发所引起的误差。还可以直接向摇瓶中通入无菌空气或氧气。为了考察因搅拌所引起的差异，可在摇瓶中加入玻璃珠来模拟发酵罐的机械搅拌，有人曾在 200 mL 摇瓶中加入一粒直径为 4.9 mm 的玻璃珠，可以模拟 200 L 发酵罐（$D_i/D_T=1/2$，搅拌转速为 200 r/min）搅拌对菌丝所引起的损伤。

9.4　发酵规模改变对发酵参数的影响

发酵罐规模的变化，无论是绝对值的变化还是相对值的变化都会引起许多物理和生物参数的改变。人们曾经利用一系列几何相似的发酵罐进行对比试验，结果都验证了这一结论。改变的主要因素如下：①菌体繁殖代数；②种子的形成；③培养基的灭菌；④通气和搅拌；⑤热传递。现简述如下。

9.4.1　菌体繁殖代数的差异

发酵达到最后菌体浓度所需的繁殖代数与发酵液体积的对数呈直线关系，即

$$N_g = 1.44(\ln V + \ln x - \ln X_0) \tag{9-1}$$

式中：N_g—菌体繁殖代数；V—发酵罐体积，m^3；x—菌体浓度，kg/m^3；X_0—总菌体量，kg。

体积愈大，菌体需要进行的繁殖代数也就愈多。在菌体增代繁殖过程中有可能出现变株，繁殖代数愈多，出现变株的概率愈大，特别是不稳定或不纯的菌株更是如此。所以发酵液中变株的最后比例是随发酵规模的增大而增加的，这就可能引起发酵结果的差异。

9.4.2 培养基灭菌的差异

培养基灭菌的基本技术是分批灭菌或连续灭菌。分批灭菌的过程可分为三个明显时期：预热期、维持期和冷却期。培养基体积愈大，预热期和冷却期就愈长。随着发酵罐规模的逐渐增大，培养基体积亦逐渐增加，整个灭菌所耗的时间也因规模增大而延长，致使灭菌后培养基的质量发生变化，特别是热不稳定的物质更易遭到破坏，最终会引起发酵结果的差异。

9.4.3 通气与搅拌的差异

发酵过程中溶氧水平通常是通过改变通气和搅拌的强度来实现的。发酵过程中，菌体对氧的消耗速率往往会很高，因此，好气发酵中氧的供应是影响发酵生产效率的重要因素。随着发酵规模的改变，发酵参数仍按几何相似放大，其单位体积消耗的功率（影响 $K_{L}a$ 的大小）、搅拌叶的顶端速度（即最大剪切速率）和混合时间均不能在放大后仍保持恒定不变，因而也会产生影响。

9.4.4 热传递的影响

发酵过程中，菌体代谢要释放热能，输入的机械功（含搅拌和气体喷射）也要产生热能，这两种产热机制致使整个发酵过程随时伴随着热能的产生。所释放出的总热量又随着发酵罐线性尺寸的立方而增加。而罐的表面积是随着线性尺寸的平方而增加的。因此，罐规模几何尺寸的放大，也会出现热传递的差异。

9.4.5 种子形成的差异

发酵罐接种的种子液必须要有一定的体积和菌体浓度。规模愈大，所需种子液体积也愈大。因此，发酵规模的放大，必然涉及种子培养的级数和菌种繁殖的代数，规模愈大、种子培养液级数也愈多，因而有可能引起种子质量的差异。

综上所述，发酵放大过程，不仅是单纯发酵液体积的增大，而且是菌种本身的性质和其他发酵工艺条件的改变。如果不设法消除上述差异，放大前后的结果就会发生明显的差异。因此，无论是进行发酵设备规模的放大，还是进行新菌种（或新工艺）的放大、转移，都必须考虑这些差异，寻找引起差异的主要原因，设法缩小差异，以获得良好的结果。

9.5 发酵工艺规模放大

9.5.1 发酵工艺放大的理论基础

发酵工艺的放大，是以在大型发酵罐中给微生物创造与小型发酵罐相似的环境，实现在小型发酵罐中达到的生产水平为目标，是将实验室研究成果转化为生产力的关键环节。放大不是简单的发酵罐规模的扩大。虽然在不同规模的发酵罐中，所用微生物的生物反应基本特性是相同的，但随着规模的扩大，尽管采用相同的菌种、培养基和工艺，人们仍观察到大量随发酵规模的扩大，发酵生产水平下降的例子。

微生物培养过程的工业研究，有各种大小不同的试验规模。如何使小型规模实验所取得的结果在大型生产规模上得到重现，这是一个很重要的课题。为此，必须使大、小规模实验中的菌体所处的外界环境尽可能保持完全一致。将实验室和中间试验车间试验所取得的结果，设法应用到工业性大规模生产中去。这种转移的过程，称为放大(scale up)。

1. 工艺的放大

发酵工艺的放大，一般要经过三个步骤：实验室、中间工厂和生产工厂。就大多数情况而言，实验室研究就是利用前述设备得到培养新菌株或实施新工艺的最佳发酵条件。中间工厂试验，就是使用一定数量的 10～15 L 容积的小发酵罐，进行实际应用的发酵研究。如果用于抽提产物，还需要几个 3～4 m^3 的中型罐。中间工厂试验往往要由有经验的技术人员来担当，以保证能够得到最好的效果。中间工厂的设备最好配有高度自动化和计算机化装置，以考察各种不同的因素，提供足够广泛的控制参数。对中试效果来说，利用超过 3 m^3 的大罐较之“微型”发酵罐更为有利，特别是在放线菌发酵中更是如此。这对确证菌株和培养基的改进都是必不可少的。工厂生产规模，一般是 15～50 m^3，有的可达 150 m^3 或更大。

放大过程所必需的前提是，在大型设备和小型设备中的菌体所处的整个环境条件，包括化学因素(基质浓度、前体浓度等)和物理因素(温度、黏度、功率消耗、剪切力等)都必须是完全相同的，这样才能构成这两种规模产物积累类型的相同性。化学因素可以通过人为的控制来保持恒定，但物理因素却与设备规模的大小关系密切，它随着规模的放大而发生改变。然而，即使环境条件完全相同，有时也不能保证微生物在不同发酵规模中的生理活性完全相同。微生物的生化代谢受很多生物因素的影响，无法用简单的物理因素来消除，这一问题一时还很难解决。因此，放大过程就不仅仅跟化学工程的放大相关，还涉及生物学问题。

2. 发酵罐的放大

相似性是发酵罐放大的最基本原则，一般可用下述线性关系来描述：

$$m' = km \tag{9-2}$$

式中，m'表示放大模型变量，m 表示原型变量，k 是放大因子。此方程是对所有变量有效还是只对部分变量有效，取决于系统是全部还是部分相似。相似性的基本概念为，如果两个不同的系统能用相同的微分方程来描述，并具有相同的外形特征，那么两个系统将具有相同的行为方式。按照变量的性质，相似性可分为五类：①几何相似性；②流体动力学相似性；③热力学相似性；④质量(浓度)相似性；⑤生物化学相似性。

按照上述顺序，前一级是后一级的前提。例如，如果需要研究两个系统的动力学相似性(流动速率的分布相似)，必须首先了解几何相似性。

雷诺数(Re)就是一个非常重要的关于动量传递的无因次数群，表示对流和分子传递的比值。任何尺度的几何相似系统，只要具有相同的雷诺数，就具有相同的行为特征。

事实上，生物技术追求的两个系统之间的严格相似是不可能的。从化学工程的角度看，与小型模型反应器几何相似的大型反应器的各种参数不可能与模型反应器完全相同。例如，为了在不同的系统中获得相同的涡流状态，必须保持动力学相似，也就是说必须使 Re 和 Fr(表示惯性力与重力的比值)同时相等。但是，如果采用相同的流体，则不可能在不同大小的发酵

罐中获得相同的 Re 和 Fr，因为选择相同的 Re，则表示小发酵罐中将具有较高 Fr，会产生更深的涡流。

由于这些局限性，人们提出了速率限制和机制分析方法，在此基础上得出结论：在分步完成的任何过程中，相对较慢的步骤将成为整个过程的控制步骤。

3. 放大的准则

一个操作良好的发酵过程，需要考虑多方面的性能，如剪切力、宏观混合、氧传递、CO_2 排出、泡沫形成和操作成本。发酵罐的设计和操作，必然受到来自这些方面的限制。发酵罐的设计和操作中可以人为地改变的只有几何特征、搅拌转速和通气条件。表 9-6 显示了以不同准则进行反应器放大时，各种参数的差异。其中 P 是搅拌功率，V 是体积，N 是搅拌转速，D 是搅拌器直径，Q 是搅拌器排液流量，ND 是搅拌器叶端速度，Re 是雷诺数。随着反应器规模的扩大，其混合能力往往明显减弱。因此如果以混合时间相同作为放大的准则可避免大型发酵罐的混合问题，若实行混合时间相同，搅拌功率需要大大增加，这就带来了高剪切、高降温负荷等问题。因此，发酵罐的放大不仅需要考虑供氧的要求，还要兼顾其他方面的情况，使放大后的发酵罐能够提供与模型罐相似的环境。

表 9-6　不同放大准则对有关参数的影响

参　　数	实验罐(80 L)	生产罐(10 000 L)			
P	1	125	3 125	25	0.2
P/V	1	1.0	25	0.2	0.001 6
N	1	0.34	1.0	0.2	0.04
D	1	5.0	5.0	5.0	5.0
Q	1	42.5	125	25	5.0
Q/V	1	0.34	1.0	0.2	0.04
ND	1	1.7	5.0	1.0	0.2
Re	1	8.5	25	5.0	1.0

在放大过程中，需保持恒定的过程特性，包括如下准则：①发酵罐的几何特征；②体积氧传递系数 K_La；③最大剪切力；④单位体积液体的气体体积流量 Q/V；⑤表观气体流速；⑥混合时间。

为了解决大型发酵罐中混合不均匀的问题，Fox 和 Gex 提出在不同规模的发酵罐中采用相同的混合时间。尽管这对快速发生的化学反应很重要，但对包含较慢的生物化学反应一般发酵过程而言，采用相同的混合时间并不重要。此外，还发现维持相同的混合时间所需体积功率输入的增加是系统总功率输入的 2/3，从而限制了放大规模。实验证明，由此决定的功率输入大大高于放大规模所需的功率输入。从欧洲发酵工厂的实际操作中发现，在增大系统规模的同时，可以减少体积功率的输入。

准则"①"是基于这样一个事实：现有的关于放大的经验或半经验关联式都是在几何相似的发酵罐中用实验方法建立的。在不同几何形状的发酵罐之间借用实验结果，需考虑关联式的有效性、实验验证的必要性，或者需根据特殊情形对关联式作出修正。对于非几何相似放大，Oldshue 提出了 D_i/D_T（叶轮直径与发酵罐直径的比值）以及气体分布能力的取值范围。

许多需氧发酵过程的运行常受氧传递的限制，为了保证在不同规模的操作中保持相同的氧传递速率，发酵罐的放大多采用恒定 K_La 值。准则"③"对于剪切力敏感的生物体发酵是至关重要的，例如，菌丝体发酵生产规模的扩大受剪切力及叶轮叶尖线速度的限制。相同 P/V 已在许多厌氧发酵过程中作为最主要的放大参数，P/V 一般取 1.0～2.0 kW/m^3。对于需氧发酵，通气速率和液体中气体分散是一个最重要的特征，也可考虑 P/V。

准则"④"和"⑤"阐明了通气速率对发酵罐放大的重要性。由于 Q/V 影响无机械搅拌鼓泡通气发酵罐的质量传递，已被视为包括机械搅拌容器在内的常规放大准则。另一方面，表观气体流速也是发酵罐设计需考虑的一个重要因素，它强烈地影响分散气体所需的混合能。在所有过程中都存在过载或溢出问题，因此，对于各种不同过程，准则"④"和"⑤"须进行仔细权衡。

恒定 K_La 在很多文献中都有所报道。但是，若保持恒定的 K_La，则几何相似性、生物体剪切敏感性以及发生过载或溢出时的表观气体流速等一些重要设计参数都将受到影响。此外，功率输入强烈影响操作费用和发酵罐的混合，使用时也须认真加以考虑。

9.5.2　发酵工艺放大的方法

从小规模的操作条件转移到大规模的放大过程，主要有常规方法（经验放大法）、缩小-放大法和数学模型放大法等。现逐一介绍如下。

1. 常规方法

常规方法（经验放大法）是以一定的理论为依据，结合相似性原则及因次分析法的经验进行放大的，主要基于单位体积功率相等、氧传递系数相等、剪切速率相等或混合时间相等的原则。它是依靠对已有装置的操作经验所建立起来的以认识为主而进行的放大方法，这些认识多半是定性的，仅有部分简单、粗糙的定量概念。由于该法对事物的机制缺少透彻的了解，因而放大比例一般比较小，而且不够精确。但是，对于目前还难以进行理论解析的领域，主要还是依靠常规、经验。实践表明，按上述原则设计的发酵罐，有许多并不是最优状态，还有待进一步研究完善。下面着重介绍以功率相等和氧传递系数相等为原则的两种常规放大方法。

(1) 以单位体积输入功率相等为基础进行放大　通过搅拌和通气方式供给系统的功率直接影响系统的流体力学行为和质量传递特征，可以简单解释为：P/V 决定 Re，而 Re 影响流体的流动程度，进而影响质量传递系数，特别是气泡的氧传递系数；另一方面，线性搅拌速率决定发酵罐中的最大剪切力，这样除了造成细胞损伤外，同时还影响气泡的形成和絮凝颗粒的大小与稳定。

早期大多数产品的发酵（如有机酸和青霉素等）采用几何相似发酵罐和单位体积功率相等的方法来进行放大，以求得搅拌器的转速和直径，使用非常广泛。

在已有的大型生产发酵罐和中间工厂试验罐中进行试验研究，也可以采用这个参数进行试验，即利用现有的几何形状相同的大型生产罐和几个中试罐。生产罐中的通气速度和搅拌转速是固定的，中试罐的通气速度和生产罐的一样。而搅拌器的转速，可利用变速电机来调节，能在一定范围内任意变动。利用改变搅拌器的转速来调节中试罐功率输入的大小。中试罐中，也可安装和使用 pH 值、温度、消泡等控制装置。为了保证大、中发酵罐的发酵培养基的组成、灭菌条件和接种量绝对相同，可将接种后的一部分生产罐培养基立即输入各个中试罐中，同时开始发酵运转。

经过一系列试验，发现某一中试罐的输入功率与生产效能之间的变化曲线和生产罐完全一致，这就表明，采用此种大小的 P/V 进行发酵所得的产率能显示生产罐同样的发酵水平，超过或低于这个 P/V，就不能重显。以后就可沿用这一中试罐的条件进行试验，中试罐所取得的结果就可直接转移到这个生产罐中。

以单位发酵液体积输入功率相等为基础，也能成功地进行工艺放大。例如在青霉素发酵的放大中，成功地利用了这个参数。先在中试罐中试验，求得产物浓度与功率输入之间的关系，单位体积输入功率超过一定值（如 1.5 kW/m^3）时，青霉素的效价就达到了最高值。在放大 10 倍的发酵罐中，单位体积输入功率超过该值时，青霉素的产率仍然能达到最大，若低于该值，则效价急剧下降。

这个方法用于许多微生物发酵的放大，都取得了成功，但这个方法并不适用于所有发酵。从理论上和实践经验来看，单位体积等功率放大方法并不完全令人满意，目前趋向于采用溶氧系数相等的方法。

(2) 以保持相等 K_La 或溶氧浓度为基础进行放大　微生物药物发酵一般都是需氧发酵，而溶氧系数是所有需氧发酵的主要指标，所以氧的供给能力往往成为产物形成的限制性因素。早在 20 世纪 50 年代，就有一些学者提出了以 K_La 或溶氧浓度为依据进行放大方法。这样的放大方法，主要是考虑微生物生理活动条件的一致性。实践证明，只要 K_La 保持在一定数值上，就能获得较好的结果。如链霉素和维生素 B_{12} 发酵工艺的放大，就使用了这个方法，得到了比较好的结果。

保持恒定的 K_La 和最大剪切速率是一个很成功的应用实例，为了成功地应用这个技术，需要做到如下几点：①为了得到希望的 K_La 和最大剪切速率，所需功率的计算方法一定要可靠；②可靠准确地测量 K_La；③能够预测压力、表面通气量增加等因素所造成的影响；④能够预测操作规模改变造成的重要变量的区域分布。

Lilly 强调，一旦施行放大，必须注意如下三点：①主体混合良好的氧供给并不意味着良好的混合，一般而言，发酵罐体积越大，所需混合时间就越长（表 9-7）：在发酵罐中，当混合时间过大时，形成滞留区；当混合时间很小时，细胞容易遭受损伤。在这种情况下，混合时间就需要保持在一个适当的范围内。发酵罐的不良混合会形成浓度和温度梯度，从而将给控制带来严重问题。用酸和碱控制 pH 值时，如果加入口在自由表面之上或远离叶轮，同样会使发酵罐中 pH 值发生震荡，使微生物遭受损伤。②剪切应力：由于对剪切应力和形态之间的内部联系缺乏了解，所以对于形成微胶粒的微生物，叶轮最大线速率（叶尖速率）的放大只能凭经验来确定。可是，实际工业发酵罐中，叶尖速率总在 5～6 m/s 之间，难以改变。③氧传递速率在发酵罐的放大中，还需考虑其他因素：工业规模发酵罐的高径比大于实验室规模发酵罐；当气体向上流动时，既提供了氧，也富集了 CO_2；罐压也应引起注意；如果气、液间的质量传递快于轴向混合，就会存在轴向上的氧浓度梯度；CO_2 的浓度也会带来问题，特别是在发酵罐上部以及当发酵罐在高罐压下运行时。

表 9-7　混合时间的数据

体积/m^3	混合时间/s	体积/m^3	混合时间/s
0.01	1～5	60	67
0.05	2.2	100	100
1.0	20	120	147
1.8	29		

另一方面，氧的溶解度很低，在很短的时间内（30 s），细胞中氧的供给就会达到临界值。在高黏度发酵液中，还会形成径向梯度，叶轮周围氧传递速率高，使其他区域的微生物在氧消

耗到临界值之前循环进入叶轮周围区域。

也曾利用发酵过程中的摄氧率的变化来进行放大。已知微生物的摄氧率与溶氧浓度有关，而溶氧浓度又与 K_La 有关，因而摄氧率就间接与 K_La 有关的搅拌转速有关。可以事先试验描绘出大罐发酵过程中的摄氧率的变化曲线，在小试验罐中进行试验时，可以利用改变搅拌转速来控制摄氧率变化的自动装置（当排气管上氧分析仪显示的折算出的摄氧率低于大罐变化曲线的预定值时，搅拌转速会自动增加；高于预定值时，就自动下降）来控制试验罐的摄氧率变化，使之按大罐的轨迹运转。这种方法曾用于金霉素、链霉菌的发酵，其生产罐和试验罐的金霉素的积累和摄氧率的变化曲线十分吻合。

利用相同 K_La 也可进行搅拌转速和功率消耗的放大。其基本步骤是，首先选择一个合适的 K_La，这是放大的关键问题。根据微生物发酵产物的产率与 K_La 的关系，选择合适的 K_La。然后根据 K_La 与通气速率、搅拌转速和发酵罐规模等操作变量之间的关系，计算出搅拌转速、发酵液功率消耗及修正的雷诺数。最后，利用计算的结果，在大罐中进行试验检验。

也曾经以溶解氧为基础，进行青霉素发酵的放大。采用了一个几何不相似的发酵系统，从 250 mL 摇瓶→20 L 罐→500 L 罐→15 000 L 发酵罐，以溶解氧作为发酵过程的主要控制参数进行逐步放大，结果得到了与摇瓶一样的结果。溶氧的控制，应以现有设备的供氧能力为基础，在不改变原有设备装置的前提下，通过工艺调节，使发酵系统中供需氧之间的平衡处于抗生素产生菌生长和分泌产物的最适溶氧范围内。可调节的工艺条件有发酵液的菌丝浓度、发酵液的黏度、消沫剂、罐压、搅拌转速、补料以及培养基的组成等。涉及的发酵罐结构和放大试验的结果，分别见表 9-8 和表 9-9。

表 9-8 发酵罐结构

容积/L	罐体直径(D)/高	搅拌器（直径 d）					挡板		空气分布器	电动机	
		形式	d/D	d/叶宽/叶高	层数	层距	宽	块数		容量/kW	是否变速
20	1/2.5	平叶涡轮	1/2.1	1/0.27/0.18	3	$0.6d$	$0.09D$	4	单管		是
500	1/2.0	箭叶涡轮	1/2.8	1/0.36/0.24	2	$2d$	$0.11D$	4	单管	2.8	否
2 000	1/1.67	箭叶涡轮	1/3.0	1/0.16/0.2	2	$2d$	$0.10D$	4	单管	7	否
15 000	1/2.25	箭叶涡轮	1/2.5	1/0.28/0.18	3	$2.7d$	蛇管换热	4	环形多孔	30	是

实践证明，以溶氧为依据进行抗生素发酵放大的方法，较简便易行，可靠性高，对几何不相似的发酵系统亦适用，对工业生产较有实用意义。

2. 缩小-放大法

工业规模发酵罐中的流体混合等流体力学条件与实验室可能很不相同，致使菌体细胞在两种情况所遇到的生长代谢环境差异很大，导致工业规模装置中菌体细胞生长代谢特性的不可逆变化，即生长的停止及代谢能力的丧失。为避免此种情况，在总结经验放大优缺点的基础上，人们提出了缩小-放大法。

（1）机制分析　当现有工业规模发酵罐的操作需要优化时，当一个原有发酵罐更换新菌种时，或当设计一个新的工业发酵罐时，均可广泛收集工业规模和实验室研究的数据及有关经验关系式，运用机制分析的方法，进行小规模实验装置和操作条件的设计，用小规模实验模拟大规模装置的条件。

表 9-9　发酵控制与结果

发酵规模	培养基	装液量	溶氧浓度控制		结果			
			方法	饱和度/(%)	最适菌丝量/(%)	发酵周期/h	青霉素V产率/(%)	放料进料体积
250 mL 摇瓶	摇瓶配方	20 mL	改变装液量		50～55	160～180	100	0.85
250 mL 摇瓶	摇瓶配方	30 mL	改变装液量			160～180	88	0.85
20 L 罐	摇瓶配方	60%	改变搅拌转速、加水	40～25	50～55	160	102	1.0
500 L 罐	摇瓶配方	70%	加水、调节菌丝量	40～25	45～50	160	108	1.03
2 000 L 罐	摇瓶配方	70%	综合调节	10 以下		160	30	1.0
2 000 L 罐	摇瓶配方	70%	综合调节	15～20	40～45	160	90	1.0
15 000 L 罐	摇瓶配方	70%	搅拌转速、补糖	40～25	45～50	160	98	1.1

这里的机制是指速率控制机制。例如，动力学机制意味着发酵罐运行受动力学过程(细胞生长和产物形成)控制，而不是受相对较快的物理传递现象(热量传递、氧传递)控制，如果速率是由多个过程控制的，则属混合控制机制。

机制分析包括：重要的过程变量的确定及量化；对推算得到的特征常数(如特征时间)进行比较；确定过程的控制步骤。

机制分析法包括三个最基本问题：是否存在速率控制机制？它是什么？放大时的机制分析是否发生变化？在处理质量传递和转化过程时，计算不同过程的特征时间是解决上述问题的最好方法。特征时间和速率成反比关系，通过比较转化、混合、流动、扩散、质量传递以及停留时间的时间常数，可以更好地了解速率控制机制。

(2) 规模缩小实验法　规模缩小(scale down)实验法是指在实验室模拟由机制分析确定的瓶颈问题，其关键问题是实验室规模发酵罐的设计与操作。用这种小规模发酵罐可以检验工业规模发酵罐在实际条件下的动力学特性。Ooserhuis 等通过对体积为 25 m^3 的葡萄糖酸发酵搅拌罐特征时间常数的分析，认为混合和氧传递是过程的控制步骤，于是用规模缩小实验法对上述控制步骤使用实验室规模发酵罐进行验证。他们先在单区发酵罐系统用脉冲法向氮气进料中周期性地通氧，通过改变氧氮比考察不同溶氧浓度对发酵过程的影响，后又用两区搅拌发酵罐系统，通过改变两区的相对体积和两区之间的循环流速从而模拟生产装置中的流体混合及氧传递现象，根据所得实验结果，进一步进行优化研究，最终为葡萄糖酸发酵工业发酵罐的设计及优化提供了方案。

3. 数学模型放大法

发酵罐设计放大及优化的最终目标是确定发酵罐结构尺寸、最优操作条件及发酵罐内部的速度场、温度场和浓度场。描述这些问题的数学模型，可分为基础模型法和计算流体力学法。

(1) 基础模型法　基础模型是由描述反应器内的传递现象(流动、扩散、传导等)方程和生化反应动力学方程所组成的。

章学钦等用两区混合模型及相关的氧传递方程对维生素 C 二步发酵中山梨糖生物转化

搅拌式发酵罐进行了放大计算，取得了满意的结果。Pons 等结合面包酵母流加过程，对体积为 170 m^3 工业搅拌发酵罐，用 Bader 五区结构模型描述气、液流动混合特性，用考虑了糖发酵、糖呼吸及乙醇呼吸三个代谢阶段的微生物动力学模型，进行了软件开发及示踪实验、溶氧控制及加料分布等几方面的模拟计算，已取得了初步结果，并正在进行有关控制策略方面的检验。Heinzle 等结合对氧敏感的枯草杆菌发酵体系，用三区混合模型和一个简单的结构动力学模型，成功地预测了发酵罐的有关参数。Maser 等用不同规模发酵罐(0.15 m^3、1.5 m^3、3.2 m^3、90 m^3)，建立了包括流体混合、氧传递及包括菌体生长、底物消耗、产物生成动力学在内的谷氨酸发酵搅拌式发酵罐的总体数学模型，计算出了 90 m^3 搅拌式发酵罐的溶氧在轴向、径向上的分布和用 NH_3 控制 pH 值所引发的发酵液 pH 值的瞬态变化。基础模型法反映了用生化工程原理所建立的较全面的数学模型，与工业规模实际数据进行比较，对有关菌体生长、底物消耗及产物生成等整体过程变量尚须全面模拟优化。相信随着流体混合模型及生化动力学的深入研究，该方法将会得到更广泛的应用。

(2) 计算流体力学法　在深入进行流体力学研究的基础上，对发酵罐进行模型模拟和放大设计的方法，即为计算流体力学法。任何流体的流动都服从动量、质量和能量守恒原理，这些原理均可用模型来表达。计算流体力学就是用计算机和离散化的数值方法，对流体力学问题进行数值模拟和分析的一个流体力学新分支。该方法具有与发酵罐规模及几何尺寸无关的优点，并克服了经验关联及流体结构模型所固有的缺点。但由于发酵罐中的流动常具有三线性、随机性、非线性及边界条件的不确定性，使得同时考虑气液固多相流动、生化反应的相互作用及实际发酵物系的实验验证存在很多困难。近几年来经生化工程工作者的共同努力，计算流体力学的工作尽管刚刚开始，但已显示出很好的发展前景。

瑞典 Tragdadh 用湍流模型的运动方程和 Monod 动力学方程，对 0.8 m^3 和 30 m^3 面包酵母流加搅拌式发酵罐进行了模拟，得到了发酵罐内液相速度、湍动能量耗散速率、气含率、底物浓度及溶液浓度的二维分布，其中一些模拟结果同测量值一致。

图 9-11 是将数学模型放大法用于一般过程开发的示意图。从图中可看出，整个开发过程都与数学模型有关。

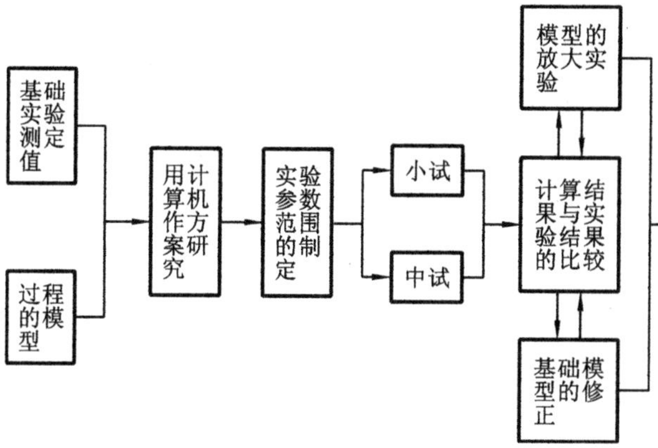

图 9-11　数学模型放大法示意图

在建立发酵罐的放大模型时，最根本的一点是要解决生化反应动力学与发酵罐中各种传递特性之间的相互作用。为了解决这一问题，采用的方法是用一宏观上有效的速率来表示其相互作用的程度。借助已知动力学关系的某一生化反应，使发酵罐中传递特性实现定量化；还可借助已知传递特性的发酵罐来定量研究动力学。在此基础上建立同时包括动力学传递特性的过程动力学模型，可以成为发酵罐放大的基础。

数学模型放大法是以过程参数间的定量关系式为基础，它能比较有把握地进行高倍数的放大。模型愈精确，可放大的倍数也愈大，而模型的精确程度则又是建立在基础研究之上的，也正是因为这方面的限制，所以尽管数学模拟的优越性是如此明显，但实际取得成效的例子还不够多，特别是对生化反应过程，由于过程的复杂性，这方面的问题还有很多没有解决，但无疑它是一个很有前途的方法。

本章总结与展望

发酵工艺的放大，是以在大型发酵罐中给微生物创造与小型发酵罐相似的环境，实现在小型发酵罐中达到的生产水平为目标，是将实验室研究成果转化为生产力的关键环节。发酵工艺的放大，一般要经过三个步骤：实验室、中间工厂和生产工厂。就大多数情况而言，实验室研究就是利用实验室设备得到培养新菌株或实施新工艺的最佳发酵条件。在发酵过程中，生物反应器处于核心位置，具有先进的生物过程优化和放大能力是生物反应器设计的核心技术。实验室规模涉及的生物反应器包括小型发酵罐、固定化酶(细胞)反应器及固态发酵设备。在发酵过程研究的一系列试验中，常常需要采用统计学的方法，如正交设计、均匀设计、响应面分析法等，这些方法均能收到很好的效果。

发酵放大过程，不仅是单纯发酵液体积的增大，菌种本身的性质和其他发酵工艺条件也会引起改变。如果不设法消除上述差异，放大前后的结果就会发生明显的差异。因此，无论是进行发酵设备规模的放大，还是进行新菌种(或新工艺)的放大转移，都必须设法缩小差异，否则就难以获得良好的结果。从小规模的操作条件转移到大规模的放大过程，主要有常规方法(经验放大法)、缩小-放大法和数学模型放大法。

思考题

1. 简述发酵过程研究的内容及作用。
2. 为什么要进行实验室研究？涉及的实验设备有哪些？
3. 请列举摇瓶实验的优缺点。比较摇瓶实验与发酵罐培养有哪些差异。
4. 什么叫发酵工艺放大？其中包括哪些步骤？
5. 发酵工艺放大主要的方法有哪些？

参考文献

[1] 熊宗贵. 发酵工艺原理[M]. 北京：中国医药科技出版社，2003.
[2] 余龙江. 发酵工程原理与技术应用[M]. 北京：化学工业出版社，2006.
[3] 陈坚，堵国成，张东旭. 发酵工程实验技术[M]. 2 版. 北京：化学工业出版社，2009.
[4] 白秀峰. 发酵工艺学[M]. 北京：中国医药科技出版社，2003.
[5] 邱立友. 发酵工程与设备实验[M]. 北京：中国农业出版社，2008.
[6] 陈坚. 发酵过程优化原理与实践[M]. 北京：化学工业出版社，2002.

[7] 叶勤. 发酵过程原理[M]. 北京:化学工业出版社,2005.

[8] 李艳. 发酵工程原理与技术[M]. 北京:高等教育出版社,2006.

[9] 葛绍荣,乔代蓉,胡承. 发酵工程原理与实践[M]. 上海:华东理工大学出版社,2011.

[10] 欧阳平凯. 发酵工程关键技术及其应用[M]. 北京:化学工业出版社,2005.

[11] Maier U, Buchs J. Characterisation of the gas-liquid masa transfer in shaking bioreactors[J]. Biochem Eng J,2001,7:99-106.

[12] 郑少华,姜奉华. 试验设计与数据处理[M]. 北京:中国建材工业出版社,2004.

[13] Parekh S, Vinci V A, Strobel R J. Improvement of microbial strains and fermentation processes[J]. Appl Microbiol Biotechnol,2000,54:287-301.

[14] 曹军卫,马辉文,张甲耀. 微生物工程[M]. 2 版. 北京:科学出版社,2007.

[15] 党建章. 发酵工艺学教程[M]. 北京:中国轻工业出版社,2006.

[16] 张元兴,许学传. 生物反应器工程[M]. 上海:华东理工大学出版社,2001.

[17] 燕平梅. 微生物发酵技术[M]. 北京:中国农业科学技术出版社,2010.

[18] 田发益,钟国辉,纪素玲. 乳酸菌在西藏的扩大培养和发酵试验[J]. 乳业科学与技术,2005,(3):106-108.

[19] 宋健,林建群,金燕. 以比生长速率时间曲线为基础的生物群体生长数学模型[J]. 微生物学通报,2007,34(5):836-838.

[20] 史仲平. 发酵过程解析、控制与检测技术[M]. 北京:化学工业出版社,2005.

第10章 基因工程菌发酵

10.1 概述

随着生物技术的应用，越来越多的生物技术产品问世，特别是应用基因重组技术构建的基因工程菌普遍用于发酵生产基因工程产品。因此，基因工程菌发酵的研究就显得尤为重要。

10.1.1 基因工程菌的一般特性

基因工程菌是人们利用基因重组技术构建的有利于发酵生产生物技术产品的发酵细胞。目前可以用于构建的宿主菌包括细菌、低等的真核生物和动植物细胞。为了更好地控制基因工程菌的生长和发酵及获得发酵产物，在选择目标改造受体细胞株时，应该注意候选细胞株的一些特征：

(1) 具有分泌特性，同时发酵产品是高浓度、高转化率和高产率的；

(2) 能利用常用的碳源，并可连续发酵；

(3) 菌株为非致病株；

(4) 代谢容易控制；

(5) 能进行适当的 DNA 操作，并且稳定，重组的 DNA 不易脱落。

但在实际操作中，很难选择到符合上述所有特征的细胞株，因此最终获得的基因工程菌在上述特征上多少会有些欠缺，而且会有自身独特的一些特征。基因工程菌毕竟是改造过的，因此在生长特性上会与野生型不同。

10.1.2 基因工程菌培养应遵循的实验准则

基因工程菌在培养过程中，与常规的微生物并没有太大的差异，但由于它在保存和发酵生产过程中表现出的不稳定性以及安全性问题，决定了它在培养过程中必须遵循一定的实验准则。

基因工程的社会问题必须提到它的潜在危险性。经过基因工程改造的细胞株和质粒一旦用于工业化生产，就不可避免地进入自然界。这些细胞株能间接地危害人体健康，使治疗药物失去效用，造成环境污染等，因此安全问题是极其重要的。1974 年，DNA 重组实验的潜在生物危险性问题被阐明，后来发达国家等都制定了有关 DNA 重组实验的准则，即在试管内用酶等构建异种 DNA 的重组分子，并用它转入活细胞中的实验，以及使用重组体的实验应遵循的规程。这些规程参照了防止病原微生物污染的措施，以及根据对实验安全度的评定，采用物理密封(P1～P4)和生物学密封(B1 和 B2)。

物理密封是将重组体封闭于设备内，以防止传染给实验人员和向外界扩散。实验规模在 20 L 以下时，物理密封由密封设施、实验室设计和实验注意事项组成。密封程度分为 P1、P2、P3 和 P4 级，数字越大，密封水平越高。生物学密封要求用只有在特殊培养条件下才能生存的宿主，同时用不能转移至其他活细胞的载体，通过这样的组合的宿主载体系统，可以防止重组体向外界扩散。按密封程度分为 B1 和 B2 级。

在规模培养过程中，培养重组体的设备标准有 LS-1 和 LS-2。工业化生产起码应在 LS-1 的设备标准下培养。LS-1 标准要点：①使用防止重组体外漏，能在密闭状态下进行内部灭菌的培养装置；②培养装置的排气由除菌器排出；③使用易产气溶胶的设备时，要安装可收集气溶胶的安全箱等。设计用于基因重组体的培养装置时，不仅要考虑外部杂菌的侵入，还要防止重组菌的外漏。此外。培养后的菌体分离、破碎等处理也必须在安全柜内进行，或采用密闭型设备。

10.2　基因工程菌发酵动力学

基因工程菌的发酵与一般的工业微生物菌种发酵不同，在工程菌发酵过程中，宿主的生理遗传特性影响外源基因的表达，而外源基因的表达又影响着宿主的生长特性。研究此过程中的菌体发酵动力学对于了解上述两者的关系和相互作用规律及控制因素有极大的帮助，并在此基础上建立了合理的数学模型，为规模化放大和优化控制提供了必要的手段。

10.2.1　基因工程菌发酵动力学模型

基因工程菌的发酵培养体系是一个多相、多组分、非线性的复杂系统。对它建立合理的动力学模型是很难的，通常的手段是对它进行简化。一般情况下，简化前对细胞群体生长假设两个条件：①是否考虑细胞内部复杂的结构；②是否考虑细胞之间的差别。通过简化可以得到以下四种模型。

(1) 非离散非结构模型　即均衡生长模型，它回避了细胞内、外的传递过程以及细胞内生理生化过程，不考虑细胞间的差异以及不同时期组成与代谢特性的差异。其目的是研究细胞群体的生长代谢规律。对于普通的微生物培养来说，这个模型是足够的，但对于分析工程菌株有些无能为力。

(2) 离散非结构模型　这个模型充分考虑细胞的不同形态和功能，特别适合培养体系中细胞存在明显差异的系统。工程菌株在培养过程中由于质粒的不稳定性，会出现带质粒细胞和不带质粒细胞两种类型。

(3) 非离散结构模型　细胞的各个功能部分相互作用协调来完成细胞的生理功能，此模型充分考虑这种情况，对于分析细胞内代谢调控很有应用价值。工程菌带有外源基因，分析它与宿主的相互关系，对工程菌培养过程的优化控制具有指导意义。

(4) 离散结构模型　该模型是针对细胞株培养的真实情况设计的。目前这类模型主要是模拟单个细胞内的生化反应体系，进而通过单细胞模型的不同组合来建立高层次的离散结构模型，从而进一步描述细胞群体的生长过程。

10.2.2 基因工程菌培养过程的动力学模型

由于基因工程菌在构建过程中引入了外源基因，因此要建立一个完整的模型对整个基因工程菌进行描述是十分困难的。大多数研究集中在培养过程上，随着研究的深入，新近提出的模型也越来越完善。

1. 外源基因的表达控制

在基因工程菌构建中，外源基因在宿主内的表达可以由组成型基因或构建质粒时加入的启动子控制。这样的控制表达系统，有利于了解各控件，从而合理构建表达系统，并根据其控制规律在生产中采取相应的控制措施。

在大肠杆菌中利用 *lac* 启动子控制 β-内酰胺酶合成的动力学模型最早由 Imanaka 提出，他认为 β-内酰胺酶的生物量与细胞内的 mRNA 含量成正比。此后，Laffend 又提出了更为复杂的控制模型，他以野生型的和带有 ColE 质粒的 *E. coli* B/rA 为对象，把启动子控制行为与细胞其他代谢过程紧密关联起来，将结构基因的转录、翻译以及诱导物的吸收、运输等局部过程纳入模型体系中，使模型的描述更为准确。

2. 质粒的行为规律

质粒是基因工程菌构建过程中的重要工具材料，它的生物学行为与宿主以及质粒本身、外界环境等有密切联系。主要是质粒在培养过程中会发生变异或者丢失现象，从而影响表达产物的产量和质量。因此，对培养过程中质粒行为建立合理的动力学模型进行描述将有助于控制质粒的稳定性，是确定质粒的复制速率和表达产物合成的有利条件。

3. 环境条件对工程菌生长及产物表达的综合影响

基因工程菌的培养多采用二阶段培养，第一阶段提高菌体密度，第二阶段通过改变外界条件促使目的产物的合成，常用手段就是添加诱导物。但是，不同的宿主系统对不同诱导物、不同诱导强度以及诱导时机会有不同的反应。因此，必须综合评价外界环境条件对工程菌生长以及产物合成的影响来确定最佳诱导条件。

Raminez 建立的模型中，将添加诱导物后的反应分为三种：①基本不变；②比生长速率（μ）受到冲击，适应一段时间后恢复到适当水平；③μ 单调下降。针对 *E. coli* 表达 β-半乳糖苷酶的工程菌，该模型能很好地描述其诱导物对细胞生长的影响。添加诱导物后，代谢活力将在宿主蛋白质和外源蛋白质的合成酶系之间进行分配，从而表现出一个适应过程。过程的长短与诱导物的强度、浓度有关。利用该模型可以确定最佳的诱导物添加时间和添加量，并可通过研究最佳添加方式来降低诱导物对受体细胞的毒害作用。

10.3 基因工程菌的高密度发酵及控制

只有菌体的大量增殖，才能保证第二阶段的诱导和产物生成。因此必须延长工程菌对数期的时间、相对缩短衰亡时间，这就是基因工程菌的高密度培养。目前，该工艺已经成为发酵中试生产的主要工艺。发酵周期可缩短一半以上，菌体产量和产物表达量是非密度发酵的 10～50 倍，且蛋白质活性大大提高。

10.3.1　基因工程菌发酵培养基的选择

高密度培养是指在短时间内迅速让菌体密度增加，在这种情况下培养，必须保证 2～5 倍生物量的基质。但高浓度的碳源、氮源和无机盐会造成渗透压过高，导致细胞脱水，抑制细胞生长。而且过高浓度的碳源，可使细胞生长迅速，氧浓度下降，导致糖代谢的三羧酸循环受到抑制，大量产生乙醇，抑制细胞密度的进一步提高。因此通常采用分批补料培养，使各种培养基成分低于抑制浓度。在对培养基的成分优化基础上，保证工程菌快速生长对养分的要求。一般常用的营养指标为铵盐 5 g/L、磷酸盐 10 g/L、硝酸盐 5 g/L、氯化钠 10～15 g/L、乙醇 100 g/L、葡萄糖 100 g/L。成分选择上尽量选择能快速且容易被工程菌利用的物质。例如，葡萄糖是一般常用的碳源，需经氧化和磷酸化作用生成 1,3 二磷酸甘油酸才能被利用，如果用甘油作为碳源，就可直接被利用，缩短利用时间，增加菌的分裂速度。另外，也可以增加各组分的浓度来满足高密度发酵工程菌对养分的需求，当然也不能太高，过高会使发酵体系渗透压增高，反而不利于工程菌的生长。

10.3.2　基因工程菌发酵工艺

无论哪种发酵工艺，必须满足的条件都是相对延长工程菌对数生长期，只有这样才能有充足的时间让工程菌繁殖，从而增加菌体数量，达到高密度发酵的目的。因此为了保证培养基中营养物质保持一个相对高浓度而又低于抑制浓度，不许持续供给工程菌足够的营养物质。能达到此目的的基本操作方式有连续培养和补料分批培养等发酵工艺。一般连续培养多用于动力学特性和稳定性的研究，现在针对高密度培养多采用补料分批培养。但在具体操作过程中，也应考虑具体的培养基成分和具体生长的相互关系。例如，在进行谷胱甘肽的工程菌高密度培养时，发现控制不同葡萄糖底物的补料方式，可以获得不同的效果。控制流加和恒速流加的补料方式不如指数流加的方式获得更大的细胞干重、细胞生产强度、细胞产率和谷胱甘肽产量。虽然流加式补料培养被证明是高效的高密度发酵手段，但也应该注意流加的时机和补加的培养基的量，一般都是在对数生长的中期，流加的量也应该根据发酵总量而定。在高密度培养过程中也结合分离耦合技术、透析培养和固定化培养技术。例如在发酵过程中流加色氨酸控制的 *trp* 启动子，使其浓度维持在 170 μg/mg，菌体密度达到一定程度时将发酵液通过陶瓷过滤器循环过滤，快速去除阻遏物色氨酸，诱导 β-半乳糖苷酶基因的表达，可使发酵液的酶活力增加了 10 倍。在重组青霉素酰化酶大肠杆菌工程菌的高密度培养过程中加入中空纤维过滤器使细胞循环流动，同时限制葡萄糖的供应，可使工程菌的密度达到了 145 g/L，产率提高 10 倍以上。

透析培养是利用膜的半透性原理使代谢产物和培养基分离，通过去除培养液中的代谢产物来解除它对工程菌的不利影响。固定化培养有利于提高质粒的稳定性，对分泌性表达的工程菌发酵十分有利。把三者结合起来，将是基因工程菌发酵的发展方向。

10.3.3　基因工程菌发酵调控

工程菌的发酵和一般的微生物发酵一样，也主要受溶氧、温度和 pH 值的影响。在高密度发酵过程中，菌体的密度高，消耗的氧多，需要增大搅拌转速和增加空气流量来增加溶氧量。针对一般 20 L 的发酵罐，通气速率 18 L/min，搅拌速度 500 r/min 以上，能保持 60%以上的溶氧饱和度。提高溶氧量的方法有如下几种：利用空气分离系统提高氧分压；在培养基中添加H_2O_2、血红蛋白、氟化物乳剂；采用与小球藻混合培养；用藻细胞光合作用所产生的氧直接供菌体吸收。但也不能一味追求提高溶氧量，不同的微生物和工程菌对氧的需求不同，低氧水平也可能会取得高产量。如用枯草芽孢杆菌生产α-干扰素时，溶氧限制在低水平对产物形成有利。

温度影响主要是指，对那些采用温度调控基因表达或质粒复制的工程菌，由于在生长和表达时采用不同的温度，在高密度培养时，有可能由于升温控制不当引起比生长速率下降或者质粒丢失，如果降低温度也可能会影响产物生成。

至于 pH 值的控制，对于高密度培养而言还是不成问题的，因为大多是采用全自动发酵罐系统，如果 pH 值是优化过的，系统会使之保持在最佳状态。

10.4 基因工程菌不稳定性及对策

基因工程菌毕竟是经过改造的微生物，它与原有的微生物相比，很多特性不同。在基因工程菌构建过程中，由于引入了带有外源基因的质粒，必然会对宿主菌产生影响，因此产生基因工程菌的不稳定性是必然的。

10.4.1 基因工程菌不稳定性的表现

由于此种不稳定性必然导致无法获得预期的目的基因产物（或其产量），因此在生产中应该经常检查工程菌的稳定性。一般情况下，工程菌的不稳定包括质粒的不稳定及其表达产物的不稳定两个方面。具体表现为下列三种形式：质粒的丢失、重组质粒发生 DNA 片段脱落和表达产物不稳定。

在非选择条件下，基因工程菌由于某种环境因素或者生理、遗传学上的原因，其中的质粒丢失是比较容易发生的，一旦有工程菌丢失的质粒恢复成宿主菌，在生长速率上必然产生差异，往往是含有重组质粒的工程菌的生长速率小于不含重组质粒的宿主菌。在经过多代的生长发酵之后，必然影响基因产物的获得。

优势质粒的不稳定性也并非都是质粒丢失引起的，也有可能是重组质粒上的一部分片段脱落造成的。

10.4.2 基因工程菌不稳定的原因及对策

重组质粒转入宿主后，重组质粒必然和宿主之间发生相互作用，这种作用是否影响重组质粒的存在和表达，受多种环境因素的影响，其中的机制有许多是未知的，目前我们能够控制和了解的主要有培养基的组成、培养温度、菌体的比生长速率等。

1. 基因工程菌不稳定的原因

(1) 培养基的组成　微生物在不同的培养基中进行不同的代谢活动。对基因工程菌来说，培养基的成分可能通过各种途径影响质粒的遗传。通常情况下，营养丰富的培养基可使质粒更加不稳定，而且不稳定的类型也不尽相同。例如营养丰富的培养基可以引起 RSF2124-trp 发生结构性不稳定，而对质粒 pSC101-trp，则是使其发生分配性不稳定。

（2）培养温度　基因工程菌与原宿主菌相比，在生理上已发生了很多变化。培养温度的范围也可能会变窄，尤其是上限培养温度。通常情况下，低温往往有利于重组质粒稳定地遗传。对某些工程菌而言，当培养温度低于 50 ℃时，重组质粒非常稳定，而当温度高于 50 ℃时，重组质粒在间歇培养的对数生长后期和连续培养时均表现出不稳定性。

（3）菌体比生长速率　许多因素如培养基组成、温度、pH 值、氧传递对菌体代谢的影响都可以通过菌体比生长速率表现出来，因此它对质粒稳定性的影响也是必然的。研究结果表明，比生长速率对重组质粒稳定性影响不尽一致，这可能与工程菌本身和培养条件有关。在酵母的系统中，比生长速率大有利于重组质粒稳定地遗传。如果不含重组质粒的宿主细胞没有含有重组质粒的工程菌生长得快，则重组质粒的丢失不会导致非常严重的后果。因此，调整这两种菌的比生长速率可以提高重组质粒的稳定性，但这往往很难达到，因为大多数环境条件将同时提高或降低这两种菌的比生长速率。

2. 针对基因工程菌不稳定的对策

就目前的研究而言，在影响重组质粒稳定性的诸多因素中，宿主细胞的稳定性、重组质粒的组成和工程菌所处的环境条件这三方面更为重要。很多措施也是在未彻底明了质粒不稳定原因的情况下，在实践中摸索出来的。

（1）质粒构建方面　在构建质粒时，由于可转移性因子能促进插入和丢失的出现，因此所使用的质粒不应带有这样的可转移因子；一般情况下，插入一段特殊的 DNA 片段或基因以及可以改良宿主细胞生长速率的特殊 DNA 片段都能起到稳定质粒的效果；此外，选择低拷贝质粒往往比较稳定，构建高拷贝的杂合质粒往往是不稳定的。应尽可能将质粒上不需要的 DNA 除去，冗长的 DNA 对宿主细胞既是一种负担，又会增加体内 DNA 重排的可能性。

（2）宿主细胞　可以采用诱变的方法使宿主细胞染色体缺失生长所必需的某一基因，而将该基因插入到重组质粒中，选择适当组成的培养基使失去重组质粒的细胞不能存活，而只含有重组质粒的细胞才能存活。重组质粒的稳定性在很大程度上受宿主细胞遗传性的影响。目前，已经开发的微生物宿主系统有大肠杆菌系统、芽孢杆菌系统、放线菌系统、棒状杆菌系统、酵母系统和霉菌系统。

（3）发酵条件　在培养过程中，适当施加环境选择压力，很多质粒都含有抗药性基因，在培养基中加入适当的抗生素就可以阻止丢失了重组质粒的非生产菌的生长。对于许多采用温度敏感型质粒的工程菌的发酵来说，控制温度是防止质粒丢失的一个十分有效的方法：当从低温培养转至高温培养时，能增加质粒的拷贝数，高拷贝可以降低质粒的丢失频率。对于使用温度诱导型质粒或宿主表达系统的工程菌的发酵来说，可以在发酵前期让菌株生长在正常温度下以阻遏外源基因的表达，使重组质粒稳定地遗传，到后期通过提高温度使外源基因失去阻遏而得到高效表达。此外培养方式对于控制质粒的稳定性也有作用，目前的培养方式主要有流加操作、连续培养、固定化等。研究发现，固定化工程菌连续培养可以明显提高重组质粒的稳定性。

10.5　基因工程菌发酵后处理技术

不同的基因工程产品有不同的发酵后处理技术，而且其难易程度与前期基因工程菌的构建也存在一定的关系。目标产物产率不高将使下游加工困难，导致产品后处理的成本很高。

现代生物技术药品，其分离成本可占产品总成本的70%～90%。下面就以基因工程蛋白质分离与纯化为例来说明。

基因工程蛋白质的分离纯化比传统蛋白质的分离纯化要复杂得多。一般都是含量很低，在5～50 μg/mol。如果是大肠杆菌作为宿主菌，目标蛋白质多为细胞内产物，当细胞破碎时会产生大量的杂蛋白，可能还掺杂核酸。如果是动物细胞，在培养时加入胎牛血清，由于其成分复杂，还可能把内毒素、病毒、支原体、细菌和酵母带入培养液中，而且这时去除内毒素比传统小分子药物中去除内毒素要困难得多。此外，基因工程产品要求的纯度较高，成品分析和鉴定要求较严格。就蛋白质药物而言，要求杂蛋白的含量在2%～5%，多数规定在2%。

10.5.1 细胞破碎

基因工程菌的细胞破碎方法和常规的微生物破碎方法基本相同，有机械法、化学法、酶催化法等。在生产时必须根据生产的规模和活性蛋白在细胞中的位置选择具体的合适方法。首先可以采用高速离心、膜过滤或双水相萃取的方法去除细胞碎片，由于在破碎液中还含有大量的核酸，所以也可以采用聚乙烯亚胺(PEI)使之沉淀。如果目标蛋白质是细胞内表达或者形成不溶解的包含体，可对匀浆液低速离心分离出包含体，用促溶剂如尿素、盐酸胍、SDS等溶解，并在适当条件下复性。如果采用细胞外表达的体系则不考虑细胞破碎的问题，因为产物都分泌到培养液中了。

10.5.2 基因工程蛋白质的浓缩、分离与纯化

在一般情况下，基因工程蛋白质在产物中的含量都是很低的，必须经过浓缩才能分离。如果采用双水相法处理，得率通常很低。现在都采用膜过滤技术，其原理是基于蛋白质间相对分子质量的差异和带电性的不同而分离的。该技术设备简单、常温操作、无相变及化学变化、选择性高、能耗低。如果选择适当的分离膜、操作参数和操作模式，还可实现纯化的目的。选择性透过膜通常是膜分离技术的常用介质，通过在膜的两侧施加某种推动力(如压力差、蒸汽分压差、浓度差、电位差等)，可使原料组分有选择性地透过膜，达到分离提纯的目的。以压力差为推动力的液化膜分离过程，根据分离对象可分为微滤(MF)、超滤(UF)、纳滤(NF)和反渗透(RO)四种类型。超滤可分离相对分子质量从上千到数百万的可溶性大分子，因此常被用于蛋白质的纯化。

纯化的原理是根据目标蛋白质和杂蛋白质在物理、化学和生物学方面性质的差异，特别是表面性质的差异，如表面电荷密度、对一些配基的生物特异性、表面疏水性、表面金属离子、糖含量、自由巯基数目、分子大小和形状(相对分子质量)、等电点和稳定性等。因此，利用这些差别，产生了诸如离子交换色谱法(IEC)、疏水色谱法(HIC)、亲和色谱法、凝胶色谱法(GFC)、凝胶电泳技术(GE)。

10.5.3 基因工程菌中核酸分离纯化

核酸的高电荷磷酸骨架使它比蛋白质、多糖、脂肪等更具有亲水性。因此根据它们的性质差异，用选择性沉淀、色谱、密度梯度离心等方法可以将核酸分离、纯化。

1. 色谱法

利用不同物质某些理化性质的差异对其进行分离是色谱法的基本原理。色谱法主要包括

吸附色谱法、亲和色谱法、离子交换色谱法等。其中，吸附色谱法同时可以纯化而且有商品试剂盒供应，被广泛应用于核酸的纯化。在一定的离子条件下，核酸可以被很多物质选择性地吸附，这些物质包括硅土、硅胶、玻璃、磁珠、铁粒等。磁珠经过修饰或者包被后作为固相载体，磁珠通过磁场分离，结合至固相载体的核酸可用低盐缓冲液或水洗脱。此种方法目前应用较多，已经实现自动化。玻璃基质在高盐溶液中也可被核酸吸附上，Dederich 用酸洗玻璃珠分离纯化核酸，首先用醋酸钾缓冲液中和裂解液后，直接加至含异丙醇的玻璃珠滤板，被异丙醇沉淀的 DNA 结合至玻璃珠，用 80% 乙醇真空抽洗除去细胞残片和蛋白质沉淀。最后用含 RNaseA 的 TE 缓冲液洗脱与玻璃珠结合的 DNA。也有用铁粒为固相支持物，经磁场分离而纯化质粒 DNA 的报道。细菌用溶菌酶煮沸法裂解，质粒被释放至悬浮液中，加铁珠分离，经漂洗后用水洗脱质粒。

亲和色谱法是利用待分离物质与它们的特异性配体间所具有的特异性亲和力来分离物质的。针对核酸的分离，Chandler 报道了一种方法，它采用一类以 N-(2-氨乙基)-甘氨酸结构单元为骨架的 DNA 类似物为纯化核酸的试剂，通过生物素标记该试剂作为探针，以包被了抗生蛋白链菌素的磁珠作为固相载体。该探针在高盐条件下，与目的核酸混合，经煮沸、水浴、温浴杂交步骤后，直接加入包被了抗生蛋白链菌素的顺磁性颗粒，经静置捕获探针核酸杂交体，水洗而获得纯化的核酸。

离子交换色谱法以具有离子交换性能的物质为固定相，它与流动相中的离子能进行可逆性交换，从而能分离离子型化合物。用离子交换色谱法纯化核酸是因为核酸为高负荷的线性多聚阴离子，在低离子强度缓冲液中，利用目的核酸与阴离子交换柱上的功能基质间的静电反应，使带负电荷的核酸结合到带正电的基质上，杂质分子被洗脱。然后提高缓冲液的离子强度，将核酸从基质上洗脱，经异丙醇或乙醇沉淀即可获得纯化的核酸。该法适合大规模纯化。

2. 酚提取沉淀法是经典的核酸提取法

细胞裂解后离心分离含核酸的水相，加入等体积的酚、氯仿、异戊醇（25：24：1 体积比）混合液。依据应用目的，两相经涡旋振荡混匀（适用于分离小相对分子质量核酸）或简单颠倒混匀（适用于分离高相对分子质量核酸）后离心分离。疏水性的蛋白质被分配至有机相，核酸则被留于上层水相。在配制所用的试剂时，有些细节需要注意。酚容易被氧化，氧化的酚易引起核酸链中磷酸二酯键的断裂，或使核酸丢失，因此必须用 STE 缓冲液饱和，并要加入 8-羟基喹啉。氯仿可去除脂肪使更多蛋白质变性，提高效率。异戊醇则可以减少操作过程中产生的气泡。核酸盐可被一些有机溶剂沉淀，通过沉淀可浓缩核酸，改变核酸溶解缓冲液的种类以及去除某些杂质分子。

3. 密度梯度离心也可用于核酸的分离和分析

单链和双链 DNA 以及 RNA 和蛋白质有不同的密度。因此可用此方法大规模地分离核酸。其中，氯化铯-溴化乙啶梯度平衡离心法被认为是纯化大量质粒 DNA 的首选方法。梯度液中的溴化乙啶与核酸结合，离心后形成的核酸区带经紫外灯照射，产生荧光而被检测，用注射针头穿刺回收后，通过透析或乙醇沉淀除去氯化铯可获得纯化的核酸。

本章总结与展望

本章主要简述了基因工程菌的发酵特点、工艺流程及控制工艺和产物分离的相关内容，并分析了基因工程菌不稳定的原因，以及解决措施。

思考题

1. 基因工程菌生产药物有哪些特点和优势？常用的宿主菌有哪些？
2. 基因工程菌基因不稳定的原因是什么？如何应对？

参考文献

[1] 余龙江. 发酵工程原理及技术应用［M］. 北京：化学工业出版社，2006.

[2] 张金红，陈华友，李萍萍. 基因工程菌发酵研究进展. 生物学杂志，2012，29(5)：72-75.

[3] 马娇颖，章成昌，仇黎鹏，等. 重组毕赤酵母胸腺肽 α_1-人血清白蛋白基因工程菌高密度发酵及分离纯化[J]. 中国生化药物杂志，2012，33(6)：720-724.

[4] 张虎成，张征田，杨国伟. 重组蛋白G基因工程菌高密度发酵及其分离纯化. 基因组学与应用生物学，2013，32(3)：347-352.

第11章 发酵行业清洁生产与环境保护

11.1 清洁生产的概念及主要内容

清洁生产(cleaner production)是一个相对抽象的概念,没有统一的标准。其基本思想最早出现于美国明尼苏达矿业及制造公司(3M 公司)1974 年曾经推行的实行污染预防有回报的"3P(pollution prevention pays)"计划中。联合国环境规划署(UNEP)于 1990 年 10 月正式提出了清洁生产计划,希望摆脱传统的末端控制技术,超越废物最小化,使整个工业界走向清洁生产。1992 年 6 月在联合国环境与发展大会上,UNEP 正式将清洁生产定为实现可持续发展的先决条件,同时也是工业界达到维持竞争力维持赢利性的核心手段之一,并将清洁生产纳入《21 世纪议程》中。

我国在 20 世纪 70 年代初提出了"预防为主,防治结合"、"综合利用,化害为利"的环境保护方针,该方针充分体现和概括了清洁生产的基本内容。20 世纪 80 年代开始推行少废和无废的清洁生产过程;20 世纪 90 年代提出了《中国环境与发展十大对策》,强调清洁生产的重要性;1993 年 10 月第二次全国工业污染防治会议将大力推行清洁生产,把实现经济可持续发展作为实现工业污染防治的重要任务;2003 年 1 月 1 日,我国开始实施《中华人民共和国清洁生产促进法》,这部法律的实施,进一步表明清洁生产现已成为我国工业污染防治工作战略转变的重要内容,成为我国实现可持续发展战略的重要措施和手段。随后于 2004 年 11 月,国家发展与改革委员会、国家环保总局联合发布了《清洁生产审核暂行办法》。该办法的颁布实施,有效地克服了清洁生产审核缺乏法律依据、服务体系不健全、审核行为不规范等问题,提出了排放污染物最小化,从污染源头进行减量,变末端治理为生产工艺全过程控制和发展高效低能耗治理技术的综合整治,通过推行排放最小化清洁生产技术提高工业企业整体素质,防治工业污染,保护环境,实施工业企业的可持续发展战略。2008 年环境保护部又陆续颁发了《征收污水废气排污费及环境信息公开办法》,这一办法的实施,有力地推动了环境监督治理全民化,使恶意污染环境的问题成为众矢之的。面对环境的持续恶化,2013 年"十八大"报告首次将生态文明纳入其中,这对全面推行我国清洁生产工作将发挥重要作用。

总之,清洁生产是指不断采取改进设计、使用清洁的能源和原料、采用先进的工艺技术与设备、改善管理、综合利用等措施从源头削减污染,提高资源利用效率,减少或者避免生产、服务和产品使用过程中污染物的产生和排放,以减轻或者消除对人类健康和环境造成危害的因素。

清洁生产就发酵工业而言,其内容主要包含:对生产过程,要求节约原材料和能源,淘汰有毒原材料，减少、降低所有废弃物的数量和毒性；对产品，要求减少从原材料利用到产品最终处置的全生命周期的不利影响；对服务，要求将环境因素纳入设计和所提供的服务中。清洁生产不包括末端治理技术，如空气污染控制、废水处理、固体废弃物焚烧或填埋等处理。清洁生产是一种新的创造性思想，其意义是指将整体预防的环境战略持续应用于生产过程、产品使用和服务中，以增加生态效率和减少人类及环境的风险。它是通过专门技术、改进工艺过程和改变管理态度来实现的。

11.1.1 清洁生产的定义

清洁生产是一项实现与环境协调发展的系统工程，在不同的发展阶段或不同的国家有不同的名称，例如“废物减量化”、“无废工艺”、“污染预防”等，但其基本内涵是一致的，即体现了对产品和产品的生产过程采用预防污染的策略来削减或消灭污染物的产生，从而满足生产可持续发展的需要。

《中国21世纪议程》对清洁生产的定义为：清洁生产是指既可满足人们的需要，又可合理使用自然资源和能源并保护环境的实用生产方法和措施，其实质是一种物料和能耗最少的人类活动的规划和管理，将废物减量化、资源化和无害化，或消灭于生产过程中。同时对人体和环境无害的绿色产品的生产亦将随着可持续发展进程的深入而日益成为今后产品生产的主导方向。

11.1.2 清洁生产的主要内容

《中华人民共和国清洁生产促进法》明确规定，所谓清洁生产，是指不断采取改进设计、使用清洁的能源和原料，采用先进的工艺、技术与设备，改善管理、综合利用，从源头消减污染，提高资源利用效率，减少或者避免生产、服务和产品使用过程中污染物的产生和排放，以减轻或者消除对人类健康和环境的危害。同时，还对清洁生产的管理和措施进行了明确的规定。概括起来，清洁生产具体表现在以下三个方面。

(1) 采用清洁的能源　对常规的能源如煤进行清洁利用，如城市煤气化供气等；对沼气、水等再生能源进行有效利用；开发新能源，利用各种节能技术。

(2) 采用清洁的生产过程　在生产过程中尽量少用和不用有毒有害的原料；采用无毒无害的中间产品；选用少废、无废工艺和高效设备；尽量减少生产过程中的各种危险性因素，如高温、高压、低温、低压、易燃、易爆、强噪声、强振动等；采用可靠和简单的生产操作和控制方法；对物料进行内部循环利用；完善生产管理，不断提高科学管理水平。

(3) 生产清洁的产品　产品设计应考虑节约原材料和能源，少用昂贵和稀缺的原料；产品在使用过程中及使用后不会出现危害人体健康和破坏生态环境的因素；产品的包装合理；产品使用后易于回收、重复使用和再生；使用寿命及功能合理。

从清洁生产的含义可以看出，清洁生产包含了两个全过程控制：生产全过程和产品整个生命周期全过程。它把生产者、消费者、全社会对于生产、服务和消费的希望，从资源节约和环境保护两方面对工业产品生产从设计开始，到产品使用后直至最终处置，给予了全过程的考虑和要求。因此清洁生产也可以通俗地表述为：清洁生产是人类在进行生产活动时，所有的出发点首先要考虑防止和减少污染的产生，对产品的全部生产过程和消费过程的每一环节，都要进行统筹考虑和控制，使所有环节都不产生危害环境、威胁人体健康的生产过程。

实行清洁生产要求对产品的全生命周期实行全过程管理控制，不仅要考虑产品的生产工艺、生产的操作管理、有毒原材料替代、节约能源，还要考虑产品的配方设计、包装与消费方式，直至废弃后的资源回收利用等环节，并且要将环境因素纳入到设计和所提供的服务中，从而实现经济与环境协调可持续发展。

11.1.3　发酵行业开展清洁生产的重要意义

随着改革开放的不断深入，食品与发酵工业得到了持续快速的发展。近年来，食品与发酵工业总产值平均增长速度保持在 10%以上。2012 年中国发酵酒精（折 96 度，商品量）的产量达 82.06 亿升，味精产量为 210 万吨，赖氨酸产量为 101 万吨以上，柠檬酸产量为 98 万吨（2010 年），啤酒产量为 4 902 万千升，白酒产量为 1 153.16 万升，黄酒产量为 150 万吨，葡萄酒产量为 13.8 亿升，另有酵母、淀粉、蔗糖等产品，年废水排放总量高达 71 664 万吨，其中废渣水为 7 976 万吨，已成为中国水污染防治的重点行业之一。坚持优化产业结构、推动技术进步、强化工程措施，大幅度提高能源利用效率，减少污染物排放；进一步形成以政府为主导、以企业为主体、市场有效驱动、全社会共同参与的推进节能减排工作格局，确保实现“十二五”节能减排约束性目标，加快建设资源节约型、环境友好型社会。

要推进企业清洁生产，从源头减少废物的产生，实现由末端治理向污染预防和生产全过程控制转变，促进企业能源消费、工业固体废弃物、包装废弃物的减量化与资源化利用，控制和减少污染物排放，提高资源利用效率，为此国家制定了一系列清洁生产标准，就发酵行业而言，有啤酒制造业《清洁生产标准（HJ/T 183—2006）》、蔗糖制造业《清洁生产标准（HJ/T 186—2006）》、白酒制造业《清洁生产标准（HJ/T 402—2007）》、味精制造业《清洁生产标准（HJ 444—2008）》等众多工业清洁生产标准。因此，在发酵行业开展清洁生产具有十分重要的意义。

1. 清洁生产使社会、企业可持续发展

清洁生产可大幅度减少资源消耗和废物产生，通过努力可使被破坏的生态环境逐步得到缓解和恢复，使社会、企业走可持续发展之路。

2. 清洁生产开创污染防治新阶段

与末端治理不同，清洁生产改变了传统、落后的“先污染、后治理”的污染发展模式，强调在产品的整个生命周期提高资源、能源的利用率，减少污染物的产生，使其对环境的不利影响降低。

3. 清洁生产减少了末端治理

我国工业生产是以大量消耗资源、能源来发展经济的传统发展模式，工业污染控制以往为以末端治理为主，虽然可使局部环境得到好转，但整体形势未得到有效遏制。清洁生产将污染整体预防战略持续地应用于产品的整个生命周期，通过不断改善管理和改进技术，提高资源综合利用率，减少污染物排放，降低对环境和人类的危害。

4. 清洁生产使企业赢得形象和品牌

清洁生产的实施，代表着新技术、新工艺的开发和应用，企业生产从原料选择、生产过程到产品都采用了无毒、无污染的原料和辅料，绿色产品的可信度高，代表着整个企业技术的先进和产品的优质化。

清洁生产，减少排污，在国际上已得到普遍响应和重视。在国内随着经济发展和生活水平的提高，人们对青山绿水更加渴望，国家每一位公民对环境污染问题也愈来愈重视，清洁生产的应用和发展是一种大趋势，生态文明建设首次列入"十八大"报告中，从国家层面关注工业生产活动，清洁生产的有效实施将是工业生产的一场新的革命，清洁生产将成为产业结构调整、能源结构调整、产品结构调整以及布局结构调整的核心思想。全面推行，有效地实施清洁生产，有助于打破一些发达国家的"绿色壁垒"，提高中国产品在国际市场上的竞争力。总之，低消耗、低污染，实现经济效益、社会效益和环境效益和谐可持续生产是21世纪的工业发展的基本模式。同时，清洁生产的理念和实践将会扩展到农业、建筑业、服务业、交通运输业、城建设施甚至金融产业等社会经济生活的各个领域。

11.1.4 发酵行业清洁生产工艺

发酵行业清洁生产工艺技术改革主要可采取四种方式，即改变原料、改进生产设备、改革生产工艺及工艺优化控制过程。

1. 改变原料，实现清洁生产

改变原料实现清洁生产包括原材料替代和原材料的纯净化两个方面。例如，酒精生产的传统原料主要为山芋干，后因经济转型，种植面积减少，原料价格上升，采用玉米半干法脱胚工艺，胚芽生产玉米油，将脱胚玉米粉生产酒精，从而提高了玉米原料利用率和发酵质量，减少了废渣水排放量。有些企业甚至采用小麦为原料，首先生产小麦面粉，麸皮是良好饲料，利用小麦面粉提取蛋白粉，废渣水蒸煮糖化发酵生产酒精，取得了良好经济效益和社会效益。

柠檬酸生产中原来的原料主要也是山芋干，存在带渣发酵、杂质多、收率低、污染大等问题，经技改研究采用干法生产玉米淀粉为柠檬酸生产原料。一方面在生产玉米淀粉时，能生产玉米油、蛋白质粉、玉米浆等多种副产品；另一方面又能将菌体渣生产蛋白质饲料。同时，废中和液由于其蛋白质含量高亦可进行浓缩干燥生产蛋白质饲料，可谓一举多得。企业生产能力在原设备的基础上提高了30%，产品质量大幅度提高，节能降耗，单位成本每吨可降低1 000元，并且含糖废水化学需氧量可降低50%。

2. 改进生产设备，实现清洁生产

啤酒生产中，麦汁两段冷却存在冷冻机负荷重、电耗高的缺点。啤酒厂电能有50%消耗在冷冻车间，而麦汁冷却又占其中的一半以上。麦汁一段冷却工艺比麦汁两段冷却工艺可节能40%。该工艺用水作载冷剂，大幅度降低了酒精耗用量；合理设计薄板换热器，冷却水用量降低；经热交换后的水温升至76～78 ℃，可直接用于洗糟或投料，耗费能量降低。

淀粉生产中，用针磨曲筛代替石磨、转筒筛，使工艺流程有较大改进，设备选型更加合理，干物质损失大为减少。麸质水的处理，取消沉淀池浓缩、板框压滤机压滤的老工艺，而采用离心分离机浓缩、真空吸滤机脱水、管束干燥机干燥的新工艺。该工艺可以连续生产，使蛋白质粉收率提高，质量也大为提高。

"丰原生化"借鉴国外经验，采用了分离提取技术领域的膜分离、色谱分离、分子蒸馏等技术，并应用于生产实践获得突破。例如，在L-乳酸生产中应用微滤膜、纳米滤膜技术和分子蒸馏技术，在酒精生产中采用联产系列酵母与汽化膜浓缩技术，在赖氨酸生产中应用纳米滤膜与ISEP连续离子交换技术，在大豆和玉米油生产中应用CO_2超临界萃取天然维生素E技术，在谷氨酸生产中应用低温一次连续等电结晶和副产品生产农用硫酸钾及氮、磷、钾三元复合肥技术等，使生产过程中酸、碱用量大为减少，生产成本大大降低。

维生素C生产中，原三足式离心分离设备为敞开式生产，酒精易挥发，不仅浪费原料，而且影响岗位操作环境；另外，三足式离心分离设备容积小，增加了停机装卸原料和清洗设备次数，影响生产效率及设备清洗带来的环境污染。改用电动吊装式离心机替代三足式离心机，并在维生素 C 车间经过半年运行，效果明显，酒精加料减少 15%，污染物产生量减少 15%。

3. 改革生产工艺，实现清洁生产

酒精生产的传统蒸煮工艺是将淀粉质原料在高温（130～150 ℃）、高压（0.3～0.4 MPa）下进行。采用中温蒸煮工艺（95～100 ℃）生产 1 吨酒精节煤节电 15%，并可提高出酒率。采用高温、高浓度酒精发酵。使拌料水比达 1∶2.5 左右，发酵温度可达 38 ℃左右，从而可节约大量冷却水，提高了设备利用率，降低了废水排放量。味精生产，一般应用双酶法制糖工艺替代酸法、酸酶法、酶酸法生产原料糖。双酶法工艺制糖，粉糖转化率可达 95%以上，发酵残糖可进一步降至 0.5%以下。粉糖转化率提高，残糖降低，可使发酵液残留的有机物量减少，从而使污染负荷降低，同时，降低了生产味精的能耗。采用冷冻等电点离子交换提取谷氨酸工艺替代冷冻等电点提取谷氨酸工艺，谷氨酸发酵液去菌体浓缩等电点提取谷氨酸，浓缩废母液生产有机复合肥料工艺替代发酵液等电点提取谷氨酸工艺。

新建、扩建啤酒厂采用低层糖化楼的设计，改糖化麦糟加水稀释后泵送或自流出糟为“干出糟”，大力推广酶法液化等，从而提高了原材料的利用率、能源利用率，减少了污染物的排放量。

由无锡轻工大学（现江南大学）生物工程学院发明的味精清洁生产工艺，发酵液以批次的方式进入闭路循环圈，构筑闭路循环系统实现废水零排放，如图 11-1 所示。

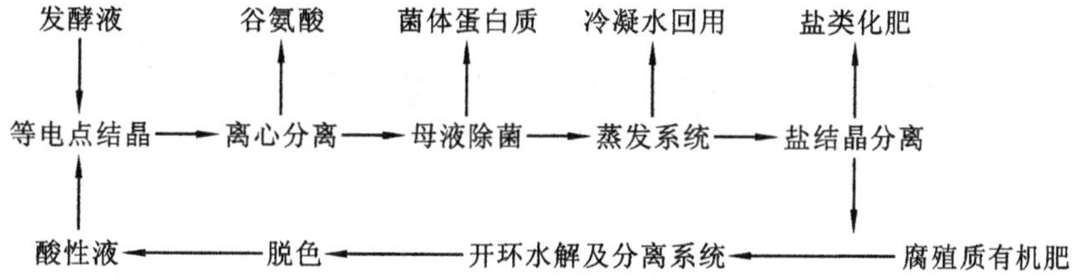

图 11-1　味精清洁生产工艺

该系统中，进入主体循环圈的有发酵液、硫酸铵等；离开主体循环圈的是谷氨酸（主产品）、发酵菌体（高蛋白饲料）、硫酸铵（化肥）、腐殖质（有机肥）和蒸汽冷凝水。经 4 次循环后，闭路循环圈内操作点的物料即可达到平衡或接近平衡，保持各操作点操作在平衡点进行，可无限循环。

4. 优化工艺控制过程，综合利用，建立生产闭合圈，实现清洁生产

酒精生产中，将发酵排放的 CO_2 回收利用，不但消除了环境污染，而且还能产生较好的经济效益；生产过程排放的冷却水、余馏水统一考虑利用，可更好地节能、节水，从而降低排放水污染负荷与排放量。味精生产耗水量大，特别是在生产过程中产生了大量的冷却水、冷凝水。为此，味精企业要安装冷却塔，冷却水应全都回收利用；尽量减少洗涤水、冲洗水用量；采用密闭式蒸汽凝结水回收系统和高温凝结水回收装置，合理使用蒸汽和回收余热。葡萄糖生产中，会产生大量的副产品，即母液（占投料淀粉量的 20%左右），可用于制取草酸、乙酰丙酸、葡萄糖酸钙、皮革鞣制剂。另外，白酒发酵产物除了酒和酒糟之外，还有一些可利用的成分：一是存在于酒醅中的大量未被蒸出或虽被蒸出但随蒸馏水进入下水道的香味物质；另一些是蒸馏的尾水，均可利用其勾兑配制白酒。啤酒生产中，国内企业吨酒耗水量为 10～50 m^3，与国外企业 10 m^3 相比，节水潜力很大。一般啤酒厂现生产啤酒耗水量为每吨酒 20～25 m^3，应通过节水措施将吨酒耗水量降到 15 m^3（达到行业用水标准）。啤酒生产麦芽汁煮沸时蒸发强度达

8%～12%，这部分二次蒸汽可回收使用，既节约能耗又可降低水耗量。同时，循环使用冷却水，尽量将浸渍大麦和洗瓶工序实行逆流用水，降低生产用水，降低废水排放负荷，特别是要做到清污分流，减轻处理负荷，有效控制洗糟水，回收利用冷热凝固物和酵母、麦糟，加强管理，降低酒损等，均可降低污染负荷。

柠檬酸废渣水的综合利用（如柠檬酸废渣，石膏可采用半干法生产建筑石膏，菌体渣和淀粉渣水洗压榨生产饲料，高浓度有机废水生产光合细菌饲料和厌氧发酵生产沼气等）和废水治理（如接触氧化、气浮、氧化塘等）有关工艺与技术较为成熟，企业可以借鉴。要搞好柠檬酸生产综合利用和废渣的科学研究，如废糖水返回调浆继续发酵生产柠檬酸和在柠檬酸生产过程中调整原料结构等。白酒生产中应将释放的大量的冷却水，用于洗瓶，也可待降温后再用。洗瓶废水可以经沉淀、杀菌后重复使用，也可以用于冷却。

另外，采用计算机技术有效控制工艺参数，使物料、工艺过程用水、能源都处于平衡状态，并最大限度地减少跑料、泄漏、冒罐等损失，以获得最高的生产效率为目的，在最佳工艺参数下操作避免生产控制条件波动和非正常停产，可大大减少废物量。如果采用自动控制系统监测调节工作操作参数，维持最佳反应条件，加强工艺控制，可增加其产量、减少废物和副产物的产生。例如，安装计算机控制系统监测和自动复原工艺操作参数，实施模拟结合自动设置定点调节，可使反应器、精馏塔及其他单元操作最佳化。在间歇操作中，使用自动化系统代替手工处理物料，通过减少操作失误，降低废物的产生及泄漏的可能性。

11.2 发酵工程在环境保护中的应用

发酵工业采用玉米、薯干、大米等作为主要原料，利用其中约占60%的淀粉，其余40%的蛋白质、脂肪、纤维等并没有很好地利用，而是变成废渣、废水排入工厂周围水系，不但造成严重环境污染，而且大量浪费了粮食资源。现代发酵以大规模液体深层发酵为主，规模大，发酵液中产品含量一般为10%左右，有些大分子、高附加值产品含量不足1%，生产过程中产生大量有机废渣液。废渣水主要来自提取产品后的废糟液、废母液和大量的洗涤水，其特点是有机物和悬浮物含量高，有机废水的化学需氧量一般达$(4\sim8)\times10^4$ mg/L及以上，排放量大，一般1吨产品要排放15～20吨高浓度有机废水，易腐败，一般无毒且富含营养，菌体蛋白质、残糖、氨基酸、有机酸、无机盐、纤维素等营养物质，会使接受水体富营养化，造成水体缺氧，恶化水质。废渣可以进行固液分离，将滤渣生产饲料，也可直接进行厌氧发酵，将复杂的有机物通过厌氧微生物降解转化为沼气。但固液分离后滤液和厌氧发酵后的消化液（两次废水）的化学需氧量仍为500～8 000 mg/L或更大，必须通过好氧治理才能达到国家规定的排放标准。但是，好氧治理工艺存在投资大，运行成本高等缺点。例如，年处理50万立方米废水（相当于年生产3万吨酒精厂、4万吨啤酒厂、2万吨味精厂、3万吨淀粉厂年排放废水量）需投资600万元至700万元（不含厌氧工艺），且能耗高（处理1 m^3废水耗电0.8～1.5 kw・h）、成本高（处理1 m^3废水成本为1.50～3.00元）、占地面积大，企业进行好氧治理工艺积极性不高。但饲料-好氧工艺或厌氧-好氧工艺又是一个整体治理工艺方案，若单纯采用生产饲料和厌氧发酵制沼气，尽管会产生经济效益，但废水仍不能达标排放。故企业只生产饲料和厌氧发酵生产沼气，不进行两次废水和厌氧消化液的好氧治理是不完善的处理方式。鉴于此，中国食品发酵工业研究所曾于“八五”期间承担了国家科技攻关项目“高效节能发酵装备和工艺研究”，后又成功研制出流体(气体、液体)喷射装置，为开发低投资、低能耗的好氧治理工艺提供了新工艺与新设备。另外，环境工建与科研人员应大力研究开发低投资、低能耗的好氧治理工艺，使饲料-好氧工艺和厌氧-好氧工艺能应用于企业，使企业易于接受，为发酵工程在环境保护中的应用做出应有的贡献。

11.2.1　发酵工业废水的生物处理

发酵工业所排废液大多以废水为主体，所以工业废液处理以废水处理为主。发酵废渣水主要来自提取产品后的废糟液、废母液和大量的洗涤水，其特点是有机物和悬浮物含量高，易腐败，一般无毒性，但使接受水体富营养化，造成水体缺氧、水质恶化。工业废液是对环境造成污染的重要污染源，须经处理达到排放标准后才能排放。

水质是指水和其中所含的杂质共同表现出来的物理、化学和生物学的综合特性。表示废水水质污染情况的重要指标有有机物质、固体物质、pH 值、色度和温度等指标。因工业废液中含有的化学污染物种类多、成分复杂多变、生物处理差异性大，对所有污染物逐个进行定性、定量分析在技术上是不可能做到的。

1. 发酵工业废水污染物主要指标

化学需氧量(COD)是指用强氧化剂($K_2Cr_2O_7$或 $KMnO_4$)使污染物氧化所消耗的氧量，包括所有能被氧化剂氧化的有机物与无机物。测定结果分别标记为 COD_{Cr}或 COD_{Mn}，不标记的 COD 实际指 COD_{Cr}。

生化需氧量或生物化学需氧量(BOD)是指微生物在有足够溶氧存在的条件下，分解有机物所消耗的氧量。常用 BOD_5，即 5 日生化需氧量，它表示在 20 ℃条件下培养 5 天氧的消耗量。不加说明的 BOD 一般指 BOD_5。

BOD 在数值上一般低于 COD，两者的差值可粗略地表示出不能被微生物所降解的有机物。

2. 发酵工业废水排放标准

根据废水受纳水体的功能，排放标准分一级、二级和三级三个等级，其中一级标准最严格。排入饮用水源水体的废液应达到一级标准的要求。我国废水排放基本控制项目最高允许排放浓度见表 11-1，其他指标从略。

表 11-1　废水排放基本控制项目最高允许排放浓度(日平均值)

项　　目	一级指标	二级指标	三级指标
pH 值	6～9	6～9	6～9
BOD_5/(mg/L)	10～20	30	60
COD/(mg/L)	50～60	100	120
悬浮固体/(mg/L)	10～20	30	50
总氮(以 N 计)/(mg/L)	15～20	—	—
氨氮(以 N 计)/(mg/L)	5～8	25	—
总磷(以 P 计)/(mg/L)	0.5～1	3	5

另外，我国为促进发酵工业生产工艺和技术装备的改进，强化企业对排放标准及清洁生产的认识，分别制定了《发酵酒精和白酒工业水污染物排放标准》(GB 27631—2011)、《啤酒工业

污染物排放标准》(GB 19821—2005)、《柠檬酸工业污染物排放标准》(GB 19430—2004)和《味精工业污染物排放标准》(GB 19431—2004)等系列标准。

3. 废水的生物处理方法

发酵工业废水生物处理工艺可以分为好氧生物处理和厌氧生物处理。废水的生物处理是在特定的构筑物中人工创造适宜条件,充分利用微生物的新陈代谢功能,使废水中呈溶解和胶状的有机物被降解,转化为无害的物质,使废水得到净化的一种技术。废水进行生物处理时,废水中的可溶性有机物透过微生物细胞壁和细胞质膜,被菌体所吸收;固体和胶体等不溶性有机物先附在菌体外,由菌体细胞分泌的胞外酶分解为可溶性物,再深入细胞内。通过微生物体内的氧化、还原、分解、合成等生化作用,把一部分被吸收的有机物转化为微生物所需的营养物质组成新细胞等;另一部分有机物氧化分解为 CO_2、水等简单无机物,同时释放出微生物生长与活动所需的能量。

生物处理方法是去除废水中的有机物最经济有效的方法,特别是对于BOD含量高的有机废水更为适宜。众所周知,微生物分为好氧微生物、厌氧微生物和介于两者之间的兼性微生物,因此,相应的废水处理也分为好氧生物处理法和厌氧生物处理法。它是成本最低且处理效果和处理能力最佳的废水处理方法。

1) 好氧生物处理

按废水处理反应器中微生物的生长状态,废水生物处理分为悬浮生长工艺和附着生长工艺。前者以活性污泥法为代表,其微生物在曝气池内以活性污泥的形式呈悬浮状态;后者以生物膜法为代表,其微生物以膜状固着在某种载体表面上。好氧生物处理法一般所需时间短,在适合的条件下BOD去除率可达80%~95%及以上。活性污泥法中微生物悬浮生长在废水中,其实质是水体自净的人工化;生物膜法是微生物附着在固体物上生长,是土壤自净的人工化。

(1) 活性污泥法　活性污泥法是目前在废水处理中应用最广泛的一种生物处理工艺。活性污泥是指具有活性的微生物菌胶团或絮状的微生物群体,它是一种绒絮状小泥粒,由需氧菌为主体的微型生物群体,以及有机或无机胶体、悬浮物等组成的一种肉眼可见的细粒,污泥颗粒的直径一般为0.02~0.2 μm。它具有很强的吸附和分解有机质的能力,对pH值有较强的缓冲能力,当静置时,能立即凝聚成较大的绒粒而沉降。

活性污泥法基本流程如图11-2所示。

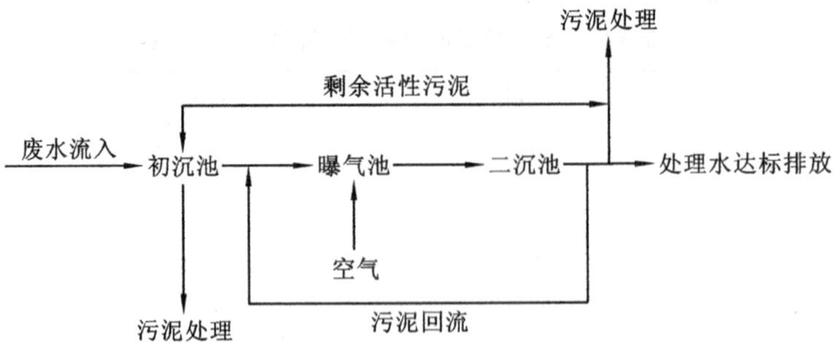

图11-2　活性污泥法基本流程

活性污泥系统由初沉池、二沉池、曝气系统和污泥回流处理系统组成。其中,曝气池与二沉池是活性污泥系统的基本场所。废水流经初沉池后与从二沉池底部回流的活性污泥一起进入曝气池,在曝气池中发生好氧生化反应,各种有机污染物被活性污泥吸附或吸收,同时被活性污泥上的微生物群落分解,废水得到净化。二沉池使活性污泥与已被净化的废水分离,分离后的处理水排放，活性污泥在污泥区内得到浓缩并以较高浓度回流到曝气池。由于活性污泥不断增加，部分污泥作为剩余污泥从系统中排出，或送往初沉池，提高初沉效果。

维持活性污泥处理系统有效运行的基本条件：废水中应含有足够的营养物质，有适当的C∶N∶P比例。根据经验，BOD∶N∶P=100∶54∶1。混合液中应含有足够的溶解氧，据介绍，曝气池出口处溶氧浓度为 2 mg/L 较好。同时，要有适宜的 pH 值，活性污泥微生物的最适 pH 值为 6.5～8.5，pH 值降至 4.5 和高于 9.0 都将影响活性污泥中微生物的种类和代谢情况。另外，要有适当的水温，最适温度范围是 15～30 ℃，水温过低或过高均会对活性污泥的功能产生不利影响。

活性污泥法种类较多，有传统活性污泥法、完全混合式活性污泥法、高负荷活性污泥法、逐渐曝气活性污泥法（又称阶段曝气活性污泥法）、生物吸附法（又称吸附-再生活性污泥法或接触稳定法）、间歇式活性污泥法、选择性活性污泥法（限制性曝气活性污泥法）、纯氧曝气活性污泥法、投料式活性污泥法、膜生物反应器以及喷射工艺处理废水等工艺。下面介绍几种常用的废水处理方式。

①完全混合式活性污泥法　目前采用较多的新型活性污泥法。曝气池（方形或圆形）内设有机械曝气装置，曝气装置多为设置在池中央的叶轮曝气器。该法与传统法的区别在于废液与回流污泥从池底部进入曝气池，立即与池内原有的混合液充分混合，在池内基本完成有机物的降解反应。其特点：微生物处于同一生长期内便于控制，整个池中耗氧速率均匀。适用于水质 BOD 较高和水质不稳定的废水处理。

②逐渐曝气活性污泥法　在推流式曝气池中，随着水流方向、曝气量逐渐减少，曝气池汇总溶氧浓度也逐渐保持一致，从而避免了传统活性污泥法中进水口溶氧浓度低而出水口溶氧浓度高的现象，更有利于微生物的代谢活动，同时也可降低能耗。

③间歇式活性污泥法（序批式活性污泥法）　包括进水、反应、沉淀、排水和静置五个工序。反应器的运行特点为间歇操作，其工艺流程如图 11-3 所示。

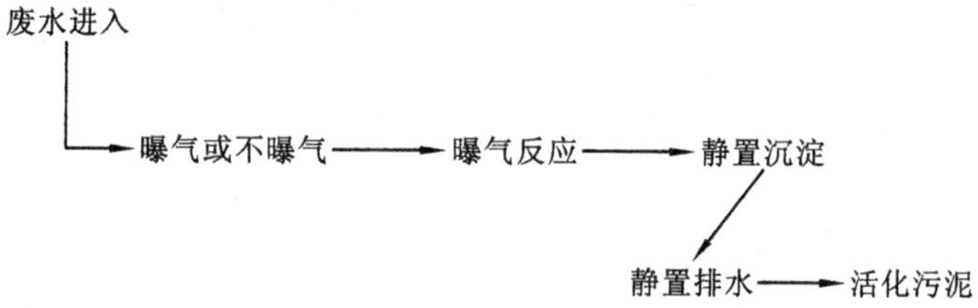

图 11-3　间歇式活性污泥法工艺流程

该工艺是一种简易、快速且低耗的废水生物处理技术，其主要优点如下：流程简单，布置紧凑，节省占地面积和基建投资；具有推流式反应器的特性；运行方式灵活，脱氮除磷效果好；污泥沉降性能好；耐冲击，对进水水质水量的波动具有较好的适应性。因该工艺优于传统活性污泥法，受到生物处理技术领域的重视，得到了较快的发展及应用。

④膜生物反应器（membrane bioreactor）　近几年发展起来的，将高效的膜分离技术与传统活性污泥法相结合的新型水处理技术。它利用膜过滤代替传统的二沉池和沙滤池，提高了泥水分离效率，出水质量高，无悬浮物，无需消毒，且由于曝气池中活性污泥浓度增大，提高了生化反应效率，但分离膜的污染和堵塞是影响其广泛应用的致命弱点。

⑤喷射工艺处理废水　传统生物反应器普遍采用罗茨鼓风机、曝气头等一套供气设备，存在投资大，能耗高等弊端，使技术的应用推广受到限制，“八五”期间开发的流体喷射器处理技

术，比传统设备节电40%，节约投资20%。国外已有成功地将喷射器应用于高浓度有机废水处理领域的报道，每小时处理废水体积400 m^3，容积负荷为0.7 kg/(m^3 · d)，停留时间8 h，提供1 kg氧处理1 m^3废水(BOD为1 000 mg/L)只需0.4 kW · h电，BOD去除率达到95%。喷射工艺处理废水流程如图11-4所示。

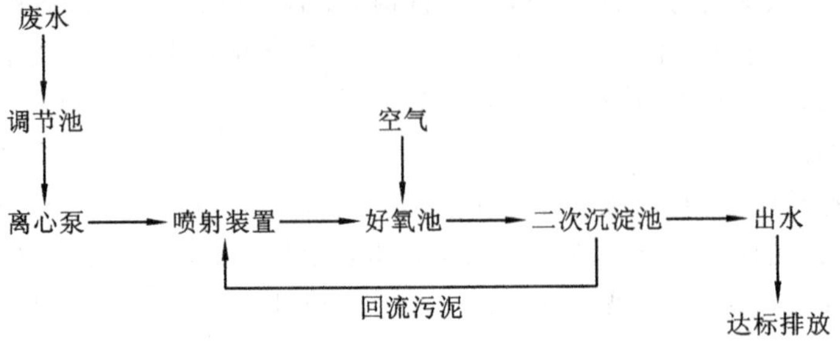

图11-4 喷射工艺处理废水流程

喷射工艺处理废水与传统处理工艺基本相同，但生物反应器不再采用罗茨鼓风机、曝气头等一套供气设备与装置，通风供氧采用流体喷射器。

(2) 生物膜法 生物膜法是指以生长在固体(称为载体或填料)表面上的生物膜为净化主体的生物处理法。生物膜反应器内微生物相的多样性高于活性污泥。生物膜中包括大量细菌、真菌、藻类、原生动物和后生动物，还有一些增殖缓慢的肉眼可见的无脊椎动物，但生物膜主要由菌胶团和丝状菌组成。微生物群体形成一层黏膜即生物膜，附着于载体表面，一般厚1～3 mm，经历一个初生、生成、成熟及老化剥落的过程。生物膜法的净化机理是，生物膜对水中有机物进行吸附与吸收被膜中的微生物氧化分解，附着在水层中的有机物浓度随之降低，而运动在水中的有机物浓度高，因而发生传质过程。微生物所消耗的氧，沿着空气、运动水层、附着水层而进入生物膜，微生物分解有机物形成的无机物和CO_2等，沿相反方向释放出来。

常用生物膜法有生物滤池法、生物转盘法、生物接触氧化法和生物流化床法等工艺方法。

①生物滤池法 生物滤池又分为普通生物滤池(又称滴滤池或低负荷生物滤池)、高负荷生物滤池、塔式生物滤池及活性生物滤池等。塔式生物滤池和活性生物滤池都属于高负荷生物滤池的范畴。

废水进入初沉淀池，除去可沉性悬浮固体后，再进入生物滤池，经生物滤池净化的废水连同滤池上脱落的生物膜流入二沉淀池，经固液分离，排出净化后的废水。其基本工艺流程如图11-5所示。

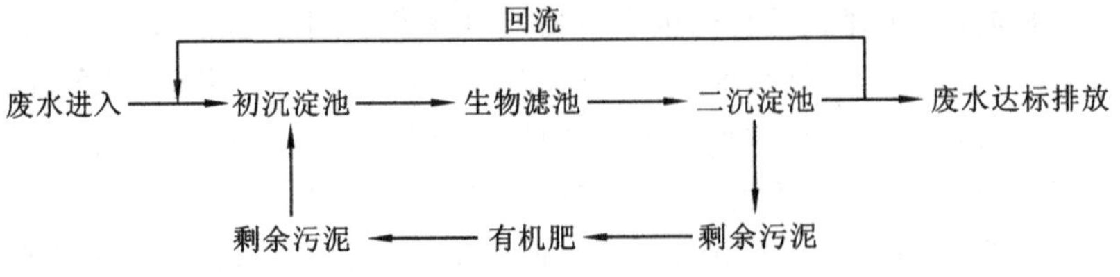

图11-5 生物滤池法基本工艺流程

普通生物滤池不需要回流处理水，而高负荷生物滤池、塔式生物滤池和活性生物滤池一般需要进行回流处理。

生物滤池结构主要由池体、滤料、布水装置和排水系统四部分组成。池体多为圆形，便于自动旋转布水器运转。布水器的作用是将废水均匀地喷洒在滤料上。排水系统在滤床底部，其作用是收集、排出处理后的废水及保证滤床通风供氧。

②生物转盘法　生物转盘法是生物膜法的一种，又称浸没式滤池。生物转盘由固定在一根轴上的许多间距很小的圆盘或多角形盘片组成，盘片要求质量轻、强度高、厚度薄、耐腐蚀，一般做成蜂窝体，以增大比表面积，盘片固定在中心转轴上，圆盘约 40% 的面积浸没在半圆形、矩形或梯形的氧化槽内，盘面为生物膜支撑物。生物膜在浸没状态时，废水中的有机物被生物膜吸附和吸收，当它转出水面时，生物膜又从大气中吸收氧气，使吸附于生物膜上的有机物被微生物氧化分解，部分同化为菌体细胞，增加盘面上的生物量，部分被氧化分解为 CO_2 和 H_2O，生物膜恢复活性。然后随着盘片的转动再浸入废水中吸附有机物，如此循环而对废水中的有机物进行分解，达到净化废水的目的。生物转盘的盘面每转动 1 圈即完成一个吸附、氧化作用的周期。生物转盘法在圆盘的转动过程中，由于氧化槽中的废水不断被搅动，可以连续充氧，而且使脱落的微生物膜也呈悬浮状态，继续净化废水，不产生沉淀也不需要回流，设备结构简单，运行费用低，具有节能、高效的特点。生物膜由于微生物自身繁殖逐渐增厚，当增长到一定厚度时，在圆盘转动形成的剪切力作用下，从盘面剥落，悬浮于废水中，随处理水流入二沉淀池，盘片上再生成新的生物膜。

另外，生物转盘法也可多级串联处理废水，由于废水与生物膜接触时间相对较长，易于控制，处理废水时 COD 可达 1 000 kg/L，处理效果好，耐冲击能力强，且因生物膜微生物食物链长，产生污泥少，仅为活性污泥法的 1/2，减少污泥处理负荷。与滤池法比较不易堵塞，设备还可以多层布置，占地面积小，投资少，但盘片材料价格昂贵是其最大弊端。

③生物流化床法　生物流化床法是生物膜法的发展，它的生物膜的载体是相对密度大于 1、粒径 0.1～1 mm 的细小惰性颗粒，如石英沙、焦炭、活性炭和陶料等。微生物在粒子表面生长形成生物膜，但废水(经充氧或床内充氧)只能自下而上流动，且控制流速使载体颗粒达到流化状态，生物膜在颗粒表面生长，随载体颗粒在废水中呈悬浮状态，生物膜与废水中有机物接触充分。生物流化床既有固定生长特征又有悬浮生长特征，微生物在生物流化床中的浓度、生化反应速率等方面都有很大优势。

当废水上升通过载体床时，与附有生物膜的载体接触，并在供氧的条件下，达到生物氧化处理的目的。小粒径载体提供了生物膜生长的巨大表面积，且由于流化载体粒子之间的摩擦作用，形成均匀而很薄的高度活性的生物膜，所以生物流化床有较高的去除率。脱下的多余生物膜可以随出水排出。处理负荷可达 7～8 kgCOD/(m^3 · d)，去除率达 80%。

该法与活性污泥法相比，具有较强的抵抗冲击负荷的能力，不存在污泥膨胀；与生物膜法相比不存在堵塞问题，同时具有占地面积小，节省投资等特点。但该反应器的设计和运转管理对技术要求较高，进行放大设计时尚有一定的不确定性，大量工程的设计还是要依靠经验判断，致使其普及程度不及活性污泥法及其他生物膜法。

2) 厌氧生物处理

厌氧生物处理又称厌氧消化，是在无氧或缺氧的情况下由多种微生物共同作用，将废水中的有机物分解并最终转化为 CH_4、CO_2、H_2O、H_2S 和 NH_3 的过程。厌氧生物处理法不仅能处理高浓度的有机废水，而且还能处理中低浓度的废水，厌氧生物处理是一个复杂的微生物生理生化过程，主要依靠三大类群的细菌，即通过水解产酸细菌(发酵细菌)、产氢产乙酸细菌和产甲烷细菌的联合作用完成，在食品、酿造、有机化工和制糖等工业中得到了广泛应用。

(1) 废水厌氧生物处理过程的几个阶段

①水解酸化阶段　此阶段起作用的主要是水解产酸细菌(发酵细菌)，包括梭菌属、拟杆菌

属(*Bacteroides*)、丁酸弧菌属(*Butyrivibrio*)、真杆菌属(*Eubacterium*)和双歧杆菌属(*Bifidobacterium*)等。按照细菌的代谢功能,发酵细菌又可分为纤维素分解菌、半纤维素分解菌、淀粉分解菌、蛋白质分解菌和脂肪分解菌等。发酵细菌的主要功能是将难溶的复杂的有机物分解变成可溶性物质,如脂肪酸、有机酸、醇类、氨、硫化物、CO_2和H_2等。发酵细菌大多数为专性厌氧菌,也有兼性厌氧菌,有时也发现真菌和为数不多的原生动物。

②产氢产乙酸阶段　此阶段起作用的主要是产氢产乙酸细菌。该细菌主要是共养单胞菌属(*Syntrophomonas*)、互营杆菌属(*Symtrophobacter*)、梭菌属和暗杆菌属(*Pelobacter*)等。在这类细菌的作用下,将水解酸化阶段的酶解、水解可溶性产物进入细胞内,在胞内酶的作用下,进一步将它们分解成小分子化合物,如低级挥发性脂肪酸、醇、醛、酮、脂类、中性化合物、H_2、CO_2和游离态氨等。其中主要是挥发性酸,乙酸约占80%。产氢产乙酸细菌可能是绝对厌氧菌或兼性厌氧菌。

③产甲烷阶段　此阶段主要作用的微生物是绝对厌氧的产甲烷细菌。产甲烷细菌大致分为两类:一类主要利用乙酸脱羧产生甲烷和CO_2,约占总量的2/3;另一类是利用H_2和CO_2合成生成甲烷,约占总量的1/3。也有极少数产甲烷细菌既能利用乙酸也能利用氢气生成甲烷。其反应式如下。

$$4H_2+CO_2 \text{——} CH_4+2H_2O$$

$$CH_3COOH \text{——} CH_4+CO_2$$

产甲烷细菌有各种不同的形态,最常见的是产甲烷杆菌、产甲烷球菌、产甲烷八叠球菌、产甲烷螺菌和产甲烷丝菌等。其大小与一般细菌相似,但细胞壁结构不同,在生物学的分类上属于古细菌或称原始细菌。

在厌氧生物处理反应器中,三个阶段同时进行,并保持着某种程度的动态平衡。不产甲烷的细菌和产甲烷的细菌互相依赖,互为对方创造维持生命活动所需的良好环境和条件。例如:不产甲烷的细菌为产甲烷的细菌提供生长和产甲烷所需要的基质,如长链脂肪酸、H_2、CO_2等,还可以将加料时进入的溶解氧完全消耗,为产甲烷的细菌创造绝对的厌氧环境,不产甲烷的细菌中有许多种类能裂解苯环、降解氰化物等,从中获得能源和碳源,为产甲烷细菌消除有毒物质,并提供营养;同时产甲烷细菌对不产甲烷细菌所生成的产物进行分解和合成生成甲烷,这样就为不产甲烷细菌的生化反应解除了反馈抑制,不产甲烷细菌也就得以继续维持正常的生长和代谢。

在整个厌氧消化过程中,产甲烷细菌繁殖世代时间达4~6天,且对环境的变化非常敏感,所以产甲烷反应是厌氧消化的控制阶段。

(2) 厌氧生物处理的主要工艺类型　根据厌氧生物处理过程中水力滞留期,固体滞留期和微生物滞留期的不同,可将厌氧消化器分为三类。常规型消化器:将液体、固体和微生物混合在一起,出料时同时被淘汰,消化器内因没有足够的微生物,滞留期较短而得不到充分消化,效率较低。污泥滞留型消化器:通过固液分离方式,在发酵液排出时,微生物和固体物质所构成的污泥得到保留。附着膜型消化器:在消化器内安放有惰性支持物供微生物附着,使微生物呈膜状固着于支持物表面,废水流过膜状物时,其上滞留的微生物吸附、吸收有机废物,从而使消化器有较高的效率。

现仅介绍常规厌氧消化法和目前应用较多的升流式厌氧污泥床以及内循环(IC)厌氧反应器工艺。

①常规消化池——普通厌氧消化池　常规厌氧消化池又称传统或普通厌氧消化池,为密

闭圆柱形。池底呈锥形，利于排泥，废水定期或连续进入池中，在池中经厌氧微生物消化将废液中的大分子有机物分解，污泥从锥底定期排出。池内设有搅拌装置。进行高温或中温消化时，需对废液进行加热：可将废液在消化池外先加热到入池温度后再进入消化池，也可以直接将热蒸汽通入池内加热或在池内部安装热交换管加热。这种消化池难以保持大量的微生物细胞，消化效率较低，但设备简单，投资少。

②污泥滞留型消化器　升流式厌氧污泥床（UASB）属于该反应器类型。UASB 是 Lettinga 等于 1974—1978 年研制成功的厌氧处理工艺。UASB 消化器分为三个区，从下依次为污泥床、污泥层和气、液、固三相分离器三部分。消化器的底部是浓度很高并具有良好沉淀性能和凝聚性的絮状或颗粒状污泥形成的污泥床。废水从底部经布水管进入污泥床，向上穿流并与污泥床内的污泥混合，污泥中的微生物分解废水中的有机物，将其转化为沼气。沼气呈微小气泡不断放出，并在上升过程中合并成大气泡，在上升的气泡和水流的搅动下，消化器上部的污泥呈悬浮状态，形成一个浓度较低的污泥悬浮层。在消化器的上部设有气、液、固三相分离器。在消化器内生成的沼气气泡受反射板的阻挡进入三相分离器下面的气室内，再由管道经水封而排出。固、液混合液经分离器的窄缝进入沉淀区，在沉淀区内因污泥不再受到上升气流的冲击，在重力作用下沉淀。沉淀至斜壁上的污泥沿斜壁滑回污泥层，使消化器内积累大量的污泥。分离出污泥后的液体从沉淀区上表面进入溢流槽而排出。其原理如图 11-6 所示。

UASB 消化器具有结构简单、体积小、负荷高、占地面积少、运行费用低、处理效率高等特点，同时，颗粒污泥活性高、沉降性能好、稳定性好，与好氧生物处理法相比，UASB 在投资及运行费用等方面节省 1/2 左右。适用于处理可溶性废水含悬浮固体含量较低的场合。

另外，1986 年由荷兰某公司研究的内循环（internal circulation）厌氧反应器（简称 IC 反应器），也属于污泥滞留型消化器，它是目前世界上效能最高的厌氧反应器。该反应器是集 UASB 反应器和流化床反应器的优点于一身，利用反应器内所产沼气的提升力实现发酵废液内循环的一种新型反应器。清华大学对该反应器进行了深入的研究并已投入生产使用。其原理如图 11-7 所示。

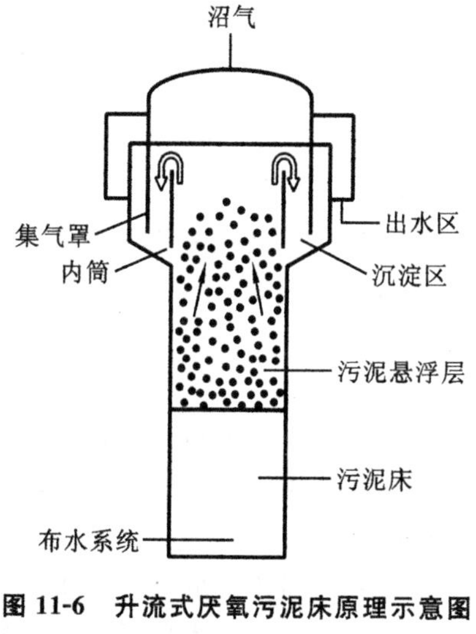

图 11-6　升流式厌氧污泥床原理示意图

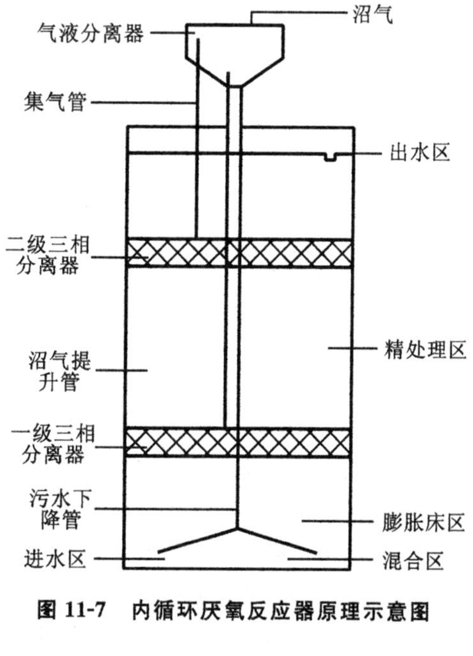

图 11-7　内循环厌氧反应器原理示意图

IC反应器具有很高的容积负荷率，其进水有机负荷率可比普通的UASB高出3倍左右；IC反应器节省基建投资和占地面积，其体积仅为普通UASB的1/4～1/3，它不仅体积小，高径比大，占地面积较少，而且还省投资；IC反应器以自身产生的沼气作为提升的动力实现强制循环，节省动力消耗；抗冲击负荷能力强，由于IC反应器实现了内循环，循环流量与进水在第二反应室充分混合，使原废水中的有害物质得到充分稀释，大幅度地降低了有害程度，从而提高了反应器耐冲击负荷能力；IC反应器具有缓冲pH值的能力，可利用COD转化的深度，对pH值起缓冲作用，使反应器内的pH值保持稳定，从而减少进水的投碱量；IC反应器相当于两级UASB工艺处理效果，出水水质较稳定。

③附着膜型消化器　流化床和膨胀床膜反应器均属于该反应器类型。在反应器内部填有像砂粒一样大小(0.2～0.5 mm)的惰性(如细砂)或活性(如活性炭)的颗粒供微生物附着生长形成生物膜反应器，如焦炭粉、硅藻土、粉煤灰或合成材料等。当有机污水自下而上穿流过细小的颗粒层时，污水及所产气体的气流速度足以使介质颗粒呈膨胀或流动状态。每一个介质颗粒表面都被生物膜所覆盖，其比表面积可达300 m^2/m^3。较大的比表面积能支持更多的微生物附着生长，使消化器具有更高的效率。这两种反应器可以在水力滞留期较短的情况下，允许进料中的液体和少量固体穿流而过。适用于容易消化的含固体较少的有机污水的处理。

该工艺具有较大的比表面积供微生物附着，可以达到更高的负荷，因为有高浓度的微生物使运行更稳定，能承受较大负荷的变化，长时间停运后可很快启动，可以利用固体含量少的原料，消化器内混合状态也较好；该反应器的不足之处是维持颗粒膨胀或流态化需要高的能耗，同时支持介质也可能被冲出，造成泵的损坏，在出水中回收介质颗粒势必会造成费用增加，另外它不能接受高固体含量的原料。

除上面介绍的几种废水厌氧生物处理的工艺类型外，还有厌氧序批式反应器、厌氧生物转盘、厌氧挡板式反应器、厌氧固定膜反应器、生物能搅拌厌氧消化器、两相厌氧消化工艺以及高温厌氧处理工艺等。

11.2.2　有机固体废弃物的微生物处理

有机固体废弃物也就是垃圾，它是人们生产或生活过程中，丢弃的一些固体或泥状物。随着人类大规模地开发和利用资源，以及城市化进程的加快，工业固体废弃物与城市生活垃圾数量逐年增大，已成为社会生活的一种负担。有机固体废弃物具有两重性：一方面它占用大量土地并易造成环境污染；另一方面它又含有多种有用物质，是一种资源。20世纪70年代后，随人口增加，能源和资源日渐短缺，对环境问题的认识逐渐加深，人们由开始的消极处理转向废物资源化。对可被微生物分解利用的有机固体废弃物，已越来越多地采用微生物方法处理。

有机固体废弃物的微生物处理途径主要有两条：一是培养微生物，使废弃物转化成含蛋白质、氨基酸、糖类、维生素或抗生素等有益物质的产品；二是制成有机肥料，增进生产，发展绿色生态有机农业。

1. 利用有机固体废弃物生产单细胞蛋白

单细胞蛋白(SCP)是通过培养微生物而获得的菌体蛋白质。用于生产单细胞蛋白的微生物包括微型藻类、非病原细菌、酵母菌和真菌等。这些微生物利用各种营养基质，如糖类、烃类、石油副产品和有机废渣液等在适宜的培养条件下生产单细胞蛋白。

利用发酵工业排出的固体废弃物生产单细胞蛋白，一般可采用固体发酵法生产单细胞蛋白，与深层液体发酵相比，固体发酵培养过程粗放一些，无需严格灭菌。用木质纤维素或粗淀粉质废渣作原料不需要特殊的前处理，且全部产品可用于饲料，后处理简单，得率高，设备投资少；发酵培养全过程无废液或排放很少，无环境污染。因此，利用废渣生产单细胞蛋白饲料得到了广泛的应用。例如，利用酒糟固体废弃物发酵生产单细胞蛋白的工艺流程如图 11-8 所示。

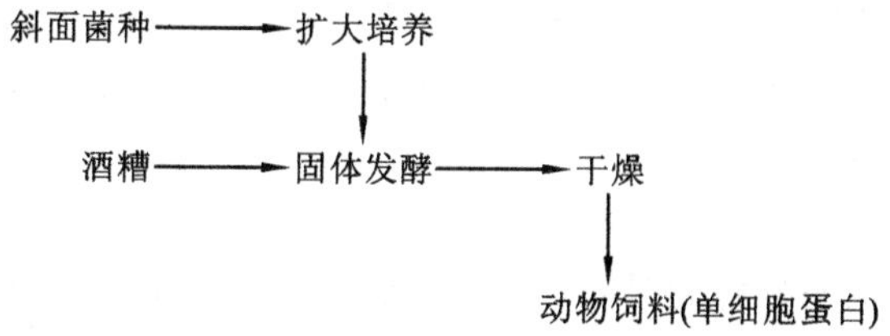

图 11-8　利用酒糟固体废弃物发酵生产单细胞蛋白的工艺流程

采用上述工艺过程，也可利用味精废水生产热带假丝酵母单细胞蛋白，含蛋白质达 60%，产品用作饲料，效果与鱼粉相同。用柠檬酸生产废液培养光合细菌也已成功应用于生产。

2. 利用有机固体废弃物生产有机肥料

堆肥法（compost）处理技术是固体有机废弃物处理的三大技术（卫生填埋、堆肥、焚烧）之一，通过堆肥处理，将其中的有机可腐物转化为土壤可接受且迫切需要的有机营养土，不仅能有效地解决固体废弃物的出路，解决环境污染和垃圾无害化问题，同时也为农业生产提供适用的腐殖土，从而维持自然界良性的物质循环。堆肥法是利用自然界广泛分布的细菌、放线菌、真菌等微生物，将有机固体废弃物中的有机物向稳定的腐殖质转化的生化过程。

堆肥法是一种古老的微生物处理有机固体废弃物的方法，俗称“堆肥”。根据处理过程中起作用的微生物对氧气要求的不同，堆肥法可分为好氧堆肥法和厌氧堆肥法两种。

1）好氧堆肥法

好氧堆肥法（aerobic compost）是在有氧的条件下，通过好氧微生物的作用使有机固体废弃物达到稳定化，转变为有利于农作物吸收生长的有机物的方法。在堆肥过程中，废弃物中溶解性有机物透过微生物的细胞壁和细胞膜被微生物吸收，固体和胶体的有机物先附着在微生物体外，由微生物所分泌的胞外酶分解为溶解性物质，再渗入到细胞内部。微生物通过自身的代谢活动把一部分被吸收的有机物氧化成简单的无机物，并放出生物生长活动所需要的能量；而把另一部分有机物转化为生物体自身的细胞物质，用于微生物的生长繁殖，产生更多的微生物体。

（1）好氧堆肥过程

①发热阶段　堆肥堆制的初期，主要由中温好氧的细菌和真菌，利用堆肥中容易分解的有机物，如淀粉、糖类等迅速增殖，释放出热量，使堆肥温度不断升高。

②高温阶段　堆肥温度上升到 50 ℃以上，进入高温阶段。由于温度上升和易分解的有机物减少，好热性微生物逐渐代替了中温微生物。堆肥中除残留的或新形成的可溶性有机物继续被分解转化外，一些复杂的有机物如纤维素、半纤维素等也开始迅速分解。高温对于堆肥的快速腐熟起到重要作用，在此阶段中堆肥内开始了腐殖质的形成过程，并开始出现能溶解于弱碱的黑色物质。同时，高温对于杀死病原性生物也是极其重要的。一般认为堆温在 50～70 ℃，持续 6～7 天，即可达到较好的杀死虫卵、病原菌以及植物种子（含草籽）的效果。

③降温和腐熟保肥阶段　当 50～70 ℃高温持续一段时间后，易于分解或较易分解的有机物（如纤维素）已大部分分解，剩下的是木质素等较难分解的有机物及新形成的腐殖质。这时

好热性微生物活动减弱，产热量减少，温度逐渐下降，中温性微生物逐渐成为优势菌群，残余物质进一步分解，腐殖质继续积累，堆肥进入了腐熟阶段。为了保存腐殖质和氮素等植物养料，可采取压实肥堆的措施，创造厌氧状态，使有机质矿化作用减弱，以免损失肥效。

(2) 有机固体废弃物堆肥好氧分解的条件

①碳氮比　有机固体废弃物的营养配比：C/N 在(25～30)∶1 发酵最好；过低，超过微生物所需的氮，细菌将其转化为氨而损失；过高，则影响堆肥的成品质量，施肥后引起土壤氮饥饿。C/P 宜维持在(75～150)∶1 的水平。

②水分　有机固体废弃物含水量在 40%～50%较好。含量过高，部分有机固体废弃物会进行厌氧发酵而延长有机物分解的时间；含量过低，则有机物不易分解。

通风供氧：发酵过程中适量通风可以保障充足的氧气供应，但过量的氧会造成大量热量通过水分蒸发而散失。因此，通风量要适宜。

③发酵温度　一般堆肥 2～3 天后温度可升至 60 ℃，最高可达 73～75 ℃，这样可以杀灭病原菌、寄生虫卵、苍蝇卵，破坏草籽等。堆肥发酵过程中，温度应维持在 50～70 ℃之间。

④pH　发酵过程以 pH 5.5～8.5 为宜。好氧发酵前几天由于产生有机酸，pH 为 4.5～5.0；随温度升高氨基酸分解产生氨，pH 上升至 8.0～8.5，一次发酵完毕；二次发酵氧化氨产生硝酸盐，pH 下降至 7.5 时为中偏碱性肥料。整个发酵过程的 pH 自然调节，不需外加调节剂。

(3) 堆肥工艺　常用的堆肥工艺有静态堆肥工艺、高温动态二次堆肥工艺、立仓式堆肥工艺、滚筒式堆肥工艺等。

①静态堆肥工艺　将有机固体废弃物堆置一定高度，下设压缩空气管，为翻堆方便，一般剖面宽度以 2.5～3.0 m 为宜。该法简单，处理成本低，但占地多，易滋生蝇蛆，产生恶臭。用人工翻动，在堆后第 2 天、7 天、12 天各翻堆一次，过后 35 天的腐熟阶段每周翻一次，翻动时可喷洒适量水以补充蒸发的水分。发酵周期为 50 天。

高温动态二次堆肥工艺：前 5～7 天为动态发酵机械搅拌，通入充足空气，好氧菌活性强，温度高，快速分解有机物。发酵 7 天绝大部分致病菌死亡。7 天后将发酵半成品输送到另一车间进行静态二次发酵，有机固体废弃物进一步稳定降解，20～25 天完全腐熟。

②立仓式堆肥工艺　发酵立仓高 10～15 m，分 6 格。有机固体废弃物由机械输送至仓顶一格，受重力和栅板的控制，每天降一格。一周至出料口，然后运送到二次发酵车间继续发酵使之腐熟至稳定状态。上部五格均通入空气，从顶部补充适量水，温度高，发酵迅速，24 h 温度上升到 50 ℃以上，70 ℃可维持 3 天，随后温度逐渐下降。本法占地少，升温快，废物分解彻底，运行费用低，但水分分布不均匀。

③滚筒式堆肥工艺(又称达诺生物稳定法)　滚筒直径 2～4 m，长度 15～30 m，转速 0.4～2.0 r/min，滚筒横卧稍倾斜。有机固体废弃物送入滚筒，旋转滚筒废物翻动并向滚筒尾部移动。在旋转过程中完成有机物生物降解、升温、杀菌等过程。5～7 天出料。堆肥发酵周期短，劳动强度小，占地面积少，但设备投资费用较高。

2) 厌氧堆肥法

厌氧堆肥法(anaerobic compost)是在不通风的条件下，将有机固体废弃物进行厌氧发酵，制成有机肥料，使固体废弃物无害化的处理过程。在厌氧堆肥过程中，主要经历了两个阶段：酸性发酵阶段和产气发酵阶段。①酸性发酵阶段：产酸细菌分解有机物，产生有机酸、醇、CO_2、氨、H_2S 等，pH 值下降。②产气发酵阶段：主要是产甲烷细菌分解有机酸和醇，产生

CH_4和CO_2，随着有机酸的下降，pH 值迅速上升。

厌氧堆肥方式与好氧堆肥法相同，但堆内不设通气系统，堆料品温低，腐熟及无害化所需时间较长。但厌氧堆肥法简便、省工，在不急需用肥时可采用。

本章总结与展望

发酵过程废渣水主要来自提取产品后的废糟液、废母液和大量的洗涤废水，其特点是有机物和悬浮物含量高，排放量大，易腐败，但一般无毒且富含营养，会使接受水体富营养化，造成水体缺氧，恶化水质，必须进行处理，达标排放。发酵工业废水生物处理分为好氧生物处理和厌氧生物处理，一般企业联合采用。对固液分离后的废渣可以生产饲料或肥料，也可直接进行厌氧发酵，转化为沼气作为燃料。

众所周知，发酵企业用水量大，一般 1 吨发酵产品要排放 15～20 吨高浓度的有机废水，若不进行回收利用，甚至可达 25～50 吨，因此，在发酵行业广泛推广清洁生产不仅十分必要，也十分迫切。通过推广清洁生产从改变原料、改进设备、改革工艺及优化工艺参数等控制过程全方位综合考虑，借助计算机及信息技术有效控制工艺参数，使物料、工艺过程用水、能源都处于平衡状态，并最大限度地减少跑料、泄漏、冒罐等损失，以获得最高的生产效率，在最佳工艺参数下操作增加产量、减少废物和副产物的产生，能有效避免生产控制条件的波动和非正常停产，实现工业生产高效、循环、可持续的现代工业发展文明之路。

思考题

1. 何谓清洁生产？清洁生产的主要内容有哪些？
2. 发酵行业实施清洁生产有何意义？
3. 简述清洁生产、末端治理与循环经济的关系。
4. 简述活性污泥法、生物膜法好氧生物处理废水的工作原理。
5. 举一示例说明在发酵行业如何实现清洁生产。
6. 简述有机固体废弃物的微生物处理方法。

参考文献

[1] 余龙江. 发酵工程原理与技术应用[M]. 北京：化学工业出版社，2006.

[2] 欧阳平开，曹竹安，等. 发酵工程关键技术及其应用[M]. 北京：化学工业出版社，2005.

[3] 肖冬光. 微生物工程原理[M]. 北京：中国轻工业出版社，2006.

[4] 李维平. 生物工艺学[M]. 北京：科学出版社，2010.

[5] 韦革宏，杨祥. 发酵工程[M]. 北京：科学出版社，2008.

[6] 熊宗贵. 发酵工艺原理[M]. 北京：中国医药科技出版社，1995.

第12章 发酵经济学

12.1 概述

发酵经济学是以控制生产成本、增加产品功能和扩大市场需求为目的，研究发酵行业的产品开发、投资建厂、生产加工、市场需求、市场经营相关内容的科学。

12.1.1 成熟的企业和成功的发酵产品应具备的条件

发酵产品的开发和生产的目的是：①能够生产出优质产品满足市场需求，这是企业生存基础；②能够有效地控制和降低生产成本，这是企业在与同类产品竞争中获得利润的基础，也是企业发展的前提。两者共同构成了企业的竞争优势。

在竞争日益激烈的市场经济状态下，一个成功的发酵产品，除了发酵产品的市场需求广泛外，产品性价比应具有很强的竞争力。因此，一个成功的发酵产品生产通常应具备下列条件。

(1) 总投资额应尽可能低，如对发酵罐等主要发酵设备及辅助设备的投资额要低，要求提取分离过程操作单元较少，而且发酵及分离纯化设备对不同的发酵类型要有一定的通用性，以适应不同类型的发酵，从而降低单个产品的投资成本。

(2) 发酵原料来源应广泛、价格低廉、易于采购运输、有较高的利用率，而且通常要有替代品。

(3) 发酵生产菌种应是高产稳定、适应性强的优良生产菌株。

(4) 发酵过程应易于控制，且可实现自动控制，以控制产品的质量。

(5) 发酵过程中尽量提高设备的利用率，减少非生产时间。如果采用分批发酵方式，则要尽量缩短微生物生长周期，对某些发酵过程可以考虑用分批-补料发酵方式或连续发酵方式来提高设备利用率。

(6) 发酵生产过程中应充分利用动力和热量，最大限度地降低单位能耗。

(7) 发酵产物的回收和纯化过程要简便、快速，以降低分离纯化成本并减少总生产时间。

(8) “三废”排放和处理，通过综合利用和处理后的循环使用，尽可能减少“三废”的数量和浓度，降低生产成本和“三废”处理费用。

12.1.2 发酵产品的成本构成

发酵工业生产的产品，包括高附加值的医药新产品和中低附加值的传统产品，为获得产品的竞争优势，特别是传统产品必须控制生产成本。生产成本形成因素包括以下七点：①投资额；②固定资产折旧；③优良菌种；④原辅料；⑤设备利用率和劳动生产率；⑥产物的回收和纯化；⑦排放物的数量和浓度。

考虑上述主要影响因素后，对于发酵产品的生产成本进行成本分析，发酵产品的生产成本可以分解为四个主要成分，按其重要性的顺序排列为：原材料费、维修费、公用设施费和人工费用。表 12-1 列出了某些发酵产品的生产成本分析。

表 12-1　某些发酵产品生产成本分析　　单位：%

项目＼产品	啤酒	酒精	醋酸	柠檬酸（表面培养）	柠檬酸（深层培养）	青霉素	单细胞蛋白
原材料费	50	73.1	46.8	42.2	39.7	58.0	62.0
公用设施费	*	13.3	23.1	6.0	35.3	20.3	10.0
工资及管理费	17	—	19.5	51.7	25.0	5.4	9.0
固定资产折旧费	12	13.6	10.5	—	—	—	19.0
维修费	20	—	—	—	—	14.9	* * *
业务开支费	—	—	—	—	—	1.4**	—

注：* 已算在维修费内；* * 包括实验室费用；* * * 已算在工资及管理费内。

从表 12-1 可知，发酵产品的生产成本主要包括原材料费、工资及管理费、公用设施费、固定资产折旧费、维修费等。如果产品生产成本中原材料费用占主要比例，那么培养基配方和菌种改良的研究将是发展工作中的主要研究任务，也是降低产品成本的关键；如果产物的回收和纯化所占比例最高且很大，那么产物的回收、纯化方法和工艺研究是降低产品成本的关键。因此，要找出影响成本的主要问题，并对它进行具体分析和重点解决。将占总成本比例很小的项目作为发展工作的主要任务是不恰当的。

12.2　发酵产品生产成本的控制

发酵产品成本涉及内容广泛，本章主要讨论发酵产品的生产成本，从发酵生产的角度来看，主要包括生产菌种、生产用原辅料、生产工艺、发酵产品的分离纯化、三废的综合利用与循环使用等影响发酵成本的关键因素。对这些因素进行成本分析可以看出哪些环节可以进一步降低生产成本。

12.2.1　菌株对发酵成本的影响

菌株是发酵产品生产成本的基础和控制的关键，它直接影响产品的质量和成本，决定该发酵产品的经济效益。筛选具有优良性能的菌株和对菌株进行改良是降低生产成本、提高经济效益的有效途径。

1. 筛选优良的生产菌株

土壤是微生物的“天然培养基”，也是它们的“大本营”，对人类来说，土壤是最丰富的菌种资源库。因此，许多有工业价值的菌株可以直接从土壤中分离获得。

不过分离得到一株有产业化价值的菌株并非易事，通常要花费较长的时间和较多的经费，甚至花费了大量的精力仍可能一无所获。例如，英国的 Pfizer 公司筛选一株广谱土霉素生产菌株，花费了 43 万英镑；Fli LiLLy 公司花了 10 年的时间才从 40 万支菌株中获得 3 支新抗生素生产菌株。因此，建立快速菌种筛选方法，提高菌种筛选效率是非常重要的。

筛选菌株除了考虑所筛选到的菌株高产量外，还应同时考虑影响菌株发酵过程经济效益的其他影响因素，主要包括，对培养基的同化能力、菌体的生长速率、遗传稳定性、抗污染能力、耐热性等。例如，ICI 公司选定 *Methytophilus methylotrophus* 菌株作为单细胞蛋白的生产株，该株的优点如下：①它有较高的甲醇同化效率；②增长速率快；③连续培养中遗传性能稳定；④菌体蛋白营养价值高，并且不存在毒性和病源性。Aumstrup 在筛选产酶菌株时，确定了菌株必须要达到下列目标：①产酶单位高、活力强；②遗传性能稳定；③不产或少产杂酶、杂蛋白；④同化培养基的能力强，能充分利用培养基。

总之，筛选优良菌株是发酵产品的起点和改良的基础，它是整个发酵工业的核心。

2. 生产菌株的改良

从野生型菌株或现用菌株出发，利用诱变育种、杂交育种、基因工程育种、代谢工程育种等现代育种技术，选育新的高产突变株是提高生产效益的有效途径。

例如，青霉素生产菌株通过突变株的选育并结合培养基的不断改进，其发酵单位已从 1940 年的 40 U/mL 提高到现在的 80 000 U/mL 以上。曾有人计算，只要突变株的青霉素生产发酵单位提高 10%，那么对一个生产能力为 450 吨的青霉素工厂来说，它 1 年内增加的产值可超过菌种选育费用的 3 倍。因此国外不少公司均设有专门的机构从事菌种开发和培养基方面的研究工作。

20 世纪 90 年代初期，我国在糖化酶生产株 UV-11 黑曲霉基础上选育了不少新的糖化酶生产株，其中尤以 UVB-11-1-3(福建微生物所选育)形态回复突变株性能更为突出，它具有发酵单位高(达 10 000 U/mL)，发酵周期短(80～90 h)，通气量小(1：(0.4～0.6))，培养温度较高(34～35 ℃，最高可达 37 ℃)，酶系统纯，成本较低等优点，故每吨酒精消耗糖化酶成本可比使用 UV-11 酶时降低 50%左右。目前我国糖化酶生产菌株主要为基因工程菌，发酵单位在 50 000 U/mL 左右。

总之，运用现代育种技术改良现用的生产菌株，可以大幅地降低发酵成本，是企业提高生产效益和控制生产成本的根本环节。

12.2.2 发酵培养基成本分析

培养基各个组分的成本对产品成本有较大影响。一般地，不同种类的产品，培养基成本占生产成本的 38%～73%，其中碳源用量最多，是成本最高的组分之一。

目前，淀粉、糖蜜等农副产品仍然是碳源的主要来源。碳源的价格主要受两种因素影响：一是种植面积和收获情况；二是市场需求量。由于天然碳源是季节性很强的产品，发酵工厂需要有一定的储备量，但发酵工厂中如果大量储存培养基原材料，不仅需要大容量的仓库，而且还占用大量流动资金，影响资金的周转。例如，一个 5 000 吨酒精发酵厂，需储备 20 000 吨左右的糖蜜。大量储存原料带来另一个重要问题是如何防止其变质，因为使用变质原料，将导致发酵周期延长，得率降低，严重影响工厂的经济效益。

为了增加对原材料变动的应变能力，从技术管理角度上讲，需要有能利用其他代用原料的备用菌种或者对同一生产株筛选多个培养基配方，以便按照市场的供应情况，随时更换菌种或配方。

降低培养基成本的办法主要有两种：一是筛选发酵单位较高的培养基配方，提高培养基的利用率和转化率；二是在不影响发酵水平的情况下选用价格较低、来源广泛的碳源、氮源等培养基主要组分。在确定培养基配方时，不仅要比较原料的成本，同时还应考虑由不同培养基引起的劳动成本，如通风量和搅拌功率等。因为有的培养基黏度较大，溶氧传递困难，通风量和搅拌功率便会相应增大，导致相应的劳动成本增加，从而间接提高生产成本。表 12-2 列出了近年来国内选育的几株碱性蛋白酶生产菌株的培养基成本和单产成本，可以看出Ⅲ号菌株的原料成本和单位产品成本都是最低的。

表 12-2　不同碱性蛋白酶生产菌株的培养基成本和单产成本

指标 / 对比项目	Ⅰ号菌种		Ⅱ号菌种		Ⅲ号菌种	
	培养基组成/(%)	相对成本（每吨培养基）	培养基组成/(%)	相对成本（每吨培养基）	培养基组成/(%)	相对成本（每吨培养基）
豆饼粉	3.05	1.40	4.50	1.80	2.50	1.00
玉米粉	—	—	6.50	1.61	—	—
甘薯粉	5.50	2.20	—	—	4.00	0.97
麸皮	4.50	0.44	—	—	5.00	0.49
Na_2HPO_4	0.40	0.51	0.40	0.51	0.20	0.26
K_2HPO_4	0.04	0.83	0.03	0.62	—	—
Na_2CO_3	0.10	0.02	0.10	0.02	—	—
合　计	14.04%	5.40	11.53%	4.56	11.70%	2.72
产酶单位/(U/mL)	5 000～8 000		12 000		12 000 以上	
每吨成品相对成本/(20 000 U/g)	3.67		1.68		1.00	

注：各培养基组分的相对成本是指与 2.5%豆饼粉成本之比值。

各种工业废料似乎是有潜力的廉价碳源，而且利用工业废料进行发酵，对环境保护十分有利，国家政策上也给予支持，但目前对工业废料的利用较少，主要因为：①经济效益不如采用传统原料高；②缺少利用各种工业废料的高产微生物菌种；③工业废料存在性状多变、杂质较多，造成提取困难、含水率高、输送困难、供应不稳定等。我国在废醪综合利用方面（如酒精废醪用于沼气发酵和单细胞蛋白的生产等）已取得了一定的成果。

此外，原料中无机盐所占的比例一般较小，占培养基总成本的 4%～14%，无机盐中价格较贵的是磷酸盐，而且供培养基用的要求是含铁、砷、氟等杂质较少的食用级的磷酸盐，培养基用的钾、镁、锌、铁盐应采用相应的硫酸盐而不是氯化物，因为后者对不锈钢设备的腐蚀性较强。因此，无机盐的质量及所占培养基总成本预算应引起重视。

12.2.3　无菌空气与通气搅拌成本分析

1. 无菌空气制备成本分析

在通气发酵中，经济而大量地提供无菌空气是影响发酵产品成本高低的一个重要因素。目前利用空气过滤器过滤空气是工业生产中最常用、最经济的无菌空气制备方法。一般的工艺流程是：①利用空气压缩机将空气压入储气罐；②储气罐中空气通过净化罐除去小颗粒物质;③在经过热空气冷却装置以及除水除油设备除去空气中的水蒸气和油(采用无油压缩机不需要除油);④空气经过多级空气过滤器除去空气中的微生物获得具有一定压力和流量的无菌空气,其温度与发酵温度基本一致。据估算,空气压缩后再经空气过滤器的最经济的生产规模为 140～570 m^3/min。此外,利用压缩热直接进行空气加热灭菌,由往复式压缩机压缩到 686 kPa 时不需过滤除菌,其最经济的生产规模为 50～100 m^3/min。

空气过滤器的总操作费与过滤器直径大小、介质类型和设备维护等因素密切相关,所以要对空气过滤器的一次性投资费与经常性消耗费之间的利弊关系进行全面权衡分析。

2. 通气搅拌成本分析

在通气发酵中,通气搅拌的费用相当大。通气费与搅拌费是相互关联的。对于相同的氧传递量来说,增加通气量,搅拌功率可以减少;相反,加快搅拌转速时,通气量亦可相应减小。因此,最佳的通气量和搅拌转速应在工艺允许的范围内,根据两者合计的动力费和设备维修费最低来确定。而且,在分批培养的不同时期,需氧量也不同,最适通气量及搅拌转速也应不同,应根据工艺要求进行人工或自动控制来调整最佳通气量及搅拌转速,使整个运转费用最低。

单细胞蛋白发酵过程中,采用石油产品(甲烷、烃等)为原料时,基质得率系数远远高于糖类,但在耗氧和冷却费用方面,前者却远远高于后者,因而前者的生产成本为后者的 1.4～1.8 倍。由于以烃类为原料发酵需要很高的供氧量和热交换量,因而国外某些公司一直致力于大容量(1 000 m^3)的空气喷射式发酵罐的研究开发。一个生产 100 000 吨的单细胞蛋白工厂,采用空气喷射式发酵罐的设备成本费(含通气、搅拌),可以控制到只占总生产成本的 16%,英国 ICI 公司则致力于发展气升式发酵罐,估计其制造费为总设备投资的 14%左右。

12.2.4 动力费的成本分析

在发酵生产中,需要加热与冷却的工序有以下几种。

(1) 培养基的加热灭菌或淀粉质原料的蒸煮糊化和糖化,然后冷却到接种温度。

(2) 发酵罐及辅助设备的加热灭菌与冷却。

(3) 发酵热的冷却,保持发酵过程恒温或维持所需的发酵温度。

(4) 发酵产物提取与纯化过程的蒸发、蒸馏、结晶、干燥等,也都需要加热或冷却,有时还需冷冻。

一个以正烷烃为主要原料的年产 100 000 吨的单细胞蛋白工厂,每小时需要移去的热量约为 4.61×10^5 kJ。因此,单细胞蛋白发酵中用于冷却设备的投资占设备总投资的 10%～15%。一般地,发酵工厂节约冷却水用量的办法有如下几种:①采用气升式发酵罐;②选育嗜热或耐热的生产菌株;③改变原料路线,少用烃类原料,以降低发酵产能。

在淀粉质原料的酒精生产中,能耗大是最突出的问题。其中,能耗约为成品酒精燃烧热的 1.1～1.5 倍,尤以蒸煮和蒸馏两个工序的耗能最大,前者约占总蒸消耗量的 40%,后者则占 50% 左右(表 12-3)。淀粉质原料酒精发酵中的节能措施有,无蒸煮发酵或低温蒸煮发酵、浓醪发酵、高温发酵、蒸馏流程中的热泵节能和汽相过塔,以及余热利用和沼气发酵回收燃烧值等。

表 12-3 淀粉质原料酒精发酵中各工序的动力消耗

工序名称 \ 动力种类	水/(%)	电/(%)	汽/(%)
原料输送	—	1.2	—

续表

工序名称＼动力种类	水/(%)	电/(%)	汽/(%)
原料粉碎	23.2	39.0	—
蒸煮与糖化	16.1	44.6	40.0
酒母及发酵	29.1	少量	少量
蒸馏	31.7	15.2	59.0

12.2.5　培养方式成本分析

发酵过程是一个复杂的微生物生命活动的过程，其本质是对于微生物生理代谢状态的调控。发酵工艺对发酵产品的生产成本有一定的影响。合理的发酵工艺可使微生物菌种的生产能力得到充分发挥，原材料和动力消耗减少到最低限度，从而降低发酵成本。采用不同的培养方式，对发酵过程的影响有所不同。根据培养方式，发酵可以分为分批培养、补料分批培养和连续培养等。

1. 分批培养

分批培养是发酵生产最基本的操作方式之一，其优点是操作简单、技术容易掌握，易于控制杂菌污染。缺点是设备利用率较低，培养开始时较高的培养基浓度易造成底物抑制及副产物的形成。此外，发酵中后期，营养物的消耗不利于发酵产品的积累。

采用分批培养时，在整个操作周期中的菌体生产能力，可用下式表示。

$$P = \frac{x_f}{\frac{1}{\mu_m}\ln\frac{x_f}{x_0} + t_L + t_{辅助}} \tag{12-1}$$

式中：P—生产能力，g/(L * h)；x_f—最终菌体浓度，g/L；x_0—初始菌体浓度，g/L；μ_m—最大比生长率，h^{-1}；t_L—生长迟缓期的时间，h；$t_{辅助}$—各种辅助操作时间(即清洗、空消、进料、实消、冷却、接种、出料等所占的时间)，h。

由上式可以看出：①如果增加接种量，那么 x_0 增大，$\ln\frac{x_f}{x_0}$减小，平均生产能力便可提高，但这需要相应地增加种子罐的容积；②接种时接入处于生产旺盛期的种子，可以有效地缩短 t_L，也能提高发酵罐的生产能力；③从菌种性能看，选育 μ_m 较大的生产菌株或高产菌株，对于提高生产能力是十分有效的；④辅助操作所占用的时间，对发酵周期较短的过程(如面包酵母，生产周期占 14～24 h)来说，影响是很大的，而对青霉素那样的长周期发酵产品(5～6 天)，其影响则较小。

值得注意的是，设备处于最大生产能力时，并不一定意味着生产成本是最低的，成本的高低，还受产品收得率的影响，一定要综合考虑。

2. 补料分批培养

补料分批培养是在分批培养过程中，当营养物质消耗到一定程度以后补充新鲜的营养物质的一种发酵方式。与一般分批培养比较，补料分批培养的优点是可将营养物质的浓度控制在最适合微生物生长与代谢的水平，从而消除培养初期底物抑制，减少副产物的形成，延长产物发酵时间，提高产品的收得率。此外，碳源、氮源的流加可用来控制培养过程的 RQ、DO 及

pH 值变化，减少或免除酸碱的使用。不足之处是培养开始时发酵设备的装料容积较少，设备利用率有所下降。此外，培养基成分的流加需要增加辅助设备，易造成杂菌污染。补料分批培养特别适合于存在底物抑制的菌种，或营养物质浓度高时易导致副产品形成的菌种。如青霉素发酵时，葡萄糖过量会促使菌体产生较多的有机酸，使 pH 值下降，需加碱调节。如采用补料分批培养，糖的供应根据代谢需要流加，则 pH 值较为稳定，不仅碱用量大量减少，同时由于副产物的减少，青霉素产量可提高 25%左右，而且后期分离成本也可大大降低。

3. 连续培养

连续培养是一种在发酵过程中一边流入新鲜料液，一边流出等量的发酵液，使发酵罐内的体积维持恒定的培养方式。连续培养的优点是生产能力较高，设备利用率高，易于实现自动控制，劳动生产率高。缺点是辅助设备多，成本较高，不易控制杂菌污染。连续发酵比较适合于菌体比生长速率较高、遗传性状稳定以及不易污染杂菌的菌种，如单细胞蛋白的生产等。

将连续发酵与分批发酵的生产能力相比较，可得出如下关系式：

$$\frac{\text{连续培养生产能力}}{\text{分批培养生产能力}} = \frac{\ln\dfrac{x_m}{x_0} + \mu_m \cdot t_{辅助}}{\dfrac{(x_m - x_0)}{x_m}} \cdot D_c Y \tag{12-2}$$

式中：x_m—最终细胞浓度；g/L；x_0—初始菌体浓度，g/L；μ_m—最大比生长率，h^{-1}；$t_{辅助}$—辅助操作时间，h；D_c—临界稀释速率，h^{-1}；Y—细胞得率系数(对于限制性基质)。

例如，设接种量为 5%，辅助操作时间为 10 h，Y 为 0.5 g 细胞/g 基质，最终细胞质量浓度 x_m为 30 g/L。对于不同的最大比生长率 μ_m，可计算得到表 12-4 所列的结果，从表中可以看出，对生长较快的菌种来说，采用连续培养是很有利的。

表 12-4 连续培养与分批培养生产能力的比较

μ_m/h^{-1}	连续培养生产能力/分批培养生产能力
0.05	0.09
0.10	0.21
0.20	0.53
0.40	1.50
0.80	4.60
1.00	6.80
1.20	9.50

4. 三种培养方式的比较和选择

根据发酵过程的具体情况选择合适的培养方式，三种培养方式各有优点和缺点，在选择时要综合考虑。三种培养方式之间的比较见表 12-5，可据此进一步了解不同培养方式对发酵成本的影响。

表 12-5 三种培养方式的比较

发酵工艺	分批发酵	补料分批发酵	连续发酵
辅助时间	较长	较长	短
辅助设备成本	低	较低	高

续表

发酵工艺	分批发酵	补料分批发酵	连续发酵
平均生产速率	低	由	高
设备利用率	很低	较低	高
产物浓度	较高	高	中
底物抑制	明显	无	可消除
产物抑制	较高	较高	较少
杂菌污染	易控制	较易控制	较难控制

一般而言，当发酵采用的微生物不受底物抑制，具有较强的基质转化能力和生产效率时，可采用分批发酵，因为分批发酵对设备的要求最低。某些发酵产品的生产成本主要取决于发酵阶段的生产能力和基质的转化率，如菌体蛋白、酒精及一些有机酸的发酵。

采用连续培养生产产物时，必需首先了解单位体积的生产能力，培养基中价格最贵的组分的转化产量以及产物的浓度。在细胞的生产过程中，有些醇类和有机酸是发酵时的主要生产成本，其转化产量更为重要。如果转化率高，并有较高的生产能力，则连续培养较分批培养更为经济。但是连续培养放出的培养液中，最终产物浓度是低于分批培养的。这就造成了在提取和收集产品时需要更多的浓缩操作过程，所以发酵后处理成本为主的发酵类型不适于进行连续发酵。此时，可采用分批补料发酵，因为分批补料发酵的产物浓度最高，易于分离纯化。例如，抗生素属次级代谢产物发酵，其生产成本主要花费在产物的提取阶段，这时发酵的单位数对产品成本起较大的决定作用，所以，从低浓度的发酵液中提取产物时，成本相当高，一般都采用分批补料发酵。

12.2.6 发酵产品分离纯化的成本分析

在发酵生产中，下游工艺的优劣对产品的成本影响很大，主要表现为以下几点：①分离纯化工艺影响产品的最终收得率；②分离纯化过程动力消耗费用和设备维修费用较大；③分离纯化过程要消耗大量的溶剂、吸附剂、中和剂等辅助材料；④分离纯化设备投资大，设备折旧费高。因此，只有选用工艺简单、耗费低、纯度高且收得率高的分离纯化工艺，才能降低生产成本，提高经济效益。提取收得率是分离纯化工艺是否优越的关键指标。各种发酵产物的提取收得率差别相当大，例如，柠檬酸的提取收得率为 92%左右，青霉素 G 在转化为钾盐之前的提取收得率为 96%左右，谷氨酸钠的提取收得率为 76%～87%。

不同发酵产品的提取成本差别也相当大，例如：①对于糖质原料酒精发酵，当成熟醪的含酒精量为 7%（体积分数）时，提取成本不能大于销售价的 18%；②对于石油生产单细胞蛋白，当产物浓度为 3%（体积分数）时，提取成本不应大于销售价的 33%；③对于有机酸或乙二醇，当产物浓度为 10%（体积分数）时，其提取成本不应大于销售价的 42%。

12.2.7 设备规模的成本分析

从理论上说，设备越大，生产越经济，然而在成本与设备大小之间有个经验关系。按照这个关系，随着设备的增加，成本也随之增加。

$$\frac{\text{成本 I}}{\text{成本 II}}=\left(\frac{\text{规模 I}}{\text{规模 II}}\right)^{n} \tag{12-3}$$

式中：n—规模系数（啤酒，n 为 0.6；单细胞蛋白，n 为 0.7～0.8）。

但具体确定生产规模时，还要考虑以下节约性因素：①设备可获得的最大通气能力；②冷却能力；③制造技术水平和运输安装等问题。

为了减少设备投资费和劳动费，某些特大型发酵罐的设计的重点在提高传氧效率且力求结构简单，以节约成本，如单细胞蛋白发酵罐的设计。

设备的使用寿命直接影响着折旧费的大小。发酵设备的寿命视产品不同而有较大的差异，一般单细胞蛋白生产设备的寿命为 15 年，丙酮丁醇发酵设备有的已使用了 25 年，啤酒设备可使用 50～100 年。

在筹建或扩建一个发酵工厂时，除了应慎重考虑设备的放大方案、市场需求和原料来源等因素外，还应注意水、电、汽的配套或供应问题，如表 12-6 为发酵产品动力消耗。实际上人们早就认识到“规模效应”，在某些大宗发酵化工产品如柠檬酸、乳酸等，可通过扩大规模来提高经济效益。

表 12-6　三种发酵产品的动力消耗（参考值）

动力＼产品	青霉素（中等规模）	淀粉酒精（单耗）	味精（99%味精单耗）
水	200 t/h	75～100 t/t	3 000～3 500 t/t
电	5 000 kW/h	540～720 kJ/t	10 800～18 000 kJ/t
汽（煤）	45 t/h	3.9～5.2 t/t	45～72 t/t
压缩空气	57 000 m^3/h	—	2.5～3.3 m^3/(t·kJ)

12.3　发酵过程的经济学评价

一个新菌种、新工艺、新材料或新设备，在发酵生产中有没有推广和应有价值，主要是它的技术经济指标是否先进。不同类型的发酵生产，其技术经济有所不同，下面仅就一些主要的经济指标进行分析讨论。

12.3.1　产物浓度

发酵液中的产物浓度单位一般以 g/L 表示，也有用质量百分比表示的，如酒精浓度通常用体积分数表示。对于活性物质产品，则常采用活性单位，称为发酵单位或发酵效价，以 U/mL表示。其中“U”随产品的不同有不同的含义。

发酵产物浓度在一定情况下可以代表菌种和发酵水平的高低，如酶试剂、抗生素等，不同企业的投入成本往往相差不大，其最终发酵液的活力单位就代表了企业的生产技术水平。发酵产物浓度高有如下优点。

（1）发酵液产物浓度高，提取收得率也相应较高，且可减轻产品提取与分离工序的劳动负荷，节省能源。

（2）在萃取、沉淀、结晶、离子交换等分离操作单元工艺中，提取废液中产物的残余量往往是不变的，由具体的操作条件决定。在此情况下，较高的产物浓度将提高产物的回收率。例如，假设某一提取过程中，提取废液中残余的产物浓度为 1%，若发酵液中的产物浓度为 5%，则提取过程的收率为 80%；若发酵液中的产物浓度为 10%，则提取过程的收率为 90%。

12.3.2　生产效率

生产效率又称发酵速率，是指单位操作时间、单位发酵体积所产生的发酵产物量，它是评价发酵生产的主要指标之一。生产效率有如下两种表示方法：发酵过程的生产速率和发酵设备的生产能力。

（1）发酵过程的生产速率　发酵过程中单位时间内单位发酵体积产生的发酵产物量，以 $kg/(m^3 \cdot h)$ 或 $g/(L \cdot h)$ 表示。对于连续发酵，其生产速率是不变的；而对于分批发酵，其生产速率随时间而变，一般可用平均生产速率表示：

$$\text{平均生产速率} = \frac{\text{最终产物浓度} - \text{初始产物浓度}}{\text{发酵周期}} \tag{12-4}$$

（2）发酵设备的生产能力　在一定时间内单位发酵罐容积所产生的发酵产物量，如时间按年计，则以 $kg/(m^3 \cdot a)$ 表示。发酵设备的生产能力，不仅包括设备的有效运转时间、辅助时间和维修时间，而且与发酵罐的装料系数等有关，因而它能更全面地反映发酵生产效率。为了提高产品的经济性，降低生产成本，可以使设备尽可能处于最大生产能力状态。应该注意的是，有时设备处于最大生产能力时，并不意味着生产成本降低；因为成本的高低还受产品得率的影响。因而，我们还要不断地关注设备市场，以长远和发展的目光来看市场，引进先进设备，优化设备，提高产率和质量，降低成本。

12.3.3　基质转化率

基质转化率是指发酵工艺中所使用的主要基质（一般指碳源或其他成本较高的基质）(kg)转化为发酵产物(g)的得率，常以 g/kg 或%表示。对于微生物代谢产物的发酵，基质转化率通常是指发酵使用的碳源转化为目的产物的得率。对于细胞产品，则指碳源合成细胞的得率。对于生物转化产品，基质转化率表示前体物质转化为产物的得率。对于活性物质产品，基质转化率的含义中还必须包括活力单位。

基质转化率是原材料成本效益的指示值。由于发酵成本中原材料所占的比例较大。因此，高基质转化率可有效降低发酵的生产成本。发酵过程中，基质的消耗可分为三部分：细胞生长、维持能耗、合成包括目的产物在内的代谢产物。要提高基质转化率：首先要合理控制微生物细胞的生长水平，细胞生长过于旺盛将会导致基质转化率下降，而细胞生长量过小则会引起发酵速率下降；其次是要控制代谢副产物的形成，代谢副产物的大量形成，不仅直接影响基质转化率的下降，同时还会严重影响产品的提取与分离纯化，特别是分子结构和理化性质与目的产物类似的副产物影响更大。控制代谢副产物形成的主要方法：一是通过菌种选育与改造，切断某些副产物的合成代谢途径；二是优化发酵工艺，使发酵工艺不适合副产物的形成。

12.3.4　单位产品的能耗

单位产品的能耗，包括水、电、汽的总消耗量，一般用生产每吨产品所消耗的水、电、汽来表示。水、电、汽三者之间的消耗指标是相互关联的，如煤或蒸汽的用量大，电的用量就可能要小些，对于缺水的地区，发酵过程的冷却采用冷冻循环系统，这使水的消耗量减少，而电的消耗量将增加。由此可见，衡量某一发酵过程的水、电、汽的消耗量时，应以三者消耗的总费用作为最终评价指标。

12.3.5 公司生产规模

公司生产规模就是公司生产能力的大小，将影响企业的赢利水平和经济效益，同时决定公司在行业中的地位。

大多数发酵行业存在规模经济。根据相关经济学函数的分析，在一定规模范围内，生产规模的不断增加必然导致平均成本的不断降低，而在一定生产规模范围内，必定存在最低平均成本，这就是规模经济性，指在一定的市场需求范围内，随着生产规模的扩大，企业的产品与服务的每一单位的平均成本出现持续下降的现象。故企业必须根据市场需求、生产成本等共同确定合适的企业生产规模，尽可能提高生产规模和降低生产成本，只有这样企业才能真正获得最大利润。

对于高附加价值的产品，例如新药品的生产，由于固定投资相对较少，即使只存在较小规模的市场需求，也能够获得利润。而对于低附加价值的传统发酵产品，生产销售规模只有达到一定程度，即所谓的薄利多销，才能获得满意的利润。

12.3.6 自动化程度

以工业生产中的各种参数为参考，进行过程控制，尽量减少人力劳动，充分利用动物以外的能源进行的生产，称为工业自动化生产，而使工业能进行自动化生产的过程称为工业自动化。自动化程度标志着技术水平的提高，有利于提高产品质量和生产率，但相应地需要付出更多的投资、设备折旧费用以及能耗费用等。

12.3.7 产品质量

产品质量是指产品适应社会生产和生活消费需要而具备的特性，它是产品使用价值的具体体现，包括产品内在质量和外观质量两个方面。由于消费群体存在很大的差异，对产品的要求也有不同的档次，因此企业生产的产品必须针对不同消费阶层推出不同档次的产品。如果企业能够控制生产成本，降低产品价格，有效提高产品性价比，它就能获得更大的竞争优势持续发展。

激烈市场竞争下的产品必须在产品质量与生产成本之间保持一定的平衡。在一定范围内，当产品质量的提高影响程度大于生产成本的提高时，即产品性价比能够提高，这样的质量提高对产品来说是有利的；当超出某个范围时，产品质量的提高反而导致产品性价比降低，这就对产品不利。所以说并不是产品的质量越高越好，质量的提高应该在一个有效的范围内。因此，企业在产品质量和生产成本之间要有一个平衡点，这样才能使产品在市场竞争中处于优势，企业才能获得合理的利润和持续的发展。

以上所有发酵过程必须首先考虑和弄清楚主要经济指标，以了解发酵产品的生产能力和市场竞争力，判断该发酵过程产业化方面是否真正可行。

本章总结与展望

本章主要讲述了一些发酵经济学相关概念，分析了生产菌种、生产用原辅料、生产工艺、发酵产品的分离纯化、三废的综合利用与循环使用等关键因素对发酵成本的影响，探讨了如何控制生产成本，从产物浓度、生产效率、基质转化率、单位产品的能耗、公司生产规模、自动化程度及产品质量等方面对发酵过程进行了经济学评价。将来可以结合市场管理学、经济学的相关知识，进一步加深对发酵生产过程和发酵产品的经济学研究。

思考题

1. 从发酵经济学的角度讨论发酵工业中分批培养、补料分批培养、连续培养的应用价值及其缺点。

2. 简述营养缺陷型菌株的筛选过程，并讨论营养缺陷型菌株在科学研究和生产实践中的意义。

3. 从自然界中筛选工业微生物菌种的主要步骤有哪些？

4. 发酵工业上常用作菌种的微生物即常说的工业微生物必须具备哪些条件？

5. 成功的发酵产品主要应具备哪些条件？

6. 应从哪些方面对新发酵产品的发酵过程进行经济学评价？

7. 在工厂化生产中如何实现对发酵产品生产成本的控制以降低生产成本？

参考文献

[1] 姚汝华，周世水. 微生物工程工艺原理[M]. 3 版. 广州：华南理工大学出版社，2013.
[2] 熊宗贵. 发酵工艺原理[M]. 北京：中国医药科技出版社，2001.
[3] 余龙江. 发酵工程原理与技术应用[M]. 北京：化学工业出版社，2006.
[4] 陈坚，堵国成. 发酵工程原理与技术[M]. 北京：化学工业出版社，2012.
[5] 李艳. 发酵工程原理与技术[M]. 北京：高等教育出版社，2007.
[6] 张嗣良. 发酵工程原理[M]. 北京：高等教育出版社，2013.

第13章 发酵产品生产工艺实例

微生物发酵产品类型很多，其中微生物初生代谢产物和次生代谢产物主要有醇酮类、氨基酸类、核苷酸类、有机酸类、抗生素类、酶制剂类、多糖类、维生素类等。据估计，全球发酵产品的市场有120亿～130亿美元，其中抗生素占46%，氨基酸占16.3%，有机酸占13.2%，酶制剂占10%，其他发酵产品占14.5%。而且随着石油资源的日益紧张，化石能源和以石油为主要原料的化工产品逐渐会被以发酵工程技术为核心的生物能源和生物化工产品所替代。因此，发酵产品种类和应用范围还会不断地扩大。

目前我国发酵工程相关产业已经取得了长足发展，发酵行业生产企业有5 000多家，涉及食品、医药、保健、农药、饲料、有机酸等各个方面。传统的酿造食品，大宗发酵品如氨基酸、抗生素、维生素、有机酸、酶制剂等已成为我国发酵产品出口的主力军。

本章结合这些发酵产品的特点，重点介绍各类发酵产品的生产原理及技术，以便通过实例进一步增强对发酵工艺原理与技术的了解。

13.1 啤酒生产工艺

啤酒是以优质大麦芽为主要原料，啤酒花为香料，经糖化、添加酒花煮沸、过滤、啤酒酵母发酵等工艺过程，酿制而成的富含营养物质、二氧化碳、低酒精浓度的酿造酒。啤酒历史悠久，有人认为啤酒起源于公元前3000年巴比伦的大麦酿酒技术。目前除伊斯兰国家由于宗教原因不生产和饮用酒外，啤酒生产几乎遍及全球，是世界产量最大的饮料酒。

我国第一家现代化啤酒厂是1903年在青岛由德国酿酒师建立的英德啤酒厂（青岛啤酒厂前身）。新中国成立前，我国啤酒生产厂家不足10家，年产啤酒近1万吨。近十年来，我国啤酒生产规模和产量迅速扩大，从2001年到2010年我国啤酒产量约翻一倍。2002年中国啤酒产量达到2 386万千升，超过美国的2 346万千升，首次超越美国成为世界第一啤酒生产大国。据统计，2012年我国啤酒行业累计产量达4 902万千升，连续多年占据世界第一的宝座。目前我国啤酒消费人群占全世界啤酒消费者的20%，全球啤酒量的增长中30%来自于中国。而作为全球第一啤酒生产大国，我国的啤酒、饮料制造技术和设备生产能力也在同步增长。

啤酒根据工艺不同可分两大类，即下面发酵法啤酒和上面发酵法啤酒：以德国、捷克、丹麦、荷兰为典型的下面发酵法啤酒；以澳大利亚、新西兰、加拿大等的上面发酵法啤酒。根据是否用巴氏灭菌分为生啤酒、熟啤酒。根据麦芽度可分为8 °P啤酒、10 °P啤酒、12 °P啤酒、14 °P啤酒、18 °P啤酒等。根据啤酒的色泽可分为黑啤酒、浓色啤酒、淡色啤酒等。

啤酒生产过程分为麦芽的制造、麦芽汁的制备、啤酒发酵、啤酒过滤和包装等几个工序。

13.1.1　啤酒生产原辅料

1. 大麦

大麦是酿造啤酒的主要原料，因为大麦便于发芽，并产生大量水解酶类，种植遍及全球，且化学成分适合酿造啤酒。大麦是非人类食用主粮；大麦按籽粒在麦穗上断面分配形式，可分为六棱大麦、二棱大麦、四棱大麦；大麦粒可分为胚、胚乳及谷皮三部分。在酿造时先将大麦制成麦芽，再进行糖化和发酵。酿造大麦要求粒大、皮薄、形状整齐、大小一致、浸出物含量高、蛋白质含量适中、发芽力大于 85%、发芽率 95%以上。质量指标应符合啤酒大麦国家标准。

大麦含有淀粉、蛋白质、半纤维素、麦胶物质和多酚类物质等多种营养成分。麦芽中含丰富麦芽淀粉酶，作用于直链淀粉可转化为麦芽糖和葡萄糖，作用于支链淀粉时还可生成糊精和异麦芽糖。半纤维素和麦胶物质是胚乳细胞壁的组成部分。胚乳细胞内主要含淀粉，发芽过程中只有当半纤维素酶分解了细胞壁之后，其他水解酶才能进入细胞内分解淀粉等大分子物质。蛋白质含量高低及其类型直接影响啤酒质量。多酚类物质多存在于谷皮中，对发芽有一定抑制的作用，使啤酒具有涩味。

2. 啤酒花

酒花属蔓性草本植物，自公元 9 世纪酿造啤酒添加酒花为香料以来，酒花一直是啤酒生产的香料。酿造啤酒用成熟雌花，酒花中对酿造有意义的三大成分是酒花树脂、酒花酒和多酚物质，它们赋予啤酒特有的香味和爽口的苦味，酒花树脂还具有防腐的能力，多酚物质中的单宁，能加速麦汁中高分子蛋白质的絮凝，具有澄清麦汁的作用。酒花还能提高啤酒泡沫起泡性和泡持性，也能增加麦汁和啤酒的生物稳定性。酒花按世界市场上供应的可以分为优质香型酒花、香型酒花、没有明显特征的酒花、苦型酒花四类。

3. 水

水是啤酒生产的重要原料。啤酒酿造用水是糖化用水、洗涤麦糟用水和啤酒稀释用水，这些水直接参与工艺反应，是麦汁和啤酒的成分。水质状况对整个酿造过程有非常重要的影响，因此，酿造用水首先要符合我国饮用水的标准，然后再根据酿造啤酒的类型予以调整。改良水质可有针对性地选择过滤、煮沸、加酸、加石膏、离子交换、电渗析、活性炭过滤、紫外线消毒等。

4. 其他

大米、玉米、小麦、糖等是大多数国家为降低成本和麦芽汁总含量，调整麦芽汁成分，提高啤酒发酵度，提高啤酒稳定性和改善啤酒风味而不发芽的辅料，用量一般为 20%～30%。

13.1.2　麦芽制造

麦芽制造过程可分为原料清洗、分级、浸麦、发芽、干燥、除根等过程。制麦的目的在于使大麦发芽，产生多种水解酶类，以便通过后续糖化，使大分子淀粉和蛋白质得以分解溶出。而绿麦芽经过烘干将产生必要的色、香和风味成分。此外，生产特种啤酒用特种麦芽，有焦香麦芽，黑麦芽、类黑色素芽、小麦芽、小米芽、高粱芽等。

1. 原料清洗

大麦中的杂质必须预先清除，方能投料。如尘土会造成严重的污染和微生物感染，沙石、铁屑、麻袋片、木屑会引起机械故障，磨损机器。谷芒、杂草、破伤粒等会产生霉变，有害于制麦工艺，直接影响麦芽质量和啤酒风味；杂谷物亦将影响麦芽质量。

2. 大麦的分级

分级是将麦粒按大小分成三个等级。因为麦粒大小与麦粒的成熟度、化学组成、蛋白质含量都有一定的关系。分级筛常与精选机结合在一起,可分为圆筒式和平板式两种。

3. 大麦的浸渍

经过清选和分级的大麦,用水浸渍,达到适当含水量,大麦即可发芽。浸麦目的概括如下。①使大麦吸收充足的水分,达到发芽的要求,麦粒含水分 25%～35%,即可达到均匀的发芽效果。但对酿造用麦芽,要求胚乳充分溶解,含水量必须达到 43%～48%。②在浸水的同时,可充分洗涤、除尘和除菌。③浸麦液中适当添加石灰乳、碳酸钠、氢氧化钠、氢氧化钾、甲醛等化学药品,以加速酚类、谷皮酸等有害物质的浸出,并有明显的促进发芽和缩短制麦周期之效,能适当提高浸出物。

4. 大麦的发芽

浸渍后的大麦即进入发芽阶段。发芽阶段,形成各种水解酶,水分、温度和通风供氧是发芽的三要素。发芽过程必须准确控制水分和温度,适当地通风供氧,温度 12～18 ℃,周期 5～7 天,可配合使用赤霉酸等。国内流行的发芽方法和设备为萨拉丁箱式和劳斯曼转移箱式。

5. 干燥

干燥的目的是除去多余的水分,终止酶的形成和酶的作用,除去生青腥味,产生麦芽特有的色、香、味。干燥分为凋萎、干燥和焙焦三个阶段。干燥前期要求低温大风量以除去水分,后期高温小风量以形成类黑素。目前普遍采用单层高效干燥炉。干燥后浅色麦芽水分为 3%～5%,深色麦芽水分为 1.5%～2.5%,接着除根,因麦根吸湿性强,还会有不良苦味、色素物质等。

此外,有些啤酒生产原料需要制备特种麦芽。如焦糖麦芽,在高水分下,经过 60～75 ℃的糖化处理,最后以 110～150 ℃高温焙焦。黑色啤酒原料黑麦芽,其他特种麦芽有类黑素麦芽、乳酸麦芽、小米芽、高粱芽等。

13.1.3 麦汁制备

麦汁制备生产流程如下:原辅料→糊化→糖化→过滤→原麦汁→加酒花煮沸→沉淀→冷却→冷麦汁。

麦芽汁的制备是将固态的麦芽、非发芽谷物、酒花、水调制加工成澄清透明麦芽汁的过程,包括原辅料的粉碎、糊化、糖化、糖化醪过滤、混合麦汁加酒花煮沸、煮沸后的麦汁经澄清、冷却、通氧等一系列物理、化学、生物化学的加工过程。所用的设备有糖化锅、糊化锅、过滤槽、煮沸锅、回旋沉淀槽和薄板换热器等。

1. 粉碎

粉碎可增加原料与水的接触面积,使麦芽可溶性物质浸出,有利于酶的作用。粉碎度要适当,要求麦皮破而不碎,胚乳、辅助原料越细越好。粗粒与细粉之比是 1∶2.5 以上。粉碎的方法有干法和湿法。

2. 糖化

糖化是利用麦芽自身的酶将麦芽和辅助原料中淀粉分解形成低聚糊精和以麦芽糖为主的可发酵性糖。由此得到的溶液称为麦芽汁,从麦芽中溶解出来的物质称为浸出物。糖化的方法有煮出糖化法和浸出糖化酶。前者的特点是将糖化醪液的一部分分批加热到沸点,然后与其余未煮沸的醪液混合,使全醪液的温度分批的升高到不同酶分解所要求的温度,最后达到糖化终了的温度。后者的特点是纯粹利用酶的作用进行糖化的方法，即将全部醪液从一个温度开始，缓慢升温到糖化终了温度。浸出糖化法没有煮沸阶段，该法需要溶解良好的麦芽，多利用此法生产上面啤酒。

糖化的工艺条件有糖化温度、时间、pH 值等。糖化工艺条件控制的好坏对麦汁的质量、啤酒的风味有非常重要的影响。

3. 麦汁过滤

把麦汁和麦糟分离获得澄清麦汁。麦芽醪过滤可分为两个阶段：麦芽醪过滤（可得头道麦汁）和洗糟（洗糟麦汁）。用热水（80 ℃）洗糟，洗出吸附在麦糟中的可溶性浸出物，可得到二滤、三滤洗糟麦汁。过滤操作非常重要，麦糟的过滤洗涤与啤酒质量有很大的关系。过滤洗涤要求速度要快，防止麦汁中的多酚物质氧化。另外，洗涤水的 pH 值也要适合，pH 值过高，多酚物质、色素、麦皮上的谷味物质易溶解，影响啤酒的口味和颜色。洗涤水的温度也不宜过高，一般要求洗涤温度为 78～80 ℃，洗糟水的残糖保持在 0.5%～1.5%。

4. 麦汁的煮沸

煮沸的目的主要是稳定麦汁的成分，其作用如下：①蒸发多余的水分，浓缩到规定的浓度；②使酒花中的有效成分溶解于麦芽汁中，使麦汁具有香味和苦味；③使麦汁中可凝固性蛋白质凝结沉淀，延长啤酒的保存期；④破坏全部的酶，杀灭麦芽汁中的细菌。

煮沸的条件有时间、pH 值及煮沸强度。煮沸过程中添加酒花，赋予酒花特有的香味、爽口的苦味，增加啤酒的防腐能力，提高啤酒的非生物稳定性。经煮沸浓缩使酶钝化，蛋白质变性并产生絮状沉淀。

5. 麦汁的处理

麦汁煮沸后要尽快滤除酒花糟，分离热凝固物，急速降温至发酵温度（6～8 ℃），并给冷麦汁充入溶解氧，以利于酵母的生长繁殖。

13.1.4　啤酒发酵

麦汁冷却至发酵温度后，进入发酵罐，接种一定量的啤酒酵母后，可进行发酵。在一定的条件下，啤酒酵母将可发酵性糖转变成酒精和二氧化碳，同时产生大量的副产物，这个过程称为啤酒发酵。

1. 啤酒酵母及其扩大培养

（1）啤酒酵母　啤酒酵母是发酵工业最常用的酵母菌。根据发酵结束后酵母细胞在发酵液中的存在状态可以分为上面酵母和下面酵母。上面啤酒酵母在发酵结束时，大量酵母细胞悬浮在液面；下面啤酒酵母在发酵结束时，大部分酵母凝集而沉淀下来。上面酵母和下面酵母的发酵性能也有很大的区别：上面啤酒酵母细胞呈圆形，多数集结在一起，容易形成子囊孢子，发酵温度较高，可发酵 1/3 的棉子糖，不能发酵蜜二糖，发酵速度快、时间短，发酵度较高；下面啤酒酵母细胞呈圆形或卵圆形，一般不形成子囊孢子，发酵温度较低，可发酵全部的棉子糖，发酵速度慢、时间较长，发酵度较低。我国大多为下面发酵啤酒，采用的是下面啤酒酵母，常用菌种有浓啤 1 号和 5 号、青岛酵母、首啤酒母 2 595 和 2 597 等。

（2）啤酒酵母的扩大培养　酵母从试管菌种到发酵罐，要逐级扩大培养，达到一定数量后，供生产使用。啤酒酵母扩大培养过程分实验室扩大培养和生产现场扩大培养两个阶段。由斜面试管到卡氏罐培养为实验室扩大培养阶段，汉生罐以后为生产现场扩大培养阶段，工艺流程如下。

① 实验室扩大培养阶段：固体试管→液体试管→三角瓶→卡氏罐。

② 生产现场扩大培养阶段：汉生罐→培养罐→发酵罐。

2. 啤酒发酵工艺控制

1）影响啤酒发酵外界因素的控制

影响啤酒发酵外界因素的控制包括以下几个方面。

(1) 酵母菌株的选择　啤酒酵母菌特性深深影响糖类的发酵、氨基酸的同化、酒精和副产物的形成、啤酒的风味、啤酒的稳定性等方面，因此，在选择酵母时，应考虑酵母发酵速度、发酵度、凝聚性、回收性、稳定性等。

(2) 麦芽汁组成　啤酒是发酵后直接饮用的饮料酒，因此，麦芽汁的颜色，芳香味、麦芽汁组成有一些会直接影响啤酒的风味，有一些影响发酵、最终也影响啤酒的风味。麦芽汁组成中影响发酵的主要因素是原麦芽汁浓度、溶氧水平、pH 值、麦芽汁可发酵性糖含量、α-氨基氮、麦芽汁中不饱和脂肪酸含量等。

(3) 接种量　啤酒在生产过程中常用上一批回收酵母泥接种，接种量是以每百升中的质量(kg)表示，一般为 0.4～1.0 kg/100 L，而酵母泥中细胞浓度为$(15\sim20)\times10^8$个/g。

提高酵母接种量，可以加快发酵，但由于在分批发酵中，酵母营养成分(主要是氨基酸、核苷酸和生长素)不变，因此，提高接种量，发酵时酵母最高的细胞浓度相应增加，但新生酵母细胞浓度反而减少，增殖倍数显著降低。接种量过高，由于新生长成的细胞减少，导致后发酵不彻底，酵母增殖倍数减少。

冷麦芽汁接种啤酒酵母，发酵产生酒精和 CO_2、高级醇、挥发酯、醛类和酸类、连二酮类(VDK)、含硫化合物等一系列代谢产物，构成啤酒特有的香味和口味。国内啤酒发酵多采用圆柱体锥底发酵罐，分批发酵方式。麦芽汁进罐及接种方式见表 13-1。

表 13-1　麦芽汁进罐及接种方式

麦芽汁批数	麦芽汁温度/℃	接种量/(%)	溶氧/(mg/L)
1	9	0.15	8～9
2	9.3	0.25	8～9
3	9.5	0.3	5～6
4	9.7	—	3

2）啤酒发酵工艺条件控制

(1) 发酵温度　发酵温度是指主发酵阶段的最高发酵温度。由于传统的原因，啤酒发酵温度远远低于啤酒酵母的最适温度。上面啤酒发酵采用 8～22 ℃，下面啤酒发酵采用 7～15 ℃。因为，采用低温发酵可以防止或减少细菌的污染，代谢副产物减少，有利于稳定啤酒的风味。下面啤酒发酵，习惯上主发酵最高温度(即发酵温度)分成三类，具体见表 13-2。

表 13-2　啤酒发酵温度

发酵类型	接种温度/℃	主发酵温度/℃	传统发酵时间/天
低温发酵	6～7.5	7～9	8～12
中温发酵	8～9	10～12	6～7
高温发酵	9～10	13～15	4～5

发酵温度较高，酵母增殖浓度高，氨基酸同化率高，pH 值降低迅速，高分子蛋白质、多酚

和酒花树脂沉淀较多，不但易酿成淡爽型啤酒，而且在相同贮酒期可以酿成非生物稳定性好的啤酒。

目前啤酒类型崇尚淡爽，因此，比较喜欢采用较高温度(10～12 ℃)发酵。很多学者认为，啤酒副产物主要在酵母增殖阶段大量形成，为了使啤酒保持原有风味，应该采用较低的接种温度(8～9 ℃)，主酵最高温度不宜超过 12 ℃。

(2) 罐压、CO_2浓度对发酵的影响　过去传统发酵均为敞口式发酵，近代不论大罐还是传统发酵池均采用密闭式发酵。为了回收 CO_2，主酵采用带压发酵，人们发现绝大多数酵母菌株，在有罐压下发酵，均出现酵母增殖浓度减少，发酵滞缓，代谢产物也减少。

为了改善啤酒风味，节省原料，提高澄清度，在啤酒发酵过程中，添加酶制剂，增加未发芽辅料用量，采用高浓度酿造，固定化技术，抗氧化技术等成为现代啤酒研究的热点。

在发酵过程中，由于酵母的作用，麦汁中的可发酵性糖降低，其降低的程度可用发酵度来表示。发酵度是指随着发酵的进行，麦汁的比重逐渐下降，亦即浸出物浓度逐渐下降，下降的百分率称为发酵度。

$$\text{发酵度} = \frac{E - E'}{E} \times 100\% \tag{13-1}$$

式中：E—发酵前麦芽汁的浓度；E'—发酵后麦芽汁的浓度。

(3) 通风供氧　通氧过大，会过多地消耗糖和氨基氮，而减少酒精的含量。

3. 啤酒发酵的方法

世界上大多数啤酒都是采用下面发酵法生产的，也有采用上面发酵法的，上面发酵法生产的小麦啤酒也越来越受到消费者的喜爱。

1) 下面发酵法

下面发酵法分为传统下面发酵法和现代露天锥形罐发酵法。

(1) 传统下面发酵法　传统下面发酵法分两步进行，也称两步法：第一步主发酵是在敞口的发酵池中，第二步后发酵(后熟或贮存)是在卧式罐中。

①主发酵　主发酵前期为酵母繁殖阶段，发酵时间一般为 7～9 天。

a. 主发酵工艺过程　酵母按麦汁量的 0.5%(体积分数)加入，6 ℃左右接种。溶氧应控制在 8 mg/L 左右，酵母繁殖发酵 20 h，二氧化碳大量释放，这时需换槽。繁殖目的是将沉淀在槽底部的酵母细胞、蛋白凝固物和酒花树脂等杂质与发酵麦汁分离开。发酵进行至 2～3 天为发酵的旺盛期，降糖很快，每日酒液外观浓度下降 1.5%～2.0%。经过降糖高峰期后，发酵温度回降，降糖也逐渐减慢。主发酵结束时，一般 12% 的麦汁下酒外观浓度控制在 4.0%～4.2%，下酒温度控制在 4.0～4.5 ℃。在主发酵最后一天要急剧降温，有利于酵母的沉降和酵母的回收。

b. 一般把主发酵分为五个阶段　一般在发酵 20 h 左右，出现起泡期，这时白色细胞层涌出，酵母迅速繁殖。发酵 2～3 天先后出现低泡期和高泡期，低泡期发酵池涌出更多的泡沫，泡盖洁白均匀。高泡期泡沫增高达 25～30 cm，泡盖变成棕黄色，释放大量的热，需用冰水冷却。发酵 5 天左右出现落泡期，这时高泡盖慢慢落下，泡盖由棕黄色变成棕褐色，此时开始降温，每日下降 0.5 ℃左右。在 7～8 天后主发酵期结束，发酵池表面形成松散的很脏的泡盖，下酒前必须捞出，以防落入酒内。

c. 主发酵过程控制　主发酵过程的管理主要为温度控制和外观发酵度的测定。一般根据发酵阶段采用分段控制温度的方法，如接种温度一般控制在 5～8 ℃，主发酵结束温度控制在

4～5 ℃。发酵过程中最高温度在 8～9 ℃时为低温发酵，10～13 ℃时为高温发酵。发酵降温要均匀，一般从最高发酵温度应缓慢降温到主发酵结束温度，每天降温不得超过 1 ℃。外观发酵度的控制一般根据麦汁中的可发酵性糖降低速度表示，如降糖速度异常可能的原因包括酵母使用代数过多、死酵母增加、酵母衰老、酵母变异、杂菌污染。

②后发酵和贮酒

a. 糖类继续发酵　后发酵的目的是使糖类继续发酵，促进啤酒风味成熟，增加 CO_2 的溶解，促进啤酒的澄清。在后发酵中发酵糖类主要是残余麦芽糖和主发酵中大多未发酵的麦芽三糖。控制好麦汁极限发酵度和下酒嫩啤酒真正发酵度之差，一般能保留足够的糖类在后发酵中发酵。增加 CO_2 的溶解，它能赋予啤酒起泡性和杀口性，增加啤酒的防腐性和抗氧化性，CO_2 在啤酒中逸出能拖带啤酒芳香味散发。啤酒风味成熟是一个复杂过程，包括还原、氧化、酯化、聚合等环节。过去啤酒的过滤只有简单的粗滤，最终包装后啤酒的透明度、非生物稳定性主要取决于过滤前啤酒的澄清度。现在啤酒工业有各种新的澄清方法，而后发酵和贮藏过程中的“自然澄清”意义已不大。

b. 后发酵的工艺要求　下酒应尽可能避免酒液与氧接触，酵母浓度控制在 10×10^6 个/mL 左右。经过 2～3 天敞口发酵，褐色的酒花树脂和蛋白质凝固物会溢出罐外。再过 2～3 天，泡沫下落，即可进行封罐，封罐后 5～10 天，罐压可达 40～50 kPa，后发酵进行 15～20 天后，经 6～7 天酒温降至 1～1.5 ℃，维持 15 天，再降温至 0 ℃左右，再维持 15 天左右即告成熟，整个后发酵周期一般为 50 天左右。

(2) 现代露天锥形罐发酵法　主发酵和后熟两步都在一个罐中进行，所以又称为一罐法。我国目前啤酒生产主要采取这种发酵方法。由于锥形罐的体积较大，往往糖化一批次麦汁不能加满，需要两次甚至多次才能装满一罐。酵母接种一般是在第一批进罐的麦汁中先加入少量的酵母，而后将剩余的酵母全部加入到第一批麦汁中，接种量为 0.5%左右。为了减少烦琐的酵母培养环节，有的啤酒厂采用分割主发酵醪的方法接种酵母。

开始时醪液中酵母细胞少、降糖慢、产生的热量少、温度上升慢，可以自然升温。随着酵母细胞的大量繁殖，降糖速度加快，升温也快。当温度上升到 12 ℃时，保温进行双乙酰还原。这时要开启冷却装置，控制发酵温度在双乙酰还原温度范围内，直至双乙酰还原结束。这个阶段发酵旺盛，产生大量的 CO_2，并在罐体内形成浓度梯度，造成发酵液由下而上形成强烈对流，带动发酵醪上下翻腾，使酵母细胞与环境基质接触均匀。当双乙酰还原至 0.13 mg/L 以下时开始降温，有的将温度降至 4 ℃左右排一次废酵母，然后降至 0 ℃，也有的直接降温至 0 ℃。嫩啤酒在 0 ℃左右贮存一段时间使其后熟，使啤酒口味变得柔和，非生物稳定性提高。一般情况下，主发酵时间为 10 天左右，后熟时间为 20 多天。

2) 上面发酵法

与下面啤酒酵母相比，上面啤酒酵母接种量少、发酵温度高、速度快、时间短。上面发酵法也分传统法和一罐法。

13.1.5　啤酒澄清与稳定性处理

啤酒在后熟期间经过低温贮存，大部分酵母细胞和冷混浊物沉积到发酵容器底部而被分离，但仍悬浮着大量的酵母细胞和蛋白质凝固物等混浊物，需要进一步澄清分离。啤酒的澄清方法主要采用过滤法，有的再辅以离心法。同时为了延长啤酒保存期，还要采取其他一些措施，以提高啤酒的稳定性。

1. 啤酒过滤

啤酒过滤是利用过滤前、后的压差将待滤液体从一端推向另一端，穿过过滤介质，发酵液中悬浮的微小粒子被截留下来，滤出澄清透明且有光泽的啤酒。最常用的啤酒过滤方法是以硅藻土为过滤介质，采用板框式过滤机(或烛式过滤机、水平圆盘式过滤机)过滤。一般一次性过滤即可达到浊度要求，啤酒清亮度要求较高时，可采用两次过滤。硅藻土是一种生物成因的硅质沉积岩，主要化学成分是 SiO_2。硅藻土有许多不同的形状，如圆盘状、针状、筒状和羽状等，并具有细腻、质轻、多孔、吸水和渗透性强等特点。

2. 啤酒稳定性处理

1) 啤酒的生物稳定性

过滤后的啤酒中仍含有少量的酵母等微生物，这些微生物的数量很少，不影响啤酒清亮透明的外观，但放置一定时间后微生物重新繁殖，会使啤酒出现混浊、沉淀，这就是生物混浊。把由于微生物的原因而造成啤酒稳定性变化的现象称为生物稳定性。要提高啤酒的生物稳定性，可以采用两种方法来解决。

(1) 巴氏杀菌法　经过杀菌的啤酒生物稳定性高，啤酒保存期长，便于长期贮存和运输，但杀菌后容易造成啤酒风味损害，影响啤酒质量。

(2) 无菌过滤法　采用无菌膜过滤技术，将啤酒中的酵母、细菌等滤除，经过无菌灌装得到生物稳定性很高的纯生啤酒，此技术是啤酒未来发展的一个重要方向。

2) 啤酒的非生物稳定性

啤酒在贮存过程中，由于化学成分的变化而对啤酒稳定性产生的影响称为啤酒的非生物稳定性。啤酒是一种成分复杂、稳定性不强的胶体溶液，贮存过程中易产生失光、混浊、沉淀等现象。其原因是啤酒中的蛋白质、多酚物质、酒花树脂、糊精等高分子物质，受光线、氧化、振荡等影响而凝聚析出造成啤酒胶体稳定性的破坏。最常见的非生物混浊是蛋白质混浊。

提高啤酒的非生物稳定性首先要严格工艺操作，其次是采取一些工艺措施。这些工艺措施大都与过滤同时实施，加入一些吸附剂或沉淀剂，去除造成啤酒早期混浊的蛋白质或单宁物质，如添加聚乙烯吡咯烷酮聚合物(PVPP)、硅胶、单宁和蛋白酶等。

(1) PVPP　PVPP 的添加量与啤酒的澄清程度有关，粗滤后的啤酒添加量少(20～30 g/(h · L))，未过滤啤酒添加量多(不超过 50 g/(h · L))。接触时间 5 min 左右，即能达到良好的效果，非生物稳定性可延长至 6 个月。PVPP 的使用方法主要有三种：将 PVPP 加到过滤纸板中；PVPP 与硅藻土混合使用；PVPP 单独循环使用。

(2) 硅胶　硅胶是一种非晶态多微孔结构的固体粉末，具有多孔性和大的表面积，因而对蛋白质有很强的吸附能力。当其使用量为 500～600 mg/L、作用时间为 10～30 min 时，高分子氮的去除率可达到 70%～88%。硅胶通常是在啤酒过滤时与硅藻土一起加入过滤机的硅藻土添加罐中，也可以在糖化或发酵期间添加。

(3) 单宁　啤酒酿造专用单宁分糖化型和速溶型两种，前者在糖化时添加，后者在发酵过程中或过滤期间添加。添加量 30～50 mg/L，与啤酒的作用时间应不低于 15 min。

(4) 蛋白酶　蛋白酶可将造成啤酒早期混浊的高分子蛋白质分解成低分子物质，从而提高啤酒的非生物稳定性。最常用的是木瓜蛋白酶，因为木瓜蛋白酶水解食品蛋白质时极少产生苦味。也有少数厂家使用菠萝蛋白酶。蛋白酶添加量要适当，过多会影响啤酒的泡沫。

3) 啤酒的风味稳定性

啤酒在贮存期间，由于氧化作用而使口味发生变化，称为氧化味，俗称老化味。添加抗氧化剂可以延缓啤酒的老化，常用的抗氧化剂有亚硫酸氢钠和维生素 C。

(1) 亚硫酸氢钠　亚硫酸氢钠中的有效成分是二氧化硫，二氧化硫具有抗氧化和抑菌作用，是啤酒行业中最常用的抗氧化剂。但啤酒中二氧化硫的含量不宜太高，否则对啤酒的口感不利，例如，它会给啤酒带来 SO_2 的刺激味，同时也不利于人体健康。许多国家都对啤酒中 SO_2 含量作了限制。如欧共体食品添加剂规定啤酒中 SO_2 含量为 20 mg/L，美国啤酒 SO_2 含量要求低于 10 mg/L，我国国家标准规定发酵酒 SO_2 含量低于 50 mg/L。

(2) 维生素 C　维生素 C 的抗氧化作用主要在于排除超氧化物自由基，同时也能排除过氧化物和—OH。我国啤酒维生素 C 添加量一般为 20～30 mg/L。由于维生素 C 的抗氧化作用时间比较短，与二氧化硫共同使用，效果会更好，同时也比较经济。

13.1.6　啤酒的包装

啤酒的包装形式主要有瓶装、罐装和桶装，前两种以装熟啤酒为主，后一种主要装鲜啤酒和纯生啤酒。过去纯生啤酒仅有桶装一种形式，现在也出现了瓶装和罐装。

1. 瓶装熟啤酒

瓶装熟啤酒目前仍是市场份额最大的一种包装形式，生产流程如下：瓶子→洗瓶→验瓶→装酒→压盖→杀菌→验酒→贴标→装箱。

熟啤酒瓶装工序是包装过程中的关键，它决定了啤酒的纯净、无菌、二氧化碳含量和溶解氧等重要指标。装酒前将瓶子抽成真空后充二氧化碳，当瓶内气体压力与酒缸内压力相等时，啤酒灌入瓶内，气体通过回风管返回贮酒室。比较理想的是两次抽真空和 CO_2 洗涤、背压的装酒过程。控制酒温在 1～3 ℃，酒温过高会引起二氧化碳逸散，产生冒酒现象。

装酒结束后，马上压盖，压盖机要紧邻装酒机，以保证啤酒的无菌、新鲜、二氧化碳无损失。

灌装后采用隧道式杀菌机杀菌。杀菌后还要人工验酒，将不合格的啤酒挑出来。验酒合格后贴商标、装箱或塑封。

2. 桶装啤酒

桶装啤酒都是鲜啤酒和生啤酒，啤酒桶的容量大小不一，大都用不锈钢材料制作。桶装生啤酒的灌装过程要求比较严格，灌装设备也比较先进，要用 CO_2 背压。特别是在桶的刷洗上，要经过水洗、碱洗、蒸汽杀菌等过程。

13.2　抗生素生产工艺

1942 年 Waksman 首次提出抗生素(antibiotic)这一术语，所指的是由微生物产生的，少量便能抑制甚至杀死细菌或其他微生物的化学物质。抗生素这一术语同其他科学术语一样随着时间的推移和科学技术的发展，其内涵不断延伸，因而有人把抗生素定义为，生物(包括动物、植物、微生物)在生命活动过程中产生的，并能在低微浓度下有选择性地抑制或杀灭微生物或肿瘤细胞的有机物。广义的抗生素定义是，凡是能在极低浓度下有选择性地抑制或杀灭微生物或肿瘤细胞的有机物。通常发酵工业上所指的抗生素仍为 Waksman 所指的抗生素。从 1928 年英国学者 Fleming 发现青霉素起，直到 1944 年第二次世界大战对青霉素需求急剧增加，抗生素的研究和开发才得到迅速发展。到目前为止，从自然界中发现和分离了 6 000 多种抗生素，通过化学结构的改造，共制备了 30 000 余种半合成抗生素。世界各国实际生产和应用于医疗的抗生素 100 多种，连同各种半合成抗生素衍生物及盐类 350 余种。其中以青霉素类、头孢菌素类、四环素类、氨基糖苷类及大环内酯类最为常用。

抗生素产业是生物医药的重大产业，目前中国抗生素产量总体规模已达世界第一，在青霉素、链霉素、四环素、土霉素和庆大霉素等原料药生产方面拥有绝对优势，并在数十个产品的研发、生产、定价、市场等方面打破了欧美国家的垄断地位，形成了一批规模化产业集团和完整产业链，抗生素品种研发实力不断提升。据统计，目前中国抗生素的产量合计 14.7 万吨，其中 2.47 万吨用于出口。全世界 75%的青霉素盐类、80%的头孢菌素类抗生素、90%的链霉素类抗生素产于中国。同时中国也是抗生素用量大国，医院的药物消耗量中 30%左右为抗生素药，有的基层医院则高达 50%。

13.2.1　抗生素的应用

抗生素是人类战胜疾病的有力武器，为保障人类健康做了不小的贡献，同时抗生素在国民经济的许多领域中都有重要用途，并随着微生物药物科学的不断发展，今后将发挥更重要的作用。

1. 在医疗方面的应用

(1) 控制细菌、真菌感染性疾病　如：青霉素、头孢霉素、红霉素、螺旋霉素等用于防治细菌性感染；灰黄霉素对治疗浅部真菌病如头癣、手足癣等具有较强的作用；两性霉素 B、制霉菌素等用于治疗深部真菌病。

(2) 抑制肿瘤生长　目前临床上应用的抗肿瘤抗生素有丝裂霉素、放线菌素、平阳霉素、光辉霉素、正定霉素、阿霉素等，分别对肺癌、胃癌、恶性葡萄胎、鳞状上皮细胞癌、睾丸胚胎癌及各种类型的急性白血病等有一定的疗效。或与其他药物联合使用，可对肿瘤起缓解作用，但其中大多数毒副反应较大。

(3) 免疫抑制　环孢菌素 A、他克莫司(FK506)、雷帕霉素、霉酚酸酯、康乐霉素 C 等，可用于降低异体器官移植的免疫反应。

2. 在农业上的应用

(1) 用于植物保护，防止果蔬的病虫害　我国生产常使用的品种有春雷霉素、内疗素、多抗霉素、井冈霉素、放线菌酮等。

(2) 促进或抑制植物生长　如除草剂及某些植物生长激素。

3. 在畜牧业上的应用

(1) 用于禽畜感染性疾病的控制　已有十多种抗生素用于兽医临床，如青霉素、氯霉素、金霉素、土霉素、四环素、新霉素、红霉素、多黏菌素及杆菌肽等。

(2) 用作饲料添加剂，刺激禽畜的生长　理想的抗生素类饲料添加剂要求牲畜体内不吸收，而且在肉、蛋、乳中没有积蓄残存。为此在国外专门供兽用或作为饲料添加剂的抗生素有越霉素、马碳霉素、潮霉素、氨基杀菌素和硫链丝菌素等。

4. 在食品保藏中的应用

如纳他霉素、乳酸链球菌素、聚赖氨酸用于乳制品、肉制品、罐头、饮料、方便面和快餐食品等的保鲜和防腐。

5. 在工业上的应用

(1) 用于工业制品的防腐剂，防止纺织品、塑料、精密仪器、化妆品、图书、艺术品等的发霉变质。用制霉菌素、放线菌酮溶液喷洒后，可防止这些工业制品发霉，国外用含放线菌酮的涂料抹木箱、纸箱可防止老鼠啃咬等。

(2) 提高特定发酵产品的产量。用于发酵过程中抑制杂菌的生长，可保证生产菌的正常发酵，提高产量；或作为某些生产菌的特殊生产促进剂，提高其产量。

6. 在科学研究中的应用

(1) 作为生物化学与分子生物学研究的重要工具。

(2) 用于建立药物筛选与评价模型。

13.2.2 抗生素生产工艺概况

1. 抗生素生产工艺流程

由于各个公司的菌种和生产技术都视为机密，很少公开其生产过程，抗生素的一般生产流程大致归纳如下：保藏菌种→斜面生产菌种→制备孢子→一级种子→二级种子→发酵→发酵液预处理→提取精制→成品包装。

2. 抗生素菌种生产

抗生素生产菌是由自然界分离获得，经过选育后获得的具有工业化应用价值的菌株。生产抗生素的微生物以放线菌为多，其次为真菌，然后是细菌。表 13-3 为临床上有重要价值的抗生素来源及抗菌谱。

表 13-3 临床上有重要价值的抗生素来源及抗菌谱

抗生素	主要生产菌	抗菌谱
两性霉素 B	结节链霉菌	真菌
杆菌肽	枯草杆菌	革兰氏阳性菌
头孢霉素	头孢翅孢壳	革兰氏阳性菌、一些革兰氏阴性菌
氯霉素	委内瑞拉链霉菌	革兰氏阳性菌、一些革兰氏阴性菌、立克次氏体、大病毒、内变形虫属
黏菌素	*Aerobacillus colistinus*	革兰氏阴性菌为主
红霉素	红霉素链霉菌	革兰氏阳性菌、一些革兰氏阴性菌、一些原生动物
庆大霉素	大单胞菌	革兰氏阳性菌、革兰氏阴性菌
灰黄霉素	青霉菌	真菌
卡那霉素	卡那霉素链霉菌	革兰氏阳性菌、革兰氏阴性菌、某些原生动物
林可霉素	林可霉素菌	革兰氏阳性菌
新霉素	弗氏链霉菌等	革兰氏阳性菌、革兰氏阴性菌、分歧杆菌
新生霉素	链霉菌	革兰氏阳性菌为主
制霉菌素	链霉菌	真菌
青霉素 G	青霉，曲霉	革兰氏阳性菌
青霉素 V	生物合成	革兰氏阳性菌
多黏菌素	多黏芽孢杆菌	革兰氏阳性菌为主、分歧杆菌
利福霉素	地中海诺卡氏菌	革兰氏阳性菌、革兰氏阴性菌、分歧杆菌、某些病毒
壮观霉素	链霉菌	革兰氏阳性菌、革兰氏阴性菌、特别是淋病萘瑟氏球菌

续表

抗生素	主要生产菌	抗　菌　谱
链霉素	链霉菌	革兰氏阳性菌、革兰氏阴性菌、结核分枝杆菌
金霉素	金霉素链霉菌	革兰氏阳性菌、革兰氏阴性菌、立克次氏体、大病毒、球虫亚纲、变形虫和肠袋虫亚纲、支原体
脱甲基四环素	金霉素链霉菌变异菌株	同上
四环素	金霉素链霉菌变异菌株	同上
土霉素	龟裂链霉菌	抑制对其他四环素有抗性的葡萄球菌
短杆菌素	短小芽孢杆菌	革兰氏阳性菌
万古霉素	东方链霉素	革兰氏阳性菌

3. 孢子制备

将保藏的处于休眠状态的孢子，接种到灭菌的固体斜面培养基上，根据菌种培养要求，在一定的温度下培养到长出孢子，通常 5～7 天或以上。为获得更多数量的孢子以供生产需要，可进一步用扁(茄子)瓶或三角瓶在固体培养基(如小米、大米、玉米粒或麸皮)上扩大培养，制备生产用孢子。

4. 种子制备

可以用摇瓶培养种子，也可以将扁瓶或三角瓶培养的固体孢子种子直接接入一级种子罐。培养好后将一级种子罐种子接入二级种子罐，一般种子接种量为 5%～30%，培养时间为 1～3 天，随不同品种而定。各级罐的容量从 100～200 L 起，5～10 倍递增，到发酵生产罐一般在 50～150 m^3的范围。所有与菌种培养、生产有关的操作都要求无菌操作，所用容器、罐体、管道等都必须严格灭菌。在种子培养过程中，要定时取样做无菌试验、观察菌丝形态、测定种子液中发酵单位和进行生化分析等，并观察有无染菌情况，种子质量合格方可移种到发酵罐中。

5. 发酵

发酵的目的是使微生物大量分泌抗生素。发酵开始前，有关设备和培养基必须先经过灭菌后再接入种子，发酵周期视抗生素的品种和发酵工艺而定。在整个发酵过程中，需不断通无菌空气和搅拌，维持一定的罐压和溶氧。同时，发酵过程要控制一定的温度和及时调节 pH 值。此外，还要加入消泡剂以控制泡沫。对发酵参数尽可能用计算机进行反馈控制。在发酵期间，每隔一定时间应取样进行生化分析、镜检。分析或控制的参数包括：菌丝形态与浓度、残糖量、氨基氮、抗生素含量、温度、pH 值、溶氧、通气量、搅拌转速等。

6. 抗生素的提取

抗生素提取工艺流程随品种不同差异很大。除了发酵液一般需经预处理，过滤除去菌体和残留的固体培养基成分外，抗生素提取方法主要有溶媒法(如青霉素、红霉素等)、离子交换法(如链霉素、庆大霉素等)、沉淀法(如四环类抗生素等)等手段。各种提取方法都有其优缺点和适用范围，但总的要求是，分配系数或选择性、回收率要高，省工时和成本低。另外，多数抗生素不稳定，且发酵液易被污染，故整个提取过程要求：①时间短；②温度低；③pH 值宜选择对抗生素较稳定的范围；④勤清洗消毒(包括厂房、设备等，并注意消灭死角)。

7. 抗生素的精制

抗生素的精制包括脱色、去热原质、结晶和重结晶等操作。同时，产品精制、烘干和包装等阶段要符合“药品生产管理规范”(即 GMP)的规定。例如，其中规定产品质量检验应合格，技术文件应齐全，设备材质不应与药品起反应，并易清洗，对注射品应严格遵守无菌操作要求等。

13.2.3 青霉素生产工艺

青霉素G是人类发现的第一个微生物生产的抗生素，高效、低毒，应用广泛。青霉素及其半合成产品为全球销量最大的抗生素。目前我国发酵法生产青霉素G使用的产黄青霉(*P. chrysogenum*)菌种，是经过多次、多种物理、化学诱变方法获得的变异株，发酵生产能力可达80 000 U/mL左右，而世界青霉素工业发酵水平可达100 000 U/mL。青霉素G生产工艺流程如图13-1所示。

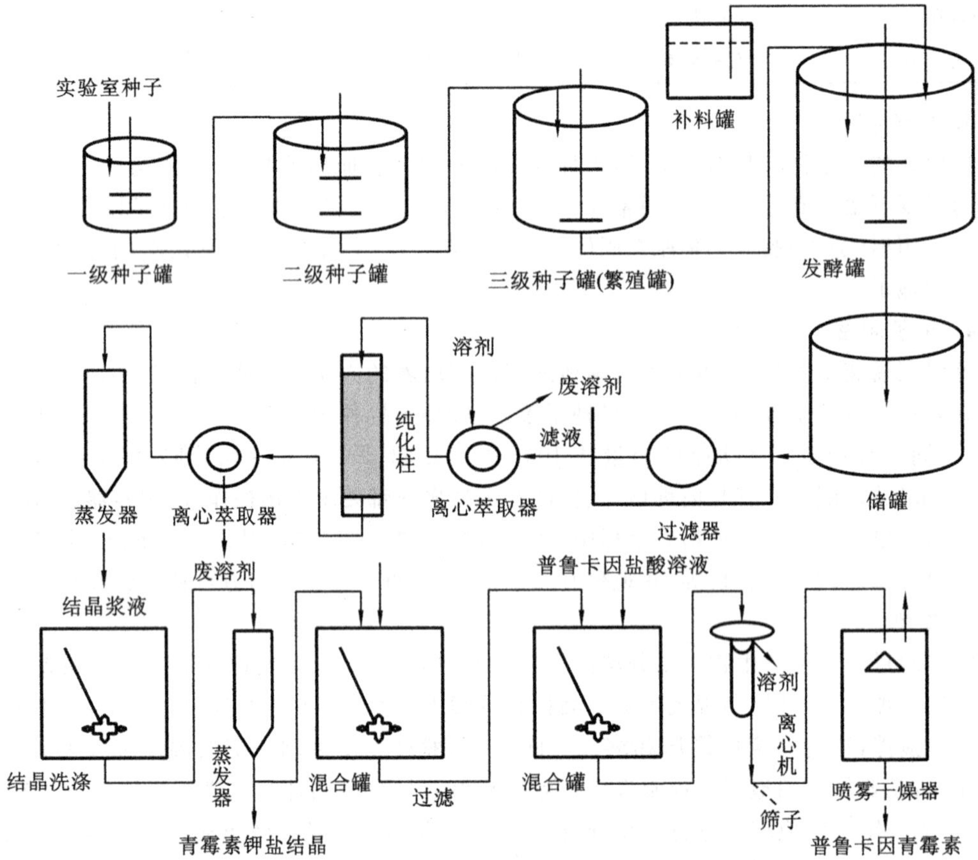

图13-1 青霉素G生产工艺流程图

1. 培养基

(1) 碳源　青霉菌能利用多种碳源如乳糖、蔗糖、葡萄糖等。目前普遍采用淀粉水解糖，糖化液(DE值50%以上)进行流加。

(2) 氮源　可选用玉米浆、花生饼粉、精制棉籽饼粉或麸皮粉，并补加无机氮源。

(3) 前体　生物合成含有苄基基团的青霉素G，需要在发酵中加入前体物质，如苯乙酸或苯乙酰胺。由于它们对青霉菌有一定毒性，故一次加入量不能大于0.1%，采用多次加入方式。

(4) 无机盐　包括硫、磷、钙、镁、钾等盐类。铁离子对青霉菌有毒害作用，应严格控制发酵液中铁含量在30 μg/mL以下。

2. 生产种子制备

将砂土保藏的孢子接种到含甘油、葡萄糖和蛋白胨组成的培养基进行斜面培养后，接种到大米或小米三角瓶固体培养基上，25 ℃培养 7 天，待孢子成熟后，可进行真空干燥，低温保存备用。生产时每吨种子培养基以不少于 200 亿个孢子的接种量接到以葡萄糖、乳糖和玉米浆等为培养基的一级种子罐内，于 27 ℃培养 40～50 h，通气量为 1：(2～3)(L/(L・min))，搅拌转速为 300～350 r/min。一级种子长好以后，按 10%接种量移种到以葡萄糖、玉米浆等为培养基的二级种子罐内，25 ℃培养 10～14 h，便可作为发酵生产的种子。培养二级种子时，通气量为 1：(1～1.5)(L/(L・min))，搅拌转速为 250～280 r/min。种子质量要求：菌丝长、稠，菌丝团很少，菌丝粗壮，有中小空胞，处于对数生长期。

3. 发酵培养过程的控制

(1) 青霉素产生菌在发酵过程中的生长可分为 7 个时期，Ⅰ期为孢子发芽期，孢子先膨胀，再形成小的芽管，此时细胞质未分化，具有小空孢。Ⅱ期为菌丝繁殖期，细胞质嗜碱性很强，在Ⅱ期末有类脂肪小颗粒。Ⅲ期形成脂肪粒，积累储藏物。Ⅳ期脂肪粒减少，形成中、小空泡，细胞质嗜碱性减弱。Ⅴ期形成大空泡，其中含有一个或数个中性红色的大颗粒，脂肪粒消失。Ⅵ期在细胞内看不到颗粒，并出现个别自溶的细胞。

其中Ⅰ～Ⅳ期初称菌丝生长期，产生青霉素较少，而菌丝浓度增加很多。Ⅲ期适于作为发酵用种子。Ⅳ～Ⅴ期称为青霉素分泌期，此时菌丝生长趋势逐渐减弱，大量产生青霉素。Ⅵ期即菌丝自溶期，菌体开始自溶，Ⅶ期菌丝体完全自溶，仅有空细胞壁。

(2) 发酵过程　发酵以花生饼粉、麸质水、葡萄糖、尿素、硝酸铵、硫代硫酸钠、苯乙酰胺和碳酸钙为培养基，接种量为 15%～20%，通气量为 1：(0.7～1.8)(L/(L・min))，搅拌转速为 150～200 r/min，罐压控制在(0.4～0.5)$\times 10^5$ Pa，前 60 h，pH 5.7～6.3，温度(26±1) ℃，以后 pH 6.3～6.6，温度(24±1) ℃。发酵周期 200 h 左右。在生产过程中，为了使发酵前期易于控制，可从基础料中取出部分培养基另行灭菌，待菌丝长稠不再增加时补料。

(3) 加糖控制　根据残糖量及发酵过程中的 pH 值确定加糖时间，一般在发酵液残糖降至 0.6%左右，pH 值上升时开始加糖。最好是根据排气中的 CO_2 及 O_2 量来控制。

(4) 补氮和前体物质　通过补加硫酸铵、氨或尿素等，使发酵液氨氮控制在 0.01%～0.05%。前体物质的补加以发酵液中残存浓度为 0.05%～0.08%为准。

4. 发酵过程的参数控制

(1) pH 值控制　对 pH 值的要求视不同菌种而异，一般前期 pH 值控制在 5.7～6.3，中后期 pH 值控制在 6.3～6.6。pH 值较低时，加入碳酸钙，通氨或提高通气量进行调节。pH 值上升时，流动加入葡萄糖或天然油脂控制 pH 值。也可直接加酸、碱调节 pH 值。

(2) 温度控制　青霉菌生长适宜温度为 30 ℃，分泌青霉素温度为 20 ℃。虽然 20 ℃青霉素破坏少，但发酵周期很长，因此，前期控制在 25～26 ℃，后期降温控制在 23 ℃。温度过高会降低发酵产率，增加葡萄糖维持消耗，降低葡萄糖至青霉素的转化得率。有的发酵过程在菌丝生长阶段采用较高的温度，以缩短生长时间，生产阶段适当降低温度，以利于青霉素合成。

(3) 溶解氧的控制　抗生素深层培养需要通气与搅拌，一般要求发酵液中溶解氧量不低于饱和溶解氧的 30%。溶氧低于 30%饱和度，产率急剧下降，低于 10%，则造成不可逆的损害。通气比一般为 1：0.8(L/(L・min))。溶氧过高，菌丝生长不良或加糖率过低，呼吸强度下降，影响生产能力的发挥。搅拌转速在发酵各阶段应根据需要进行调整，适宜的搅拌速度可保证气液混合，提高溶氧，根据各阶段的生长和耗氧量不同，对搅拌进行调整。

(4) 泡沫控制　发酵前期泡沫主要是花生饼粉和麸质水引起的，在前期泡沫多的情况下，可间歇搅拌，或用天然油脂如豆油、玉米油等或用化学合成消泡剂"泡敌"来消泡，但应当控制其用量并少量多次加入，否则，会影响菌的呼吸代谢。中期可略降低空气流量，但搅拌应充分，否则会影响菌的呼吸，导致影响发酵产量。发酵后期应尽量少加消泡剂以避免对青霉素造成污染。

青霉素的发酵过程控制十分精细，一般 2 h 取样一次，测定发酵液的 pH 值、菌浓度、残糖、残氮、前体物质的浓度、青霉素的效价等指标，同时取样做无菌检查，发现染菌立即结束发酵，视情况放罐过滤提取，因为染菌后 pH 值波动大，青霉素在几个小时内就会被全部破坏。

5. 青霉素分离和纯化

青霉素不稳定，分离和纯化过程要求条件温和、快速，防止降解。

(1) 发酵液过滤　发酵液结束后，目标产物存在于发酵液中，而且浓度较低，含有大量杂质，它们影响后续工艺的有效提取，因此必须对其进行预处理，目的在于浓缩目的产物，去除大部分杂质，以利于后续的分离纯化过程。

青霉素发酵液在萃取之前需预处理，发酵液加少量絮凝剂沉淀蛋白质，然后经真空转鼓过滤或板框过滤，除掉菌丝体及部分蛋白质。青霉素易降解，发酵液及滤液应冷至 10 ℃以下，过滤收率一般在 90%左右。①菌丝体粗 10 μm，采用鼓式真空过滤机过滤，滤渣形成紧密饼状，容易从滤布上刮下。滤液 pH 6.27～7.2，蛋白质含量 0.05%～0.2%。需要进一步去除蛋白质。②改善过滤和除去蛋白质的措施：硫酸调节 pH 4.5～5.0，加入 0.07%溴代十五烷基吡啶(PPB)，0.7%硅藻土为助滤剂，再通过板框式过滤机，滤液澄清透明，进行萃取。

(2) 萃取　青霉素的提取采用溶媒萃取法。青霉素游离酸易溶于有机溶剂，而青霉素盐易溶于水。利用这一性质，在酸性条件下青霉素转入有机溶剂中，调节 pH 值，再转入中性水相，反复几次萃取，即可提纯、浓缩。选择对青霉素分配系数高的有机溶剂。工业上通常用乙酸丁酯和戊酯。萃取 2～3 次。从发酵液萃取到乙酸丁酯中时，控制 pH 1.8～2.0，从乙酸丁酯反萃取到水相时，控制 pH 6.8～7.4。发酵滤液与乙酸丁酯的体积比为 1.5～9.1，即一次浓缩倍数为 1.5～9.1 倍。为了避免 pH 值波动，采用硫酸盐、碳酸盐缓冲液进行反萃取。发酵液与溶剂比例为 3～4。几次萃取后，浓缩 10 倍，浓度几乎达到结晶要求。萃取总收率在 85%左右。所得滤液多采用二次萃取，用 10%硫酸调节 pH 2.0～3.0，加入乙酸丁酯，用量为滤液体积的 1/3，反萃取时常用碳酸氢钠溶液调节 pH 7.0～8.0。在一次乙酸丁酯萃取时，由于滤液含有大量蛋白质，通常加入破乳剂防止乳化。第一次萃取，存在蛋白质，加 0.05%～0.1%乳化剂(PPB)。为减少青霉素降解，整个萃取过程应在低温下进行(10 ℃以下)。萃取罐用冷冻盐水冷却。

(3) 脱色　萃取液中添加活性炭，除去色素、热原，过滤，除去活性炭。

(4) 结晶　萃取液一般通过结晶提纯。青霉素钾盐在乙酸丁酯中溶解度很小，在二次乙酸丁酯萃取液中加入乙酸钠-乙醇溶液，青霉素酯盐即结晶析出。然后采用重结晶方法，进一步提高纯度，将酯盐溶于 KOH 溶液，调节 pH 值至中性，加无水丁醇，在真空条件下，共沸蒸馏结晶得纯品。直接结晶：在二次乙酸丁酯萃取液中加入乙酸钠-乙醇溶液，得到青霉素钠盐结晶。加入乙酸钾-乙醇溶液，得到青霉素钾盐。共沸结晶后，萃取液再用 0.5 mol/L NaOH 萃取，在 pH 4.8～6.4 下得到钠盐水浓缩液。加 2.5 倍体积的丁醇，在 16～26 ℃、0.67～1.3 kPa 下蒸馏。水和丁醇形成共沸物而蒸出。钠盐结晶析出。结晶经过洗涤、干燥后，得到青霉素产品。

13.3 有机酸生产工艺

有机酸发酵工业在世界经济发展中占有重要地位，它的价值并不在于产物本身，而在于它所创造的社会效益。有机酸是指一些具有酸性的有机化合物。最常见的有机酸是羧酸，其酸性源于羧基(—COOH)。微生物合成的有机酸有 50 多种，其中在国民经济中具有较大用途，现已工业化生产的有柠檬酸、乳酸、乙酸、葡萄糖酸、苹果酸、琥珀酸、抗坏血酸、水杨酸、曲酸、亚甲基丁二酸、α-酮戊二酸、丙酸、赤霉酸及多种长链二元酸等。目前市场上的有机酸产品仍以柠檬酸为主，它占酸味剂市场的 70%左右。现代柠檬酸生产发展趋势正向大型化、集团化、多剂型及低成本的方向发展。聚乳酸(PLA)塑料的问世，使 L-乳酸的应用扩大到化工、环保等领域，因此，L-乳酸的发展具有广阔的前景。其他有机酸的发酵生产也都取得了长足的进步，产量大幅攀升。

20 世纪 70 年代，随着经济的迅速发展，我国发酵有机酸产业从无到有、从小到大，已形成了以柠檬酸为支柱的具有一定规模的产业体系，尤其是近年来柠檬酸工业迅速发展，年生产量约占世界柠檬酸总生产量的 70%，目前我国已成为世界上最大的生产国和出口国，标志着我国发酵有机酸工业的崛起。

13.3.1 有机酸的来源与用途

表 13-4 是一些常用发酵法生产的有机酸的来源和用途。

表 13-4　常用发酵法生产的有机酸的来源和用途

有机酸名称	生　产　菌	用　　途
柠檬酸	黑曲霉、泡盛曲霉、温特曲霉、酵母等	食品工业和化学工业的酸味剂、增溶剂、缓冲剂、抗氧化剂、除腥脱臭剂、螯合剂等，药物、纤维媒染剂、助染剂等
乳酸	德氏乳杆菌、赖氏乳杆菌、米根霉等	食品工业的酸味剂、防腐剂、还原剂、制革辅料等
衣康酸	土曲霉、衣糠酸霉、假丝酵母等	制造合成树脂、合成纤维、塑料、橡胶、离子交换树脂、表面活性剂和高分子整合剂等的添加剂和单体原料
葡萄糖酸	黑曲霉、葡糖酸杆菌、氧化葡糖酸杆菌、产黄青霉等	药物、除锈剂、塑化剂、酸化剂等
苹果酸	黄曲霉、米曲霉、寄生曲霉、华根霉、无根根霉、短乳杆菌、产氨短杆菌等	食品酸味剂、添加剂、药物、日用化工及化学辅料等
琥珀酸	生黄瘤胃球菌、产琥珀酸丝状杆菌、产琥珀酸放线杆菌等	食品酸味剂、抗菌剂、风味剂、表面活性剂、清洁剂、离子螯合剂
醋酸	奇异醋杆菌、过氧化醋杆菌、恶臭醋杆菌、中氧化醋杆菌、醋化醋杆菌、弱氧化醋杆菌、生黑醋杆菌等	重要的化工原料，广泛用于食品、化工等行业

13.3.2 柠檬酸发酵

柠檬酸又名枸橼酸，为无色晶体，常含一分子结晶水，无臭，有很强的酸味，易溶于水，是一种重要的有机酸。其钙盐在冷水中比在热水中更易溶解，此性质常用来鉴定和分离柠檬酸。结晶时控制适宜的温度可获得无水柠檬酸。柠檬酸是目前世界上需求量最大的一种有机酸。中国是世界上最大的柠檬酸出口国，2010 年出口量达 85 万吨，超过世界贸易总量的一半。

世界柠檬酸工业化发酵生产主要有表面（浅盘）发酵法、深层液体发酵法和固体发酵法。近年来，随着我国选育的耐高糖、耐高柠檬酸并具抗金属离子的高产柠檬酸黑曲霉菌株被成功应用于深层液体发酵，采用黑曲霉柠檬酸产生菌进行深层液体发酵逐渐成为当今世界柠檬酸生产的主流技术。

1. 柠檬酸发酵机理

如图 13-2 所示，柠檬酸是 TCA 循环代谢过程中的中间产物，在正常情况下，柠檬酸在细胞内不会积累，且柠檬酸是黑曲霉的良好碳源。而柠檬酸积累是菌体代谢失调的结果。在发酵过程中，当微生物的乌头酸水合酶和异柠檬酸脱氢酶活性很低，而柠檬酸合成酶活性很高时，才有利于柠檬酸的大量积累。

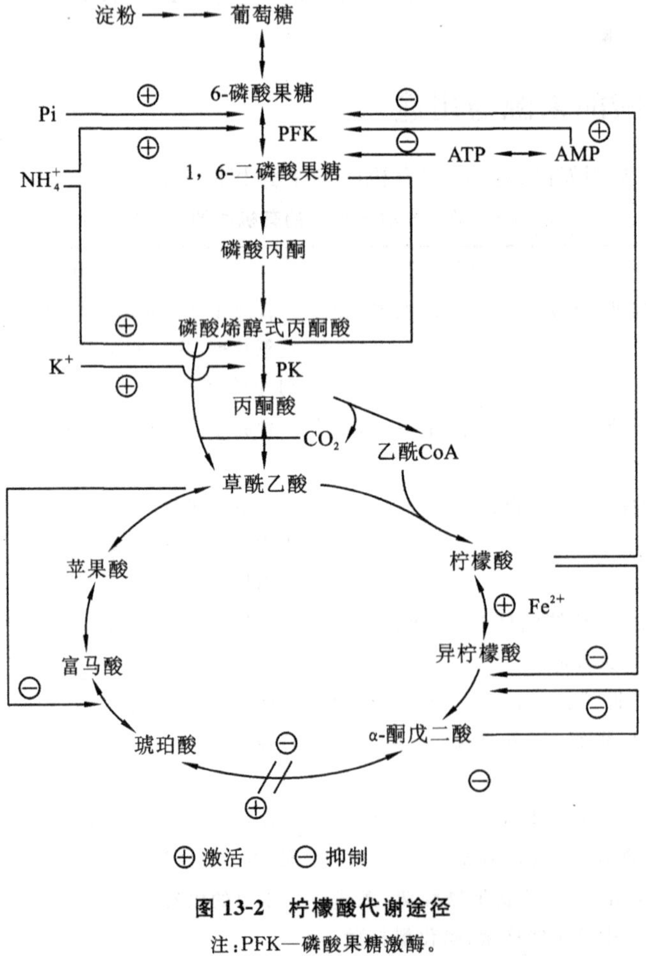

图 13-2 柠檬酸代谢途径

注：PFK—磷酸果糖激酶。

2. 柠檬酸生产菌种

(1) 柠檬酸产生菌　自然界能分泌和积累柠檬酸的微生物很多，如黑曲霉(*Aspergillus niger*)、泡盛曲霉(*Aspergillus awamori*)、温特曲霉(*Aspergillus wentii*)等多种曲霉都能够利用淀粉质原料大量积累柠檬酸；节杆菌、放线菌及假丝酵母则能够利用正烷烃为碳源生产柠檬酸。而最具商业竞争优势的是采用黑曲霉、温氏曲霉和解脂假丝酵母等菌种的深层发酵法。

(2) 黑曲霉代表性的生产菌种：Co827、γ-130、γ-144-130、T419 等。其中 Co827 对甘薯干和木薯干深层发酵产酸达 14%以上，转化率在 95%以上，周期 64 h，至今应用最多。

3. 柠檬酸生产原料

目前，普遍应用的是玉米、木薯等及其加工后的淀粉等作为发酵原料，与其他原料相比，此法具有成本低、环保费用少、发酵抑制物少等特点。20 世纪 60 年代初形成了我国独有的薯干深层发酵柠檬酸工艺，随着薯类淀粉加工工艺的发展，目前仍应用较多。20 世纪 90 年代，丰原公司发明了清液发酵的柠檬酸生产技术，开启了我国玉米等谷物原料发酵生产柠檬酸的新时代，目前已应用到工业化生产中。

4. 柠檬酸发酵工艺

柠檬酸发酵是好氧发酵，生产方式有三种：表面发酵(也称浅盘法)、固体发酵和深层培养。最早使用的柠檬酸发酵法是浅盘法，至今国内外仍有许多厂家沿用。此法原料是糖蜜，需要进行预处理(去除以铁为主的金属离子和胶体物)才能使用。浅盘法常用菌种还是黑曲霉，发酵在发酵室进行，室内放置发酵盘，一层层架起来，用鼓风机供风，温度开始控制在 34～35 ℃，产酸阶段控制在 28～32 ℃。另外还可以利用薯渣、淀粉渣等农副业下脚料进行固体发酵柠檬酸，废渣还可做饲料，设备简单，适于小型生产。

目前我国柠檬酸发酵以深层培养为主。深层发酵具有发酵周期短、产率高、操作简便、占地少等优点。由于我国薯类资源丰富，利用薯类原料的黑曲霉生长要求粗放，所以我国大多数采用薯类原料，目前采用的菌种多为黑曲霉 Co827。我国柠檬酸用薯干粉为原料的深层发酵工艺流程如图 13-3 所示。

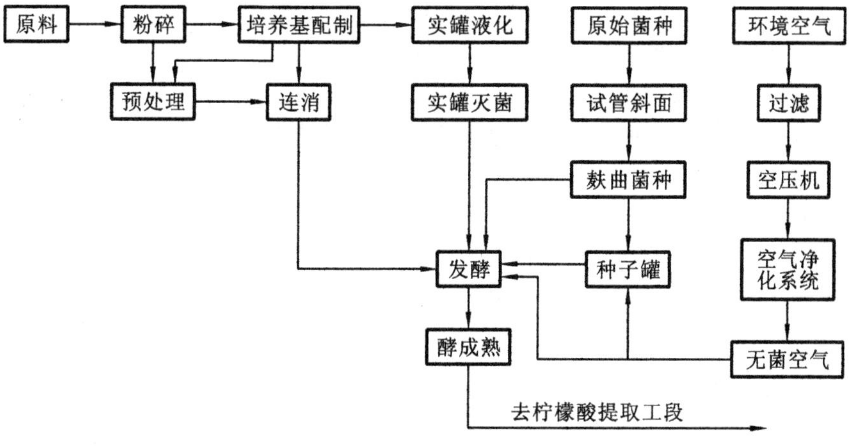

图 13-3　薯干原料发酵工艺

5. 工艺控制

(1) 培养基　通常糖浓度较高，柠檬酸产量也会相应提高。种子培养基采用的薯干粉浓度为 8%～10%，发酵培养基的薯干粉浓度为 10%～16%，常采用 12%的浓度，浓度太高会导致发酵终了时残糖较高，反而降低了总的转化率。此外，还要给予适量的氮源和无机盐、生长因子。由于原料和菌种不同，添加的种类和数量也就不同。如用薯干粉时，种子培养基中最好加入1%麸皮，作为氮源和多种维生素的来源，发酵培养基就只用薯干粉一种，而糖蜜原料要添加一定量的硝酸铵或硫酸铵、硫酸镁、磷酸盐类。

（2）磷酸果糖激酶（PFK）活性的调节　在葡萄糖到柠檬酸的合成过程中，PFK是一种调节酶，其酶活性受到柠檬酸的强烈抑制。这种抑制必须解除，否则柠檬酸合成的途径就会因为该酶活性的抑制而被阻断。微生物体内的NH_4^+可以解除柠檬酸对PFK的这种反馈抑制作用，在Mn^{2+}缺乏的培养基中，NH_4^+浓度异常高，进而解除了柠檬酸对PFK活性的抑制作用，生成大量的柠檬酸。

（3）pH值　发酵是一个边糖化边产酸的过程，由同一种菌种在同一个生活环境中完成，但是两个过程的最适pH值不同。最初以糖化过程为主，黑曲霉的淀粉酶比较耐酸，糖化过程最适pH值为2.5～3.0，而产酸最适pH值为2.0～2.5，比糖化pH值更低。在产酸后，为了防止pH值下降抑制淀粉酶的活性，可以调节通气与搅拌程度，在前期通气量稍低对糖化有利，在发酵过程中可分阶段逐步提高通气量，也可以在pH值降至2.0时，加入灭菌的碳酸钙乳剂，中和部分酸使pH值回升至2.5左右。中和剂的用量一定要适度，pH值过高则会产生大量杂酸（主要是草酸菌），一般在发酵24～48 h后加入发酵液量0.5%～1.0%(g/mL)的碳酸钙即可。

（4）温度　一般种子培养温度比发酵温度高1～2 ℃，为32～33 ℃，而发酵时要求在31 ℃左右，温度太高会产生杂酸，影响柠檬酸的收率。

（5）时间　发酵时间约为4天。

（6）通气与搅拌　以薯干为原料的发酵液黏度很大，在发酵过程中由于不断水解淀粉，淀粉液黏度会下降，但菌丝体大量繁殖，也会使溶氧系数大大下降，所以通气量要相应提高才能满足菌体生长和产酸要求。以糖蜜为原料时，由于糖蜜含大量胶体物质，通气时极易发泡，应加消泡剂才行，但消泡剂也会大大降低溶解氧浓度。

除薯干原料发酵工艺外，目前玉米去渣新工艺发酵已被一些厂家广泛使用，将玉米粉液化去渣后的淀粉乳用于柠檬酸发酵。该方法产酸达14%±1%，转化率为95%±2%，发酵周期为70 h。这种半精料的发酵工艺目前已经实现了工业化生产。该技术是将玉米经干法处理，将淀粉液化后，过滤去糖渣，用液化后的清液进行同步糖化发酵，这种方式减少了通风，降低了搅拌能力及电耗，大幅地减少了生产成本，产品质量得到很大提高。

6. 柠檬酸提取

在柠檬酸发酵液中，除主要产物外，还含有其他代谢产物和一些杂质，如草酸、葡萄糖酸、蛋白质、胶体物质等，成分十分复杂，应通过物理或化学方法将柠檬酸提取出来。目前我国大多数工厂采用碳酸钙中和及硫酸酸解工艺提取柠檬酸，再经精制成为纯品。除此法外，还可用萃取法、电渗析法和离子交换法提取柠檬酸。钙盐法提取柠檬酸反应式为

$$2C_6H_8O_7 \cdot H_2O + 3CaCO_3 \longrightarrow Ca_3(C_6H_5O_7)_2 \cdot 4H_2O + 3CO_2 + H_2O$$

$$Ca_3(C_6H_5O_7)_2 \cdot 4H_2O + 3H_2SO_4 + 4H_2O \longrightarrow 2C_6H_8O_7 \cdot H_2O + 3CaSO_4 \cdot 2H_2O$$

（1）柠檬酸提取工艺流程　钙盐法提取柠檬酸工艺流程见图13-4。

（2）提取工艺控制

①发酵液预处理　成熟的发酵液用蒸汽加热至100 ℃后再放罐，其作用是终止发酵，使蛋白质变性凝固，易于过滤；同时使菌丝受热破裂，彻底释放菌体内的柠檬酸。

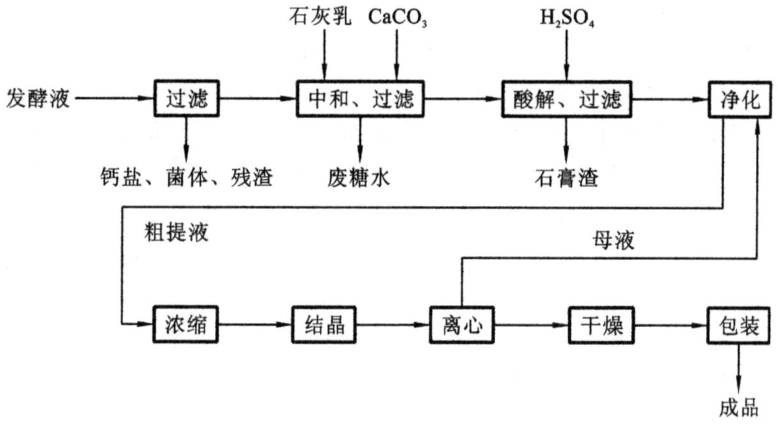

图 13-4　钙盐法提取柠檬酸工艺流程

②碳酸钙中和　发酵液注入罐内，用蒸汽直接加热至 60～80 ℃，加入碳酸钙，并搅拌，达到终点后，趁热过滤，并用热水洗涤钙盐。

③酸解脱色　经中和并洗净的柠檬酸钙不宜过久储放。应迅速进行酸解。酸解时，先把柠檬酸钙用水调成糊状，加热至 85 ℃，缓慢加入适量硫酸。理论上加入硫酸量为碳酸钙的 98%(g/g)。但因为中和时生成少量可溶性杂酸的钙盐，以及过滤洗涤时有少量柠檬酸钙损失，实际上硫酸加入量为碳酸钙用量的 92%～95%为宜。酸解达到终点后，可加入活性炭脱色，或用树脂脱色。活性炭用量一般为柠檬酸量的 1%～3%，35 ℃保温 30 min，即可采用真空抽滤或离心分离；采用树脂脱色时，要先滤去硫酸钙沉淀，再将清液通过脱色树脂柱脱色。

④树脂净化　在柠檬酸酸解液中混有发酵和提取过滤过程中带入的大量杂质，如 Ca^{2+}、Fe^{3+} 等金属离子，一般采用强酸型阳离子交换树脂去除这些金属离子。

⑤浓缩与结晶　浓缩在减压蒸发器中进行，真空度在 80～100 kPa，温度在 50～60 ℃(温度过高柠檬酸会分解为乌头酸，结晶色泽变深，影响质量)，出罐时浓度达 36.5～37 °Bé。结晶时需要缓慢降温，并缓慢搅拌(10～25 r/min)，使之生成质量较好的晶体。

⑥干燥　选用沸腾干燥箱，去除晶体表面的自由水，温度控制在 35 ℃以下，否则会失去一部分结晶水，影响成品光泽。

钙盐法的缺点是劳动强度大，设备极易被腐蚀，提取收率仅为 70%左右，同时造成环境污染。近期研究出的液-液萃取法提取柠檬酸工艺，提取率达 85%以上，无 $CaSO_4$ 等工业废渣产生，连续化、自动化程度高，是一种有发展前途的柠檬酸提取工艺。但由于生产中萃取溶剂的乳化及产品中溶剂的残留，使该法制得的柠檬酸在食品和医药行业使用受限，因此至今未能推广。

13.3.3　乳酸的发酵

乳酸是一种多用途的化学品，广泛用于食品、制药、化工、制革、纺织、环保和农业。其产品主要表现形式为酸味剂、调味剂、防腐剂、鞣制剂、植物生长调节剂、生物可降解材料和药物。目前 90%的乳酸是采用微生物发酵法生产的。由于乳酸产品用途广泛、应用潜力巨大，尤其在生物可降解材料方面具有优越性，所以引起了世界各国的关注。

乳酸又名 2-羟基丙酸，或 α-羟基丙酸，乳酸是一种重要的一元羟基羧酸。相对分子质量为 90.08，分子式为 $CH_3CHOHCOOH$，无水乳酸纯品为白色晶体，液体乳酸纯品无色，工业品为无色到浅黄色液体。67～133 Pa真空条件反复蒸馏可得高纯度乳酸，进而可以得到晶体。纯品无气味，具有吸湿性，熔点18 ℃，沸点122 ℃(2 kPa)。能与水、乙醇、乙醚、丙酮、丙二醇、甘油混溶，不溶于氯仿、二硫化碳和石油醚。在常压下加热分解，浓缩至50%时，部分变为乳酸酐，因此乳酸产品中常含有10%～15%的乳酸酐。乳酸分为工业级、食品级和药典级。乳酸纯品无毒，其盐类只要不是重金属盐也无毒。乳酸可以参与氧化、还原、酯化、缩合等多种反应。乳酸分子含有一个不对称碳原子，具有旋光性，因此按其旋光性可分为三种：D型(左旋)、L型(右旋)和DL型。右旋乳酸即L-(＋)-乳酸，左旋乳酸即D-(－)-乳酸。这两种乳酸的性质除旋光性不同(旋光方向相反，比旋光度的绝对值相同)外，其他物理、化学性质都一样。由于人体只含有L-乳酸脱氢酶，不含D-乳酸脱氢酶，只能代谢自身产生的L-乳酸或摄入的L-乳酸。因此L-乳酸在食品、饲料和医药行业中备受重视。

L-(＋)-乳酸可充分脱水缩聚成聚L-乳酸。它无毒、无刺激性，具有优良的生物相容性。它可生物分解、吸收，强度高，可塑性好，易加工成形，因而被认为是最有发展前途的可生物降解的高分子材料，已备受国内外关注。这种原料优点多，用途广泛。聚乳酸的合成研究及应用开发业已开展，和国外一样，我国也掀起了一股不小的乳酸"热"潮。未来乳酸工业发展的空间巨大，前景广阔。

1. 乳酸发酵机制

乳酸菌可将葡萄糖转化生成丙酮酸，丙酮酸除在乳酸脱氢酶的作用下生成乳酸外，还会在丙酮酸脱羧酶和乙醇脱氢酶的作用下生成乙醇，然后经丙酮酸脱氢酶进入TCA循环产生能量和中间代谢产物。因此高产乳酸的菌株应具有较高的乳酸脱氢酶活性和弱化的丙酮酸脱氢酶活性及丙酮酸脱羧酶活性，且不以乳酸为唯一碳源。丙酮酸在相应L-(＋)-乳酸脱氢酶或D-(－)-乳酸脱氢酶的作用下，分别生成L-(＋)-乳酸和D-(－)-乳酸。乳酸细菌发酵的类型主要有同型乳酸发酵(图13-5)、异型乳酸发酵(图13-6)和戊糖发酵途径(图13-7)。

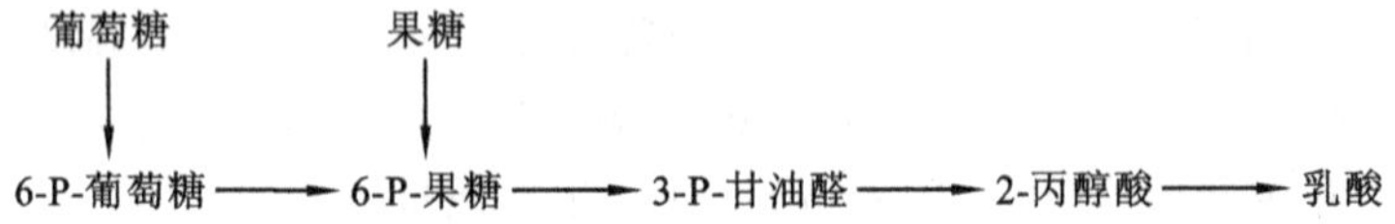

图13-5　同型乳酸菌的果糖和葡萄糖发酵

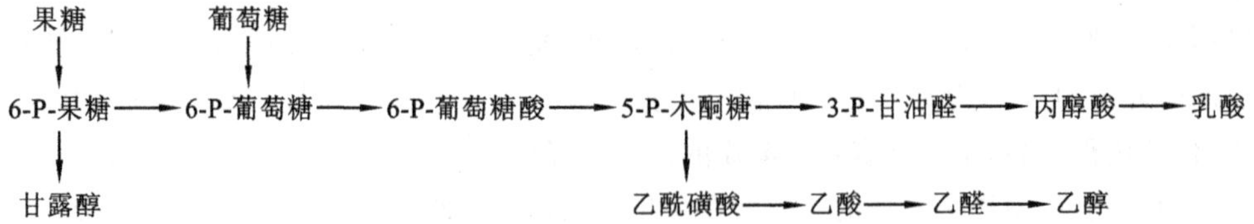

图13-6　异型乳酸菌的果糖和葡萄糖发酵

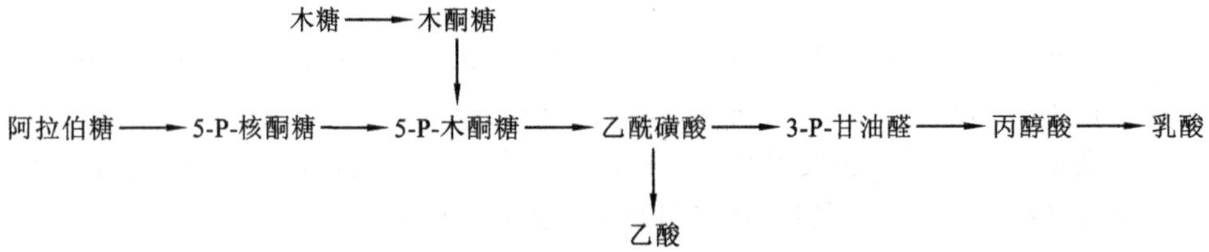

图13-7　乳酸菌的戊糖发酵

2. 乳酸生产菌种

1857 年，巴斯德用显微镜观察到牛奶变酸是微生物所致。此后，人们发现了大量能进行乳酸发酵的微生物，仅细菌就有 50 多种，主要有乳杆菌属、明串珠菌属、片球菌属、链球菌属等。另外，根霉属、毛霉属也有很强的产乳酸能力。目前国内外工业上用来生产乳酸的代表性菌种主要有德氏乳杆菌（*Lactobacillus delbrueckii*）、保加利亚乳杆菌（*Lactobacillus bulgaricus*）、赖氏乳杆菌（*Lactobacillus leichmannii*）和链球菌属（*Streptococcus*）。真菌中的米根霉（*Rhizopus oryzae*）、无根根霉（*Rhizopus arrhizus*）、匍枝根霉（*Rhizopus stolonifer*）等，除了产生乳酸外，同时还产生乙醇、富马酸、琥珀酸、苹果酸、乙酸等。

3. 乳酸发酵工艺

发酵生产乳酸的历史较长。大规模发酵开始于 20 世纪 90 年代初期。一般采用两类微生物为发酵菌株，以乳酸细菌为生产菌株，产物为 DL 型乳酸，多为厌氧发酵，对糖的转化率理论值为 100%；我国多以根霉为菌种发酵生产乳酸，生产的乳酸以 L 型居多，但根霉为异型乳酸发酵，产物复杂，产率较低，产物除了乳酸外，还有乙醇、乙酸和富马酸等副产物。

(1) 分批发酵　分批发酵是使用最为广泛的乳酸发酵方法，适当地控制工艺参数可以保证每批发酵的最大成功率。糖类或薯类原料经液化、糖化后，含糖量达 8%～10%，糖液经过滤除渣后进入发酵罐中，根据菌种的特点控制适宜的温度，并进行适当的搅拌，pH 值保持在 5.5～6.0。传统 pH 值调节采用 $CaCO_3$ 中和乳酸，再从乳酸钙中提取乳酸，但是工艺复杂，而且乳酸钙对细胞代谢具有抑制作用，故乳酸在发酵罐中积累到高峰时应及时排出。由于是分批发酵，可以及时发现发酵过程中出现的各种问题，并找到适当的解决方案，减少发酵损失。但间歇发酵会受到产物的抑制作用、发酵周期长，总体发酵效率不高。

(2) 一步法发酵　淀粉的糖化作用和糖液发酵生成乳酸在同一个发酵容器内进行称为一步法发酵，又称 SSF 法。糖化产生的葡萄糖可随即被发酵成乳酸，克服了糖化酶的产物抑制作用和高浓度葡萄糖对乳酸发酵的抑制，由于糖化和发酵同时进行，所以可以加快整个工艺周期。

(3) 半连续发酵　在分批发酵过程中间歇或连续地补加一种或多种营养成分的发酵方法称为半连续发酵。多以补充葡萄糖为主。同传统的分批发酵相比，此法可以克服高浓度葡萄糖对乳酸发酵的抑制。避免因一次投料而使细胞大量生长，可以得到比分批发酵更高的乳酸得率和产量。

(4) 连续发酵　在发酵罐中连续添加培养基的同时连续收获乳酸的生产方法称为连续发酵，发酵罐中的菌体浓度和底物浓度保持不变。微生物在恒定状态下生长，有效地延长了菌种的对数生长期，可以有效地解除产物对发酵的抑制。另外，连续发酵产酸效率和设备利用率高，易于实现自动化控制，Bowmans 公司利用连续发酵工艺，在 2 L 的连续发酵装置中，每天置换 1.5 倍体积的培养液，连续发酵了 64 天。连续发酵的主要缺点是在杂菌污染多的状态下难以长期操作，乳酸不易分离，目前尚未实现大规模的工业化生产。

(5) 固定化细胞发酵　在固定化细胞颗粒和生物颗粒中，细胞被固定在载体上而保留了较高的生物活性，菌体生长的表面积大，固定化细胞可以反复使用，转化率和产量高，易于产物分离，为实现连续发酵奠定了基础。由于乳酸菌是兼性厌氧菌，发酵过程中不需要通氧，并且对营养要求高、易受产物抑制和 pH 抑制。固定化发酵能及时更新培养液和产物，为菌体繁殖和乳酸生产创造了有利条件。常见的固定化方法有包埋法和中空纤维固定法。

(6) 原位分离技术发酵　传统分批发酵随着发酵过程中乳酸的不断产生，发酵液的 pH

值逐渐降低，使乳酸菌的生长和产酸量受到抑制，而加入碳酸钙等中和剂，会影响乳酸的分离和产品质量。原位分离发酵(ISPR)是利用一定的装置使成熟发酵液流向后处理单元的同时，使菌体返回生物反应器内继续使用，并排除衰老细胞，因此也称细胞循环发酵。主要包括电渗析发酵、萃取发酵、膜发酵和吸附发酵。

4. 乳酸提取工艺

乳酸提取工艺因原料和发酵方式的不同而有一定差异，这里介绍我国常用的薯干粉发酵乳酸的提取工艺。发酵结束后，将发酵液移至加热罐内，升温至 80～90 ℃，并加入石灰乳调 pH 值为 10.0，放入沉淀罐，使菌体和杂质沉淀。过滤后，蒸发浓缩，然后冷却结晶并离心分离。洗涤后，晶体在酸解罐中加水、加温溶解，再用硫酸酸化。过滤除去石膏渣，蒸发浓缩。使之先后通过 732 阳离子交换柱和 701 阴离子交换柱，除去所含杂质离子。再次蒸发浓缩，同时加入活性炭脱色，经真空过滤后包装为成品。

13.3.4 衣康酸发酵

衣康酸的化学名称为亚甲基丁二酸，又称甲叉丁二酸，是一种白色无臭晶体，相对分子质量为 130.10，相对密度为 1.632，溶于水、乙醇和丙酮，微溶于其他有机溶剂，不吸潮。衣康酸有一个不饱和双键与羧基呈共轭状态，故化学性质比较活泼，既可进行自身聚合，也可与不同数目的其他单体如丙烯腈、苯乙烯、异丁烯酯类、丁二烯、氯乙烯、二氧乙烯等聚合。由于这些性质，衣康酸成为化学合成工业中一种重要中间体。衣康酸最早是 1830 年 Baup 在蒸馏分解柠檬酸时发现的。

1. 衣康酸发酵原理

衣康酸的生物合成原理目前还没有一个统一的认识，大多数学者认为衣康酸是由葡萄糖经 EMP 途径和 TCA 合成柠檬酸之后，再脱羧生成的。

2. 衣康酸发酵菌种

多种微生物都能产生衣康酸，但目前各国工业化生产所使用的菌种多为曲霉菌(*A. terreus* K26 及 *A. terreus* TKK200-5-3 等)。土曲霉(*Aspergillus terreus*)是目前工业上最常用、最经济的衣康酸发酵菌种。另外，假丝酵母 S-10 也能产生衣康酸。

3. 衣康酸发酵原料

衣康酸发酵原料通常为糖类，如葡萄糖、砂糖、甜菜糖蜜、淀粉水解糖等，木糖、葡聚糖、木屑、稻草、甘油等也可作为原料。发酵培养基的组分除原料(如葡萄糖)外，还有氮源(NH_4NO_3、NH_4Cl等)、无机盐(KH_2PO_4、$MgSO_4 \cdot 7H_2O$ 等)及谷物浸出液(玉米浆等)。

4. 衣康酸发酵工艺

衣康酸发酵有表面发酵和深层发酵两种，目前深层发酵法生产衣康酸的应用较为广泛。衣康酸具有一定腐蚀性，因此发酵罐的材料必须是耐腐蚀的不锈钢。其基本工艺为，接种量 8%～10%，发酵温度 35 ℃，通气量 1∶(0.13～0.25)(L/(L·min))，罐压 0.1 MPa，搅拌速度 110～125 r/min，发酵周期为 60～70 h。

5. 衣康酸提取工艺

衣康酸提取的方法有结晶法、溶剂萃取法及离子交换法。由于衣康酸极易结晶，所以结晶法最为常用。其步骤如下：压滤→脱色、过滤→浓缩→结晶→离心→干燥。一次结晶的产品纯度一般为 96%～98%，这种粗制品适用于合成树脂工业等。

13.3.5　葡萄糖酸发酵

葡萄糖酸(又称五羟基己酸)是一种有机弱酸,含有 4 个不对称碳原子,是制药工业和食品工业的重要原料。20 世纪 30 年代,发现某些微生物可以发酵葡萄糖生成葡萄糖酸。20 世纪 50 年代,Blom 采用流加氢氧化钠的方法生产葡萄糖酸钠,发酵时间为 20 h,成为现代深层发酵葡萄糖酸的基础。

葡萄糖酸在医药、建筑、化妆品、纺织、塑料制造上都有应用。葡萄糖酸与碳酸钙或石灰中和生成的葡萄糖酸钙$[CH_2OH(CHOH)_4COO]_2Ca \cdot H_2O$,可治疗生理性缺钙症和血钙过低所引起的手足抽搐、痉挛等症,还可治疗软骨、佝偻等缺钙症,在食品工业中可以用来制作果酱等。葡萄糖酸水溶液可形成葡萄糖酸 δ-内酯和葡萄糖酸 γ-内酯,三者等量混合存在。葡萄糖 δ-内酯是食品添加剂,可作为凝固剂、膨松剂、酸味剂。

1. 葡萄糖酸生产菌种

能发酵葡萄糖产生葡萄糖酸的微生物较多,除曲霉和醋酸菌(葡萄糖酸杆菌)之外,还有多种青霉(尤其是产黄青霉),几种假单孢菌以及其他几种菌,但工业上常用的是醋酸菌和黑曲霉,其中黑曲霉产品纯,杂酸少,易提取,在工业生产上应用较广。生产葡萄糖酸的黑曲霉的特征是在高糖浓度和微酸条件下能迅速氧化葡萄糖生成葡萄糖酸。

2. 发酵工艺

葡萄糖酸的生产菌多采用黑曲霉,一般对糖转化率在 95%以上。液体深层发酵生产中多采用高浓度水解糖(含葡萄糖 25%～35%)和无机氮源,如$(NH_4)_2HPO_4$和尿素等,发酵时间约为 40 h,为使发酵过程中菌体正常生长而不受所产酸的抑制,培养基中应加入 $CaCO_3$,使发酵产生的葡萄糖酸变为钙盐析出。也可采用发酵过程中添加 50% NaOH 溶液的方法,使 pH 值保持在 5.5～6.5 之间,形成葡萄糖酸钠盐。

葡萄糖酸的发酵生产工艺流程为:种子→种子罐→发酵罐→过滤浓缩→活性炭脱色→阳离子交换树脂脱钠→葡萄糖酸。

目前工业上已采用连续发酵法和固定化细胞连续生产葡萄糖酸。

3. 提取

发酵液分离菌丝体可用离心法或过滤法快速分离,也可用沉淀法,菌丝可以复用。钙盐清液在搅拌下升温加入石灰乳,使钙总浓度达到酸浓度的 98%,100 ℃下浓缩到过饱和,冷至 20 ℃静置,葡萄糖酸钙结晶自然析出。上述浓缩液用等浓度 H_2SO_4酸化,并过滤除去 $CaSO_4$ 结晶即可得葡萄糖酸溶液。钠盐清液经活性炭脱色和阳离子交换得到葡萄糖酸溶液,浓缩至过饱和后再冷至 30 ℃,可结晶出无水葡萄糖酸。

13.3.6　苹果酸发酵

苹果酸有 L-苹果酸和 DL-苹果酸两种,苹果酸又名羟基丁二酸。苹果酸分子式为 $C_4H_6O_5$,相对分子质量为 134.09。L-苹果酸为无色结晶,易溶于水,几乎不溶于苯,具有适宜的酸味,结晶体易吸潮,在水中具有旋光性。DL-苹果酸为白色结晶或结晶性粉末,无旋光性,在三氯化硼催化下,可与醇发生酯化反应生成酯,也可与多元醇、芳香多元羧酸作用形成树脂类产品,如醇酸聚树脂。苹果酸酸味刺激缓慢,并且达到最高酸味后可以保留较长时间,在国际市场上有取代柠檬酸的趋势。苹果酸在食品、保健品、医疗、环保、化工等方面具有广泛用途。苹果酸是一种良好的食品调味剂和添加剂。苹果酸具有抗疲劳和保护肝、肾、心脏等作用。在化工方面，可作为工业锅炉清洗剂、助焊剂、除锈剂、水泥的缓凝剂等。此外，苹果酸还能生产生物可降解塑料。

1. 苹果酸生产菌种

生产苹果酸的微生物有曲霉、青霉和酵母等，也有人用担子菌生产苹果酸，转化率达40%～50%。苹果酸发酵根据不同的发酵工艺选用不同的菌种。一步法采用黄曲霉(*Aspergillus flavus*)、米曲霉(*Aspergillus oryzae*)和寄生曲霉(*Aspergillus parasiticus*)等菌种；两步法及混合发酵法常采用华根霉(*Rhizopus chinensis*)、无根根霉(*Rhizopus arrhizus*)、短乳杆菌(*Lactobacillus brevis*)等菌种；而酶转化法则采用短乳杆菌、大肠埃希氏菌、产氨短杆菌(*Brevibacterium ammoniagenes*)、黄色短杆菌(*Brevibacterium flavum*)等菌种。

2. 苹果酸的发酵工艺

苹果酸发酵方法有一步发酵法、二步发酵法和固定化细胞反应柱法。

(1) 一步发酵法　一步发酵法以糖类为原料，一种方法是发酵培养基采用70～80 g/L的葡萄糖作为碳源。另一种方法是用经α-淀粉酶液化的各种淀粉水解液作为碳源，再配以无机盐、氮源。接种量10%，装液量70%，冷至40 ℃以下，加入单独灭菌的$CaCO_3$，接种黄曲霉孢子后在33～34 ℃条件下通气搅拌培养。种子罐通气量为1∶(0.15～0.30)(L/(L·min))，罐压维持0.1 MPa，加入消泡剂泡敌(50 L罐加入20 mL)抑制泡沫生成。培养18～20 h后接入发酵罐。发酵罐接种温度34 ℃，通气量为1∶0.7(L/(L·min))，搅拌速度180 r/min。整个发酵过程约需40 h。待残糖降到1 g/L以下时终止发酵(也可根据产酸量终止)，放罐，然后进入提取工序。

(2) 二步发酵法　二步发酵法既可用糖类作为原料，也可直接用富马酸为原料，前者先由根霉(如华根霉和无根根霉)将糖类发酵生成富马酸(称富马酸发酵)，再由膜醭毕赤酵母(*Pichia membranae faciens*)或短乳杆菌转化成苹果酸(称转换发酵)。后者用培养好的曲霉将富马酸直接转化为苹果酸。膜醭毕赤酵母是酵母中转化率最高的菌种。

(3) 固定化细胞反应柱法　目前我国和日本等国已研究出固定化菌体(其中含延胡索酸酶)进行L-苹果酸的连续化生产。以黄色短杆菌为菌种，30 ℃时，将种子液移至发酵罐培养12 h后，发酵液用超速离心机离心，然后用生理盐水洗涤活菌体2次，离心，菌体收率为3%～4%，每1 g湿菌体的酶活力为2.0万～2.5万U。以8 g湿菌体加8 mL蒸馏水的比例将湿菌搅拌制成悬浮液，温水浴加温至40～45 ℃备用。取1.5 g卡拉胶加34 mL蒸馏水，放在70～80 ℃热水浴中搅拌，待卡拉胶充分溶胀后，慢慢冷却至45 ℃，立即将保温的细胞悬浮液倒入卡拉胶浆中，搅拌10 min，待其冷却成型后，放置于2～10 ℃冰箱中，2 h后取出，用0.3 mol/L KCl浸泡4 h，再切成3～4 mm^3的正方体小块。要无菌操作，防止污染。每1 g湿菌体经卡拉胶固定后，可得6 g固定化细胞，加入15 mL由1 mol/L富马酸钠内含0.3%的胆酸组成的活化液，37 ℃下保温20～24 h进行活化，活化后的固定化细胞颗粒滤除清液，再用0.1 mol/L KCl洗涤2～3次，最后用无离子水洗至无胆酸为止，装柱待用。将工业级富马酸加NaOH配制成1.1～1.3 mol/L的富马酸钠溶液，pH 6.9～7.2(最佳pH 7.0)，保温37～40 ℃。然后将富马酸钠溶液以恒速流过装有固定化细胞的反应柱，富马酸钠通过富马酸酶转化成L-苹果酸。流出液中L-苹果酸钠浓度以0.85 mol/L为标准，大于此值可适当加快流速，小于此值则减慢流速。在整个反应过程中，底物和柱的温度要始终保持在37～40 ℃，以保证富马酸酶的最适反应温度。

3. 苹果酸提取工艺

目前苹果酸的提取工艺包括酸解、过滤、中和、过滤、酸解和过滤六个步骤。先将发酵液用硫酸调 pH 1.5 酸解，获得产物苹果酸和硫酸钙；用板框过滤滤除菌体、石膏渣等沉淀物；滤液再加入碳酸钙粉末进行中和反应，静置 6～8 h，使苹果酸钙结晶沉淀；过滤，并用冷水洗滤除去残糖等杂质；加温水搅拌成悬浮液，再加硫酸至 pH 1.5 酸解，继续搅拌 30 min，静置数小时后使石膏渣沉淀析出；板框压滤，滤液即为粗制苹果酸溶液。粗液再经过吸附脱色、阳离子交换柱、阴离子交换柱、减压浓缩，即可获得高纯度的苹果酸结晶。

13.3.7　琥珀酸的发酵

琥珀酸可取代多种石化中间产物（如 N-甲基吡咯烷酮、二氯甲烷、1，4-丁二醇、γ-丁内酯、庚二酸等）作为溶剂。琥珀酸还可添加到反刍动物及单胃动物的饲料中，促进丙酸合成，代替莫能菌素的作用。另外，琥珀酸钠可取代味精作为助鲜剂。

1. 琥珀酸产生菌

琥珀酸是多种厌氧和兼性厌氧微生物的共同发酵产物，琥珀酸产生菌都会产生混合酸和乙醇。琥珀酸产量较多的菌种有生黄瘤胃球菌（*Ruminococcus flavefaciens*）、产琥珀酸丝状杆菌（*Fibrobacter succinogenes*）、溶糊精琥珀酸弧菌（*Succinivibrio dextrinosolvens*）、产琥珀酸放线杆菌（*Actinobacillus succinogenes*）等。生黄瘤胃球菌和产琥珀酸丝状杆菌是瘤胃中消化纤维素的厌氧菌，主要产物为乙酸和琥珀酸。溶糊精琥珀酸弧菌的葡萄糖发酵产物为琥珀酸、乙酸、甲酸和乳酸。产琥珀酸放线杆菌 130Z 对琥珀酸盐有耐性，能产生高浓度的琥珀酸，同时有乙酸、丙酮酸、甲酸、乙醇产生。另一个高产琥珀酸的细菌是产琥珀酸厌氧螺菌（*Anaerobiospirilum sucoiniproducens*），此菌发酵葡萄糖和乳糖产生琥珀酸、乙酸、甲酸、乙醇和乳酸。上述两菌产生琥珀酸的磷酸烯醇式丙酮酸羧化途径受二氧化碳浓度的调节，功能是固定二氧化碳，形成草酰乙酸。同时琥珀酸发酵能固定二氧化碳，这一反应也深受重视。

2. 琥珀酸发酵工艺

琥珀酸生产采用直接发酵法，深层发酵葡萄糖，糖产率为 30%，此外也可利用微生物转化延胡索酸，生产琥珀酸。

3. 琥珀酸提取

Zeikus 等研制了四步法用于琥珀酸的提取：①发酵过滤、电渗析和脱盐；②络合离子交换，转化琥珀酸为钠盐；③极电渗析，转化钠盐为琥珀酸；④浓缩、结晶获得琥珀酸结晶。

13.4　氨基酸发酵生产工艺

氨基酸作为生命有机体蛋白质的基本组成单位，在食品、饲料、医药、化学等工业有重要的应用。自 20 世纪 60 年代发酵法生产谷氨酸成功以后，世界各国纷纷开展了氨基酸发酵的研究与生产，规模及产量得到迅速发展，目前，氨基酸工业发展较快的国家有日本、美国和中国。

近年来，我国氨基酸产业保持了较高的年增长率，产业规模呈现稳步的增长态势，尤其是 2005 年之后年增长率保持在 10%以上。目前，我国已能工业化生产的氨基酸品种有谷氨酸、赖氨酸、蛋氨酸、苏氨酸、异亮氨酸、亮氨酸、缬氨酸、脯氨酸、天冬氨酸、胱氨酸、精氨酸、苯丙氨酸等。2010 年，我国氨基酸工业总产量超过 300 万吨，其中大宗氨基酸产品谷氨酸及其盐产量达220万吨，较2009年增长2.67%，占世界总产量的70%以上，居世界第一。目前我国氨基酸产业规模以上生产厂家已达近百家，总产量超过300万吨，谷氨酸、赖氨酸等"大品种"均占据了国际主要份额。

13.4.1 发酵法生产氨基酸

氨基酸过去主要是通过酸水解蛋白质进行生产的。如今包括人体必需氨基酸在内的22种氨基酸的生产都与发酵有关，其中18种可直接通过发酵生产，4种采用酶法转化。

1. 发酵法生产氨基酸菌种

氨基酸发酵的菌种主要有谷氨酸棒状杆菌、黄色短杆菌、乳糖发酵短杆菌、短芽孢杆菌、黏质赛氏杆菌、基因工程菌等。发酵法生产部分氨基酸的菌种及主要用途见表13-5。

表13-5 发酵法生产氨基酸的菌种及主要用途。

氨基酸名称	菌　种	主要用途
谷氨酸	棒杆菌AS1.299、棒杆菌7338、棒杆菌D110、钝齿棒杆菌AS1.542、钝齿棒杆菌HU7251、钝齿棒杆菌B9、黄色短杆菌T6-13等	主要用作制造味精，预防或治疗肝昏迷，对于脑震荡和脑神经损伤也有一定的疗效
L-赖氨酸	谷氨酸棒状杆菌、黄色短杆菌、乳糖发酵短杆菌、短芽孢杆菌、黏质赛氏杆菌	人类和动物发育必需的氨基酸饲料添加剂，食品保鲜剂，制备复方氨基酸输液等药物
L-谷氨酰胺	谷氨酸棒状杆菌、黄色短杆菌、乳糖发酵短杆菌、嗜氨小杆菌等	治疗胃溃疡和十二指肠溃疡等
L-脯氨酸	谷氨酸棒状杆菌、黄色短杆菌、黏质赛氏杆菌等	配制氨基酸输液，合成抗高血压药物和治疗帕金森氏症的多肽类药物，食品工业的甜味剂
L-精氨酸	黏质沙雷伯氏杆菌、钝齿棒杆菌等	合成蛋白质和肌酸的重要原料
L-天门冬氨酸	黄色短杆菌、大肠杆菌、嗜热脂肪芽孢杆菌	生产甜味肽的主要原料
L-苏氨酸	大肠杆菌、谷氨酸棒状杆菌、黄色短杆菌、黏质赛氏杆菌等获得的基因工程菌	饲料添加剂，混合氨基酸营养液原料
L-蛋氨酸	发酵法尚在研究中，主要为酶法	有抗脂肪肝和解毒作用，药物或食品强化剂，饲料添加剂
L-色氨酸	枯草杆菌、黄杆菌、基因工程菌	食品强化剂，饲料添加剂
L-苯丙氨酸	大肠杆菌、谷氨酸棒状杆菌、黄色短杆菌、乳糖发酵短杆菌等的变异株	生产甜味肽
L-酪氨酸	产气克雷伯氏菌的重组株、草剩欧文氏菌	合成L-多巴等，试剂
L-丝氨酸	嗜甘氨酸棒状杆菌、基因工程菌	食品、药品、化妆品的添加剂
L-半胱氨酸	球形芽孢杆菌	食品、药品、化妆品的添加剂
L-氨酸	乙酸钙不动杆菌等	药物、食品强化剂
L亮氨酸	谷氨酸棒状杆菌、黄色短杆菌	配制复合氨基酸输液
L-组氨酸	基因工程菌	生化试剂、药物

2. 培养基

发酵培养基的成分与配比是决定氨基酸产生菌生长、代谢的主要因素，与氨基酸的得率、转化率以及提取收率的关系也很密切，因此，培养基的配比合适与否对氨基酸的生产至关重要。

(1) 碳源　氨基酸发酵中可采用淀粉水解糖、糖蜜、醋酸、乙醇、烷烃等多种碳源。可根据微生物菌种的性质、所生产的氨基酸种类和所采用的发酵工艺、操作方法，因地制宜地选择合适的碳源。目前普遍采用的是淀粉水解糖液或糖蜜。

(2) 氮源　氨基酸发酵过程中，氮源除供给菌体生长与氨基酸合成所需要的氮外，还能用来调节发酵液的 pH 值。常选用铵盐、尿素、氨水等无机氮源，并补加精制棉籽饼或麸质粉、豆饼水解液等有机氮源。

(3) 无机盐　发酵中通常需要加入包括硫、磷、钙、镁、锌等无机盐类。磷酸盐浓度对于氨基酸发酵的影响极为重要。而镁、钾等离子是许多酶的激活剂，在菌体的生长和产物的代谢过程中有重要的作用。

(4) 生长因子　生物素能影响细胞膜的通透性和代谢途径，其浓度与微生物菌体的生长和氨基酸的合成关系密切，它的供给对氨基酸的发酵培养有重要的作用。氨基酸发酵一般以玉米浆、麸皮水解液、甘蔗糖蜜或甜菜糖蜜作为生物素的来源。

3. 氨基酸发酵条件控制

(1) 温度对氨基酸发酵的影响　氨基酸发酵的最适温度因菌种性质及所生产的氨基酸种类不同而异。从发酵动力学来看，氨基酸发酵一般属于 Gaden 氏分类的Ⅱ型，菌体生长达一定程度后再开始产生氨基酸，因此菌体生长最适温度和氨基酸合成的最适温度是不同的。例如，谷氨酸发酵，菌体生长最适温度为 30～32 ℃。菌体生长阶段温度过高，则菌体易衰老，pH 值高，糖耗慢，周期长，酸产量低，如遇这种情况，除维持最适生长温度外，还需适当减少风量，并采取少量多次加入尿素等措施，以促进菌体生长。在发酵中后期，菌体生长已基本停止，需要维持最适宜的产酸温度，以利于谷氨酸的合成。

(2) pH 值对氨基酸发酵的影响及其控制　pH 值对氨基酸发酵的影响和其他发酵一样，主要是影响酶的活性和菌的代谢。例如谷氨酸发酵，在中性和微碱性条件下(pH 7.0～8.0)积累谷氨酸，在酸性条件下(pH 5.0～5.8)，则易形成谷氨酰胺和 N-乙酰谷氨酰胺。发酵前期 pH 值偏高对生长不利，糖耗慢，发酵周期延长；反之，pH 值偏低，菌体生长旺盛，糖耗快，不利于谷氨酸的合成。但是，前期 pH 值偏高(pH 7.5～8.0)对抑制杂菌有利，故控制发酵前期的 pH 值以 7.5 左右为宜。由于谷氨酸脱氢酶的最适 pH 值为 7.0～7.2，氨基酸转移酶的最适 pH 值为 7.2～7.4。因此应控制发酵中后期的 pH 值为 7.2 左右。

生产上控制 pH 值的方法一般有两种，一种是加入尿素，一种是加入氨水。国内普遍采用前一种方法。加入尿素的数量和时间主要根据 pH 值变化、菌体生长、糖耗情况和发酵阶段等因素决定。例如，当菌体生长和糖耗均缓慢时，要少量多次地流加尿素，避免 pH 值过高而影响菌体生长；菌体生长和糖耗均快时，加入尿素可多些，使 pH 值适当高些，以抑制生长；发酵后期，残糖很少，接近放罐时，应尽量少加或不加尿素，以免造成浪费和增加氨基酸提取的困难。一般少量多次地加尿素，可以使 pH 值稳定，对发酵有利。加入氨水，因氨水作用快，对 pH 值的影响大，故应连续加入。

(3) 氧对氨基酸发酵的影响及其控制　各种不同氨基酸发酵对溶氧的要求不同，因此在发酵过程中应根据具体需氧情况确定。不同氨基酸发酵的最适供氧条件见表 13-6 中。

表 13-6　氨基酸发酵的最适供氧条件

氨基酸	控制 pH 值	pL/×10^5 Pa	E^* /mV	rab/K_{max}	$E_{临界}$ /mV
谷氨酰胺	6.50	≤0.01	≤−150	1.0	−150
脯氨酸	7.00	≤0.01	≤−150	1.0	−150
精氨酸	7.00	≤0.01	≤−170	1.0	−170
谷氨酸	7.80	≤0.01	≤−130	1.0	−180
赖氨酸	7.00	≤0.01	≤−170	1.0	−170
苏氨酸	7.00	≤0.01	≤−170	1.0	−170
异亮氨酸	7.00	≤0.01	≤−180	1.0	−180
亮氨酸	6.25	0	−210	0.35	−180
缬氨酸	6.50	0	−240	0.60	−180
苯丙氨酸	7.25	0	−250	0.55	−180

* $E=-0.033+0.039\lg pL$。

(4) 泡沫的控制　由于发酵过程中会产生大量的泡沫，通常采用豆油、玉米油等天然油脂或环氧丙烯环氧乙烯聚醚类化学合成消泡剂进行消泡。应尽量控制其用量和加入方式，否则会影响菌体的代谢。

4. 氨基酸分离纯化

氨基酸的分离和纯化是氨基酸工业生产中的一个重要组成部分，它决定着氨基酸产品的质量、安全性及收率和成本。通过发酵法生产氨基酸，所得发酵液是极其复杂的多相体系，含有微生物菌体细胞、代谢产物、未消耗的培养基等，有时杂质氨基酸具有与目的氨基酸非常相似的化学结构和理化性质。因此，要通过一些技术从发酵液中提取高纯度的氨基酸。氨基酸的分离纯化包括对氨基酸发酵液进行预处理、菌体分离、初步纯化及高度纯化等步骤。初步纯化及以前的各步操作，处理的体积较大，其重点在于分离和浓缩，称为分离(或提取)；以后各步均为精细的分离操作，其重点在于纯化，称为纯化(或精制)。

一般工艺流程如下：发酵液→预处理(加热、调 pH 值、絮凝等)→菌体分离(离心分离、过滤、压滤、超滤等)→初步纯化(沉淀、吸附、离子交换、萃取等)→高度纯化(超滤、吸附、结晶、重结晶等)→成品加工。

13.4.2　谷氨酸发酵生产工艺

谷氨酸的生产工艺包括以下步骤：淀粉水解糖的制备、菌种扩大培养、谷氨酸发酵以及谷氨酸分离、提取等主要操作单元。

1. 淀粉水解糖的制备

发酵法生产谷氨酸的原料除糖蜜外，主要是淀粉水解糖，淀粉水解糖的制备参见本书第三章。

2. 菌种扩大培养

(1) 谷氨酸生产菌种　应用最广泛的是棒状杆菌属、短杆菌属的细菌。菌株主要来源于两方面：一是野生型菌株，它是直接从自然界分离得到的菌株，如 As1299、As1542、HU7251、T6-13 等；二是人工诱变突变株，它是通过对野生菌株进行物理化学诱变获得的突变株，如

FM84-415 和 S9114 谷氨酸棒状杆菌突变株以及抗噬菌体突变株等。一般野生型菌株谷氨酸的产量低，生产上使用的菌株大多为人工诱变突变菌株。

尽管谷氨酸产生菌种属于不同的属和种，但具有以下共同特征：①形态为棒杆形、短杆形和球形；②革兰氏染色阳性；③无芽孢、鞭毛，不能运动；④好氧；⑤不能利用淀粉；⑥需要生物素生长因子；⑦谷氨酸脱氢酶活性强、柠檬酸酸裂解酶和 α-酮戊二酸脱氢酶活性弱。

(2) 种子的扩大培养　谷氨酸发酵一般采用二级种子接种，由原菌经过活化、摇瓶、种子罐逐级扩大培养，工艺流程如图 13-8 所示。

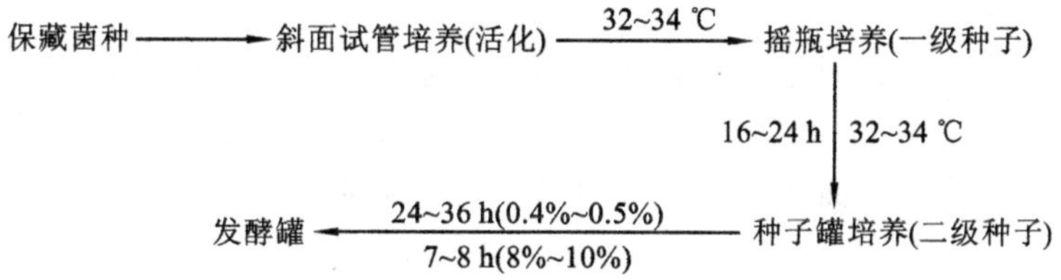

图 13-8　谷氨酸发酵种子扩大培养工艺流程

①一级种子培养　一级种子培养基由葡萄糖、玉米浆、尿素、磷酸氢二钾、硫酸镁、硫酸铁及硫酸锰组成，pH 6.5～6.8 的液体培养基，1 000 mL 三角瓶装液量 200～250 mL，32 ℃摇瓶振荡培养 12 h。

②二级种子培养　二级种子用种子罐培养，接种量为发酵罐投料体积的 1%，培养基组成和一级种子相似，主要区别是用水解糖代替葡萄糖，一般于 32 ℃下进行通气培养 7～10 h 经质量检查合格后移种。

③谷氨酸生产对种子培养液的质量要求　①镜检应为革兰氏染色阳性，细胞健壮，呈八字形排列，整齐；②细胞浓度应为 10^8～10^9 个/mL；③在以尿素为氮源时，种子液 pH 值的变化规律由 6.8～8.0 变为 7.0～7.2。

3. 谷氨酸发酵

谷氨酸的发酵多采用分批发酵方式，在发酵初期，即菌体生长的延迟期，糖基本上没有被利用，尿素分解释放出氨使 pH 值上升。这个时期的长短取决于接种量、发酵操作方法及发酵条件，一般为 2～4 h。接着进入对数生长期，代谢旺盛、糖耗快，尿素大量分解，pH 值很快上升，但随着氨被利用 pH 值又下降；溶氧浓度先急剧下降，然后维持在一定水平上；菌体浓度迅速增大，菌体形态为排列整齐的八字形。这个时期，通过及时加入尿素，可提供给菌体生长必需的氮源和调节培养液的 pH 值至 7.5～8.0；同时由于代谢旺盛，泡沫增加并放出大量发酵热，要进行消泡，减少泡沫，控制并维持温度在 30～32 ℃范围内。菌体生长繁殖的结果，使菌体内的生物素含量由丰富转为贫乏。这个阶段主要是菌体生长，几乎不产酸，一般为 12 h 左右。

菌体生长基本停滞时转入谷氨酸合成阶段，此时菌体浓度基本不变，糖与尿素分解后产生的 α-酮戊二酸和氨，主要用来合成谷氨酸。这一阶段，必须及时加入尿素，提供谷氨酸合成所必需的氨及维持谷氨酸合成最适的 pH 7.2～7.4。为了促进谷氨酸的合成需加大通气量，并将发酵温度提高到谷氨酸合成最适的温度 34～37 ℃。

发酵后期，菌体衰老、糖耗缓慢、残糖低，此时加入尿素的量必须相应减少。当营养物质耗尽，酸浓度不再增加时，及时放罐，发酵周期一般为 30 多个小时。

4. 噬菌体的污染与防治

在谷氨酸发酵过程中污染了噬菌体，会对谷氨酸的发酵过程产生很大的影响。轻者能引起发酵延迟和谷氨酸收率下降，重者能够产生溶菌，甚至倒罐。

(1) 噬菌体的来源　①生产菌株本身携带噬菌体。②工厂环境中的噬菌体污染，如通过发酵逃液、取样、排气、废弃液排放和洗罐废水等排放活的噬菌体，致使噬菌体在工厂环境中增殖，随后在空气中传播。③发酵设备有死角、渗漏现象。④其他噬菌体变异为寄主的噬菌体。

(2) 噬菌体污染表现　①在谷氨酸发酵前期 0～12 h 内发生噬菌体污染，通常会出现典型的"两高"现象：pH 值高达 8.0 以上，不回降；残糖高，耗糖停止，吸光度开始升高后下降或不变。②谷氨酸产酸缓慢或不产谷氨酸。③发酵温度低。④发生噬菌体污染的发酵液黏度大、泡沫多，颜色发灰、发红，经革兰氏染色和镜检为红色碎片。

(3) 防治措施　噬菌体感染会对谷氨酸的生产造成很大的影响，因此在生产过程中要加强对噬菌体污染的防治，防治措施主要有以下几点：①加强环境卫生，地面、墙壁应光滑，要经常用 5% 的漂白粉等喷洒地面；②生产过程中要严格控制活菌体的排放，加强对环境中噬菌体的监测；③完善空气过滤系统，总过滤器、分过滤器要定期灭菌；④加强种子管理，确认无误后才能接种，并且要轮换使用菌种；⑤采用药物防治。

一旦确定谷氨酸发酵液中污染噬菌体后，应立即采取挽救措施，通常是将发酵液升温至 70～80 ℃直接杀灭罐内噬菌体。

5. 谷氨酸提取

一般采用等电点法、离子交换法、金属盐沉淀法、盐酸盐法、电渗析法以及将上述几种方法结合使用从谷氨酸发酵液中提取谷氨酸，其中以等电点法和离子交换法较为普遍。

目前，国内从发酵液中提取谷氨酸普遍采用的步骤是，先用等电点法使大部分谷氨酸结晶，等电点法处理后的母液采用离子交换法浓缩其中的谷氨酸，此时谷氨酸为阳离子，洗脱高浓度馏分再返回"等电"罐进行结晶回收(图 13-9)。上述工艺的最大缺点是，在结晶和离子交换过程中要使用大量的硫酸调节发酵液和母液的 pH 值，易造成环境污染，且提取谷氨酸后产生的废液化学需氧量很高，SO_4^{2-} 和氨态氮的含量也很高，用常规的方法较难处理。

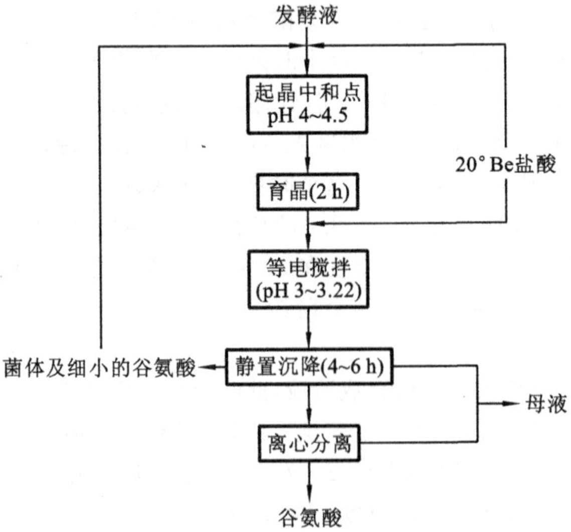

图 13-9　等电点法提取谷氨酸工艺流程

由于谷氨酸发酵液的 pH 值为 6.8～7.2 时，谷氨酸主要以阴离子形式存在，因此有人对采用阴离子交换树脂直接从发酵液中提取谷氨酸的可行性进行了实验研究后认为，不用加酸和碱调节 pH 值,直接采用阴离子交换树脂可以将谷氨酸提取出来。离子交换法提取工艺流程见图 13-10。

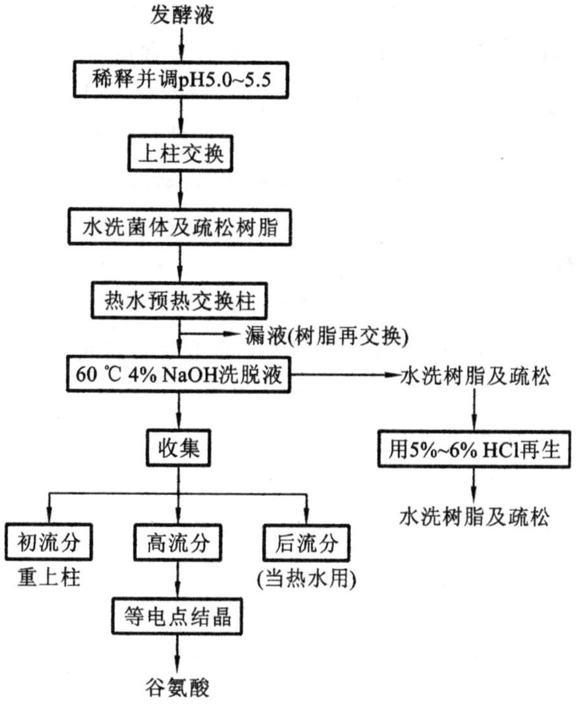

图 13-10　离子交换法提取谷氨酸工艺流程

13.4.3　赖氨酸发酵生产工艺

赖氨酸是人体必需的 8 种氨基酸之一,人和高等动物体内不能合成。自 1960 年日本用谷氨酸棒状杆菌的高丝氨酸营养缺陷型突变株发酵生产赖氨酸获得成功以来,微生物发酵法成为生产赖氨酸的主要方法。L-赖氨酸已被广泛应用于食品强化剂、饲料添加剂及医疗保健等方面。发酵法生产赖氨酸工艺流程见图 13-11。

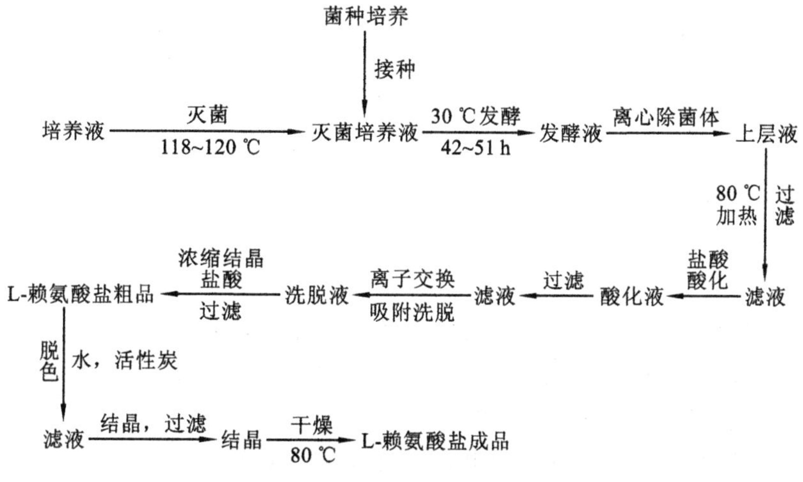

图 13-11　发酵法生产赖氨酸工艺流程

1. 发酵培养基

赖氨酸产生菌几乎都是谷氨酸产生菌的各种生化标记突变株，都不能直接利用淀粉，只能利用葡萄糖、果糖、麦芽糖和蔗糖。由于L-赖氨酸发酵需要丰富的生物素和有机氮，所以一般采用双酶法制备淀粉水解糖，所制糖液的有机氮和生物素含量丰富。氮源主要用来合成菌体成分和L-赖氨酸。L-赖氨酸产生菌不能直接利用蛋白质，生产上常用大豆饼粉、花生饼粉和毛发的水解液作为有机氮源，用量为2%～5%。目前所使用的赖氨酸生产菌均为生物素缺陷型，同时也是某些营养缺陷型，如高丝氨酸、苏氨酸、甲硫氨酸等，因此必须严格控制这些生长因子的用量。

2. 赖氨酸的生产菌种

(1) 赖氨酸的生产菌种　目前工业上发酵法生产赖氨酸的菌种主要为短杆菌属和棒状杆菌属，它们多以谷氨酸生产菌为出发菌株，通过人工诱变获得各种突变株。常用高丝氨酸营养缺陷型兼[S-(2-氨乙基)-L-半胱氨酸]AEC抗性突变株。短杆菌属中如黄色短杆菌、乳糖发酵短杆菌，棒状杆菌属中如谷氨酸棒状杆菌。

(2) 细菌的赖氨酸生物合成途径和调节机制　赖氨酸是天冬氨酸代谢途径中的一个末端产物，是天冬氨酸族氨基酸合成代谢中4个氨基酸之一。在它们合成共同途径上第一个酶是天冬氨酸激酶(AK)，AK是一个变构酶。

在谷氨酸棒杆菌和黄色短杆菌中的L-赖氨酸合成分支上第一个酶是二氢吡啶二羧酸合成酶(DDP合成酶)。它不受末端产物L-赖氨酸的反馈调节。因此，AK是谷氨酸棒状杆菌、黄色短杆菌的L-赖氨酸合成途径中唯一的关键酶。

(3) 赖氨酸基因工程育种　基于已知细菌的赖氨酸生物合成途径和调节机制，通过DNA体外重组技术有目的地改造与赖氨酸代谢相关的基因，使合成赖氨酸的代谢途径增多或增强，可提高赖氨酸生产量。如将乳糖发酵短杆菌L-异亮氨酸生产菌的AK编码基因*lysC*1与谷氨酸棒杆菌ATCC13032的AK编码基因*lysC*序列比对时发现，*lysC*1有2个核苷酸G(1186)和C(1187)缺失，*lysC*1在大肠杆菌BL21中的诱导表达量约为*lysC*的1/4，其表观比酶活也较低，但对L-苏氨酸和L-赖氨酸协同反馈抑制不敏感。用大肠杆菌-黄色短杆菌穿梭表达载体pDXW-8将*lysC*1在野生型乳糖发酵短杆菌ATCC13869中进行诱导型表达，经摇瓶发酵积累L-赖氨酸7.4 g/L，在3 L发酵罐上得到40 g/L成品。

3. 种子的扩大培养

(1) 斜面种子培养基　牛肉膏1%，蛋白胨1%，NaCl 0.5%，葡萄糖0.5%(保藏斜面不添加)，琼脂2%，pH 7.0～7.2。

(2) 种子的扩大培养

①一级种子培养　培养基为葡萄糖2%，$(NH_4)_2SO_4$ 0.4%，K_2HPO_4 0.1%，玉米浆1%～2%，豆饼水解液1%～2%，$MgSO_4\cdot 7H_2O$ 0.04%～0.05%，尿素0.1%，pH 7.0～7.2。培养条件：温度30～32 ℃，培养15～16 h。

②二级种子培养　除以淀粉水解液代替葡萄糖外，其余同一级种子培养基。培养条件：温度30～32 ℃，通风量1∶0.2(L/(L·min))，搅拌转速约200 r/min，培养时间8～11 h。二级种子扩大培养的接种量为2%～5%，种龄为12 h。

③三级种子扩大培养　培养基与②相同，接种量较大，约10%，种龄为6～8 h。接种以对数生长的中后期种子。

4. 发酵工艺的控制

赖氨酸发酵时间以 16～20 h 为界，可分为前、后两个时期。前期为生长期，菌体增殖迅速，有少量赖氨酸生成，糖和氮的消耗主要是用于合成细胞物质及供给菌体的能量代谢；后期为赖氨酸合成期，菌体生长速度明显减慢，L-赖氨酸大量积累，糖和氮消耗主要用于赖氨酸的合成。两个阶段在工艺控制上是不同的。

(1) 温度的影响及控制　在赖氨酸发酵前期，温度应控制在 30～32 ℃的菌体生长最适温度范围。在发酵中、后期产酸阶段，温度一般控制在 32～34 ℃，根据菌种特点，可采用二级或三级温度管理。

(2) pH 值的影响及控制　L-赖氨酸发酵的最适 pH 值为 6.5～7.0，一般控制在 6.5～7.5。在赖氨酸发酵过程中，有机酸等中间代谢产物生成，使 pH 值下降，可通过加入氨水或尿素来进行控制，也可加入 $CaCO_3$ 来维持。当 pH 值降至 6.2～6.4 时开始加入尿素，流入量为 0.2%～0.3%。在产酸旺盛期可加大，在发酵后期残糖量低时流入量可减少。残糖量低于 2%时停止加入尿素。

(3) 供氧的影响　在菌体生长阶段，溶氧分压 P_L 控制在 $(4\sim8)\times10^3$ Pa，当菌体生长进入稳定期后，P_L 控制在 $(2\sim4)\times10^3$ Pa，直至发酵结束。

(4) 生物素的影响　目前工业发酵的赖氨酸生产菌几乎都是谷氨酸产生菌的各种突变株，均为生物素缺陷型，因此，发酵培养基中需要生物素作为生长因子。

(5) 苏氨酸、蛋氨酸的影响　苏氨酸和蛋氨酸是赖氨酸生产菌的生长因子。赖氨酸生产菌缺乏蛋白质分解酶，不能直接分解蛋白质，只能将有机氮源水解后才能利用。大豆饼粉、花生饼粉和毛发水解液通常作为赖氨酸的发酵培养基。发酵过程中，如果培养基中的苏氨酸和蛋氨酸丰富，就会出现只长菌，而不产或少产赖氨酸的现象，所以要进行恰当的控制，当菌体生长到一定时间后，转入产酸期。

(6) 前体、产物促进剂的影响　在赖氨酸发酵过程中，添加某些物质可以提高赖氨酸的产量。例如，谷氨酸棒状杆菌发酵糖蜜生产赖氨酸时，添加与不添加脱氨酸发酵液，赖氨酸的产量分别为 55 g/L、40 g/L。

5. 赖氨酸的提取与精制

赖氨酸提炼过程包括发酵液预处理、提取和精制三个阶段。因游离的 L-赖氨酸易吸附空气中的 CO_2，故结晶比较困难。

(1) 发酵液预处理　可添加絮凝剂(如聚丙烯酰胺)沉淀菌体并采用离心法(4 000～6 500 r/min)获得上清液。

(2) 离子交换法提取赖氨酸　从发酵液中提取赖氨酸通常有四种方法：①沉淀法；②有机溶剂抽提法；③离子交换法；④电渗析法。

工业上大多采用离子交换法来提取赖氨酸。赖氨酸是碱性氨基酸，等电点为 9.59，在 pH 2.0 时被强酸性阳离子交换树脂所吸附，在 pH 7.0～9.0 时被弱酸性阳离子交换树脂吸附。从发酵液中提取赖氨酸选用强酸性阳离子交换树脂，它对氨基酸的交换势为：精氨酸＞赖氨酸＞组氨酸＞苯丙氨酸＞亮氨酸＞蛋氨酸＞缬氨酸＞丙氨酸＞甘氨酸＞谷氨酸＞丝氨酸＞天冬氨酸。强酸性阳离子交换树脂的氢型对赖氨酸的吸附比铵型容易得多。但是铵型能选择性地吸附赖氨酸和其他碱性氨基酸，不吸附中性和酸性氨基酸，同时在用氨水洗脱赖氨酸后，树脂不必再生。所以从发酵液中提取赖氨酸均选用铵型强酸性阳离子交换树脂。

(3) 赖氨酸的精制　离子交换柱的洗脱液中含游离赖氨酸和氢氧化铵。需经真空浓缩蒸去氨后，再用盐酸调至赖氨酸盐酸盐的等电点 5.2，生成的赖氨酸盐酸盐以含一个结晶水合物的形式析出。经离心分离后，在 50 ℃以上进行干燥，失去其结晶水。

13.4.4 氨基酸生产技术发展趋势及展望

目前我国氨基酸产业规模以上生产企业已达到近百家，总产量超过 300 万吨，但我国氨基酸原料生产基本上还处于大而不强的状态：谷氨酸、赖氨酸等“大品种”均占据了国际市场主要份额，而蛋氨酸之类的“小品种”却仍未能“出人头地”，迄今为止，国产总量仅数千吨，而国内市场蛋氨酸需求量则高达 10 万吨。又如，畜牧业的发展提高了对赖氨酸的实际需求，目前 L-赖氨酸依然供不应求，L-赖氨酸生产过程中依然有许多问题亟待解决，如生产菌株的不稳定，连续发酵中 L-赖氨酸产量的不稳定等。

13.5 维生素发酵生产工艺

维生素是一类性质各异的低分子有机化合物，是维持人体正常生理生化功能不可缺少的营养物质。它们不能在人和动物的组织内合成，必须从外界摄取，是营养类产品中补充剂类产品的重要组成部分。在全球最大的营养类产品市场美国，维生素类占营养类产品中补充剂产品市场份额的 38%。近年来，维生素类补充剂是全球营养类产品中增长最快的领域。目前，全世界范围内使用最为普遍的维生素原料是维生素 C、维生素 E 和维生素 A，三者每年全球市场份额超过 20 亿美元。

13.5.1 维生素生产方法

1. 维生素种类

通常根据维生素的溶解性质将其分为脂溶性和水溶性两大类。脂溶性维生素主要有维生素 A、维生素 D、维生素 E、维生素 K、维生素 Q 和硫辛酸等；水溶性维生素有维生素 B_1、维生素 B_2、维生素 B_6、维生素 B_{12}、烟酸、泛酸、叶酸、生物素和维生素 C 等。目前我国维生素的研究和生产取得了飞速发展，新老品种已超过 30 种，主要生产的维生素品种见表 13-7。

表 13-7 维生素及辅酶类药物

维生素名称	主要功能	生产方式	临床用途
维生素 A	促进黏多糖合成维持上皮组织正常功能，组成视色素，促进骨的形成	合成、发酵、提取	用于夜盲症等维生素 A 缺乏症，也试用于抗癌
维生素 D	促进成骨作用	合成	用于佝偻病、软骨病等
维生素 E	抗氧化作用，保护生物膜，维持肌肉正常功能，维持生殖机能	合成、生物转化	用于进行性肌营养不良症、心脏病、抗衰老等
维生素 K	促进凝血酶原和促凝血球蛋白等凝血因子的合成，具有解痉止痛作用	合成、发酵	用于维生素 K 缺乏所致的出血症和胆道蛔虫、胆绞痛等
硫辛酸	转酰基作用、转氨作用	合成	试用于肝炎、肝昏迷等

续表

维生素名称	主要功能	生产方式	临床用途
维生素 B_1	α-酮酸氧化脱羧作用、转酰基作用	合成、发酵	用于脚气病、食欲不振等
维生素 B_2	递氢作用	发酵、合成	用于口角炎等
烟酸、烟酸胺	扩张血管作用，降血脂，递氢作用	合成	用于末梢痉挛、高脂血症、糙皮病等
维生素 B_6	参与氨基酸的转氨基、脱羧作用，参与转 C_1 反应，参与多烯脂肪酸的代谢	合成	用于妊娠呕吐、白细胞减少症等
生物素	与 CO_2 固定有关	发酵	用于鳞屑状皮炎、倦怠等
泛酸	参与转酰基作用	合成	用于巨细胞贫血等
维生素 B_{12}	促进红细胞的形成、转移，促进红细胞成熟，维持神经组织正常功能	发酵提取	用于恶性贫血、神经疾病等
维生素 C	氧化还原作用，促进细胞间质形成	合成、发酵	用于治疗坏血病贫血和感冒等，也用于防治癌症
谷胱甘肽	巯基酶的辅酶	提取、发酵	治疗肝脏疾病具有广谱解毒作用
芦丁	保护和恢复毛细管正常弹性	提取	治疗高血压等疾病
维生素 U	保护黏膜的完整性	合成	治疗胃溃疡、十二指肠溃疡等
胆碱	神经递质，促进磷脂合成等	合成	治疗肝脏疾病
辅酶 A(C_OA)	转乙酰基酶的辅酶，促进细胞代谢	发酵、提取	主要用于治疗白细胞减少，肝脏等疾病
辅酶 Ⅰ(NAD)	脱氢酶的辅酶	发酵、提取	冠心病，心肌炎，慢性肝炎等
辅酶 Q(C_OQ)	氧化还原辅酶	提取、发酵	主要用于治疗肝病和心脏病

2. 维生素及辅酶类药物一般生产方法

维生素及辅酶类药物的生产，在工业上大多数是通过化学合成-酶促或酶拆分法获得的，近年来发展起来的微生物发酵法代表了维生素生产的发展方向。

(1) 化学合成法　根据已知维生素的化学结构，采用有机化学合成原理和方法，制造维生素。近代的化学合成，常与酶促合成、酶拆分等结合在一起，以改进工艺条件，提高收率和经济效益。用化学合成法生产的维生素有，烟酸、叶酸、维生素 B_1、硫辛酸、维生素 B_6、维生素 D、维生素 E、维生素 K 等。

(2) 发酵法　用人工培养微生物的方法生产各种维生素，整个生产过程包括菌种培养、发酵、提取、纯化等。目前完全采用微生物发酵法或微生物转化制备中间体的有维生素 B_{12}、维生素 B_2、维生素 C 和生物素、维生素 A 原(β-胡萝卜素)、辅酶 Q_{10} 等。

(3) 直接从生物材料中提取　主要从生物组织中采用缓冲液抽提、有机溶剂萃取等，如从猪心中提取辅酶 Q_{10}，从槐花米中提取芦丁，从提取链霉素后的废液中提取维生素 B_{12} 等。

在实际生产中，有的维生素既用合成法生产又用发酵法生产，如维生素 C、叶酸、维生素 B_2 等，也有既用生物提取法生产又用发酵法生产的，如辅酶 Q_{10} 和维生素 B_{12} 等。

13.5.2 发酵法生产维生素 C

维生素 C 的生产方法，最早是从柠檬中提取的，价格昂贵，远不能满足人们的需要。目前主要有莱氏法和二步发酵法生产。

1. 莱氏法生产工艺

莱氏法是维生素 C 生产的经典方法，是一种半合成法，1933 年由德国 Reichstein 和 Grussner 研究开发。莱氏法生产维生素 C 工艺流程见图 13-12。

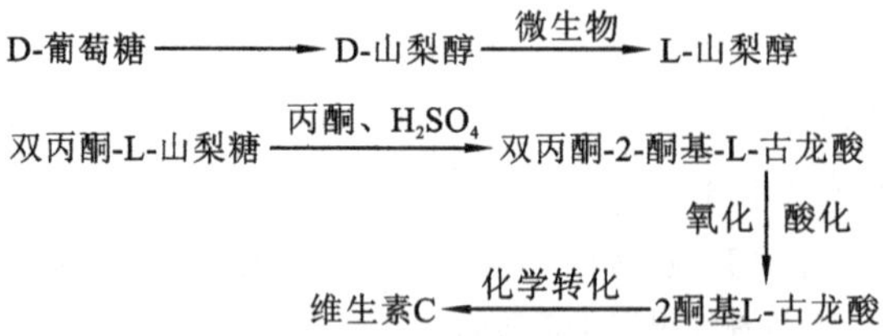

图 13-12 莱氏法生产维生素 C 工艺流程

莱氏法生产的维生素 C 产品质量好、收率高，而且生产原料(D-葡萄糖)便宜易得，中间产物(如双丙酮-L-山梨糖)化学性质稳定，因此至今仍是国外维生素 C 生产商所采用的主要工艺方法。

2. 二步发酵法生产工艺

莱氏法生产工序繁多，大量使用丙酮、NaClO、发烟硫酸等化学试剂，易造成环境污染，为此，自 20 世纪 60 年代起，各国学者一直致力于对莱氏法进行改进。其中比较有前途的方法是我国 20 世纪 70 年代初发明的二步发酵法、葡萄糖串联发酵法和一步发酵法，但目前只有二步发酵法实现产业化，从 70 年代后期开始正式投产，在国内普遍使用。并且已在中国、欧洲、日本和美国申请了专利，并于 1985 年向世界上生产维生素的最大企业瑞士 Hoffmam-La-Rock 制药公司进行了技术转让，是我国医药工业史上首次出口技术。

“二步发酵法”的工艺路线与“莱氏法”不同之处在于采用混合菌发酵法代替化学法转化，使 L-山梨糖直接转化为 2-酮基-L-古龙酸。从而简化了工序，减少生产设备，生产周期短，成本低，并且对环境的污染程度也大大减少。

(1) 工艺流程　二步发酵法生产维生素 C 工艺流程见图 13-13。

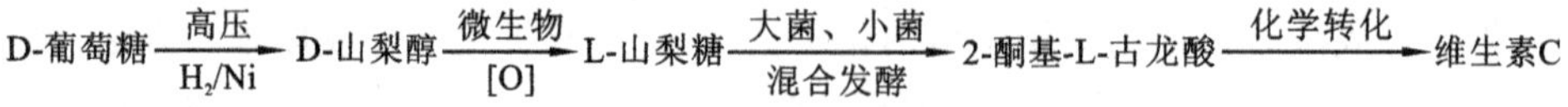

图 13-13 二步发酵法生产维生素 C 工艺流程

(2) 菌种

①第一步，发酵菌种　由 D-山梨醇转化 L-山梨糖的一步发酵生产菌除了弱氧化醋酸杆菌外，生黑葡萄糖酸杆菌、恶臭醋酸杆菌、纹膜醋酸杆菌和拟胶杆菌都可进行这种氧化。最常用菌种是生黑葡萄糖酸杆菌 R-30，细胞椭圆至短杆状，革兰氏阳性，无芽孢，显微镜下浅褐色；最适培养温度 34 ℃，pH 5.0～5.2，经种子扩大培养，检测种子数量、杂菌情况，接入发酵罐。

②第二步，发酵菌种　由 L-山梨糖发酵制备 2-酮基-L-古龙酸的第二步发酵生产菌，由小菌（如氧化葡萄糖酸杆菌）和大菌（如巨大芽孢杆菌）组成的混合菌株进行发酵生产。其中：小菌为产酸菌，但单独培养传代困难，而且产酸能力很低；大菌不产酸，但可以促进小菌生长和产酸，为小菌的伴生菌。研究证实，大菌细胞内和细胞外分泌液均可以促进小菌生长，缩短小菌生长的延滞期，并且大菌的细胞外分泌液可促进小菌产酸，说明大菌通过释放某些代谢活性物质促进小菌产酸。现已经从大菌细胞外分泌液中分离出一种可促使小菌产酸的蛋白质，该活性蛋白质的形成规律和作用机制尚在探索中。

产酸菌除氧化葡萄糖酸杆菌、第一步发酵中的弱氧化醋酸杆菌外，生黑葡萄糖酸杆菌、恶臭醋酸杆菌、纹膜醋酸杆菌和拟胶杆菌都可产酸。

伴生菌除巨大芽孢杆菌外，还有蜡状芽孢杆菌和软化芽孢杆菌等。这几种芽孢杆菌的共同特点是革兰氏阳性或不定，细胞杆状，周生鞭毛，营养细胞在生长 18～48 h 的不同期间内可形成芽孢，芽孢为椭圆形到圆柱形，中生或次端生，壁薄。在肉汤培养基上或 L-山梨糖酵母膏培养基上生长良好。

(3) 培养基

①第一步，发酵培养基　种子和发酵培养基成分一致，主要包括 D-山梨醇、玉米浆、酵母膏、碳酸钙等成分，添加适量维生素 B 增加产量。D-山梨醇浓度过高容易产生抑制，一般控制在 20%，超过 250 g/L 产生抑制。

②第二步，发酵培养基　种子培养基和发酵培养基的成分类似，主要有 L-山梨糖、玉米浆、尿素、碳酸钙、磷酸二氢钾等，pH 值为 6.8。L-山梨糖初始浓度对产物生成影响较大，一般初糖浓度控制在 30～50 g/L。超过 80 g/L 产生抑制。

(4) 发酵工艺过程控制

①第一步，发酵过程控制　发酵温度 34 ℃，pH 5.0～5.2。该反应耗氧比较大，要求通气比为 1∶1（L/(L·min)）。10 h 后发酵结束，发酵液 80 ℃保持 10 min 低温灭菌，移入第二步发酵罐作为原料。D-山梨醇转化为 L-山梨糖的生物转化率达 98%以上。

②第二步，发酵过程控制　在第一步发酵灭菌的发酵液中，加入一定比例的灭过菌的辅料（玉米浆、尿素及无机盐等），开始第二步的混合菌株发酵。第二步发酵过程由于大菌、小菌最适培养条件不同，如小菌 25～30 ℃，大菌 28～37 ℃，所以发酵过程要兼顾两种菌的最适条件。通常操作温度为 30 ℃，pH 值为 6.8 左右，溶氧浓度控制在 30%。混合菌种经二级种子扩大培养，接入含有第一步发酵液的发酵罐中，通入无菌空气搅拌，初始 8～10 h 菌体快速增长。当作为伴生菌的大菌开始形成芽孢时，小菌开始产酸。在 20～24 h 开始补加培养 L-山梨糖，总浓度达到 140 g/L。当大菌完全形成芽孢后和出现游离芽孢时，产酸到达高峰，完全形成芽孢后，产酸达到高峰。发酵到达终点时，温度略高（(32±1) ℃），pH 值在 7.2 左右，而游离芽孢及残存的芽孢杆菌菌体已逐步自溶成碎片，用显微镜观察已无法区分两种细菌细胞的差别，这时整个产酸反应过程也就结束了，大约 72 h，L-山梨糖生成 2-酮基-L-古龙酸的转化率可达 70%～85%。

(5) 2-酮基-L-古龙酸的提取分离　经两次发酵以后，发酵液中 2-酮基-L-古龙酸含量为 6%～9%，残留菌丝体、蛋白质和悬浮微粒等杂质存在于发酵液中，需要将维生素 C 前体 2-酮基-L-古龙酸提取出来。提取纯化工艺流程见图 13-14。

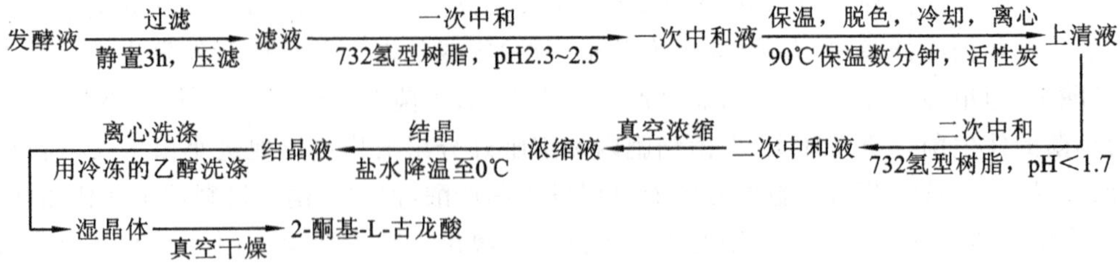

图 13-14　2-酮基-L-古龙酸提取纯化工艺流程

（6）转化　由于至今未能找到使葡萄糖直接发酵产生维生素 C 的微生物菌种或产量太低难以工业化，因此发酵产生的重要中间产物 2-酮基-L-古龙酸（2-KLG）必须通过化学方法转化成维生素 C。目前使用碱转化法。先将古龙酸与甲醇在浓硫酸催化作用下生成古龙酸甲酯，再使用 $NaHCO_3$ 进行碱转化，使古龙酸甲酯转化为维生素 C 的钠盐。采用氢型离子交换树脂酸化，将维生素 C 的钠盐转化成维生素 C。

13.5.3　发酵法生产维生素展望

目前，维生素 C 的生产无论“莱氏法”还是“二步发酵法”，都是以 D-山梨醇作为起始原料的，这就需要先将葡萄糖高压加氢（Ni 催化）制备 D-山梨醇，给扩大生产带来许多不便。从原料来看，造成很大浪费，制备又很不安全，并要消耗大量能源。从工业化生产的发展前景来看，如能直接从 D 葡萄糖开始发酵生成 2-酮基-L-古龙酸，就可避免上述问题，才能真正实现简化生产的目的，这是很有经济价值的。

在维生素生物合成方法中，主要应从以下三个方面突破。

（1）对自然界中微生物及藻类进行广泛和深入的筛选和分离，以获得优良的生产菌株。例如，维生素 K 是由化学合成法生产的，现在已开发出利用微生物发酵法制取维生素 K 的方法，获得了兼性厌氧细菌 *Propionbacterium shermanii* 的突变株，在含有 L-酪氨酸和异戊烯的培养基上获得胞内的高产维生素 K_2（5.5 mg/g）和其同系物 MK-4。

（2）对现有生产菌株用突变方法进行改进，以提高其生产能力。例如，维生素 B_{12} 是以生物合成法为主的产品。其产生菌中以薛氏丙酸杆菌（*Propionbacterium shermanii*）和邓氏假单胞杆菌（*Pseudomonas denifrificans*）最为优良。在采用突变和推理筛选法对邓氏假单胞杆菌进行改良时，获得了高产突变型菌株，使邓氏假单胞杆菌产生维生素 B_{12} 的水平提高 300 倍以上。

（3）利用基因工程技术获得高产基因工程菌株。这是更为引人注目的方法。由于维生素的生物合成途径复杂，所以获得生产维生素的基因工程菌株难度比较大。目前已取得了一些可喜的成果。例如，合成维生素 B_{12} 途径的几种基因已成功地在大肠杆菌中表达。在维生素 C 的生产中，已经使用基因工程菌，只是目前的表达水平较低，有待进一步提高。

13.6　酶制剂生产工艺

酶制剂作为一种生态型高效生物催化剂，广泛应用于轻工、食品、化工、医药卫生、农业以及能源、环境保护等 20 多个领域。目前市场上用于这些领域的不同的酶，其中许多酶是采用包括基因操作、蛋白质工程、定向进化在内的一系列现代生物技术，创造出新的酶。在这一背景下，酶制剂工业的发展一直保持良好的增长势头。2001 年，全球酶制剂市场约为 18 亿美元。虽然受到 2008 年的全球金融危机的影响，但 2010 年的全球酶制剂的市场约为 35.7 亿美元，2001—2010 年的复合增长率约为 7.9%。

我国酶制剂工业经历了起步阶段、上升阶段及快速发展阶段。酶制剂年产量从 2005 年的 48 万(标)吨增长到 2010 年的 77.5 万(标)吨，5 年的复合增长率达到 10.1%。由于酶制剂技术的不断创新，应用领域的不断延伸，使得酶制剂行业近年来一直保持快速的增长。

产品方面，固体酶制剂的产量逐步减少，液体酶制剂的比例增加。目前，国内酶制剂企业所生产的酶制剂主要品种为淀粉酶、糖化酶、纤维素酶、蛋白酶、植酸酶、半纤维素酶、果胶酶、饲用复合酶、啤酒复合酶等九大酶系列。其中，糖化酶、淀粉酶、植酸酶产量过万吨。纤维素酶、半纤维素酶和果胶酶虽然目前所占比例还比较小，但增长较快。

13.6.1　发酵生产酶制剂的工艺

酶的来源有动物、植物和微生物三大类，其中以微生物酶制剂在工业化生产中应用最为普遍。

1. 酶制剂的生产菌种

菌种是工业发酵生产酶制剂的重要条件。优良的菌种不仅能提高酶制剂产量和发酵原料的利用率，而且还与增加品种、缩短生产周期、改进发酵和提炼工艺条件等密切相关。目前市场上所用酶制剂的生产菌种，有的是从自然界分离筛选后，通过用物理或化学方法诱变获得的变异株；有的是采用包括基因操作、蛋白质工程、定向进化在内的一系列现代生物技术构建的基因工程菌，有的是通过诸如细胞融合技术等所获得的改良菌株。表 13-8 为一些工业常用酶制剂生产菌种和用途。

表 13-8　工业常用酶制剂生产菌种和用途

酶的名称	主要生产菌	用　途
α-淀粉酶	枯草杆菌、米曲霉、黑曲霉	织物退浆、酒精及发酵工业液化淀粉、消化剂等
β-淀粉酶	巨大芽孢杆菌、多黏芽孢杆菌、吸水链霉菌等	与异淀粉酶一起用于麦芽糖的制造
葡萄糖淀粉酶	根霉、黑曲霉、内孢霉、红曲霉	制造葡萄糖，发酵工业和酿酒行业作为糖化剂
异淀粉酶	假单胞杆菌、产气杆菌属	与 β-淀粉酶一起用于麦芽糖的制造，直链淀粉的制造，淀粉糖化
茁霉多糖酶	假单胞杆菌、产气杆菌属	与 β-淀粉酶一起用于麦芽糖的制造，直链淀粉的制造，淀粉糖化
纤维素酶	绿色木霉、曲霉	饲料添加剂，水解纤维素制糖，消化植物细胞壁等
半纤维素酶	曲霉、根霉	饲料添加剂，水解纤维素制糖，消化植物细胞壁等

续表

酶的名称	主要生产菌	用途
果胶酶	木质果壳、黑曲霉	果汁澄清，果实榨汁，植物纤维精炼，饲料添加剂等
β-半乳糖酶	曲霉、大肠杆菌	治疗不耐乳糖症，炼乳脱除乳糖等
右旋糖酐酶	青霉、曲霉、赤霉	分解葡聚糖防止龋齿，制造麦芽糖等
放线菌蛋白酶	链霉菌	食品工业，调味品制造，制革工业
细菌蛋白酶	枯草杆菌、赛氏杆菌、链球菌	洗涤剂、皮革工业脱毛软化、丝绸脱胶、消化剂、消炎剂、蛋白水解、调味品制造等
霉菌蛋白酶	米曲霉、栖土曲霉、酱油曲霉	皮革工业脱毛软化、丝绸脱胶、消化剂、消炎剂、蛋白水解、调味品制造等
酸性蛋白酶	黑曲霉、根霉、担子菌、青霉	消化剂、食品加工、皮革工业脱毛软化等
链激酶	链球菌	清创
脂肪酶	黑曲霉、根霉、核盘霉、镰刀霉、地霉、假丝酵母	消化剂、试剂
脱氧核糖核酸酶	黑曲霉、枯草芽孢杆菌、链球菌、大肠杆菌	试剂、药物
磷酸二酯酶	固氮菌、放线菌、米曲霉、青霉	制造调味品
过氧化氢酶	黑曲霉、青霉	去除过氧化氢
葡萄糖氧化酶	黑曲霉、青霉	葡萄糖定量分析，食品去氧，尿糖、血糖的测定
尿素酶	产朊假丝酵母	测定尿酸
葡萄糖异构酶	放线菌、凝结芽孢杆菌、短乳酸杆菌、游动放线菌、节杆菌	葡萄糖异构化制造果糖
青霉素酶	蜡状芽孢杆菌、地衣芽孢杆菌	分解青霉素

2. 微生物酶制剂生产的培养基

微生物生产酶制剂的主要原料与其他发酵产品一样，有碳源和氮源，此外还有无机盐、生长因子等。在酶制剂的生产过程中常加入产酶促进剂，如常用的酶促进剂有吐温-80、植酸钙镁、聚乙烯醇、乙二胺四乙酸(EDTA)等。

3. 酶制剂生产方法

早期的酶都是从动、植物中提取的，但动、植物资源受到各种条件的限制，不易扩大生产。微生物具有生长迅速，种类繁多，易变异的特点，通过菌种改良可以进一步提高酶的产量，改善酶的性质，此外，几乎所有的动、植物酶都可以由微生物发酵生产。因此，目前工业酶制剂大都是通过微生物发酵进行大规模生产的。生产方法主要分为固态和液体深层发酵两种。

(1) 固态发酵法　一般使用麸皮作为固态培养基，拌入一定量水(含水量 60%左右)，经蒸汽灭菌冷却后，在曲房内将培养基拌入种曲后，在曲盘或帘子上铺成薄层(2～5 cm)，置于多层的架子上进行微生物的培养。培养过程中控制曲房的温度(约 30 ℃)和湿度(90%～100%)，待菌丝布满基质、酶活力达到最大值后，终止培养，进行酶的提取或者直接干燥。固态培养法一般适用于霉菌的生产。此法简单易行，但劳动强度大。由于固态培养法有许多优点，近年来又有新的发展，如采用箱式厚层通风制曲工艺，曲箱中麸皮培养基的厚度可达 0.3～0.5 cm，而且随着机械化程度的提高，固态培养法在酶制剂的生产中仍占据着一定的地位。

(2) 液体深层培养法　同其他好氧发酵产品的生产一样，液体深层培养是目前酶制剂发酵生产中使用最广泛的方法。液体深层发酵法机械化程度高，发酵条件易控制，而且酶的产率高、质量好。因此，许多酶制剂产品都趋向于用液体深层培养法来生产，但是，液体深层培养的无菌要求高，在生产上要特别注意防止污染杂菌。

对于某一具体酶制剂，在工业生产中具体采用哪种发酵方法，应根据微生物和酶的种类不同，以及产品使用领域，通过详细的试验研究后确定。

4. 影响酶产量的因素及其控制

菌种的产酶性能是决定发酵效果的重要因素，但是，发酵工艺条件对产酶的影响也是十分明显的。除培养基组成外，其他条件如温度、pH 值、通气方法、搅拌方法、泡沫消除方法、诱导剂等，必须配合恰当，才能得到良好的效果。

(1) 温度的影响及控制　温度是影响细胞生长繁殖和发酵产酶的重要因素之一。酶发酵生产培养温度随菌种而不同。细胞发酵产酶的最适温度与最适生长温度亦不同。

在酶生产过程中，为了有利于菌体的生长和酶的合成，可分阶段控制温度，由于微生物合成酶的模式不同，所以应根据合成模式来控制适宜的温度。一般在较低的温度条件下，可提高酶的稳定性，延长细胞产酶时间。例如，用酱油曲霉生产蛋白酶：在 28 ℃条件下发酵，蛋白酶产量比在 40 ℃条件下高 2～4 倍；在 20 ℃条件下发酵，蛋白酶的产量会更高。但并不是温度越低越好，若温度过低，生化反应速率很慢，反而降低酶的产量，延长发酵周期，故必须进行试验，以确定最佳产酶温度。

在酶生产中，为了有利于菌体生长和酶的合成，也有进行变温发酵的。例如，枯草杆菌 AS1.398 中性蛋白酶的生产，培养温度必须从 31 ℃逐渐升温至 40 ℃，然后再降温至 31 ℃进行培养，蛋白酶产量比不变温者高 66%。据报道，酶生产的温度对酶活力的稳定性有影响。例如，嗜热芽孢杆菌淀粉酶生产时，在 55 ℃培养所产生的酶的稳定性比 35 ℃好。酶生产的培养温度随菌种而不同，同一种微生物，在不同的温度下，可产生不同的酶，同一种酶也可由不同的微生物产生。例如，利用芽孢杆菌进行蛋白酶的生产，常采用 30～37 ℃，而霉菌、放线菌的蛋白酶生产以 28～30 ℃为佳。在 20 ℃生长的低温细菌，在低温下形成蛋白酶最多。嗜热微生物在 50 ℃左右蛋白酶产量最大。又如，枯草杆菌的 α-淀粉酶的生产，培养温度以 35～37 ℃为最合适；霉菌的 α-淀粉酶的生产(深层培养)，最适温度为 30 ℃左右。

(2) pH 值对酶生产的影响及其控制　微生物酶制剂的生产受培养基 pH 值的影响，因此可利用培养基 pH 值来控制酶的活性。例如，利用黑曲霉生产糖化酶时，除糖化酶外，还有 α-淀粉酶和葡萄糖苷转移酶存在。当溶液为中性时，糖化酶的活性低，其他两种酶的活性高；当 pH 值为酸性时，糖化酶的活性高，其他两种酶的活性低。其他两种酶特别是葡萄糖苷转移酶，因为它的存在严重影响葡萄糖收率，在糖化酶生产时是必须除去的，因此将培养基 pH 值调节到酸性就可以使这种酶的活性降低，如 pH 值达到 2～2.5 则有利于这种酶的消除。

培养基的 pH 值和碳氮比密切相关，因此微生物生产酶类的 pH 值也和碳氮比有关。例如，米曲霉在碳氮比高的培养基中培养，产酸较多，pH 值下降，有利于酸性蛋白酶的生成；在碳氮比低的培养基中培养，则 pH 值升高，有利于中性和碱性蛋白酶生成。因此，在酶生产过程中，可以通过培养基的碳氮比来控制 pH 值，从而达到控制酶产量的目的。酶生产的 pH 值控制，一般根据酶生产所需求的 pH 值来确定培养基的碳氮比和初始 pH 值，在一定通气搅拌条件的配合下，可使培养过程的 pH 值变化适合酶生产的要求。另外，也有在培养基中添加缓冲剂使其具有缓冲能力以维持一定 pH 值的，还有在培养过程中，当培养液 pH 值过高时添加糖或淀粉来调节，pH 值过低时用通氨或加大通气量来调节的。

（3）溶解氧对酶生产的影响　发酵生产酶的微生物大都是需氧微生物，培养时都需要通风和搅拌。一般来说，通气量少对霉菌的孢子萌发和菌丝生长有利，对酶的生产不利。如米曲淀粉酶的生产，培养前期降低通气量则促进菌体生长而酶产量减少，增加通气量则促进产酶而对菌体生长不利。栖土曲霉生产中性蛋白酶时，风量大时菌丝生长较差，但酶产量是风量小时的 7 倍。当然，并不是所有霉菌酶生产时，产酶期的需氧量都比菌体生长期大，也有氧浓度过大抑制酶生产的现象。例如，黑曲霉菌淀粉酶生产，酶生产时菌的需氧量只有生长旺盛时菌的需氧量的 36%～40%。

利用细菌进行酶生产时，一般培养后期的通气搅拌程度应比前期剧烈，但也有例外，如枯草杆菌 α-淀粉酶的生产，在对数生长末期降低通气量可促进 α-淀粉酶的生产。

5. 微生物酶制剂的提取

微生物酶制剂的提取是把微生物产生的酶从菌体中或培养液中提取出来，并使之达到与使用目的相适应的纯度。用途不同，对酶的质量要求也不同，其生产方法亦有明显不同。但工艺过程基本相同，主要包括以下步骤。

（1）发酵液预处理及固液分离　如果目标酶是胞外酶，在发酵液中加入适当的絮凝剂或凝固剂并进行搅拌，然后通过分离（可使用离心沉降分离机、转鼓真空吸滤机和板框过滤机等）除去絮凝物或凝固物，取得澄清的酶液。如果目标酶是胞内酶，先把发酵液中的菌体分离出来，并使其破碎，将目标酶抽提至液相中，取得澄清的酶液。

放线菌发酵液一般比霉菌发酵液难过滤，目前采用自动排渣的离心沉降分离机或自动板框压滤机进行固液分离。由于菌体自溶，核酸、蛋白质及其他有机黏性物质造成枯草杆菌酶的发酵液很难过滤。如果不经过适当的预处理就直接过滤或离心沉降，不但速度慢，也得不到澄清的酶液。采用在发酵液中加絮凝剂或凝固剂如聚丙烯酰胺、右旋糖酐和聚谷氨酸等，可有效地改变发酵液中悬浮粒子的分散状况，从而有利于发酵液的过滤和离心沉降。

（2）酶液的脱色　有些过滤后的酶液，色泽较深，需经过适当程度的脱色。通常可使用 0.1%～1.5% 的活性炭进行脱色，或者使用脱色树脂进行脱色。

（3）酶提取的方法　目前酶提取的方法主要有沉淀法和吸附法两种，通常根据酶的性质和用途，选择酶提取的方法。沉淀法包括：盐析法、有机溶剂沉淀法、单宁沉淀法等。吸附法，如使用白土或活性氧化铝吸附酶，再进行解吸，以达到分离酶的目的。下面主要介绍盐析法、有机溶剂沉淀法。

① 盐析法　盐析法是酶制剂工业中常用方法之一，$MgSO_4$、$(NH_4)_2SO_4$、Na_2SO_4 是常用的盐析剂，其中用得最多的是 $(NH_4)_2SO_4$，因为它的溶解度在较低温度下仍相当大，这点很重要，因为不少酶在低温下才稳定。各种酶盐析的剂量要通过实验来确定。

使用盐析法提取酶制剂的优点在于：不会使酶失活；沉淀中夹带的蛋白质类杂质少；沉淀物在室温长时间放置不易失活。其缺点是，沉淀物中含有大量的盐。

盐析法常作为从液体中提取酶的初始分离手段。用盐析法沉淀的沉淀颗粒，其相对密度较小，而母液的相对密度较大，故用离心分离法分离时分离速度慢。

② 有机溶剂法　常用有机溶剂沉淀蛋白质的能力的大小顺序为：丙酮＞异丙醇＞乙醇＞甲醇。丙酮的沉淀能力最好，但挥发损失多，价格较贵。乙醇沉淀蛋白质的能力虽不是最强的，但因挥发损失相对较少，价格也较便宜，所以工业上常以它作为沉淀剂。

有机溶剂沉淀蛋白质的能力受溶解盐类、温度和 pH 值等因素的影响，有机溶剂也会使培养液中的多糖类杂质沉淀，因此用此法提取酶时必须考察这些环境因素。

按照食品工业用酶的国际法规，食品用酶制剂中允许存在蛋白质类与多糖类杂质及其他酶，但不允许混入较多的水溶性无机盐类（食盐等例外），所以有机溶剂沉淀法的好处是不会引入水溶性无机盐等杂质，而引入的有机溶剂最后在酶制剂干燥过程中会挥发掉。因此，有机溶剂沉淀法在食品级用酶制剂提取中经常使用。

在生产过程中，为了节省有机溶剂，一般先将酶液减压浓缩到原体积的 40%～50%。有机溶剂的添加量按照小型实验测定的沉淀曲线来确定。要避免过量，否则会使更多的色素、糊精及其他杂质沉淀。

（4）酶的干燥　收集沉淀的酶进行干燥磨粉，并加入适当的稳定剂、填充剂等制成酶制剂；或在酶液中加入适当的稳定剂、填充剂，直接进行喷雾干燥。

（5）酶的稳定性处理　为了提高酶制剂储藏稳定性，在酶制剂中加入一种以上能对酶起到稳定作用的物质，最常用的有糖类、食盐、乙醇、甘油、乙二醇、聚乙二醇以及有机钙等。一般用一种稳定剂，效果不明显，几种物质合用效果更佳。

13.6.2　细菌 α-淀粉酶发酵生产

淀粉酶是水解淀粉的酶类的统称，它包括对淀粉具有不同水解作用的酶，如 α-淀粉酶、β-淀粉酶、葡萄糖淀粉酶（简称糖化酶）、异淀粉酶和环状糊精生成酶等。这些淀粉酶中工业上应用最广泛的是 α-淀粉酶和糖化酶。工业上主要用细菌和霉菌来生产 α-淀粉酶。细菌 α-淀粉酶的生产以液体深层发酵法为主，霉菌 α-淀粉酶的生产大多采用固体曲法。本节以枯草杆菌 BF7658 发酵生产 α-淀粉酶为例介绍酶制剂的生产方法。

1. 枯草杆菌 BF7658α-淀粉酶生产工艺

枯草杆菌 BF7658α-淀粉酶是我国产量最大、用途最广的一种液化型 α-淀粉酶，它的最适作用温度为 65 ℃左右，最适酸度为 pH6.5 左右，pH 值低于 6 或高于 10 时，酶活力显著下降，它在淀粉浆中的最适作用温度为 80～85 ℃，90 ℃保温 10 min，酶活力保留 87%。广泛应有于食品制造、制药、纺织等许多方面。其生产工艺见图 13-15。

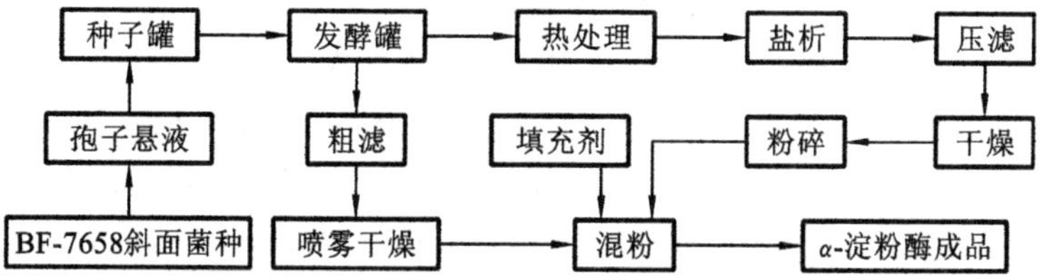

图 13-15　枯草芽孢杆菌 BF-7658 发酵生产 α-淀粉酶的工艺流程

2. 培养基

枯草杆菌 BF7658α-淀粉酶生产培养基组成见表 13-9。

表 13-9 枯草杆菌 BF7658α-淀粉酶生产培养基组成

培养基成分	种子/(%)	发酵		
		基础料/(%)	补料/(%)	占总量/(%)
豆饼粉	4	5.6	5.8	5.5
玉米粉	3	7.2	22.3	—
Na_2HPO_4	0.8	0.8	0.8	0.8
$(NH_4)_2SO_4$	0.4	0.4	0.4	0.4
$CaCl_2$	—	0.13	0.4	0.2
NH_4Cl	0.15	0.13	0.2	0.15
α-淀粉酶	—	100 万单位	30 万单位	—
体积/L	200	4 500	1 500	6 000

3. 种子扩大培养

将试管斜面菌种接种到马铃薯茄形瓶斜面上，于 37 ℃培养 3 天，然后接入种子罐。在 37 ℃、搅拌转速 300 r/min、通气量 1∶(1.3～1.4)(L/(L·min))条件下培养 12～14 h(对数生长期)，镜检细胞密集、粗壮，大部分以分散状态存在，种子液 pH 6.3～6.8，酶活力 5～10 U/mL。这时可接入发酵罐。

4. 发酵罐发酵

发酵温度 37 ℃，搅拌转速 200 r/min，通气量 0～12 h 为 1∶0.67(L/(L·min))，12 h 至发酵结束为 1∶(1.33～1.0)(L/(L·min))，周期为 40～48 h。补料从 12 h 开始，每小时 1 次，分 30 余次补完，补料体积相当于基础料的 1/3。停止补料后 6～8 h，温度不再上升，菌体衰老(80%菌体形成空泡)，酶活力不再升高，发酵即可结束。

发酵完毕，发酵液中加入 2% $CaCl_2$ 与 0.8% Na_2HPO_4 并加热至 50～55 ℃维持 30 min(破坏蛋白酶，促使胶体凝聚)，然后冷却到 40 ℃进行提取。

淀粉酶的发酵条件正适合于杂菌生长，要做到不染菌是很困难的。除要求操作人员严格执行无菌操作规程外，加强无菌检验是必要的。无菌种子或发酵培养基、茄形瓶菌种都应做镜检与肉汁平板划线。对接种后的培养基从 0 h 起每 8 h 应取样一次，做镜检和肉汁平板划线检查，测定发酵过程中的生化变化(总糖分、还原糖、氨基氮、pH 值)，检查发酵过程中有无异常现象发生，并观察菌种的生长情况。

5. 提取

枯草杆菌 BF-7658 α-淀粉酶常用的提取方法有以下三种。

(1) 盐析法　发酵液经热处理，冷却到 40 ℃，加入硅藻土助滤剂，过滤。滤饼加 2.5 倍水洗涤，洗液同发酵滤液合并后，在 45 ℃真空浓缩数倍，加 $(NH_4)_2SO_4$ 至 40%饱和度，盐析，沉淀物加硅藻土后过滤，滤饼于 40 ℃烘干后磨粉即为粗酶成品。提取过程中，发酵液热处理、过滤、浓缩、盐析和干燥工序的收率分别为 93%、86%、95%、99%、93%，由酶液到粉状酶制剂的收率为 70%左右。

(2) 乙醇淀粉吸附法　由于 α-淀粉酶的发酵液很难过滤，常采用絮凝的方法进行预处理。在发酵液中加入 Na_2HPO_4、$CaCl_2$ 和 NaCl，使其终浓度分别达到 1%、1%和 0.5%，在 pH 6.3～6.5、65 ℃下维持 15～30 min 以促进絮凝，同时钝化共存的蛋白酶。然后迅速冷却到 30 ℃，压滤除渣。酶液在低温下，经刮板薄膜蒸发器浓缩到含固形物 35%～40%，加入与其干物等量的淀粉，然后在搅拌的同时缓缓加入 2 倍量的 10～15 ℃的乙醇，使终浓度达 60%左右，继续搅拌数分钟，静止数小时，待沉淀完全后，离心分离，沉淀物于 50 ℃热风干燥后磨粉，酶的收率约为 60%。

(3) 喷雾干燥法　将 BF-7658 α-淀粉酶的发酵液粗滤后，直接喷雾干燥，收率可达到 90%左右，但制品中含较多杂质，有臭味，妨碍应用，同时蒸汽消耗量大，易吸湿。

13.6.3　酶制剂行业发展现状与趋势

当前，我国酶制剂行业发展呈现出如下新的特点。①酶制剂企业愈来愈认识到技术创新的重要性，纷纷提高企业研发投入，有些企业已经增加到 8%～10%。不少企业都与高校、科研院所等合作联合进行新产品、新应用技术的研发，一些企业组建了自己的研发中心。技术创新使得国内的企业开始有了自己的技术储备，初步具备了一定的国际竞争能力。②新的生产基地不断扩建，高水平全自动发酵生产工艺、技术和设备得到应用。③新成立的酶制剂生产企业数量攀升，新的资金不断涌入。④产业布局调整步伐加快，一些具有多年生产历史的老酶制剂企业面临新的挑战。⑤饲用酶制剂发展迅猛，有望成为首个能与国外酶制剂公司进行强有力竞争的酶制剂产品。

加快技术创新体系建设，增强自主创新能力；加强具有自主知识产权的产品及技术研发；培育大型企业，提升企业竞争力；努力做好酶制剂产品标准化工作；实现食品加工用酶制剂的安全、可靠。这些是酶制剂行业的工作重点。

参考文献

[1] 贺小贤. 生物工艺原理[M]. 北京：化学工业出版社，2008.

[2] 程殿林. 微生物工程技术与原理[M]. 北京：化学工业出版社，2007.

[3] 程殿林，曲辉. 啤酒生产技术[M]. 2 版. 北京：化学工业出版社，2010.

[4] 姜淑荣. 啤酒生产技术[M]. 北京：化学工业出版社，2012.

[5] 李秀婷. 现代啤酒生产工艺[M]. 北京：中国农业大学出版社，2013.

[6] 中华人民共和国科技部社会发展科技司中国生物技术发展中心. 2011 中国生物技术发展报告[M]. 北京：科学出版社，2012.

[7] 杨生玉，张建新. 发酵工程[M]. 北京：科学出版社，2013.

[8] 邱树毅. 生物工艺学[M]. 北京：化学工业出版社，2009.

[9] 许赣荣，胡文峰. 固态发酵原理、设备与应用 [M]. 北京：化工出版社，2009.

[10] 陈洪章，徐福建. 现代固态发酵原理及应用 [M]. 北京：化工出版社，2004.

[11] 王如福，李汴生. 食品工业学概论[M]. 北京：中国轻工业版社，2010.

[12] 汪钊. 微生物工程[M]. 北京：科学出版社，2013.

[13] 余龙江. 发酵工程原理与技术应用[M]. 北京：化学工业出版社，2006.

[14] 梅乐和，姚善泾，林东强等. 生化生产工艺学[M]. 2 版. 北京：科学出版社，2007.

[15] 储炬，李友荣. 现代生物工艺学[M]. 上海：华东理工大学出版社，2008.

[16] 王立群. 微生物工程[M]. 北京：中国农业出版社，2008.

[17] 欧阳平凯. 发酵工程关键技术及其应用[M]. 北京：化学工业出版社，2005.

[18] 胡斌杰,胡莉娟,公维庶. 发酵技术[M]. 武汉:华中科技大学出版社,2012.

[19] 黄方一,叶斌. 发酵工程[M]. 武汉:华中师范大学出版社 2006.

[20] 周桃英,袁仲. 发酵工艺[M]. 北京:中国农业大学出版社,2010.

[21] 韩德权. 发酵工程[M]. 哈尔滨:黑龙江大学出版社,2008.

[22] 谢梅英,别钾鑫. 发酵技术[M]. 北京:化学工业出版社,2007.

[23] 罗大珍,林雅兰. 现代微生物发酵及技术教程[M]. 北京:北京大学出版社,2006.

[24] 齐香君. 现代生物制药工艺学[M]. 北京:化学工业出版社,2010.

[25] 陈坚. 发酵过程优化原理与实践[M]. 北京:化学工业出版社,2002.

[26] 周京,秦丹,曾文杰. 淀粉质类原料发酵生产柠檬酸的研究进展[J]. 农产品加工(学刊),2013,6:46-49.

[27] 周永生,满云. 我国柠檬酸行业的产业化现状及可持续发展[J]. 生物加工过程,2010,11:73-77.

[28] 冯志合,卢涛. 中国柠檬酸行业概况[J]. 中国食品添加剂,2011,03:158-163.

[29] 高年发,杨枫. 我国柠檬酸发酵工业的创新与发展[J]. 中国酿造,2010,07:1-6.

[30] 董迅衍,徐大庆,李烨,等. 乳糖发酵短杆菌 *lysC* 突变对 L-赖氨酸积累的影响[J]. 食品与生物技术学报,2011,30(4):592-596.